한국산업인력공단 새 출제기준에 따른 최신판!!

완전합격!!

위험물 기능사 필기문제

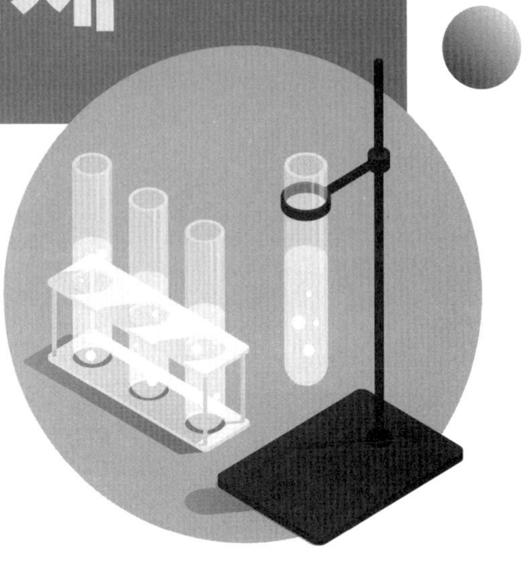

대한민국 대표브랜드

국가자격 시험문제 전문출판

에듀크라운
국가자격시험문제 전문출판
www.educrown.co.kr

최고의 적중률!! 최고의 합격률!!
크라운출판사
국가자격시험문제 전문출판
http://www.crownbook.com

머리말

우리나라는 눈부신 산업발전을 거듭하여 역사 이래로 찾아볼 수 없는 급격한 경제성장을 이룩하였습니다.

이제는 IT기술산업 선진국으로서의 발전과 더불어 국민 생활 기초산업분야의 신산업구조 속에 필요 불가결한 석유에너지 및 기타 제품 생산사업장에서 사용되고 있는 위험물 관리에 따른 위험성이 다양화 또는 대형화되어 가고 있기에 위험물을 안전하게 관리할 수 있는 보안감독자인 위험물안전관리자의 배출이 시급한 때입니다.

이에 저자는 수십 년간 학교, 학원 및 사업장에서 실시한 실무교육과 강좌를 통하여 수많은 위험물기능사 등 기술 인력을 배출시켜 왔으며 많은 위험물 관련 서적도 출간하였습니다. 그 중 위험물기능사 국가기술자격시험 수검응시자로서 기초실력이 부족한 사람도 이 한 권의 교재로 쉽게 합격할 수 있도록 집필한 위험물기능사 필기시험문제를 크라운출판사에서 발행하게 되었습니다.

이 교재를 통해 여러분이 국가기술자격 시험에 꼭 합격할 수 있기를 바라며, 내용의 일부 중 부족한 부분이 있다면 예의 수정, 보완하여 더 좋은 교재가 되도록 노력하겠습니다.

끝으로 여러분의 앞날에 합격의 영광과 풍요로운 내일이 있기를 기원하는 바입니다.

이 교재에 대한 내용문의는 bsyee2532@hanmail.net로 문의하시면 친절하게 답변해 드리겠습니다.

또한 법 개정 등으로 변경된 내용은 출판사 홈페이지 자료실(도서정오표)에서 확인하실 수 있습니다.

저 자 이보상 드림

출제기준(필기)

직무분야	화학	중직무분야	위험물	자격종목	위험물기능사	적용기간	2020.1.1.~2024.12.31.

○ **직무내용** : 위험물을 저장·취급·제조하는 제조소등에서 위험물을 안전하게 저장·취급·제조하고 일반 작업자를 지시 감독하며, 각 설비에 대한 점검과 재해 발생시 응급조치 등의 안전관리 업무를 수행하는 직무이다.

필기검정방법	객관식	문제수	60	시험시간	1시간

필기 과목명	출제 문제수	주요항목	세부항목	세세항목
화재 예방과 소화 방법, 위험물의 화학적 성질 및 취급	60	1. 화재 예방 및 소화 방법	1. 화학의 이해	1. 물질의 상태 및 성질 2. 화학의 기초법칙 3. 유기, 무기화합물의 특성
			2. 화재 및 소화	1. 연소이론 2. 소화이론 3. 폭발의 종류 및 특성 4. 화재의 분류 및 특성
			3. 화재 예방 및 소화 방법	1. 위험물의 화재 예방 2. 위험물의 화재 발생 시 조치 방법
		2. 소화약제 및 소화기	1. 소화약제	1. 소화약제의 종류 2. 소화약제별 소화원리 및 효과
			2. 소화기	1. 소화기의 종류 및 특성 2. 소화기별 원리 및 사용법
		3. 소방시설의 설치 및 운영	1. 소화설비의 설치 및 운영	1. 소화설비의 종류 및 특성 2. 소화설비 설치 기준 3. 위험물별 소화설비의 적응성 4. 소화설비 사용법
			2. 경보 및 피난설비의 설치기준	1. 경보설비 종류 및 특징 2. 경보설비 설치 기준 3. 피난설비의 설치기준
		4. 위험물의 종류 및 성질	1. 제1류 위험물	1. 제1류 위험물의 종류 2. 제1류 위험물의 성질 3. 제1류 위험물의 위험성 4. 제1류 위험물의 화재 예방 및 진압 대책
			2. 제2류 위험물	1. 제2류 위험물의 종류 2. 제2류 위험물의 성질 3. 제2류 위험물의 위험성 4. 제2류 위험물의 화재 예방 및 진압 대책
			3. 제3류 위험물	1. 제3류 위험물의 종류 2. 제3류 위험물의 성질 3. 제3류 위험물의 위험성 4. 제3류 위험물의 화재 예방 및 진압 대책
			4. 제4류 위험물	1. 제4류 위험물의 종류 2. 제4류 위험물의 성질 3. 제4류 위험물의 위험성 4. 제4류 위험물의 화재 예방 및 진압 대책
			5. 제5류 위험물	1. 제5류 위험물의 종류 2. 제5류 위험물의 성질 3. 제5류 위험물의 위험성 4. 제5류 위험물의 화재 예방 및 진압 대책

필 기 과목명	출 제 문제수	주요항목	세부항목	세세항목
			6. 제6류 위험물	1. 제6류 위험물의 종류 2. 제6류 위험물의 성질 3. 제6류 위험물의 위험성 4. 제6류 위험물의 화재예방 및 진압 대책
		5. 위험물안전관리 기준	1. 위험물 저장·취급·운반·운송기준	1. 위험물의 저장기준 2. 위험물의 취급기준 3. 위험물의 운반기준 4. 위험물의 운송기준
		6. 기술기준	1. 제조소등의 위치구조 설비기준	1. 제조소의 위치구조설비 기준 2. 옥내저장소의 위치구조 설비 기준 3. 옥외탱크저장소의 위치 구조설비 기준 4. 옥내탱크저장소의 위치 구조설비 기준 5. 지하탱크저장소의 위치 구조설비 기준 6. 간이탱크저장소의 위치 구조설비 기준 7. 이동탱크저장소의 위치 구조설비 기준 8. 옥외저장소의 위치 구조설비 기준 9. 암반탱크저장소의 위치 구조설비 기준 10. 주유취급소의 위치 구조설비 기준 11. 판매취급소의 위치 구조설비 기준 12. 이송취급소의 위치 구조설비 기준 13. 일반취급소의 위치 구조설비 기준
			2. 제조소등의 소화설비, 경보설비 및 피난설비 기준	1. 제조소등의 소화난이도등급 및 그에 따른 소화설비 2. 위험물의 성질에 따른 소화설비의 적응성 3. 소요단위 및 능력단위 산정법 4. 옥내소화전의 설치기준 5. 옥외소화전의 설치기준 6. 스프링클러의 설치기준 7. 물분무소화설비의 설치기준 8. 포소화설비의 설치기준 9. 불활성가스 소화설비의 설치기준 10. 할로겐화물소화설비의 설치기준 11. 분말소화설비의 설치기준 12. 수동식소화기의 설치기준 13. 경보설비의 설치기준 14. 피난설비의 설치기준
		7. 위험물안전관리 법상 행정사항	1. 제조소등 설치 및 후속절차	1. 제조소등 허가 2. 제조소등 완공검사 3. 탱크안전성능검사 4. 제조소등 지위승계 5. 제조소등 용도폐지
			2. 행정처분	1. 제조소등 사용정지, 허가취소 2. 과징금처분
			3. 안전관리 사항	1. 유지·관리 2. 예방규정 3. 정기점검 4. 정기검사 5. 자체소방대
			4. 행정감독	1. 출입 검사 2. 각종 행정명령 3. 벌금 및 과태료

차 례

제4편 과년도 출제문제 / 209

제1편

화재예방 및 소화방법

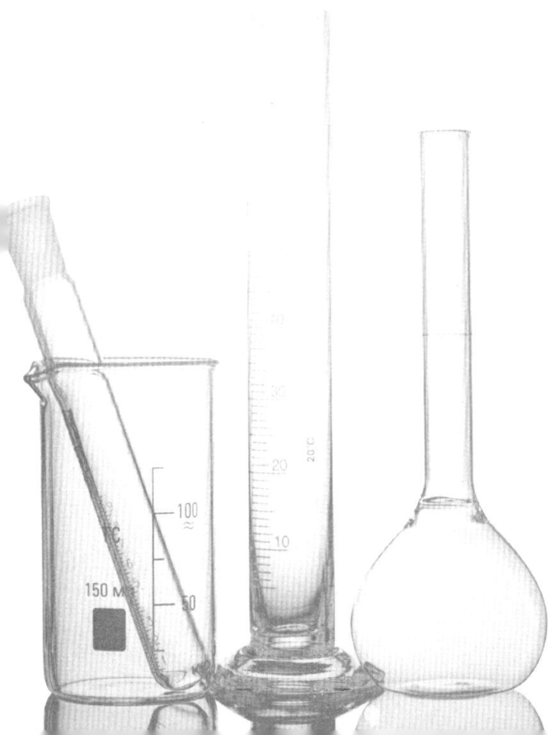

제 1 장 기초 화학

01 화학식 만드는 방법

1. 화학식

각 원소 및 원자단의 원자가를 교차하여 만든다(단, 무기화합물에서 금속 및 양성원자단은 왼쪽, 유기화합물에서 금속 및 양성원자단은 오른쪽).

2. 원자가

원소주기율표의 족수와 원자단에 의하여 결정된다.

(1) 원소주기율표 암기법(각 원소의 명칭은 본 주기율표 참고)

족수 / 주기	a 1족 b		a 2족 b		a 3족	a 4족	a 5족	a 6족 b		a 7족	0족
1주기	H(수)										He(헬)
2주기	Li(리)		Be(베)		B(붕)	C(탄)	N(질)	O(산)		F(불)	Ne(네)
3주기	Na(나)		Mg(마)		Al(알)	Si(실)	P(인)	S(유)		Cl(염)	Ar(알)
4주기	K(카)	Cu(구)	Ca(칼)	Zn(아)		Ge(게)	As(비)		Cr(크)	Br(브)	Kr(크리)
5주기		Ag(은)	Sr(스)	Cd(카)		Sn(주)	Sb(안)		Mo(몰)	I(요)	Xe(크)
6주기		Au(금)	Ba(바)	Hg(수)		Pb(납)	Bi(비)		W(텅)		Rn(라돈)
	알칼리금속족	구리족	알칼리토금속족	아연족	알루미늄족	탄소족	질소족	산소족	크롬족	할로겐족	불활성 기체

(2) 중요한 원자번호와 원자량

① 원자번호 1번에서 20번까지 순서대로 외우기

1	2	3	4	5	6	7	8	9	10	11	12	13	14	15	16	17	18	19	20
수	헤	리	베	붕	탄	질	산	불	네	나	마	알	규	인	황	염	아	카	칼
H	He	Li	Be	B	C	N	O	F	Ne	Na	Mg	Al	Si	P	S	Cl	Ar	K	Ca
수소	헬륨	리튬	베릴륨	붕소	탄소	질소	산소	불소	네온	나트륨	마그네슘	알루미늄	규소	인	유황	염소	아르곤	칼륨	칼슘

② 짝수 원자번호의 원자량=원자번호×2

③ 홀수 원자번호의 원자량=원자번호×2+1

Point

- $^1_1$H(수소), $^9_4$Be(베릴륨), $^{14}_7$N(질소), $^{35.5}_{17}$Cl(염소), $^{40}_{18}$Ar(아르곤)은 공식에서 제외된다.

(3) 주기율표에서의 원자가

족 수 / 주 기	1	2	3	4	5	6	7	0
원자가	+1	+2	+3	+4 +2 −4	+5 +3 −3	+6 +4 −2	+7 +5 −1	0
	불변			가변				불변

(4) 중요한 원자단의 원자가

이 름	원자단	원자가	이 름	원자단	원자가
암 모 늄 기	NH_4^+	+1	황 산 기	SO_4^{-2}	−2
수 산 기	OH^-	−1	아 황 산 기	SO_3^{-2}	−2
시 안 기	CN^-	−1	탄 산 기	CO_3^{-2}	−2
질 산 기	NO_3^-	−1	크 롬 산 기	CrO_4^{-2}	−2
과 망 간 산 기	MnO_4^-	−1	중 크 롬 산 기	$Cr_2O_7^{-2}$	−2
망 간 산 기	MnO_4^{-2}	−2	인 산 기	PO_4^{-3}	−3

02 화학식 만들기

1. 원자와 원자의 원자가 교차

H_2O(물) : H^{+1} ⤨ O^{-2}

Al_2O_3(산화알루미늄) : Al^{+3} ⤨ O^{-2}

NaCl(염화나트륨) : Na^{+1} ⤨ Cl^{-1}

2. 원자와 원자단의 교차

NaOH(수산화나트륨) : Na^{+1} ⤨ OH^{-1}

HNO_3(질산) : H^{+1} ⤨ NO_3^{-1}

H_3PO_4(인산) : H^{+1} ⤨ PO_4^{-3}

$Ca(OH)_2$(수산화칼슘) : Ca^{+2} ⤨ OH^{-1}

H_2SO_4(황산) : H^{+1} ⤨ SO_4^{-2}

$Al_2(SO_4)_3$(황산알루미늄) : Al^{+3} ⤨ SO_4^{-2}

3. 유기화합물의 원자가 교차

CH_3COOK(초산칼륨) : CH_3COO^{-1} ⤨ K^{+1}

$(C_2H_5)_3Al$(트리에틸알루미늄) : $C_2H_5^{-1}$ ⤨ Al^{+3}

$(C_2H_5)_4Pb$(사에틸납) : $C_2H_5^{-1}$ ⤨ Pb^{+4}

03 화학식 읽기

1. 무기화합물 : 오른쪽에서 왼쪽(←)으로 읽는다.

(1) 각 원소의 명칭 뒷글자 (소)를 (화)로 바꾸어 읽으며, (소)가 없을 때에는 (화)를 붙여 읽는다.

예 NaCl : 염화나트륨
나트륨 염 (소) → (화)

H_2S : 황화수소
수소 황 + (화)

(2) 각 원자단의 기를 생략하고 읽는다(단, 수산기와 시안기는 (기)를 (화)로 바꾸어 읽는다).

예 $Al_2(SO_4)_3$: 황산알루미늄
알루미늄 황산(기) → 생략

NaOH : 수산화나트륨(가성소다)
나트륨 수산(기) → (화)

KCN : 시안화칼륨(청산가리)
칼륨 시안(기) → (화)

(3) 산의 화학식 명명법 : OH−(수산기)를 제외한 음성의 원자단이 H(수소)와 결합된 물질을 산의 화학식이라 한다.

- HNO_3 : 질산수소라 읽지 않고 질산이라 한다.

예 H_2SO_4 : 황산, H_3PO_4 : 인산, CH_3COOH : 초산

(4) 양성원자의 원자가가 2개인 경우

① 작은 원자가 : 제1 또는 원자가를 로마자로 표시

② 큰 원자가 : 제2 또는 원자가를 로마자로 표시

예 FeO : Fe^{+2} ⨉ O^{-2} = FeO → 산화제1철, 산화철(Ⅱ)
Fe_2O_3 : Fe^{+3} ⨉ O^{-2} → 산화제2철, 산화철(Ⅲ)

(5) 음성원자의 원자가가 2개인 경우

① 큰 원자가 : "과"를 붙인다.

> 예 H_2O : $H^{+1} \times O^{-2}$ → 산화수소(물)
> H_2O_2 : $H_2O+[O]=H_2O_2$ → 과산화수소
> Na_2O : $Na^{+1} \times O^{-2}$ → 산화나트륨
> $Na_2O_2(NaO)$: $Na_2O+[O]=Na_2O_2$ → 과산화나트륨

(6) 음성원소의 원자수가 여러 개일 경우 : 음성 원소의 수를 부른다.

CO : 일산화탄소,	SO_2 : 이산화황(아황산가스)
CO_2 : 이산화탄소,	SO_3 : 삼산화황(무수황산)

2. 유기화합물 : 왼쪽에서 오른쪽(→)으로 읽는다.

CH_3COO K(초산칼륨)	$(C_2H_5)_3Al$(트리에틸알루미늄)	$(C_2H_5)_4Pb$(사에틸납)
초산(기) → 생략 칼슘	트리에틸(기) → 생략 알루미늄	사에틸(기) → 생략 납

(1) 수에 관한 접두어

1 : mono(모노)	2 : di(디)	3 : tri(트리)	4 : tetra(테트라)	5 : penta(펜타)
6 : hexa(헥사)	7 : hepta(헵타)	8 : octa(옥타)	9 : nona(노나)	10 : deca(데카)

(2) 탄소수(AlK〈알크〉: 어간)에 관한 접두어

C : meth(메쓰)	C_2 : eth(에쓰)	C_3 : prop(프로프)	C_4 : but(부트)	C_5 : pent(펜트)
C_6 : hex(헥쓰)	C_7 : hept(헵트)	C_8 : Oct(옥트)	C_9 : non(논)	C_{10} : dec(데크)

(3) 탄화수소화합물의 IUPAC 명명법 : AlK(알크 · 어간)에 대한 어미의 명명방법

① Alk<u>ane</u>(알칸) : C_nH_{2n+2}(단일 결합)

> 예 CH_4(메탄), C_2H_6(에탄), C_3H_8(프로판), C_4H_{10}(부탄), C_5H_{12}(펜탄)

② Alk<u>ene</u>(알켄) : C_nH_{2n}(이중 결합)

> 예 CH_2(×), C_2H_4(에텐, 에틸렌), C_3H_6(프로펜, 프로필렌), C_4H_8(부텐, 부틸렌),
> C_5H_{10}(펜텐, 펜틸렌)

③ Alk<u>ine</u>(알킨) : C_nH_{2n-2}(삼중 결합)

> 예 C_2H_2(에틴, 아세틸렌), C_3H_4(프로핀, 메틸아세틸렌), C_4H_6(부틴, 에틸아세틸렌), C_5H_8(펜틴, 프로필아세틸렌)

④ Alk<u>yl</u>(알킬) : C_nH_{2n+1}(유기화학 최초 원자단)

> 예 CH_3-(메틸), C_2H_5-(에틸), C_3H_7-(프로필), C_4H_9-(부틸), $C_5H_{11}-$(펜틸)

(4) 유기화학의 원자단

관 능 기	식	구 조
에테르기(ether 기)	–O–	–O–
카르보닐기(케톤기, Carbonyl 기)	–CO–	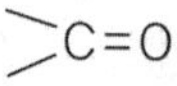
에스테르기(ester 기)	–COO–	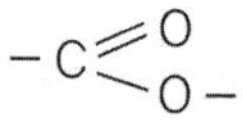
카르복실기(Carboxyl 기)	–COOH	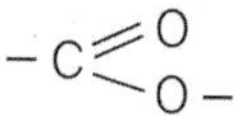
수산기(Hydroxyl 기)(알코올성 · 페놀성)	–OH	–O–H
알데히드기(aldehyde 기)	–CHO	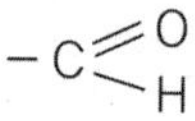
아세틸기(acetyl 기)	$-COCH_3$	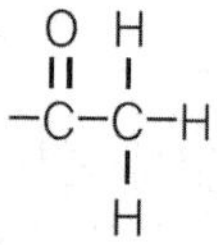
니트로기(nitro 기)	$-NO_2$	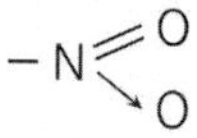
니트로소기(nitroso 기)	–NO	–N=O
아미노기(amino 기)	$-NH_2$	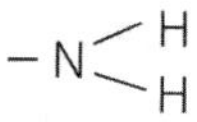
술폰산기(sulfon 산기)	$-SO_3H$	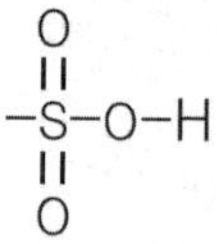
페닐기(Phenyl 기)	$-C_6H_5$	
아조기(azo 기)	N_2	–N=N–
비닐기(vinyl 기)	$-CH=CH_2$	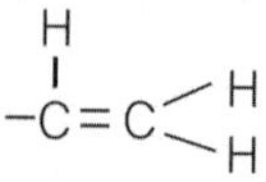

04 화학적 변화의 종류

1. **화합** : 두 가지 또는 그 이상의 물질이 결합하여 전혀 새로운 성질을 갖는 한 가지 물질이 되는 변화

일반식 : A+B → AB	예 $2H_2 + O_2 \rightarrow 2H_2O\uparrow$ (수소) (산소) (물)

2. **분해** : 한 가지 물질이 두 가지 이상의 새로운 물질로 되는 변화를 분해라 한다.

일반식 : AB → A+B	예 $2H_2O \xrightarrow{\text{전기분해}} 2H_2\uparrow + O_2\uparrow$ (물) (수소) (산소)

3. **치환** : 어떤 화합물의 성분 중 일부가 다른 원소로 바뀌어지는 변화를 치환이라 한다.

일반식 : A+BC → AC+B	예 $Zn + H_2SO_4 \rightarrow ZnSO_4 + H_2\uparrow$ (아연) (황산〈묽은〉) (황산아연) (수소)

4. **복분해** : 두 종류의 화합물의 성분 중 일부가 서로 바뀌어서 다른 성질을 갖는 물질을 만드는 변화를 복분해라 한다.

일반식 : AB+CD → AD+CB	예 $NaOH + HCl \rightarrow NaCl + H_2O$ (수산화나트륨) (염산) (염화나트륨) (물)

05 화학반응식 계수맞추기

1. 화학반응식에서 화학식 앞에 붙는 숫자를 계수라 한다.
2. 계수는 질량불변의 법칙(화학반응식에서 반응전후의 질량의 총합은 같다)에 의하여 화학반응 전후의 질량의 총합을 같게 하기 위하여 화학식의 앞부분에 숫자를 넣어 반응 전과 반응 후의 화학식에 표시된 원자 개수의 합을 같게 하여 화학반응식을 완결한다.
3. 계수 맞추는 방법은 여러 가지가 있으나 목산(目算)은 계수를 맞추기 위하여 화학반응식의 화살표를 전후로 하여 눈으로 보고 계수를 맞추었다하여 이러한 방법을 목산(目算)이라 한다. 그러므로 화학반응식에서 화살표(→)의 의미는 수학에서 이콜(=)과 같은 의미이다.

06 소화약제

1. 화학포소화기의 화학반응식

$6NaHCO_3$ + $Al_2(SO_4)_3 \cdot 18H_2O$ → $3Na_2SO_4$ + $2Al(OH)_3$ + $6CO_2\uparrow$ + $18H_2O$
(탄산수소나트륨) (황산알루미늄의 수화물) (황산나트륨) (수산화알루미늄) (이산화탄소) (물)

(1) 화학반응식에서 탄산수소나트륨($NaHCO$)$_3$과 황산알루미늄[$Al_2(SO_4)_3$]이 화학반응을 하면 황산나트륨(Na_2SO_4)과 수산화알루미늄[$Al(OH)_3$]과 이산화탄소(CO_2)와 물(H_2O)이 생성된다.

(2) 반응물질과 생성물질은 암기사항이다.

2. 화학반응식 계수맞추기

(1) 이 반응에서 반응물질과 생성물질만을 쓰면 이렇게 된다(결정수 · $18H_2O$는 반응 후 그대로 $18H_2O$로 나오므로 (·)을 (+)로 바꿔 표시한다).

$NaHCO_3$ + $Al_2(SO_4)_3 \cdot 18H_2O$ → Na_2SO_4 + $Al(OH)_3$ + $CO_2\uparrow$ + $18H_2O$

(2) 계수는 질량불변의 법칙에 의하여 반응전후의 질량의 총합을 같게 하기 위하여 화살표를 전후로 하여 각 원자의 개수를 같게 해 주어야 한다.

① 그러므로 $NaHCO_3$ + $Al_2(SO_4)_3 \cdot 18H_2O$ → Na_2SO_4 + $Al(OH)_3$ + $CO_2\uparrow$ + $18H_2O$ 반응식에서 반응 전 $NaHCO_3$에서 Na의 개수의 1개와 반응 후 Na_2SO_4에서 Na의 개수 2개를 같게 하기 위하여 $NaHCO_3$앞에 2를 쓴다.

$2NaHCO_2$ + $Al_2(SO_4)_3 \cdot 18H_2O$ → Na_2SO_4 + $Al(OH)_3$ + $CO_2\uparrow$ + $18H_2O$

② 반응 전 $Al_2(SO_4)_3$에서 Al의 개수 2개와 반응 후 $Al(OH)_3$에서 Al의 개수 1개를 같게 하기 위하여 $Al(OH)_3$앞에 2를 쓴다.

$2NaHCO_3$ + $Al_2(SO_4)_3 \cdot 18H_2O$ → Na_2SO_4 + $2Al(OH)_3$ + $CO_2\uparrow$ + $18H_2O$

③ 반응 전 $Al_2(SO_4)_3$에서 SO_4의 개수 3개와 반응 후 Na_2SO_4에서 SO_4의 개수 1개를 같게 하기 위하여 Na_2SO_4앞에 3을 쓴다.

$2NaHCO_2$ + $Al_2(SO_4)_3 \cdot 18H_2O$ → $3Na_2SO_4$ + $2Al(OH)_3$ + $CO_2\uparrow$ + $18H_2O$

④ 그러므로 앞서 맞춘 $2NaHCO_3$와 $3Na_2SO_4$에서 Na의 개수를 6개로 하기 위하여 $2NaHCO_3$의 계수를 $6NaHCO_3$로 수정한다.

$6NaHCO_3$ + $Al_2(SO_4)_3 \cdot 18H_2O$ → $3Na_2SO_4$ + $2Al(OH)_3$ + $CO_2\uparrow$ + $18H_2O$

⑤ 계수를 쓰지 않은 CO_2의 계수는 $6NaHCO_3$에서 C의 개수 6과 같게 하기 위하여 CO_2앞에 6을 쓰므로 화학식반응식이 완결된다.

6NaHCO3 + Al2(SO4)3 · 18H2O → 3NaSO + 2Al(OH) + $6CO_2\uparrow$ + 18HO

(3) 완결된 화학식은 다음과 같다.

$6NaHCO_3$ + $Al_2(SO_4)_3 \cdot 18H_2O$ → $3Na_2SO_4$ + $2Al(OH)_3$ + $6CO_2\uparrow$ + $18H_2O$

제 2 장 연소이론

01 연소의 정의

물질이 발열과 빛을 수반하는 급격한 산화현상

1. 발광에 따른 온도 측정

(1) **적열상태** : 500℃ 부근

(2) **백열상태** : 1,000℃ 이상

2. 고온체의 색깔과 온도

담암적색	522℃	황 적 색	1,100℃
암 적 색	700℃	백 적 색	1,300℃
적 색	850℃	휘 백 색	1,500℃
휘 적 색	950℃		

02 연소의 3요소

• 연소의 3요소 : 가연물, 산소공급원, 점화원

1. 가연물

산화되기 쉬운 물질

(1) **가연물이 될 수 있는 조건**

① 산화할 때 발열량이 클 것

② 산화할 때 열전도율이 작을 것

③ 산화할 때 필요한 활성에너지가 작을 것

④ 산소와 친화력이 좋고 표면적이 넓을 것

(2) **가연물이 될 수 없는 조건**

① 주기율표 0족의 원소

② 이미 산화반응이 완결된 안정된 산화물

③ 질소 또는 질소산화물

Point

• **질소**(N_2)는 **산화반응**에서 **흡열반응**을 하므로 **가연물이 될 수 없다.**

2. 산소공급원

(1) 공 기

(2) 산화제

(3) 자기반응성 물질(내부연소성 물질)

3. 점화원(가연물에 활성화에너지를 주는 것)

(1) 전기불꽃

(2) 정전기불꽃

(3) 마찰 및 충격의 불꽃

(4) 고열물

(5) 단열압축

(6) 산화열

(7) 낙 뢰

Point

• **전기불꽃** : 전기의 ⊕ ⊖ 합선으로 일어나는 불꽃을 말하며 에너지 측정이 가능하다.

$$E = \frac{1}{2}QV = \frac{1}{2}CV^2$$

Q : 전기량 V : 방전전압 C : 전기용량

• 정전기 방지법

– 접지할 것

– 공기 중의 상대습도를 70% 이상으로 할 것

– 공기를 이온화할 것

03 인화점, 연소점, 착화점, 연소범위

1. 인화점

가연물을 가열할 때 가연성 증기가 연소범위 하한에 달하는 최저온도

Point

• 인화점 측정기의 종류
태그밀폐식 인화점 측정기, **신속평형법** 인화점 측정기, **클리브랜드개방컵** 인화점 측정기, **펜스키마텐스밀폐식** 인화점 측정기

2. 연소점

연소가 계속되기 위한 온도를 말하며 대략 인화점보다 10℃ 정도 높은 온도를 말한다.

3. 착화점(발화점, 착화온도)

가연물을 가열할 때 점화원 없이 가열된 열만을 가지고 스스로 연소가 시작되는 최저온도

(1) 착화점이 낮아지는 경우
① 압력이 클 때
② 발열량이 클 때
③ 화학적 활성도가 클 때
④ 산소와 친화력이 좋을 때
⑤ 분자구조가 복잡할 때
⑥ 접촉금속의 열전도율이 좋을 때
⑦ 습도 및 가스압이 낮을 때

4. 연소범위(연소한계, 폭발범위, 폭발한계)

연소에 필요한 가연성기체와 공기 또는 산소와의 혼합가스 농도범위

(1) 혼합가스의 연소범위(르샤틀리에의 법칙)

$$\frac{100}{L}=\frac{V_1}{L_1}+\frac{V_2}{L_2}+\frac{V_3}{L_3}\cdots\cdots$$

L : 혼합가스 연소범위 하한계(%)
L_1, L_2, L_3 : 각 성분의 연소범위 하한계(%)
V_1, V_2, V_3 : 각 성분의 부피(%)

(2) 연소범위가 넓어지는 경우
① 온도가 상승할 경우
② 증기압이 높을 경우

Point

• **가스압**(증기압)이 **높**아지면 **연소범위가 넓어**지며 **하한 값**은 변화가 없으나 **상한 값**은 **증가**한다.

04 위험물의 연소형태(기체·액체·고체의 연소)

1. 기체의 연소(발염연소, 불꽃연소)

(1) **확산연소** : 가연성기체와 공기 중의 산소와 접촉하고 있는 부분의 연소 현상

(2) **혼합연소**(혼기연소) : 가연성가스와 공기가 혼합되어 연소하는 현상

2. 액체의 연소(증발연소)

(1) **액체 가연물이 연소** : 액체 자체가 연소하는 것이 아니라 액체 표면에 발생된 증기가 연소하는 것이므로 증발연소라 한다.

(2) 기타 비휘발성액체의 연소
① 분해연소 : 점도가 높고 비휘발성액체의 연소
② 액적연소 : 안개상으로 분출하여 연소하는 방법

3. 고체의 연소(분해연소 · 표면연소 · 증발연소 · 자기연소)

(1) **분해연소** : 목재, 종이, 석탄, 플라스틱 등의 연소로서 이들 고체에 충분한 착화에너지를 주어 연소하는 것을 말한다.

> 탄화현상 : 착화에너지의 부족으로 열분해를 충분히 일으키지 못하여 연소하지 못할 때 일어나는 현상을 탄화현상이라 한다.

(2) **표면연소** : 코크스, 목탄, 금속분의 연소로서 그 표면에서 산소와 반응하여 연소하는 것

(3) **증발연소** : 황, 나프탈렌, 파라핀 등 고체 물질의 연소로서 이들 고체에 열을 가하면 상태변화를 일으켜 액체가 되고 어떤 일정 온도에서는 가연성 증기를 발생하여 점화원에 의하여 연소한다.

(4) **자기연소** : 제5류 위험물의 연소로서 이들 고체는 대부분 자체 내에 산소를 함유하고 있어 공기 중의 산소를 필요로 하지 않고도 연소한다.

05 발화(자연발화 · 준자연발화 · 혼합발화)

1. 자연발화

> 물질이 서서히 산화되어 축적된 산화열이 서서히 발열 발화하는 현상

(1) 자연발화의 형태
① 산화열에 의한 발열(예 석탄 · 건성유 등)
② 분해열에 의한 발열(예 셀룰로이드 · 니트로셀룰로오스 등)
③ 흡착열에 의한 발열(예 활성탄 · 목탄분말 등)
④ 미생물에 의한 발열(예 퇴비 · 먼지 등)
⑤ 중합열에 의한 발열(예 시안화수소 등)

(2) 자연발화의 조건
① 발열량이 클 것
② 열전도율이 작을 것
③ 주위의 온도가 높을 것
④ 표면적이 넓을 것

(3) 자연발화의 방지법
① 습도가 높은 것을 피할 것
② 저장실의 온도를 낮출 것
③ 통풍을 잘 시킬 것
④ 퇴적 및 수납할 때에 열이 쌓이지 않게 할 것

2. 준자연발화

> 가연물이 공기 또는 물과 접촉 반응하여 급격히 발열 · 발화하는 현상

3. 혼합발화

> 위험물을 두 가지 또는 그 이상으로 서로 혼합 접촉하였을 때 발열 발화하는 현상

(1) 혼합위험성
① 폭발성 화합물을 생성하는 경우
② 폭발성 혼합물을 생성하는 경우
③ 가연성가스를 발생하는 경우
④ 시간이 경과하거나 바로 분해 또는 발화하는 경우

06 폭발 (폭발 · 폭굉 · 분진폭발)

1. 폭발

가연성기체 또는 액체의 열의 발생속도가 열의 일산속도를 상회하는 현상

Point

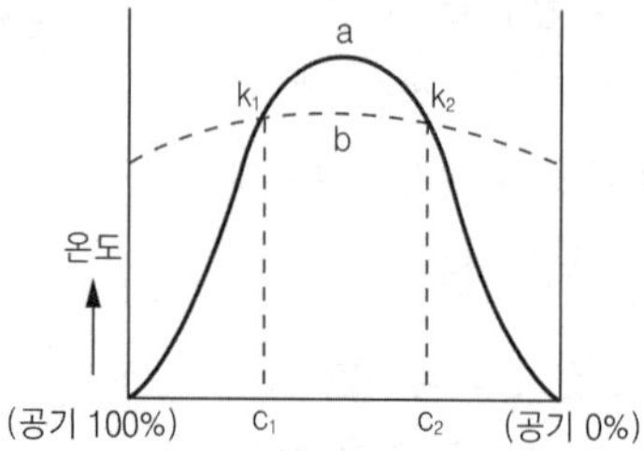

a : 열의 발생속도
b : 열의 일산속도
C_1~C_2 : 연소범위(폭발범위)
K_1, K_2 : 착화온도

- **열의 일산속도 : 축적된 열**을 순간적으로 **발산**할 때의 속도

2. 폭굉[Detoration(데토네이션)]

폭발범위 내의 어떤 특정농도범위에서는 연소의 속도가 폭발에 비해 수백 내지 수천 배에달하는 현상

(1) 폭굉 유도거리가 짧아지는 경우

① 정상 연소속도가 큰 혼합물일 경우
② 점화원의 에너지가 클 경우
③ 고압일 경우
④ 관경이 작을 경우
⑤ 관속에 방해물이 있을 경우

Point

- **폭굉 유도거리** : 최초의 완만한 연소속도가 격렬한 폭굉으로 변할 때의 거리
- **폭발과 폭굉의 연소속도**

구 분	연 소 속 도
폭 발	0.1m/sec~10m/sec
폭 굉	1,000m/sec~3,500m/sec

3. 분진폭발

불휘발성액체 또는 고체가 미립자(작은 알갱이)로 공기 중에서 폭발범위 내로 존재할 때 착화에너지를 가할 때 일어나는 현상

Point

- **분진폭발을 일으키는 물질**
  - **농산물** : 밀가루, 전분, 솜, 담배가루, 커피가루 등
  - **광물질** : 마그네슘, 알루미늄, 아연, 티탄, 철분 등

제 3 장 소화이론

01 소화의 정의

소화란 물질이 연소할 때 연소구역에서 연소의 3요소 중 일부 또는 전부를 없애주면 연소가 중단되는 현상을 말한다.

Point

• **화재의 종류 및 표시색**

급수	구분	표시색	적응화재
A급	일반화재	백색	목재, 종이, 섬유, 플라스틱 등
B급	유류 및 가스화재	황색	석유, 유지, 파라핀, 유황 등
C급	전기화재	청색	발전기, 변압기 등
D급	금속화재	색 표시 없음	칼륨, 나트륨 및 금속분 등

02 소화방법의 종류

구 분	소화원리
제거소화	가연물의 제거에 의한 소화
질식소화	산소공급원의 차단에 의한 소화
냉각소화	발화점 이하의 온도로 냉각하는 소화
억제소화	연속적 관계의 차단에 의한 소화

03 제거소화의 종류

촛불 · 유전의 화재 · 산불 · 가스의 화재

04 질식소화기의 종류

Point

• **질식소화 : 연소구역**에서 공기 중 산소의 농도 약 21vol%를 15vol% 이하로 떨어뜨려 **산소공급을 차단**하여 연소를 중단시키는 방법이다.
  – **공기** 중의 산소의 농도 **부피비 약** 21vol%, **중량비** 약 23wt%

1. 포말소화기의 종류(화학포 · 기계포 · 알코올포)

(1) 화학포 소화기(포마이드, 거품소화기)의 종류

① 보통전도식, ② 내통밀폐식, ③ 내통밀봉식

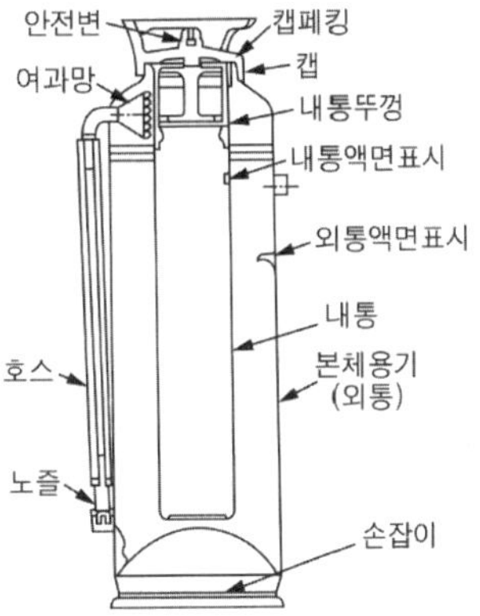

(2) 화학포 소화기의 소화약제

① 외약제(A제) : 중탄산나트륨($NaHCO_3$) · 기포안정제

② 내약제(B제) : 황산알루미늄[$Al_2(SO_4)_3$]

Point

- **기포안정제** : 가수분해단백질, 계면활성제, 사포닝, 소다회(Na_2CO_3) 등

(3) 화학포 소화기의 화학반응식

$6NaHCO_3 + Al_2(SO_4)_3 \cdot 18H_2O$
(중탄산나트륨) (황산알루미늄)
$\rightarrow 3Na_2SO_4 + 2Al(OH)_3 + 6CO_2\uparrow + 18H_2O$
(황산나트륨) (수산화알루미늄) (이산화탄소) (물)

Point

- **화학포 소화약제 수용액의 액성**
  - **중탄산나트륨 수용액** : 액성은 **알칼리성**
  - **황산알루미늄 수용액** : 액성은 **산성**
- **포 속의 가스(포핵)** : CO_2(이산화탄소)

(4) 기계포 소화기(공기포, 에어폼)

① 기계포 소화기의 방출방식
㉠ 축압식
㉡ 가스가압식

② 기계포의 포핵(거품 속의 가스) : 공기

(5) 알코올포 소화기(특수포)

알코올 등 수용성인 가연물의 화재에 사용되는 내알코올성 소화기

(6) 포말의 조건

① 기름보다 가벼우며 화재 면과의 부착성이 좋을 것
② 바람 등에 견디는 응집성과 안정성이 있을 것
③ 열에 대한 센막을 가지며 유동성이 좋을 것

(7) 기타

① 약제 교환 : 연 1회

2. 분말소화기

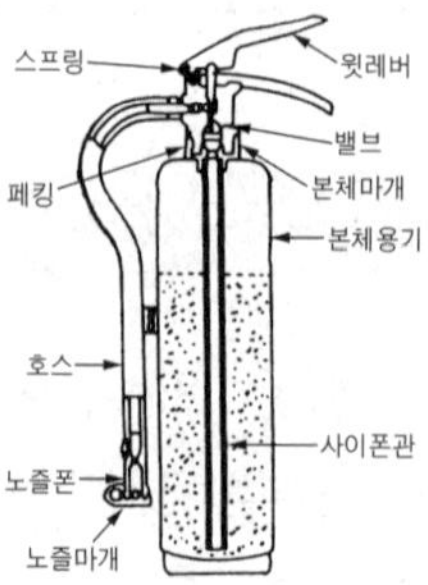

[축압식]

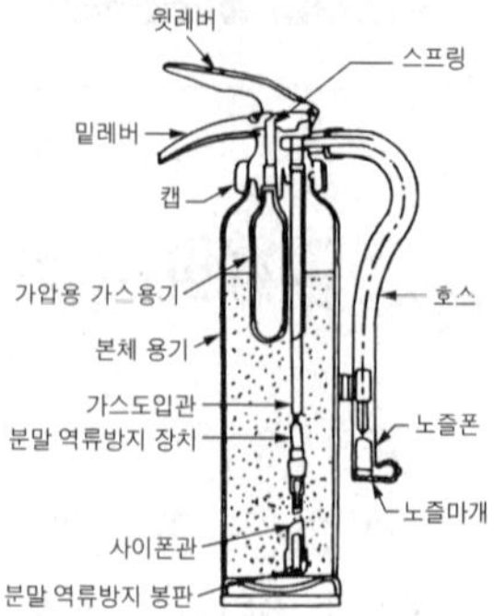

[가스가압식]

(1) 분말소화약제의 종류

종별	화학명	화학식	착색	적응화재
제1종 분말	탄산수소 나트륨	$NaHCO_3$	백색	BC급
제2종 분말	탄산수소 칼륨	$KHCO_3$	보라색	BC급
제3종 분말	제1인산 암모늄	$NH_4H_2PO_4$	담홍색	ABC급
제4종 분말	탄산수소 칼륨+요소	$KHCO_3 + (NH_2)_2CO$	회백색	BC급

※ 탄산수소나트륨의 다른 명칭 : 중탄산나트륨, 중조

(2) 소화약제 방출방식

① **축압식** : 방출하며 압력지시계의 압력은 7.0~9.8kg/cm^{2}이다.
② **가스 가압식** : 봄베이식이라고 하며 가스봄베에서 방출된 가스압으로 소화분말을 방출하는 소화기

(3) 열분해 반응식

구 분	열분해 반응식
제1종 분말	$2NaHCO_3$ (탄산수소나트륨 · 중탄산나트륨) $\rightarrow Na_2CO_3 + CO_2\uparrow + H_2O$ (탄산나트륨) (이산화탄소) (물)

구 분	열분해 반응식
제2종 분말	$2KHCO_3$ (탄산수소칼륨 · 중탄산칼륨) → K_2CO_3 + CO_2↑ + H_2O (탄산칼륨) (이산화탄소) (물)
제3종 분말	$NH_4H_2PO_4$ (인산암모늄) → HPO_3 + NH_3↑ + H_2O (메타인산) (암모니아) (물)
제4종 분말	$2KHCO_3$ + $(NH_2)_2CO$ (탄산수소칼륨 · 중탄산칼륨) (요소) → K_2CO_3 + $2NH_3$↑ + $2CO_2$↑ (탄산칼륨) (암모니아) (이산화탄소)

Point

- **소화분말의 표면처리제** : 금속비누, 실리콘수지
  - **금속비누** : 스테아르산아연, 스테아르산알루미늄 등
- **제1종 분말**($NaHCO_3$)은 **식용 위 화재**의 소화에서 **비누화 효과**가 있다.
- **트윈 에이전트 시스템 : 분말소화약제**와 **수성막포 소화약제**를 함께 사용하여 대형 **유류화재**의 소화효과를 높이는 소화방법

3. 이산화탄소소화기

(1) 탄산가스소화기(이산화탄소소화기)

① 탄산가스의 상태

㉠ 기체 CO_2(탄산가스)

㉡ 액체 CO_2(액화탄산가스)

㉢ 고체 CO_2(드라이아이스)

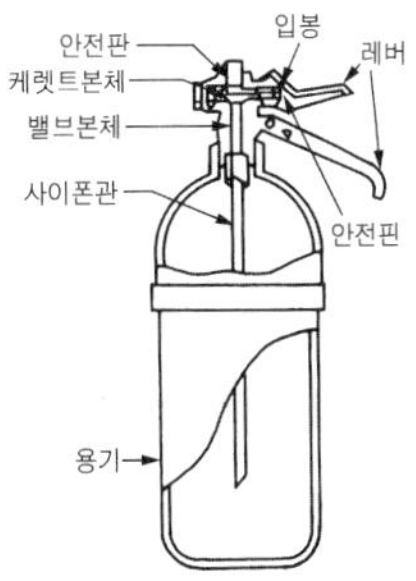

[탄산가스소화기]

② 탄산가스소화기의 단점

㉠ 약제가 부족할 경우 재연되기 쉽다.

㉡ 피부에 닿으면 동상에 걸리기 쉽다.

㉢ 고압가스이므로 용기는 25MPa에 견디어야 한다.

탄산가스소화기 : 용기에 충전된 액화탄산가스를 줄 · 톰슨효과에 의하여 드라이아이스를 방출하는 소화기

③ 충전비 : 1.5 이상일 것

$$충전비 = \frac{용기의\ 용량(\ell)}{CO_2의\ 무게(kg)}$$

④ 소화약제로 사용하는 액화탄산가스 : 순도가 용량의 99.5% 이상인 액화탄산가스이어야 하며 수분함량이 0.05%를 초과할 수 없다.

⑤ 공기 중의 이산화탄소(CO_2) 농도

$$CO_2의\ 농도 = \frac{21 - O_2(\%)}{21} \times 100$$

4. 간이소화제

(1) 마른 모래

① 보관법

㉠ 반드시 건조되어 있을 것

㉡ 가연물이 함유되어 있지 않을 것

㉢ 포대 또는 반절드럼에 넣어 보관할 것

㉣ 부속기구로 삽, 양동이를 비치할 것

(2) 팽창질석 · 팽창진주암

발화점이 낮은 알킬알루미늄 등의 화재에 사용하는 불연성고체이다.

(3) 중조톱밥

중조와 톱밥의 혼합물로 유류화재에 적합하다.

(4) 수증기

질식소화 효과에는 크게 기대하기 어려우나 보조적인 역할을 한다.

(5) 소화탄

유리병에 분말수용액이나 할로겐화합물 소화약제를 봉입한 투척용소화제이다.

05 냉각소화의 종류

구분	적응화재
물소화기	A급
강화액 소화기(무상)	ABC급
산 · 알칼리 소화기	A급

1. 물소화기

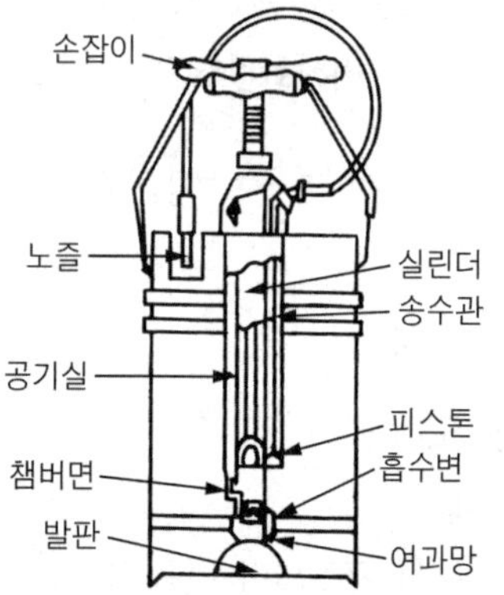

[수동펌프식 물소화기 구조]

(1) 사용목적

① 기화잠열이 크다.

② 사용하기 안전하다.

③ 어디서나 구입하기 쉽다.

④ 가격이 저렴하다.

(2) **방출방식 :** 수동펌프식, 가스가압식, 축압식

(3) **물소화기의 소화효과** : 주로 A급(일반) 화재에 많이 사용하고 있으나 B급(유류) 화재 중 수용성인 가연성액체에는 안개상으로 주수소화 가능하다. 그러나 물줄기가 굵은 봉상으로 B급 화재에 사용하면 화재 면의 확대로 매우 위험하다.

(4) **물의 기화잠열 : 539cal/g**

2. 강화액 소화기

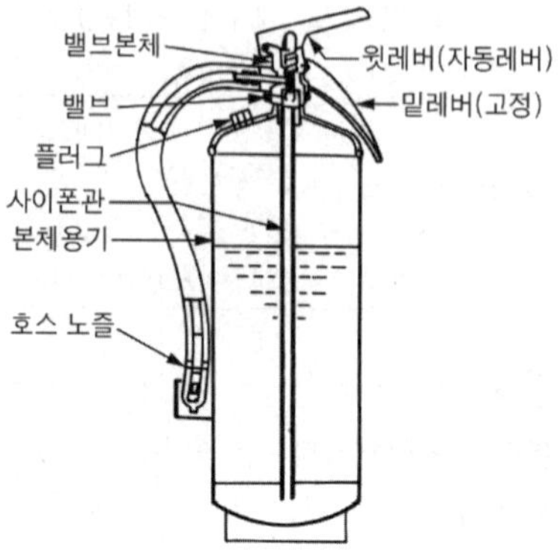

[강화액 소화기 축압식의 구조]

(1) **강화액 소화기 :** 빙점이 0℃인 물의 단점을 탄산칼륨(K_2CO_3)으로 강화하여 물의 빙점을 −30~−25℃까지 낮춘 한냉지 또는 겨울철에 사용하는 소화기

(2) **반응식 강화액 소화기의 화학반응식**

K_2CO_3 + H_2SO_4
(탄산칼륨) (황산)

→ K_2SO_4 + H_2O + $CO_2\uparrow$
(황산칼륨) (물) (이산화탄소)

(3) **수용액의 pH : 12**

(4) **비중 : 1.3~1.4**

(5) **안개상일 때** : A급 화재만 아니라 B급, C급 화재에도 사용한다(ABC 소화기).

3. 산 · 알칼리 소화기

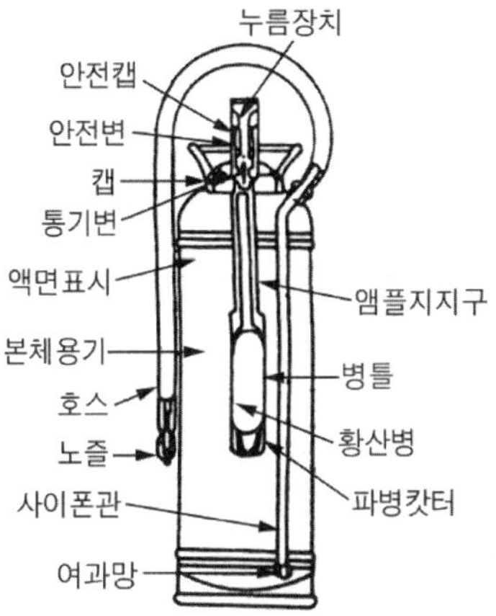

[산 · 알칼리 소화기 파병식의 구조]

(1) **산알칼리 소화기** : 전도식과 파병식이 있으며 어느 것이나 **중탄산나트륨**($NaHCO_3$)과 황산의 화학반응으로 생긴 **탄산가스**(CO_2)의 압력으로 물을 방출하는 소화기

(2) **화학반응식**

$2NaHCO_3$ + H_2SO_4
(중탄산나트륨) (황산)
→ Na_2SO_4 + $2CO_2\uparrow$ + $2H_2O$
(황산나트륨) (탄산가스) (물)

06 억제소화

1. 할론(Halon) 소화약제

(1) **할론 소화약제**

명칭	화학식	할론	약칭	적응화재
사염화탄소	CCl_4	1040	CTC	BC급
일염화일취화메탄	CH_2ClBr	1011	CB	BC급
이취화사불화에탄	$C_2F_4Br_2$	2402	FB	BC급
일취화일염화이불화메탄	CF_2ClBr	1211	BCF	ABC급
일취화삼불화메탄	CF_3Br	1301	MTB	BC급

(2) **할론 넘버 표시방법**

① C, F, Cl, Br, I의 개수를 순서대로 표시한다.

② 탄소 1개(C)는 메탄(CH_4)의 구조, 탄소 2개(C_2)는 에탄(C_2H_6)의 구조를 갖는다.

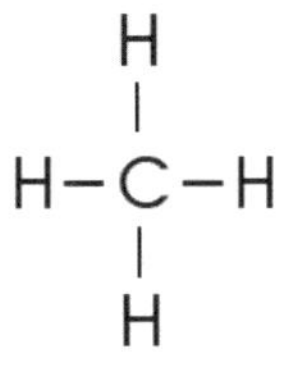

[메탄의 구조식]

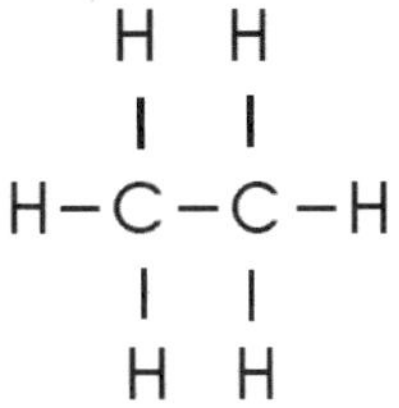

[에탄의 구조식]

(3) **할론의 소화효과(부촉매효과)**

1040 〈 1011 〈 2402 〈 1211 〈 1301

(4) **사염화탄소(CCl_4 · 테트라클로로메탄 · 카본테트라클로라이드) 소화기**

① 할로 넘버 : 104 또는 1040, 약칭 CTC

② 증기는 독성이 있으며, 높은 온도에서 분해하여 독성이 있는 포스겐가스($COCl_2$)를 발생한다.

(5) **일염화일취화메탄(CH_2ClBr · 브로모클로로메탄) 소화기**

① 할로 넘버 : 1011, 약칭 CB

② 무색투명하고 특이한 냄새가 나는 불연성 액체

(6) **이취화사불화에탄($C_2F_4Br_2$ · 디브로모테트라플루오르에탄) 소화기**

① 할로 넘버 : 2402, 약칭 FB

② 무색투명하고 특유의 냄새가 나는 불연성 액체

(7) 일염화일취화이불화메탄(CF_2ClBr · 브로모클로로디플루오르메탄) 소화기

① 할로 넘버 : 1211, 약칭 BCF

② 상온·상압에서 기체상태이다.

(8) 일취화삼불화메탄(CF_3Br · 브로모트리플루오르메탄) 소화기

① 할로 넘버 : 1301, 약칭 MTB

② 상온 · 상압에서 기체상태이므로 압축되어 있는 무색무취의 투명한 액체

③ 독성은 할로겐화합물 소화약제 중 가장 낮으며 내전성 및 소화효과가 가장 좋다.

2. 할로겐화합물 소화약제

(1) HFC(불화탄화수소) 계열

명칭	화학식	호칭
트리플루오로메탄	CHF_3	HFC-23
펜타플루오로에탄	C_2HF_5, CHF_2CF_3	HFC-125
헵타플루오로프로판	C_3HF_7, CF_3CHFCF_3	HFC-227ea

※ 불화탄화수계열(HFC) 화학식

- C의 수 : 100의 자리수+1
- H의 수 : 10의 자리수-1
- F의 수 : 1의 자리수±0

예 HFC-125 : C_2HF_5

- F의 수 : 5±0=5
- H의 수 : 2-1=1
- C의 수 : 1+1=2

※ 호칭번호 10단위 약제 : 메탄계열

※ 호칭번호 100단위 약제 : 에탄, 프로판, 부탄 계열

① 트리플루오로메탄(CHF_3) 소화기

㉠ 호칭 : HFC-23

㉡ 무색 · 무취의 기체, 냉매 및 소화제로 사용

② 펜타플루오로에탄(C_2HF_5, CHF_2CF_3) 소화기

㉠ 호칭 : HFC-125

㉡ 무색, 달콤한 냄새의 기체, 냉매 및 소화제로 사용

③ 헵타플루오로프로판(C_3HF_7, CF_3CHFCF_3) 소화기

㉠ 호칭 : HFC-227ea

㉡ 별명(상품명) : FM200

㉢ 무색 · 무취의 기체, 냉매 및 소화제로 사용

(2) FC(염화불화탄화수소) 계열

HCF-BLEND A(NAFS-Ⅲ) 4가지 혼화제		
명칭	화학식	호칭
클로로디플루오르메탄	$CHClF_2$(82%)	HCFC-22
디클로로트리플루오르에탄	$C_2HCl_2F_3$ (4.75%)	HCFC-123
클로로테트라플루오르에탄	C_2HClF_4(9.5%)	HCFC-124
캄펜(테레핀)	$C_{10}H_{16}$(3.75.%)	-

※ 염화불화탄화수소계열(HCFC) 화학식

- C, H, F의 수 : HFC 계열과 동일
- Cl의 수
  - C가 1개인 경우 : 4-H와 F의 개수
  - C가 2개인 경우 : 6-H와 F의 개수

예 HCFC-123 : $C_2HCl_2F_3$

- F의 수 : 3±0=3
- H의 수 : 2-1=1
- C의 수 : 1+1=2

※ Cl의 수 : 6-1-3=2

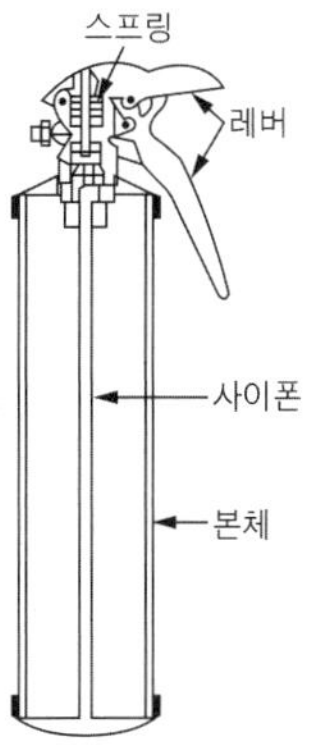

[할로겐화합물 소화기]

3. 할론 및 할로겐화합물 소화약제의 조건

(1) 비점이 낮을 것

(2) 기화되기 쉬울 것

(3) 공기보다 무겁고 불연성일 것

07 소화기의 관리

1. 소화기의 공통된 유지관리법

(1) **바닥면**으로부터 **1.5m 이하** 되는 지점에 설치할 것

(2) **통행, 피난**에 지장이 없고 **사용시 반출**하기 쉬운 곳에 설치

(3) 소화약제가 **동결, 변질** 또는 **분출**할 우려가 없는 곳에 설치

(4) **설치된 지점**에 잘 보이도록 「**소화기**」 표시를 할 것

2. 소화기를 사용할 때의 주의사항

(1) 소화기는 **화재 초기에만 효과**가 있고, **화재가 확대**된 후에는 거의 효과가 없다.

(2) 소화기는 **대형 소화설비**의 **대용**이 될 수 없다.

(3) 소화기는 어떠한 형태의 **모든 화재**에 유효한 **만능소화기**는 없다.

(4) 소화기는 그 **구조, 성능, 취급법**을 모르면 효과가 없다.

3. 소화기를 사용할 때의 일반 주의사항(사용방법)

(1) **적응화재**에만 사용할 것

(2) **성능에 따라 불 가까이 접근**하여 사용할 것

(3) 바람을 등지고 **풍상**에서 **풍하의 방향**으로 사용할 것

(4) **양옆으로 비로 쓸 듯**이 골고루 사용할 것

4. 소화기의 점검(소방시설 포함)

(1) **작동기능 검사** : 연 1회(상반기 실시)

(2) **종합정밀 검사** : 연 1회(하반기 실시)

08 위험물의 소화방법

1. 제1류 위험물의 소화

(1) 소화방법 : 주수에 의한 냉각소화

Point

- **알칼리금속의 과산화물의 소화방법 : 물과 격렬히 반응**하여 **산소(O_2)를 발생**하므로 **마른 모래 · 팽창질석 및 팽창진주암** 등으로 피복하여 소화하거나, **탄산수소염류 분말소화약제** 등으로 **질식소화**한다.

2. 제2류 위험물의 소화

(1) 소화방법 : 주수에 의한 냉각소화

Point

- 마그네슘 · 철분 · 금속분류의 소화 : 주수하면 물과 접촉하여 수소(H_2)를 발생하고, 공기 중에 확산된 분말에 의하여 2차적으로 분진폭발이 발생할 수 있으므로, 마른 모래 · 팽창질석 · 팽창진주암 · 탄산수소염류 분말소화약제 등으로 질식소화한다.
- 오황화린 · 칠황화린의 소화 : 주수에 의하여 발열하며 황화수소가스(H_2S)를 발생하므로 마른 모래 · 소화약제에 의한 질식소화를 한다.
- 인화성고체 : 주수소화 및 소화약제에 의한 질식소화

3. 제3류 위험물의 소화

(1) 소화방법 : 마른 모래 · 팽창질석 · 팽창진주암 및 탄산수소염류의 분말소화약제

Point

- 황린 : 주수소화도 좋으나 고압주수를 하면 황린의 비산으로 화점을 분산시키는 위험이 있으므로 주의를 요하며 소화약제에 의한 질식소화. (이산화탄소 · 할로겐화합물 사용금지)

4. 제4류 위험물의 소화

(1) 소화방법 : 질식소화, 수용성의 것(안개상 분무주수 가능)

Point

봉상의 주수소화는 화재 면의 확대 위험성이 있으므로 사용할 수 없다.

5. 제5류 위험물의 소화

(1) 소화방법 : 주수소화(포말포함)

Point

주수에 의한 냉각소화가 좋으나 화재가 진전되면 적당한 소화방법은 없다.

6. 제6류 위험물의 소화

(1) 소화방법 : 대량의 물에 의한 주수소화 · 인산염류분말에 의한 질식소화방법

(2) 유출 사고시 조치방법 : 마른 모래 · 중화제(생석회 · 소다라임)사용

Point

- 소화작업시 주의사항 : 제6류 위험물의 소화는 주변 가연성 물질의 화재에 대한 소화이며 위험물에 직접수주는 폭발의 위험이 있다.
  - 생석회 : CaO
  - 소다라임 : $Ca(OH)_2 + NaOH$

제 4 장 위험물제조소등의 소방시설 설치 운영

01 소방시설의 종류 (위험물제조소등 전용)

- 소화설비
- 경보설비
- 피난설비

02 소화설비 (위험물제조소등 전용)

1. 소화설비의 종류

(1) 소화기구 간이소화용구

(2) 옥내소화전설비

(3) 옥외소화전설비

(4) 스프링클러설비

(5) 물분무등소화설비 : 물분무 · 포 · 분말 · 불활성가스(이산화탄소 포함) · 할론 및 할로겐화합물 소화설비

2. 소화설비의 배치

소화기구	대형수동식 소화기	소방대상물의 각 부분으로부터 1개의 대형 수동식 소화기까지 보행거리 30m 이하의 1개
	소형수동식 소화기	보행거리 20m 이하에 1개
옥내소화전		소방대상물과 옥내소화전 호스접속구까지의 거리는 수평거리 25m 이하
옥외소화전		소방대상물과 옥외소화전 호스접결구까지의 거리는 수평거리 40m 이하
스프링클러설비 및 간이스프링클러설비		1개 헤드 설치면적은 소방대상물에 따라
물 분무 등 소화설비 (물 분무 · 포 · 분말 · 불활성가스 · 할로겐화합물 소화설비)		방사능력에 따라 유효하게

(1) 능력단위

① 소화기구의 능력단위 : 소화능력에 따라 측정한 수치

② 간이소화용구의 능력단위

구 분	용 량	능력단위
소화전용 물통	8ℓ	0.3단위
수조(소화전용 물통 3개 포함)	80ℓ	1.5단위
수조(소화전용 물통 6개 포함)	190ℓ	2.5단위
마른 모래(삽 1개 포함)	50ℓ	0.5단위
팽창질석 또는 팽창진주암 (삽 1개 포함)	160ℓ	1단위

Point

- 대령 소화기의 능력단위
  A급 10단위 이상
  B급 20단위 이상
- 소화기에 표시된 능력단위
  예 A-2, B-3 : A급 화재 능력단위 2단위, B급 화재 능력단위 3단위에 적용되는 소화기

(2) 소요단위

① 정의 : 소화설비의 설치대상이 되는 건축물, 그 밖의 공작물의 규모 또는 위험물의 양에 대한 기준단위

② 소요단위(1단위) 규정

㉠ 제조소 또는 취급소용 건축물로 외벽이 내화구조인 것 : 연면적 $100m^2$

㉡ 제조소 또는 취급소용 건축물로 외벽이 내화구조 이외의 것 : 연면적 $50m^2$

㉢ 저장소용 건축물로 외벽이 내화구조인 것 : 연면적 $150m^2$

㉣ 저장소용 건축물로 외벽이 내화구조 이외의 것 : 연면적 $75m^2$

㉤ 위험물 : 지정수량 10배

Point

- 제조소등의 **옥외**에 설치된 **공작물**은 **외벽이 내화구조**인 것으로 간주하고 **최대 수평투영면적**을 **연면적**으로 **간주**한다.

02-1 옥내소화전설비 (위험물제조소등 전용)

1. 옥내소화전설비

(1) 소화전 1개의 방수량 : 260ℓ/min 이상

(2) 방수압력 : 350KPa(0.35MPa) 이상

(3) 수원의 저수량 : 설치개수(5개 이상인 경우 5개)에 $7.8m^3$를 곱한 양 이상

Point

- **소화전 1개가 확보하여야 할 수원의 양 : 방수량(260ℓ/min)**을 **30분**(min) 간 **방출할 수 있는 양**
- 260ℓ/min × 30min = 7800ℓ = $7.8m^3$

(4) 방수구(호스) 구경 : 40mm

(5) 주배관의 입상관 구경 : 50mm 이상

(6) 비상전원 : 45분 이상 작동할 것

Point

- **비상전원의 용량**은 **약제방사시간**의 **1.5배 이상**으로 한다.
- **30분 × 1.5 = 45분**

(7) 표시등 : 적색으로 소화전함 상부에 부착 (부착 면으로부터 15도 이상 범위 안에서 10m 이내의 어느 곳에서도 식별될 것)

(8) 바닥으로부터 개폐밸브 및 호스접속구까지의 높이 : 1.5m 이하

(9) 펌프를 이용한 가압송수장치의 전양정

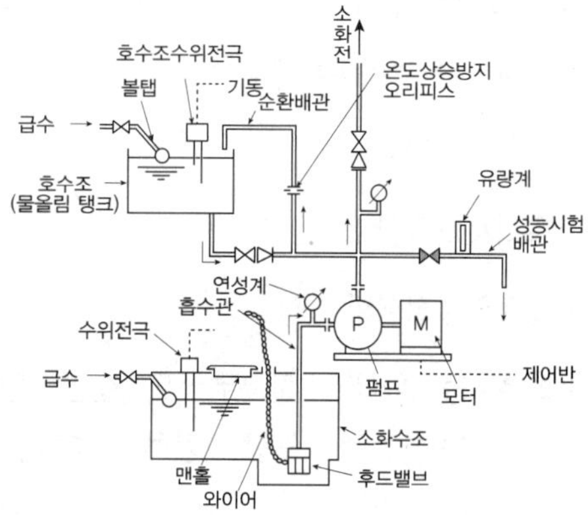

$H = h_1 + h_2 + h_3 + 35m$

H : 펌프의 전양정(단위 m),

h_1 : 소방용 호스의 마찰손실수두,

h_2 : 배관의 마찰손실수두,

h_3 : 낙차,

35m : 노즐선단의 방사압력 환산수두

Point

- **전양정** : **물**을 낮은 곳에서 높은 곳으로 **양수**할 때 **펌프가 물에 주어야 하는 압력**(수두)의 총합

(10) 고가수조를 이용한 가압송수장치의 필요한 낙차

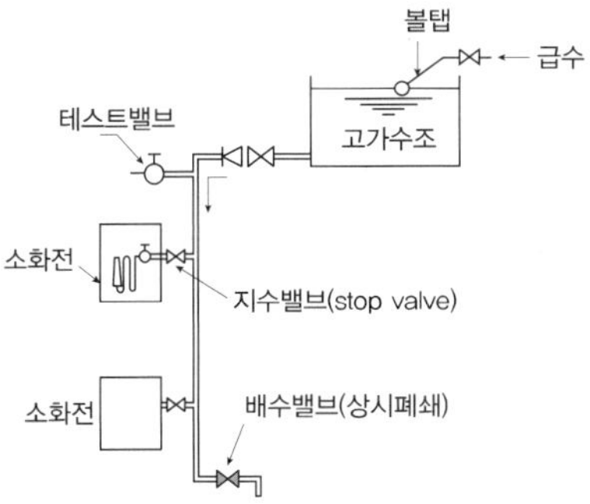

$H = h_1 + h_2 + 35m$

H : 필요한 낙차(단위 m),

h_1 : 소방용 호스의 마찰손실수두,

h_2 : 배관의 마찰손실수두,

35m : 노즐선단의 방사압력 환산수두

(11) 압력수조를 이용한 가압송수장치의 필요한 압력

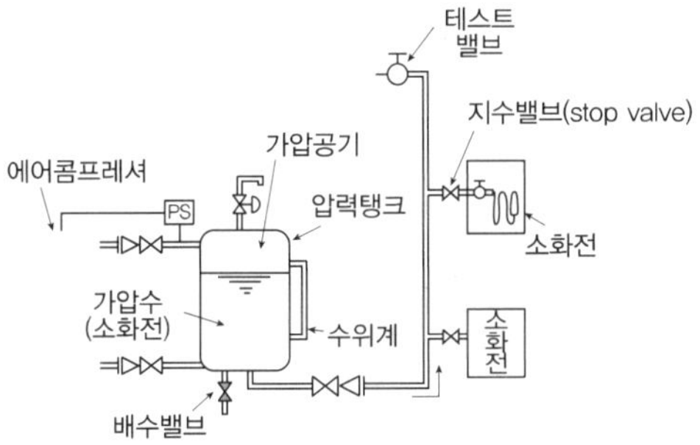

$P = P_1 + P_2 + P_3 + 0.35MPa$

P : 필요한 압력(단위 MPa),

P_1 : 소방용 호스의 마찰손실수두압,

P_2 : 배관의 마찰손실수두압,

P_3 : 낙차의 환산수두압,

0.35MPa : 노즐선단의 수두압

02-2 옥외소화전설비(위험물제조소등 전용)

1. 옥외소화전설비(건축물의 경우 당해 건축물의 1층 및 2층의 소화에 한함)

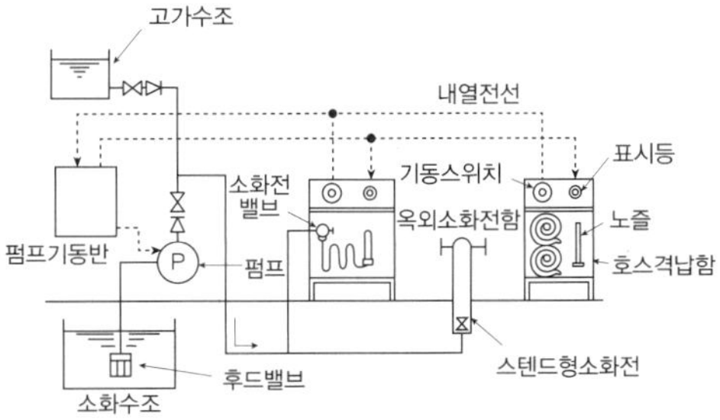

[옥외소화전설비의 구성도]

(1) 소화전 1개의 방수량 : 450ℓ/min 이상

(2) 방수압력 : 350KPa 이상

(3) 수원의 저수량 : 설치개수(4개 이상인 경우 4개)에 $13.5m^3$를 곱한 양 이상

Point

소화전 1개가 확보하여야 함

- 수원의 양 : 방수량(450ℓ/min)을 30분(min) 간 방출할 수 있는 양
- 450ℓ/min × 30min = 13500ℓ = $13.5m^3$

(4) 방수구(호스)의 구경 : 65mm

(5) 비상전원 : 45분 이상 작동할 것

(6) 바닥으로부터 개폐밸브 및 호수접속구까지의 높이 : 1.5m 이하

(7) 소화전과 소화전함과의 거리 : 5m 이내

02-3 스프링클러설비(위험물제조소등 전용)

1. 스프링클러설비

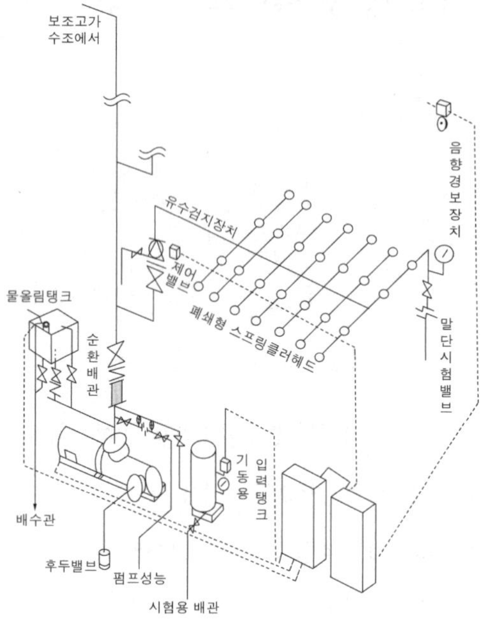

[폐쇄형 스프링클러설비]

(1) **하나의 방사구역(개방형헤드설치)** : 바닥면적이 **150m^2 이상**

(2) **헤드 1개의 가압송수장치의 방수량 : 80ℓ/min 이상**

(3) **헤드 1개의 가압송수장치의 방사압력 : 100KPa 이상**

(4) **수원의 저수량(폐쇄형헤드설치)** : 헤드 30개(30개 미만인 것은 설치개수)에 **2.4m^3**를 곱한 양 이상

(5) **수원의 저수량(개방형헤드설치)** : 가장 많이 설치된 방사구역의 헤드수에 **2.4m^3**를 곱한 양

> **Point**
> - 헤드 1개가 확보하여야 할 수원의 양 : 방수량 80ℓ/min)을 30분(min) 간 방출할 수 있는 양
> - 80ℓ/min × 30min = 2400ℓ = 2.4m^3

(6) **비상전원 : 45분** 이상 작동할 수 있을 것

(7) **스프링클러헤드의 설치방법**

① 스프링클러헤드의 설치 위치 : 방호대상물의 각 부분으로부터 수평거리 1.7m 이하

② 개방형 헤드 : 헤드반사판으로부터 하방으로 0.45m, 수평방향으로 0.3m의 공간을 둘 것

③ 폐쇄성 헤드

㉠ 헤드반사판으로부터 하방으로 0.45m, 수평방향으로 0.3m의 공간을 둘 것

㉡ 가연성 물질을 수납하는 부분의 헤드는 헤드의 반사판으로부터 하방으로 0.9m, 수평방향 0.4m의 공간을 확보할 것

㉢ 헤드의 반사판과 헤드의 부착 면이 0.3m 이하일 것

㉣ 급배기용 덕트 등의 긴 변의 길이가 1.2m를 초과하는 것이 있는 경우에는 당해 덕트 등의 아랫변에도 헤드를 설치할 것

(8) **스프링클러헤드의 표시온도**

부착장소의 최고주의 온도(단위 ℃)	표시온도 (단위 ℃)
28 미만	58 미만
28 이상 39 미만	58 이상 79 미만
39 이상 64 미만	79 이상 121 미만
64 이상 106 미만	121 이상 162 미만
106 이상	162 이상

(9) **일제개방밸브** 및 **수동식 개방밸브의 높이** : 바닥으로부터 **1.5m 이하**

(10) **제어밸브의 높이** : 바닥으로부터 **0.8m 이상 1.5m 이하**

(11) **소방대전용 송수구의 결합금속구의 높이 : 0.5m 이상 1m 이하**

(12) **수동식 개방밸브**의 **개방조작**에 **필요한 힘 : 15kg 이하**

(13) **스프링클러설비의 장점**

① 화재의 초기 진압에 효율적이다.

② 사용약제를 쉽게 구할 수 있다.

③ 자동으로 화재를 감지하고 소화할 수 있다.

(14) **스프링클러설비의 단점**

다른 소화설비보다 구조가 복잡하고 시설비가 많이 든다.

02-4 물분무소화설비 (위험물제조소등 전용)

(1) **물 분무 헤드의 종류**

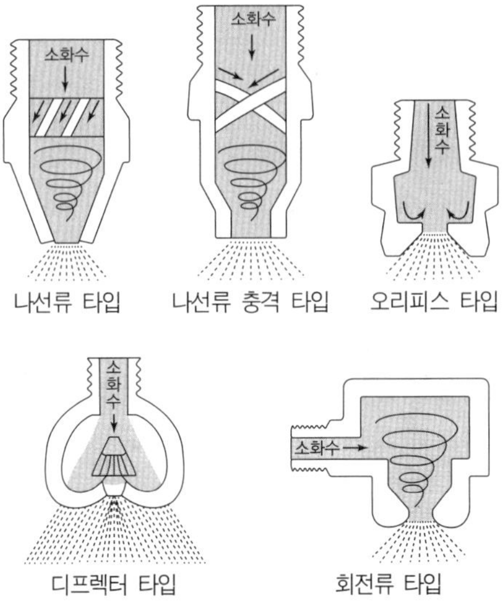

[물 분무 헤드의 작동 예]

(2) **수원의 저수량**

방사구역표면적(m^2)〈150m^2 미만인 경우 당해 표면적〉×20ℓ/m^2 · min ×30min 이상

Point

- **방사구역의 면적 : 150m^2 이상**(방호대상물의 표면적이 **150m^2 미만**인 경우에는 당해 표면적)

(3) **방사압력 : 350KPa 이상**

(4) **비상전원 : 45분 이상** 작동할 것

(5) **바닥으로부터 제어밸브** 또는 **개방밸브까지의 높이 : 0.8m** 이상 **1.5m 이하**

(6) **옥외저장탱크에 설치하는 물 분무 설비기준 – 탱크표면에 방사하는 물의 양 : 원주둘레**(m) × 37ℓ/m · min × 20min 이상

(7) **물분무소화설비의 적응대상물** : 건축물, 기타 공작물, **전기설비** 및 **금수성 이외의 위험물**을 저장·취급하는 곳에 설치한다.

02-5 포소화설비 (위험물제조소등 전용)

(1) **포헤드의 개수** : 표면적(건축물의 경우 바닥면적) **9m^2 마다 1개 이상** 설치

Point

- **포헤드를 설치할 곳의 방사구역면적 100m^2 이상**(100m^2 미만인 경우 당해 면적)

(2) **포헤드방식의 포소화약제에 따른 1분당 표준방사량**

소방대상물	포소화약제의 종류	바닥면적(m^2)당 표준방사량(이상)
방호 대상물의 방사구역 100m^2 이상	단백포	6.5ℓ/m^2 · min 이상
	합성계면 활성제 (고발포용)	6.5ℓ/m^2 · min 이상
	수성막포	6.5ℓ/m^2 · min 이상

(3) 포헤드방식 포소화약제의 수원의 양 : 방사구역면적×표준방사량×10분

(4) 고정포 방출구

① 고정포 방출구의 설치장소 : 옥외탱크저장소의 탱크

② 고정포 방출구의 종류

탱크의 종류	포 방출구
고정지붕구조의 탱크 (콘루프 탱크)	• Ⅰ형 방출구(상부포주입법) • Ⅱ형 방출구(상부포주입법) • Ⅲ형 방출구(저부포주입법) • Ⅳ형 방출구(저부포주입법)
부상지붕구조의 탱크(플루팅루프 탱크)	• 특형방출구(상부포주입법)

Point

Ⅲ형 방출구 사용 포소화약제
- **불화단백포소화약제**
- **수성막포소화약제**

③ 고정포 방출구의 설치방법

㉠ 탱크의 주위에 균등하게 설치한다.

㉡ 탱크의 측면에 고정하여 설치한다.

㉢ 방출구에는 납·주석·유리·석면 등 방출에 의하여 용이하게 깨어질 수 있는 봉판을 설치할 것

④ 특형방출구의 금속제 칸막이 기준

㉠ 금속제의 칸막이(언판)의 높이 : 0.9m 이상

㉡ 금속제의 칸막이(언판)과 탱크측면과의 이격거리 : 1.2m 이상

(5) 보조포 소화전의 기준(3개 이상 설치된 경우 3개를 동시에 사용할 경우 각 포 노즐의 기준)

① 방사량 : 400ℓ/min

② 수원의 양 : 방사량×20분

③ 방사압력 : 0.35MPa 이상

④ 각각의 보조포 소화전 상호거리 : 보행거리 75m 이하

(6) 이동식 포소화설비(4개〈4개미만인 경우 그 수〉를 동시에 사용)

① 방사량(옥외설치) : 400ℓ/min 이상

② 방사량(옥외설치) : 200ℓ/min 이상

③ 방사압력 : 0.35MPa 이상

④ 수원의 양 : 방사량×30min

(7) 포모니터 노즐의 기준

① 노즐 선단의 방사량 : 1,900ℓ/min 이상

② 수원의 양 : 방사량×30분

③ 수평방사거리 : 30m 이상

(8) 포소화약제의 혼합장치

① 라인 프로포셔너방식

펌프와 발포기의 중간에 설치된 벤츄리관의 벤츄리작용에 의하여 포소화약제를 흡입·혼합하는 방식

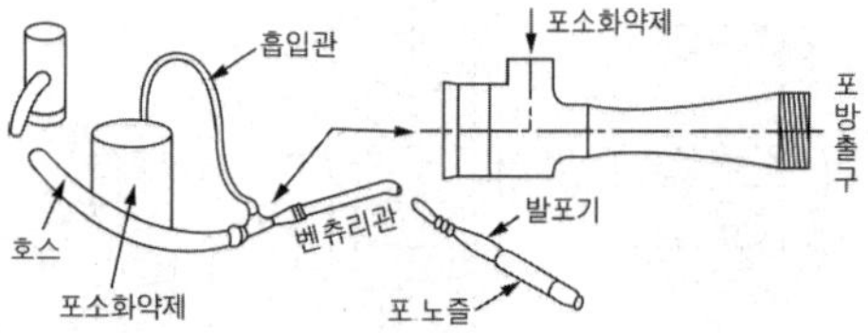

② 프레져 프로포셔너방식

펌프와 발포기의 중간에 설치된 벤츄리관의 벤츄리작용과 펌프 가압수의 포소화약제 저장탱크에 대한 압력에 의하여 포 소화약제를 흡입·혼합하는 방식

③ 프레져 사이드 프로포셔너방식
펌프의 토출관에 압입기를 설치하여 포소화약제 압입용 펌프로 포 소화약제를 압입시켜 혼합하는 방식

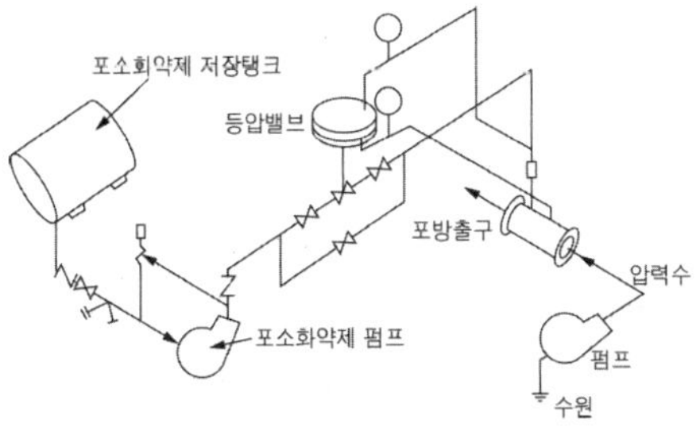

④ 펌프 프로포셔너방식
펌프의 토출관과 흡입관 사이의 배관도중에 설치한 흡입기에 펌프에서 토출된 물의 일부를 보내고, 농도조절밸브에서 조정된 포 소화약제의 필요량을 포소화약제 탱크에서 펌프 흡입측으로 보내어 이를 혼합하는 방식

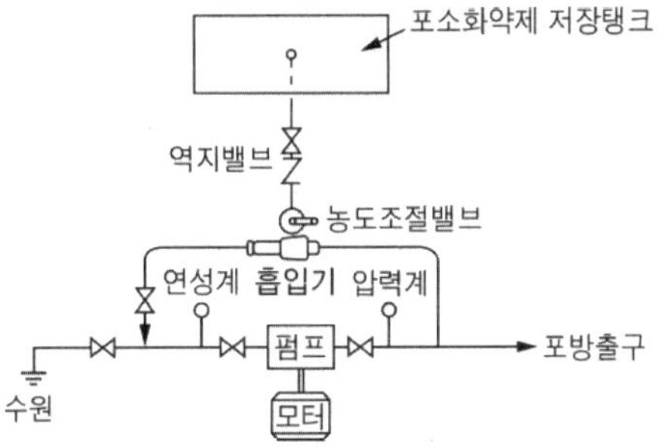

⑤ 압축공기포 믹싱챔버방식
압축공기 또는 압축질소를 일정 비율로 포수용액에 강제주입 혼합하는 방식

(9) 포의 팽창비율에 따른 포방출구의 종류

팽창비율에 의한 포의 종류	포방출구의 종류
20 이하(저발포)	포헤드
80 이상 1,000 미만 (고발포)	고발포용 고정포 방출구

02-6 분말소화설비

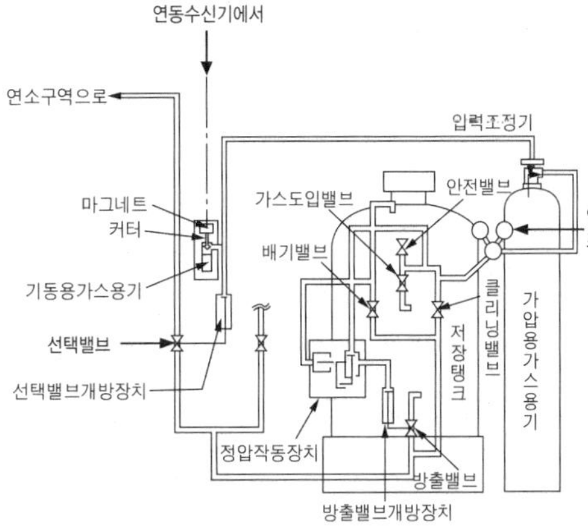

(1) 분말소화약제의 충전비

소화약제의 종별	충전비 범위
제1종 분말	0.85 이상 1.45 이하
제2종 분말 또는 제3종 분말	1.05 이상 1.75 이하
제4종 분말	1.5 이상 2.5 이하

(2) 분말소화약제의 가압용 가스용기

① 사용가스 : 질소(N_2), 이산화탄소(CO_2)

② 가압용 가스량

㉠ 가스가압식

- N_2(질소) : 35℃, 0MPa에서 40ℓ/kg
- CO_2(이산화탄소) : 20g/kg에 배관청소에 필요한 양을 더한 양 이상

㉡ 축압식

- N_2(질소) : 35℃, 0MPa에서 40ℓ/kg
- CO_2(이산화탄소) : 20g/kg에 배관청소에 필요한 양을 더한 양 이상

③ 압력조정기 : 2.5MPa 이하의 압력에서 조정이 가능할 것

Point

- 가압용 가스 1차측 압력 : 15MPa(14.7MPa)
- 정압작동장치 개방압력 : 1.5MPa 이상 2MPa 이하

(2) 분말소화약제 기동용 가스용기

① 사용가스 : 이산화탄소(CO_2)

② 내용적 : 0.27ℓ 이상

③ 가스량 : 145g

④ 충전비 : 1.5 이상

(3) 이동식 분말 소화설비 하나의 노즐에 대한 소화약제량 및 분당방사량

소화약제의 종별	소화약제량(분당방사량)
제1종 분말	50kg(45kg)
제2종 및 제3종 분말	30kg(27kg)
제4종 분말	20kg(18kg)

(4) 분말소화설비의 분사헤드

① 분사헤드의 방사압력(전역방출방식) : 0.1MPa 이상

② 전역방출방식 : 소화약제 저장량을 30초 이내에 방사

③ 국소방출방식 : 소화약제 저장량을 30초 이내에 방사

Point

- **방호대상물**의 각 부분으로부터 하나의 **호스접결구까지의 수평거리 : 15m 이하**

02-7 불활성가스 소화설비 (위험물제조소등 전용)

1. 불활성가스 소화설비의 종류

(1) 이산화탄소(CO_2)

(2) IG(Inergen Gas)

IG-100 : N_2(질소) 100%

IG-01 : Ar(아르곤) 100%

IG-55 : N_2(질소) 50%, Ar(아르곤) 50%

IG-541 : N_2(질소) 52%, Ar(아르곤) 40%, CO_2(이산화탄소) 8%

Point

- IG(Inergen) : Inert Gas(불활성 가스)와 nitrogen(질소)의 **합성어**

2. 불활성가스 소화설비

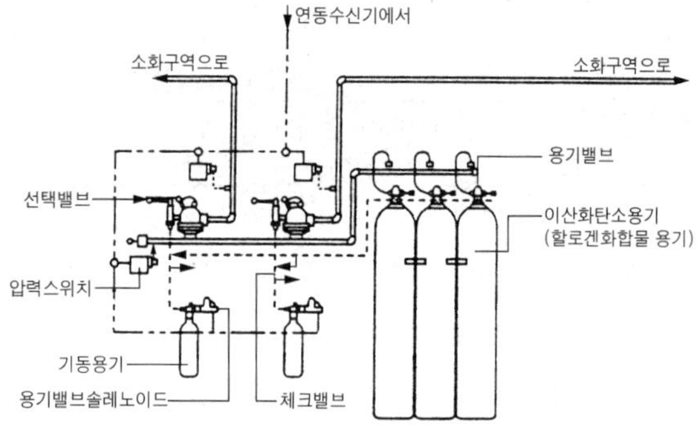

[이산화탄소 소화설비]

(1) 불활성가스 소화설비의 소화약제 저장용기

① 이산화탄소의 저장용기

- 고압식
- 저압식

㉠ 고압식 저장용기와 배관의 압력

- 용기 : 25MPa 이상의 압력에서 견딜 것

- 배관(강관) : 압력 배관용 탄소 강관으로 스케줄 80 이상
- 배관(동관등) : 16.5MPa 이상의 압력에서 견딜 것

㉡ 저압식 저장탱크와 배관의 압력
- 용기 : 3.5MPa 이상의 압력에서 견딜 것
- 배관(강관) : 압력 배관용 탄소강관으로 스케줄 40 이상인 것
- 배관(동관등) : 3.75MPa 이상의 압력에서 견딜 것

② 이산화탄소 소화설비 저압식 저장용기의 설치기준

㉠ 액면계, 압력계, 파괴판, 방출밸브를 설치할 것

㉡ 압력경보장치 : 2.3MPa 이상의 압력 및 1.9MPa 이하의 압력에서 작동

㉢ 자동냉동기 : 용기 내부의 온도를 -20℃ 이상 -18℃ 이하로 유지

③ 저장용기의 충전

㉠ 이산화탄소의 충전비
- 고압식 : 1.5 이상 1.9 이하
- 저압식 : 1.1 이상 1.4 이하

㉡ IG-100, IG-55, IG-541의 충전압력 : 21℃에서 32MPa 이하로 할 것

④ 이산화탄소실린더(용기) 1개의 용적 : 68~72ℓ
- 이산화탄소(O_2)의 무게 : 45kg

⑤ 저장용기의 설치기준

(2) 불활성가스 소화설비 소화약제 저장용기의 기동용 가스용기의 기준

① 용기의 사용 압력 : 25MPa 이상에서 견딜 것

② 용적 : 1ℓ 이상

③ CO_2의 양 : 0.6kg 이상

④ 충전비 : 1.5 이상

(3) 불활성가스 소화설비 헤드방사입력

① 이산화탄소 고압식 : 2.1 Mpa 이상

② 이산화탄소 저압식(-18℃ 상태) 1.05Mpa 이상

③ G-100, IG-55, IG-541 : 1.9Mpa 이상

(4) 불활성가스 소화설비 소화약제 방사시간

① 이산화탄소 전역방출방식 : 60초 이내

② 불활성가스(IG) 전역방출방식 : 소화약제 95% 이상을 60초 이내

③ 축소방출방식 : 30초 이내

(5) 불활성 가스

① 방호구역 외의 장소에 설치할 것

② 온도가 40℃ 이하이고, 온도변화가 적은 곳에 설치할 것

③ 직사광선 및 빗물이 침투할 우려가 없는 곳에 설치할 것

④ 저장용기에는 안전장치를 할 것

⑤ 저장용기의 외면에 소화약제의 종류와 양, 제조년도 및 제조자를 표시

(6) 이동식 불활성가스 소화설비

① 20℃에서 하나의 노즐마다 90kg/min 이상을 방사할 것

② 방호대상물의 각 부분으로부터 하나의 호스접결구까지의 수평거리는 15m 이하가 되도록 한다.

02-8 할론 및 할로겐화합물 소화설비(위험물제조소등 전용)

(1) 할로겐화합물 소화약제 저장용기

① 종류 : 가압식, 축압식

② 축압식 저장용기의 질소충전압력(21℃)

㉠ 할론 1211 : 1.1MPa 또는 2.5MPa

㉡ 할론 1301 또는 HFC-227ea : 2.5MPa 또는 4.2MPa

(2) 충전비(용적과 소화약제의 중량과의 비율)

<table>
<tr><th colspan="3">가압식</th></tr>
<tr><td colspan="3">할론-2402(0.51 이상 0.67 이하)</td></tr>
<tr><th colspan="3">축압식</th></tr>
<tr><td>할론-2402</td><td>할론-1211</td><td>할론-1301 또는 HFC-227ea</td></tr>
<tr><td>0.67 이상
2.75 이하</td><td>0.7 이상
1.4 이하</td><td>0.9 이상
1.6 이하</td></tr>
<tr><td colspan="3">HAFC-23 또는 HFC-125(1.2 이상 1.5 이하)</td></tr>
</table>

(3) 분사헤드의 방사입력

① 할론 - 2402 : 0.1MPa 이상

② 할론 - 1211 : 0.12MPa 이상

③ 할론 - 227ea : 0.3Mpa 이상

④ 할론 - 1301, HFC - 23, HFC - 125 : 0.9MPa 이상

(4) 소화약제 방사시간

① 할론 - 2402, 할론 - 1211, 할론 - 1301

• 전역 및 국소방출방식 : 30초 이내

② HFC - 23, HFC - 125, HFC - 227ea

• 전역방출방식 : 10초 이내

(5) 이동식 할로겐화합물 소화설비의 설치기준

① **호스접결구** : 방호대상물의 각부분으로부터 수평거리 20m 이하에 설치한다.

02-9 자체소방대(위험물제조소등 전용)

1. 자체소방조직

(1) 자체소방대를 두어야 하는 제조소등

제조소 · 일반취급소 : 지정수량 3,000배 이상의 제4류 위험물을 저장 · 취급하는 곳

(2) 자체소방대에 두어야 하는 화학 소방자동차

제조소 및 일반취급소의 구분	화학 소방자동차	자체소방 대원의 수
지정수량 12만배 미만을 저장 · 취급하는 것	1대	5인
지정수량 12만배 이상 24만배 미만을 저장 · 취급하는 것	2대	10인
지정수량 24만배 이상 48만배 미만을 저장 · 취급하는 것	3대	15인
지정수량 48만배 이상을 저장 · 취급하는 것	4대	20인

(3) 화학 소방자동차에 갖추어야 하는 소화약제 방사능력 및 소화약제 비치량

구분	방사능력	비치량
포말	포수용액 2,000ℓ/min 이상	10만ℓ 이상의 포수용액을 방사할 수 있는 양
분말	35kg/sec 이상	1,400kg
할로겐화합물	40kg/sec 이상	1,000kg
이산화탄소	40kg/sec 이상	3,000kg

① 1대 이산화탄소 방사능력 : 40kg/sec 이상, 비치량 : 3,000kg 이상

Point

• **포말을 방사하는 화학 소방자동차의 대수** : 화학소방자동차의 대수의 **2/3 이상**으로 할 것

(4) 제독차에 비치하여야 할 가성소다 및 규조토 : 50kg 이상 비치

03 경보설비 (위험물제조소등 전용)

1. 제조소등에 설치하는 경보설비의 종류

(1) 자동화재탐지설비

(2) 비상경보설비(비상벨장치, 자동식 사이렌)

(3) 비상방송설비

(4) 확성장치(휴대용 확성기 포함)

Point

• 자동신호장치를 갖춘 스프링클러설비 또는 물분무소화설비를 설치한 제조소등에 있어서는 자동화재탐지설비를 설치한 것으로 본다.

2. 제조소등에 설치하는 경보설비 설치기준

(1) **제조소등의 경보설비 설치대상** : 지정수량 **10배 이상**의 위험물을 저장·취급하는 곳(이동탱크저장소 제외)

(2) **제조소·일반 취급소 중 자동화재탐지설비를 설치할 곳**(인화점 100℃ 이상인 곳 제외)

① 연면적 $500m^2$ 이상인 곳

② 지정수량 100배 이상의 위험물을 저장·취급하는 곳

3. 자동화재탐지설비

(1) 구 성

① 수신기　② 중계기

③ 감지기　④ 발신기

⑤ 음향장치

(2) 경계구역

① 하나의 경계구역의 면적은 $600m^2$ 이하로 하고 한 변의 길이는 50m(광전식 분리형 감지기를 설치할 경우 100m) 이하로 할 것

② 하나의 경계구역이 2개 이상의 건축물 및 층에 미치지 아니할 것

③ $500m^2$ 이하의 범위 안에서는 2개 층을 하나의 경계구역으로 할 수 있다.

④ 하나의 경계구역의 주된 출입구에서 그 내부 전체가 보이는 것에 있어서는 $1,000m^2$ 이하로 할 수 있다.

⑤ 자동화재탐지설비에는 비상전원을 설치할 것

04 피난설비 (위험물제조소등 전용)

1. 피난설비의 종류

(1) 유도등

2. 유도등의 종류

녹색 바탕 백색 문자

[피난구유도등]

백색 바탕 녹색 문자

[통로유도등]

(1) 피난구유도등

(2) 통로유도등

(3) 객석유도등

(4) 유도표지

3. 주유취급소 피난설비의 설치기준

(1) 주유취급소 중 건축물의 2층 이상의 부분을 점포·휴게음식점 또는 전시장의 용도로 사용하는 것에 있어서는 당해 건축물의 2층 이상으로부터 주유취급소의 부지 밖으로 통하는 출입구와 당해 출입구로 통하는 통로·계단 및 출입구에 유도등을 설치하여야 한다.

(2) 옥내주유취급소에 있어서는 당해 사무소 등의 출입구 및 피난구와 당해 피난구로 통하는 통로·계단 및 출입구에 유도등을 설치하여야 한다.

(3) 유도등에는 비상전원을 설치하여야 한다.

제 5 장 기출선별문제

연소

001 고온체의 색깔이 휘적색 일경우의 온도는 약 몇℃ 정도인가?

① 500℃　② 950℃
③ 1,300℃　④ 1,500℃

해설 고온체의 색깔과 온도
- 담암적색 : 522℃
- 황적색 : 1,100℃
- 암적색 : 700℃
- 백적색 : 1,300℃
- 적색 : 850℃
- 휘백색 : 1,500℃
- 휘적색 : 950℃

참고
- 적열상태 : 500℃부근
- 백열상태 : 1,000℃ 이상

연소의 3요소

002 다음 물질 중에서 연소의 3요소와 관계없는 것은?

① 셀룰로이드
② 질산칼륨
③ 마찰
④ 대기압

해설
- 셀룰로이드 : 제5류 위험물로 가연물
- 질산칼륨 : 제1류 위험물로 산소공급원
- 마찰 : 점화원
- 대기압 : 연소의 3요소에 해당안됨

003 다음 중 연소재료로 볼 수 있는 것은 무엇인가?

① CO_2　② N_2
③ 불활성기체　④ C

해설 ① CO_2 : 불연성가스
② N_2 : 불연성가스
③ 불활성기체(He, Ne 등) : 불연성가스
④ C : 가연성 고체

004 화재를 잘 일으킬 수 있는 요인에 있어서 틀린 것은?

① 화학적 친화력이 클수록 연소가 잘된다.
② 온도가 상승하면 보통 연소가 잘된다.
③ 열전도율이 좋을수록 연소가 잘된다.
④ 산소와의 접촉을 잘 시킬수록 연소가 잘 일어난다.

해설 가연물의 조건
- 산화할 때 발열량이 클 것
- 산화할 때 열전도율이 작을것
- 산화할 때 필요한 활성화에너지가 작을 것
- 산소와 친화력이 좋고 표면적이 넓을 것

005 다음 점화원이 될 수 없는 것은?

① 정전기
② 기화열
③ 전기스파이크
④ 못을 박을 때 튀는 불꽃

해설 점화원
- 전기불꽃
- 정전기 불꽃
- 마찰 및 충격의 불꽃
- 고열물
- 단열압축
- 산화열
- 낙뢰(벼락)

참고 기화열은 잠열로서 온도가 변하지 않는 상태에서 액체가 기체가되기위하여 필요한 열량으로 점화원이 될 수 없다.

| 정답 | 001 ② 002 ④ 003 ④ 004 ③ 005 ②

006 전기불꽃에 의한 에너지를 옳게 나타낸 것은?(단, E는 전기불꽃 에너지, C는 전기용량, Q는 전기량, V는 방전전압이다.)

① $E=\frac{1}{2}QV$

② $E=\frac{1}{2}QV^2$

③ $E=\frac{1}{2}CV$

④ $E=\frac{1}{2}VQ^2$

해설 전기불꽃 에너지(E)

$E=\frac{1}{2}(QV)=\frac{1}{2}(CV^2)$

007 화재예방상 정전기의 축적에 의한 불꽃방전의 방지방법으로서 옳지 않은 것은?

① 습도를 높인다.
② 접지한다.
③ 공기를 이온화한다.
④ 온도를 높인다.

해설 정전기 방지방법
- 접지할 것
- 공기중의 상대습도를 70% 이상으로 할것
- 공기를 이온화 할것

참고 정전기 발생과 온도는 무관하다.
- 상대습도 : 현재 공기 $1m^3$ 포함한 수증기량과 현재기온에서 공기가 최대로 포함할 수 있는 수증기량(포화수증기량)의 비를 퍼센트(%)로 나타낸다.
- 절대습도 : 공기 $1m^3$ 포함한 수증기의 질량

인화점 · 착화점 · 연소범위

008 제4류 위험물의 위험성을 분별하는데 기준으로 사용하는 것을 무엇이라 하는가?

① 인화점 ② 연소점
③ 발화점 ④ 작화점

해설 인화점은 가연성증기가 연소범위 하한에 달하는 온도로서 제4류 위험물(인화성액체) 석유류의 품명구분의 기준에 사용한다.

참고 제4류 위험물 품명의 인화점 범위등
- 특수인화물
  - ㉠ 1기압에서 발화점이 100℃ 이하인 것
  - ㉡ 인화점이 −20℃ 이하이고 비점이 40℃ 이하인 것
- 제1석유류 : 1기압에서 인화점이 21℃ 미만인 것
- 제2석유류 : 1기압에서 인화점이 21℃ 이상 70℃ 미만인 것
- 제3석유류 : 1기압에서 인화점이 70℃ 이상 200℃ 미만인 것
- 제4석유류 : 1기압에서 인화점이 200℃ 이상 250℃ 미만인 것

009 다음 중 발화점이 낮아지는 경우는?

① 화학적 활성도가 낮을 때
② 발열량이 클 때
③ 산소와 친화력이 나쁠 때
④ CO_2와 친화력이 높을 때

해설 발화점(착화점)이 낮아지는 경우
- 압력이 클 때
- 발열량이 클 때
- 화학적 활성도가 클 때
- 산소와 친화력이 좋을 때
- 분자구조가 복잡할 때
- 접촉금속의 열전도율이 좋을 때
- 습도 및 가스압이 낮을 때

010 연소 범위에 대한 설명으로 옳지 않은 것은?

① 연소범위는 연소 하한값부터 연소 상한값까지 있다.
② 연소범위의 단위는 공기 또는 산소에 대한 가스의 % 농도이다.
③ 연소하한이 낮을수록 위험이 크다.
④ 온도가 높아지면 연소범위가 좁아진다.

해설 온도가 높아지면 증기압이 커지므로 연소범위는 넓어진다.

| 정답 | 006 ① 007 ④ 008 ① 009 ② 010 ④

연소의 형태

011 기체의 연소인 발염연소에 대한 설명으로 옳은 것은?

① 볼꽃이 있고 불티가 없다.
② 볼꽃은 없고 불티가 있다
③ 볼꽃도 있고 불티도 있다.
④ 볼꽃도 없고 불티도 없다.

해설 기체의 연소(발염연소)는 가스의 소로서 볼꽃이 있고 불티는 없다.

012 액체연료의 연소형태가 아닌 것은?

① 확산연소　② 증발연소
③ 액면연소　④ 분무연소

해설 확산연소는 기체의 연소로서 가연성 기체가 공기 중에 분출할 때 착화에너지를 주면 산소와 접촉하고 있는 부분의 가연성 기체만 연소하는 현상을 말한다.

013 고체연료(무연탄, 목탄, 코크스)가 처음에는 화염을 내면서 연소하다가 후에는 화염이 없어지고 공기의 접촉으로 계속되는 연소는 무엇인가?

① 확산연소　② 증발연소
③ 분해연소　④ 표면연소

해설 본문내용 : 표면연소

014 고체의 연소 중 증발 연소하는 것은?

① 쇠　② 나무
③ 유황　④ 니트로셀룰로오스

해설 고체의 연소 중 증발 연소하는 것
유황, 파라핀, 밀랍, 나프탈렌 등

015 니트로셀룰로오스와 같은 가연성물질이 자체 내에 산소를 함유하고 있어 공기 중의 산소를 필요로 하지 않고 자체의 산소에 의하여 연소되는 현상은?

① 자기연소　② 등심연소
③ 훈소연소　④ 분해연소

해설 니트로셀룰로오스$[C_6H_7O_2(ONO_2)_3]_n$은 제5류 위험물(자기반응성물질) 질산에스테르류에 속하며 자체내에 산소를 많이함유하고 있으므로서 자기연소한다.

자연발화

016 산화열에 의해 자연발화가 발생할 위험이 높은것은?

① 건성유
② 니트로셀룰로오스
③ 퇴비
④ 목탄

해설 자연발화의 형태와 예
- 산화열에 의한 발열 : 석탄, 건성유등
- 분해열에 의한 발열 : 셀룰로이드, 니트로셀룰로오스등
- 흡착열에 의한 발열 : 활성탄, 목탄분말등
- 미생물에 의한 발열 : 퇴비, 먼지등

017 다음 중 자연발화의 조건에 들지 않는 사항은?

① 발열량이 클 것
② 열전도율이 클 것
③ 주위온도가 높을 것
④ 표면적이 넓을 것

해설 자연발화의 조건
- 발열량이 클 것
- 열전도율이 작을 것
- 주위온도가 높을 것
- 표면적이 넓을 것

018 자연발화의 방지법으로 옳지 않은 것은?

① 습도를 가능한 높게 유지한다.
② 열 축적을 방지한다.
③ 저장실의 온도를 낮춘다.
④ 정촉매 작용을 하는 물질을 피한다.

| 정답 | 011 ① 012 ① 013 ④ 014 ③ 015 ① 016 ① 017 ② 018 ①

해설 자연발화의 방지법
- 습도가 높은 것을 피할것
- 저장실의 온도를 낮출것
- 퇴적 및 수납시 열이 쌓이지 않게할것
- 통풍을 잘시킬것

폭발 폭굉 분진폭발

019 다음 그림에서 C_1과 C_2사이를 무엇이라고 하는가?

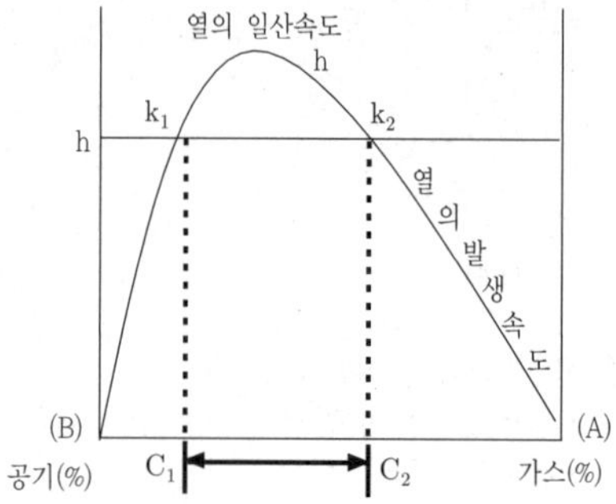

① 폭발범위 ② 발열량
③ 흡열량 ④ 안전범위

해설 그림에서 C_1은 폭발범위(연소범위)하한이며, C_2는 폭발범위(연소범위)상한이다.

참고 열의 일산속도란 열을 최대로 흡열한 상태에서 열을 순간적으로 방출할때의 속도로 각물질마다 고유의 일산속도가 있습니다. 그러므로 열을 계속적으로 가할때 응축된열이 일산속도점을 넘는 순간 모인열이 매우 빠른 속도로 흩어지는 현상을 폭발이라 합니다

020 화염의 전파속도가 음속보다 빠르며 연소시 충격파가 발생하여 파괴효과가 증대되는 현상을 무엇이라 하는가?

① 폭연 ② 폭압
③ 폭굉 ④ 폭명

해설 본문내용 : 폭굉

참고 폭굉(데토네이션)
폭발범위 내의 어떤 특정농도범위에서는 연소의 속도가 폭발에 비해 수백 내지 수천 배에달하는 현상

021 폭굉유도거리(DID)가 짧아지는 경우는?

① 정상연소속도가 작은 혼합가스일수럭 짧아진다.
② 압력이 높을수록 짧아 진다.
③ 관지름이 넓을수록 짧아 진다.
④ 점화원에너지가 약할수록 짧아진다.

해설 폭굉 유도거리가 짧아지는 경우
- 정상 연소속도가 큰 혼합물일 경우
- 점화원의 에너지가 클 경우
- 고압일 경우
- 관경이 작을 경우
- 관속에 방해물이 있을 경우

022 다음중 분진폭발의 원인물질로 작용할 위험성이 가장 낮은 것은?

① 마그네슘 분말 ② 밀가루
③ 담배 분말 ④ 시멘트 분말

해설 분진폭발의 원인물질은 가연성물질의 분말이며 시멘트 분말은 불연성물질로 분진폭발을 일으키지 않는다.

소화이론

023 어떤 소화기에 "ABC"라고 표시되어 있다. 다음 중 사용 할 수 없는 화재는?

① 금속 화재 ② 유류 화재
③ 전기 화재 ④ 일반 화재

해설 소화기에 "ABC"라고 표시되어 있는 것은 일반화재(A급), 유류화재(B급), 전기화재(C급)에 사용되는 소화기를 표시한 것이다.

024 화재의 급수에 따른 화재의 종류 및 표시색상을 모두 옳게 나타낸 것은?

① A급: 유류화재-황색
② B급: 유류화재-황색
③ A급: 유류화재-백색
④ B급: 유류화재-백색

| 정답 | 019 ① 020 ③ 021 ② 022 ④ 023 ① 024 ②

해설 화재의 종류 및 표시색
- A급 화재(일반화재) 백색
- B급 화재(유류화재) 황색
- C급 화재(전기화재) 청색
- D급 화재(금속화재) 색표시 없음

025 **제2류 위험물 중 지정수량이 500kg인 물질에 의한 화재는?**

① A급 화재　② B급 화재
③ C급 화재　④ D급 화재

해설 제2류 위험물(가연성고체)중 지정수량이 500kg인 물질은 마그네슘(Mg), 철(Fe)분, 금속분이 해당되므로 이들의 화재는 D급(금속화재)에 속한다.

제거소화

026 **제거소화의 예가 아닌 것은?**

① 가스화재시 가스공급을 차단하기 위해 밸브를 닫아 소화시킨다.
② 유전화재시 폭약을 사용하여 폭풍에 의하여 가연성 증기를 날려 보내 소화시킨다.
③ 연소하는 가연물을 밀폐시켜 공기 공급을 차단하여 소화한다.
④ 촛불 소화시 입으로 바람을 불어서 소화시킨다.

해설 연소하는 가연물을 밀폐시켜 공기 공급을 차단하는 소화는 질식소화이다.

027 **수용성 가연성 물질의 화재 시 다량의 물을 방사하여 가연물질의 농도를 연소농도 이하가 되도록 하여 소화시키는 것은 무슨 소화원리인가?**

① 냉각소화　② 질식소화
③ 희석소화　④ 억제소화

해설 알코올, 아세톤은 제4류 위험물(인화성액체)이며 이와 같은 수용성 가연성 물질의 화재 시 다량의 물을 방사하면 가연물질의 농도가 낮아 져 가연성 증기의 발생이 억제되어 소화된다. 이러한 현상을 희석소화라한다.

질식소화

028 **화학포 소화약제의 반응에서 황산알루미늄과 탄산수소나트륨의 반응 몰비는?**

① 1:4　② 1:6
③ 4:1　④ 6:1

해설 화학포의 반응에서 황산알루미늄[$Al_2(SO_4)_3$]과 탄산수소나트륨($NaHCO_3$)의 반응 몰비는 1:6이다.

참고 화학포 소화약제의 화학반응식

$6NaHCO_3 + Al_2(SO_4)_3 \cdot 18H_2O \rightarrow 3Na_2SO_4$
(중탄산나트륨)　(황산알루미늄)　(황산나트륨)
$2Al(OH)_3 + 6CO_2\uparrow + 18H_2O$
(수산화알루미늄)　(이산화탄소)　(물)

029 **단백포소화약제 제조 공정에서 부동제로 사용하는 것은?**

① 에틸렌글리콜
② 물
③ 가수분해 단백질
④ 황산제1철

해설 에틸렌글리콜[$C_2H_4(OH)_2$]은 제4류 위험물(인화성액체)제3석유류이며 자동차엔진등 냉각수 및 수용액등의 부동제로 사용된다.

030 **유류화재 소화시 분말소화약제를 사용할 경우 소화 후에 재발화 현상이 가끔씩 발생할 수 있다. 다음 중 이러한 현상을 예방하기 위하여 병용하여 사용하면 가장 효과적인 포소화약제는?**

① 단백포 소화약제
② 수성막포 소화약제
③ 알코올형포 소화약제
④ 합성계면활성제포 소화약제

해설 본문의 소화방법의 명칭을 트윈 에이전트 시스템이라 하며 사용되는 포소화약제는 수성막 포소화약제를 사용한다.

정답 025 ④　026 ③　027 ③　028 ②　029 ①　030 ②

031 다음 중 화재시 내알코올포 소화약제를 사용하는 것이 가장 적합한 위험물은?

① 아세톤 ② 휘발유
③ 경유 ④ 등유

해설 제4류 위험물(인화성액체)중에서 수용성인 알코올, 아세톤등 가연성액체의 화재에 포소화약제를 사용하면 거품이 소포되므로 이들의 화재에는 특수포소화약제인 내알코올포 소화약제를 사용한다.

분말소화기

032 분말소화약제의 식별 색을 옳게 나타낸 것은?

① $KHCO_3$: 백색
② $NH_4H_2PO_4$: 담홍색
③ NaHCO : 보라색
④ $KHCO_3$ + $(NH_2)_2CO$: 초록

해설 분말소화약제의 구별 색
- 탄산수소칼륨($KHCO_3$) : 보라색
- 제1인산암모늄($NH_4H_2PO_4$) : 담홍색
- 탄산수소나트륨($NaHCO_3$) : 백색
- 탄산수소칼륨($KHCO_3$)+요소[$(NH_2)_2CO$] : 회색

033 제1종 분말소화약제의 적응화재 급수는?

① A급 ② BC급
③ AB급 ④ ABC급

해설 분말소화약제의 적응화재의 급수
- 제1종 분말소화기[탄산수소나트륨($NaHCO_3$)] : BC급
- 제2종 분말소화기[탄산수소칼륨($KHCO_3$)] : BC급
- 제3종분말소화기 : [제1인산암모늄($NH_4H_2PO_4$)] : ABC급
- 제4종 분말소화기{탄산수소칼륨($KHCO_3$)과 요소[$(NH_2)_2CO$]} : BC급

034 요리용 기름의 화재시 비누화반응을 일으켜 질식소화 효과와 재발화 방지효과를 나타내는 소화약제는?

① $NaHCO_3$
② $KHCO_3$
③ $BaCl_2$
④ $NH_4H_2PO_4$

해설 비누화(검화)반응을 일으키는 $NaHCO_3$(탄산수소나트륨)만 식용유와 비누화반응을 한다.

035 $NH_4H_2PO_4$이 열분해하여 생성되는 물질 중 암모니아와 수증기의 부피 비율은?

① 1 : 1 ② 1 : 2
③ 2 : 1 ④ 3 : 2

해설 $NH_4H_2PO_4$(인산암모늄)이 열분해하여 생성되는 암모니아(NH_3)와 수증기(H_2O)의 부피 비율은 1:1이다.

참고 $NH_4H_2PO_4$(인산암모늄)의 열분해반응식

$$\underset{\text{(인산암모늄)}}{NH_4H_2PO_4} \xrightarrow[\triangle]{} \underset{\text{(메타인산)}}{HPO_3} + \underset{\text{(암모니아)}}{NH_3\uparrow} + \underset{\text{(물)}}{H_2O}$$

탄산가스 소화기

036 이산화탄소가 소화약제로 사용되는 이유에 대한 설명으로 가장 옳은 것은?

① 산소와의 반응이 느리기 때문이다.
② 산소와 반응하지 않기 때문이다.
③ 착화되어도 곧 불이 꺼지기 때문이다.
④ 산화반응이 되어도 열 발새이 없기 때문이다.

해설 이산화탄소(CO_2)는 산화반응이 완결된 물질이므로 더이상 산소와 반응하지 않으므로 소화약제로 사용한다.

037 이산화탄소 소화약제의 주된 소화효과 2가지에 가장 가까운 것은?

① 부촉매효과, 제거효과
② 질식효과, 냉각효과
③ 억제효과, 부촉매효과
④ 제거효과, 억제효과

정답 031 ① 032 ② 033 ② 034 ① 035 ① 036 ② 037 ②

해설 이산화탄소(CO_2)소화약제는공기중의 산소농도를 감소시키는 질식소화와 약제방출시 발생된 고체 이산화탄소(CO_2)인 드라이아이스(Dry Ice)에 의한 냉각효과를 얻을 수 있다.

038 이산화탄소와 같이 액체가 기화하여 작은 구멍을 통과할 때 온도가 급강하하며 드라이아이스가 되는 현상을 무엇이라고 하는가?

① 가속도효과
② 제결정효과
③ 보일, 샬효과
④ 줄, 톰슨효과

해설 줄, 톰슨효과
액체나 키체가 기화하여 작은 구멍을 통과할 때 온도가 급강하 하는 현상

039 불활성가스소화약제 IG-541의 조성으로 옳은 것은?

① 질소 10%, 아르곤 40%, 이산화탄소 50%
② 질소 50%, 아르곤 40%, 이산화탄소 10%
③ 질소 48%, 아르곤 40%, 이산화탄소 12%
④ 질소 52%, 아르곤 40%, 이산화탄소 8%

해설 불활성가스(Iner Gen)의 성분
- IG-01 : 아르곤(Ar) 100%
- IG-100 : 질소(N_2) 100%
- IG-55 : 질소(N_2) 50%와 아르곤(Ar) 50% 혼합물
- IG-541 : 질소(N_2) 52%와 아르곤(Ar) 40%와 이산화탄소(CO_2) 8%의 혼합물

040 화재시 이산화탄소를 방출하여 산소의 농도를 12.5%로 낮추어 소화하려면 공기 중의 이산화탄소의 농도는 약 몇 Vol%로 하여야 하는가?

① 30.7 ② 32.8
③ 40.5 ④ 68.0

해설 이산화탄소(CO_2)의 농도(Vol%)
$\frac{21-O_2(\%)}{21}\times100$에서 $\frac{21-12.5}{21}\times100=40.476$
∴ 40.5Vol%

041 알칼리금속의 화재시 소화약제로 가장 적합한 것은?

① 물 ② 마른모래
③ 아산화탄소 ④ 할로겐화합물

해설 알칼리금속등 금속 화재시 소화약제
- 마른모래
- 팽창질석, 팽창진주암
- 탄산수소염류 분말소화약제

냉각 소화기

042 물의 증발잠열은 약 몇 Cal/g인가?

① 329 ② 439
③ 539 ④ 639

해설 물의 열량
- 증발잠열 : 539 Cal/g
- 용융잠열 : 80 Cal/g

043 다음 그림은 전도식 산·알칼리소화기이다. A와 B에 들어갈 물질의 이름이 알맞게 구성된 것은?

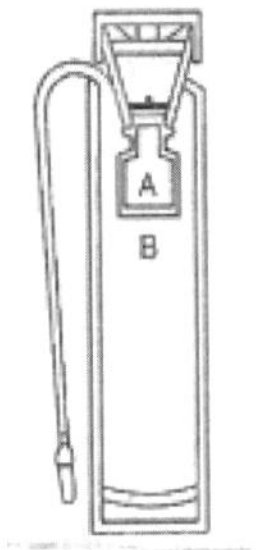

	A	B
①	질소	인산암모늄
②	황산	중탄산나트륨용액
③	중탄산나트륨용액	탄산칼륨용액
④	칼륨용액	중탄산나트륨용액

해설 산·알칼리 소화기의 소화약제
- 내통약(A) : 황산
- 외통약(B) : 탄산수소나트륨 수용약

| 정답 | 038 ④ 039 ④ 040 ③ 041 ② 042 ③ 043 ②

044 산·알칼리 소화기에 있어서 탄산수소나트륨과 황산의 반응시 생성되는 물질을 모두 옳게 나열한 것은?

① 황산나트륨, 탄산가스, 질소
② 염화나트륨, 탄산가스, 질소
③ 황산나트륨, 탄산가스, 물
④ 염화나트륨, 탄산가스, 물

해설 산·알칼리 소화기가 반응하면 황산나트륨(Na_2SO_4), 탄산가스(CO_2), 물(H_2O)이 생성된다.

참고 산·알칼리 소화기의 화학반응식

$$2NaHCO_3 + H_2SO_4 \xrightarrow{\Delta} Na_2SO_4 + 2CO_2\uparrow + 2H_2O$$

(탄산수소나트륨) (황산) → (황산나트륨) (이산화탄소) (물)

045 다음 소화기 약품 중 냉각효과에 쓰이는 것은?

① 탄산칼륨 ② 중탄산칼륨
③ 황산알루미늄 ④ 사염화탄소

해설 탄산칼륨(K_2CO_3)의 포화수용액은 냉각소화약제인 강화액소화약제로 사용된다.

046 강화액 소화기에 대한 설명이 아닌 것은?

① 알칼리금속염류가 포함된 고농도의 수용액이다.
② A급 화재에 적응성이 있다.
③ 어는점이 낮아서 동절기에도 사용이 가능하다.
④ 물의 표면장력을 강화시킨 것으로 심부화재에 효과적이다.

해설 강화액 소화기는 물에 탄산칼륨(K_2CO_3)을 용해시킨 것으로 이 경우 물의 표면장력은 약화된다.

047 물에 탄산칼륨을 보강시킨 강화액 소화약제에 대한 설명으로 틀린 것은?

① 물보다 점성이 있는 수용액이다.
② 일반적으로 약산성을 나타낸다.
③ 응고점은 약 −30~−25 ℃이다.
④ 비중은 약 1.3~1.4 정도이다.

해설 탄산칼륨(K_2CO_3)은 강알칼리인 수산화칼륨(KOH)과 약산인 탄산(H_2CO_3)이 중화하여 만들어진 염으로 액체의 성질은 강한쪽인 알칼리성을 나타낸다.

억제소화기

048 다음중 화학적 소화에 해당하는 것은?

① 냉각소화 ② 질식소화
③ 제거소화 ④ 억제소화

해설 연소는 발열과 빛을 수반하는 급격한 산화현상이며 산화는 산소와 화학결합의 줄임말이며 이 화학반응을 지연시키는 화학적 소화방법을 억제소화라 한다.

049 위험물안전관리법령상 할로겐화합물 소화기가 적응성이 있는 위험물은?

① 나트륨 ② 질산메틸
③ 이황화탄소 ④ 과산화나트륨

해설 할로겐화합물 소화기는 B급(유류화재), C급(전기화재)에 적응성이 있으므로 제4류 위험물(인화성액체)특수인화물인 이황화탄소(CS_2)의 화재에 적응성이 있다.

050 할로겐화합물 소화제 중 증기비중 5.3인 것은?(원자량 :F=19, Cl=35.5, Br =80))

① 사염화탄소
② 일염화일브롬화메탄
③ 이브롬화사플루오르화에탄
④ 일브롬화삼플루오르화메탄

해설 할로겐화합물의 증기비중

- 사염화탄소(CCl_4)
  분자량=12+35.5×4=154
  증기비중=154/29=5.31
- 일염화일브롬화메탄(CH_2ClBr)
  분자량=12+2+35.5+80=129.5
- 이브롬화사플루오르화에탄($C_2F_4Br_2$)
  분자량=12×2+19×4+80×2=260
- 일브롬화삼플루오르화메탄(CF_3Br)
  분자량=12+19×3+80=149

정답 044 ③ 045 ① 046 ④ 047 ② 048 ④ 049 ③ 050 ①

051 BCF 소화기의 약제를 화학식으로 옳게 나타낸 것은?

① CCl_4
② CH_2ClBr
③ CH_3Br
④ CF_2ClBr

해설 BCF의 다른명칭
- BCF(일염화일취화이불화메탄) : CF_2ClBr
- BCF(일취화일염화이불화메탄) : CF_2ClBr
- BCF(브로모클로로디플루오르메탄) : CF_2ClBr

참고 할론 소화기의 명칭 및 약칭
- CCl_4(사염화탄소) : CTC
- CH_2ClBr(일취화일염화메탄) : CB
- CH_3Br(일취화메탄) : BM

052 다음 중 Halon 번호가 옳게 짝지어진 것은?

① CH_3Br – Halon 101
② CH_3I – Halon 1001
③ CCl_4– Halon 1004
④ CF_3Br – Halon 1301

해설 Halon 번호
- CH_3Br – Halon 1001
- CH_3I – Halon 10001
- CCl_4– Halon 104
- CF_3Br – Halon 1301

053 HFC-227ea의 화학식으로 옳은 것은?

① CHF_3
② C_2HF_5
③ CHF_2CF_3
④ C_3HF_7

해설 HFC-227ea(헵타플루오로프로판)의 화학식

HFC-227
- F의 수=7
- H의 수(2-1)=1
- C의 수(2+1)=3

∴ C_3HF_7

참고 할로겐화합물 소화약제 호칭
- CHF_3 : HFC-23
- C_2HF_5=CHF_2CF_3 : HFC-125

소화기 사용방법

054 소화기를 사용할 때의 일반적인 주의 사항으로서 틀린 것은?

① 성능에 따라 화기 가까이 접근하여 사용한다.
② 소화기는 적응화재에만 사용한다.
③ 재연시 불에 포위되므로 앞에서 골고루 소화한다.
④ 바람을 마주보고 풍하의 방향에서 풍상으로 한다.

해설 소화기는 바람을 등지고 풍상에서 풍하의 방향으로 사용할 것

위험물의 소화방법

055 다음 중 위험물의 적용 소화방법으로 맞지 않는 것은?

① 산화성고체 : 질식소화
② 가연성고체 : 냉각소화
③ 인화성액체 : 질식소화
④ 자기반응성물질 : 냉각소화

해설 산화성고체(제1류 위험물)는 가열에 의하여 다량이 산소를 방출하므로 주수에 이한 냉각소화가 적응성이 있다.

056 다음 제1류 위험물 중에서 소화시 물을 사용해서는 안되는 것은?

① 과산화나트륨
② 염소산나트륨
③ 염소산칼륨
④ 과염소산칼륨

해설 제1류 위험물(산화성 고체)중에서 알칼리금속의 과산화물인 과산화나트륨(Na_2O_2)의 소화시 물을 사용하면 격렬히 발열하며 산소(O_2)를 발생하므로 물을 사용하면 아니된다.

| 정답 | 051 ④ 052 ④ 053 ④ 054 ④ 055 ① 056 ①

057 다음 중 금속분의 연소때 주수소화하면 위험한 이유로서 옳은 것은?

① 물에 녹아 산이 된다.
② 물과 작용하여 유독가스를 발생한다.
③ 물과 작용하여 수소가스를 발생한다.
④ 물과 반응하여 산소가스를 발생한다.

해설 금속분인 알루미늄(Al)분, 아연(Zn)분등은 물(H_2O)과의 접촉으로 발열하면서 수소(H_2)를 발생하므로 물과의 접촉을 피하여야 한다.

058 다량 저장된 곳에 화재가 발생하였을 때 물로 소화하면 안되는 물질은?

① K ② $KClO_3$
③ $NaClO_3$ ④ KNO_3

해설 K(칼륨)은 제3류 위험물중 금수성물질을 대표하는 것으로 물(H_2O)과 반응하면 격렬히 발열반응하며 폭명기인 수소(H_2)를 발생하며 폭발적으로 연소한다.

참고 칼륨(K)과 물(H_2O)의 화학반응식

$$2K + 2H_2O \rightarrow 2KOH + H_2\uparrow$$

(칼륨) (물) (수산화칼륨) (수소)

059 알킬알루미늄의 소화방법으로서 적당한 것은?

① 물 ② 물분무
③ 사염화탄소 ④ 팽창질석

해설 알킬알루미늄[$(R)_3Al$]은 제3류 위험물중 금수성 및 자연발화성물질이며 금속화재에 해당하므로 소화방법(질식소화)은 다음과 같다.
- 마른모래
- 팽창질석 또는 팽창진주암
- 금속화재용 분말(탄산수소염류등)

060 제4류 위험물의 화재시 사용소화기로서 적응성이 없는것은?

① 이산화탄소소화기
② 화학포소화기
③ 산·알칼리소화기
④ 소화분말소화기

해설 제4류 위험물(인화성액체)의 소화방법에는 질식소화가 가장 적응성이 있으며 산·알칼리 소화기와 같이 물을 주성분으로 하는 냉각소화방법은 화재면을 확대시키므로 적응성이 없다.

061 제4류 위험물 화재에 물을 직접 뿌려서 소화하는 방법이 적당하지 않은 이유는 다음 중 어느 것인가?

① 인화점이 강하한다.
② 발화점이 강하한다.
③ 가연성 가스를 발행한다.
④ 연소면을 확대한다.

해설 제4류 위험물(인화성액체)은 대부분 비중이 1보다 작으므로 화재시 물을 직접 뿌리면 물위에 위험물이 뜨고 표면장력차에 의하여 화재면이 확대되므로 사용을 금한다.

062 제5류에 속하는 위험물의 소화가 곤란하다고 되어 있는 이유로서 다음 중 제일 적절한 것은?

① 연소물이 비산하기 쉽다.
② 물과 발열 반응한다.
③ 연소시에 불꽃을 내지 않으므로 환원의 발전이 곤란하다.
④ 연소에 관여하는 산소를 함유하고 있는 물질이므로 연소 속도가 빠르다.

해설 대부분의 제5류 위험물(자기반응성물질)은 연소에 관여하는 산소(O)를 함유하고 있는 물질이므로 연소시 연소 속도가 매우 빠르다.

063 제6류 위험물 소화시 가장 위험한 것은?

① 포스겐 가스의 발생
② 부식성에 의한 피해
③ 발열로 인한 화상
④ 액체의 기포발생

해설 제6류 위험물(산화성액체)은 모두 강산화제이므로 냉각소화로 인한 물에 의하여 만들어진 희석용액은 부식성을 가지므로 매우 위험하다.

정답 057 ③ 058 ① 059 ④ 060 ③ 061 ④ 062 ④ 063 ②

소화설비

064 위험물안전관리법상 소화설비에 해당하지 않는 것은?

① 옥외소화전설비
② 스프링클러설비
③ 할로겐화합물소화설비
④ 연결살수설비

해설 연결살수설비는 소방기본법상 소방대전용인 소화활동설비에 해당된다.

참고 위험물안전관리법상 소화설비
- 소화기구
- 옥내소화전설비
- 옥외소화전설비
- 스프링클러설비
- 물분무등소화설비

※ 물분무등소화설비의 종류
  - 물분무소화설비
  - 포소화설비
  - 분말소화설비
  - 불활성가스소화설비
  - 할로겐화합물소화설비

065 다음중 위험물안전관리법에 따른 소화설비의 구분에서 "물분무등소화설비"에 속하지 않는 것은?

① 불활성가스소화설비
② 포소화설비
③ 스프링클러설비
④ 분말소화설비

해설 물분무등소화설비의 종류
- 물분무소화설비
- 포소화설비
- 분말소화설비
- 불활성가스소화설비
- 할로겐화합물소화설비

066 소형수동식소화기는 소방대상물의 각 부분으로부터 1개의 수동식소화기까지 보행 거리 몇 m마다 배치하는가?

① 10m 이하 ② 15m 이하
③ 20m 이하 ④ 25m 이하

해설
- 해당거리 : 보행거리 20m 이하
- 대형수동식소화기의 경우 : 보행거리 30m 이하

067 다음 중 간이소화용구가 아닌 것은?

① 마른모래 ② 팽창진주암
③ 소화기 ④ 팽창질식

해설 소화약제에 의한 간이소화용구
- 소화전용 물통
- 수조
- 마른모래
- 팽창질석 또는 팽창진주암

능력단위

068 8L용량의 소화전용 물통의 능력단위는?

① 0.3 ② 0.5
③ 1.0 ④ 1.5

해설 8L용량의 소화전용 물통의 능력단위 : 0.3단위

참고 간이소화용구의 능력단위

소화설비	용 량	능력단위
소화전용 물통	8ℓ	0.3단위
수조(소화전용 물통 3개 포함)	80ℓ	1.5단위
수조(소화전용 물통 6개 포함)	190ℓ	2.5단위
마른모래(삽 1개 포함)	50ℓ	0.5단위
팽창질석 또는 팽창진주암(삽 1개 포함)	160ℓ	1단위

069 다음 중 간이소화 용구의 기본 능력단위가 0.5인 간이소화제는?

① 마른모래
② 중조톱밥
③ 팽창질식
④ 수증기소화

해설 능력단위가 0.5인 간이소화제는 마른모래이다.

| 정답 | 064 ④ 065 ③ 066 ③ 067 ③ 068 ① 069 ①

070 소화기에 "A-2, B-3"이라고 쓰여진 숫자의 뜻은?

① 소화기의 제조번호
② 소화기의 소요단위
③ 소화기의 능력단위
④ 소화기의 사용순위

해설 "A-2, B-3"에서 A와 B는 화재의 종류이며, 숫자는 능력단위를 나타낸다.

소요단위

071 건물의 외벽이 내화구조로서 연면적 $300m^2$의 옥내저장소에 필요한 소화기 소요단위수는?

① 1단위 ② 2단위
③ 3단위 ④ 4단위

해설

$$소요단위 = \frac{300m^2}{150m^2/소요단위} = 2소요단위$$

참고 소요단위(1단위)

- 제조소 또는 취급소용 건축물로 외벽이 내화구조인 것 : 연면적 $100m^2$
- 제조소 또는 취급소용 건축물로 외벽이 내화구조이외인 것 : 연면적 $50m^2$
- 저장소용 건축물로 외벽이 내화구조인 것 : 연면적 $150m^2$
- 저장소용 건축물로 외벽이 내화구조이외인 것 : 연면적 $75m^2$
- 위험물 : 지정수량 10배

※ 조소등의 옥외에 설치된 공작물은 외벽이 내화구조인 것으로 간주하고 최대수평투영면적을 연면적으로 간주한다.

072 가솔린 20,000L와 경유 100,000L를 저장할 경우 소화 기구를 비치하여야 할 총소요 단위는 얼마인가?

① 10단위 ② 20단위
③ 30단위 ④ 40단위

해설

$$소요단위 = \frac{위험물의 수량}{위험물의 지정수량 \times 10}$$

$$총소요 단위 = \frac{20,000L}{200L \times 10} + \frac{100,000L}{1,000L \times 10} = 20단위$$

지정수량 : 가솔린(200L), 경유(1,000L)

073 질산의 비중이 1.5일 때 1소요단위는 몇 L인가?

① 150 ② 200
③ 1500 ④ 2000

해설 질산(HNO_3)은 제6류 위험물(산화성고체)의 지정수량은 300kg이며

소요단위=300kg×10=3,000kg

$$비중(S) = \frac{질량(W)}{체적(V)} 에서 체적(V) = \frac{질량(W)}{비중(S)}$$

$$체적(V) = \frac{3,000kg}{1.5} = 2,000L$$

074 일반취급소의 형태가 옥외의 공작물로 되어 있는 경우에 있어서 그 최대수평 투영면적이 $500m^2$일 때 설치하여야 하는 소화설비의 소요단위는 몇 단위인가?

① 5단위 ② 10단위
③ 15단위 ④ 20단위

해설

$$소요단위 = \frac{500m^2}{100m^2/소요단위} = 5단위$$

- 제조소등의 옥외에 설치된 공작물은 외벽이 내화구조인 것으로 간주하고 최대수평투영면적을 연면적으로 간주한다.
- 제조소 또는 취급소용 건축물로 외벽이 내화구조인 것 : 연면적 $100m^2$

옥내소화전설비

075 위험물 제조소등에 옥내소화전설비가 6개 설치될 때 필요한 수원의 수량은 몇 m^3인가?

① $26m^3$ ② $52m^3$
③ $39m^3$ ④ $46.8m^3$

해설 소화전이 가장 많이 설치된 층의 소화전의 수(5개 이상일 경우 5개)에 $7.8m^3$ 를 곱하여 구한다.

수원의 수량 = 5개 × $7.8m^3$/개 = $39m^3$

| 정답 | 070 ③ 071 ② 072 ② 073 ④ 074 ① 075 ③

076 옥내소화전설비에서 소화전 1개당 가압송수장치 펌프의 1분당 방수량은 몇 L인가?

① 130L ② 260L
③ 350L ④ 450L

해설
- 옥내소화전설비 소화전의 분당 방수량 : 260L/min
- 옥내소화전설비 소화전 1개당 저수량 : 260L/min×30min=7.8m^3

077 옥내소화전설비의 소화전 선단의 방수압력은 몇 KPa 이상 이어야 하는가?

① 150KPa ② 250KPa
③ 350KPa ④ 450KPa

해설 소화전 선단의 방수압력
350KPa=0.35MPa(3.5kg/cm^2)

078 위험물안전관리법상 옥내소화전설비의 비상전원은 몇 분이상 작동할 수 있어야 하는가?

① 45 ② 30
③ 20 ④ 10

해설 옥내소화전설비의 비상전원
45분 이상

079 위험물안전관리법령에 따른 옥내소화전설비의 기준에서 펌프를 이용한 가압송수장치의 경우 펌프의 전양정 H는 소정의 산식에 의한 수치 이상 이어야 한다. 전양정H를 구하는 식으로 옳은 것은? (단, h1은 소방용 호스의 마찰손실수두, h2는 배관의 마찰손실수두, h3은 낙차이며 h1, h2, h3의 단위는 모두 m이다.)

① H=h1+h2+h3
② H=h1+h2+h3+0.35m
③ H=h1+h2+h3+35m
④ H=h1+h2+h3+0.3m

해설 H=h1+h2+h3+35m

참고 옥내소화전 펌프를 이용한 가압송수장치의 전양정(단위 m)
H : 펌프의 전양정
h1 : 소방용 호스의 마찰손실수두
h2 : 배관의 마찰손실수두
h3 : 낙차
35m : 노즐선단의 방사압력 환산수두

080 압력수조를 이용한 옥내소화전설비의 가압송수장치에서 압력수조의 최소압력은(MPa)? (단, 소방용 호스의 마찰손실 수두압은 3MPa, 배관의 마찰손실 수두압은 1MPa, 낙차의 환산수두압은 1.35MPa이다.)

① 5.35 ② 5.7
③ 6.00 ④ 6.35

해설 $P=p_1+p_2+p_3+0.35$MPa에서
P=3+1+1.35+0.35=5.70MPa

참고 옥외소화전의 전압력
P : 필요한 압력 (단위 MPa)
p_1 : 소방용호스의 마찰손실수두압 (3MPa)
p_2 : 배관의 마찰손실수두압 (1MPa)
p_3 : 낙차의 환산수두압 (1.35MPa)
0.35MPa : 노즐선단의 방사압력

옥외소화전설비

081 건축물의 1층 및 2층 부분만을 방사능력범위로 하고 지하층 및 3층 이상의 층에 대하여 다른 소화설비를 설치해야하는 소화설비는?

① 스프링클러설비
② 포소화설비
③ 옥외소화전설비
④ 물분무소화설비

해설 옥외소화전설비는 건축물의 1층 및 2층 부분만을 방사능력범위로 한다.

082 옥외소화전설비에서 소화전 1개당 1분당 방수량은 몇 L인가?

① 130L ② 260L
③ 350L ④ 450L

정답 076 ② 077 ③ 078 ① 079 ③ 080 ② 081 ③ 082 ④

해설 옥외소화전설비 소화전의 분당 방수량 : 450L/min

참고 • 옥외소화전설비 소화전 1개당 저수량 : 450L/min×30min=13.5m^3
• 소화전 선단의 방수압력 : 350KPa=0.35MPa(3.5kg/cm^2)

083 옥외소화전 설비는 소방펌프 자동차로부터 그 설비에 송수할 수 있는 송수구를 설치하여야 한다. 송수구는 지면으로부터 높이가 몇 미터 이상에서 몇 미터 이하에 설치하는가?

① 0.5~1m ② 1~1.5m
③ 1.5~2m ④ 2~2.5m

해설 송수구의 지면으로부터 높이 : 0.5 이상 1m 이하

084 옥외 소화전을 설치할 경우 건축물의 비상 전원을 몇 분간 작동하여야 하는가?

① 15분 ② 25분
③ 35분 ④ 45분

해설 비상 전원의 작동시간 : 45분 이상

스프링클러설비

085 방호대상물의 바닥면적이 150m^2 이상인 경우에 개방형 스프링클러헤드를 이용한 스프링클러설비의 방사구역은 얼마 이상으로 하여야 하는가?

① 100m^2 ② 150m^2
③ 200m^2 ④ 300m^2

해설 스프링클러설비의 방사구역 150m^2 이상

086 위험물제조소등에 설치하는 폐쇄형헤드의 스프링클러설비는 30개의 헤드(헤드 설치수가 30개 미만의 경우는 당해 설치 개수)를 동시에 사용할 경우 각선단의 방사압력(KPa)과 방수량은 1분당 몇 L 이상이어야 하는가?

① 100KPa, 80L ② 120KPa, 80L
③ 100KPa, 100L ④ 120KPa, 100L

해설 • 방사압력 : 100KPa 이상
• 1분당 방수량 : 80L/min 이상

참고 헤드 1개당 저수량 : 80L/min×30min=2.4m^3

087 위험물안전관리법상 스프링클러헤드는 부착장소의 평상시 최고 주위온도가 28℃미만인 경우 몇 ℃의 표시온도를 갖는 것을 설치하여야 하는가?

① 58 미만 ② 58 이상 79 미만
③ 79 이상 121 미만 ④ 121 이상 162 미만

해설 스프링클러헤드의 표시온도

부착장소의 최고주위 온도(단위 ℃)	표시온도 (단위 ℃)
28 미만	58 미만
28 이상 39 미만	58 이상 79 미만
39 이상 64 미만	79 이상 121 미만
64 이상 106 미만	121 이상 162 미만
106 이상	162 이상

088 스프링클러설비의 수동식 개방밸브를 개방 조작에 필요한 힘은 얼마인가?

① 5kg ② 10kg
③ 13kg ④ 15kg

해설 수동식 개방밸브를 개방 조작에 필요한 힘 : 15kg

물분무소화설비

089 물분무소화설비의 방사구역은 몇 m^2 이상이어야 하는가? (단, 방호대상물의 표면적이 300m^{2}이다.)

① 100m^2 ② 150m^2
③ 2300m^2 ④ 450m^2

해설 물분무소화설비의 방사구역 : 150m^2

정답 083 ① 084 ④ 085 ② 086 ① 087 ① 088 ④ 089 ②

090 위험물제조소등의 전기설비에 적응성이 있는 소화설비는?

① 봉상수소화기　② 포소화설비
③ 옥외소화전설비　④ 물분무소화설비

해설 물분무소화설비는 전기설비에 사용시 전기절연성이 있으므로 적응성이 있다.

091 유기과산화물의 화재시 적응성이 있는 소화설비는?

① 물분무소화설비
② 불활성가스소화설비
③ 할로겐화합물소화설비
④ 분말소화설비

해설 유기과산화물은 제5류 위험물(자기반응성물질)이므로 주수소화가 적응성이 있다. 그러므로 물분무소화설비는 주수소화에 해당된다.

092 높이 5m, 지름 20m인 옥외저장탱크에 보유공지의 단축을 위해서 물분무소화설비로 방호조치를 하는 경우 수원의 양은 약 몇 L 이상으로 하여야 하는가?

① 46,496　② 58,090
③ 70,259　④ 95,880

해설 물분무소화설비의 수원의 양(V)=
탱크의 원주둘레(m)×37ℓ/m・min×20min에서
V=20m×π×37ℓ/m・min×20min
=46,495.5L=46,495L

포소화설비

093 고정식의 포소화설비의 기준에서 포헤드방식의 포헤드는 방호대상물의 표면적 몇 m^2당 1개이상의 헤드를 설치하여야 하는가?

① $3m^2$　② $9m^2$
③ $15m^2$　④ $30m^2$

해설 방호대상물의 표면적 $9m^2$당 포헤드를 1개이상 설치한다.

094 위험물을 저장 취급하는 소방대상물에 사용되는 포헤드방식중 단백포 소화약제의 표준방사량은 1분당 바닥면적 $1m^2$당 몇 L이상인가?

① 9.5L　② 8.0L
③ 6.5L　④ 3.7L

해설 포헤드방식중 단백포 소화약제의 표준방사량 : $6.5L/m^2$・min 이상

095 보조포 소화전 포방출구의 방출압력은 몇 MPa이상으로 하여야 하는가?

① 0.17　② 0.2
③ 0.26　④ 0.35

해설 보조포 소화전 포방출구의 방출압력 : 0.35MPa 이상

096 고정식 포소화설비에 관한 기준에서 방유제 외측에 설치하는 보조포 소화전의 상호간의 거리는?

① 보행거리 40m 이하
② 수평거리 40m 이하
③ 보행거리 75m 이하
④ 수평거리 40m 이하

해설 고정식 포소화설비의 보조포 소화전의 상호간의 거리 : 보행거리 75m 이하

097 포모니터시설의 노즐 선단에서의 방사량은 몇 L/min 이상인가?

① 300L/min　② 600L/min
③ 1,000L/min　④ 1,900L/min

해설 포모니터시설의 노즐 선단에서의 방사량 : 1,900 L/min 이상

098 다음 중 포소화약제의 혼합 장치의 종류에 해당하지 않는 것은?

① 프레져 라인 프로포셔너 방식
② 라인 프로포셔너 방식
③ 프레져 사이드 프로포셔너 방식
④ 압축공기포 믹싱챔버방식

| 정답 | 090 ④　091 ①　092 ①　093 ②　094 ③　095 ④　096 ③　097 ④　098 ①

해설 포소화설비
- 라인 프로포셔너
- 프레져 프로포셔너
- 프레져사이드 프로포셔너
- 펌프 프로포셔너
- 압축공기포 믹싱챔버방식

분말소화설비

099 분말소화설비의 소화약제의 가압용 가스용기에 사용하는 가스는 다음중 어느것인가?

① 염소 ② 질소
③ 산소 ④ 헬륨

해설 분말소화설비의 소화약제의 가압용 가스 : 질소(N_2)

100 분말소화설비의 소화약제 가압용가스용기에 설치하는 압력조정기는 몇 MPa 이하의 압력에서 조정가능한 것이어야 하는가?

① 0.3 ② 0.7
③ 2.1 ④ 2.5

해설 분말소화설비의 소화약제 가압용가스용기에 설치하는 압력조정기의 조정압력 : 2.5MPa 이하

101 전역방출방식 분말소화설비의 분사헤드의 방사압력은 몇 MPa 이상인가?

① 0.1 ② 0.2
③ 0.3 ④ 0.4

해설 전역방출방식 분말소화설비의 분사헤드의 방사압력 : 0.1MPa 이상

102 국소방출방식 분말소화설비의 분사헤드는 소화약제를 몇 초 이내에 방출할 수 있어야 하는가?

① 10초 ② 20초
③ 30초 ④ 60초

해설 국소방출방식 및 전역방출방식 분말소화설비의 분사헤드 방출시간 : 30초 이내

103 제3류 위험물중 금수성 물질을 제외한 위험물에 적응성이 있는 소화설비가 아닌 것은?

① 분말소화설비 ② 스프링글러설비
③ 팽창질석 ④ 포소화설비

해설 제3류 위험물중 금수성 물질을 제외한 위험물은 황린(P_4)을 말하며 적응성이 있는 소화설비는 마른모래, 팽창질석 및 팽창진주암과 주수에 의한 냉각소화(포소화설비포함)이며 적응성이 없는 소화설비는 분말소화설비, 불활성가스소화설비, 할로겐화합물소화설비이다.

104 위험물안전관리법령상 제4류 위험물과 제6류 위험물에 모두 적응성이 있는 소화설비는?

① 불연성가스소화설비
② 할로겐화합물소화설비
③ 탄산수소염류 분말소화설비
④ 인산염류 분말소화설비

해설 인산염류 분말소화설비($NH_4H_2PO_4$)는 제4류 위험물(인화성액체)과 제6류 위험물(산화성액체)에 적응성이 있다.

불활성가스소화설비

105 위험물안전관리법령에서 정한 불활성가스소화설비중 이산화탄소 소화약제의 저장용기 설치기준으로 옳은 것은?

① 저압식 저장용기의 충전비 : 1.0 이상 1.3 이하
② 고압식 저장용기의 충전비 : 1.3 이상 1.7 이하
③ 저압식 저장용기의 충전비 : 1.1 이상 1.4 이하
④ 고압식 저장용기의 충전비 : 1.7 이상 2.1 이하

해설 이산화탄소 소화약제의 저장용기중 저압식 저장용기의 충전비는 1.1 이상 1.4 이하이다.

참고 고압식용기의 충전비 : 1.5 이상 1.9 이하

| 정답 | 099 ② 100 ④ 101 ① 102 ③ 103 ① 104 ④ 105 ③

106 불활성가스소화설비중 이산화탄소 소화설비의 저압식 용기에 설치하는 설비중 2.3MPa 이상의 압력 및 1.9MPa 이하의 압력에서 작동하는 설비의 명칭은?

① 액면계　② 압력계
③ 파괴판　④ 압력경보장치

해설 해당설비 : 압력경보장치

107 불활성가스소화설비중 이산화탄소 소화설비의 저압식 용기 내부의 온도를 유지하기 위하여 설치하는 자동냉동기의 온도범위로 옳은 것은?

① -5℃ 이상 -3℃ 이하
② -10℃ 이상 -8℃ 이하
③ -15℃ 이상 -13℃ 이하
④ -20℃ 이상 -18℃ 이하

해설 이산화탄소 소화설비의 저압식 용기 내부에 설치하는 자동냉동기의 온도범위는 -20℃ 이상 -18℃ 이하일 것

108 소화설비의 기준에서 불활성가스소화설비중 IG-100, IG-55, IG-541의 방사압력은 몇 MPa 이상인가?

① 1.1　② 1.5
③ 1.7　④ 1.9

해설 해당 방사압력 : 1.9 MPa 이상

109 불활성가스소화설비중 이산화탄소소화설비가 적응성이 있는 대상물은?

① 알칼리금속의 과산화물
② 철분
③ 인화성고체
④ 제3류 위험물중 금수성물질

해설 인화성고체는 가열하면 액체가되어 제4류 위험물(인화성액체)과 같은 위험성을 가지므로 B급(유류화재)에 해당되는 이산화탄소소화설비는적응성이 있다.

110 불활성가스소화설비의 기준에서 저장용기 설치기준에 관한 내용으로 틀린 것은?

① 방호구역 외의 장소에 설치할 것
② 온도가 50℃ 이하이고 온도변화가 적은 곳에 설치할 것
③ 직사광선 및 빗물이 침투할 우려가 없는 곳에 설치할 것
④ 저장용기에는 안전장치를 설치할것

해설 불활성가스소화설비의 저장용기는 온도가 40℃ 이하이고 온도변화가 적은 곳에 설치할 것

할로겐화합물소화설비

111 할론 1301 및 할로겐화합물 HFC-227ea 소화설비의 축압식 저장용기의 질소가스 축압압력은 20℃에서 얼마인가?

① 1.1MPa 또는 2.5MPa
② 2.1MPa 또는 3.7MPa
③ 2.5MPa 또는 4.2MPa
④ 3.5MPa 또는 5.5MPa

해설 해당 설비의 질소가스 축압압력 : 2.5MPa 또는 4.2MPa

112 전역방출방식의 할론1211 분사헤드에서 소화약제 방사압력은 몇 MPa 이상인가?

① 0.1　② 0.2
③ 0.3　④ 0.4

해설 전역방출방식의 할론1211 분사헤드에서 소화약제 방사압력은 0.2MPa 이상

113 할로겐화합물소화설비인 HFC-227ea 분사헤드에서 소화약제 방사압력은 몇 MPa 이상인가?

① 0.1　② 0.3
③ 0.6　④ 0.9

정답 106 ④　107 ④　108 ④　109 ③　110 ②　111 ③　112 ②　113 ②

해설 HFC-227ea 분사헤드에서 소화약제 방사압력은 0.3MPa 이상

114 전역방출방식 및 국소방출방식의 할론 소화설비의 소화약제 방사시간으로 옳은 것은?

① 10초 ② 20초
③ 30초 ④ 60초

해설 전역방출방식 및 국소방출방식의 할론 소화설비의 소화약제 방사시간은 30초 이내

115 HFC-23, HFC-125, HFC-227ea 소화설비의 소화약제 방사시간으로 옳은 것은?

① 10초 ② 20초
③ 30초 ④ 40초

해설 해당 방사시간 : 10초 이내

자체소방조직

116 자체소방조직에 배치된 화학소방자동차 1대의 방사능력 및 소화약제 비치량으로 옳지 않은 것은?

① 포말방출능력 2,000ℓ/min 이상, 비치량 10만ℓ 이상
② 분말방출능력 35kg/sec 이상, 비치량 1,400kg 이상
③ 할로겐화합물방출능력 40kg/sec 이상, 비치량 4,000kg 이상
④ 이산화탄소방출능력 40kg/sec 이상, 비치량 3,000kg 이상

해설 할로겐화합물방출능력 40kg/sec 이상, 비치량 1,000kg 이상

117 위험물제조소에 제4류 위험물 취급량이 지정수량의 10만배이다. 이때 자체소방조직의 화학소방자동차 수와 자체소방대원의 수로 옳은 것은?

① 1대, 5명 ② 2대, 10명
③ 3대, 15명 ④ 4대, 20명

해설 제4류 위험물 취급량이 지정수량의 10만배이면 지정수량 12만배 미만이므로 화학소방자동차수 1대와 자체소방대원은 5명이 필요하다.

참고 자체소방대에 두는 화학소방자동차 및 인원

제조소 및 일반취급소에서 제4류 위험물을 저장, 취급	화학 소방자동차	자체소방 대원의 수
최대수량의 합이 지정수량 12만배 미만인 사업소	1대	5인
최대수량의 합이 지정수량 12만배 이상 24만배 미만 미만인 사업소	2대	10인
최대수량의 합이 지정수량 24만배 이상 48만배 미만 미만인 사업소	3대	15인
최대수량의 합이 지정수량 48만배 이상인 사업소	4대	20인

118 제조소등에 설치된 화학 소방자동차중 포말을 방출하는 화학소방자동차의 대수는 전체의 어느정도를 차지하는가?

① $\frac{1}{2}$ ② $\frac{1}{3}$
③ $\frac{2}{3}$ ④ $\frac{1}{4}$

해설 포말을 방출하는 화학소방자동차의 대수는 전체 대수의 $\frac{2}{3}$ 이상일 것

119 자체소방조직을 두어야 할 사업소에 편성된 화학소방차로서 포말을 방사하는 것은 최소한 몇 L 이상의 포수용액을 방사할 수 있는 양의 소화약제(소화원액)을 비치하여야 하는가?

① 8,000L ② 100,000L
③ 150,000L ④ 200,000L

해설 방사할 수 있는 포수용액의 양 : 100,000L 이상

참고 포수용액 분당 방출양 : 2,000L/min

| 정답 | 114 ③ 115 ① 116 ③ 117 ① 118 ③ 119 ②

120 위험물안전관리법령에 근거하여 자체소방대에 두어야할 제독차의 경우 가성소다 및 규조토를 각각 몇 kg 이상 비치하여야 한는가?

① 30 ② 50
③ 60 ④ 100

해설 가성소다 및 규조토비치량 : 각각 50kg 이상

경보설비

121 화재 발생을 통보하는 경보설비가 아닌 것은?

① 자동식 사이렌설비
② 비상 방송설비
③ 비상 조명등설비
④ 가스누설경보기

해설 비상 조명등설비는 피난설비에 해당한다.

참고 경보설비의 종류(위험물제조소등 전용)
- 자동화재탐지설비 및 시각경보기
- 비상경보설비(비상벨설비, 자동식사이렌)
- 비상방송설비
- 확성장치

122 지정수량 몇배 이상의 위험물을 취급하는 제조소에는 화재발생시 이를 알릴 수 있는 경보설비를 설치하여야 하는가?

① 5 ② 10
③ 20 ④ 100

해설 경보설비를 설치하여야할 제조소의 지정수량 : 지정수량의 10배 이상인 곳

123 위험물제조소등에 경보설비를 설치하여야 하는경우가 아닌 것은? (단, 지정수량의 10배 이상을 저장 또는 취급하는 경우이다.)

① 이동탱크저장소
② 단층건물로서 처마높이가 6m인 옥내저장소
③ 단층건물외의 건축물에 설치된 옥내탱크저장소로서 소화난이도 등급 Ⅰ에 해당하는 것
④ 옥내주유취급소

해설 이동탱크저장소에는 경보설비를 설치하지 않는다.

124 위험물을 저장 또는 취급하는 제조소에 있어서 연면적이 최소몇 m^2이면 자동화재탐지설비를 설치하여야 하는가?

① 100 ② 300
③ 500 ④ 1,000

해설 제조소에는 연면적이 $500m^2$이면 자동화재탐지설비를 설치한다.

참고 제조소등의 자동화재경보설비의 설치기준(요약)(규칙 별표 17)

제조소등의 구분	제조소등의 규모, 저장 또는 취급하는 위험물 의 종류 및 최대수량 등
제조소 · 일반취급소	• 연면적 $500m^2$ 이상인 곳 • 옥내에서 지정수량의 100배 이상을 취급하는 것(고인화점 위험물만을 100℃ 미만의 온도에서 자동화재 취급하는 것을 제외한다)
옥내저장소	• 연면적 $150m^2$ 초과하는 것 • 지정수량의 100배 이상을 저장 또는 취급하는 것(고인화점 위험물만을 100℃ 미만의 온도에서 저장 또는 취급하는 것을 제외한다) • 처마높이 6m 이상인 단층건물
옥내탱크 저장소	단층건축물외의 건축물에 설치된 옥내탱크저장소로서 소화난이도 등급 I 에 해당하는 것
주유취급소	옥내주유취급소

125 자동 화재탐지 설비의 1개의 경계구역 해당설명 중 옳지 않은 것은?

① 1개의 경계구역 그 한변의 길이는 100m 이하로 하여야 한다.
② 1개의 경계구역 면적은 $600m^2$ 이하로 한다.
③ 2개층의 면적의 합계가 $500m^2$ 이하일 때에는 2개층을 1개의 경계구역으로 할 수 있다.
④ 소방대상물의 주된 출입문에서 그 내부 전체를 볼 수 있는 경우에는 $1000m^2$ 이하로 할 수 있다.

| 정답 | 120 ② 121 ③ 122 ② 123 ① 124 ③ 125 ①

해설 1개의 경계구역 그 한변의 길이는 50m(광전식 분리형감지기를 설치할 경우100m)이하로 하여야 한다.

126 다음 중 자동화재탐지 설비에 들지 않는 것은?

① 감지기 ② 수신기
③ 발신기 ④ 비상용 전화기

해설 자동화재탐지 설비의 구성
- 감지기
- 중계기
- 수신기
- 발신기
- 음향장치

127 자동화재 탐지설비의 비상전원은 몇 분간 작동할 수 있는 용량이어야 하는가?

① 40분 이상 ② 30분 이상
③ 10분 이상 ④ 5분 이상

해설 비상전원의 작동시간 : 10분 이상(감시상태를 60분간 지속한후 경보를 발하여야 한다.

피난설비

128 주유취급소 중 건축물의 2층에 휴게음식점의 용도로 사용하는 것에 있어 당해 건축물의 2층으로부터 직접 주유취급소의 부지 밖으로 통하는 출입구와 당해 출입구로 통하는 통로·계단에 설치하는 것은?

① 비상경보설비 ② 유도등
③ 비상조명등 ④ 확성장치

해설 해당설비 : 유도등

| 정답 | 126 ④ 127 ③ 128 ②

제2편

위험물의 성질 및 취급

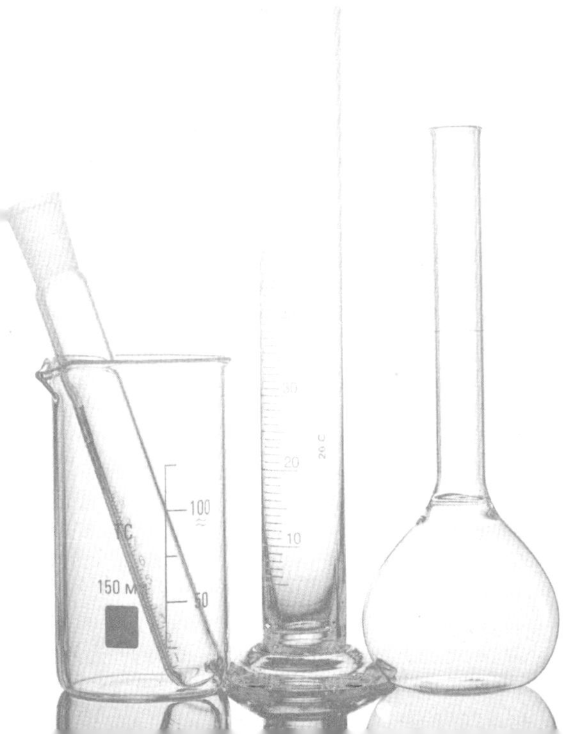

제 1 장 위험물

01 위험물의 정의 (법제2조 제1항 제1호)

인화성 또는 발화성 등의 성질을 가지는 것으로서 대통령령이 정하는 물품

02 위험물의 구성(유별 · 성질 · 품명 · 지정수량)

(1) **유별 :** 제1류에서 제6류 위험물까지 화학적 · 물리적 성질이 비슷한 위험물로 구분한다.

(2) **성질**

① 제1류 위험물 : 산화성고체

② 제2류 위험물 : 가연성고체

③ 제3류 위험물 : 자연발화성 물질 및 금수성 물질

④ 제4류 위험물 : 인화성액체

⑤ 제5류 위험물 : 자기반응성 물질

⑥ 제6류 위험물 : 산화성액체

(3) **품명 :** 해당 위험물의 총칭명

(4) **지정수량 :** 위험물의 종류별로 위험성을 고려하여 대통령령이 정하는 수량으로서 제조소등의 설치허가 등에 있어서 최저의 기준이 되는 수량

① 지정수량 배수의 총합

$$\frac{\text{A 품명의 저장수량}}{\text{A 품명의 지정수량}} + \frac{\text{B 품명의 저장수량}}{\text{B 품명의 지정수량}} + \cdots$$

제2장 제1류 위험물

1. 제1류 위험물의 품명 및 지정수량

유별 및 성질	위험 등급	품명	지정수량
제1류 산화성 고체	Ⅰ	1. 아염소산염류 2. 염소산염류 3. 과염소산염류 4. 무기과산화물	50kg 50kg 50kg 50kg
	Ⅱ	5. 브롬산염류 6. 요오드산염류 7. 질산염류	300kg 300kg 300kg
	Ⅲ	8. 과망간산염류 9. 중크롬산염류	1,000kg 1,000kg
	Ⅰ~Ⅲ	10. 그 밖에 행정안전부령이 정하는 것 11. 제1호 내지 제10호에 해당하는 어느 하나 이상을 함유한 것	50kg 300kg 또는 1,000kg

Point

- 그 밖에 행정안전부령이 정하는 것 : (　)는 지정수량
  - **차아염소산염류**(50kg)
  - **과요오드산**(300kg)
  - **과요오드산염류**(300kg)
  - **아질산염류**(300kg)
  - **크롬, 납 또는 요오드의 산화물**(300kg)
  - **퍼옥소붕산염류**(300kg)
  - **퍼옥소이황산염류**(300kg)
  - **염소화이소시아눌산**(300kg)

2. 제1류 위험물의 일반성질

(1) 대부분 **무색 결정**이나 **백색 분말**이며 비중이 1보다 크며 수용성인 것이 많다.

(2) **불연성**이며 **산소를 많이 함유**하고 있는 **강산화제**이다.

(3) 반응성이 풍부하여 **열 · 타격 · 충격 · 마찰** 및 **다른 약품**과의 **접촉**으로 분해하여 많은 **산소를 방출**하여 다른 **가연물의 연소를 돕는다.**

(4) **알칼리금속의 과산화물**은 물과 접촉하여 **산소**를 발생한다.

3. 제1류 위험물의 저장 및 취급방법

(1) **조해성**이 있으므로 습기에 주의하며 용기는 **밀폐**하여 저장할 것

(2) 용기의 파손에 의하여 **위험물의 누설**에 주의할 것

(3) **환기**가 좋은 **찬 곳**에 저장할 것

(4) **열원**과 **산화되기 쉬운 물질**과 **산** 또는 **화재 위험**이 있는 곳으로부터 **멀리** 할 것

(5) **다른 약품류** 및 **가연물**과의 **접촉**을 피할 것

01 아염소산염류의 성질

지정수량 : 50kg

1. 아염소산나트륨($NaClO_2$)

순수한 무수물의 분해온도	350℃ 이상
수분이 포함될 경우 분해온도	120~130℃

(1) **무색**의 결정성 분말

(2) **산**을 가할 경우 발생되는 **유독가스**는 **이산화염소**(ClO_2) 가스이다.

(3) **화학반응식**

구분	반응식
분해	$NaClo_2$ → $NaCl$ + O_2↑ (아염소산나트륨) (염화나트륨) (산소)
염산	$5NaClo_2$ + $4HCl$ → (아염소산나트륨) (염산) $5NaCl$ + $4ClO_2$↑ + $2H_2O$ (염화나트륨) (이산화염소) (물)
이산화탄소	$5NaClo_2$ + $2CO_2$ + $2H_2O$ → (아염소산나트륨) (이산화염소) (물) $2Na_2CO_3$ + H_2O (탄산나트륨) (물) + $4ClO_2$↑ + $NaCl$ (이산화염소) (염화나트륨)

02 염소산염류의 성질

지정수량 : 50kg

1. 염소산칼륨($KClO_3$)

분해온도	융점	용해도	비중
400℃	368.4℃	7.3(20℃)	2.34

(1) **무색 단사정계 판상결정** 또는 백색 분말

(2) **인체**에 **유독**하며, **400℃**에서 **분해**한다.

(3) **산**과 반응하여 **유독한 이산화염소**(ClO_2)를 발생하며, **이산화염소**는 **폭발성**이다.

(4) **이산화망간**(MnO_2)을 **촉매**로 사용하면 **70℃~200℃**에서 **분해**한다.

(5) **화학반응식**

구분	반응식
열분해	$2KClO_3$ → $2KCl$ + $3O_2$↑ (염소산칼륨) (염화칼륨) (산소)
염산	$2KClO_3$ + $4HCl$ → $2KCl$ (염소산칼륨) (염산) (염화칼륨) + $2H_2O$ + Cl_2↑ + $2ClO_2$↑ (물) (염소) (이산화염소)

2. 염소산나트륨($NaClO_3$)

분해온도	융점	용해도	비중
300℃	248℃	101(20℃)	2.5(20℃)

(1) 무색, 무취의 **입방정계 주상결정**

(2) **산**과 **반응**하여 유독한 **이산화염소**(ClO_2)를 발생하며, 이산화염소는 **폭발성**이다.

3. 염소산암모늄(NH_4ClO_3)

(1) 대단히 **폭발성**이 크다.

(2) **조해성**이 있다.

(3) 금속 **부식성**이 크다.

(4) **화학반응식**

구분	반응식
분해	$2NH_4ClO_3$ → N_2↑ (염소산암모늄) (질소) + $4H_2O$ + Cl_2↑ + O_2↑ (물) (염소) (산소)

03 과염소산염류의 성질

지정수량 : 50kg

1. 과염소산칼륨($KClO_4$)

분해온도	융점	용해도	비중
400℃	610℃	1.3(20℃)	2.34

(1) **무색**, 무취의 **사방정계 결정**

(2) **진한 황산**과 접촉하면 **폭발**한다.

(3) 인, 황, 탄소, 유기물 등과 혼합되었을 때 **가열**, **마찰**, **충격**으로 **폭발**한다.

(4) **수산화나트륨**과는 **안정**하다.

(5) **화학반응식**

구분	반응식
열분해	$KClO_4 \xrightarrow{\triangle} KCl + 2O_2\uparrow$ (과염소산칼륨) (염화칼륨) (산소)

2. 과염소산나트륨($NaClO_4$)

분해온도	융점	용해도	비중
400℃	482℃	170(20℃)	2.50

(1) **무색**, 무취의 **조해**되기 쉬운 결정

(2) **물**, 에틸알코올, 아세톤에 **잘 녹고**, 에테르에 녹지 않는다.

3. 과염소산암모늄(NH_4ClO_4)

분해온도	비중
130℃	1.87

(1) **무색**, 수용성 결정

(2) 충격에는 비교적 안정하나 **130℃에서 분해**되어 **300℃** 부근에서는 급격히 산소를 방출한다.

(3) **화학반응식**

구분	반응식
완전분해	$2NH_4ClO_4 \xrightarrow{\triangle}$ (과염소산암모늄) $N_2\uparrow + 4H_2O + Cl_2\uparrow + 2O_2\uparrow$ (질소) (물) (염소) (산소)

04 무기과산화물의 성질

지정수량 : 50kg

Point

- **무기과산화물 중 알칼리금속의 과산화물 : 물과** 접촉하여 발열과 함께 다량의 **산소(O_2)** 가스를 발생하므로 **주수소화**는 **적합하지 못하다.**

1. 과산화칼륨(K_2O_2)

분해온도	비중
490℃	2.9

(1) **무색** 또는 **오렌지색의 비정계분말**

(2) 공기 중에서 **탄산가스**를 흡수하여 **탄산염**이 된다.

(3) **양이 많을 경우 주수**에 의하여 **폭발**위험이 있다.

(4) **용기**는 **밀전** 및 **밀봉**하여 **수분**이 들어가지 않도록 한다.

(5) 화학반응식

구분	반응식
물	$2K_2O_2$ + $2H_2O$ (과산화칼륨) (물) → $4KOH$ + O_2↑ (수산화칼륨) (산소)
가열분해	$2K_2O_2$ →(△) $2K_2O$ + O_2↑ (과산화칼륨) (산화칼륨) (산소)
탄산가스	$2K_2O_2$ + $2CO_2$ (과산화칼륨) (이산화탄소) → $2K_2CO_3$ + O_2↑ (탄산칼륨) (산소)
염산	K_2O_2 + $2HCl$ (과산화칼륨) (염산) → $2KCl$ + H_2O_2 (염화칼륨) (과산화수소)
초산	K_2O_2 + $2CH_3COOH$ (과산화칼륨) (아세트산(초산)) → $2CH_3COOK$ + H_2O_2 (초산칼륨) (과산화수소)

2. 과산화나트륨(Na_2O_2)

분해온도	융점	비중
460℃	460℃	2.80

(1) **순수한 것은 백색, 담황색** 정방정계 분말

(2) **물과** 격렬히 **반응**하여 **산소**(O_2)를 **발생**한다.

3. 과산화마그네슘(MgO_2)

(1) **시판품**의 MgO_2 함유량 : **15~25%**

(2) **백색** 분말이며 **물**에 녹지 않으며, **산**과 반응하여 **과산화수소** 발생

(3) 화학반응식

구분	반응식
가열분해	$2MgO_2$ →(△) $2MgO$ + O_2↑ (과산화마그네슘) (산화마그네슘) (산소)
염산	MgO_2 + $2HCl$ (과산화마그네슘) (염산) → $MgCl_2$ + H_2O_2 (염화마그네슘) (과산화수소)

4. 과산화바륨(BaO_2)

분해온도	융점	비중
840℃	450℃	4.958
수화물($BaO_2 8H_2O$)의 비중		2.292

(1) **백색**의 정방정계 분말

(2) 알칼리토금속의 **과산화물 중 제일 안정**하다.

(3) 화학반응식

구분	반응식
열분해	$2BaO_2$ →(△) $2BaO$ + O_2↑ (과산화바륨) (산화바륨) (산소)
황산	BaO_2 + H_2SO_4 (과산화바륨) (황산) → $BaSO_4$ + H_2O_2 (황산바륨) (과산화수소)

05 브롬산염류(취소산염류)의 성질

지정수량 : 300kg

1. 브롬산칼륨($KBrO_3$)

융점	비중
438℃	3.27

(1) **백색** 능면체의 결정 또는 결정성 분말

(2) 물에 잘 녹으며, 가연물과 혼합되어 있으면 위험하다.

(3) 화학반응식

구분	반응식
370℃ 열분해	$2KBrO_3$ →(△) $2KBr$ + $3O_2$↑ (브롬산칼륨) (브롬화칼륨) (산소)

2. 브롬산나트륨($NaBrO_3$)

융점	비중
381℃	3.3

(1) **무색** 결정이며 물에 잘 녹는다.

3. 기타 브롬산 염류

(1) **브롬산아연**[$Zn(BrO_3)_2 \cdot 6H_2O$]

(2) **브롬산바륨**[$Ba(BrO_3)_2 \cdot H_2O$]

(3) **브롬산마그네슘**[$Mg(BrO_3)_2 \cdot 6H_2O$]

06 요오드산염류(옥소산염류)의 성질

지정수량 : 300kg

1. 요오드산칼륨(KIO_3)

융점	비중
560℃	3.89

(1) 광택이 있는 **무색** 결정성 분말로 물에 녹는다.

(2) **융점 이상**으로 가열하면 **산소**(O_2)를 방출한다.

(3) **화학반응식**

구분	반응식
분해	$2KIO_3 \xrightarrow{\Delta} 2KI + 3O_2\uparrow$ (요오드산칼륨) (요오드화칼륨) (산소)

2. 요오드산칼슘($Ca(IO_3)_2 \cdot 6H_2O$)

융점	무수물의 융점
42℃	575℃

(1) **조해성** 결정으로 물에 녹는다.

07 질산염류의 성질

지정수량 : 300kg

1. 질산칼륨(KNO_3)

분해온도	융점	용해도	비중
400℃	336℃	26(15℃)	2.098

(1) **무색** 또는 **백색** 결정 또는 분말이며, **초석**이라고 부른다.

(2) **물 · 글리세린**에 잘 녹고 **알코올**에는 난용이나 **흡습성은 없다.**

(3) **숯가루, 황가루**의 혼합물이 **흑색화약**이며, 불꽃놀이 등에 사용한다.

(4) **화학반응식**

구분	반응식
열분해 (400℃)	$2KNO_3 \xrightarrow{\Delta} 2KNO_2 + O_2\uparrow$ (질산칼륨) (아질산칼륨) (산소)
황산	$2KNO_3 + H_2SO_4 \rightarrow$ (질산칼륨) (황산) $K_2SO_4 + 2HNO_3$ (황산칼륨) (질산)
흑색화약 폭발	$2KNO_3 + S + 3C \rightarrow$ (질산칼륨) (유황) (탄소) $K_2S + 3O_2 + N_2\uparrow$ (황화칼륨) (이산화탄소) (질소)

2. 질산나트륨($NaNO_3$)

분해온도	융점	용해도	비중
380℃	308℃	73	2.26

(1) **무색**, 무취의 투명한 결정 또는 분말로 **칠레초석**이라고도 부른다.

(2) **조해성**이며, **물 · 글리세린**에 잘 녹고 **무수알코올**에 **난용성**이다.

(3) **화학반응식**

구분	반응식
열분해 (380℃)	$2NaNO_3 \xrightarrow{\triangle} 2NaNO_2 + O_2\uparrow$ (질산나트륨) (아질산나트륨) (산소)
황산	$2NaNO_3 + H_2SO_4$ (질산나트륨) (황산) $\xrightarrow{\triangle} Na_2SO_4 + 2HNO_3$ (황산나트륨) (질산)

3. 질산암모늄(NH_4NO_3)

분해온도	융점	용해도	비중
220℃	165℃	118.3(0℃)	1.73

(1) **무색**, 무취의 결정으로 **조해성**이 크다.

(2) 물 · 알코올에 잘 녹는다(**물**에 녹을 경우 **흡열반응**).

(3) **단독**으로도 급격한 가열, 충격으로 **분해, 폭발**한다.

(4) **경유와 혼합**하여 **안포(ANFO) 화약**의 원료를 제조

(5) **화학반응식**

구분	반응식
분해 · 폭발	$2NH_4NO_3$ (질산암모늄) $\xrightarrow{\triangle} 2N_2\uparrow + O_2\uparrow + 4H_2O$ (질소) (산소) (물)

08 삼산화크롬의 성질

지정수량 : 300kg

(1) **삼산화크롬**(CrO_3)을 **무수크롬산**이라 한다.

분해온도	융점	용해도	비중
250℃	196℃	2.70	166g/15℃

(2) **암적색**의 침상결정으로 물에 잘 녹으며, **독성**이 강하다.

(3) **화학반응식**

구분	반응식
열분해 (250℃)	$4CrO_3 \xrightarrow{\triangle} 2Cr_2O_3 + 3O_2\uparrow$ (삼산화크롬) (산화크롬) (산소)

09 과망간산염류의 성질

지정수량 : 1,000kg

1. 과망간산칼륨($KMnO_4$) 〈카메레온〉

분해온도	비중
240℃	2.7

(1) **흑자색의 결정**

(2) **물**에 녹아서 **진한 보라색**을 나타내며, 강한 산화력과 살균력이 있다.

(3) **화학반응식**

구분	반응식
열분해 (240℃)	$2KMnO_4$ (과망간산칼륨) $\xrightarrow{\triangle} K_2MnO_4 + MnO_2 + O_2\uparrow$ (망간산칼륨) (이산화망간) (산소)

구분	반응식
묽은 황산	$4KMnO_4$ + $6H_2SO_4$ → $2K_2SO_4$ (과망간산 칼륨) (황산) (황산칼륨) + $4MnSO_4$ + $6H_2O$ + $5O_2$↑ (황산망간) (물) (산소)
진한 황산	$4KMnO_4$ + $2H_2SO_4$ → $2K_2SO_4$ (과망간산 칼륨) (황산) (황산칼륨) + $4KMnO_4$ + $2H_2O$ + $3O_2$↑ (이산화망간) (물) (산소)

2. 과망간산나트륨($NaMnO_4 \cdot 3H_2O$)

(1) **적자색의 결정**

(2) **조해성**이 강하며 물에 잘 녹는다.

3. 과망간산칼슘($Ca(MnO_4)_2 \cdot 4H_2O$)

(1) **자색 결정**이며 수용성이다.

10 중크롬산염류의 성질

지정수량 : 1,000kg

1. 중크롬산칼륨($K_2Cr_2O_7$)

분해온도	융점	용해도	비중
500℃	398℃	2.69	8.89(15℃)

(1) **등적색**의 판상결정이다.

(2) 물에 녹고 알코올에는 녹지 않는다.

(3) **화학반응식**

구분	반응식
열분해 (500℃)	$4K_2Cr_2O_7$ $\xrightarrow[\Delta]{}$ (중크롬산 칼륨) $4K_2CrO_4$ + $2Cr_2O_3$ + $3O_2$↑ (크롬산칼륨) (산화크롬) (산소)

2. 중크롬산나트륨($Na_2Cr_2O_7 \cdot 2H_2O$)

분해온도	융점	비중
380℃	308℃	2.26

(1) 흡습성인 **등적색**의 결정

(2) **단독으로 안정하다.** 유기물등 가연물과 혼합되면 **가열 · 마찰**로 **발화** 또는 **폭발**한다.

3. 중크롬산암모늄($(NH_4)_2Cr_2O_7$)

분해온도	비중
185℃	2.15

(1) **적색** 침상의 결정(단사정계)

(2) 가열분해시 **질소가스**(N_2)도 발생한다.

(3) **용도 : 그라비아인쇄 · 사진제판 · 피혁가공 · 염료 등에** 사용한다.

(4) **화학반응식**

구분	반응식
열분해 (185℃)	$(NH_4)_2Cr_2O_7$ $\xrightarrow[\Delta]{}$ (중크롬산암모늄) N_2↑ + $4H_2O$ + Cr_2O_3 (질소) (물) (산화크롬)

제3장 제2류 위험물

1. 제2류 위험물의 품명 및 지정수량

유별 및 성질	위험등급	품 명	지정수량
제2류 가연성 고체	Ⅱ	1. 황 화 린 2. 적 린 3. 유 황	100kg 100kg 100kg
	Ⅲ	4. 마 그 네 슘 5. 철 분 6. 금 속 분	500kg 500kg 500kg
	Ⅱ~Ⅲ	7. 그 밖에 행정안전부령이 정하는 것 8. 제1호 내지 제7호에 해당하는 어느 하나 이상을 함유한 것	100kg 또는 500kg
	Ⅲ	9. 인화성고체	1,000kg

2. 제2류 위험물의 일반성질

(1) 비교적 **낮은 온도**에서 **착화**되기 쉬운 **가연물**이다.

(2) 대단히 **연소속도**가 **빠른 고체**이다.

(3) **유독한 것** 또는 연소시 **유독가스를 발생**하는 것도 있다.

(4) **마그네슘, 철분, 금속분류**는 **물**과 **산**의 접촉으로 **발열**하며, **수소**(H_2)를 **발생**한다.

3. 제2류 위험물의 저장 및 취급방법

(1) **점화원**으로부터 멀리하고 **가열**을 피할 것

(2) 용기의 파손으로 **위험물**의 **누설**에 **주의**할 것

(3) **산화제**와의 접촉을 피할 것

(4) **마그네슘, 철분, 금속분**은 **물** 또는 **산**과의 접촉을 피할 것

Point

- **제2류 위험물 : 환원제**이므로 **산화제**와의 접촉을 피하여야 한다.
- **마그네슘 · 철분 · 금속분**은 **물** 또는 **산**과의 접촉으로 **발열**하며 **수소**(H_2)를 **발생**한다.

01 황화린의 성질

지정수량 : 100kg

Point

- **황화린 : 삼황화린, 오황화린, 칠황화린 3종류**가 있다.

1. 삼황화린(P_4S_3)

착화점	융점	비점	비중
100℃	172.5℃	407℃	2.03

(1) **황색** 결정이다.

(2) **물, 염산, 황산**에 녹지 않으며 **끓는 물**에서 **분해**한다.

(3) **질산, 알칼리, 이황화탄소**에 녹는다.

(4) **화학반응식**

구분	반응식
연소 반응	P_4S_3 + $8O_2$ (삼황화린) (산소) → $2P_2O_5$ + $3SO_2$↑ (오산화린) (이산화황, 아황산가스)

2. 오황화린(P_2S_5)

융점	비점	비중
290℃	514℃	2.09

(1) **담황색** 결정의 **조해성** 물질이다.

(2) **물, 알칼리**와 분해하여 **유독성**인 **황화수소**(H_2S), **인산**(H_3PO_4)이 된다.

(3) CS_2(이황화탄소)에 **잘 녹는다.**

(4) 화학반응식

구분	반응식
물	$P_2S_5 + 8H_2O \rightarrow 5H_2S\uparrow + 2H_3PO_4$ (오황화린) (물) (황화수소) (인산)

3. 칠황화린(P_4S_7)

융점	비점	비중
310℃	523℃	2.19

(1) **담황색** 결정이며 **조해성**이 있다.

(2) 냉수에서는 서서히, **온수**에서는 **급격히** 분해하여 **유독성**인 H_2S(황화수소)와 H_3PO_4(인산)을 발생한다.

(3) 화학반응식

구분	반응식
물	$P_4S_7 + BH_2O \rightarrow$ (칠황화진) (물) $7H_2S\uparrow + H_3PO_4 + 3H_3PO_3$ (황화수소) (인산) (아인산)

02 적린(붉은린)의 성질

지정수량 : 100kg

1. 적린(P)

착화점	융점	비중
260℃	600℃(416℃에서 승화한다)	2.2

(1) **암적색** 무취의 분말이며 **황린의 동소체**이다.

(2) 황린에 비하여 **대단히 안정**하며 **독성이 없다.**

(3) 물, 알칼리, **이황화탄소**, 에테르, 암모니아에 **녹지 않는다.**

(4) 화학반응식

구분	반응식
연소	$4P + 5O_2 \rightarrow 2P_2O_5$ (적린) (산소) (오산화린)

03 황(유황)의 성질

지정수량 : 100kg

1. 유황의 종류

(1) 사방정계황

(2) 단사정계황

(3) 비정계황(고무상황)

Point

- **사방정계황**이 95.5℃(전이점)이상에서 **단사정계황**이 되며 140℃이상 170℃에서 **급냉**시키면 **고무 상황**이 된다.

2. 사방정계의 황

인화점	착화점	융점	비중
201.6℃	232.2℃	113℃	2.07

(1) **물에 녹지 않으며, 이황화탄소(CS_2)에 녹는다.**

(2) 전기의 **불량도체**이다.

(3) **순도 60% 이상**의 것이 **위험물**이다.

(4) 황은 **푸른 불꽃**을 내며 연소한다.

(5) **화학반응식**

구분	반응식
연소	$S + O_2 \rightarrow SO_2 \uparrow$ (황) (산소) (이산화황, 아황산가스)

3. 단사정계의 황

융점	비중
119℃	1.96

(1) **사방정계의 황**을 **95.5℃로 가열**하여 얻는다.

(2) 물에 **녹지 않으며, 이황화탄소**(CS_2)에 **녹는다.**

4. 비정계의 황(고무상황)

(1) **140℃~170℃**의 **용융황**을 물에 넣어 **급냉**시킨 것

(2) **물 · 이황화탄소**(CS_2)에 **녹지 않는다.**

04 마그네슘(Mg)의 성질

지정수량 : 500kg

Point

- **위험물로서 마그네슘의 정의 :** 마그네슘 또는 마그네슘을 포함한 것 중 **2mm의 체**를 통과하지 아니하는 **덩어리** 및 직경 **2mm 이상**의 **막대 모양**의 것은 **위험물에서 제외**한다.

착화점	융점	비점	비중
융점부근 (불순물존재 시 400℃ 부근)	약 650℃	1,102℃	1.74

(1) **은백색**의 광택이 나는 가벼운 금속

(2) **산** 및 **더운물**과 반응하여 **수소**를 발생한다.

(3) 공기 중의 **습기**와 **자연발화** 또는 **산화제**와의 혼합물은 **타격 · 충격**으로 **연소**

(4) **화학반응식**

구분	반응식
연소	$2Mg + O_2$ (마그네슘) (산소) $\rightarrow 2MgO + 2 \times 143.7kcal$ (산화마그네슘) (반응열)
온수	$Mg + 2H_2O$ (마그네슘) (물) $\rightarrow Mg(OH)_2 + H_2 \uparrow$ (수산화마그네슘) (수소)
염산	$Mg + 2HCl \rightarrow$ (마그네슘) (염산) $MgCl_2 + H_2 \uparrow$ (염화마그네슘) (수소)
탄산가스 (폭발 반응식)	$2Mg + CO_2$ (마그네슘) (이산화탄소) $\rightarrow 2MgO + C$ (산화마그네슘) (탄소)

05 철분(Fe)의 성질

지정수량 : 500kg

(1) **위험물로서 철분의 정의 : 53마이크로미터 표준체**를 통과하는 것이 **50중량%** 이상일 것

(2) **화학반응식**

구분	반응식
염산	Fe + HCl → $FeCl_2$ + H_2↑ (철) (염산) (염화제1철) (수소)
자철광 (사산화 삼철) 제조	① 3Fe + $6H_2O$ → $3Fe(OH)_2$ + $3H_2$↑ ② $3Fe(OH)_2$ → Fe_3O_4 + $2H_2O$ + H_2↑ ①+② 3Fe + $4H_2O$ → Fe_3O_4 + $4H_2$↑ (철) (물) (사산화삼철) (수소)

06 금속분의 성질

지정수량 : 500kg

Point

- **위험물로서 금속분의 정의 :** 알칼리금속 · 알칼리토금속 · 철 및 마그네슘 **이외의 금속분**을 말하고, **구리 · 니켈분** 및 **150마이크로미터**의 체를 통과하는 것이 **50중량% 미만**인 것은 **위험물에서 제외**한다.

1. 알루미늄분(Al)

융점	비점	비중
660℃	약 2,000℃	2.7

(1) **은백색**의 경금속

(2) 공기 중에서 **표면에 산화피막**을 형성하여 **내부**를 부식으로부터 **보호**한다.

(3) **황산, 묽은 질산, 묽은 염산**에 **침식**당한다(**진한 질산**에는 **부동태**가 된다).

(4) **산** 또는 **알칼리수용액**에서 **수소(H_2)**를 발생한다.

(5) **화학반응식**

구분	반응식
연소	4Al + $3O_2$ → $2Al_2O_3$ (알루미늄) (산소) (산화알루미늄)
물	2Al + $6H_2O$ → $2Al(OH)_3$ + $3H_2$↑ (알루미늄) (물) (수산화알루미늄) (수소)
염산	2Al + 6HCl → $2ACl_3$ + $3H_2$↑ (알루미늄) (염산) (염화알루미늄) (수소)
수산화 나트륨 수용액	2Al + 2NaO + $2H_2O$ → (알루미늄) (수산화나트륨) (물) $2NaAlO_2$ + H_2↑ (알루미늄산나트륨) (수소)
할로겐	2Al + $3Br_2$ → $2AlBr_3$ (알루미늄) (브롬) (브롬화알루미늄)

2. 아연분(Zn)

융점	비점	비중
419℃	907℃	7.14

(1) **은백색**의 분말

(2) **산** 또는 **알칼리**와 반응하여 **수소(H_2)**를 발생한다.

(3) 공기 중에서 **흰 염기성 탄산아연의 엷은 막**을 만들어 **내부**를 **보호**한다.

(4) **화학반응식**

구분	반응식
염산	Zn + 2HCl → $ZnCl_2$ + H_2↑ (아연) (염산) (염화아연) (수소)

3. 안티몬(Sb)

융점	비중
630℃	6.69

(1) 은백색의 분말

(2) 융점 이상으로 가열하면 발화한다.

07 인화성고체의 성질

지정수량 : 1,000kg

Point

- **인화성고체의 정의 : 고형알코올** 그 밖에 1기압에서 **인화점이 40℃ 미만인 고체**를 말한다.

1. 락카퍼티

(1) 인화점 21℃ 미만

(2) 락카에나멜의 기초도료

(3) 백색의 진탕상태로서 공기 중에서 쉽게 고체가 된다.

2. 고무풀

(1) **생고무**에 **인화성 용제**를 가공하여 **풀과 같은 상태**에 있는 것

(2) 인화점 : -20℃ 이하

3. 인화점이 40℃ 미만인 것

(1) **고형알코올** → 인화점 30℃

(2) **메타알데히드** → 인화점 36℃

(3) **제3부틸알코올** → 인화점 11.1℃

제 4 장 제3류 위험물

1. 제3류 위험물의 품명 및 지정수량

유별 및 성질	위험등급	품명	지정수량
제3류 자연발화성 물질 및 금수성 물질	Ⅰ	1. 칼륨 2. 나트륨 3. 알킬리튬 4. 알킬알루미늄 5. 황린	10kg 10kg 10kg 10kg 20kg
	Ⅱ	6. 알칼리금속(칼륨 및 나트륨 제외) 및 알칼리 토금속 7. 유기금속화합물(알킬알루미늄 및 알킬리튬 제외)	50kg 50kg
	Ⅲ	8. 금속의 인화물 9. 금속의 수소화물 10. 칼슘 또는 알루미늄의 탄화물	300kg 300kg 300kg
	Ⅰ~Ⅲ	11. 그 밖의 행정안전부령이 정하는 것 12. 제1호 내지 11호에 해당하는 어느 하나 이상을 함유한 것	10kg, 50kg 또는 300kg

Point

- **그 밖에 행정안전부령이 정하는 것**
  - **염소화규소화합물**($SiCl_4$, Si_2Cl_6, Si_3Cl_8 등) : **지정수량 300kg**

2. 제3류 위험물의 일반성질

(1) **자연발화성 물질**은 **공기와** 접촉하여 **연소**하거나 **가연성가스를 발생**하며 **폭발적으로 연소**한다.

(2) **금수성 물질**은 **물**과 접촉하면 발열하며 **가연성가스**를 **발생**하거나, 가연성가스를 발생하며 **폭발적으로 연소**한다.

3. 제3류 위험물의 저장 및 취급방법

(1) **용기의 파손** 및 **부식**에 주의하며 **공기** 또는 **수분**의 접촉을 피할 것

(2) **보호액** 속에 위험물을 저장할 경우 위험물이 보호액 표면에 **노출되지 않게** 할 것

(3) **다량**을 저장할 경우는 화재 발생에 대비하여 **희석제**를 혼합하거나 **소분**하여 저장할 것

(4) **가연성가스**가 발생하는 위험물은 **화기에 주의**할 것

01 칼륨의 성질

1. 칼륨(K) 〈kalium 포타시움〉

지정수량 : 10kg

융점	비점	비중	불꽃반응
63.5℃	762℃	0.857	보라색

(1) **은백색** 광택의 **무른 경금속**으로 **영어**명은 **포타시움**(Potasiium)이다.

(2) 공기 중에서 **수분**(H_2O)과 반응하여 **수소**(H_2)를 발생한다.

(3) **알코올**과 반응하여 **수소**(H_2)와 **알코레이트**(**알콕사이드**)를 만든다.

(4) **비중**이 작으므로 **석유(등유 · 경유 · 파라핀** 등) **속**에 저장한다.

(5) **피부**와 접촉하여 **화상**을 입는다.

(6) 화학반응식

구분	반응식
물	$2K + 2H_2O \rightarrow 2KOH + H_2\uparrow$ (칼륨) (물) (수산화칼륨) (수소)
알코올	$2K + 2C_2H_5OH$ (칼륨) (에틸알코올) $\rightarrow 2C_2H_5OK + H_2\uparrow$ (칼륨에틸레이트) (수소)
	$6K + 2C_3H_5(OH)_3$ (칼륨) (글리세린) $\rightarrow 2C_3H_5(OK)_3 + 3H_2\uparrow$ (칼륨글리세레이트) (수소)
공기	$4K + O_2 \rightarrow 2K_2O$ (칼륨) (산소) (산화칼륨)
사염화탄소(폭발반응)	$4K + CCl_4$ (칼륨) (사염화탄소) $\rightarrow 4KCl + C$ (염화칼륨) (탄소)
이산화탄소(폭발반응)	$4K + 3CO_2$ (칼륨) (이산화탄소) $\rightarrow 2K_2CO_3 + C$ (탄산칼륨) (탄소)

02 나트륨의 성질

1. 나트륨(Na) 〈Natlium 금조, 금속소다〉

지정수량 : 10kg

융점	비점	비중	불꽃반응
97.8℃	880℃	0.97	노랑색

(1) **은백색** 광택의 무른 경금속으로 **영어**명은 **소오듐**(Soudium) **금조** 또는 **금속소다**라 한다.

(2) 화학반응식

구분	반응식
물	$2Na + 2H_2O \rightarrow 2NaOH + H_2\uparrow$ (나트륨) (물) (수산화나트륨) (수소)

03 알킬리튬의 성질

1. 알킬리튬(RLi)

지정수량 : 10kg

(1) 알킬리튬의 화학식

① 메틸리튬 : CH_3Li

② 에틸리튬 : C_2H_5Li

③ 프로필리튬 : C_3H_7Li

④ 부틸리튬 : C_4H_9Li

(2) **알킬기**(R)와 **리튬**(Li)의 **화합물**로서 **공기** 또는 **물**과 접촉으로 **자연발화**한다.

(3) 화학반응식

구분	반응식
공기	• $2CH_3Li + 4O_2$ (메틸리튬) (산소) $\rightarrow 2CO_2\uparrow + H_2O + Li_2O$ (이산화탄소) (물) (산화리튬)
공기	• $C_2H_5Li + 7O_2$ (에틸리튬) (산소) $\rightarrow 4CO_2\uparrow + 5H_2O + Li_2O$ (이산화탄소) (물) (산화리튬)
물	• $CH_3Li + H_2O$ (메틸리튬) (물) $\rightarrow LiOH + CH_4\uparrow$ (수산화리튬) (메탄)
물	• $C_2H_5Li + H_2O$ (에틸리튬) (물) $\rightarrow LiOH + C_2H_6\uparrow$ (수산화리튬) (에탄)

04 알킬알루미늄의 성질

1. 알킬알루미늄[$(R)_3Al$]

지정수량 : 10kg

(1) 알킬알루미늄의 화학식 및 약칭

① 트리메틸알루미늄 : $(CH_3)_3Al$ 〈TMAL〉

② 트리에틸알루미늄 : $(C_2H_5)_3Al$ 〈TEAL〉

③ 에틸알루미늄디클로라이드 : $C_2H_5AlCl_2$ 〈EADC〉 (고체)

(2) **알킬기(R)**와 **알루미늄(Al)**의 화합물로 **공기** 또는 **물**과 접촉하여 **자연발화**한다.

(3) 탄소수 C_1~C_4까지 자연발화

(4) 저장법

① 용기는 완전 밀봉하고 공기 및 물과의 접촉을 피할 것

② 용기 상부는 불연성 가스로 봉입할 것

(5) **희석제 : 벤젠, 헥산**(제1석유류)

(6) 화학반응식

구분	반응식
공기	• $2(CH_3)_3Al + 12O_2$ (트리메틸알루미늄) (산소) → $6CO_2\uparrow + 9H_2O + Al_2O_3$ (이산화탄소) (물) (산화알루미늄)
공기	• $2(C_2H_5)_3Al + 21O_2$ (트리에틸알루미늄) (산소) → $12CO_2\uparrow + 15H_2O + Al_2O_3$ (탄산가스) (물) (산화알루미늄)
물	• $(CH_3)_3Al + 3H_2O$ (트리메틸알루미늄) (물) → $Al(OH)_3 + 3CH_4\uparrow$ (수산화알루미늄) (메탄)
물	• $(C_2H_5)_3Al + 3H_2O$ (트리에틸알루미늄) (물) → $Al(OH)_3 + 3C_2H_6\uparrow$ (수산화알루미늄) (에탄)

구분	반응식
200℃ 이상	$2(C_2H_5)_3Al$ (트리에틸알루미늄) → $2Al + 3H_2\uparrow + 6C_2H_4\uparrow$ (알루미늄) (수소) (에틸렌)

05 황린(백린)의 성질

1. 황린(P_4) 〈백린〉

지정수량 : 20kg

착화점 (미분상)	착화점 (고형상)	융점	비점	비중	증기 비중
34℃	60℃	44℃	280℃	1.82	4.4

(1) **백색** 또는 **담황색**의 고체로 **백린**이라고도 하며, **어두운 곳**에서 **인광**을 발한다.

(2) **독성**이 강하며 **대인 치사량**은 0.02~0.05g

(3) **보호액**은 **물**을 사용하여 **물** 속에서 **인화수소**(PH_3)의 생성을 방지하기 위하여 **보호액**은 pH 9로 유지시킨다.

(4) **수산화나트륨**(NaOH) 등 **강알카리의 수용액**에서 반응하여 **인화수소**(PH_3)를 **발생**한다.

(5) **공기**를 **차단**하고 약 250℃로 가열하면 **적린**이 된다.

(6) 화학반응식

구분	반응식
연소	$P_4 + 5O_2 \rightarrow 2P_2O_5$ (황린) (산소) (오산화린)
강 알칼리 수용액	$P_4 + 3NaOH + 3H_2O$ (황진) (수산화나트륨) (물) → $3NaH_2PO_2 + PH_3\uparrow$ (차아인산나트륨) (인화수소 · 포스핀)

(6) **고압 주수소화**하면 **황린**을 **비산**시켜 **화점**을 **분산**시키는 위험이 있으므로 주의하여야 한다.

구분	반응식
염산	Ca + 2Cl → $CaCl_2$ + H_2↑ (칼슘) (염산) (염화칼슘) (수소)

06 알칼리금속(칼륨 및 나트륨 제외) 및 알칼리토금속의 성질

지정수량 : 50kg

1. 금속리튬(Li)

융점	비점	비중	불꽃반응
180℃	1,336℃	0.534	빨강색

(1) **은백색**의 무른 경금속

(2) **물** 또는 **산**과 접촉하여 **수소**(H_2)로 발생

(3) **화학반응식**

구분	반응식
물	2Li + $2H_2O$ → 2LiOH + H_2↑ (리튬) (물) (수산화리튬) (수소)
염산	2Li + 2HCl → 2LiCl + H_2P (리튬) (염산) (염화리튬) (수소)

2. 금속칼슘(Ca)

융점	비점	비중	불꽃반응
851℃	1,200±30℃	1.55	황적색

(1) **은백색**의 무른 경금속

(2) **물** 또는 **산**과 접촉하여 **수소**(H_2)로 발생한다.

(3) **화학반응식**

구분	반응식
물	Ca + $2H_2O$ → $Ca(OH)_2$ + H_2↑ (칼슘) (물) (수산화칼슘) (수소)

07 유기금속화합물(알킬알루미늄 및 알킬리튬 제외)의 성질

지정수량 : 50kg

취급방법 · 소화방법 : 알킬알루미늄에 준한다.

1. 디메틸아연[$Zn(CH_3)_2$]

융점	비점	비중(10℃)
−42.2℃	46℃	1.386

(1) **무색** 투명한 **액체**

(2) **공기 중**에서 **발화**하며, **탄산가스**(CO_2)와도 **발화**한다.

(3) **물**과 만나면 **메탄**(CH_4)을 발생하며 **분해**한다.

(4) **화학 반응식**

구분	반응식
물	$(CH_3)_2Zn$ + H_2O (다이메틸 아연) (물) → ZnO + CH_4↑ (산화아연) (메탄)

2. 디에틸 아연[$(C_2H_5)_2Zn$]

융점	비점	비중(10℃)
−30℃	117.6℃	1.196

(1) **무색** 투명 **액체**

(2) **공기 중**에서 **발화**한다.

(3) **물**과 만나면 격렬히 반응하며 **에탄**(C_2H_6)을 발생한다.

(4) **화학반응식**

구분	반응식
물	$(C_2H_5)_2Zn$ + H_2O (디에틸아연) (물) → ZnO + $2C_2H_6$ ↑ (산화아연) (에탄)

3. 디메틸카드뮴[$(CH_3)_2cd$]

융점	비점	비중(10℃)
−4.5℃	105.5℃	1.984

(1) **무색** 투명한 **액체**이며 공기 중에서 발화한다.

(2) **불활성기체 속**에서 **180℃ 이상 가열**하면 **폭발**한다.

4. 기타 유기금속화합물

(1) **트리메틸칼륨[$(CH_3)_3Ga$]**

(2) **트리에틸칼륨[$(C_2H_5)_3Ga$]**

(3) **트리메틸인듐[$(CH_3)_3In$]**

(4) **트리에틸인듐[$(C_2H_5)_3In$]**

(5) **테트라메틸주석[$(CH_3)_4Sn$]**

08 금속의 인화물의 성질

지정수량 : 300kg

1. 인화석회(Ca_3P_2)

융점	비중
1,600℃	2.51

(1) **적갈색** 괴상의 고체이며 **인화칼슘**이라고도 한다.

(2) **물** 또는 **약산**과 반응하여 유독한 **포스핀가스**(PH_3=**인화수소**)를 발생한다.

(3) **화학반응식**

구분	반응식
물	Ca_3P_2 + $6H_2O$ (인화칼슘) (물) → $3Ca(OH)_2$ + $2PH_3$ ↑ (수산화칼슘) (인화수소, 포스핀)

2. 인화알루미늄(AlP)

융점	비중
1,000℃ 이하	2.4~2.8

(1) **암회색 또는 황색 결정**

(2) **화학반응식**

구분	반응식
물	AlP + $3H_2O$ (인화알루미늄) (물) → $Al(OH)_3$ + PH_3 ↑ (수산화알루미늄) (인화수소, 포스핀)

09 금속의 수소화물(M'H 또는 M"H_2)의 성질

지정수량 : 300kg

1. 수소화칼륨(KH)

(1) **회백색**의 결정성분말로 **물(H_2O)**과 접촉하여 **수산화칼륨(KOH)**과 **수소(H_2)** 발생

(2) **암모니아(NH_3)**와 고온에서 **칼륨아미드(KNH_2)**를 생성한다.

(3) 화학반응식

구분	반응식
물	KH + H_2O (수소화칼륨) (물) → KOH + H_2↑ (수산화칼륨) (수소)
암모니아 (고온)	KH + NH_3 (수소화칼륨) (암모니아) → KNH_2 + H_2↑ (칼륨아미드) (수소)

2. 수소화나트륨(NaH)

분해온도	비중
800℃	0.92

(1) **은백색**의 결정으로 **물(H_2O)**과 접촉하여 **수산화나트륨(NaOH)**과 **수소(H_2)** 발생

(2) 화학반응식

구분	반응식
물	NaH + H_2O (수소화나트륨) (물) → NaOH + H_2↑ (수산화나트륨) (수소)

3. 수소화리튬(LiH)

융점	비중
680℃	0.82

(1) **유리 모양의 투명한 고체**로 **물(H_2O)**과 접촉하여 **수산화리튬(LiOH)**과 **수소(H_2)** 발생

(2) 화학반응식

구분	반응식
물	LiH + H_2O → LiOH + H_2↑ (수소화리튬) (물) (수산화리튬) (수소)

4. 수소화알루미늄리튬($LiAlH_4$)

(1) 분해온도 125~150℃, **회백색**의 분말로 **물(H_2O)**과 접촉하여 **수소(H_2)** 발생

(2) **열분해**하여 **리튬**(Li), **알루미늄**(Al), **수소**(H_2)로 분해한다.

(3) 화학반응식

구분	반응식
물	$LiAlH_4$ + $4H_2O$ (수소화알루미늄리튬) (물) → LiOH + $Al(OH)_3$ + $4H_2$↑ (수산화리튬) (수산화알루미늄) (수소)

10 칼슘 또는 알루미늄의 탄화물(카바이트)의 성질

지정수량 : 300kg

1. 탄화칼슘(CaC_2)

융점	아세틸렌가스의 착화온도	아세틸렌가스의 연소범위	비중
2,300℃	335℃	2.5~81%	2.2

(1) **백색** 입방체의 결정이며 낮은 온도에서는 **정방정계**이며 시판품은 **회색** 또는 **회흑색의 불규칙한 괴상**으로 **카바이트**라고 부른다.

(2) **물(H_2O)**과의 접촉으로 **아세틸렌가스(C_2H_2)**를 발생한다.

(3) **밀폐용기**에 저장하거나 **질소가스** 등 **불연성 가스**로 봉입시킬 것

(4) 화학반응식

구분	반응식
제법	CaO + 3C (산화칼슘) (탄소) $\xrightarrow{200℃\ 이상}$ CaC_2 + CO↑ (탄화칼슘) (일산화탄소)
물	CaC_2 + $2H_2O$ (탄화칼슘) (물) → $Ca(OH)_2$ + C_2H_2↑ (수산화칼슘) (아세틸렌)
연소 (아세틸렌)	C_2H_2 + O_2 (아세틸렌) (산소) → CO_2↑ + H_2O (이산화탄소) (물)
약 700℃ 질소	CaC_2 + N_2 (탄화칼슘) (질소) → $CaCN_2$ + C (칼슘시아나미드) (탄소)

2. 탄화알루미늄(Al_4C_3)

분해온도	비중
1,400℃	2.2

(1) **황색**의 단단한 결정

(2) **물**과 반응하여 **메탄가스**를 발생한다.

(3) 화학반응식

구분	반응식
물	Al_4C_3 + $12H_2O$ (탄화알루미늄) (물) → $4Al(OH)_3$ + $3CH_4$↑ (수산화알루미늄) (메탄)

3. 탄화망간(Mn_3C)

(1) 화학반응식

구분	반응식
물	Mn_3C + $6H_2O$ (탄화망간) (물) → $3Mn(OH)_2$ + CH_4↑ + H_2↑ (수산화망간) (메탄) (수소)

제5장 제4류 위험물

1. 제4류 위험물의 품명 및 지정수량

유별 및 성질	위험등급	품명		지정수량
제4류 인화성 액체	Ⅰ	특수인화물		50ℓ
	Ⅱ	제1석유류	비수용성 액체	200ℓ
			수용성 액체	400ℓ
		알코올류		400ℓ
	Ⅲ	제2석유류	비수용성 액체	1,000ℓ
			수용성 액체	2,000ℓ
		제3석유류	비수용성 액체	2,000ℓ
			수용성 액체	4,000ℓ
		제4석유류		6,000ℓ
		동·식물유류		10,000ℓ

2. 제4류 위험물의 지정품목 및 성질(성상)에 의한 품목

(1) 품명에 대한 지정품목

① 특수인화물 : 이황화탄소, 디에틸에테르

② 제1석유류 : 아세톤, 휘발유

③ 제2석유류 : 등유, 경유

④ 제3석유류 : 중유, 크레오소오트유

⑤ 제4석유류 : 기어유, 실린더유

(2) 품명에 대한 성상에 의한 품목

① 특수인화물

㉠ 1기압에서 인화점이 −20℃ 이하이고, 비점 40℃ 이하인 것

㉡ 1기압에서 발화점(착화점)이 100℃ 이하인 것

② 제1석유류 : 1기압에서 액체로서 인화점이 21℃ 미만인 것

③ 제2석유류 : 1기압에서 액체로서 인화점이 21℃ 이상 70℃ 미만인 것

Point

• **제2석유류에서 제외되는 경우 : 도료류 그 밖의 물품**에 있어서는 가연성액체량이 **40중량% 이하**이면서 인화점이 **40℃ 이상**인 동시에 연소점이 **60℃ 이상**인 것은 **제외**한다.

④ 제3석유류 : 1기압에서 인화점이 70℃ 이상 200℃ 미만인 것

Point

• **제3석유류에서 제외되는 경우 : 도료류 그 밖의 물품**에 있어서는 가연성액체량이 **40중량% 이하**인 것은 **제외**한다.

⑤ 제4석유류 : 1기압에서 인화점이 200℃ 이상 250℃ 미만인 것

Point

• **제4류 석유류제외되는 경우 : 도료류 그 밖의 물품**으로서 가연성액체의 양이 **40중량% 이하**인 것은 제외한다.

3. 제4류 위험물의 일반성질

(1) **인화**되기 대단히 쉽다.

(2) **착화온도**가 낮은 것은 위험하다.

(3) **물**보다 가볍고 **물**에 녹기 어렵다.

(4) **증기**는 공기보다 무겁다.

(5) **증기**는 공기와 약간 혼합되어도 연소의 우려가 있다.

4. 제4류 위험물의 저장 및 취급방법

(1) **용기는 밀전**하여 **통풍**이 잘 되는 **찬 곳**에 저장할 것

(2) **화기** 및 **점화원**으로부터 멀리 저장할 것

(3) 증기 및 액체의 **누설**에 주의하여 저장할 것

(4) **정전기**의 발생에 주의하여 저장 취급할 것

(5) **인화점 이상** 가열하여 취급하지 말 것

(6) 증기는 **높은 곳**으로 배출할 것

01 특수인화물의 성질

지정수량 : 50ℓ
지정품목 : 이황화탄소, 디에틸에테르

1. 이황화탄소(CS_2) 〈2유화탄소〉

인화점	착화점	연소범위
-30℃	100℃	1~44%
비점	비중	구조식
46.25℃	1.26	S = C = S

(1) 무색투명한 **액체**이나 일광에 쬐여 **황색**으로 변색

(2) 액체는 **물**보다 무거우며 **독성**이 있다.

(3) **연소**할 때 유독한 **아황산가스**(SO_2)를 발생하며 **연한 파란** 불꽃을 낸다.

(4) **저장방법 : 물**에 녹지 않고 **물**보다 무거우므로 **수조**(물탱크)에 저장할 것

(5) **화학반응식**

구분	반응식
연소 (100℃)	CS_2 + $3O_2$ (이황화탄소) (산소) → $CO_2\uparrow$ + $2SO_2\uparrow$ (이산화탄소) (이산화황, 아황산가스)
물 (150℃)	CS_2 + $2H_2O$ (이황화탄소) (물) → $CO_2\uparrow$ + $2H_2S\uparrow$ (이산화탄소) (황화수소)

2. 디에틸에테르($C_2H_5OC_2H_5$, $C_4H_{10}O$) 〈에틸에테르, 에테르〉

인화점	착화점	연소범위	구조식
-45℃	180℃	1.9~48%	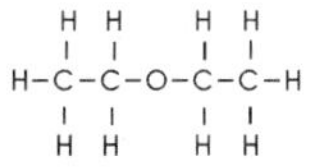
비점	비중	일반식	
34.6℃	0.79(15℃)	R – O – R′	

(1) 무색투명한 액체이며 **증기는 마취성**

(2) **진한 황산**과 **에틸알코올**의 혼합물을 **140℃**로 가열하여 제조한다.

(3) **정전기 발생**을 **방지**하기 위하여 **염화칼슘**($CaCl_2$)을 소량 넣는다.

(4) **저장법 : 공기**와 장시간 접촉하거나 **직사일광**에서 분해하여 **과산화물을 생성**하므로 **갈색 병**에 저장하고, 체적팽창이 크므로 용기의 **공간용적**을 **2% 이상**으로 할 것

(5) **화학반응식**

구분	반응식
제법	C_2H_5OH + C_2H_5OH (에틸알코올) (에틸알코올) $\xrightarrow[(140℃)]{C-H_2SO_4}$ $C_2H_5OC_2H_5$ + H_2O (디에틸에테르) (물)

구분	반응식
연소	$C_2H_5OC_2H_5$ + $6O_2$ (디에틸에테르) (산소) → $4CO_2$ ↑ + $5H_2O$ (이산화탄소) (물)

Point

- **과산화물 검출시약 : 무색의 옥화칼륨(KI) 10% 수용액**
  → **황색**(과산화물 존재)
- **과산화물 제거시약 : 황산제1철, 환원철**
- **과산화물 제거조치 : 40메쉬 구리망**을 넣거나 **5%**(용량)의 **물**을 넣는다.

3. 아세트알데히드(CH_3CHO) 〈초산알데히드〉

인화점	착화점	연소범위	구조식
-38℃	185℃	4.1~57%	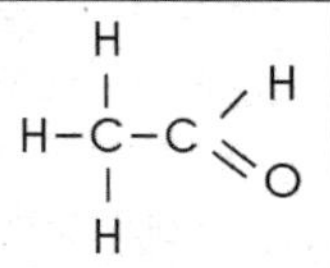
비점	**비중**	**일반식**	
21℃	0.78	R - CHO	

(1) **물**에 잘 녹고 **자극성**의 과일향을 갖는 무색투명한 액체

(2) **에틸알코올**을 **산화**시키거나, **아세트산**(초산)을 **환원**시키거나 **아세틸렌**을 **황산제2수은** 촉매하에서 **물**과 반응하여 생성된다.

(3) **환원력**이 강하므로 **은거울반응 · 페엘링반응을 한다.**

(4) **화학반응식**

구분	반응식
제법	C_2H_2 + H_2O $\xrightarrow{HgSO_4}$ CH_3CHO (아세틸렌) (물) 부가반응 (아세트알데히드)

구분	반응식
연소	$2CH_3CHO$ + $5O_2$ (아세트알데히드) (산소) → $4CO_2$ ↑ + $4H_2O$ (이산화탄소) (물)

(5) **저장법**

① 구리, 마그네슘, 은, 수은 또는 이의 합금으로 된 용기는 사용하지 말 것(중합반응)

② 용기 내부에는 불연성 가스(N_2) 또는 수증기를 봉입시킬 것

4. 산화프로필렌(OCH_2CHCH_3) 〈프로필렌 옥사이드〉

인화점	착화점	연소범위	구조식
-37℃	465℃	2.5~38.5%	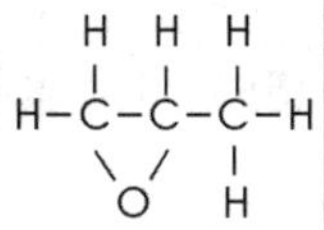
비점	**비중**		
34℃	0.83		

(1) **수용성이며 무색투명한 액체**로 증기 및 액체는 **인체에 해롭다.**

(2) **저장법** : 용기는 **구리, 마그네슘, 은, 수은** 또는 이의 합금을 사용하지 말 것

(3) **산** 및 **알칼리**와 중합반응한다.

(4) 용기의 상부는 **불연성 가스**(N_2) 또는 **수증기**로 봉입할 것

(5) **인체 유독성 :** 증기흡입으로 **폐부종**(허파에 물집이 생김)이 생기며 피부접촉으로 **동상**과 같은 현상이 나타난다.

(6) **화학반응식**

구분	반응식
연소	OH_2CHCH_3 + $4O_2$ (산화프로필렌) (산소) → $3CO_2$ ↑ + $3H_2O$ (이산화탄소) (물)

5. 기타 특수인화물

(1) **이소프렌 :** 인화점 −54℃

(2) **이소펜탄 :** 인화점 −51℃

(3) **펜탄 :** 인화점 −40℃

02 제1석유류의 성질

지정수량 : 비수용성(200ℓ), 수용성(400ℓ)
지정품목 : 아세톤, 휘발유

1. 아세톤(CH_3COCH_3) 〈디메틸케톤〉

지정수량	인화점	착화점	구조식
400ℓ	−18℃	538℃	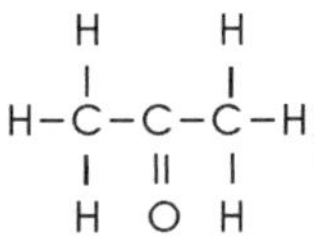
연소범위	비점	일반식	
2.6~12.8%	56.5℃	R − CO − R′	

(1) 물에 잘 녹는 **무색투명**하고 독특한 냄새가 나는 휘발성액체이다.

(2) **일광**에 쪼이면 분해하며 보관 중 **황색**으로 변하고 **요오드포름 반응**을 하여 **무색**의 액체가 **황색**이 된다.

(3) **피부**에 닿으면 **탈지작용**이 있다.

(4) **화학반응식**

구분	반응식
연소	CH_3COCH_3 + $4O_2$ (아세톤) (산소) → $3CO_2$↑ + $3H_2O$ (이산화탄소) (물)

2. 휘발유〈가솔린〉

지정수량	인화점	착화점	연소범위
200ℓ	−43~−20℃	약 300℃	1.4~7.6%
증기비중	**유출온도**	**비중**	**부피 팽창률**
3~4	30~210℃	0.65~0.80	0.00135/℃

(1) **주성분 : 포화 · 불포화탄화수소의 혼합물**

(2) **가솔린의 첨가물**

① 무연가솔린 : MTBE(메틸터셔리부틸에테르), 메탄올 등

(3) **폭발성의 측정치 : 옥탄값**(옥탄가)

Point

• **옥탄값 : 이소옥탄**을 100, **노르말 헵탄**을 0으로 하여 가솔린의 품질을 정하는 기준

$$= \frac{\text{이소옥탄}}{\text{노르말 헵탄} + \text{이소옥탄}} \times 100$$

(4) **가솔린의 착색**

① 공업용 : 무색

② 자동차용 : 노란색(무연가솔린)

(5) **가솔린의 다른 명칭**

① 리그로인 ② 솔벤트나프타
③ 널리벤젠 ④ 미네날스피릿
⑤ 석유에테르 ⑥ 석유벤젠

(6) **화학반응식**

구분	반응식
연소	$2C_8H_{18}$ + $25O_2$ (옥탄) (산소) → $16CO_2$↑ + $18H_2O$ (이산화탄소) (물)

3. 벤젠(C_6H_6) 〈벤졸〉

지정수량	인화점	융점	착화점
200 ℓ	-11℃	5.5℃	562℃
연소범위	비점	비중	
1.4~7.1%	80℃	0.879	

(1) **무색투명한 방향**을 갖는 액체이며 **증기는 독성**이 있다.

① 고농도 증기 : 2%를 5~10분 흡입으로 치사한다.

(2) **첨가(부가)반응**

① 수소첨가(Ni 촉매하에서) 반응 : 시클로헥산(C_6H_{12})

② 염소첨가(일광하에서) 반응 : 벤젠헥사클로라이드(BHC, $C_6H_6Cl_6$)

③ 아세틸렌(C_2H_2)을 중합반응하면 벤젠이 된다.

(3) **화학반응식**

구분	반응식
연소	$2C_6H_6$ + $15O_2$ (벤젠) (산소) → $12CO_2$↑ + $6H_2O$ (이산화탄소) (물)

Point

• **벤젠** : **융점**이 5.5℃이며 **인화점**이 -11℃이므로 **겨울철**에는 **고체상태**이면서 **가연성 증기**를 **발생**하므로 취급에 주의할 것

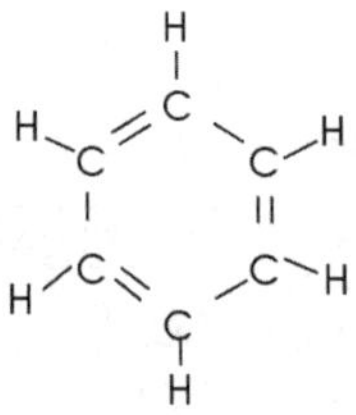

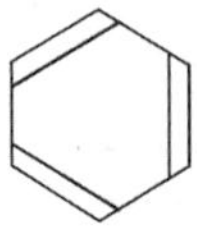

또는

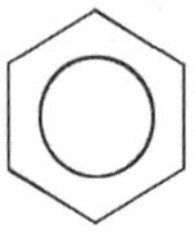

[벤젠의 구조식]

4. 톨루엔($C_6H_5CH_3$) 〈메틸벤젠, 톨루올〉

지정수량	인화점	착화점	구조식
200 ℓ	4℃	552℃	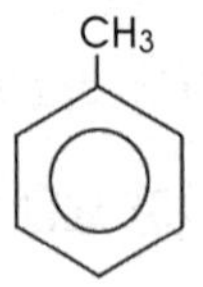
연소범위	비점	비중	
1.4~6.7%	110.6℃	0.871	

(1) **무색투명**하며 **독성**이 있으며 **T.N.T의 원료**

(2) **화학반응식**

구분	반응식
연소	$C_6H_5CH_3$ + $9O_2$ (톨루엔) (산소) → $7CO_2$↑ + $4H_2O$ (이산화탄소) (물)

Point

• **톨루엔** : **벤젠핵**의 **수소**(H)와 CH_3(메틸기)가 **치환**된 것(**프리델크라프트반응**)이다.

5. 메틸에틸케톤($CH_3COC_2H_5$) 〈MEK〉

지정수량	인화점	착화점	구조식
200 ℓ	-1℃	516℃	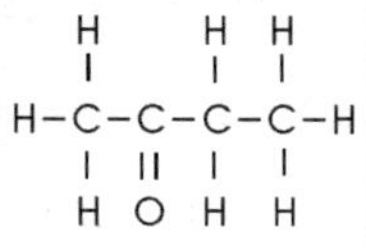
연소범위	비점	일반식	
1.8~10%	80℃	R - CO - R′	

(1) 수용성, **탈지작용**, 직사일광에서 분해한다.

(2) 저장 및 취급방법, 위험성, 소화방법은 **아세톤**에 준한다.

(3) **화학반응식**

구분	반응식
연소	$2CH_3COC_2H_5$ + $11O_2$ (메틸에틸케톤) (산소) → $8CO_2$↑ + $8H_2O$ (이산화탄소) (물)

6. 피리딘(C_5H_5N) 〈아딘〉

지정수량	인화점	착화점	구조식
400 ℓ	20℃	482℃	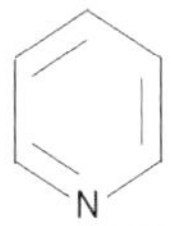
연소범위	비점	비중	
1.8~12.4%	115℃	0.98	

(1) **순수한** 것은 **무색투명**, 불순물로 인해 **황색**을 띰

(2) **수용성, 독성** 및 **악취, 약알칼리성**

(3) **화학반응식**

구분	반응식
연소	$4C_5H_5N + 9O_2$ (피리딘) (산소) → $10H_2O + 4NO_2$↑ (물) (이산화질소)

7. 콜로디온

지정수량	인화점
200 ℓ	-18℃

(1) **질화도가 낮은 질화면**을 **에틸알코올 3**과 **디에틸에테르 1**의 비율로 혼합액에 녹인 것

8. 시안화수소(HCN) 〈청산, 청화수소〉

지정수량	인화점	착화점	구조식
400 ℓ	-17℃	538℃	H—C≡N
연소범위	비점	비중	
5.6~40%	26℃	0.69	

(1) **약산성으로 강한 독성 및 폭발성을 가진다.**

(2) **화학반응식**

구분	반응식
제법	$2CH_4 + 2NH_3 + 3O_2$ (메탄) (암모니아) (산소) → $2HCN + 3H_2O$ (시안화수소) (물)
연소	$4HCN + 5O_2$ (시안화수소) (산소) → $2N_2$↑ + $4CO_2$↑ + $2H_2O$ (질소) (이산화탄소) (물)

9. 초산에스테르류〈아세트산에스테르류〉

(1) 초산메틸(CH_3COOCH_3), 아세트산메틸

지정수량	인화점	구조식
200 ℓ	-10℃	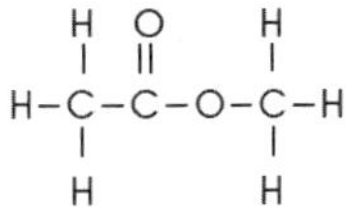
착화점	일반식	
454℃	R - COO - R′	

① 초산(CH_3COOH)과 메틸알코올(CH_3OH)의 축합물로서 가수분해하면 초산과 메틸알코올로 된다.

② 무색투명한 수용성액체이며 초산에스테르류 중 수용성이 가장 크며, 마취성 및 독성과 향기가 있다.

③ 화학반응식

구분	반응식
연소	$2CH_3COOCH_3 + 7O_2$ (초산에틸) (산소) → $6CO_2$↑ + $6H_2O$ (이산화탄소) (물)

(2) 초산에틸($CH_3COOC_2H_5$), 아세트산에틸

지정수량	인화점	구조식
200 ℓ	-4℃	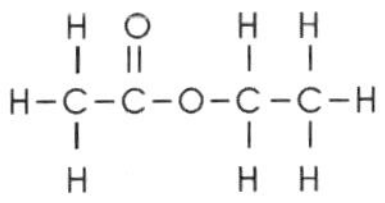
착화점	일반식	
427℃	R - COO - R′	

① 무색투명한 액체이며 수용성이 비교적 적으며 과일 에센스(파인애플 향)로 사용

10. 의산에스테르류〈개미산에스테르류, 포름산에스테르류〉

(1) 의산메틸($HCOOCH_3$) 〈개미산메틸, 포름산메틸〉

지정수량	인화점	구조식
400 ℓ	-19℃	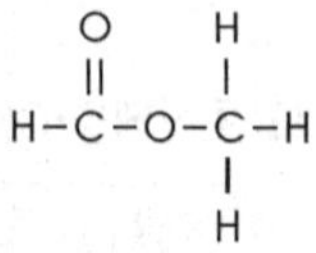
착화점	일반식	
449℃	R – COO –R′	

① 무색투명한 액체로서 럼주와 같은 냄새를 내며 수용성이다.

② 의산(HCOOH)과 메틸알코올(CH_3OH)의 축합물로서 가수분해하여 의산과 메틸알코올로 된다.

③ 화학반응식

구분	반응식
연소	$HCOOCH_3$ + $2O_2$ (의산메틸) (산소) → $2CO_2$↑ + $2H_2O$ (이산화탄소) (물)

Point

- **에스테르화 및 가수분해**

HCOOH + CH_3OH (에스테르화 ⇄ 가수분해) $HCOOCH_3$ + H_2O
(의산) (메틸알코올) (의산메틸) (물)

(2) 의산에틸($HCOOC_2H_5$) 〈개미산에틸, 포름산에틸〉

지정수량	인화점	구조식
200 ℓ	-20℃	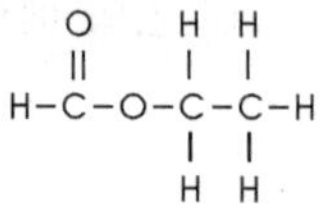
착화점	일반식	
449℃	R – COO –R′	

① 무색투명한 액체로서 복숭아향을 내며 수용성이다.

(3) 의산프로필($HCOOC_3H_7$) : 불용성

지정수량	인화점
200 ℓ	-3℃

03 알코올류의 성질

지정수량 : 400 ℓ

Point

- **위험물안전관리법에서의 알코올류 정의**
  - **1분자**를 구성하는 **탄소원자수**가 **1개부터 3개까지**인 **포화 1가 알코올**(**변성알코올**을 포함한다)
- **알코올류에서 제외되는 경우**
  - 알코올의 함량이 **60중량% 미만**인 수용액
  - **가연성액체량**이 **60중량% 미만**이고 인화점 및 연소점(태그개방식 인화점 측정기에 의한 연소점)이 **에틸알코올 60중량% 수용액**의 **인화점** 및 **연소점을 초과**하는 것

1. 메틸알코올(CH_3OH) 〈메탄올, 목정〉

지정수량	인화점	착화점	구조식
400 ℓ	11℃	464℃	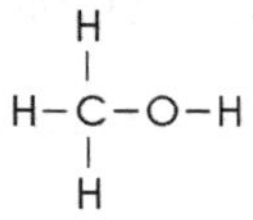
연소범위	증기비중	일반식	
7.3~36%	1.1	R – OH	

(1) **독성 : 30~100mℓ** 복용(**실명** 또는 **치사**)

(2) **수용성**이 가장 크다.

(3) **산화**되면 **포름알데히드(HCHO)**를 거쳐 최종적으로 **포름산**(개미산=의산)이 된다.

(4) 화학반응식

구분	반응식
제법	$CO + H_2 + H_2 \xrightarrow[400^\circ C,\ 200atm]{ZnO_2Cr_2O_3} CH_3OH$ (수성가스) (수소) (메틸알코올)
산화 · 환원	$CH_3OH \underset{환원}{\overset{산화}{\rightleftarrows}} HCHO \underset{환원}{\overset{산화}{\rightleftarrows}} HCOOH$ (메틸알코올) (포름알데히드) (포름산)
연소	$2CH_3OH + 3O_2$ (메틸알코올) (산소) $\rightarrow 2CO_2\uparrow + 4H_2O$ (이산화탄소) (물)

Point

- **탄소와 수소비 중 탄소가 작아서** 연소시 **불꽃이 잘 안보이므로** 취급에 주의한다.

2. 에틸알코올(C_2H_5OH) 〈에탄올, 주정〉

지정수량	인화점	착화점	구조식
400 ℓ	13℃	423℃	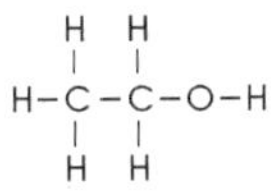
연소범위	증기비중	일반식	
4.3~19%	1.59	R – OH	

(1) **검출법 : 요오드포름반응**으로 **황색**침전

(2) **진한 황산**과 혼합하여 **140℃**로 가열하면 **디에틸에테르($C_2H_5OC_2H_5$)**가 유출되며 **160℃**로 가열하면 **에틸렌가스(C_2H_4)**이 생성된다.

(3) 화학반응식

구분	반응식
제법 (공업적)	$C_2H_2 + H_2O \xrightarrow[부가반응]{HgSO4} CH_3CHO$ (아세틸렌) (물) (아세트알데히드) $CH_3CHO + H_2 \xrightarrow[촉매]{Ni} {}_2H_5OH$ (아세트알데히트) (수소) (에틸알코올)
산화 · 환원	$C_2H_5OH \underset{환원}{\overset{산화}{\rightleftarrows}} HCHO \underset{환원}{\overset{산화}{\rightleftarrows}} CH_3COOH$ (에틸알코올) (아세트알데히드) (아세트산)

구분	반응식
140℃ 황산	$2C_2H_5OH \xrightarrow[탈수\ 축합]{C-H_2SO_4} C_2H_5OC_2H_5 + H_2O$ (에틸알코올) (디에틸에테르) (물)
160℃ 황산	$C_2H_5OH \xrightarrow[160^\circ C\ 탈수]{C-H_2SO_4} C_2H_4\uparrow + H_2O$ (에틸알코올) (에틸렌) (물)
연소	$C_2H_5OH + 3O_2 \rightarrow 2CO_2\uparrow + 3H_2O$ (에틸알코올) (산소) (이산화탄소) (물)

3. 프로필알코올(C_3H_7OH) 〈프로판올〉

지정수량	인화점	구조식
400 ℓ	15℃	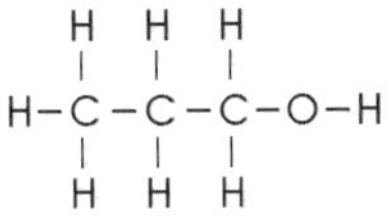
연소범위	일반식	
2.1~13.5%	R – OH	

4. 이소프로필알코올[$(CH_3)_2CHOH$]

지정수량	인화점	구조식
400 ℓ	12℃	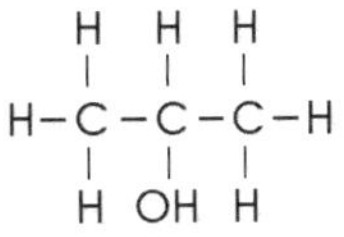
연소범위	일반식	
2.0~12%	$(R)_2$–CHOH	

04 제2석유류의 성질

지정수량 : 비수용성(1,000 ℓ), 수용성(2,000 ℓ)

지정품목 : 등유, 경유

1. 등유〈케로신〉

지정수량	인화점	착화점
1000 ℓ	40~70℃	220℃ 전후
연소범위	증기비중	유출온도
1.1~6.0%	4.5	150~300℃

(1) **무색투명**한 액체이며 **시일이 오래 경과**되면 **연한 담황색**이 되는 액

(2) **주성분 : 탄소수** C_9~C_{18}가 되는 **포화 · 불포화탄화수소의 혼합물**

2. 경유〈디젤유〉

지정수량	인화점	착화점
1,000 ℓ	50~70℃	200℃ 전후
연소범위	증기비중	유출온도
1~6%	4.5	150~350℃

(1) **담황색 또는 담갈색의 액체**

(2) **주성분 : 탄소수** C_{15}~C_{20}가 되는 **포화 · 불포화탄소수소의 혼합물**

3. 의산(HCOOH) 〈개미산, 포름산〉

<table>
<tr><th>지정수량</th><th>인화점</th><th>착화점</th><th>구조식</th></tr>
<tr><td>2,000 ℓ</td><td>69℃</td><td>601℃</td><td rowspan="4">O
‖
H–C–O–H</td></tr>
<tr><td>비점</td><td>비중</td><td>일반식</td></tr>
<tr><td>100.5℃</td><td>1.218</td><td>R – COOH</td></tr>
</table>

(1) **무색투명한 액체로 물에 잘 녹으며 물보다 무겁다. 초산보다 강산**이며, **알데히드**와 같은 **강한 환원력**을 가진다.

(2) **피부**와 접촉하면 **수포상의 화상**을 입는다.

(3) **화학반응식**

구분	반응식
연소	$2HCOOH + O_2$ (의산) (산소) $\rightarrow 2CO_2\uparrow + 2H_2O$ (이산화탄소) (물)

4. 초산(CH_3COOH) 〈빙초산, 아세트산〉

<table>
<tr><th>지정수량</th><th>인화점</th><th>착화점</th><th>구조식</th></tr>
<tr><td>2,000 ℓ</td><td>40℃</td><td>427℃</td><td rowspan="3">   H O
    | ‖
H–C–C–O–H
    |
    H</td></tr>
<tr><td>융점</td><td>비중</td><td>일반식</td></tr>
<tr><td>16.6℃</td><td>1.05</td><td>R – COOH</td></tr>
</table>

(1) **물**에 잘 녹으며 **물**보다 무겁다.

(2) **피부**와 접촉하면 **수포상의 화상**을 입는다.

(3) **융점이** 16.6℃ 이므로 겨울에는 **얼음과 같은 상태**로 존재하므로 **별명**을 **빙초산**이라 한다.

(4) **화학반응식**

구분	반응식
연소	$CH_3COOH + 2O_2 \rightarrow 2CO_2\uparrow + 2H_2O$ (초산) (산소) (이산화탄소) (물)

5. 테레핀유($C_{10}H_{16}$) 〈타펜유, 송정유〉

<table>
<tr><th>지정수량</th><th>인화점</th><th>구조식</th></tr>
<tr><td>1,000 ℓ</td><td>35℃</td><td rowspan="4">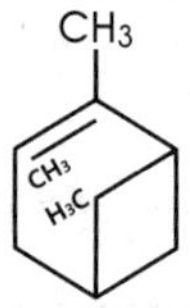</td></tr>
<tr><td>착화점</td><td>연소범위</td></tr>
<tr><td>240℃</td><td>0.8% 이상</td></tr>
</table>

(1) **무색** 또는 **담황색 액체**이며 **피넨**($C_{10}H_{16}$) **80~90%가 주성분**이며, **유화물감의 용제**로 사용한다.

(2) 물에 녹지 않으며 **헝겊** 및 **종이** 등에 스며들어 **자연발화**한다.

6. 스티렌($C_6H_5CHCH_2$) 〈스티놀, 비닐벤젠〉

<table>
<tr><th>지정수량</th><th>인화점</th><th>구조식</th></tr>
<tr><td>1,000 ℓ</td><td>32℃</td><td rowspan="4">CH = CH₂
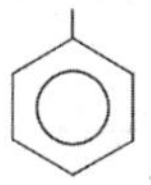</td></tr>
<tr><td>착화점</td><td>연소범위</td></tr>
<tr><td>490℃</td><td>1.1~6.1%</td></tr>
</table>

(1) **무색**액체이며 **피부**와 접촉 시 **염증**을 일으킬 수 있으며, **증기**는 **유독성**이 있다.

(2) **스티렌의 중합체 : 폴리스티렌**

(3) 화학반응식

구분	반응식
부가 중합	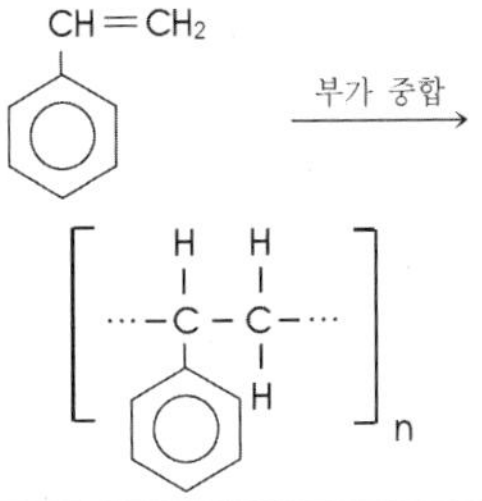
연소	$C_6H_5CHCH_2$ + $10O_2$ (스틸렌) (산소) → $8CO_2$↑ + $4H_2O$ (이산화탄소) (물)

7. 장뇌유(백색유, 적색유, 감색유)

지정수량	구조식
1,000 ℓ	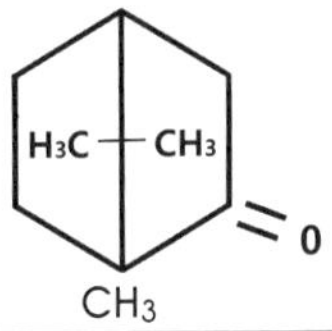
인화점	
47℃	

(1) 사용되는 곳

① 백색유 : 방부제

② 적색유 : 비누향료

③ 감색유 : 선광유

8. 송근유

지정수량	인화점	착화점
1,000 ℓ	54~78℃	약 355℃

(1) **황갈색**의 독특한 냄새를 갖는 액체

9. 에틸셀르솔브($C_2H_5OCH_2CH_2OH$)
〈에틸렌글리콜모노에틸에테르〉

지정수량	인화점	착화점	구조식
2,000 ℓ	40℃	238℃	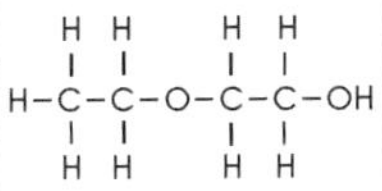
연소범위	비점	일반식	
18~14℃	135℃	R－O－R′	

(1) **무색**의 수용성액체로서 용제 및 **유리**의 **청결제** 등으로 쓰임

10. 크실렌[$C_6H_4(CH_3)_2$]
〈크시롤, 디메틸벤젠, 자일렌〉

(1) 지정수량 : 1,000 ℓ

(2) **무색투명**하며 **톨루엔**과 **비슷한 성질**이다.

명 칭	o-크실렌	m-크실렌	p-크실렌
구조식	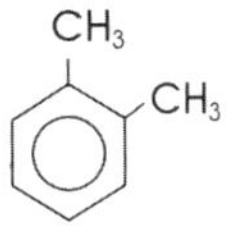	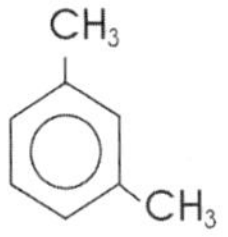	
희랍어	o : ortho (기본)	m : meta (중간)	p : para (반대)
인화점	32℃	27℃	27℃

(3) 화학반응식

구분	반응식
연소	$C_6H_4(CH_3)_2$ + $21O_2$ (크실렌) (산소) → $16CO_2$↑ + $10H_2O$ (이산화탄소) (물)

11. 클로로벤젠(C_6H_5Cl)
〈클로로벤졸, 염화페닐〉

지정수량	인화점	착화점	구조식
1,000 ℓ	32℃	593℃	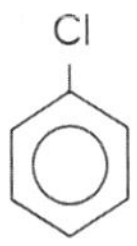
연소범위	비중	비점	
1.3~7.1℃	1.11	132℃	

(1) 무색의 액체로 **물보다 무거우며** 마취성이 있다.

(2) **DDT의 원료**로 사용된다.

(3) 화학반응식

구분	반응식
연소	C_6H_5Cl + $7O_2$ (클로로벤젠) (산소) → $6CO_2$ + $2H_2O$ + HCl ↑ (이산화탄소) (물) (염화수소)

12. 히드라진(N_2H_4)〈하이드라진〉

지정수량	인화점	구조식
2,000 ℓ	38℃	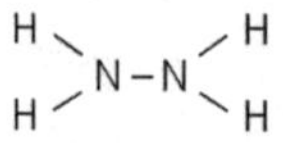
비중		
1.01		

(1) **암모니아** 비슷한 냄새를 내며, **로켓연료** 등에 사용하는 무색의 **수용성액체**

(2) 화학반응식

구분	반응식
연소	N_2H_4 + O_2 (히드라진) (산소) → N_2↑ + $2H_2O$↑ (질소) (물)

13. 벤즈알데히드(C_6H_5CHO)

지정수량	인화점	착화점	구조식
1,000 ℓ	64℃	190℃	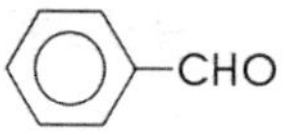
연소범위	비중		
1.4~13.5%	1.05		

(1) **아몬드향**의 **백색** 또는 **황색** 액체

05 제3석유류의 성질

지정수량 : 비수용성(2,000 ℓ), 수용성(4,000 ℓ)
지정품목 : 중유, 크레오소오트유

1. 중유〈직류중유, 분해중유〉

(1) 직류중유

지정수량	인화점	착화점	유출온도
2,000 ℓ	60~150℃	254~405℃	300~350℃

① 주로 **디젤기관**의 **연료**로 사용되며 분무성이 좋다.

(2) 분해중유

지정수량	융점	비점
2,000 ℓ	70~150℃	380℃

① 주로 **보일러**의 **연료**로 사용되며 **종이** 및 헝겊에 스며 배어있을 경우 **자연발화**의 위험이 있다.

2. 크레오소오트유〈타르유〉

지정수량	인화점	착화점
2,000 ℓ	74℃	336℃
비점	비중	
194~400℃	1.05	

(1) **황색** 내지 **암록색**이며 **타르산**이 함유되어 용기를 부식하므로 **내산성용기**에 수납할 것

(2) 물보다 무겁고 **독성**이 있다.

(3) **카본블랙** 및 **목재의 방부제**로 사용한다.

3. 니트로벤젠($C_6H_5NO_2$) 〈니트로벤졸〉

지정수량	인화점	착화점	구조식
2,000 ℓ	88℃	482℃	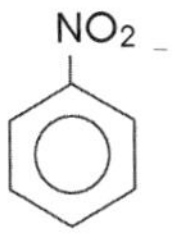
비점	비중		
211℃	1.2		

(1) **갈색** 또는 **암황색** 점조한 액체로 물보다 무겁고 **독성**이 강하며 불용성이다.

(2) **벤젠(C_6H_6)을 니트로화**하여 제조하며 **니트로화제**로는 **황산(H_2SO_4)**과 **질산(HNO_3)**이 사용된다.

(3) **화학반응식**

구분	반응식
제법	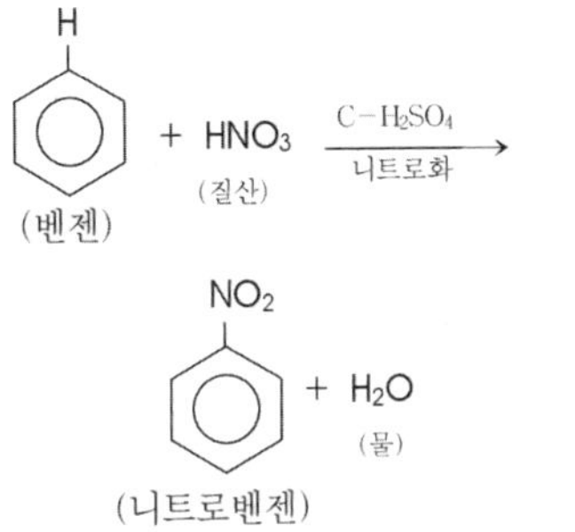
연소	$4C_6H_5NO_2$ + $29O_2$ (니트로벤젠) (산소) → $24CO_2$↑ + $10H_2O$ + $4NO_2$↑ (이산화탄소) (물) (이산화질소)

4. 아닐린($C_6H_5NH_2$) 〈아미노벤젠〉

지정수량	인화점	착화점	구조식
2,000 ℓ	75℃	538℃	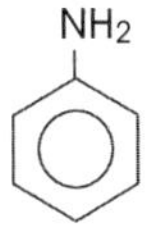
비점	비중	융점	
184℃	1.002	−6℃	

(1) **황색** 또는 **담황색** 액체이며 물보다 무겁고 독성이 강하며 물에 약간 녹는다.

(2) **알칼리금속** 및 **알칼리토금속**과 작용하여 **수소**(H_2) 및 **아닐리드** 발생

(3) **니트로벤젠($C_6H_5NO_2$)을 주석**(Sn) 또는 **철**(Fe) **염산(HCl)**으로 **환원**하여 만든다.

(4) **화학반응식**

구분	반응식
제법	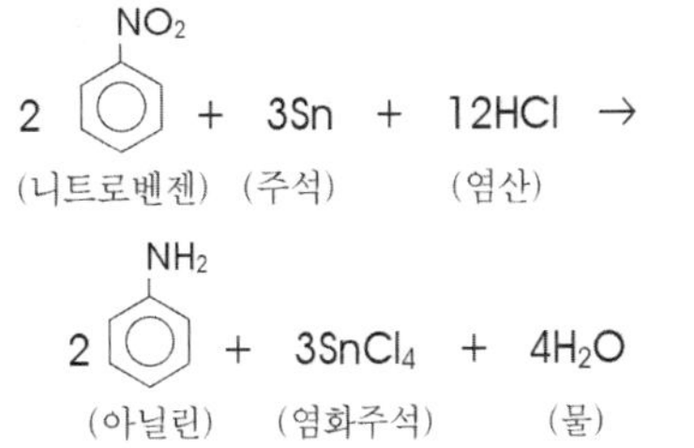
염산	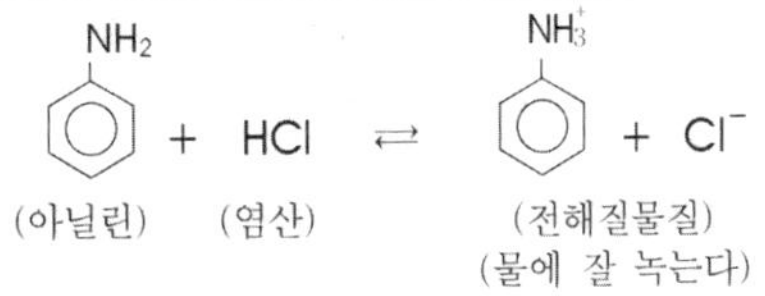
연소	$4C_6H_5NO_2$ + $33O_2$ (아닐린) (산소) → $24CO_2$↑ + $14H_2O$ + $4NO$↑ (이산화탄소) (물) (일산화질소)

5. 에틸렌글리콜[CH_2OHCH_2OH, $C_2H_4(OH)_2$]

지정수량	인화점	착화점	구조식
4,000 ℓ	111℃	413℃	H H │ │ HO−C−C−OH │ │ H H
비점	비중	융점	
197℃	1.113	−12℃	

(1) **무색 · 무취의 끈끈하고 흡습성이 있는 수용성액체**

(2) **수산기**(OH)가 **2개**인 **2가 알코올**로 **독성**이 있으며 **단맛**이 있다.

(3) **자동차용 부동액**의 주원료 등으로 사용한다.

(4) **화학반응식**

구분	반응식
연소	$2C_2H_4(OH)_2 + 5O_2 \rightarrow 4CO_2\uparrow + 6H_2O$ (에틸렌글리콜) (산소) (이산화탄소) (물)

6. 글리세린[$CH_2OHCHOHCH_2OH$, $C_3H_5(OH)_3$]

지정수량	인화점	착화점	구조식
4,000 ℓ	160℃	393℃	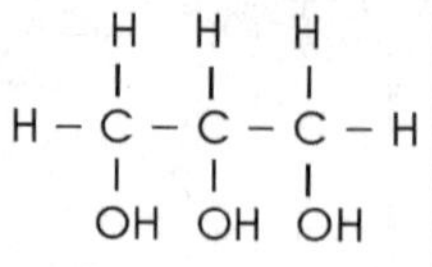
비점	비중	융점	
290℃	1.26	17℃	

(1) **무색**·무취의 끈끈하고 흡습성이 있는 **수용성액체**

(2) **수산기**(OH)가 **3개**인 **3가 알코올**로서 물보다 무거우며 **단맛**이 있다.

(3) **니트로글리세린**의 **원료** 및 화장품 등의 원료로 사용된다.

(4) **화학반응식**

구분	반응식
연소	$2C_3H_5(OH)_3 + 7O_2 \rightarrow 6CO_2\uparrow + 8H_2O$ (글리세린) (산소) (이산화탄소) (물)

7. 담금질유(인화점 70℃ 이상 200℃ 미만의 것)

(1) **지정수량 : 2,000 ℓ**

8. 메타크레졸

지정수량	인화점	착화점	구조식
2,000 ℓ	86℃	4℃	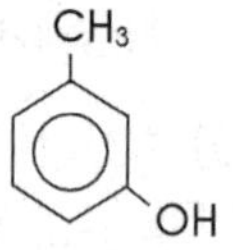

9. 히드라진하이드레이트($N_2H_4 \cdot H_2O$) : 히드라진모노하이드레이트

지정수량	인화점
4,000 ℓ	74℃

(1) **공기 중에 발연하는 수용성액체**

(2) **화학반응식**

구분	반응식
연소	$N_2H_4 \cdot H_2O + 2O_2$ (히드라진 하이드레이트) (산소) $\rightarrow N_2\uparrow + 2H_2O_2 + H_2O$ (질소) (과산화수소) (물)

06 제4석유류의 성질

지정수량 : 6,000 ℓ

지정품목 : 기어유, 실린더유

1. 윤활유

(1) **윤활유의 종류 : 석유계윤활유**, 합성윤활유, 혼성윤활유, 지방성윤활유 등

(2) **석유계 윤활유 : 기어유, 실린더유, 터빈유, 머신유**(기계유), **모터유**

2. 가소제

(1) **인화점 200℃ 이상 250℃ 미만**

(2) **가소제의 종류**

① DOP(프탈산디옥틸)

② DIDP(프탈산디이소데실)

③ TCP(프탈산트리크레실)

(3) **용도 :** 합성수지, 합성고무 등에 가소성을 주는 기름

3. 기타 제4석유류(방청유·담금질유·전기절연유·절사유)

07 동 · 식물유류의 성질

(1) 지정수량 : 10,000 ℓ

(2) 정의 : 동물의 지육 등 또는 식물의 종자나 과육으로부터 추출한 것으로서 1기압에서 인화점이 250℃ 미만인 것

(3) 제외되는 것 : 행정안전부령이 정하는 용기기준과 수납 · 저장기준에 따라 수납되어 저장 · 보관되고 용기의 외부에 물품의 통칭명, 수량 및 화기엄금의 표시가 있는 경우

(4) 요오드값(옥소값) : 유지 100g에 부가되는 요오드의 g수

① 건성유 : 130 이상

② 반건성유 : 100~130

③ 불건성유 : 100 이하

1. 건성유

(1) 요오드값(옥소값) : 130 이상

(2) 동물유 : 정어리유, 대구유, 상어유

(3) 식물유 : 해바리기유, 동유, 아마인유, 들기름

(4) 위험성 : 자연발화

2. 반건성유

(1) 요오드값(옥소값) : 100 ~ 130

(2) 동물유 : 청어유

(3) 식물유 : 쌀겨기름, 면실유, 채종유, 옥수수기름, 참기름, 콩기름

3. 불건성유

(1) 요오드값(옥소값) : 100 이하

(2) 동물유 : 쇠기름, 돼지기름, 고래기름

(3) 식물유 : 피마자유, 올리브유, 팜유, 땅콩(낙화생)기름, 야자유

제 6 장 제5류 위험물

1. 제5류 위험물의 품명 및 지정수량

유별 및 성질	위험 등급	품 명	지정 수량
제5류 자기 반응성 물질	Ⅰ	1. 질산에스테르류 2. 유기과산화물	10kg 10kg
	Ⅱ	3. 니트로화합물 4. 니트로소화합물 5. 아조화합물 6. 디아조화합물 7. 히드라진 유도체 8. 히드록실아민 9. 히드록실아민염류	200kg 200kg 200kg 200kg 200kg 100kg 100kg
	Ⅰ, Ⅱ	10. 그 밖에 행정안전부령이 정하는 것 11. 제1호 내지 제10호에 해당하는 어느 하나 이상을 함유한 것	10kg, 100kg 또는 200kg

Point

- **그 밖에 행정안전부령이 정하는 것**
  금속의 아지화합물(NaN_3 〈아지드나트륨〉 등)(200kg) · **질산구아니딘**($HNO_3 \cdot C(NH)(NH_2)_2$)(200kg)

2. 제5류 위험물의 일반성질

(1) **자기연소**를 일으키며 **연소속도**가 대단히 빨라서 **폭발적**이다.

(2) **대부분 유기질화물**이므로 가열, 충격, 마찰 등으로 폭발의 위험이 있다.

(3) **시간의 경과**에 따라 **자연발화의 위험성**을 갖는다.

3. 제5류 위험물의 저장 및 취급방법

(1) **용기**는 **밀전**, **밀봉**하여 저장한다.

(2) **용기**의 **파손** 및 **균열**에 주의하며, 실온, 습기, 통풍에 주의한다.

(3) **화재 발생시 소화가 곤란**하므로 **소분**하여 저장한다.

(4) **점화원** 및 **분해를 촉진시키는 물질**로부터 **멀리**한다.

01 질산에스테르류의 성질

지정수량 : 10kg

1. 질산메틸(CH_3ONO_2)

지정수량	인화점	구조식
10kg	66℃	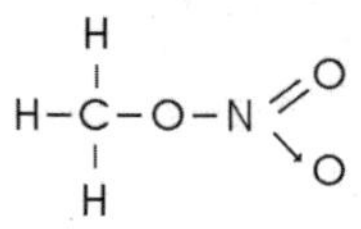
증기비중	비중	
2.65	1.22	

(1) **무색투명한 액체**로 방향이 있으며 **물**에 녹지 않는다.

(2) **비점 이상 가열**하면 위험하며, **제4류 위험물과 같은 위험성**을 갖는다.

2. 질산에틸($C_2H_5ONO_2$)

지정수량	인화점	구조식
10kg	10℃	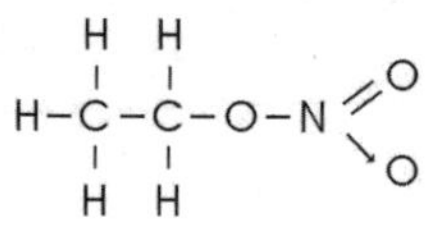
증기비중	비점	
3.14	88℃	

(1) **무색투명한 액체**로 방향을 가지며 **물**에 녹지 않는다.

(2) **제4류 위험물 제1석유류**와 같은 위험이 있다.

3. 니트로글리콜[$C_2H_4(ONO_2)_2$]

지정수량	융점	비점
10kg	-22℃	75℃

(1) **무체색**에서 **노란색**의 기름상태의 액체로 **독성**이 매우 강하다.

(2) **니트로글리세린**보다 **휘발성**이 크고 연소시 **연기**는 **독성**이 매우 강하다.

(3) **니트로글리세린**과 혼합하여 **다이나마이트**의 원료로 사용한다.

(4) **화학반응식**

구분	반응식
제법	$C_2H_4(OH)_2$ + $3HNO_3$ (에틸렌글리콜) (질산) $\xrightarrow[\text{(니트로화)}]{C-H_2SO_4}$ → $C_2H_4(ONO_2)$ + $2H_2O$ (니트로글리콜) (물)
연소	$C_2H_4(ONO_2)_2$ $\xrightarrow{\Delta}$ (니트로글리콜) $2CO_2\uparrow$ + $2H_2O\uparrow$ + $N_2\uparrow$ (이산화탄소) (수증기) (질소)

4. 니트로글리세린[$C_3H_5(ONO_2)_3$]

지정수량	라빌형의 융점 : 2.8℃	비점
10kg	스타빌형의 융점 : 13.5℃	160℃

(1) **무색투명**한 기름 형태의 액체(공업용은 **담황색**이다)로 약칭은 **NG**이다.

(2) **혓바닥**을 찌르는 듯한 **단맛**을 갖는다.

(3) **유독한 물질**이므로 피부, 호흡기를 보호할 것

(4) **규조토**에 흡수시킨 것을 **다이나마이트**라 한다.

(5) **화학반응식**

구분	반응식
제법	$C_3H_5(OH)_3$ + $3HNO_3$ (글리세린) (질산) $\xrightarrow[\text{니트로화}]{C-H_2SO_4}$ $C_3H_5(ONO_2)_3$ + $3H_2O$ (니트로글리세린) (물)
분해	$4C_3H_5(ONO_2)_3$ $\xrightarrow{\Delta}$ (니트로글리세린) $12CO_2\uparrow$ + $10H_2O\uparrow$ + $6N_2\uparrow$ + $O_2\uparrow$ (이산화탄소) (수증기) (질소) (산소)

5. 니트로셀룰로오스[$C_6H_7O_2(ONO_2)_3$]$_n$ 〈질화면, 면화약〉

지정수량	분해	자연발화온도	착화점
10kg	130℃	180℃	약 160~170℃

(1) **무색투명**하고 **질화도**가 **클수록** 폭발의 위험성이 **크며**, **무연화약**으로 사용된다.

(2) **셀룰로오스**(섬유소)를 **진한 질산**과 **진한 황산**에 혼합시켜 제조한 것으로 약칭은 NC이며, **에스테르에** 속한다. 또한 **니트로글리세린**(NG)과 **융합**한 것을 **교질 다이나마이트**라 한다.

(3) 저장 중에는 자연발화를 방지하기 위하여 **함수 알코올로 습면**시킬 것

(4) **화학반응식**

구분	반응식
분해	$2C_{24}H_{29}O_9(ONO_2)_{11}$ $\xrightarrow[\Delta]{\text{니트로셀룰로오스}}$ $24CO_2\uparrow$ + $24CO\uparrow$ (이산화탄소) (일산화탄소) + $12H_2O\uparrow$ + $11N_2\uparrow$ + $17H_2\uparrow$ (수증기) (질소) (수소)

6. 셀룰로이드

지정수량	발화점	가소질 온도	질화도
10kg	180℃	90~100℃	11%

(1) **무색 투명**하고 탄력성이 있는 고체로써 **열, 빛, 산소**에 의하여 **황색으로 변색**

(2) **물에 녹지 않으며** 알코올, 아세톤, 초산에스테르에 녹는다.

(3) **제조방법 : 니트로셀룰로오스를 장뇌**와 **알코올**에 녹여 **교질상태**로 만든 것을 **압연, 압착, 재단**하여 **건조**시켜 성형하여 만든다.

(4) **낡은 것**은 공기 중에 **습도**가 높고 **온도**가 높을 때 **자연발화위험**이 있다.

02 유기과산화물의 성질

지정수량 : 10kg

1. 과산화벤조일[$(C_6H_5CO)_2O_2$] 〈벤젠퍼옥사이드, 벤조일퍼옥사이드〉

지정수량	착화점	융점	비중
10kg	125℃	103~105℃	1.33
구조식	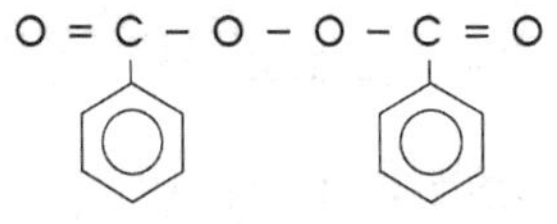		

(1) **무색**·무취의 **백색** 분말 또는 결정이다.

(2) **상온**에서는 **안정된 물질**로 **센 산화성 물질**이다.

(3) **건조상태**에서 마찰·충격으로 **폭발**의 위험이 있다.

(4) **과산화벤조일 : 물**에 녹지 않으나 **수분**을 함유하거나 **희석제**를 첨가하면 분해·**폭발**을 **억제**할 수 있다.

(5) **희석제 :** 프탈산디메틸, 프탈산디부틸

2. 과산화메틸에틸케톤[$(CH_3COC_2H_5)_2O_2$] 〈메틸에틸케톤퍼옥사이드〉

지정수량	착화점	융점	분해온도
10kg	205℃	-20℃	40℃
구조식	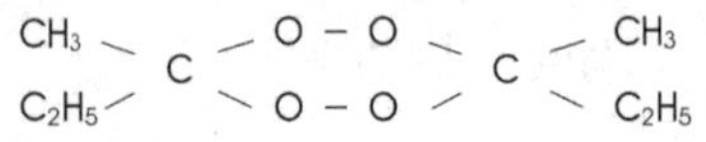		

(1) **무색**, 독특한 냄새가 나는 **기름 형태의 액체**이며 약칭은 MEKPO이다.

(2) 헝겊, 탈지면이나 쇠녹 및 규조토와의 접촉으로 **30℃**에서 분해

(3) **시판품의 희석제 :** 프탈산디메틸, 프탈산디부틸 50~60%

03 니트로화합물의 성질

지정수량 : 200kg

Point

• **니트로화합물** : 유기화합물의 탄소와 결합된 **수소원자**가 **니트로기**($-NO_2$)로 **치환된 화합물**의 총칭을 말하며, 일반적으로 **니트로기**($-NO_2$)가 **2개** 이상인 것을 말하고, 혹은 **2질기** 또는 **2초기**라고도 한다.

– 니트로기의 구조식

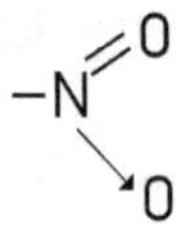

– 니트로소기의 구조식

$-N=O$

1. 트리니트로톨루엔[$C_6H_2CH_3(NO_2)_3$] 〈TNT〉

지정수량	착화점	융점	구조식
200kg	약 300℃	81℃	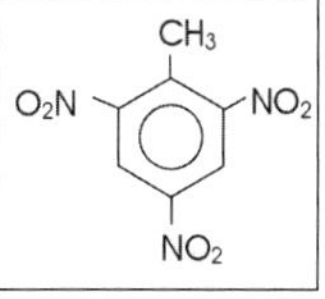
비점	비중	폭발풍속	
280℃	1.66	7,000m/s	

(1) **담황색의 주상결정**이며 일광하에서 **다갈색**으로 변하며, **TNT**이다.

(2) 강력한 폭약이며 **폭발력의 표준**으로 사용한다.

(3) **피크린산**(PA)보다 **충격감도**가 약간 둔하며, **폭성**도 약간 떨어진다.

(4) **제법 : 톨루엔**에 니트로화제(**농황산**과 **농질산**의 혼산)를 혼합하여 만든다.

(5) **화학반응식**

구분	반응식
제법	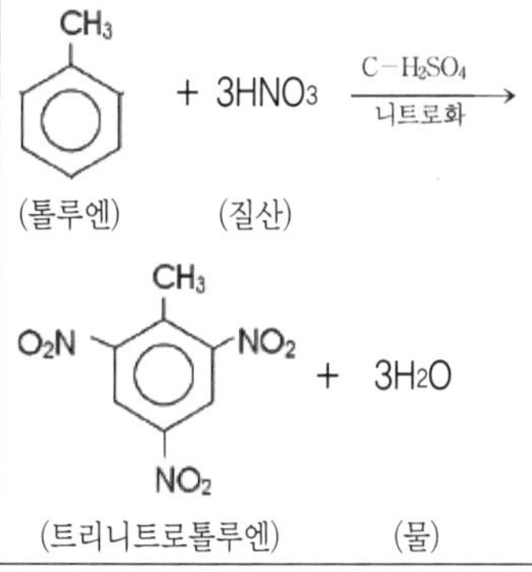
분해	$2C_6H_2CH_3(NO_2)_3$ (TNT) $\xrightarrow[\triangle]{}$ $12CO\uparrow + 5H_2\uparrow + 2C + 3N_2\uparrow$ (일산화탄소) (수소) (탄소) (질소)

2. 트리니트로페놀[$C_6H_2OH(NO_2)_3$] 〈피크린산, 피크르산〉 〈TNP, PA〉

지정수량	착화점	융점	구조식
200kg	약 300℃	122.5℃	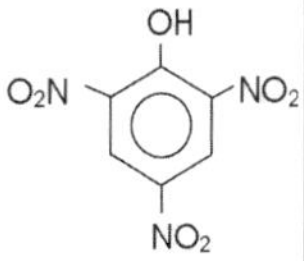
비점	비중	폭발풍속	
255℃	1.8	7,000m/s	

(1) **휘황색**의 침상결정으로 별명은 **피크린산**이라고 한다.

(2) **쓴 맛**이 있으며 **독성**이 있다. **황색 염료**로 사용한다.

(3) **단독**으로는 마찰 · 충격에 **안정**하며, **구리 · 납 · 아연**과 **피크린산염**을 만든다.

(4) **연소**할 때 **검은 연기**를 내고 타지만 **폭발은 하지 않는다.**

(5) **제법 : 페놀**은 **술폰화**한 후 **니트로화**한다.

(6) **화학반응식**

구분	반응식
제법	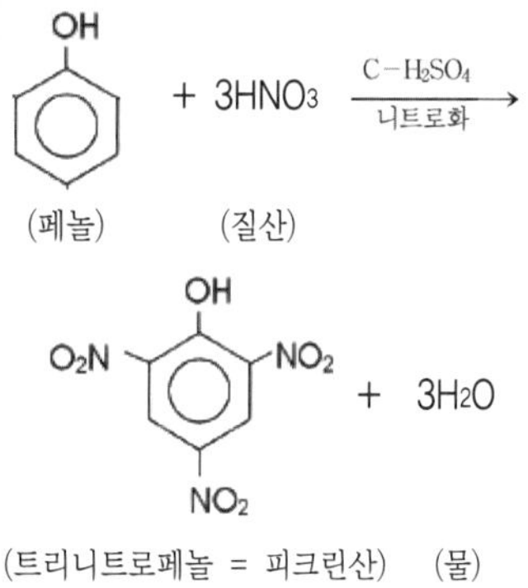
분해	$2C_6H_2OH(NO_2)_3$ (피크린산) $\xrightarrow[\triangle]{}$ $6CO\uparrow$ (일산화탄소) + $4CO_2\uparrow + 3H_2\uparrow + 2C + 3N_2\uparrow$ (이산화탄소) (수소) (탄소) (질소)

3. 그 밖의 니트로화합물

(1) 디니트로벤젠 및 트리니트로벤젠

(2) 디니트로톨루엔

(3) 니트로메탄 및 니트로에탄

제7장 제6류 위험물

1. 제6류 위험물의 품명 및 지정수량

유별 및 성질	위험 등급	품명	지정 수량
제6류 산화성 액체	I	1. 질 산	300kg
		2. 과 산 화 수 소	300kg
		3. 과 염 소 산	300kg
	I	4. 그 밖에 행정안전부령이 정하는 것 5. 제1호 내지 제4호에 해당하는 어느 하나 이상을 함유한 것	300kg

Point

- **그 밖에 행정안전부령이 정하는 것**
  - **할로겐간화합물**(BrF_3, BrF_5, IF_5, ICl, IBr 등)

2. 제6류 위험물의 일반성질

(1) **모두 무기화합물**로서 부식성 및 유독성이 강한 **강산화제**이다.

(2) **산소**를 많이 포함하여 다른 **가연물의 연소를 돕는다.**

(3) **비중**이 **1보다 크며** 물에 잘 녹으며, **물과 만나면 발열**한다.

(4) **가연물 및 분해를 촉진하는 약품과 접촉하면 분해폭발**한다.

3. 제6류 위험물의 저장 및 취급방법

(1) 저장용기는 **내산성**일 것

(2) **용기**는 **밀전·밀봉**하고, **파손**과 위험물의 **누설에 주의**할 것

(3) **물·가연물·유기물·분해를 촉진하는 약품과 접촉**을 **피할 것**

(4) 유출사고에는 **마른 모래** 및 **중화제**를 사용할 것

01 질 산

1. 질산(HNO_3)

지정수량	융점	비점
300kg	-42℃	86℃
비중	융해열	별명
1.49	7.8kcal/mol	강수

(1) **무색** 액체이나 **보관 중 담황색**으로 되며, **부식성**이 강한 **강산**이지만 **금·백금·이리듐·로듐**만은 **부식시키지 못한다.**

(2) **위험물로서 비중은 1.49 이상**이며, **금등**을 녹이는 **왕수**는 **질산 1 : 염산 3**의 혼합산이다.

(3) **진한 질산**은 **Fe**(철), **Co**(코발트), **Ni**(니켈), **Cr**(크롬), **Al**(알루미늄) 등을 **부동태화**한다.

(4) **공기** 중에서 또는 **직사일광**에게 분해하여 유독한 **갈색 증기(이산화질소, NO_2)**를 발생하므로 **갈색 병**에 넣어 냉암소에 저장한다.

(5) **물**과 반응하여 **발열**한다.

(6) **단백질**과는 **크산토프로테인반응**을 일으켜 **노란색**으로 반응한다.

(7) 화학반응식

구분	반응식
분해	$4HNO_3 \xrightarrow{\triangle} 4NO_2\uparrow + O_2\uparrow + 2H_2O$ (질산) (이산화질소) (산소) (물)

02 발연질산

1. 발연질산(HNO_3+nNO_2)

지정수량	융점
300kg	약 1.52~1.54℃

(1) **진한 질산**에 **이산화질소**를 **과잉으로 녹인 무색** 또는 **적갈색**의 발연성액체

(2) **공기** 중에서 부식성, 질식성으로 인체에 **유독한 이산화질소**(NO_2)를 발생하며 **진한 질산**보다 **산화력이 세다.**

03 과산화수소의 성질

1. 과산화수소(H_2O_2)

지정수량	융점	비점	비중
300kg	−0.89℃	80℃	1.465

(1) 순수한 것은 점성이 있는 **무색 액체이며, 양이 많을 경우 청색**

(2) **강산화제**이나 **환원제**로도 사용한다.

(3) **시판품**의 농도 **30~40 중량 % 수용액**이며 **36 중량% 이상**인 것을 **위험물**로 한다.

(4) **단독 폭발**농도 **60 중량 %** 이상

(5) **분해**시 **산소**(O_2)를 발생하므로 **안정제**로 **인산・요산** 등을 사용한다.

(6) **용기**는 **밀전하지 말고** 통풍을 위하여 **구멍이 뚫린 마개**를 사용할 것

(7) 화학반응식

구분	반응식
열분해	$2H_2O_2 \rightarrow 2H_2O\uparrow + O_2\uparrow$ (과산화수소) (물) (산소)

04 과염소산의 성질

1. 과염소산($HClO_4$)

지정수량	융점	비점	비중
300kg	−112℃	39℃	1.76

(1) **무색의 액체**로 공기 중에서 **세게 연기**를 낸다.

(2) **종이, 나무조각 등**과 접촉하면 **연소**한다.

(3) 물과 접촉하여 심하게 **발열**하며 **6종의 고체 수화물**을 만들며 **강한 산화력**을 갖는다.

(4) 화학반응식

구분	반응식
열분해	$HCl_4 \xrightarrow{\triangle} HCl\uparrow + 2O_2\uparrow$ (과염소산) (염화수소) (산소)

Point

• **과염소산의 고체 수화물(6종류)**

$HClO_4 \cdot H_2O$, $HClO_4 \cdot 2H_2O$, $HClO_4 \cdot 2.5H_2O$, $HClO_4 \cdot 3H_2O$(2종류), $HClO_4 \cdot 3.5H_2O$

제 8 장 위험물의 저장 및 취급방법

01 위험물 제조소등의 설치 및 운영

1. 위험물의 취급

(1) **지정수량 이상의 위험물** : 제조소등에서 취급

(2) **지정수량 미만의 위험물** : 시 · 도의 조례에 의하여 취급

(3) **지정수량 이상의 위험물을 임시로 저장할 경우** : 관할 소방서장에게 승인 후 90일 이내

Point

- **지정수량 이상의 위험물**을 제조소등에서 취급하지 않을 경우 : **3년 이하 징역** 또는 **3,000만원 이하**의 벌금
- **위험물 임시저장** 및 **취급기준** 위반 : **200만원 이하**의 과태료
- **위험물을 유출 · 방출 또는 확산시켜 사람의 생명 · 신체 또는 재산에 대하여 위험을 발생시킨 자 : 1년 이상 10년 이하의 징역**
  - 규정에서 **사람에게 상해**를 입힌 자 : **무기 또는 3년 이상 징역**
  - 규정에서 **사람을 사망**에 이르게 한 자 : **무기 또는 5년 이상 징역**
- **업무상 과실로 제조소등에서 위험물을 유출 · 방출 또는 확산시켜 사람의 생명 · 신체 또는 재산에 대하여 위험물 발생시킨 자 : 7년 이하의 금고** 또는 **7천만원 이하의 벌금**에 처한다.
  - 규정에서 **사람을 사상**에 이르게 한 자는 **10년 이하의 징역** 또는 **금고**나 **1억원 이하의 벌금**에 처한다.

2. 제조소등(제조소, 저장소, 취급소)의 정의

(1) **제조소** : 위험물을 제조할 목적으로 지정수량 이상의 위험물을 취급하기 위하여 허가를 받은 장소

(2) **저장소** : 지정수량 이상의 위험물을 저장하기 위한 대통령령이 정하는 장소로서 허가를 받은 장소

(3) **취급소** : 지정수량 이상의 위험물을 제조외의 목적으로 취급하기 위한 대통령령이 정하는 장소로서 허가 받은 장소

3. 저장소의 종류

(1) **옥내저장소** : 옥내(지붕과 기둥 또는 벽 등에 의하여 둘러싸인 곳을 말한다)에 위험물을 저장하는 장소

(2) **옥외저장소** : 옥외의 장소에서,

① 제2류 위험물 중 유황 또는 인화성고체(인화점 0℃ 이상인 것에 한한다)

② 제4류 위험물 중 제1석유류(인화점 0℃ 이상인 것에 한한다), 알코올류, 제2석유류, 제3석유류, 제4석유류, 동 · 식물유류

③ 제6류 위험물

④ 제2류 위험물, 제4류 위험물 중 특별시, 광역시 또는 도의 조례로 정하는 위험물(관세법 154조의 규정에 의한 보세구역 안에 저장하는 경우에 한한다)

⑤ 국제해사기구에 관한 협약에 의하여 설치된 국제해사기구에서 채택한 **국제해상위험물규칙(IMDG 코드)**에 적합한 용기에 수납된 위험물을 저장하는 장소

(3) **옥내탱크저장소 :** 옥내에 있는 탱크에 위험물을 저장하는 저장장소

(4) **옥외탱크저장소 :** 옥외에 있는 탱크에 위험물을 저장하는 저장장소

(5) **지하탱크저장소 :** 지하에 매설되어 있는 탱크에 위험물을 저장하는 저장장소

(6) **이동탱크저장소 :** 차량에 고정된 탱크에 위험물을 저장하는 저장장소

(7) **간이탱크저장소 :** 간이탱크에 위험물을 저장하는 저장장소

(8) **암반탱크저장소 :** 암반 내의 공간을 이용한 탱크에 액체의 위험물을 저장하는 장소

4. 취급소의 종류

(1) **주유취급소 :** 고정된 주유설비에 의하여 위험물을 자동차, 항공기, 선박 등의 연료탱크에 직접 주유하기 위하여 위험물을 취급하는 장소

(2) **판매취급소 :** 점포에서 위험물을 용기에 담아 판매하기 위하여 지정수량의 40배 이하의 위험물을 취급하는 장소

(3) **이송취급소 :** 배관 및 이에 부속하는 설비에 의하여 위험물을 이송하는 취급소

(4) **일반취급소 :** 주유취급소, 판매취급소, 이송취급소 외의 장소

Point

- **제1종 판매취급소** : 지정수량 **20배** 이하 취급
- **제2종 판매취급소** : 지정수량 **40배** 이하 취급

5. 위험물 안전관리자

제조소등의 설치자는 **국가기술자격법**에 의한 당해 위험물기능장 · 산업기사 · 기능사 자격증을 취득한 자와 행정안전부령이 정하는 사람을 위험물 안전관리자로 선임하여야 한다.

Point

- **벌칙 : 위험물 안전관리자**를 선임하지 않은 자 : **1,500만원 이하**의 벌금
- **선임하지 않아도 되는 제조소 등** : 이동탱크저장소

(1) **위험물 안전관리자가 보안감독 할 수 있는 위험물(부록 참조)**

① 기능장 및 산업기사 : 1류에서 6류까지 전체의 위험물(지정수량 제한 없음)

② 기능사 : 1류에서 6류까지 전체의 위험물(지정수량 제한 있음)

(2) **해임할 경우 해임한 날부터 선임기간 :** 30일 이내(신고 14일 이내)

(3) **선인신고처** : 관할 소방 본부장 · 소방서장

02 제조소등의 설치기준

1. 제조소등의 설치허가

(1) **허가청 :** 시 · 도지사

(2) **용도폐지 신고기관 :** 시 · 도지사

(3) **설치허가 · 신고 제외의 곳**

① 주택의 난방시설(공동주택의 중앙난방시설을 제외한다)을 위한 저장소 · 취급소

② 농예용 · 축산용 또는 수산용으로 필요한 난방시설 또는 건조시설을 위한 지정수량 20배 이하의 저장소

Point

- 시 · 도 : 특별시, 광역시, 특별자치시, 도 · 특별자치도
- **제조소등의 설치허가**를 받지 아니하고 제조소등을 설치한 자 : **5년 이하 징역** 또는 **1억원 이하**의 벌금
- **제조소등**의 위치, 구조 또는 설비의 **변경 없이** 저장 · 취급하는 **위험물**의 **품명 · 수량** 또는 **지정수량의 배수**를 **변경**할 경우 **신고기간** : 변경하고자 하는 날의 **1일 전**
- **용도폐지 신고기간** : 폐지한 날부터 **14일 이내** (벌칙: 200만원 이하 과태료)

2. 화재예방 규정을 할 곳(제조소등의 설치기준)

(1) 지정수량 10배 이상의 위험물을 저장 · 취급하는 제조소, 일반취급소

(2) 지정수량 100배 이상의 위험물을 저장 · 취급하는 옥외저장시설

(3) 지정수량 150배 이상의 위험물을 저장 · 취급하는 옥내저장시설

(4) 지정수량 200배 이상의 위험물을 저장 · 취급하는 옥외탱크저장시설

(5) 암반탱크저장소

(6) 이송취급소

03 제조소

1. 안전거리

제조소(제6류 위험물은 제외)외의 건축물의 외벽 또는 이에 상당하는 공작물의 외측으로부터 당해 제조소의 외벽 또는 이에 상당하는 공작물의 외측까지의 수평거리

(1) **특고압 가공전선** 7,000V 초과 35,000V 이하 : 3m 이상

(2) **특고압 가공전선** 35,000V 초과 : 5m 이상

(3) **제조소의 동일부지 이외의 주택** : 10m 이상

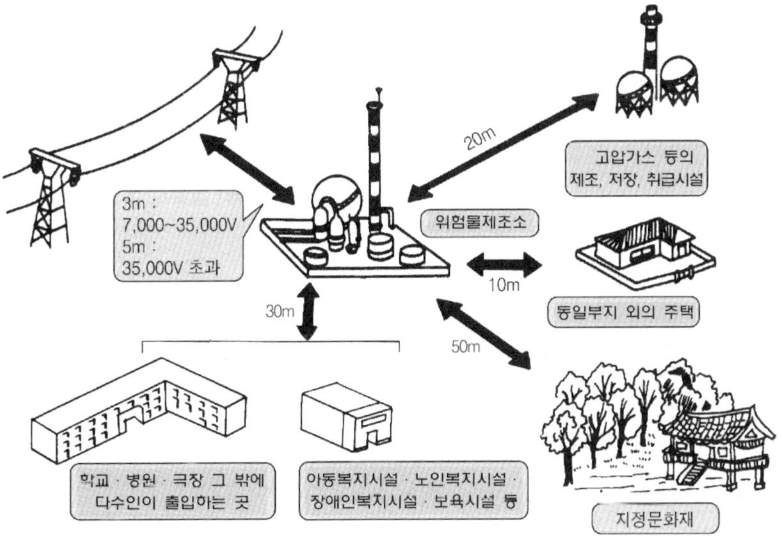

(4) **고압가스 등**을 제조·저장 또는 취급하는 시설 : 20m 이상

(5) **학교·병원·극장**(300명 이상), 다수인이 출입하는 곳(20명 이상) : 30m 이상

(6) **유형문화재 및 지정문화재 : 50m 이상**

Point

- **히드록실아민 제조소의 안전거리**
  $D = 51.1\sqrt[3]{N}$
  D = 안전거리, N = 취급하는 히드록실아민의 지정수량의 배수

(7) **방화상 유효한 담의 높이(h) 산정방법**

- $H \leq PD^2 + a$인 경우 h=2
- $H > PD^2 + a$인 경우 $h = H - P(D^2 - d^2)$

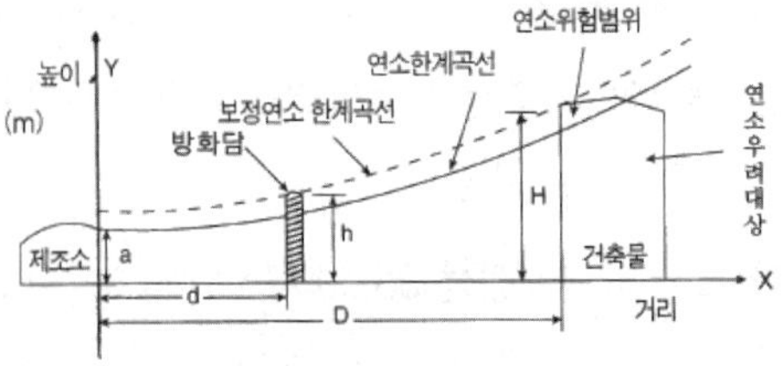

a : 제조소 등의 외벽의 높이(m)
H : 인근 건축물 또는 공작물의 높이(m)
h : 방화상 유효한 담의 높이(m)
d : 제조소 등과 방화상 유효한 담과의 거리(m)
D : 제조소 등과 인근 건축물 또는 공작물과의 거리(m)
p : 상수

2. 보유공지

위험물을 **취급하는 건축물, 그 밖의 시설**(이송배관 제외)의 **주위에 그 취급하는 위험물의 최대 수량에 따라 보유하여야 할 공지**

위험물의 취급 최대 수량	공지의 너비
지정수량의 10배 이하의 수량	3m 이상
지정수량의 10배 초과의 수량	5m 이상

(1) **제외되는 경우**

행정안전부령이 정하는 방화상 유효한 격벽을 내화구조로 설치하였을 경우(단, 제6류 위험물은 불연재료)

Point

- **방화벽의 설치기준**
  - **출입구 : 자동폐쇄식 갑종방화문**
  - **돌출기준** : 방화벽의 양단 및 상단을 외벽·지붕으로부터 **50cm 이상** 돌출시킬 것

3. 건축물의 재질

(1) **벽·기둥·바닥·보·서까래·계단 : 불연재료**

(2) **지붕 : 폭발력이 위로 방출**될 정도의 **가벼운 불연재료**

(3) **연소 우려가 있는 외벽 : 개구부 없는** 내화구조

4. 건축물의 바닥(액체 위험물)

(1) **위험물이 침윤하지 못하는 재료를 사용할 것**

(2) **적당한 경사를 둘 것**

(3) **최저부에 집유설비를 할 것**

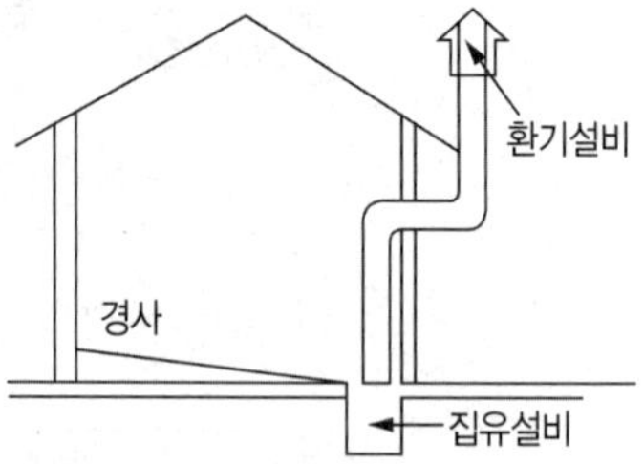

Point

- **액체 위험물을 취급하는 옥외시설의 바닥 둘레의 턱**
  - **턱높이 : 0.15m 이상**

5. 출입구(갑종방화문 또는 을종방화문을 설치할 것)

(1) **갑종방화문 :** 비차열 1시간 이상의 성능의 것

(2) **을종방화문 :** 비차열 30분 이상의 성능의 것

(3) **연소의 우려가 있는 제조소 외벽**에 설치하는 출입구 : **자동폐쇄식의 갑종방화문**

Point

- **비차열** : 방화문 시험에서 불을 피우는 반대편의 온도를 측정하지 않는 시험

6. 환기설비

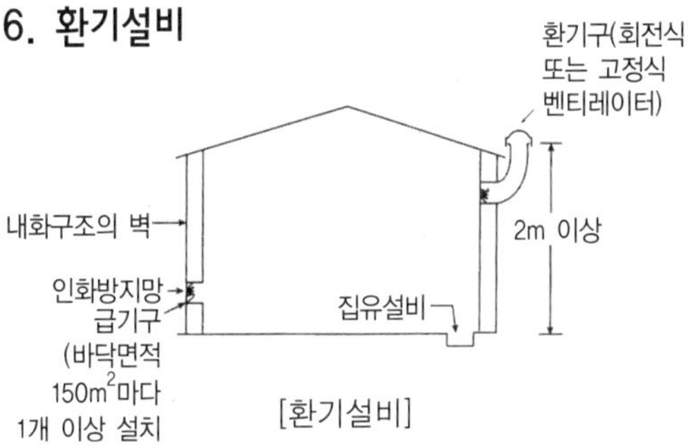

[환기설비]

(1) **자연배기방식**

(2) **환기구 : 지붕 위** 또는 **지상 2m 이상** 높이에 설치

(3) **급기구**

① 낮은 곳에 설치하고 가는 눈의 구리망으로 인화방지망을 설치할 것

② 바닥면적 150m²마다 1개 이상 설치하며, 크기는 800cm² 이상일 것

③ 바닥면적 150m² 미만인 경우 급기구 면적

바닥면적	급기구의 면적
60m² 미만	150cm² 이상
60m² 이상 90m² 미만	300cm² 이상
90m² 이상 120m² 미만	450cm² 이상
120m² 이상 150m² 미만	600cm² 이상

7. 배출설비

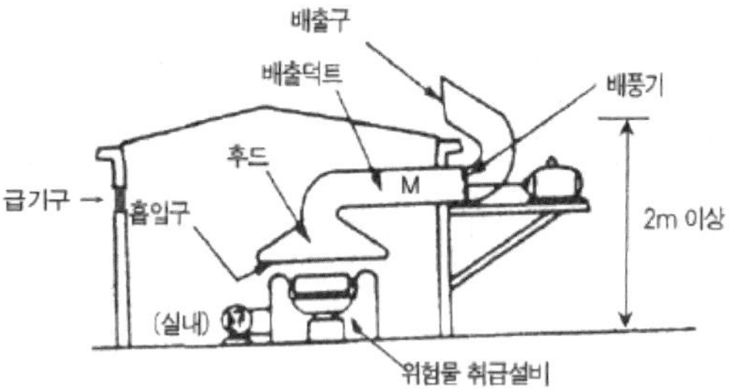

[배출설비]

(1) **가연성 증기 및 미분이 체류할 우려가 있는 곳에 설치할 것**

(2) **배출능력**

① 국소방식 : 1시간당 배출장소 용적의 20배 이상일 것

② 전역방식 : 바닥면적 1m²당 18m³ 이상으로 할 수 있다.

(3) **배출구의 높이 : 2m 이상**

(4) **급기구**는 **높은 곳**에 설치할 것

8. 피뢰설비

지정수량 10배 이상의 위험물을 저장·취급하는 곳에는 피뢰설비를 하여야 한다(제6류 위험물 제외).

9. 옥외에 있는 제조소의 위험물취급탱크의 방유제

(1) **하나의 취급탱크 : 당해 탱크용량**의 50% 이상

(2) 둘 이상의 취급탱크 : 용량이 최대인 것의 50%에 나머지 탱크용량 합계의 10%를 가산한 량 이상

10. 옥내에 있는 위험물탱크 저장시설의 방유턱 용량

(1) 탱크 1기 : 당해 탱크에 수납하는 위험물의 양을 전부 수용할 수 있는 양

(2) 탱크 2기 이상 : 당해 탱크에 수납하는 위험물이 최대인 탱크의 양을 전부 수용할 수 있는 양

11. 위험물 제조설비의 금속의 사용제한

(1) 대상 위험물 : 아세트알데히드 · 산화프로필렌(함유물 포함)

(2) 사용금지 금속 : 은 · 수은 · 동 · 마그네슘 또는 이의 합금

12. 불활성기체 등의 봉입장치

(1) 아세트알데히드 · 산화프로필렌 : 불활성기체 · 수증기 봉입

(2) 알킬알루미늄 · 알킬리튬 : 불활성기체 봉입

04 옥내저장소

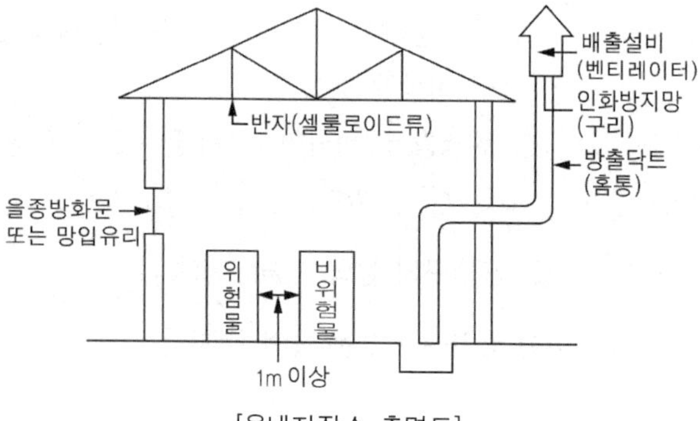

[옥내저장소 측면도]

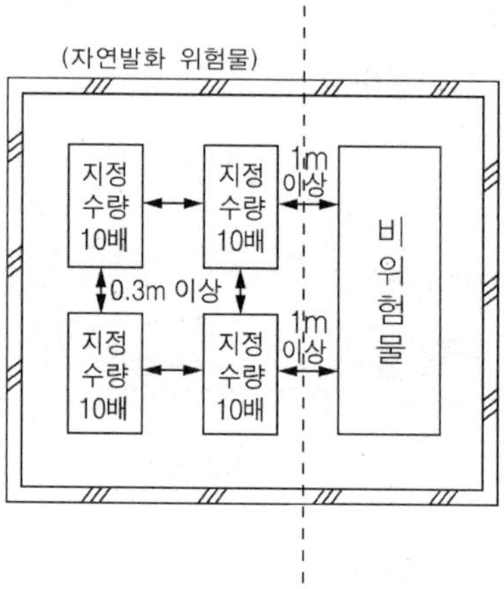

[옥내저장소 평면도]

1. 안전거리

제조소에 준한다.

(1) 안전거리 기준에서 제외되는 경우(지정유기과산화물 제외)

① 위험물의 경우

㉠ 지정수량 20배 미만의 제4석유류

㉡ 지정수량 20배 미만의 동 · 식물유류

㉢ 제6류 위험물

② 건축물(지정수량 20배 이하인 경우)

㉠ 창고의 벽, 기둥, 바닥, 보 및 지붕을 내화구조로 한 것

㉡ 저장창고의 출입구에 수시로 열 수 있는 자동폐쇄방식의 갑종방화문을 설치할 경우

ⓒ 저장창고의 창을 설치하지 아니한 것

Point

- **지정수량 50배 이하로 할 수 있는 경우**
  - 하나의 저장창고의 바닥이 **150m^2 이하**일 때

2. 보유공지

저장 또는 취급하는 위험물의 최대 수량	공지의 너비	
	벽, 기둥 및 바닥이 내화구조로 된 건축물	기타의 건축물
지정수량의 5배 이하		0.5미터 이상
지정수량의 5배 초과 10배 이하	1미터 이상	1.5미터 이상
지정수량의 10배 초과 20배 이하	2미터 이상	3미터 이상
지정수량의 20배 초과 50배 이하	3미터 이상	5미터 이상
지정수량의 50배 초과 200배 이하	5미터 이상	10미터 이상
지정수량의 200배 초과	10미터 이상	15미터 이상

Point

- **동일부지 내**에 **지정수량 20배를 초과**하는 **2 이상**의 옥내저장소를 **인접할 경우** 상호거리에 해당하는 보유공지 너비의 **1/3 이상**을 보유할 수 있으며 **3m** 미만은 3m일 것
- **기타의 건축물(내화구조 이외**의 건축물) **기준**
  - **지정수량 10배 이하**의 위험물을 저장할 경우
  - **제2류 위험물, 제4류 위험물(인화성고체, 인화점 70℃ 미만**인 것 제외)**만**을 저장하는 곳으로 **연소 우려가 없는 곳**

3. 건축물

(1) 건축물의 재질

① 벽·기둥·바닥의 재질 : 내화구조

② 보·서까래 : 불연재료

③ 지붕 : 폭발력이 위로 방출될 정도의 가벼운 불연재료

④ 지붕을 내화구조로 할 경우 : 제2류 위험물(분상의 것과 인화성고체 제외), 제6류 위험물만 저장할 경우

⑤ 제5류 위험물만의 저장창고 천장 : 난연재료, 불연재료

(2) 저장창고의 건축면적 등

① 위험등급 Ⅰ등급 등(제4류 Ⅱ등급 포함) 위험물 : 1,000m^2 이하

② 위험등급 Ⅱ등급 등(제4류 Ⅱ등급 제외) 위험물 : 2,000m^2 이하

③ 위험등급 Ⅰ등급 등과 Ⅱ등급 위험물을 내화구조의 격벽으로 완전히 구획된 실에 각각 저장할 경우 : 1,500m^2 이하(단, 위험등급 Ⅰ등급 위험물을 저장하는 실의 면적은 500m^{2}를 초과할 수 없다)

④ 지면에서 처마까지의 높이 : 6m 미만

⑤ 지면에서 처마까지 높이 20m 이하의 경우(제2류 위험물·제4류 위험물만 저장)

가. 벽·기둥·바닥·보를 내화구조를 할 것

나. 출입구는 갑종방화문으로 할 것

다. 피뢰침을 설치할 것

⑥ 바닥 : 지면보다 높게 할 것

⑦ 반자를 설치하지 않을 것(제5류 위험물 셀룰로이드 제외)

(3) 다층건물인 저장창고의 건축면적 등(제2류 위험물, 제4류 위험물 중 인화점 70℃ 미만 이외의 것)

① 바닥면적 : 1,000m^2 이하

② 층고 : 6m 미만

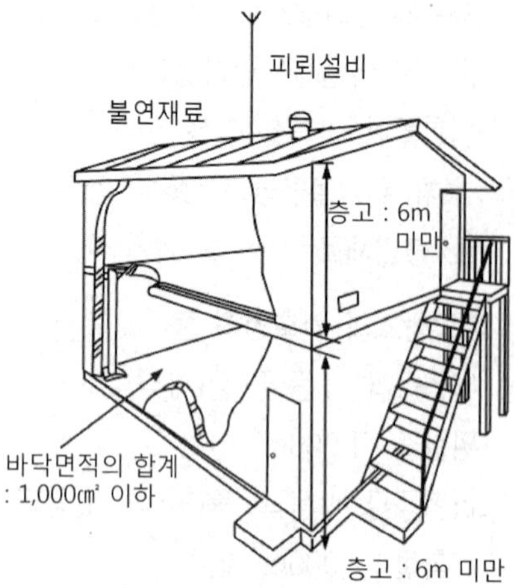

[다층건물인 저장창고]

(4) **다른 용도로 사용하는 부분이 있는 건축물(복합건축물)에 설치하는 저장소의 기준**

① 옥내저장소의 용도에 사용되는 부분의 바닥면적 : $75m^2$를 초과할 수 없다.

② 층고 : 6m 미만

(5) **물이 침투하지 않는 구조로 하여야 할 위험물**

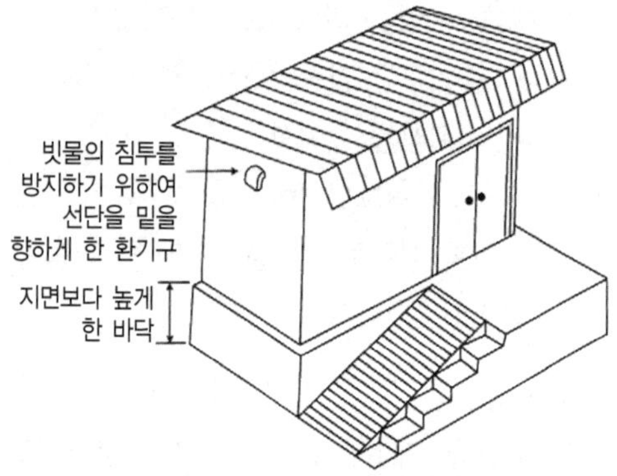

[물이 침투하지 않는 저장창고]

① 제1류 위험물 중 알칼리금속의 과산화물

② 제2류 위험물 중 철분 · 금속분 · 마그네슘

③ 제3류 위험물 중 금수성 물품

④ 제4류 위험물

(6) **피뢰설비를 설치하여야 하는 곳**

지정수량 10배 이상을 저장 · 취급하는 곳(제6류 위험물 제외)

4. 저장기준

(1) **유별을 달리하는 위험물은 동일한 저장소에 저장금지**

(2) 제3류 위험물 중 황린과 금수성 물품은 동일한 저장소에 저장금지

(3) **위험물**과 **위험물이 아닌 물품**과 **상호거리** : 1m 이상

(4) **위험물**과 **유별이 다른 위험물**과의 **상호거리** : 1m 이상

(5) 동일 품목이라도 **자연발화**의 위험이 있는 위험물의 상호거리 : 지정수량의 10배마다 0.3m 이상

(6) **저장높이(규정높이를 초과하여 용기를 겹쳐 쌓지 아니할 것)**

① 기계에 의하여 하역하는 구조로 된 용기만을 겹쳐 쌓는 경우 : 6m

② 제4류 위험물 중 제3석유류, 제4석유류 및 동 · 식물유류를 수납하는 용기만을 겹쳐 쌓는 경우 : 4m

③ 그 밖의 경우 : 3m

5. 지정과산화물 옥내저장소

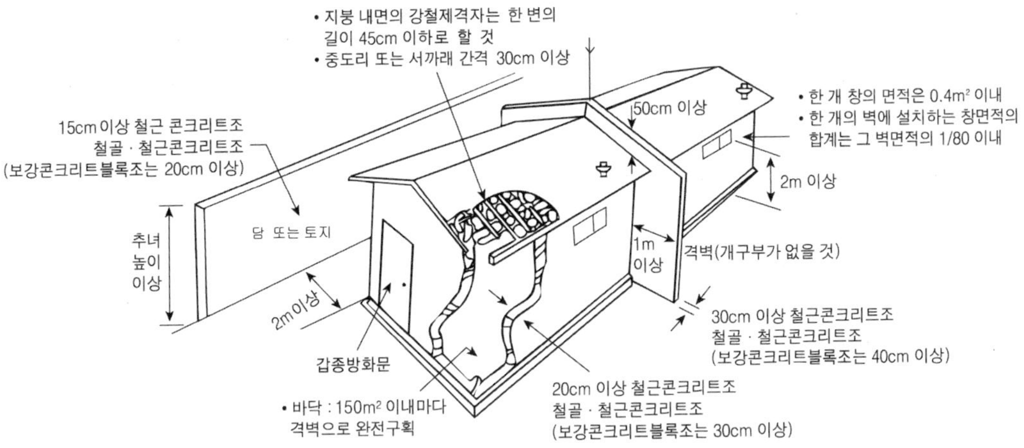

[지정과산화물의 지정창고]

(1) 지정과산화물 : 제5류 위험물 중 유기과산화물 또는 이를 함유하는 것으로 **지정수량이 10kg인 것**

(2) 담 및 창문기준

① 담 높이 : 추녀 높이

② 토제의 경사면의 경사도 : 60° 미만

② 저장창고 외벽과 담까지의 거리 : 2m 이상

③ 바닥으로부터 창문까지의 거리 : 2m 이상

④ 창문 1개의 면적 : $0.4m^2$ 이내

⑤ 창문 2개 이상의 면적 : 창문 있는 벽의 면적의 1/80 이내

(3) 지정과산화물 저장창고의 격벽

① 바닥면적 $150m^2$ 이내마다 설치

② 격벽의 두께

㉠ 철근콘크리트 · 철골철근콘크리트 : 30cm 이상

㉡ 보강콘크리트 블록 : 40cm 이상

③ 격벽의 돌출기준

㉠ 격벽의 양측 : 외벽으로부터 1m 이상

㉡ 격벽의 상부 : 지붕으로부터 50cm 이상

05 옥외저장소

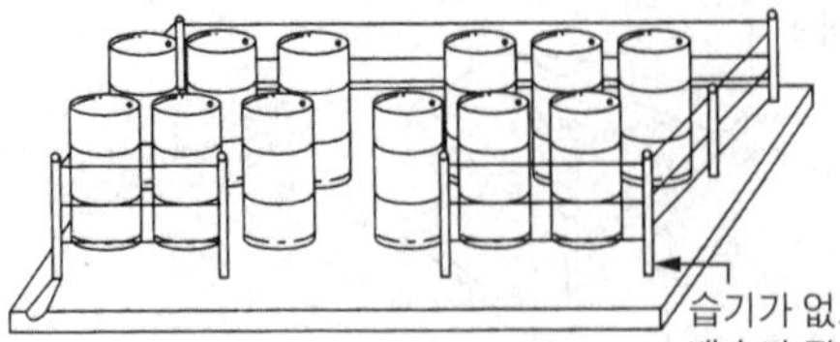

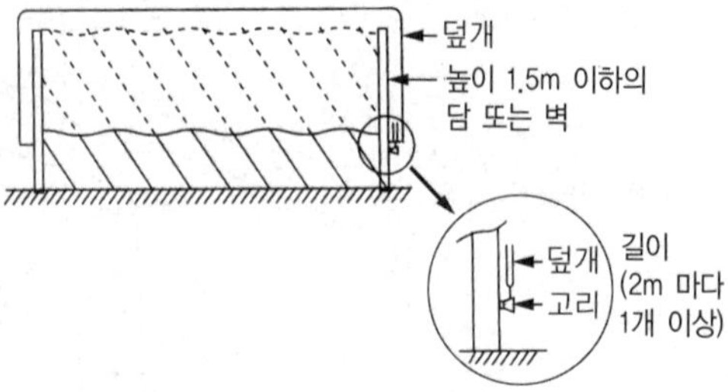

[유황을 저장하는 옥외저장소]

1. 안전거리

제조소에 준한다.

2. 보유공지

위험물을 취급하는 건축물 기타 시설의 주위에 그 취급하는 위험물의 최대 수량에 따라 보유하여야 할 공지

저장 또는 취급하는 위험물의 최대 수량	공지의 너비
지정수량의 10배 이하	3미터 이상
지정수량의 10배 초과 20배 이하	5미터 이상
지정수량의 20배 초과 50배 이하	9미터 이상
지정수량의 50배 초과 200배 이하	12미터 이상
지정수량의 200배 초과	15미터 이상

Point

- 보유공지의 너비를 1/3로 감축할 수 있는 경우
  - 제4류 위험물 중 제4석유류
  - 제6류 위험물

3. 설치장소의 선정

(1) 다른 건축물과 안전거리를 둘 것

(2) 습기가 없고 배수가 잘 되는 곳

(3) 경계표시를 설치할 것

Point

- 덩어리 상태 유황의 경계표시(안쪽에서 기준 · 취급
  - 하나의 경계표시 내부면적 : 100m^2 이하
  - 2개 이상의 경계표시의 합계 : 1,000m^2 이하
  - 경계표시의 높이 : 1.5m 이하
  - 경계 표시 상호거리 : 보유공지의 1/2 이상
  - 지정수량 200배 이상인 경우 경계 표시 상호거리 : 10m 이상

4. 옥외저장소의 선반

(1) 재질 : 불연재료

(2) 선반 등 구조물의 높이 : 위험물을 적재한 상태에서 6m를 초과하지 말 것

(3) 차광막을 설치하여야 하는 위험물 : 과산화수소 · 과염소산

Point

- 위험물의 저장높이(규정높이를 초과하지 아니할 것)
  - 기계에 의하여 하역하는 구조로 된 용기만을 겹쳐쌓는 경우 : 6m
  - 제4류 위험물 중 제3석유류·제4석유류 및 동식물유류를 수납하는 용기만을 겹쳐쌓는 경우 : 4m
  - 그 밖의 경우 : 3m

5. 저장기준

(1) 위험물과 위험물이 아닌 물품과 상호거리 :
1m 이상

06 옥외탱크저장소

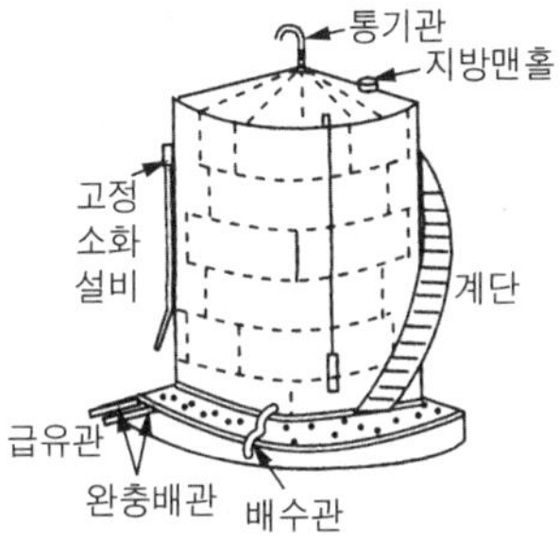

[종치원통형 탱크]

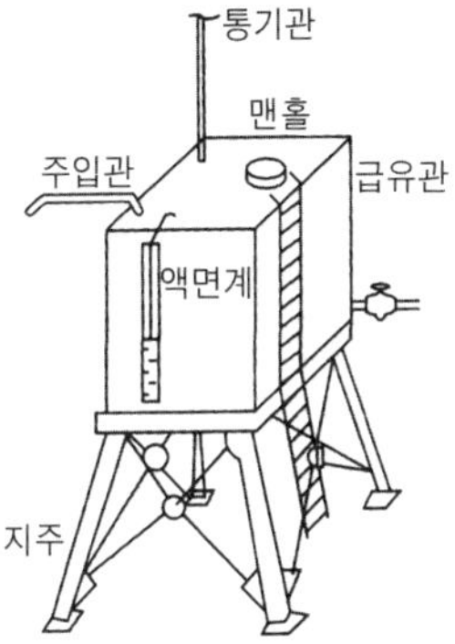

[각형 탱크]

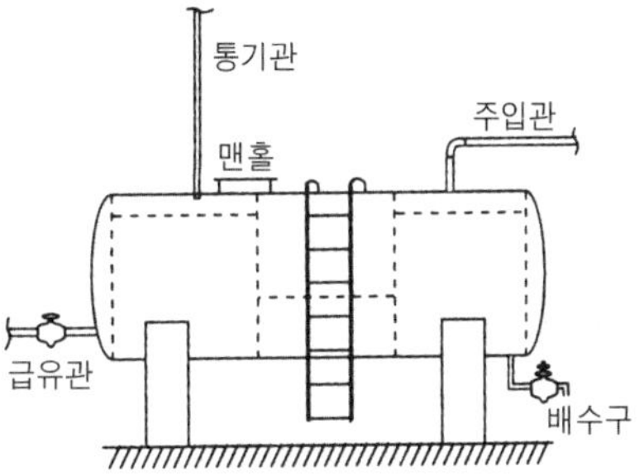

[횡치원통형 탱크]

1. 안전거리

제조소에 준할 것

2. 보유공지

저장 또는 취급하는 위험물의 최대 수량	공지의 너비
지정수량의 500배 이하	3미터 이상
지정수량의 500배 초과 1,000배 이하	5미터 이상
지정수량의 1,000배 초과 2,000배 이하	9미터 이상
지정수량의 2,000배 초과 3,000배 이하	12미터 이상
지정수량의 3,000배 초과 4,000배 이하	15미터 이상

저장 또는 취급하는 위험물의 최대 수량	공지의 너비
지정수량의 4,000배 초과	① 당해 탱크의 수평단면의 최대 지름(횡형인 경우에는 긴 변)과 높이 중 큰 것과 같은 거리 이상 ② 30m 초과의 경우에는 30m 이상으로 할 수 있고, 15m 미만의 경우에는 15m 이상으로 하여야 한다.

Point

- **제6류 위험물 외의 위험물** : 저장소를 **2개 이상 인접**하여 설치하는 경우 보유공지 너비의 **1/3 이상**의 너비로 하며 **3m 이상**일 것
- **제6류 위험물** : 보유공지 너비의 **1/3 이상**의 너비로 하며 **1.5m 이상**일 것
  - **저장소를 2개 인접할 경우** : 제6류 위험물 보유공지 너비의 **1/3 이상**의 너비로 하며 **1.5m 이상**일 것

3. 탱크의 구조

(1) 강철판의 두께 : 3.2mm 이상

(2) 통기관

① 밸브 없는 통기관

㉠ 지름 30mm 이상

㉡ 선단은 수평으로부터 45° 이상 구부릴 것 (빗물 등이 들어가지 아니하는 구조)

㉢ 가는 눈의 동망 등으로 인화방지장치를 설치할 것(인화점 70℃ 이상의 위험물만을 해당 위험물의 인화점 미만의 온도로 저장·취급할 경우 제외)

② 대기밸브 부착 통기관

㉠ 5kPa 이하의 압력 차이로 작동할 것

㉡ 가는 눈의 동망 등으로 인화방지장치를 설치할 것

③ 가연성 증기 회수밸브

평소 개방되어 있으며, 위험물 주입시 폐쇄시키며 10kPa 이하의 압력에서 개방되는 구조일 것(개방된 부분의 유효단면적은 $777.15mm^2$ 이상일 것)

Point

- **통기관** : **빗물**이 들어가지 아니하는 구조이면 **45° 이상 구부리지 아니하여도** 된다.

(3) 주입구

① 탱크의 주입구에 게시판을 설치하여야 할 위험물의 인화점 : 인화점 21℃ 미만

(4) 펌프 설비

① 펌프 설비에 게시판을 설치하여야 할 위험물의 인화점 : 인화점 21℃ 미만

② 펌프 설비의 보유공지

㉠ 보유공지는 너비 3m 이상이어야 한다.

㉡ 펌프 설비와 옥외저장탱크와의 사이의 보유공지는 당해 옥외저장탱크 보유공지의 1/3 이상의 거리이어야 한다.

㉢ 제6류 위험물과 지정수량 10배 이하의 위험물은 보유공지에서 제외된다.

Point

① **특정옥외탱크저장소** : 탱크용량 **100만ℓ 이상**인 탱크

② **준특정옥외탱크저장소** : 탱크용량 **50만ℓ 이상 100만ℓ 미만**의 탱크

4. 방유제

탱크의 균열 및 파손에 의하여 기름의 누설 확대를 방지하기 위한 둑

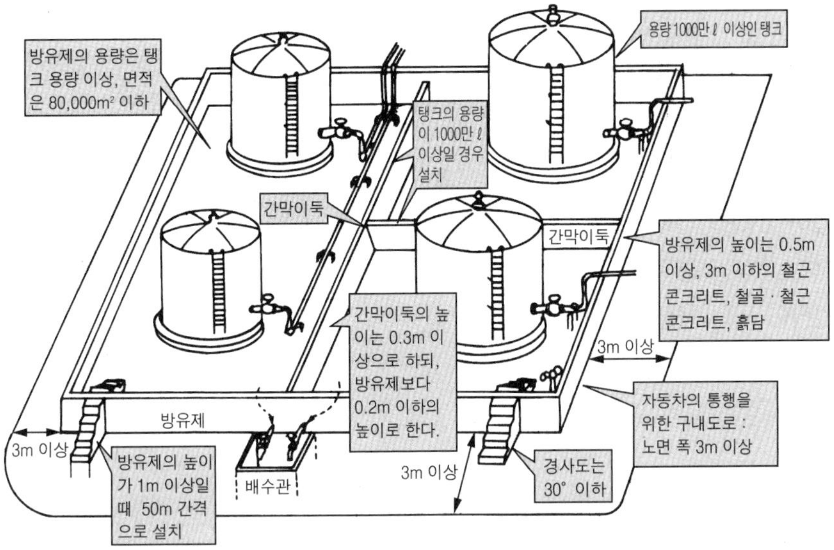

(1) 방유제의 구조

① 방유제의 면적 : 80,000m^2 이하

② 재질 : 철근콘크리트 · 철골철근콘크리트 · 흙담

③ 높이 : 0.5m 이상 3m 이하, 두께 : 0.2m 이상, 지하 매설 깊이 : 1m 이상 (액체의 제5류 위험물 방유제의 높이: 3m 이상)

④ 계단(30° 이하 경사로) : 높이 1m 이상의 방유제에는 50m 간격으로 방유제의 안과 밖에 설치

⑤ 방유제 외면에 직접 접하는 구내도로의 노면폭

가. 방유제 외면의 1/2 이상의 면으로부터 3m 이상

나. 용량합계가 20만 ℓ 이하인 경우에는 3m 이상의 노면폭을 확보한 도로 또는 공지에 접할 것

⑥ 방유제 내의 탱크의 기수

가. 10기 이하

나. 20기 이하로 할 경우 : 방유제 내의 전탱크의 용량이 20만 ℓ(200kℓ) 이하이고 인화점이 70℃ 이상 200℃ 미만인 것

다. 기수에 제한을 두지 않을 경우 : 인화점 200℃ 이상인 것

⑦ 방유제와 탱크 측면과의 상호거리

가. 탱크의 지름이 15m 미만 : 탱크높이의 1/3 이상

나. 탱크의 지름이 15m 이상 : 탱크높이의 1/2 이상

다. 인화점 200℃ 이상의 저장탱크 : 해당없음

(2) 방유제의 용량기준

① 인화성액체(이황화탄소 제외)

가. 탱크 1기 : 당해 탱크 용량의 110% 이상

나. 탱크 2기 이상 : 설치탱크 중 용량이 최대인 것의 용량의 110% 이상

② 인화성이 없는 액체 : 당해 탱크 용량의 100% 이상

③ 간막이 둑

하나의 방유제 안에 2 이상의 탱크가 설치되고 그 탱크의 용량이 1,000만ℓ 이상인 옥외저장탱크에 설치

가. 높이 : 0.3m 이상으로 하되 방유제의 높이 보다 0.2m 이상을 감한 높이(2억ℓ 이상인 경우 1m 이상)

나. 간막이 둑의 용량 : 간막이 둑안에 설치된 탱크의 용량의 10% 이상

5. 기 타

(1) **이황화탄소** 옥외탱크 **수조**의 철근콘크리트 두께는 **0.2m 이상**일 것

(2) **알킬알루미늄, 아세트알데히드** 등의 탱크에는 **불활성가스(질소)**를 **봉입**시킨다.

07 옥내탱크저장소

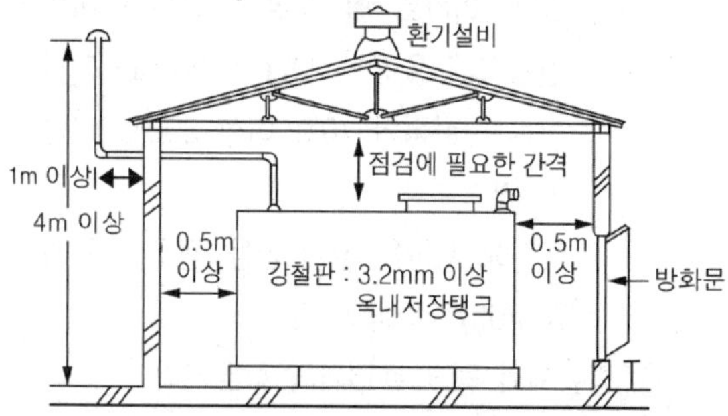

[탱크와 탱크전용실의 벽과의 상호거리]

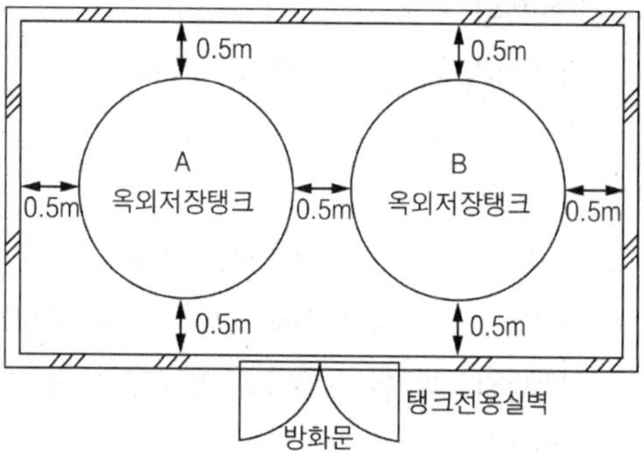

[탱크 상호간의 거리]

1. 안전거리 · 보유공지 해당 없음

2. 탱크의 구조

(1) **강철판의 두께 :** 3.2mm 이상

(2) **통기관**(압력탱크 외의 탱크에 한한다)

① 지면으로부터 선단까지의 거리 : 4m 이상

② 건축물의 창 또는 개구부로부터 1m 이상 떨어지도록 할 것

③ 인화점 40℃ 미만인 위험물의 통기관은 부지경계선과 1.5m 이상 이격시킬 것

④ 고 인화점의 위험물을 100℃ 미만으로 저장하는 위험물의 통기관 선단은 탱크전용실 내에 설치할 수 있다.

(3) **탱크용량 제한**

① 단층건축물 : 지정수량 40배 이하(제4석유류, 동·식물유류 외의 것은 2만ℓ 이하)

② 2층 이상의 층 : 지정수량 10배 이하(제4석유류, 동·식물유류 외의 것 5,000ℓ 이하)

3. 탱크전용실

(1) **탱크전용실은 단층건축물에 설치할 것**

(2) **단층건축물 외의 건축물**에 저장, 취급하는 위험물
① 제2류 위험물 중 황화린 · 적린 및 덩어리 유황(1층 · 지하층에 설치)
② 제3류 위험물 중 황린(1층 · 지하층에 설치)
③ 제6류 위험물 중 질산(1층 · 지하층에 설치)
④ 제4류 위험물 중 인화점이 38℃ 이상인 것만(1층, 지하층이 아니어도 된다.)

(3) **탱크전용실과 벽 또는 탱크 상호거리 :** 0.5m 이상

(4) **출입구의 턱높이 :** 옥내 저장 탱크의 용량을 수용할 수 있는 높이 이상

4. 저장기준

(1) 압력탱크 **이외의 탱크**에 저장하는 **디에틸에테르, 산화프로필렌**의 저장온도 **30℃ 이하**

(2) 압력탱크 **이외의 탱크**에 저장하는 **아세트알데히드**의 저장온도 **15℃ 이하**

(3) **압력탱크**에서 **디에틸에테르, 아세트알데히드, 산화프로필렌**을 저장할 때의 저장온도 **40℃ 이하**

08 지하탱크저장소

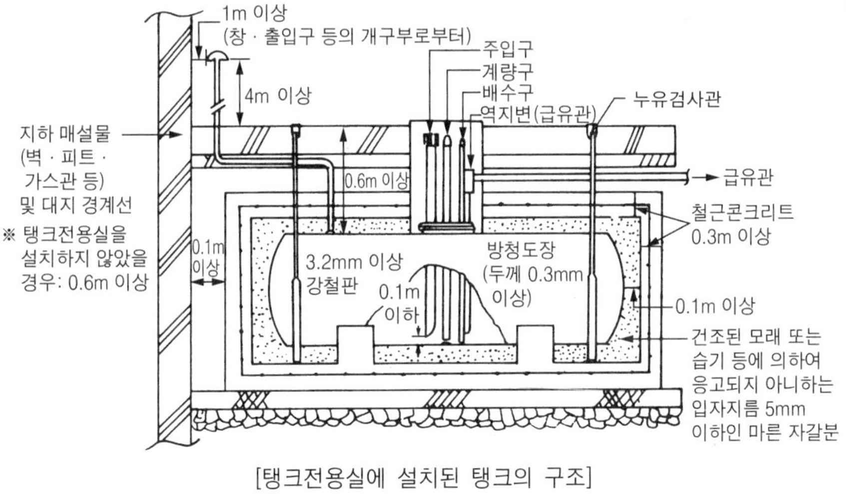

[탱크전용실에 설치된 탱크의 구조]

1. 안전거리 · 보유공지 · 용량제한 해당 없음

2. 탱크의 구조

(1) **강철판의 두께 :** 3.2mm 이상

(2) **방청도장(부식의 우려가 없는 스테인레스강판 등은 제외한다)**

(3) **주입배관 선단과 탱크 밑바닥 상호거리 :** 0.1m 이하

(4) **배관 : 위쪽**으로 할 것

Point

- **과충전 방지장치** : 탱크용량의 **90% 이상**이 찰 때 경보를 울리는 장치

3. 탱크전용실의 구조

(1) 탱크전용실 **철근콘크리트의 두께(벽, 바닥 및 뚜껑)** : 0.3m 이상

(2) **탱크전용실**과 탱크 **최외측과의 상호거리** : 0.1m 이상

(3) 탱크 **본체 윗부분**과 **지면**까지의 거리 : 0.6m 이상

(4) **탱크전용실**과 **지하매설물**(벽 · 피트 · 가스관 등) 및 **대지경계선**과의 거리 : 0.1m 이상

(5) **탱크전용실을 설치하지 않을 경우 탱크**와 **지하매설물**(벽 · 피트 · 가스관 등) 및 **대지경계선**과의 거리 : 0.6m 이상

(6) **누유검사관**의 개수 : 4개 이상을 적당한 위치에 설치한다.

(7) 탱크를 **2개 인접**할 때 **탱크 상호간**의 거리 : 1m 이상(지정수량 100배 이하일 경우 : 0.5m 이상)

(8) 탱크 주위의 충전물질
① 건조된 모래
② 습기 등에 의하여 응고되지 않는 입자지름 5mm 이하인 마른 자갈분

4. 탱크전용실을 설치하지 않아도 좋은 경우

(1) **탱크가 지하철** 또는 **지하터널** 또는 **지하가**의 **외벽**으로부터 **수평거리 10m 이상**이 되는 곳에 설치할 것

(2) **탱크의 외면**이 **행정안전부령**으로 정하는 바에 따라 **보호**되어 있을 경우

(3) **탱크를 견고한 기초 위에 고정**시킬 것

(4) 지하에 매설한 탱크 위에 **두께가 0.3m 이상**이고 **길이** 및 **너비**가 각각 당해 **탱크 수평투영의 세로 및 가로보다 0.6m 이상**이 되는 **철근콘크리트조의 뚜껑**을 덮을 것. 이 경우 뚜껑의 중량이 직접 당해 탱크에 가하여지지 아니하도록 하여야 한다.

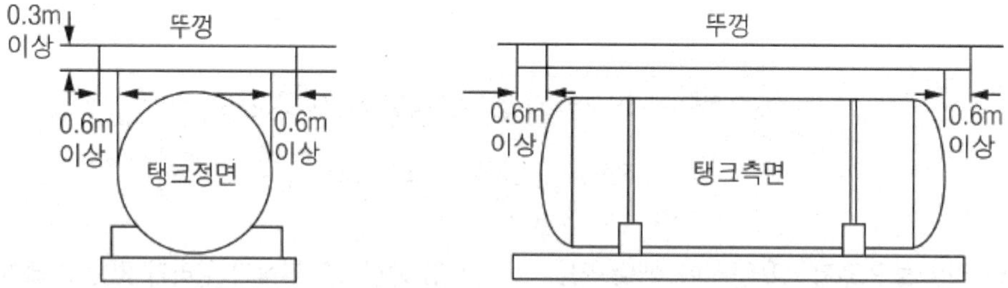

[철근콘크리트 뚜껑의 구조]

09 이동탱크저장소

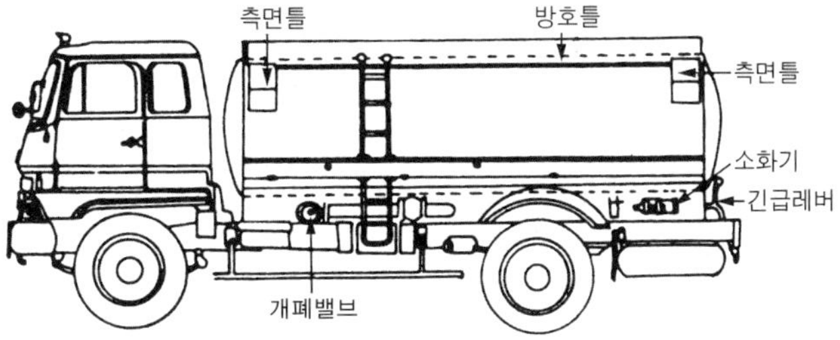

1. 탱크의 구조

(1) 강철판의 두께

① 본체 : 3.2mm 이상

② 측면틀 : 3.2mm 이상

③ 안전칸막이 : 3.2mm 이상

④ 방호틀 : 2.3mm 이상

⑤ 방파판 : 1.6mm 이상

(2) **측면틀**(탱크가 전복되었을 경우 탱크 본체를 보호하기 위하여 설치한 것)

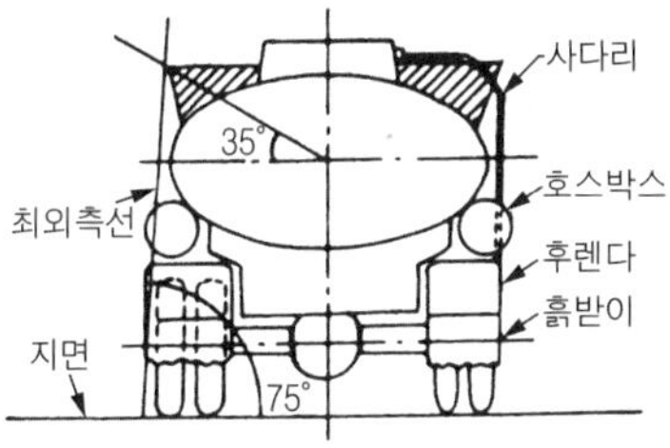

① 탱크 상부 내모퉁이의 전후단 수평거리 : 1m 이내

② 탱크 중심에서 측면틀 최외측과 탱크 최외측이 이루는 각도 : 35° 이상

③ 탱크 최외측과 측면틀 최외측을 이은 연결선이 지면과 이루는 각도 : 75° 이상

(3) **방호틀**(탱크상부에 설치된 **부속장치**를 보호하기 위하여 설치한 것)

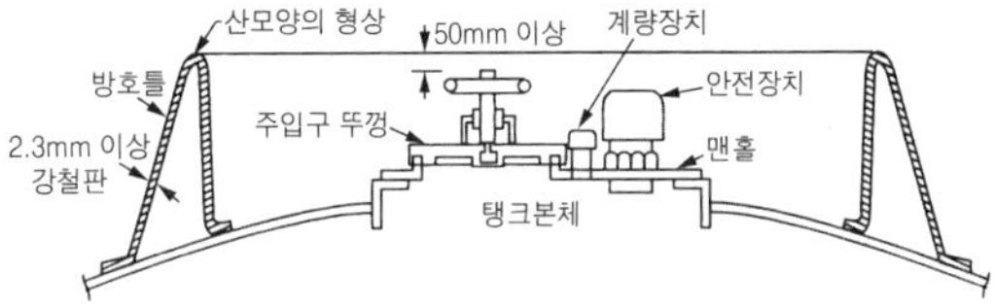

[방호틀의 구조]

① 산모양의 형상

② 탱크 정상부의 부속장치보다 50mm 이상 높게 할 것

Point

- **부속장치** : ① **맨홀** ② **주입구** ③ **안전장치**
- **안전장치의 작동압력, 상용압력 20kpa 이하**인 경우 : **20kpa 이상 24kpa 이하**
- **상용압력 20kpa 초과**인 경우 : **상용압력의 1.1배 이하**

(4) 안전칸막이

① 용량 4,000ℓ마다 1개씩 설치할 것

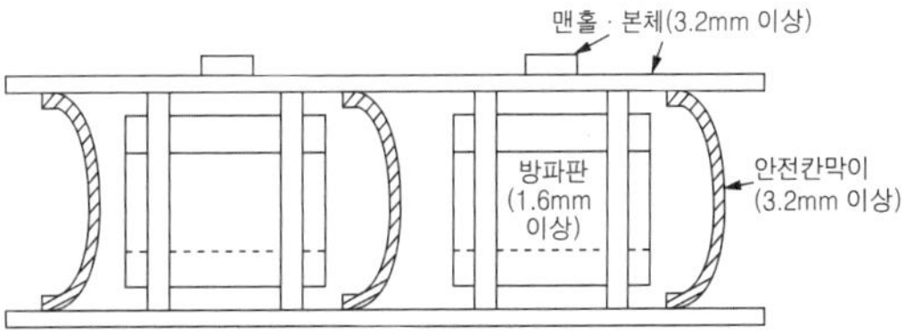

[안전칸막이 및 방파판]

Point

• 20,000ℓ의 탱크의 칸막이의 개수
20,000 ÷ 4,000 − 1 = 4개

(5) **방파판**(탱크의 진행방향과 평행으로 설치하며, 각 방파판은 그 높이 및 칸막이로부터 거리를 다르게 할 것) : 탱크가 급회전할 경우 탱크 내의 유체가 원심력에 의하여 탱크가 전복되는 것을 막기 위하여 설치한 것

① 탱크의 용량 2,000ℓ 이상의 탱크실에 설치할 것

② 각 방파판의 면적의 합계는 당해 구획부분의 최대 수직단면적의 50% 이상으로 할 것

③ 각 방파판의 면적의 합계를 당해 구획부분의 최대 수직단면적의 40% 이상으로 할 경우

㉠ 탱크의 수직단면의 형상이 원형일 경우

㉡ 탱크의 짧은 지름이 1m 이하의 타원형

(6) **수동식 개폐장치(긴급레버)**

① 15cm 이상일 것

2. 비치용구

(1) **고무장갑**

(2) **밸브 등의 결합 공구**

(3) **휴대용 확성기**

3. 옥외의 상치장소(차고)

(1) **화기를 취급하는 장소** 또는 **인근의 건축물과의 상호거리** : 5m 이상(인근 건축물이 1층인 경우 3m 이상)

4. 이동저장탱크의 외부도장

유별	도장의 색상	비고
제1류	회색	탱크의 앞면과 뒷면을 제외한 면적의 40% 이내의 면적은 다른 유별의 색상 외의 색상으로 도장하는 것이 가능하다.
제2류	적색	
제3류	청색	
제4류	적색권장	
제5류	황색	
제6류	청색	

5. 저장 · 취급법

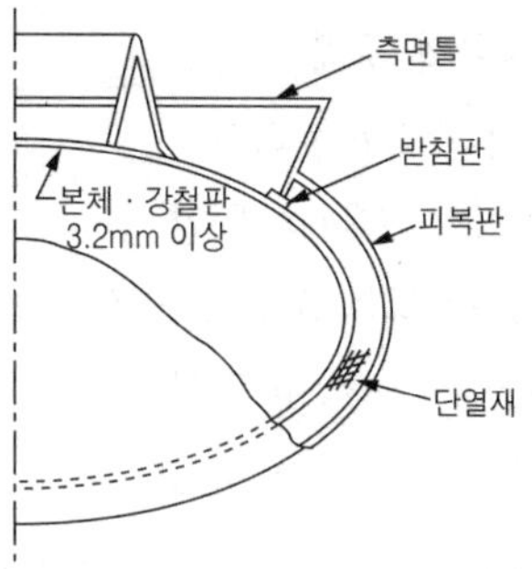

[보냉장치를 한 탱크의 구조]

(1) **위험물 주입시 속도** : 1m/sec

(2) **보냉장치가 있는 탱크**에 아세트알데히드 및 산화프로필렌을 저장할 경우 유지온도 : 비점 이하

(3) **보냉장치가 없는 탱크**에 아세트알데히드 및 산화프로필렌을 저장할 경우 유지온도 : 40℃ 이하

(4) **보냉장치가 없는 탱크**(압력탱크)에 아세트알데히드·산화프로필렌을 저장할 때에는 **불활성가스**를 **봉입**할 수 있는 구조로 할 것

(5) **위험물을 주입**할 때 **인화점 40℃ 미만**의 위험물은 이동탱크저장소의 **원동기를 정지**시켜야 한다.

(6) **결합금속구의 재질 : 놋쇠**(제6류 위험물은 사용금지)

6. 컨테이너식 이동탱크 저장소

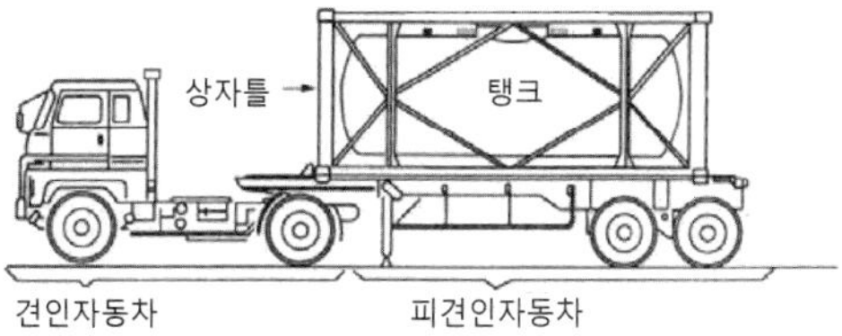

(1) **강철판의 두께**
① 본체 : 6mm 이상
② 맨홀 : 6mm 이상
③ 주입구의 뚜껑 : 6mm 이상
④ 안전칸막이 : 3.2mm 이상

Point
- **당해 탱크의 직경** 또는 **장경이 1.8m 이하인 것의 강철판 두께 : 5mm 이상**으로 할 것(동등 이상 기계적 성질을 가진 재료 포함)

7. 알킬알루미늄 이동탱크

(1) **강철판 두께 :** 10mm 이상

(2) **용량 :** 1,900ℓ 미만

(3) **불활성가스 봉입압력(저장 시) :** 20kPa 이하

(4) **불활성가스 봉입압력(꺼낼 때) :** 200kPa 이하

Point
- **안전장치 작동압력 : 수압시험 압력**(1Mpa 이상)의 **2/3를 초과하고 4/5를 넘지 아니 할 것**

8. 아세트알데히드 등 이동탱크

(1) **불활성가스 봉입압력(꺼낼 때) :** 100Kpa 이하

10 간이탱크저장소

1. 강철판의 두께 : 3.2mm 이상

2. 간이탱크의 구조

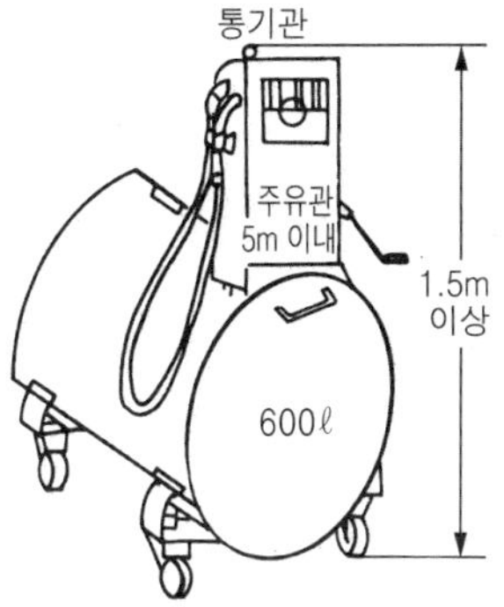

[간이탱크 저장소]

(1) **바퀴**가 달려 있을 것

(2) **주유기**가 달려 있을 것

(3) 용량은 **600ℓ 이하**

(4) **하나**의 **간이탱크저장시설**에 설치하는 간이탱크는 **3개**까지 설치
단, **동일한** 위험물의 탱크를 **2개 이상** 설치하지 못한다.

(5) **주유관의 길이 :** 5m 이내

3. 밸브 없는 통기관

(1) **지름 :** 25mm 이상

(2) **가는 눈의 동망** 등으로 **인화방지망**을 설치할 것(**인화점 70℃ 이상**의 위험물만을 70℃ **미만**의 온도로 저장·취급시 제외)

(3) **지면으로부터 선단**까지의 거리 : 1.5m 이상

(4) **선단은 수평면으로부터 45° 이상** 구부려 빗물의 침투를 막을 것

4. 기 타

(1) 탱크전용실과 **탱크와의 거리 및 탱크 상호거리** : 0.5m 이상

(2) 옥외에서 **탱크의 보유공지 및 탱크 상호거리** : 1m 이상

11 암반탱크저장소

1. 지하공동설치기준

(1) **암반투수계수가 10^{-5}m/sec 이하**인 천연암반 내에 설치할 것

(2) 저장 위험물의 증기압을 억제할 수 있는 **지하수면하**에 설치할 것

2. 지하공동의 내벽설치기준

암반균열에 의한 낙반을 방지할 수 있도록 록볼트 · 콘크리트 등으로 보강할 것

12 저장탱크의 용량계산 및 변형시험

1. 탱크의 용량 = 탱크의 내용적 − 탱크의 공간용적

(1) 타원형 탱크

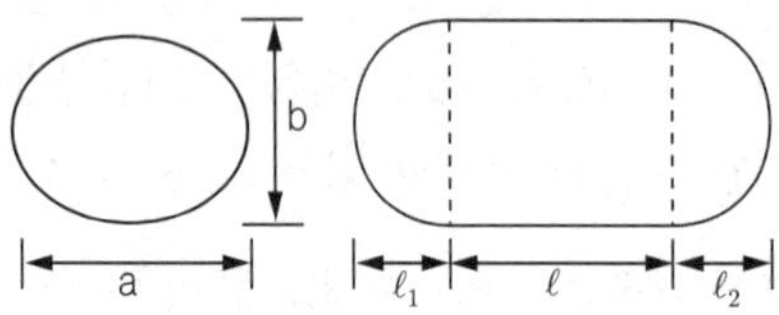

$$용량 : \frac{\pi ab}{4}\left(\ell + \frac{\ell_1 + \ell_2}{3}\right)$$

[양쪽이 볼록한 탱크]

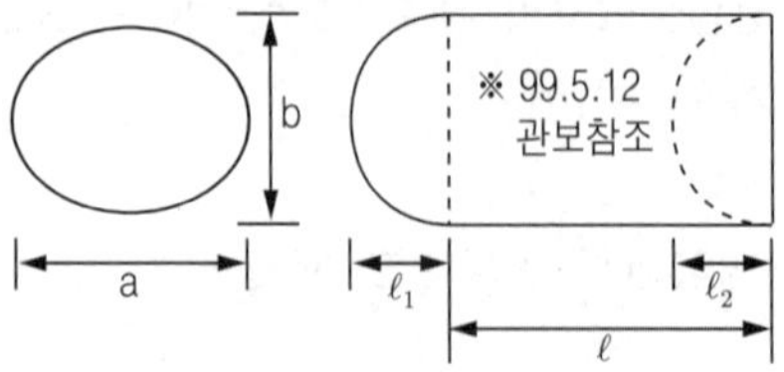

$$용량 : \frac{\pi ab}{4}\left(\ell + \frac{\ell_1 - \ell_2}{3}\right)$$

[한쪽은 볼록하고 다른 한쪽은 오목한 탱크]

(2) 원형탱크

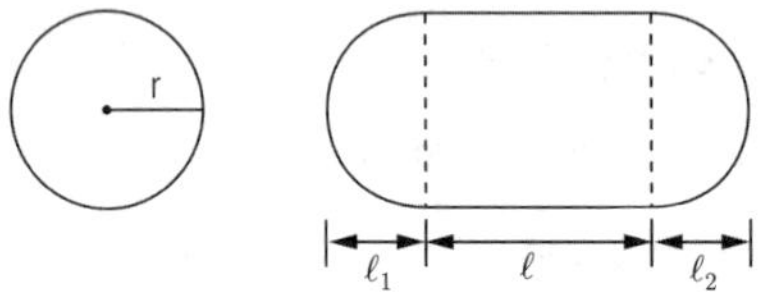

$$용량 : \pi r^2\left(\ell + \frac{\ell_1 + \ell_2}{3}\right)$$

[횡으로 설치된 탱크]

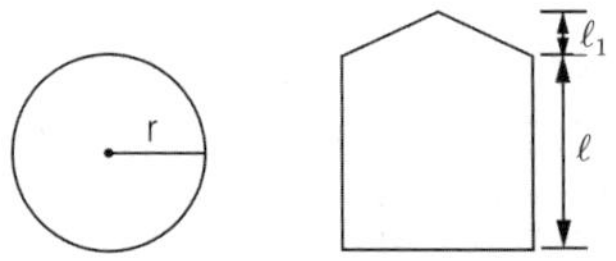

$$용량 : \pi r^2 \ell$$

[종으로 설치된 탱크]

2. 탱크의 공간용적

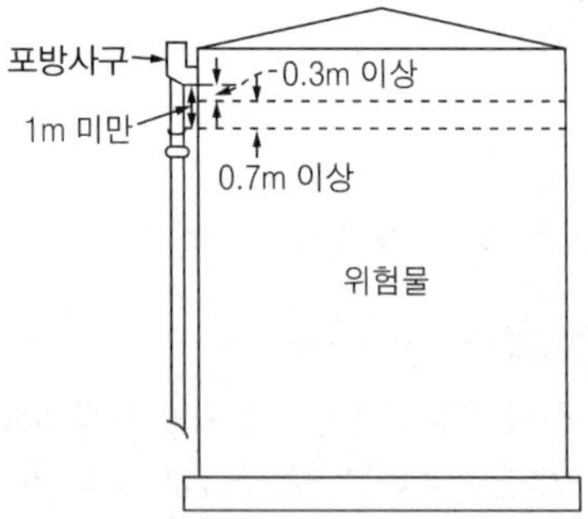

[저장탱크의 용량 및 공간용적]

(1) **탱크의 내용적의 5/100 이상, 10/100 이하**의 **용적**으로 한다.

(2) **소화설비를 설치한 곳**은 **소화설비약제 방출구**의 **아래 0.3m 이상, 1m 미만의 면으로부터 윗부분의 용적**

(3) **암반탱크**에 있어서는 **용출하는 7일간의 지하수의 양**에 상당하는 용적과 **당해 탱크 내용적의 1/100의 용적** 중에서 보다 **큰 용적**

3. 옥내탱크 및 옥외탱크저장시설의 변형시험

(1) 압력탱크의 변형시험

수압시험 : 최대 상용압력의 1.5배로 10분간 실시하여 압력강하나 변형되지 말 것

Point

- **탱크의 구분** : 아세트알데히드나 산화프로필렌 등과 같이 **불활성가스로 봉입**하는 **압력탱크**와 일반 위험물을 저장하는 **압력탱크가 아닌 탱크**로 크게 **2종으로 구분**한다.
  - **불활성가스** : 이산화탄소가스, 질소가스
- **충수·수압시험** : 탱크가 완성된 상태에서 **배관 등의 접속**이나 **내·외부에 대한 도장작업 등을 하기전**에 위험물탱크의 **최대 상용높이 이상**으로 물을 가득 채워 실시한다.

(2) 압력탱크 이외의 탱크의 변형시험

충수시험 : 물 또는 적당한 액체를 채워서 새거나 변형되지 아니하여야 한다.

(3) 특정옥외저장탱크의 용접부(비파괴시험)

4. 지하탱크 및 이동탱크저장시설의 변형시험

(1) 압력탱크의 변형시험

① 수압시험 : 최대 상용압력의 1.5배의 압력으로 10분간 실시하여 새거나 변형되지 아니할 것

② 기밀시험 · 비파괴시험

Point

- **압력탱크** : 최대 상용압력이 **46.7kPa 이상**인 탱크
- **알킬알루미늄 이동탱크의 수압시험** : **1MPa 이상**의 압력으로 **10분간 실시**하여 새거나 변형되지 아니할 것
- **기밀시험** : 탱크가 완성된 상태에서 **배관 등을 접속하기 전에 실시**하며, 내부가압은 **공기, 질소 등**을 사용하여 **설계압력 이상의 압력으로 가압**하여 실시한다.
- **비파괴시험** : 방사선투과시험 · 자기탐상시험 · 초음파탐상시험 · 침투탐상시험 및 진공시험으로 강철판 접합부분을 시험한다.

(2) 압력탱크 이외의 탱크의 변형시험

① 수압시험 : 70kPa의 압력으로 10분간 실시하여 새거나 변형되지 아니할 것

② 기밀시험 · 비파괴시험

5. 간이탱크저장소의 변형시험

수압시험 : 70kPa의 압력으로 10분간 실시하여 새거나 변형되지 아니할 것

6. 탱크의 안전장치

(1) 안전장치의 종류

① 자동으로 압력의 상승을 정지시키는 장치(안전밸브)

② 파괴판

③ 안전밸브를 병용하는 경보장치

④ 감압측에 안전밸브를 부착한 감압밸브

Point

- **파괴판의 설치장소** : **안전밸브**의 **작동이 곤란한 가압설비**에 한하여 사용한다.

13 주유취급소

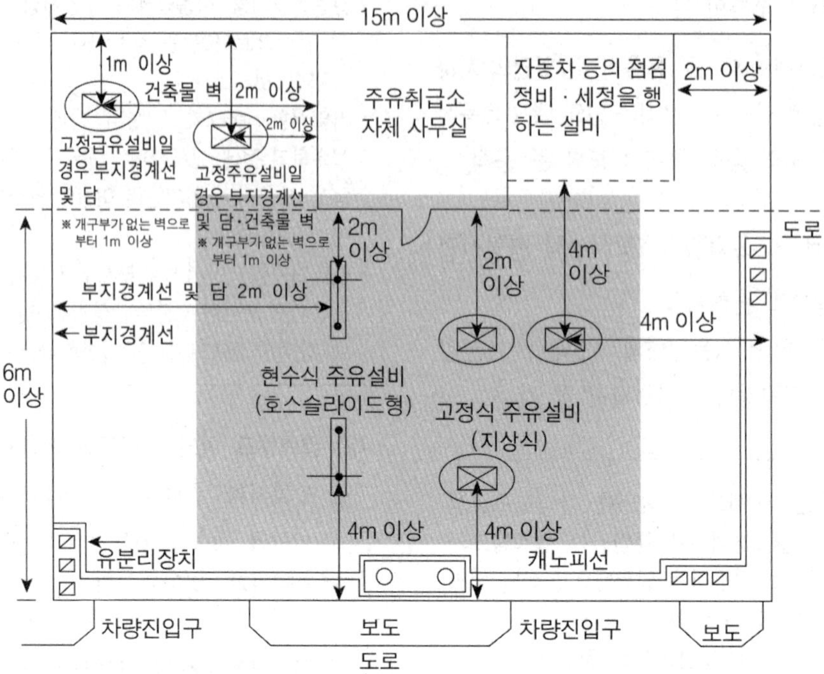

1. 건축물의 구조

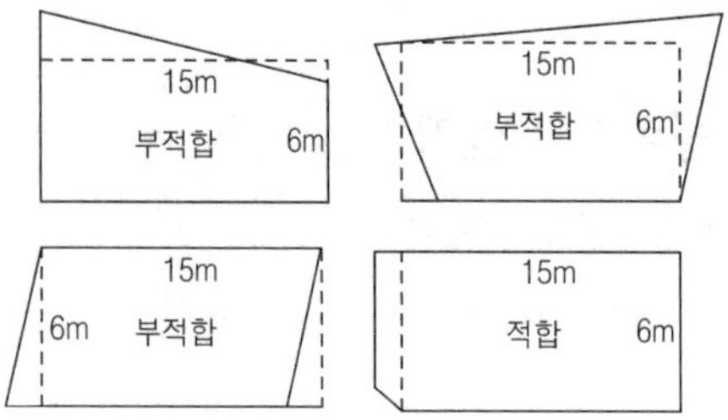

(1) **주유취급소의 주유공지 :** 너비 15m 이상, 길이 6m 이상의 콘크리트로 포장한 공지

(2) **공지의 기준**

① 바닥은 주위의 지면보다 **높게한다.**

② 바닥의 표면을 적당하게 **경사지게** 하여 새어나온 기름 그 밖에 액체가 공지의 외부로 유출되지 아니하도록 **배수구 · 집유설비** 및 **유분리장치**를 하여야 한다.

(3) **옥내주유취급소**에서 **자동차 등의 출입** 및 **통풍**을 위하여 설치하지 아니하는 벽 : 2 이상의 방면

(4) **담 또는 벽의 높이 :** 지면으로부터 2m 이상일 것(자동차 등이 출입하는 쪽외의 부분)

(5) **담 또는 벽의 일부분 유리부착 기준**

① 유리 부착 위치는 주입구 · 고정주유설비 및 고정급유설비로부터 4m 이상 이격시킬 것

② 지반면으로부터 70cm 초과하는 부분에 설치할 것

③ 하나의 유리판의 가로길이는 2m 이내

④ 유리의 구조는 접합유리로 하되 비차열 30분 이상의 방화성능일 것

(6) **사무실 및 화기를 사용하는 곳의 출입구 및 창**

① **출입구** : 안에서 밖으로 수시로 개방할 수 있는 **자동폐쇄식**일 것
② **출입구의 턱높이** : 15cm 이상
③ **밀폐시켜야 하는 창** : 지면으로부터 높이 1m 이하의 것
④ **출입구 및 피난구와 당해 피난구로 통하는 통로 · 계단에는 유도등을 설치할 것**

Point

- **출입구 및 창의 유리**
  ① **종류** : 망입유리 · 강화유리
  ② **강화유리의 두께**(창) : **8mm 이상**
  ③ **강화유리의 두께**(출입구) : **12mm 이상**

(7) **캔틸레버의 돌출길이** : 1.5m 이상

Point

- **캔틸레버** : 건축물에서 **옥내주유취급소**의 용도에 사용되는 부분에 **상층**이 있는 경우 화재 발생 시 **상층으로의 연소를 방지**하기 위하여 설치하는 **외팔보**

2. 고정주유설비

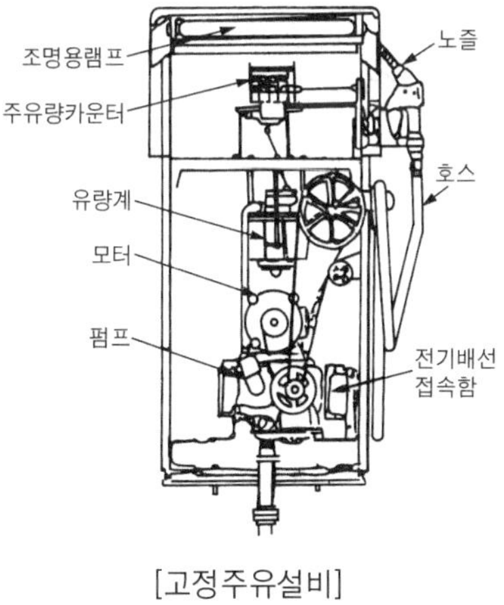

[고정주유설비]

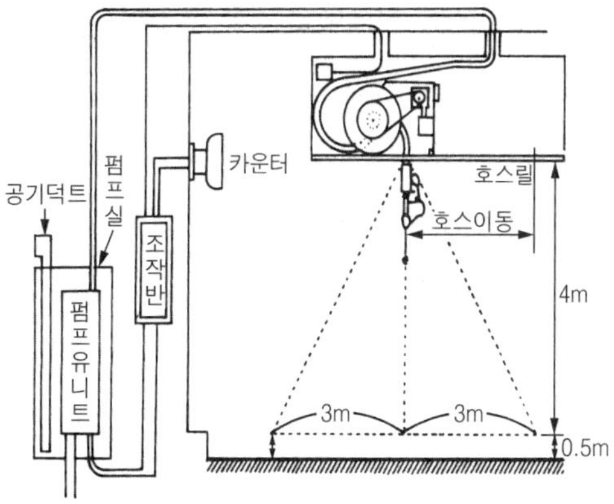

[현수식주유설비]

(1) **주유관의 길이** : 5m 이내(현수식은 **지면위 0.5m의 수평면에 수직으로 내려 만나는 점을 중심으로 반경** 3m 이내)

(2) **도로경계선으로부터의 거리** : 4m 이상

(3) **부지경계선 · 담 및 건축물 벽으로부터의 거리** : 2m 이상

Point

- **고정급유설비와 부지경계선 및 담까지의 거리** : **1m 이상**

(4) **개구부가 없는 벽으로부터의 거리** : 1m 이상

(5) **자동차 등**의 **점검 · 정비 · 세정**을 행하는 설비와의 상호거리 : 4m 이상

(6) **자동차용** 고정주유설비와 고정급유설비와 상호거리 : 4m 이상

(7) **정전기 제거장치** : 고정주유설비의 주유관 안에는 **정전기 발생제거 구리선**이 들어 있다.

(8) 주유취급소에서는 **인화점 40℃ 미만**의 위험물을 주유하는 경우 자동차 등의 **원동기**를 **정지**시킬 것

3. 주유취급소 전용탱크 1개 용량

(1) **자동차용** 고정주유설비 및 고정급유설비에 연결된 전용탱크 : 5만ℓ 이하

(2) **고속도로변 주유취급소**의 탱크 1개 용량 : 6만ℓ 이하

(3) **보일러**에 **직접 접속**하는 탱크 : 1만ℓ 이하

(4) **자동차 등**의 점검·정비로 인한 **폐유 · 윤활유** 탱크 : 2천ℓ 이하

4. 고정주유설비 펌프기기의 주유관 선단에서 최대 토출량

(1) **제1석유류(휘발유)** : 50ℓ/ min 이하
(2) **등유** : 80ℓ/ min 이하
(3) **경유** : 180ℓ/ min 이하
(4) **이동저장탱크에 주입하기 위한 등유용 고정급유설비** : 300ℓ/min 이하

Point

- **분당 토출량이 200ℓ 이상**인 경우 모든 배관의 **안지름은 40mm 이상**

5. 셀프용 고정주유설비 및 셀프용 고정급유설비

(1) 셀프용 고정주유설비

① 1회 연속 주유량의 상한 : 휘발유 100ℓ 이하, 경유 200ℓ 이하
② 1회 주유시간의 상한 : 4분 이하

(2) 셀프용 고정급유설비

① 1회 연속 급유량의 상한 : 100ℓ 이하
② 1회 급유시간의 상한 : 6분 이하

14 판매취급소

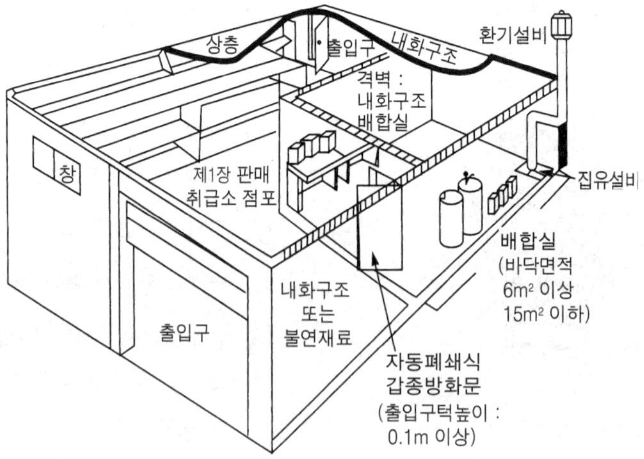

[제1종판매취급소]

1. 제1종 판매취급소

(1) **취급량 :** 지정수량 20배 이하

(2) **설치장소 :** 건축물의 1층

(3) **제1종 판매취급소 배합실의 기준**

① 바닥면적 : 6m^2 이상 15m^2 이하

② 바닥에는 적당한 경사를 두고 낮은 곳에 집유설비를 할 것

③ 체류증기를 지붕위로 방출할 수 있는 환기장치를 할 것

④ 내화구조로 된 벽으로 구획할 것

⑤ 출입구는 자동폐쇄식 갑종방화문으로 할 것

⑥ 출입구의 턱 높이는 바닥으로부터 0.1m 이상으로 할 것

2. 제2종 판매취급소

(1) **취급량 :** 지정수량 40배 이하

(2) **기타 제1종 판매취급소에 준한다.**

(3) **배합실에서 배합할 수 있는 위험물**

① 유황

② 도료류

③ 제1류 위험물 중 염소산염류 및 과염소산염류만을 함유한 것

④ 제4류 위험물 중 인화점이 38℃ 이상인 것

15 이송취급소

(1) **설치 금지장소**

① 철도 및 도로의 터널 안

② 고속국도 및 자동차전용도로의 차도·갓길(노견) 및 중앙분리대

③ 호수 · 저수지 등으로서 수리의 수원이 되는 곳

④ 급경사지역으로서 붕괴의 위험이 있는 지역

16 제조소등의 표지판 및 게시판

1. 위험물제조소의 표지판 및 게시판

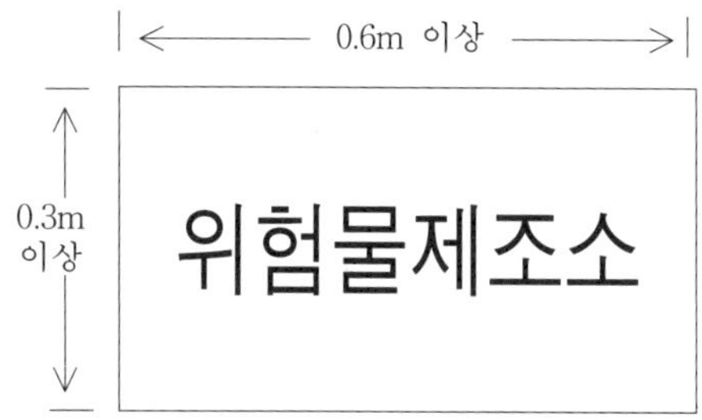

(백색 바탕 흑색 문자)

[위험물제조소의 표지판]

0.6m 이상 / 0.3m 이상

유별 및 품명	제4류 위험물 제1석유류(톨루엔)
취급 최대 수량	100,000 ℓ
지정수량의 배수	500배
안전관리자	홍 길 동

(백색 바탕 흑색 문자)

[위험물제조소의 게시판]

(1) **규격 :** 한 변의 길이 0.3m 이상, 다른 한 변의 길이 0.6m 이상의 직사각형

(2) **색깔 :** 백색 바탕, 흑색 문자

(3) **표지판에 기재할 사항 :** 제조소등의 명칭(제조소, 옥내저장시설, 옥외저장시설 등)

(4) 게시판에 기재할 사항

① 위험물의 유별 및 품명

② 저장 최대 수량 및 취급 최대 수량

③ 지정수량의 배수

④ 안전관리자 성명 및 직명

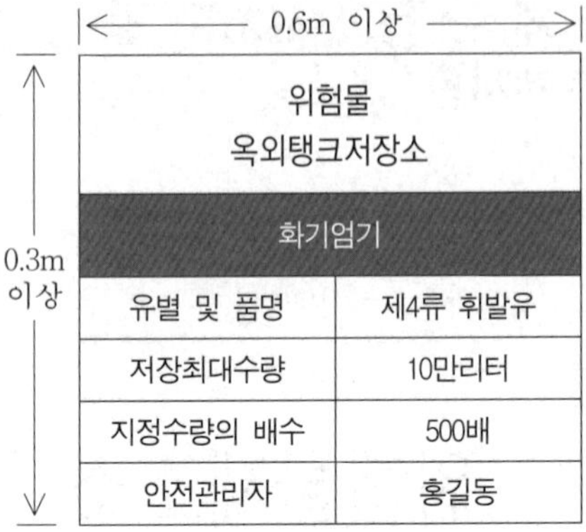

[복합형 · 표지판 · 게시판]

(5) 인화점 21℃ 미만의 옥내 · 옥외탱크저장소의 주입구 및 펌프 설비 표지판

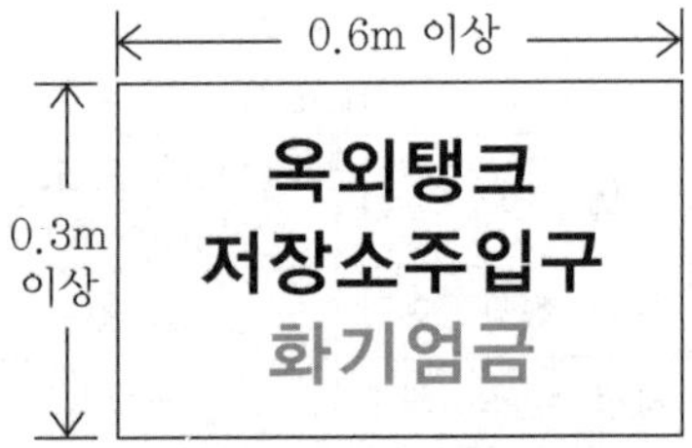

[백색 바탕 흑색 문자
화기엄금 : 적색 문자]

① 표지판 색깔 : 백색 바탕 흑색 문자

② 주의사항 색깔 : 백색 바탕 적색 문자(화기엄금)

2. 주의사항 게시판

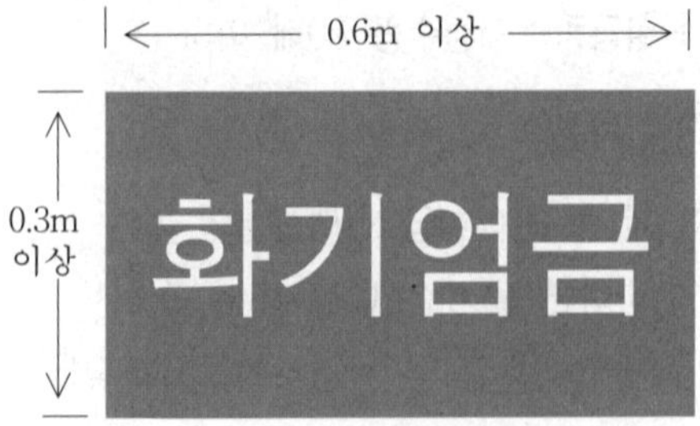

[적색 바탕 백색 문자]

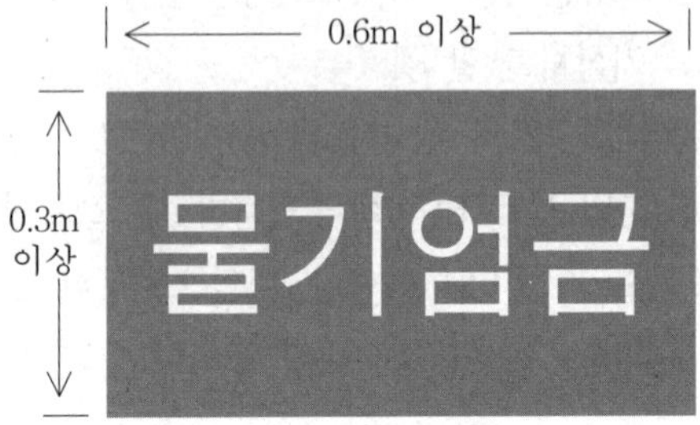

[청색 바탕 백색 문자]

(1) **규격** : 한 변이 0.3m 이상, 다른 한 변이 0.6m 이상의 직사각형

(2) **화기엄금(적색** 바탕, **백색** 문자)

① 제2류 위험물 중 인화성고체

② 제3류 위험물 중 자연발화성 물품

③ 제4류 위험물

④ 제5류 위험물

(3) **화기주위(적색** 바탕, **백색** 문자)

① 제2류 위험물(인화성고체 제외)

(4) **물기엄금(청색** 바탕, **백색** 문자)

① 제1류 위험물 중 무기과산화물류

② 제3류 위험물 중 금수성 물질

3. 이동탱크저장소의 표지판 및 게시판(이동저장소 포함)

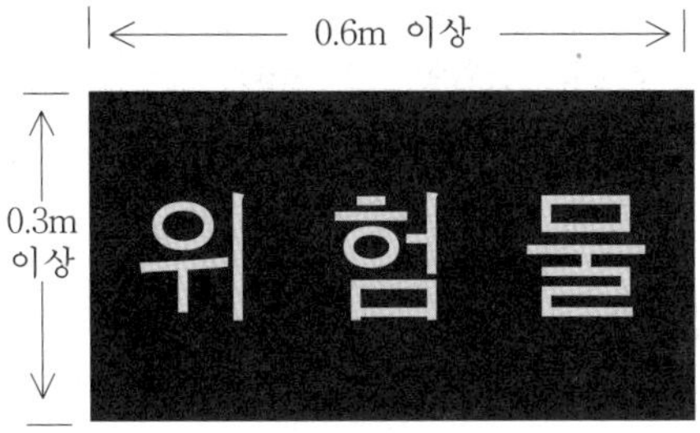

(흑색 바탕에 황색 반사도료 기타 반사성이 있는 재료)

[표지판]

(1) **규격 :** 한 변의 길이가 0.6m 이상, 다른 변의 길이가 0.3m 이상 횡형 사각형

(2) **표지판**

① 색깔 : 흑색 바탕에 황색 반사도료 기타 반사성이 있는 재료

② 기재할 사항 : "위험물"이라 표시한 것을 차량의 전후면에 부착

4. 주유 중 엔진정지 게시판

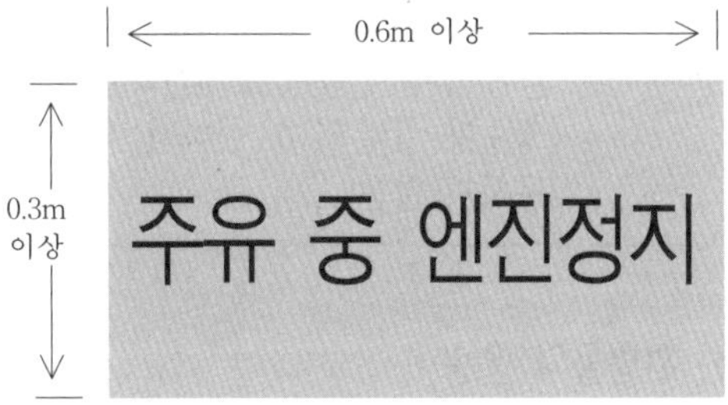

[황색 바탕 흑색 문자]

(1) **규격 :** 한 변이 0.3m 이상, 다른 한 변이 0.6m 이상 직사각형

(2) **색깔 :** 황색 바탕 흑색 문자

(3) **기재할 사항 :** "주유 중 엔진정지"라 표시하여 게시할 것

> **Point**
> • **주유 중 엔진정지 게시판 :** 이동탱크저장소의 표지판과 **반대색**이므로 참고할 것

17 위험물의 운반 및 이송기준

1. 이송기준

(1) **위험물의 운반**은 **행정안전부령**이 정하는 **용기 · 적재방법** 또는 **운반방법**에 따를 것

(2) **운반용기**는 그 **수납구**를 **위로 향하게 적재**하여야 한다.

(3) **위험물**은 당해 위험물 또는 위험물을 **수납한 운반용기**가 운반도중에 **전도 · 낙하** 또는 **파손**되지 아니하도록 적재하여야 한다.

(4) **위험물을 수납한 운반용기를 겹쳐 쌓는 경우의 높이 :** 3m 이하

2. 운반용기

(1) **운반용기의 재질 :** 금속판, 강판, 삼, 합성섬유, 섬유판, 고무류, 양철판, 짚, 알루미늄판, 종이, 유리, 나무, 플라스틱

(2) **운반용기 수납 제외 :** 유황, 동일 구내에 있는 제조소등의 상호운반할 경우

(3) **고체 위험물의 수납률 :** 운반용기 내용적의 95% 이하

(4) **액체 위험물의 수납률 :** 운반용기 내용적의 98% 이하(55℃ 이상에서 누설되지 않도록 충분한 공간용적을 유지)

(5) **알킬알루미늄 등의 수납률 :** 운반용기 내용적의 90% 이하(50℃에서 5% 이상의 공간용적을 유지할 것)

3. 운반용기 및 포장 외부 표시법

(1) 운반용기 포장 외부 표시사항

① 위험물의 품명·위험등급·화학명 및 수용성

② 위험물의 수량

③ 수납 위험물의 주의사항

Point

수납위험물의 주의사항

- 제1류 위험물 : 화기·충격주의, 가연물 접촉 주의
  - 알칼리금속의 과산화물 또는 이를 함유한 것 : 화기·충격주의, 가연물 접촉 주의, 물기엄금
- 제2류 위험물 : 화기주의
  - 철분·금속분·마그네슘 또는 이를 함유한 것 : 화기주의, 물기엄금
  - 인화성고체 : 화기엄금
- 제3류 위험물
  - 금수성 물품 : 물기엄금
  - 자연발화성 물품 : 화기엄금, 공기노출엄금
- 제4류 위험물 : 화기엄금
- 제5류 위험물 : 화기엄금, 충격주의
- 제6류 위험물 : 가연물 접촉 주의

4. 운반덮개

위험물을 운반할 경우 위험물에 따라 일광의 직사 또는 빗물의 침투를 방지하기 위한 조치를 하여 적재하여야 한다.

(1) 차광덮개

① 제1류 위험물

② 제3류 위험물 중 자연발화성 물질

③ 제4류 위험물 중 특수인화물

④ 제5류 위험물

⑤ 제6류 위험물

(2) 방수덮개

① 제1류 위험물 중 알칼리금속의 과산화물 또는 이를 함유한 것

② 제2류 위험물 중 철분·금속분·마그네슘 또는 이를 함유한 것

③ 제3류 위험물 중 금수성 물질

Point

- 알칼리금속의 과산화물류 : 차광성 및 방수성이 있는 덮개를 하여 적재

5. 위험물의 운반 시 혼재할 수 있는 위험물

Point

- 혼재할 수 있는 위험물(대칭형 암기 : 사이삼·오이사·육하나)

	제1류	제2류	제3류	제4류	제5류	제6류
제1류		×	×	×	×	○
제2류	×		×	○	○	×
제3류	×	×		○	×	×
제4류	×	○	○		○	×
제5류	×	○	×	○		×
제6류	○	×	×	×	×	

비고 1. "○"표시는 혼재할 수 있음을 표시, "×"는 혼재할 수 없음을 표시한다.
- 지정수량 10분의 1 이하의 위험물은 적용하지 않음

6. 위험물의 운송

(1) 운송책임자의 감독·지원을 받아 운송하여야 하는 위험물

① 알킬알루미늄

② 알킬리튬

③ 알킬알루미늄 및 알킬리튬을 함유한 위험물

(2) 위험물 운송자가 위험물 안전카드를 휴대하여야 하는 위험물

① 제4류 위험물 중 특수인화물, 제1석유류

(3) 위험물을 장거리 운송 시 준수사항

① 고속국도 340km, 그 밖의 도로 200km 이상을 운송 시 2명 이상의 운전자가 운송할 것(운송책임자 동승시 1명 운전)

② 운송도중 2시간 이내마다 20분 이상씩 휴식하는 경우 1명이 운송할 수 있다.

③ 제2류 위험물, 제3류 위험물(칼슘 또는 알루미늄의 탄화물과 이것을 함유한 것), 제4류 위험물(특수인화물제외)을 운송할 경우 1명이 운송할 수 있다.

제9장 기출선별문제

위험물

001 다음 위험물안전관리법령에서 정한 정의이다. 무엇의 정의인가?

안화성 또는 발화성등의 성질을 가지는 것으로서 대통령령이 정하는 물품을 말한다.

① 위험물 ② 가연물
③ 특수인화물 ④ 제4류 위험물

해설 본문의 정의 ; 위험물안전관리법 제2조(정의) 제1항 제1호 위험물의 정의

002 위험물의 유별에 따른 성질과 해당 품명의 예가 잘못된 것은?

① 제1류 : 산화성 고체 - 무기과산화물
② 제2류 : 가연성 고체 - 금속분
③ 제3류 : 자연발화성 물질 및 금수성 물질-황화린
④ 제5류 : 자기반응성 물질-히드록실아민 염류

해설 황화린은 제2류 위험물(가연성 고체)의 품명임

003 위험물안전관리법령상 위험물의 품명별 지정수량의 단위에 관한 설명중 옳은 것은?

① 액체인 위험물은 지정수량의 단위를 "리터"로 하고 고체인 위험물은 지정수량의 단위를 "킬로그램"으로 한다.
② 액체만 포함된 유별은 "리터"로 하고, 고체만 포함된 유별은 "킬로그램"으로 하고, 액체와 고체가 포함된 유별은 "리터"로 한다.
③ 산화성인 위험물은 "킬로그램"으로 하고, 가연성인 위험물은 "리터"로 한다.
④ 자기반응성 물질과 산화성 물질은 액체와 고체의 구분에 관계없이 "킬로그림"으로 한다.

해설 위험물의 단위에서 리터를 쓰는 위험물은 제4류 위험물(인화성 액체)뿐이며, 그 외의 위험물은 액체와 고체 구분없이 모두 킬로그램이다.

참고 위험물의 품명별 지정수량의 단위
- 액체인위험물의 단위 : 제4류위험물(인화성 액체)만 리터(L)이며 제4류 위험물을 제외한 모든 액체의 단위는 모두 킬로그램(kg)이다.
- 고체인위험물의 단위 : 모두 킬로그램(kg)이다.

제1류 위험물

004 다음은 제1류 위험물의 지정수량을 연결한 것이다. 잘못된 것은?

① 아염소산 염류 - 50kg
② 요오드(옥소)산 염류 - 300kg
③ 브롬(취소)산 염류 - 100kg
④ 중크롬산 염류 - 1000kg

해설 제1류 위험물의 위험등급 및 품명과 지정수량

성질	위험등급	품 명	지 정 수 량
산화성고체	Ⅰ	아염소산염류	50kg
	Ⅰ	염소산염류	50kg
	Ⅰ	과염소산염류	50kg
	Ⅰ	무기과산화물	50kg
	Ⅱ	브롬산염류	300kg
	Ⅱ	요요드산염류	300kg
	Ⅱ	질산염류	300kg
	Ⅲ	과망간산염류	1000kg
	Ⅲ	중크롬산염류	1000kg

| 정답 | 001 ① 002 ③ 003 ④ 004 ③

005 다음 위험물 중 지정수량이 다른 것은?

① Na_2O_2 ② $NaClO_3$
③ NH_4ClO_4 ④ $NaNO_3$

해설 위험물의 지정수량
- N_2O_2(과산화나트륨) : 50kg
- $NaClO_3$(염소산나트륨) : 50kg
- NH_4ClO_4(과염소산암모늄) : 50kg
- $NaNO_3$(질산나트륨) : 300kg

006 염소산칼륨 20킬로그램과 아염소산나트륨 10킬로그램을 과염소산과 함께 저장하는 경우 지정수량 1배로 저장하려면 과염소산은 얼마나 저장할 수 있는가?

① 20킬로그램 ② 40킬로그램
③ 80킬로그램 ④ 120킬로그램

해설 $\frac{20kg}{50kg}+\frac{10kg}{50kg}+\frac{\chi}{300kg}=1$에서

$x=[1-(\frac{20kg}{50kg}+\frac{10kg}{50kg})]\times300kg=120kg$

참고 위험물의 지정수량
- 염소산칼륨($KClO_3$) : 50kg
- 아염소산나트륨($NaClO_2$) : 50kg
- 과염소산($HClO_4$) : 300kg

007 위험물안전관리법령에서 정하는 위험등급 I 에 해당하는 것은?

① 제3류 위험물중 지정수량이 50kg인 위험물
② 제4류 위험물중 휘발유
③ 제1류 위험물중 무기과산화물
④ 제5류 위험물중 히드록실아민 염류

해설 각 위험물의 위험등급 I 등급
- 제1류 위험물중 아염소산염류, 염소산염류, 과염소산염류, 무기과산화물
- 제2류 위험물은 위험등급 I 등급이 없다.
- 제3류 위험물중 지정수량이 10kg인 칼륨, 나트륨, 알킬리튬, 알킬알루미늄과 20kg인 황린
- 제4류 위험물중 특수인화물
- 제5류 위험물중 질산에스테르류, 유기과산화물류
- 제6류 위험물 모두

008 다음중 제1류 위험물에 해당하지 않는 것은?

① 납의 산화물
② 질산구아니딘
③ 퍼옥소이황산염류
④ 염소화이소시아눌산

해설 질산구아니딘은 제5류 위험물 중 그밖에 행정안전부령이 정하는 것이다.

참고 제1류 위험물중 그밖에 행정안전부령이 정하는 것
- 차아염소산염류
- 과요오드산
- 과요오드산염류
- 아질산염류
- 크롬, 납, 요오드의 산화물
- 퍼옥소붕산염류
- 퍼옥소이황산염류
- 염소화이소시아눌산

009 제1류 위험물의 일반적인 성질에 해당하지 않는 것은?

① 고체 상태이다.
② 분해하여 산소를 발생한다.
③ 가연성 물질이다.
④ 산화제 이다.

해설 제1류 위험물(산화성 고체)은 산소(O)를 많이 함유한 강산화제이며 불연성물질이다. 가열하면 다량의 산소를 방출하여 다른가연물의 연소를 돕는다.

010 제1류 위험물의 저장방법에 대한 설명으로 틀린 것은?

① 조해성물질은 방습에 주의한다.
② 무기과산화물은 물속에 저장한다.
③ 분해를 촉진하는 물품과의 접촉을 피하여 저장한다.
④ 복사열이 없고 환기가 잘되는 서늘한 곳에서 저장한다.

해설 제1류 위험물(산화성 고체)중 무기과산화물인 알칼리금속의 과산화물은 물(H_2O)과 격렬히 반응하여 발열하며 다량의 산소(O_2)를 생성하므로 물과의 접촉을 피하여 저장하여야 한다.

정답 005 ④ 006 ④ 007 ③ 008 ② 009 ③ 010 ②

아염소산염류

011 산과 반응하여 유독기체인 이산화염소를 발생시키는 산화성 고체 위험물은?

① 아염소산나트륨 ② 브롬산나트륨
③ 요오드산나트륨 ④ 중크롬산나트륨

해설 산과 반응하여 유독기체인 이산화염소(ClO_2)를 발생하는 산화성고체(제1류 위험물)
- 아염소산염류: 아염소산칼륨, 아염소산나트륨
- 염소산염류: 염소산칼륨, 염소산나트륨

참고 아염소산나트륨($NaClO_2$)과 염산(HCl)의 반응식
$5NaClO_2 + 4HCl \rightarrow 4ClO_2 + 5NaCl + 2H_2O$
(아염소산나트륨) (염산) (이산화염소) (염화나트륨) (물)

염소산염류

012 염소산칼륨의 성질 중 옳지 못한 것은?

① 무색의 단사 판상결정 또는 백색분말이다.
② 냉수에 조금 녹고 온수에 잘 녹는다.
③ 800℃ 부근에서 분해하여 염소를 발생한다.
④ 융점 약 370℃로 강산의 첨가는 위험하다.

해설 염소산칼륨($KClO_3$)은 제1류 위험물(산화성 고체)이며 400℃ 부근에서 분해하여 산소(O_2)를 발생한다.

013 비중은 약 2.5, 무색 무취이며 알코올, 물에 잘 녹고 조해성이 있으며 산과 반응하여 유독한 ClO_2를 발생하는 위험물은?

① 염소산칼륨 ② 과염소산암모늄
③ 염소산나트륨 ④ 과염소산칼륨

해설 염소산나트륨($NaClO_3$)은 나트륨(Na)을 함유한 염류이므로 조해성이 있기 때문에 바람이 잘 통하는 장소에서 저장 또는 취급하여야 하며, 산과 반응하면 유독성이며 폭발성인 이산화염소(ClO_2)를 발생한다.

과염소산염류

014 과염소산칼륨을 황린 등과 같이 혼합하거나 마그네슘분과 섞으면 대단히 위험한데 그 이유 중 옳은 것은?

① 혼합하여 외부적 충격만 가해도 폭발하므로
② 혼합하면 전기가 형성되어 열이 발생하므로
③ 혼합하는 즉시 폭발하므로
④ 혼합하면 발화점이 낮으므로

해설 과염소산칼륨($KClO_4$)은 제1류 위험물(산화성 고체)인 강산화제이며 황린(P_4)인 제3류 위험물중 자연발화성물질로 강환원제이므로 같이 혼합하면 폭발이 위험이 있으며, 제2류 위험물(가연성 고체)인 마그네슘(Mg)분과도 함께 섞으면 폭발의 위험이 있다.

무기과산화물

015 물과 만나면 발열하는 것은?

① 과산화 칼륨 ② 과산화수소
③ 과염소산나트륨 ④ 과망간산 칼륨

해설 과산화칼륨(K_2O_2)은 제1류 위험물(산화성 고체) 중 알칼리금속의 과산화물에 해당하며 물(H_2O)과 반응하여 발열하며 산소(O_2)를 발생한다.

016 과산화칼슘에 대한 설명 중에서 옳지 못한 것은?

① 물에는 녹기 어려우며 알코올에 녹지 않는다.
② 산에 녹아 분해되고 과산화수소를 발생한다.
③ 가열하면 분해되어 CO_2로 된다.
④ 테르밋 용접에 점화로 쓴다.

해설 과산화칼슘(CaO_2)은 제1류 위험물(산화성 고체) 무기과산화물로서 가열하면 다량의 산소(O_2)를 발생하여 다른 가연물의 연소를 돕는다.

| 정답 | 011 ① 012 ③ 013 ③ 014 ① 015 ① 016 ③

브롬산염류

017 브롬산칼륨과 요오드산아연의 공통 성질은?

① 물에 잘 녹는다.
② 분해온도가 500℃ 이상이다.
③ 가연물과 혼합가열하면 폭발한다.
④ 알코올에 잘 녹는다.

해설 브롬산칼륨($KBrO_3$)과 요오드산아연[$Zn(IO_3)_2$]은 제1류 위험물(산화성 고체)에 해당하므로 산소(O)를 다량 함유한 이들과 가연물이 혼합하면 가열, 충격, 마찰에 의하여 폭발한다.

질산염류

018 다음 화합물 중에서 질산염류가 아닌 것은?

① NH_4NO_3　② KNO_3
③ $AgNO_3$　④ HNO_3

해설 HNO_3(질산)은 제6류 위험물(산화성 액체)에 해당한다.

019 화약을 만드는데 쓰이는 물질은?

① KCN　② KNO_3
③ K_2SO_4　④ KOH

해설 KNO_3(질산칼륨)은 흑색화약의 원료이다.

참고 흑색화약 : 질산칼륨(KNO_3)+유황(S)+숯가루(C)

020 질산암모늄에 대한 설명으로 틀린 것은?

① 열분해하여 산화이질소가 발생한다.
② 폭약제조시 산소공급체로 사용한다.
③ 물에 녹을 때 많은 열을 발생한다.
④ 무취의 결정이다.

해설 질산암모늄(NH_4NO_3)은 제1류 위험물(산화성 고체) 질산염류이며, 물에 잘녹으며 물과는 흡열반응을 하며 경유와 혼합하여 안포(ANFO)화약을 만든다.

참고 질산암모늄(NH_4NO_3)의 열분해메카니즘

- $NH_4NO_3 \xrightarrow{\Delta} N_2O\uparrow + 2H_2O$
(질산암모늄)　(아산화질소)　(물)

- $2N_2O \xrightarrow{\Delta} 2N_2\uparrow + O_2\uparrow$
(아산화질소)　(질소)　(산소)

과망간산염류

021 과망간산칼륨의 일반적인 성질에 관한 설명 중 틀린 것은?

① 강한 살균력과 산화력이 있다.
② 금속성 광택이 있는 무색의 결정이다.
③ 가열분해시키면 산소를 방출한다.
④ 비중은 약 2.7이다.

해설 과망간산칼륨($KMnO_4$)은 산소를 많이 함유한 제1류 위험물(산화성 고체) 과망간산염류에 속하며 산화력과 살균력이 강한 흑자색의 결정으로 물에 녹아 보라색을 띤다.

중크롬산염류

022 중크롬산칼륨에 대한 설명으로 틀린 것은?

① 열분해하여 산소를 발생한다.
② 물과 알코올에 잘 녹는다.
③ 등적색의 결정으로 쓴맛이 있다.
④ 산화제, 의약품 등에 사용된다.

해설 중크롬산칼륨($K_2Cr_2O_7$)은 제1류 위험물(산화성 고체)중크롬산염류로서 산소(O)를 많이 함유한 등적색의 강산화제로서 물에 잘녹고 알코올에는 녹지 않는다.

023 인쇄제판, 매염제, 피혁정제, 석유정제, 불꽃놀이의 제조 및 가열하면 185℃에서 분해하는 중크롬산 염류는?

① 중크롬산나트륨($Na_2Cr_2O_7 \cdot 2H_2O$)
② 중크롬산칼륨($K_2Cr_2O_7$)
③ 중크롬산암모늄[$(NH_4)_2Cr_2O_7$]
④ 중크롬산칼슘($CaCr_2O_7 \cdot 3H_2O$)

해설 본문의 내용 : 제1류 위험물(산화성 고체) 중크롬산염류중 크롬산암모늄[$(NH_4)_2Cr_2O_7$]

| 정답 | 017 ③　018 ④　019 ②　020 ③　021 ②　022 ②　023 ③

제2류 위험물

024 제2류 위험물의 종류 및 지정수량이 틀리게 연결된 것은?

① 금속분 500kg ② 황화린 50kg
③ 적린 100kg ④ 유황(황) 100kg

해설 황화린은 제2류 위험물(가연성 고체)이며, 지정수량은 100kg이다.

참고 제2류 위험물의 위험등급 및 품명과 지정수량

성질	위험등급	품 명	지 정 수 량
가연성고체	Ⅱ	황화린	100kg
	Ⅱ	적린	100kg
	Ⅱ	유황	100kg
	Ⅱ	마그네슘	500kg
	Ⅱ	철분	500kg
	Ⅱ	금속분	500kg
	Ⅲ	인화성고체	1000kg

025 제2류 위험물의 일반성질로서 잘못 설명된 것은?

① 비교적 낮은 온도에서 착화하기 쉬운 가연성 물질이다.
② 모두 단체의 비금속 원소이다.
③ 연소할 때 유독한 기체를 발생하는 것도 있다.
④ 물에 불용이며, 산화하기 쉬운 물질이다.

해설 제2류 위험물(가연성 고체)은 금속 또는 비금속의 단체 및 화합물로 되어있다.

026 같은 위험등급의 위험물로만 이루어지지 않은 것은?

① Fe, Sb, Mg
② Zn, Al, S
③ 황화린, 적린, 칼슘
④ 메탄올, 에탄올, 벤젠

해설 위험물의 위험등급
- Fe(Ⅲ), Sb(Ⅲ), Mg(Ⅲ)
- Zn(Ⅲ), Al(Ⅲ), S(Ⅱ)
- 황화린(Ⅱ), 적린(Ⅱ), 칼슘(Ⅱ)
- 메탄올(Ⅱ), 에탄올(Ⅱ), 벤젠(Ⅱ)

황화린

027 다음 중 일반적으로 알려진 황화린의 3종류에 속하지 않는 것은?

① P_4S_3 ② P_2S_5
③ P_4S_7 ④ P_2S_9

해설 제2류 위험물(가연성 고체) 황화린 3종류의 화학식
- 삼황화린 : P_4S_3
- 오황화린 : P_2S_5
- 칠황화린 : P_4S_7

028 다음 설명 중 틀린 것은?

① 삼황화린은 가연성 물질이다.
② 오황화린은 물에 잘 녹는다.
③ 칠황화린은 물에 녹아 이산화황을 발생한다.
④ 황은 물에 잘 녹지 않는다.

해설 칠황화린(P_4S_7)은 제2류 위험물(가연성 고체) 황화린에 속하며 물(H_2O)에 녹아 황화수소(H_2S)와 인산(H_3PO_4) 및 아인산(H_3PO_3)을 만든다.

참고 칠황화린(P_2S_5)과 물(H_2O)의 반응

P_4S_7 + $13H_2O$ →
(오황화린) (물)
$7H_2S$ ↑ + H_3PO_4 + $3H_3PO_3$
(황화수소) (인산) (아인산)

적린

029 적린의 성상에 있어서 다음 중 틀린 것은?

① 물이나 알코올에 녹지 않는다.
② 착화온도는 약 260℃이다.
③ 연소할 때 인화수소가스가 발생한다.
④ 산화제와 섞여 있으며 착화하기 쉽다.

해설 적린(P)이 연소하면 오산화린(P_2O_5)을 발생한다.

| 정답 | 024 ② 025 ② 026 ② 027 ④ 028 ③ 029 ③

참고 적린(P)의 연소반응

$4P + 5O_2 \rightarrow 2P_2O_5$
(적린) (산소) (오산화린)

030 **적린과 황린의 공통적인 사항으로 옳은 것은?**

① 연소할 때는 오산화인의 흰 연기를 낸다.
② 냄새가 없는 적색 가루이다.
③ 물, 이황화탄소에 녹는다.
④ 맹독성이다.

해설 제2류 위험물(가연성 고체)인 적린(P)과 제3류 위험물중 자연발화성 물질인 황린(P_4)은 동소체로서 연소하면 오산화인(P_2O_5)의 흰연기를 발생한다.

참고
- 적린(P)은 냄새가 없는 적색분말이며 황린(P_4)은 마늘냄새가 나는 백색 또는 황색의 덩어리 상태이다.
- 적린(P)과 황린(P_4)은 모두 물에 녹지않으며 이황화탄소(CS_2)에는 황린만 녹는다.
- 적린(P)은 독성이 없으며 황린(P_4)은 맹독성이다.

유황

031 **유황은 순도가 몇 중량퍼센트 이상이어야 위험물에 해당하는가?**

① 40 ② 50
③ 60 ④ 70

해설 유황(S)은 제2류 위험물(가연성 고체)에 속하면 순도 60중량%이상인 것이 위험물에 속한다.

032 **황의 성상에 관한 설명으로 틀린것은?**

① 연소할 때 발생하는 가스는 냄새를 갖고 있으나 인체에는 무해하다.
② 미분이 공기 중에 떠 있을 때 분진폭발의 우려가 있다.
③ 용융된 황을 물에서 급냉하면 고무상황을 얻을 수 있다.
④ 연소할 때 아황산가스를 발생한다.

해설 황(S)은 제2류 위험물(가연성 고체)이며 연소시 생성되는 이산화황(아황산가스, SO_2)은 달걀 썩는 자극성냄새가 나며 인체에 해로운 독성가스이다.

마그네슘

033 **마그네슘 분과 혼합했을 때 발열반응하여 자연발화의 위험이 있는 것을 어느 것인가?**

① 탄산가스 ② 헬륨가스
③ 이황화탄소 ④ 물

해설 제2류 위험물(가연성 고체)마그네슘(Mg)분과 물(H_2O)이 반응하면 수소(H_2) 를 발생하며 자연발화한다.

참고 마그네슘(Mg)분과 물(H_2O)의 반응식

$Mg + 2H_2O \rightarrow Mg(OH)_2 + H_2\uparrow$
(마그네슘) (물) (수산화마그네슘) (수소)

철분

034 **위험물안전관리법상 위험물에 해당하는 것은?**

① 아황산
② 비중이 1.41인 질산
③ 53마이크로미터의 표준체를 통과하는 것이 50중량% 이상인 철의 분말
④ 농도가 15중량%인 과산화수소

해설 제2류 위험물(가연성 고체) 철(Fe)분의 위험물안전관리법시행령[별표1]비고의 정의
"철분"이라 함은 철의 분말로서 53마이크로미터의 표준체를 통과하는 것이 50중량% 미만인 것을 제외한다.

금속분

035 **분말의 형태로서 150마이크로미터의 체를 통과하는 것이 50중량% 이상인 것만 위험물로 취급되는 것은?**

① Fe ② Sn
③ Ni ④ Cu

해설 제2류 위험물(가연성 고체) 금속분의 위험물안전관리법시행령[별표1]비고의 정의
"금속분"이라 함은 알칼리금속・알칼리토류금속・철(Fe) 및 마그네슘(Mg)외의 금속의 분말을 말

정답 030 ① 031 ③ 032 ① 033 ④ 034 ③ 035 ②

하고, 구리(Cu)분 · 니켈(Ni)분 및 150마이크로미터의 체를 통과하는 것이 50중량퍼센트 미만인 것은 제외한다.

036 알루미늄분에 대한 설명으로 옳지 않은 것은?

① 알칼리수용액에서 수소를 발생한다.
② 산과 반응하여 수소를 발생한다.
③ 물보다 무겁다.
④ 할로겐원소와는 반응하지 않는다.

해설 알루미늄(Al)분은 제2류 위험물(가연성 고체) 금속분에 속하는 양쪽성 금속으로 산과 알칼리와 반응하여 수소(H_2)를 발생하며 할로겐원소와 는 반응하여 자연발화한다.

제3류 위험물

037 제3류 위험물중 지정수량이 다른 것은?

① 칼륨 ② 나트륨
③ 알킬리튬 ④ 황린

해설 황린(P_4)의 지정수량은 20kg으로 다른 위험물의 지정수량 10kg과 다르다.

참고 제3류 위험물의 위험등급 Ⅰ등급인 것

성질	위험등급	품 명	지정수량
자연발화성 및 금수성 물질	Ⅰ	칼륨(K)	10kg
	Ⅰ	나트륨(Na)	10kg
	Ⅰ	알킬리튬(RLi)	10kg
	Ⅰ	알킬알루미늄[$(R)_3Al$]	10kg
	Ⅰ	황린(P_4)	20kg

038 제3류 위험물중 위험등급 Ⅰ에 해당하지 않는 것은?

① K ② Na
③ Li ④ P_4

해설 Li(리튬)은 제3류 위험물 금수성물질중 알칼리금속 및 알칼리 토금속류에 속하므로 지정수량이 50kg인 위험등급 Ⅱ등급에 해당된다

039 제3류 위험물에 해당하는 것은?

① 염소화규소화합물
② 금속의 아지화합물
③ 질산구아니딘
④ 할로겐간화합물

해설 염소화규소화합물은 제3류 위험물중 그밖에 행정안전부령이 정하는 것이다.

참고 그밖에 행정안전부령이 정한는 것의 류별
- 금속의 아지화합물 : 제5류 위험물
- 질산구아니딘 : 제5류 위험물
- 할로겐간화합물 : 제6류 위험물

040 다음은 제3류 위험물의 공통된 특성에 대한 설명이다. 옳은 것은?

① 물과 반응해서 가연성 가스인 수소 또는 메탄 등을 발생한다.
② 불연성이고, 산화성 물질이다.
③ 가연성 물질이고, 자기연소성 물질이다.
④ 저온에서 발화하기 쉬운 가연성 물질이다.

해설 제3류 위험물물은 금수성물질과 자연발화성물질로 되어있으며 금수성물질은 물(H_2O)과 반응하여 가연성 가스인 수소(H_2) 또는 메탄(CH_4), (C_2H_2) 등을 발생한다.

칼륨

041 금수성 물질인 금속칼륨이 알코올과 반응시 생성된 물질은?

① CH_3COOK ② CH_2CHK
③ C_2H_5OK ④ CH_3CHK

해설 금속칼륨(K)은 제3류 위험물중 금수성물질이며 에틸알코올(C_2H_5OH)과 반응하면 칼륨에틸라이드(C_2H_5OK)와 수소(H_2)를 생성하며 폭발적으로 연소한다.

참고 칼륨(K)과 에틸알코올(C2H5OH)의 화학반응식

$2K + 2C_2H_5OH \rightarrow 2C_2H_5OK + H_2\uparrow$
(칼륨) (에틸알코올) (칼륨에틸라이드) (수소)

| 정답 | 036 ④ 037 ④ 038 ③ 039 ① 040 ① 041 ②

042 다음은 금속칼륨의 취급시 주의사항이다. 틀린 것은 어느 것인가?

① 석유에 보관한다.
② 피부에 닿지 않도록 한다.
③ 소분하여 보관한다.
④ 화재시는 강화액 소화제를 사용한다.

해설 금속칼륨(K)은 제3류 위험물중 금수성물질이며 강화액은 물(H_2O)을 주성분으로한 냉각소화제이므로 칼륨(K)과 접촉하면 격렬히 반응하며 수소(H_2)를 발생하며 연소하므로 소화제로서 적응성이 없다.

나트륨

043 석유 속에 저장되어 있는 금속조각을 떼어, 불꽃반응을 하였더니 노란 불꽃을 나타냈다. 어떤 금속인가?

① 칼륨 ② 나트륨
③ 칼슘 ④ 리튬

해설 불꽃반응에서 노란 불꽃을 나타내는 것은 나트륨(Na)이다.

참고 금속의 불꽃반응색
- 칼륨(K) : 보라
- 나트륨(Na) : 노랑
- 칼슘(Ca) : 황적
- 리튬(Li) : 진한빨강
- 구리(Cu) : 청록
- 스트론튬(Sr) : 진한빨강

알킬알루미늄

044 물과 접촉하면 위험성이 증가하므로 주수소화를 할 수 없는 물질은?

① $C_6H_2CH_3(NO_2)_3$
② $NaNO_3$
③ $(C_2H_5)_3Al$
④ $(C_6H_5CO)_2O_2$

해설 $(C_2H_5)_3Al$(트리에틸알루미늄)은 제3류 위험물 금수성물질 및 자연발화성물질이므로 물(H_2O)또는 공기와의 접촉으로 폭발적으로 연소하므로 주수소화는 매우 위험하다.

참고
- $C_6H_2CH_3(NO_2)_3$(트리니트로톨루엔) : 약칭을 TNT라 하며 제5류 위험물(자기반응성 물질)이며 화재시 주수소화한다.
- $NaNO_3$(질산나트륨) : 약칭을 칠레초석이라 하며 제1류 위험물(산화성 고체)이며 화재시 주수소화한다.
- $(C_6H_5CO)_2O_2$(과산화벤조일) : 벤조일퍼옥사이드라 하며 제5류 위험물(자기반응성 물질) 유기과산화물이며 화재시 주수소화한다.

045 일킬알루미늄의 저장 및 취급방법으로 옳은 것은?

① 용기는 완전 밀봉하고 CH_4, C_3H_8 등을 봉입한다.
② C_6H 등의 희석제를 넣어 준다.
③ 용기의 마개에 다수의 미세한 구멍을 뚫는다.
④ 통기구가 달린 용기를 사용하여 압력상승을 방지한다.

해설 일킬알루미늄[$(R)_3Al$]은 제3류 위험물 자연발화성 및 금수성물질이며 자연발화의 위험성을 감소하기위하여 벤젠(C_6H_6), 헥산(C_6H_{14})등 희석제를 넣어 저장, 취급한다.

알킬리튬

046 알킬리튬의 일반식으로 옳은 것은?

① AlP
② RLi
③ $(R)_3Al$
④ ROR

해설 알킬리튬의 일반식 : RLi

참고
- AlP : 인화알루미늄의 화학식
- $(R)_3Al$: 알킬알루미늄의 일반식
- ROR : 에테르의 일반식

정답 042 ④ 043 ② 044 ③ 045 ② 046 ②

황린

047 다음에서 설명하고 있는 위험물은?

- 지정수량 20kg이고, 백색 또는 담황색이 고체
- 비중은 약 1.82이고, 융점은 약 44℃이다.
- 비점은 약 28℃, 증기비중은 약 4.3이다.
- 마늘냄새와 같은 자극성의 냄새가 난다.

① 적린 ② 황린
③ 유황 ④ 마그네슘

해설 본문의 해설 : 제3류 위험물중 자연발화성물질인 황린(P_4)의 성질

048 저장용기에 물을 넣어 보관하고 $Ca(OH)_2$을 넣어 pH9의 약 알칼리성으로 유지시키면서 저장하는 물질은?

① 적린 ② 황린
③ 질산 ④ 황화린

해설 황린(P_4)은 제3류 위험물 금수성물질이며 공기중에서 자연발화하므로 물속에 넣어 저장한다. (pH9의 약알칼리 수용액을 사용한다.)

알칼리금속(K, Na제외) 및 알칼리토금속

049 다음 위험물 중 제일 가벼운 금속은?

① Li ② Na
③ K ④ Ca

해설 금속의 비중(작은 것이 가볍다)
- Li : 0.534 • Na : 0.97
- K : 0.857 • Ca : 1.55

참고 일반적으로 원자번호가 작은 것의 비중이 작다.

050 금속칼슘의 화학적 성질에서 옳은 것은?

① 물과 반응하여 탄산가스를 발생한다.
② 물과 반응하여 산소를 발생한다.
③ 물과 반응하여 수소를 발생한다.
④ 화학적으로 안전한 금속이다.

해설 금속칼슘(Ca)은 제3류 위험물중 금수성물질로서 알칼리토금속이며 물(H_2O)과 반응하여 수산화칼슘[$Ca(OH)_2$]과 수소(H_2)를 발생한다.

참고 칼슘(Ca)과 물(H_2O)의 화학반응식

$$Ca + 2H_2O \rightarrow Ca(OH)_2 + H_2 \uparrow$$

(칼슘) (물) (수산화칼슘) (수소)

유기금속화합물

051 위험물안전관리법상 품명이 유기금속화합물에 속하지 않는 것은?

① 트리에틸갈륨
② 트리에틸알루미늄
③ 트리에틸인듐
④ 디에틸아연

해설 위험물의 품명
- 트리에틸갈륨[$(C_2H_5)_3Ga$]
- 트리에틸알루미늄[$(C_2H_5)_3Al$]
- 트리에틸인듐[$(C_2H_5)_3In$]
- 디에틸아연[$(C_2H_5)_2Zn$]

금속의 인화합물

052 적갈색 고체로 융점이 1,600℃이며, 물 또는 산과 반응하여 유독한 포스핀가스를 발생하는 제3류 위험물의 지정수량은 몇 kg인가?

① 10 ② 20
③ 200 ④ 300

해설 분문의 위험물 : 제3류 위험물중 금수성물질인 인화칼슘(Ca_3P_2)
- 인화칼슘(Ca_3P_2)의 지정수량 : 300kg

053 인화칼슘이 물과 반응하였을 때 발생하는 가스에 대한 설명으로 옳은 것은?

① 폭발성인 수소를 발생한다.
② 유독한 인화수소를 발생한다.
③ 조연성인 산소를 발생한다.
④ 가연성인 아세틸렌을 발생한다.

| 정답 | 047 ② 048 ② 049 ① 050 ③ 051 ② 052 ④ 053 ②

해설 인화칼슘(Ca_3P_2)은 제3류 위험물중 금수성물질로 물(H_2O)과 반응하면 유독성이며 가연성인 인화수소(포스핀)을 발생한다.

참고 인화칼슘(Ca_3P_2)과 물(H_2O)의 반응식

$Ca_3P_2 + 6H_2O \rightarrow 3Ca(OH)_2 + 2PH_3 \uparrow$

(인화칼슘) (물) (수산화칼슘) (인화수소, 포스핀)

금속의 수소화합물

054 **수소화칼륨이 암모니아와 고온에서 반응시키면 다음 중 어떤 물질이 되는가?**

① KNH_2　② KH

③ KOH　④ K_2O_2

해설 수소화칼륨(KH)은 제3류 위험물중 금수성물질인 금속의 수소화물에 속하며 암모니아(NH_3)와 고온에서 반응하면 칼륨아미드(KNH_2)와 수소(H_2)를 생성한다.

참고 수소화칼륨(KH)과 암모니아(NH_3)의 반응식

$KH + NH_3 \rightarrow KNH_2 + H_2 \uparrow$

(수소화칼륨) (물) (칼륨아미드) (수소)

055 **수소화나트륨의 소화제로 적당하지 않은 것은?**

① 물　② 마른모래

③ 팽창질석　④ 팽창진주암

해설 수소화나트륨(NaH)은 제3류 위험물중 금수성물질인 금속의 수소화물에 속하며 물(H_2O)과 격렬히 반응하여 폭발성의 수소(H_2)를 생성하므로 소화제로서 물은 부적합하다.

참고 수소화나트륨(NaH)과 물(H_2O)과의 반응식

$NaH + H_2O \rightarrow NaOH + H_2 \uparrow$

(수소화나트륨) (물) (수산화나트륨) (수소)

056 **다음 제3류 위험물인 금속수소화물 중에서 가장 안전한 것은?**

① $LiAlH_4$　② $NaBH_4$

③ KH　④ LiH

해설 제3류 위험물인 금속수소화물중 가장안전한 것: LiH(수소화리튬)

칼슘 또는 알루미늄의 탄화물

057 **다음중 물과 반응하여 분자량이 26인 가연성 가스를 발생하고 발생한 가스가 구리와 작용하면 폭발성 물질을 생성하는 것은?**

① 칼슘　② 인화석회

③ 탄화칼슘　④ 금속나트륨

해설 탄화칼슘(CaC_2)은 제3류 위험물중 금수성물질이며물(H_2O)과 격렬히 반응하며 아세틸렌(C_2H_2)가스를 발생하며 아세틸렌이 구리(Cu)와 반응 하면 폭발성의 구리아세틸레이트(Cu_2C_2)와 수소(H_2)를 발생한다.

참고 1. 탄화칼슘(CaC_2)과 물(H_2O)의 반응식

$CaC_2 + 2H_2O \rightarrow Ca(OH)_2 + C_2H_2 \uparrow$

(탄화칼슘) (물) (수산화칼슘) (아세틸렌)

2. • 아세틸렌(C_2H_2)의 분자량 : $12 \times 2+2=26$
   • 아세틸렌(C_2H_2)의 연소범위 : 2.5~82%
   • 아세틸렌(C_2H_2)과 구리(Cu)와의 화학반응식

$C_2H_2 + 2Cu \rightarrow Cu_2C_2 + H_2 \uparrow$

(아세틸렌) (구리) (구리아세틸리드) (수소)

058 **탄화칼슘에 대한 설명으로 옳은 것은?**

① 분자식은 CaC 이다.

② 물과의 반응 생성물에는 수산화칼슘이 포함한다.

③ 순수한 것은 흑회색의 불규칙한 덩어리이다.

④ 고온에서도 질소와는 반응하지 않는다.

해설 탄화칼슘(CaC_2)은 제3류 위험물 금수성물질이며 물(H_2O)과 반응하면 수산화칼륨[$Ca(OH)_2$]과 아세틸렌(C_2H_2)을 발생한다.

탄화알루미늄

059 **탄화알루미늄 1몰을 물과 반응시킬 때 발생하는 가연성가스의 종류와 양은?**

① 에탄, 4몰　② 에탄, 3몰

③ 에탄, 4몰　④ 메탄, 3몰

| 정답 | 054 ① 055 ① 056 ④ 057 ③ 058 ② 059 ④

해설 탄화알루미늄(Al_4C_3)은 제3류 위험물 금수성물질이며 1몰을 물(H_2O)과 반응시킬 때 발생하는 가연성가스는 메탄이며 3몰이다.

참고 탄화알루미늄(Al_4C_3)과 물(H_2O)의 반응식

Al_4C_3 + $12H_2O$ → $4Al(OH)_3$ + $3CH_4$ ↑

(탄화알루미늄) (물) (수산화알루미늄) (메탄)

060 다음 위험물 중 물과 작용하여 CH_4와 H_2를 발생하는 것은?

① 칼슘카바이트
② 알루미늄카바이트
③ 마그네슘카바이트
④ 망간카바이트

해설 망간카바이트[탄화망간(Mn_3C)]과 물(H_2O)의 반응하면 메탄(CH_4)과 수소(H_2)를 발생한다.

참고 망간카바이트[탄화망간(Mn_3C)]과 물(H_2O)의 반응식

$Mn_3C + 6H_2O \rightarrow 3Mn(OH)_2 + CH_4 \uparrow + H_2 \uparrow$

(탄화망간) (물) (수산화망간) (메탄) (수소)

제4류 위험물

061 제4류 위험물중 위험등급 Ⅰ이며 지정수량이 50L인 것의 품명은?

① 특수인화물
② 제1석유류
③ 알코올류
④ 동식물유류

해설 제4류 위험물(인화성 액체)중 위험등급 Ⅰ등급은 특수인화물 하나이다.

062 제4류 위험물의 일반적 성질이 아닌 것은?

① 대부분이 유기화합물이다.
② 전기의 양도체로서 정전기 축적이 용이하다.
③ 발생증기는 가연성이며 증기비중은 공기보다 무거운 것이 대부분이다.
④ 모두 인화성액체이다.

해설 제4류 위험물(인화성 액체)은 대부분 탄화수소의 화합물이 많으며 전기의 부도체이므로 마찰에 의하여 발생된 정전기는 점화원이 되므로 정전기가 발생하지 않도록 조치를 취하여야 한다.

이황화탄소

063 다음 위험물을 저장할 때 증발을 방지하기 위하여 물로 피복 저장하는 것은?

① $C_6H_5NH_2$　② CS_2
③ CO_2　④ CCl_4

해설 CS_2(이황화탄소)는 제4류 위험물(인화성 액체) 특수인화물로서 휘발성이 강하고 물보다 무겁고 물에 녹지않으므로 가연성 증기의 발생을 억제하기 위하
수조(물탱크)에 넣어 저장한다.

064 연소시 자극성이 강한 유해가스를 발생하는 위험물은?

① 석유벤젠　② 디에틸에테르
③ 메틸알코올　④ 이황화탄소

해설 이황화탄소(CS_2)가 연소하면 유독한 이산화황(SO_2)을 발생한다.

참고 이황화탄소(CS_2)의 연소반응식

CS_2 + $3O_2$ →

(이황화탄소) (산소)

CO_2 ↑ + $2SO_2$ ↑

(이산화탄소) (이산화황·아황산가스)

디에틸에테르

065 디에틸에테르에 관한 설명 중 틀린 것은?

① 비전도성이므로 정전기를 발생하지 않는다.
② 무색투명한 유동성의 액체이다.
③ 휘발성이 매우 높고, 마취성을 가진다.
④ 공기와 장시간 접촉하면 폭발성의 과산화물이 생성된다.

정답 060 ④ 061 ① 062 ② 063 ② 064 ④ 065 ①

해설 디에틸에테르($C_2H_5OC_2H_5$)는 제4류 위험물(인화성 액체) 특수인화물이며 전기의 비전도성으로 마찰에 의하여 정전기가 발생되므로 취급에 주의할 것

066 **디에틸에테르의 저장시 소량의 염화칼슘을 넣어 주는 목적은?**

① 정전기 발생방지
② 과산화물 생성방지
③ 저장용기의 부식방지
④ 동결방지

해설 디에틸에테르($C_2H_5OC_2H_5$)의 저장시 소량의 염화칼슘($CaCl_2$)을 넣는 목적은 정전기 발생을 억제하기위하여서다.

참고 디에틸에테르($C_2H_5OC_2H_5$)의 중요한 요점
- 인화점 : −45℃, 착화점 : 180℃, 비점 : 34.6℃, 연소범위 : 1.9~48%,
- 과산화물검출 옥화칼륨10% 수용액
- 과산화물 제거제 : 환원철, 황산제1철
- 과산화물방지 : 40메쉬 구리망, 5%물을 넣는다.

아세트알데히드

067 **황산제2수은을 촉매로 아세틸렌을 물(묽은 황산수용액)과 부가 반응시키면 무엇이 되겠는가?**

① 디에틸에테르 ② 메틸알코올
③ 아세톤 ④ 아세트알데히드

해설 아세트알데히드(CH_3CHO)는 제4류 위험물(인화성 액체) 특수인화물이며 아세틸렌(C_2H_2)을 황산제2수은($HgSO_4$)을 촉매로 물(묽은 황산수용액)과 부가 반응시키 제조한다.

068 **아세트알데히드는 화재의 위험성이 크다. 다음에서 이 위험성에 맞지 않는 것은?**

① 비점이 낮아 휘발하기 쉽다.
② 착화온도 55°C로 착화하기 쉽다.
③ 인화의 위험이 크다.
④ 연소범위가 넓어서 폭발의 위험성이 크다.

해설 아세트알데히드(CH_3CHO)는 제 착화온도 185°C로 비교적 낮은 편이다.

참고 아세트알데히드(CH_3CHO)의 성상
- 비점 : 21°C, 착화온도 : 185°C,
  인화점 : −38°C, 연소범위 : 4.1~57%

산화프로필렌

069 **산화프로필렌의 성상에 대하여 틀린 것은?**

① 청색의 휘발성이 강한 액체이다.
② 안화점이 낮은 인화성 액체이다.
③ 물에 잘녹는다.
④ 에테르향의 냄새를 가진다.

해설 산화프로필렌(OCH_2CHCH_3)은 제4류 위험물(인화성 액체) 특수인화물이며 무색의 휘발성액체이다.

참고 산화프로필렌(OCH_2CHCH_3)의 중요한 요점
- 인화점 : −37℃, 착화점 : 465℃, 비점 : 34℃, 연소범위 : 2.5~38.5%,
- 증기를 흡입하면 폐부종을 일으키며 피부에 묻으면 동상과 같은 현상을 입는다.

070 **증기압이 높고 액체가 피부에 닿으면 동상과 같은 증상을 나타내며, Cu, Ag, Hg 등과 반응하여 폭발성 화합물을 만드는 것은?**

① 메탄올 ② 가솔린
③ 톨루엔 ④ 산화프로필렌

해설 본문의 위험물 : 제4류 위험물(인화성 액체) 특수인화물인 산화프로필렌(OCH_2CHCH_3)의 성질이다.

071 **다음 중 인화점이 가장 낮은 것은?**

① 이소펜탄 ② 아세톤
③ 디에틸에테르 ④ 이황화탄소

해설 이소펜탄($i-C_5H_{12}$)의 인화점은 −51℃로 보기중 매우 낮다.

참고 제4류 위험물{인화성액체}특수인화물의 인화점
- 이소펜탄($i-C_5H_{12}$) : −51℃
- 아세톤(CH_3COCH_3) : −18℃
- 디에틸에테르($C_2H_5OC_2H_5$) : −45℃
- 이황화탄소(CS_2) : −31℃

| 정답 | 066 ① 067 ④ 068 ② 069 ① 070 ④ 071 ①

제1석유류 아세톤

072 **아세톤의 성질에 관한 설명으로 옳은 것은?**

① 비중이 1.02이다.
② 물에 불용이고, 에테르에 잘녹는다.
③ 증기 자체는 무해하나, 피부에 닿으면 탈지작용이 있다.
④ 인화점이 0℃보다 낮다.

해설 아세톤(CH_3COCH_3)은 제4류 위험물(인화성 액체) 제1석유류이며 인화점은 -18℃이다.

참고 아세톤(CH_3COCH_3)의 비중은 0.79로 물보다 가볍다.

073 **다음 아세톤의 완전반응식에서 ( )에 알맞은 개수를 차례대로 옳게나타낸 것은?**

CH_3COCH_3 +( )O_2 → ( )CO_2 + $3H_2O$

① 3, 4
② 4, 3
③ 6, 3
④ 3, 6

해설 아세톤(CH_3COCH_3)의 완전연소 반응식
$CH_3COCH_3 + 4O_2 \rightarrow 3CO_2\uparrow + 3H_2O$
(아세톤) (산소) (이산화탄소) (물)

074 **아세톤과 아세트알데히드의 성질에 대하여 잘못 설명한 것은?**

① 무색의 액체로서 인화성이 강하다.
② 증기는 공기보다 무겁다.
③ 물에 잘 녹고 유기물을 잘 녹인다.
④ 무취이지만 휘발성이 강하다.

해설 아세톤(CH_3COCH_3)은 제4류 위험물(인화성 액체)중 제1석유류이며, 아세트알데히드(CH_3CHO)는 특수인화물에 속하며, 특별한 냄새를 가지고 있다.

가솔린

075 **휘발유의 일반성질에서 틀린 것은?**

① 특유한 냄새를 가지며 고무, 유지 등을 녹인다.
② 주로 포화 및 불포화 탄화수소가 주성분이다.
③ 물에는 거의 용해되지 않으며 비점은 약 70~210℃이다.
④ 인화점은 -43℃~-20℃이고 착화온도는 약 100℃ 이하이다.

해설 휘발유(가솔린)은 제4류 위험물(인화성 액체) 제1석유류이며 착화점은 약300℃이다.

참고 휘발유(가솔린)의 성상
- 주성분 : 포화, 불포화탄화수소의 혼합물
- 인화점 : -43℃~-20℃
- 착화점 : 약 300℃
- 연소범위 : 1.4~7.6%
- 증기비중 3~4

076 **가솔린의 연소범위에 가장 가까운 것은?**

① 1.4~7.6% ② 2.0~23.0%
③ 1.8~36.5 ④ 1.0~50.0%

해설 가솔린의 연소범위 : 1.4~7.6%이다.

벤젠

077 **다음 위험물 중 물에 대한 용해도가 가장 낮은 것은?**

① 아크릴산 ② 아세트알데히드
③ 벤젠 ④ 글리세린

해설 벤젠(C_6H_6)은 제4류 위험물(인화성 액체) 제1석유류이며 물에 녹지않으므로 물에 대한 용해도는 가장 낮다.

참고
- 아크릴산(CH_2=CHCOOH) : 수용성인 제2석유류
- 아세트알데히드(CH_3CHO) : 수용성인 특수인화물
- 글리세린[$C_3H_5(OH)_3$] : 수용성인 제3석유류

| 정답 | 072 ④ 073 ② 074 ④ 075 ④ 076 ① 077 ③

078 벤젠에 관한 설명중 틀린 것은?

① 인화점은 약 -11℃ 정도이다.
② 이황화탄소보다 착화온도가 높다.
③ 벤젠 증기는 마취성은 있으나 독성은 없다.
④ 취급할 때 정전기 발생을 조심해야 한다.

해설 벤젠(C_6H_6)은 제4류 위험물(인화성 액체) 제1석유류이며 증기 및 액체는 독성이 매우강하므로 취급에 주의하여야 한다.

참고 2% 고농도증기를 5~10분 흡입시 사망에 이른다.

079 시클로헥산에 관한 설명으로 가장 거리가 먼 것은?

① 고리형 분자구조를 가진 방향족 탄화수소화합물이다.
② 화학식은 C_6H_{12}이다.
③ 비수용성 위험물이다.
④ 제4류, 제1석유류에 속한다.

해설 시클로헥산(C_6H_{12})은 제4류 위험물(인화성 액체) 제1석유류(인화점 -18℃)이며 지환족 탄화수소화합물이다.

톨루엔

080 다음 중 방향족 탄화수소에 해당하는 것은?

① 톨루엔 ② 아세트알데히드
③ 아세톤 ④ 디에틸에테르

해설 방향족탄화수소화합물은 석탄을 건류하여 얻은 벤젠(C_6H_6), 톨루엔($C_6H_5CH_3$), 크실렌[$C_6H_4(CH_3)_2$] 등을 말하며 모두 향기를 가지며 대부분 벤젠(C_6H_6)핵을 베이스로 치환반응으로 만들어진 것이 해당된다.

참고 아세트알데히드(CH_3CHO), 아세톤(CH_3COCH_3), 디에틸에테르($C_2H_5OC_2H_5$)등은 지방족 탄화수소화합물이라한다.

081 $C_6H_5CH_3$의 일반적 성질이 아닌 것은?

① 벤젠 보다 독성이 매우 강하다.
② 진한 질산과 진한 황산으로 니트로화하면 TNT가 된다.
③ 비중은 약 0.86이다.
④ 물에 녹지 않는다.

해설 $C_6H_5CH_3$(톨루엔)은 제4류 위험물(인화성 액체) 제1석유류에 해당되며, 독성은 벤젠(C_6H_6)보다 약하다.

082 인화점이 낮은 것부터 높은 순서로 나열된 것은?

① 톨루엔-아세톤-벤젠
② 아세톤-톨루엔-벤젠
③ 톨루엔-벤젠-아세톤
④ 아세톤-벤젠-톨루엔

해설 위험물의 인화점
- 아세톤(CH_3COCH_3) : -18℃
- 벤젠(C_6H_6) : -11℃
- 톨루엔($C_6H_5CH_3$) : 4℃

메틸에틸케톤

083 2차 알코올을 산화하면 어떤 물질이 생성되는가?

① 케톤 ② 카르복실산
③ 알데히드 ④ 글리세린

해설 2차(급)알코올이 산화하면 케톤이 된다.

참고 2차(급)알코올 : 이소프로필알코올[$(CH_3)_2CHOH$]과 같이 수산기(OH)와 결합한 탄소(C)가 다른 탄소 2개와 결합한 구조인 알코올

084 메틸에틸케톤의 취급상 옳은 것은?

① 인화점이 25°C 임으로 여름에만 주의하면 된다.
② 증기가 공기보다 가벼움으로 주의해야 한다.
③ 탈지작용이 있으므로 직접 피부에 닿지 않도록 할 것
④ 물보다 무거우므로 주의를 요한다.

해설 메틸에틸케톤($CH_3COC_2H_5$)은 제4류 위험물(인화성 액체) 제1석유류에 해당되며, 탈지작용이 있으므로 직접 피부에 닿지 않도록 하여야 한다.

| 정답 | 078 ③ 079 ① 080 ① 081 ① 082 ④ 083 ① 084 ③

참고 메틸에틸케톤($CH_3COC_2H_5$)의 성상
- 지정수량 200L, 인화점 : -1℃, 약칭 : MEK
- 제법 : 2차 알코올인 제2부틸알코올($CH_3CH_2CHOHCH_3$)을 산화시켜 제조한다.

피리딘

085 피리딘의 일반적인 성질을 표현한 것이다. 틀린 것은?

① 순수한 것은 무색액체이다.
② 센 악취와 흡습성이 있고, 질산과 함께 가열하면 분해하여 폭발한다.
③ 용해성이 크므로 많은 유기물을 녹인다.
④ 약알칼리성을 나타내며 독성이 있다.

해설 피리딘(C_5H_5N)은 제4류 위험물(인화성 액체) 제1석유류이며 센 악취와 독성이있고 알칼리와 산화제에 안정하며 질산(HNO_3)과 함께 가열하여도 폭발하지 않는다. 물과 유기용매에 자유로이 녹으며 액체의 액성은 약알칼리성이다.

초산에스테르류

086 다음 중 에스테르는 어느 것인가?

① $CH_3-C(=O)-H$
② $CH_3-C(=O)-CH_3$
③ CH_3-O-CH_3
④ $CH_3-C(=O)-O-CH_3$

해설 유기화합물의 에스테르는 -COO-의 원자단을 갖는다.

참고 관능기의 종류
① -CHO : 알데히드 ② -CO : 케톤(카르보닐)
③ -O- : 에테르 ④ -COO- : 에스테르

087 다음 화학분자식 중에서 제1석유류가 아닌 것은?

① CH_3CH_2CHO ② C_6H_6
③ CH_3COOH ④ CH_3COCH_3

해설 CH_3COOH(초산)은 제4류 위험물(인화성액체)중 인화점이 40℃이므로 제2석유류에 속한다.

참고 제4류 위험물(인화성 액체)의 품명
- CH_3CH_2CHO(프로피온알데히드) : 제1석유류(인화점 -29℃, -비점 : 49℃)
- C_6H_6(벤젠) : 제1석유류(인화점 -11℃)
- CH_3COOH(아세트산=초산) : 제2석유류(인화점 40℃)
- CH_3COCH_3(아세톤) : 제1석유류(인화점 18℃)

알코올류

088 1가 알코올이 아닌 것은?

① CH_3OH ② $C_2H_4(OH)_2$
③ C_2H_5OH ④ $(CH_3)_2CHOH$

해설 1가 알코올은 탄화수소화합물에서 원자(C)에 결합된 수산기(-OH)의 개수로 1가알코올은 수산기(-OH)가 1개 결합된 알코올을 말한다.

참고 알코올의 가수[탄소에 결합한 수산기(OH)의 개수]
- CH_3OH(메틸알코올) : 1가
- $C_2H_4(OH)_2$(에틸렌글리콜) : 2가
- C_2H_5OH(에틸알코올) : 1가
- $(CH_3)_2CHOH$(이소프로필알코올) : 1가

089 다음 수용액 중 알코올의 함유량이 60중량퍼센트 이상일 때 위험물안전관리법상 제4류 알코올류에 해당하는 물질은?

① 에틸렌글리콜[$C_2H_4(OH)_2$]
② 알릴알코올(CH_2=$CHCH_2OH$)
③ 부틸알코올(C_4H_9OH)
④ 에틸알코올(CH_3CH_2OH)

해설 알코올의 품명 및 인화점
- 에틸렌글리콜[$C_2H_4(OH)_2$] : 제3석유류(111℃)
- 알릴알코올(CH_2=$CHCH_2OH$) : 제2석유류(22℃)
- 부틸알코올(C_4H_9OH) : 제2석유류(28.8℃)
- 에틸알코올(CH_3CH_2OH) : 알코올류(턴소수 2개)

| 정답 | 085 ② 086 ④ 087 ③ 088 ② 089 ④

메틸알코올

090 촉매 존재하에서 일산화탄소와 수소를 고온 고압에서 합성시켜 제조하는 물질로 산화하면 포름알데히드가 되는 것은?

① 메탄올 ② 벤젠
③ 휘발유 ④ 등유

해설 일산화탄소(CO)와 수소(H_2)를 고온 고압에서 합성시켜면 메탄올(메틸알코올)이 되고 메탄올(CH_3OH)을 산화시키면 포름알데히드(HCHO)가 된다.

참고 메틸알코올(CH_3OH)의 제조반응식

$$CO + 2H_2 \rightarrow CH_3OH$$

(일산화탄소) (수소) (메틸알코올)

091 메탄올에 관한 설명으로 옳지 않은 것은?

① 인화점은 약 11℃이다.
② 술의 원료로 사용된다.
③ 휘발성이 강하다.
④ 최종 산화물은 의산(포름산)이다.

해설 메탄올(CH_3OH)은 제4류 위험물(인화성 액체) 알코올류에 해당되며, 알코올중에서 술의 원료로 사용되는 것은 에틸알코올(C_2H_5OH)이며, 메틸알코올(CH_3OH)은 독성이있으므로 마시면 실명하거나 사망한다.

에틸알코올

092 에탄올에 진한 황산을 작용시키면 생성되는 것은?

$$CH_3CH_2OH \xrightarrow[180℃]{C-H_2SO_4} + (\ \ ) + H_2O$$

① CH_3OH ② CH_4
③ C_2H_6 ④ C_2H_4

해설 에탄올(C_2H_5OH)은 제4류 위험물(인화성 액체) 알코올류에 해당되며, 진한 황산($C-H_2SO_4$)을 작용시키면 반응온도에 따라 생성되는 물질이 다르다.
- 140℃ : 디에틸에테르($C_2H_5OC_2H_5$)
- 160℃ 이상 : 에틸렌(C_2H_4)

참고 c- 또는 conc- : concentrated(농축된)
- 디에틸에테르($C_2H_5C_2H_5$)제법

$$2C_2H_5OH \xrightarrow[140℃]{C-H_2SO_4} C_2H_5OC_2H_5\uparrow + H_2O$$

(에틸알코올) (디에틸에테르) (물)

- 에틸렌(C_2H_4)의 제법

$$C_2H_5OH \xrightarrow[180℃]{C-H_2SO_4} + C_2H_4\uparrow + H_2O$$

(에틸알코올) (에틸렌) (물)

093 다음 사항 중 메틸알코올과 에틸알코올의 공통점이 아닌 것은 어느 것인가?

① 무색이며 투명하다.
② 휘발성이 있다.
③ 인체에 유독성이 있다.
④ 비중은 물보다 적다.

해설 메틸알코올(CH_3OH)은 독성이 있으나 에틸알코올(C_2H_5OH)은 독성이 없다.

이소프로필알코올

094 다음 알코올 중 산화에 의해 케톤을 생성할 수 있는 것은?

① $R-CH_2OH$ ② $(R)_3-COH$
③ $(R)_2-CHOH$ ④ $R-CH_2CH_2OH$

해설 케톤은 2차(급)알코올이 산화되어 생성된다.
- $R-CH_2OH$: 1차알코올
- $(R)_3-COH$: 3차알코올
- $(R)_2-CHOH$: 2차알코올
- $R-CH_2CH_2OH$: 1차알코올

095 이소프로필알코올에 대한 설명으로 옳지 않은 것은?

① 탈수하면 프로필렌이 된다.
② 탈수소하면 아세톤이 된다.
③ 물에 녹지 않는다.
④ 무색투명한 액체이다.

해설 이소프로필알코올[$(CH_3)_2CHOH$]은 제4류 위험물(인화성 액체) 알코올류에 해당되며, 물에 잘녹는다.

정답 090 ① 091 ② 092 ④ 093 ③ 094 ③ 095 ③

참고 이소프로필알코올[$(CH_3)_2CHOH$]을 탈수하면 프로필렌(CH_3COCH_3)이되며, 탈수소(산화)하면 아세톤(CH_3COCH_3)이 된다.

- 프로필렌(CH_3COCH_3)의 제조반응식

$$\underset{\text{(i-프로필알코올)}}{(CH_3)_2CHOH} \xrightarrow[\text{탈수}]{C-H_2SO_4} \underset{\text{(프로필렌)}}{C_3H_6} \uparrow + \underset{\text{(물)}}{H_2O}$$

- 아세톤(CH_3COCH_3)의 제조반응식

$$\underset{\text{(i-프로필알코올)}}{(CH_3)_2CHOH} \xrightarrow[-2H]{CuO} \underset{\text{(디메틸케톤・아세톤)}}{CH_3COCH_3} + \underset{\text{(물)}}{H_2O}$$

제2석유류 등유 경유

096 1기압에서 액체인 미상의 위험물에 대하여 인화점과 발화점을 측정한 결과 인화점이 32.2℃, 발화점이 257℃로 측정되었다. 위험물안전관리법상 이 위험물의 유별과 품명의 지정으로 옳은 것은?

① 제4류 특수인화물
② 제4류 제1석유류
③ 제4류 제2석유류
④ 제4류 제3석유류

해설 제4류 위험물(인화성 액체) 제2석유류의 인화점 범위 : 21℃ 이상~70℃ 미만

097 등유에 대한 설명으로 틀린 것은?

① 휘발유보다 작화온도가 높다.
② 증기는 공기보다 무겁다.
③ 인화점은 상온(25℃)보다 높다.
④ 물보다 가볍고 비수용성이다.

해설 제4류 위험물(인화성 액체) 휘발유과 등유의 비교

- 착화점
  휘발유(가솔린) : 약 300℃
  등유(케로신) : 220℃전후
- 증기비중
  휘발유(가솔린) : 3~4
  등유(케로신) : 4.5
- 인화점
  휘발유(가솔린) : -43~-20℃
  등유(케로신) : 40~70℃
- 비중
  휘발유(가솔린) : 0.65~0.8
  등유(케로신) : 0.79~0.85

098 경유에 대한 설명으로 틀린 것은?

① 품명은 제3석유류이다.
② 디젤기관의 연료로 사용할 수 있다.
③ 원유의 증류시 등유와 중유사이에서 유출된다.
④ K, Na 의 보호액으로 사용 할 수 있다.

해설 경유(디젤유)는 제4류 위험물(인화성 액체) 제2석유류를 대표하는 지정품목이다.

의산

099 포름산에 대한 설명으로 옳은 것은?

① 환원성이 있다.
② 독성은 거의 없고 물에 녹지 않는다.
③ 인화점은 상온(25℃)보다 낮다.
④ 비중은 약 0.6이다.

해설 포름산(HCOOH)은 제4류 위험물(인화성 액체) 제2석유류에 속하는 환원성이 강한 위험물이며 의산, 개미산이라 부르기도 한다.

초산

100 아세트산의 일반적 성질에 대한 설명 중 틀린 것은?

① 무색투명한 액체이다.
② 수용성이다.
③ 증기비중은 등유보다 크다.
④ 겨울철에 고화될 수 있다.

해설 아세트산[초산(CH_3COOH)]은 제4류 위험물(인화성 액체) 제2석유류중 무색 투명하고 수용성이며 물보다 무거운 액체이며 증기비중은 2.07로 공기보다 2.07배 무거우나 등유의 증기비중 3~4보다 작다.

정답 096 ③ 097 ① 098 ① 099 ① 100 ③

참고 증기비중 $= \frac{\text{초산의 분자량}}{\text{공기의 평균분자량(29)}} = \frac{60}{29} = 2.068$

∴ 2.07

• 초산(CH_3COOH)의 분자량 : $12\times2+4+16\times2=60$

테레핀유

101 헝겊, 종이에 스며 베인 기름이 자연 발화를 일으킬 수 있는 위험물은?

① 테레핀유 ② 등유
③ 크레오소오트유 ④ 퓨젤유

해설 제4류 위험물(인화성액체)중 제2석유류의 테레핀유는 헝겊, 종이에 스며 베어 있을 때 자연 발화를 일으킬 수 있다.

스틸렌

102 위험물의 구분에서 나머지 셋과 다른 하나는?

① 니트로글리콜 ② 스틸렌
③ 아조벤젠 ④ 디니트로벤젠

해설 위험물의 구분

• 니트로글리콜[$C_2H_4(ONO_2)_2$] : 제5류 위험물(자기반응성물질) 질산에스테르류
• 스틸렌($C_6H_5CHCH_2$) : 제4류 위험물(인화성 액체) 제2석유류
• 아조벤젠($C_6H_5N=NC_6H_5$) : 제5류 위험물(자기반응성물질) 아조화합물
• 디니트로벤젠[($C_6H_4(NO_2)_2$] : 제5류 위험물(자기반응성물질) 니트로화합물

클로로벤젠

103 다음중 클로로벤젠에 있어서 옳은 것은?

① 인화점은 32℃이다.
② 은색의 액체이다.
③ 석유 냄새가 난다.
④ 독성이 있어 살인용으로 사용한다.

해설 클로로벤젠(C_6H_5Cl)은 제4류 위험물(인화성 액체) 제2석유류이며 아몬드향을 내는 무색 액체로 독성은 적으며 인화점은 32℃이다.

크실렌 등

104 구조식이 명칭은?

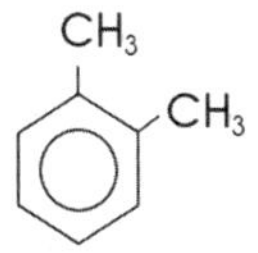

① O-크실렌 ② M-크실렌
③ P-크실렌 ④ X-크실렌

해설 구조식의 명칭 : 오르소(O)-크실렌[$C_6H_3(CH_3)_2$]

참고 크실렌[$C_6H_4(CH_3)_2$]은 제4류 위험물(인화성 액체) 제2석유류이며 오르소(Ortho), 메타(Meta), 파라(Para) 3가지의 이성질체를 갖는다.

• 크실렌(Xylene)의 다른명칭 : 자일렌, 자일롤

105 히드라진의 지정수량은?

① 200kg ② 200L
③ 2,000kg ④ 2,000L

해설 히드라진(N_2H_4)은 제4류 위험물(인화성 액체) 제2석유류 수용성인 액체로서 지정수량은 2,000L이다.

제3석유류(중유)

106 다음 위험물중에서 제3석유로만 짝지어진 것은?

① 중유-테레핀유
② 중유-아세트산
③ 크레오소트유-에틸렌글리콜
④ 크레오소트유-윤활유

해설 제4류 위험물(인화성 액체)의 품명

• 중유(제3석유류)-테레핀유(제2석유류)
• 중유(제3석유류)-아세트산(제2석유류)
• 크레오소트유, 에틸렌글리콜(제3석유류)
• 크레오소트유(제3석유류)-윤활유(제4석유류)

| 정답 | 101 ① 102 ② 103 ① 104 ① 105 ④ 106 ③

107 다음에서 중유의 성질에 맞지 않는 것은?

① 암갈색의 액체이다.
② 석유분류 중 300℃ 이하에서 유출한다.
③ 여러 가지 종류로 분류되어 있다.
④ 종류에 따라 인화점이 다르다.

해설 중유는 제4류 위험물(인화성 액체) 제3석유류이며 석유를 분별증류하여 제조하며 300℃~350℃에서 유출하는 것이다.

108 탱크화재 현상 중 BLEVE(Boiling Liquid Expanding Vapor Explosion)에 대한 설명으로 가장 옳은 것은?

① 기름탱크에서의 수증기 폭발현상
② 비등상태의 액화가스가 기화하여 팽창하고 폭발하는 현상
③ 화재시 기름 속의 수분이 급격히 증발하여 기름거품이 되고 팽창해서 기름탱크에서 밖으로 내뿜여 져 나오는 현상
④ 고점도의 기름속에 수증기를 포함한 볼 형태의 물방울이 형성되어 탱크 밖으로 넘치는 현상

해설 블레비(BLEVE) 현상
가연성 액체 저장탱크 주위의 화재로 탱크 강판의 강도가 약해진 부분의 파열로 인하여 탱크 내부의 가열된 액화가스가 급격히 유출하여 팽창 폭발하는 현상

크레오소오트유

109 크레오소오트유에 대한 설명으로 틀린 것은?

① 제3석유류에 속한다.
② 무취이고 증기는 독성이 없다.
③ 상온에서 액체이다.
④ 물보다 무겁고 물에 녹지 않는다.

해설 크레오소오트유(Creosote Oil)는 제4류 위험물(인화성 액체) 제3석유류를 대표하며 독특한 냄새가 있으며 증기는 독성이 있다.

니트로벤젠 · 아닐린

110 다음 중 인화점이 가장 높은 것은?

① 니트로벤젠 ② 클로로벤젠
③ 톨루엔 ④ 에틸벤젠

해설 니트로벤젠($C_6H_5NO_2$)의 인화점이 88℃로 보기 중 가장 높다.

참고 제4류 위험물(인화성 액체) 인화점
- 니트로벤젠($C_6H_5NO_2$) : 88℃
- 클로로벤젠(C_6H_5Cl) : 32℃
- 톨루엔($C_6H_5CH_3$) : 4℃
- 에틸벤젠($C_6H_5C_2H_5$) : 15℃

111 다음 중 방향족 탄화수소가 아닌 것?

① 벤젠 ② 크실렌
③ 메틸벤젠 ④ 아닐린

해설 아닐린($C_6H_5NH_2$)은 제4류 위험물(인화성 액체) 제3석유류중 방향족아민이며 방향족 탄화수소에 해당되지 아니하다.

112 아닐린은 물에 잘 녹지 않지만 아닐린을 염화수소와 반응시키면 물에 잘녹는 물질이 생긴다. 이 물질은?

①
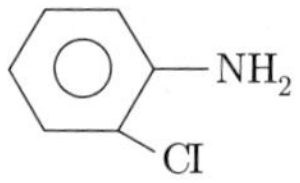

②
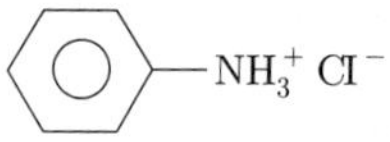

③
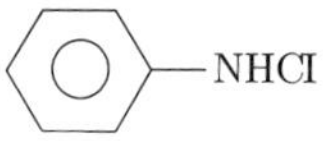

④

해설 아닐린($C_6H_5NH_2$)은 물에 잘 녹지 않으나 아닐린에 염화수소(HCl)를 반응시키면 물에 잘녹는 염산아닐린($C_6H_5NH_3^+Cl^-$)이 생성된다.

참고
- $C_6H_5NH_2Cl$: 클로로아닐린(염화아닐린)
- $C_6H_5NH_3^+Cl^-$: 염산아닐린
- C_6H_5NHCl : 피리디늄클로라이드

| 정답 | 107 ② 108 ② 109 ② 110 ① 111 ④ 112 ②

에틸렌글리콜 글리세린등

113 다음 중 2가 알코올인 것은?

① 메탄올　② 에탄올
③ 에틸렌 글리콜　④ 글리세린

해설 에틸렌글리콜[$C_2H_4(OH)_2$]은 수산기(OH)가 2개인 2가 알코올이다.

참고 알코올에 포함된 수산기(OH)의 개수
- 메탄올(CH_3OH) : 1개(1가 알코올)
- 에탄올(C_2H_5OH) : 1개(1가 알코올)
- 에틸렌 글리콜[$C_2H_4(OH)_2$] : 2개2가 알코올)
- 글리세린[$C_3H_5(OH)_3$] : 3개(3가 알코올)

114 글리세린에 대한 설명을 바르게 한 것은?

① 무색, 무취의 고체이다.
② 흡습성이 있다.
③ 에테르, 벤젠 등에 잘 녹는다.
④ 불연성 물질이다.

해설 글리세린[$C_3H_5(OH)_3$]은 제4류 위험물(인화성 액체)중 제3석유류이며 수용성이므로 흡습성도 좋다.

참고 글리세린[$C_3H_5(OH)_3$]은 물, 알코올에 잘녹으며 에테르, 벤젠 등에 잘 녹지 않는다.

115 히드라진하이드레이트의 지정수량은?

① 1000L　② 3000L
③ 2000L　④ 4,000L

해설 히드라진하이드레이트[$N_2H_4 \cdot H_2O$]의 인화점이 74℃이므로 제4류 위험물(인화성 액체) 제3석유류이며, 수용성이므로 지정수량은 4,000L이다.

참고 히드라진[N_2H_4]은 인화점이 38℃이므로 제4류 위험물(인화성 액체) 제2석유류이며 수용성을 갖는다.

제4석유류

116 1기압 20℃에서 액상이며 인화점이 200℃이상인 물질은

① 벤젠　② 톨루엔
③ 글리세린　④ 실린더유

해설 제4류 위험물(인화성 액체) 제4석유류의 인화점 범위는 200℃이상 250℃미만이며 실린더유는 제4석유류의 지정품목에 해당된다.

동식물유류

117 "동 · 식물유류"라 함은 몇 기압과 섭씨 몇 도 미만의 인화점을 갖는 것인가?

① 1기압 200℃
② 1기압 250℃
③ 2기압 300℃
④ 2기압 350℃

해설 제4류 위험물(인화성액체)인 동식물유류의 정의
동물의 지육등 또는 식물의 종자나 과육으로부터 추출한 것으로서 1기압에서 인화점이 250℃ 미만인 것

118 요오드값에 관한 설명중 틀린 것은?

① 기름 100g에 흡수되는 요오드의 g 수를 말한다.
② 요오드값은 유지에 함유된 지방산의 불포화 정도를 나타낸다.
③ 불포화결합이 많이 포함되어 있는 것이 건성유이다.
④ 불포화 정도가 클수록 반응성이 작다.

해설 요오드값이 클수록 불포화도가 크며 건성유와 같이 불포화 정도가 클수록 반응성이 풍부하여 종이 헝겊등에 스며 베었을 때 자연발화의 위험이 있다.

119 동식물유류중 공기 중에서 서서히 산화되어 수지모양으로 굳어 얇은 막을 만드는 것은?

① 올리브유　② 참기름
③ 면실유　④ 오동기름(동유)

해설 제4류 동식물유류중 공기 중에서 서서히 산화되어 수지모양으로 굳어 얇은 막을 만드는 것은 건성유이다.

참고 건성유의 종류 : 해바라기유, 동유(오동기름), 아마인유, 들기름, 정어리유등

| 정답 | 113 ③　114 ②　115 ④　116 ④　117 ②　118 ④　119 ④

120 동식물성 유지 중 건성유의 자연발화 조건에 속하는 것은?

① 마개를 하지 않은 용기에 장시간 보관시
② 종이나 헝겊 등에 스며서 쌓여 있을 때
③ 물이 급격히 혼합될 때
④ 순간적 충격이나 강한 빛을 쏘였을 때

해설 동식물유류는 제4류 위험물(인화성액체)이며 이 중 건성유의 자연발화 조건은 종이나 헝겊 등에 스며서 쌓여 있을 때 일어난다.

제5류 위험물

121 질산의 수소원자를 알킬기로 치환한 제5류 위험물의 지정수량은?

① 10kg ② 100kg
③ 200kg ④ 300kg

해설 질산에스테르류의 지정수량 : 10kg

참고 질산(HNO_3)의 수소원자(H)를 알킬기(CH_3^-, $C_2H_5^-$ 등)로 치환한 물질은 제5류 위험물(자기반응성물질) 질산에스테르류이다.
• 질산메틸(CH_3ONO_2), 질산에틸($C_2H_5ONO_2$) 등

122 제5류 위험물이 아닌 것은?

① 염화벤조일 ② 아지화나트륨
③ 질산구아니딘 ④ 아세틸퍼옥사이드

해설 염화벤조일[C_6H_5COCl]의 인화점은 72.2℃로 제4류 위험물(인화성 액체) 제3석유류이다.

참고 • 아지화나트륨, 질산구아니딘 : 그밖에 행정안전부령이 정하는 제5류 위험물(자기반응성물질)
• 아세틸퍼옥사이드[$(CH_3CO)_2O_2$] : 제5류 위험물 유기과산화물

123 제5류 위험물에 대한 설명으로 옳지 않은 것은?

① 대표적인 성질은 자기반응성 물질이다.
② 피크린산은 니트로화합물이다.
③ 모두 산소를 포함하고 있다.
④ 니트로화합물은 니트로기가 많을수록 폭발력이 커진다.

해설 제5류 위험물(자기반응성물질)은 대부분 산소(O)를 포함하며 아조벤젠($C_6H_5N=NC_6H_5$), 디아조메탄(CH_2N_2)등 산소(O)를 포함하지 않은것도 있다.

질산에스테르류

124 질산메틸의 성질로 맞지 않는 것은?

① 비점 66℃, 증기비중 2.65
② 인화점 10℃, 융점 −94.6℃
③ 무색 투명한 액체
④ 비점 이상 가열하면 위험

해설 질산메틸(CH_3ONO_2)은 제5류 위험물(자기반응성물질)중 질산에스테르류에 해당되며 비점 66℃이며 무색 투명한 액체이다.

참고 인화점 10℃, 융점 −94.6℃는 질산에틸($C_2H_5ONO_2$)의 성상에 해당된다.

125 질산에틸의 성질 중 틀린 것은?

① 물에는 녹지 않는다.
② 무색의 액체이며 실온에서는 인화되지 않는다.
③ 증기는 공기보다 무겁다.
④ 감미로운 액체이다.

해설 질산에틸($C_2H_5ONO_2$)은 제5류 위험물(자기반응성물질) 중 질산에스테르류에 속하며 인화점이 10℃이므로 상온(20℃±5)이하에서 인화된다.

니트로글리세린

126 순수한 것은 무색투명한 기름상의 액체이고 공업용은 담황색인 위험물로 충격·마찰에는 매우 예민하고 겨울철에는 동결할 우려가 있는 것은?

① 펜트리트
② 트리니트로벤젠
③ 니트로글리세린
④ 질산메틸

| 정답 | 120 ② 121 ① 122 ① 123 ③ 124 ② 125 ② 126 ③

해설 본문의 위험물 : 제5류 위험물(자기반응성 물질) 질산에스테르류중 기름상태의 액체인 니트로글리세린[$C_3H_5(ONO_2)_3$]이다.

참고
- 펜트리트[$C(CH_2NO_3)_4$] : 백색결정(고체상태)
- 트리니트로벤젠[$C_6H_3(NO_2)_3$] : 백색결정(고체상태)
- 질산메틸(CH_3ONO_2) : 무색 투명한 액체

니트로셀룰로오스

127 다이너마이트의 원료로 사용되며 건조한 상태에서는 타격, 마찰에 의하여 폭발의 위험성이 있으므로 운반시 물 또는 알코올을 첨가하여 습윤시키는 위험물은?

① 벤조일퍼옥사이드
② 트리니트로톨루엔
③ 니트로셀룰로오스
④ 디니트로나프탈렌

해설 제5류 위험물(자기반응성물질) 질산에스테르류인 니트로글리세린[$C_3H_5(ONO_2)_3$]은 액체상태로 충격에메우 민감하여 규조토에 흡수시켜 다이너마이트를 만들며 니트로글리세린 다이너마이트에 고체상태의 니트로셀룰로오스[$C_6H_7O_2(ONO_2)_3$]n를 혼합하여 개량된 다이너마이트를 교질다이너마이트라한다.

128 질화면에서 강질화면과 약질화면의 구별은 어떻게 하는가?

① 분자의 크기
② 질소의 함량
③ 질화온도
④ 물에 대한 용해도

해설 질화면=니트로셀룰로오스=면화약

참고 질화면의 구분
- 강질화면 : N 〉 12.76%
- 약질화면 : N 〈 10.18~12.76%

129 셀룰로이드에 대한 설명으로 옳는 것은?

① 질소가 함유한 유기물이다.
② 질소가 함유한 무기물이다.
③ 유기의 염화물이다.
④ 무기의 염화물이다.

해설 셀룰로이드는 제5류 위험물(자기반응성물질) 질산에스테르류에 속하며 니트로셀룰로오스[$C_6H_7O_2(ONO_2)_3$]n를 장뇌와 알코올에 녹여 교질상태로 만든 것을 압연, 압착, 재단하여 건조시킨 것으로 니트로셀룰로오스와 같이 질소(N)와 (O)를 많이 함유한 유기화합물이다.

유기과산화물

130 유기과산화물에 대한 설명으로 옳은 것은?

① 제1류 위험물이다.
② 화재발생시 질식소화가 가장 효과적이다.
③ 산화제 또는 환원제와 같이 보관하여 화재에 대비한다.
④ 지정수량이 10kg이다.

해설 유기과산화물은 제5류 위험물(자기반응성물질)이며 산화제 또는 환원제와는 격리하여 저장한다. 소화방법은 주수에 의한 냉각소화가 적응성이 있고 위험등급 Ⅰ등급이며 지정수량은 10kg이다.

131 벤젠퍼옥사이드의 저장, 취급시 주의사항이 아닌 것은?

① 수분이 흡수되거나 희석제의 첨가에 의하여 분해가 증가된다.
② 냉암소에 저장한다.
③ 수성의 것은 80%의 이상, 기타의 것은 55% 이상 함유율만 지정 과산화물이다.
④ 이물질의 혼입과 누출을 막는다.

해설 벤젠퍼옥사이드[$(C_6H_5CO)_2O_2$]는 제5류 위험물(자기반응성물질) 유기과산화물이며 물(H_2O)에 녹지않으나 분해 폭발을 방지하기위하여 수분을 함유시키거나 희석제를 첨가하여 저장한다.

| 정답 | 127 ③ 128 ② 129 ① 130 ④ 131 ①

132 다음 위험물 중 가연물과 산소를 많이 함유하므로 희석제를 가하여야 하는 물질은?

① $(C_6H_5CO)_2O_2$　② $NaNO_3$
③ $NaClO_4$　④ K_2O_2

해설 과산화벤조일$[(C_6H_5CO)_2O_2]$은 제5류 위험물(자기반응성물질)중 유기과산화물에 속하며 보관중에 희석제를 가하거나 수분을 함유시켜 분해 및 폭발을 억제시킨다.

133 폴리스틸렌, 폴리메타크릴산메틸, 폴리아크릴니트릴 제조의 중합개시제로서 사용하는 물질은 어느 것인가?

① 과산화나트륨　② 과산화바륨
③ 벤젠퍼옥사이드　④ 질산바륨

해설 본문내용 : 제5류 위험물(자기반응성물질) 유기과산화물인 벤젠퍼옥사이드$[(C_6H_5CO)_2O_2]$이다.

참고 벤젠퍼옥사이드의 다른이름 : 과산화벤조일

니트로화합물

134 나트로화합물은 폭약과 관계가 깊은데 그것은 다음 중에서 어느 이유 때문인가?

① 산화 작용이 있다.
② 분자 중에 산소를 다량 함유하고 있어 공기 없이도 잘 탄다.
③ 환원 작용이 있다.
④ 물에 잘녹는 물질이다.

해설 니트로화합물등 대부분의 제5류 위험물(자기반응성물질)은 분자 중에 산소(O)를 다량 함유하고 있어 공기 없이도 잘 탄다.

트리니트로톨루엔

135 트리니트로톨루엔에 관한 설명으로 옳은 것은?

① 불연성이지만 조연성 물질이다.
② 폭약류의 폭력을 비교할 때 기준 폭약으로 활용된다.
③ 인화점이 30℃보다 높으므로 여름철에 주의해야 한다.
④ 분해연소 하면서 다량의 고체를 발생한다.

해설 트리니트로톨루엔$[C_6H_2CH_3(NO_2)_3]$은 제5류 위험물(자기반응성물질) 니트로화합물에 속하며 폭약류의 폭력을 비교할 때 기준 폭약으로 활용된다.

136 제5류 위험물인 트리니트로톨루엔 분해시 주 생성물질에 해당하지 않는 것은?

① CO　② N_2
③ NH_3　④ H_2

해설 트리니트로톨루엔$[C_6H_2CH_3(NO_2)_3]$은 제5류 위험물(자기반응성물질) 니트로화합물이며 분해시 CO(일산화탄소), H_2(수소), N_2(질소), C(탄소)를 생성한다.

참고 트리니트로톨루엔$[C_6H_2CH_3(NO_2)_3]$의 분해반응식

$2C_6H_2CH_3(NO_2)_3 \rightarrow$
(트리니트로톨루엔)

$12CO\uparrow + 5H_2\uparrow + 3N_2\uparrow + 2C$
(일산화탄소)　(수소)　(질소)　(탄소)

137 폭발성을 가지는 유기화합물은?

①
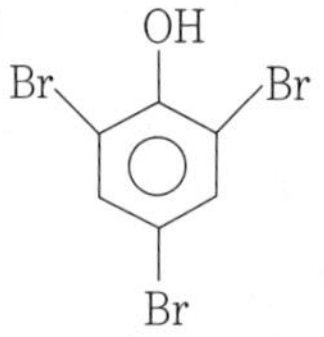

②
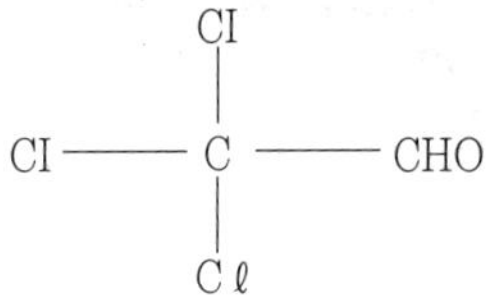

③
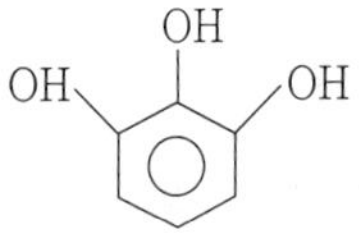

④
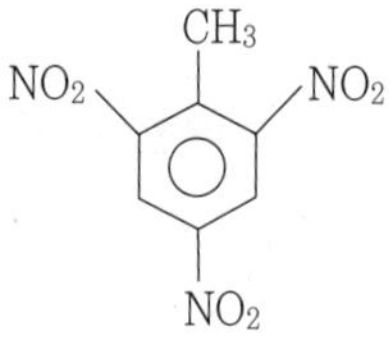

| 정답 | 132 ① 133 ③ 134 ② 135 ② 136 ③ 137 ④ |

해설 물질의 명칭
① 삼브롬화페놀 : $C_6H_2OH(Br)_3$
② 클로랄(삼염화알데히드) : CCl_3CHO
③ 피로가롤 : $C_6H_3(OH)_3$
④ 트리니트로톨루엔 : $C_6H_2CH_3(NO_2)_3$

트리니트로페놀(피크린산)

138 피크린산의 성질에 대한 설명중 틀린 것은?

① 수분이 흡수되거나 희석제의 첨가에 의하여 분해가 증가된다.
② 냉암소에 저장한다.
③ 수성의 것은 80%의 이상, 기타의 것은 55% 이상 함유율만 지정 과산화물이다.
④ 이물질의 혼입과 누출을 막는다.

해설 피크린산(Picric acid)은 제5류 위험물(자기반응성물질) 니트로화합물인 트리니트로페놀[$C_6H_2OH(NO_2)_3$]을 말하며 찬물에 극히 적게녹고 더운물에 잘녹는다. 희석제는 사용하지 않으며 구리(Cu), 납(Pb), 아연(Zn)등과 피크린산염을 만들면 위험성이 증가된다.

139 다음 중 피크린산과 반응하여 피크린산염을 형성하는 것은?

① 물　　② 수소
③ 구리　　④ 산소

해설 피크린산(Picric acid)과 반응하여 피크린산염을 형성하는 금속은 구리(Cu), 납(Pb), 아연(Zn)등이다.

제6류 위험물

140 위험물안전관리법령상 산화성액체에 속하는 것은?

① 염소화이소시아눌산
② 퍼옥소이황산염류
③ 질산구아니딘
④ 할로겐간화합물

해설 위험물안전관리법령상 산화성액체는 제6류 위험물의 성질을 말하며 제6류 위험물의 품명중 할로겐간화합물은 그밖에 행정안전부령이 정하는 것에 속한다.

참고 그밖에 행정안전부령이 정하는 위험물의 유별
- 염소화이소시아눌산 : 제1류 위험물
- 퍼옥소이황산염류 : 제1류 위험물
- 질산구아니딘 : 제5류 위험물

141 제6류 위험물에 대한 설명으로 틀린 것은?

① 위험등급 Ⅰ에 속한다.
② 자신이 산화되는 산화성물질이다.
③ 지정수량이 300kg이다.
④ 오불화브롬은 제6류 위험물이다.

해설 제6류 위험물(산화성액체)은 다량의 산소(O)를 함유한 강산화제로서 화재시 다른 가연물의 연소를 돕기위하여 산소(O_2)를 공급하며 산소를 공급하기위해서는 자신은 환원된다.

질산

142 HNO_3에 대한 설명으로 틀린 것은?

① Al, Fe은 진한 질산에서 부동태를 생성해 녹지않는다.
② 질산과 염산을 3:1 비율로 제조한 것을 왕수라 한다.
③ 부식성이 강하고 흡습성이 있다.
④ 직사일광에서 분해하여 NO_2를 발생한다.

해설 HNO_3(질산)은 제6류 위험물(산화성 액체)이며 왕수는 질산(HNO_3) 1과 염산(HCl) 3의 비율로 혼합된 산이다.

143 질산이 손에 묻어 노랑색이 되었다. 이러한 반응을 무엇이라 하는가?

① 요오드 포름반응
② 크산토 프로테인반응
③ 프리텔크라프트반응
④ 펠링반응

| 정답 | 138 ① 139 ③ 140 ④ 141 ② 142 ② 143 ②

해설 크산토 프로테인(Xantho protein)반응
단백질을 함유한 물질이 질산(HNO_3)과 만나면 노랑색을 띠는 반응

참고
- 요오드포름반응 : 아세틸기(CH_3CO^-)를 가진 물질에 요오드(I_2)와 수산화나트륨(NaOH)수용액을 가하면 요오드포름(CHI_3)의 노란색 침전물이 생기는 반응
- 프리텔크라프트반응 : 방향족화합물과 할로겐화 알킬을 반응시켜서 각각 알킬화를 행하는 반응을 말한다.

[예] 톨루엔($C_6H_5CH_3$)의 제법(프리텔크라프트반응)

$$C_6H_6 + CH_3Cl \xrightarrow[\text{알킬화}]{AlCl_3\,(\text{염화알루미늄})} C_6H_5CH_3 + HCl\uparrow$$

(벤젠) (염화메틸) (톨루엔) (염화수소)

- 펠링반응 : 아세트알데히드(CH_3CHO)와 같은 환원성 물질에 펠링 용액(짙은 푸른색)을 가하여 가열하면 산화제1구리(Cu_2O)의 붉은색 침전이 생기는 반응

※ 펠링 용액 : 로셀염과 수산화나트륨의 혼합액에 황산구리 수용액을 섞어서 만든푸른색의 용액).

발연질산

144 **발연질산의 용기가 열려있을 때 어떤 가스가 발생하는가?**

① NO ② NO_2
③ NO_3 ④ SO_2

해설 발연질산($HNO_3 + nNO_2$)은 제6류 위험물(산화성 액체)이며 진한질산(HNO_3)에 이산화질소(NO_2)를 과잉으로 흡수시킨 것으로 용기가 열려있을 때 과잉으로 흡수되어있는 갈색의 이산화질소(NO_2)를 발생 시킨다.

과산화수소

145 **다음 제6류 위험물인 과산화수소의 성질 중 틀린 것은?**

① 농도가 36wt% 이상인 것을 위험물로 간주한다.
② 용기는 구멍이 뚫린 마개를 사용한다.
③ 농도가 약 60wt% 이상이면 단독으로 분해폭발한다.
④ 순수한 것은 담황색의 액체

해설 과산화수소(H_2O_2)는 제6류 위험물(산화성 액체)이며 순수한 것은 무색투명하며 양이 많을 경우 청색으로 보인다.

146 **다음 제6류 위험물 중 산화성액체로써 서서히 분해하므로 안정제를 첨가하는 것은?**

① $HClO_4$
② H_2O_2
③ $HNO_3 + nNO_2$
④ HNO_3

해설 제6류 위험물(산화성액체) 중 과산화수소(H_2O_2)는 저장시 서서히 분해하므로 안정제로 요산($C_5H_4N_4O_3$)과 인산(H_3PO_4)을 첨가시켜 분해를 억제시킨다.

147 **과산화수소에 대한 설명중 틀린 것은?**

① 산화작용도 하지만 환원제로 사용할 때도 있다.
② 점성이 큰액체이며 3%수용액은 소독제로 쓴다.
③ 이산화망간은 부촉매로 산소발생을 억제한다.
④ 묽은 황산에 과산화바륨을 섞으면 생성된다.

해설 과산화수소(H_2O_2)는 제6류 위험물(산화성 액체)이며 이를 가열할 때 넣어주는 이산화망간(MnO_2)은 정촉매로 산소(O_2)발생을 급속히 진행시키는 역할을 한다.

과염소산

148 **과염소산 위험물은 물과 접촉할 경우 반응사항은?**

① 폭발반응 ② 연소반응
③ 연쇄반응 ④ 발열반응

| 정답 | 144 ② 145 ④ 146 ② 147 ③ 148 ④

해설 과염소산($HClO_4$)은 제6류 위험물(산화성 액체)로서 물(H_2O)과 반응하여 발열하며 고체상태의 수화물을 만든다.

참고 과염소산($HClO_4$)의 6종의 고체 수화물
- $HClO_4 \cdot H_2O$
- $HClO_4 \cdot 2H_2O$
- $HClO_4 \cdot 2.5H_2O$
- $HClO_4 \cdot 3H_2O$(2종류)
- $HClO_4 \cdot 3.5H_2O$

149 과염소산에 대해 설명중 틀린 것은?

① 산화제로 사용된다.
② 휘발성이 강한 가연성 물질이다.
③ 철, 아연, 구리와 격렬하게 반응한다.
④ 증기비중이 약 3.5이다.

해설 제6류 위험물(산화성 액체)인 과염소산($HClO_4$)은 산소(O)를 다량함유한 불연성인 강산화제이다.

위험물의 취급방법

150 지정수량 이상의 위험물의 저장 또는 취급에 관하여는 어디에서 규정하고 있는가?

① 위험물안전관리법
② 석유사업법
③ 행정안전부령
④ 시 또는 도의 조례

해설 해당법령 : 위험물안전관리법

참고 [법제4조(지정수량 미만인 위험물의 저장·취급)]
지정수량 미만인 위험물의 저장 또는 취급에 관한 기술상의 기준은 특별시·광역시·특별자치시·도 및 특별자치도(이하 "시·도"라 한다)의 조례로 정한다.

151 지정수량 이상의 위험물 저장·취급시 임시저장기간은?

① 20일　② 30일
③ 50일　④ 90일

해설 임시저장기간 : 90일 이내

참고 [법제5조(위험물의 저장 및 취급의 제한)제2항 1호]
1. 시·도의 조례가 정하는 바에 따라 관할소방서장의 승인을 받아 지정수량 이상의 위험물을 90일 이내의 기간동안 임시로 저장 또는 취급하는 경우

152 위험물안전관리법령상 지정수량이상의 위험물을 제조소등에서 취급하지 않을 경우 벌칙으로 옳은 것은?

① 1년 이하의 징역 또는 1,000만원 이하의 벌금
② 2년 이하의 징역 또는 2,000만원 이하의 벌금
③ 3년 이하의 징역 또는 3,000만원 이하의 벌금
④ 5년 이하의 징역 또는 5,000만원 이하의 벌금

해설 해당벌칙 : 3년 이하의 징역 또는 3,000만원 이하의 벌금

참고 [법제34조의3(벌칙)]
저장소 또는 제조소등이 아닌 장소에서 지정수량 이상의 위험물을 저장 또는 취급한 자는 3년 이하의 징역 또는 3천만원 이하의 벌금에 처한다.

153 위험물안전관리법에서 사용하는 용어의 정의 중 틀린 것은?

① "지정수량"은 위험물의 종류별로 위험성을 고려하여 대통령령이 정하는 수량이다.
② "제조소"라 함은 위험물을 제조할 목적으로 지정수량 이상의 위험물을 취급하기위하여 규정에 따라 허가를 받은 장소이다.
③ "저장소"라 함은 지정수량 이상의 위험물을 저장하기위한 대통령령이 정하는 장소로서 규정에 따라 허가를 받은 장소를 말한다.
④ "제조소등"이라 함은 제조서, 저장소, 및 이동탱크를 말한다.

| 정답 | 149 ② 150 ① 151 ④ 152 ③ 153 ④

해설 [법제2조(정의)제1항 제6호]
6. "제조소등"이라 함은 제조소, 저장소, 및 취급소를 말한다.

위험물 안전관리자

154 **위험물 안전관리자의 선임 등에 대한 설명으로 옳은 것은?**

① 안전관리자는 국가기술자격 취득자 중에서만 선인하여야 한다.
② 안전관리자를 해임한 때에는 14일 이내에 다시 선임하여야 한다.
③ 제조소등의 관계인은 안전관리자가 일시적으로 직무를 수행할 수 없는 경우에는 14일 이내의 범위에서 안전관리자의 대리자를 지정하여 직무를 대행 하게 하여야 한다.
④ 안전관리자를 선임 한 때에는 14일 이내에 신고하여야 한다.

해설 [법제15조(위험물안전관리자)제3항]
③ 제조소등의 관계인은 안전관리자를 선임한 경우에는 선임한 날부터 14일 이내에 행정안전부령으로 정하는 바에 따라 소방본부장 또는 소방서장에게 신고여야 한다.

참고
- 안전관리자는 위험물에 관한 자격이 있는자(위험물취급자격자(국가기술자격 취득자), 위험물안전관리자등을 선인하여야 한다.
- 안전관리자를 해임한 때에는 30일 이내에 다시 선임하여야 한다.
- 제조소등의 관계인은 안전관리자가 일시적으로 직무를 수행할 수 없는 경우에는 30일 이내의 범위에서 안전관리자의 대리자를 지정하여 직무를 대행 하게 하여야 한다.

155 **위험물 안전관리자의 책무에 해당하지 않는 것은?**

① 화재 등의 재난이 발생한 경우 소방관서 등에 대한 연락업무
② 화재 등의 재난이 발생한 경우 응급조치
③ 위험물의 취급에 관한 일지의 작성・기록
④ 위험물 안전관리자의 선임신고

해설 위험물 안전관리자의 선임은 관계인이 한다.

참고 관계인의 정의[법제11조 내용]
제조소등의 관계인은 소유자, 점유자, 관리자를 말한다.

제조소등의 설치허가

156 **제조소등의 설치허가를 받고자 한다. 허가청으로 옳은 것은?**

① 행정안전부 장관
② 소방본부장
③ 시장・군수
④ 시・도지사

해설 허가청 : 시・도지사

참고 [법제6조(위험물시설의 설치 및 변경 등)제1항]
① 제조소등을 설치하고자 하는 자는 대통령령이 정하는 바에 따라 그 설치장소를 관할하는 특별시장・광역시장・특별자치시장・도지사 또는 특별자치도지사(이하 "시・도지사"라 한다)의 허가를 받아야 한다.

157 **제조소등의 설치허가를 받지 아니하고 제조소등을 설치한자에 대한 벌칙으로 옳은 것은?**

① 1년 이하의 징역 또는 1,000만원 이하의 벌금
② 3년 이하의 징역 또는 3,000만원 이하의 벌금
③ 5년 이하의 징역 또는 1억원 이하의 벌금
④ 7년 이하의 징역 또는 2억원 이하의 벌금

해설 해당벌칙 : 5년 이하의 징역 또는 1억원 이하의 벌금

참고 [법제34조의2(벌칙)]
제조소등의 설치허가를 받지 아니하고 제조소등을 설치한 자는 5년 이하의 징역 또는 1억원 이하의 벌금에 처한다.

| 정답 | 154 ④ 155 ④ 156 ④ 157 ③

158 **제조소등의 위치구조 또는 설비의 변경없이 당해 제조소등에서 취급하는 위험물의 품명을 변경하고자 하는 자는 변경하고자 하는 날의 몇일(개월) 전까지 신고하여야 하는가?**

① 1일
② 14일
③ 1개월
④ 6개월

해설 변경하고자 하는 날의 1일 전

참고 [법제6조(위험물시설의 설치 및 변경 등)제2항]
② 제조소등의 위치·구조 또는 설비의 변경없이 당해 제조소등에서 저장하거나 취급하는 위험물의 품명·수량 또는 지정수량의 배수를 변경하고자 하는 자는 변경하고자 하는 날의 1일 전까지 행정안전부령이 정하는 바에 따라 시·도지사에게 신고하여야 한다.

예방규정

159 **위험물안전관리법령에 따라 제조소등의 관계인이 예방규정을 정하여야 하는 제조소등에 해당하지 않는 것은?**

① 지정수량 의 200배 이상의 위험물을 저장하는 옥외탱크저장소
② 지정수량 10배 이상의 위험물을 취급하는 제조소
③ 암반탱크저장소
④ 지하탱크저장소

해설 예방규정을 정하여야 하는 제조소등에 지하탱크저장소는 해당되지 않는다.

참고 [영제15조(관계인이 예방규정을 정하여야 하는 제조소등)제1호내지 제7호 (요약)]
- 지정수량의 10배 이상의 위험물을 취급하는 제조소, 일반취급소(단서 생략)
- 지정수량의 100배 이상의 위험물을 저장하는 옥외저장소
- 지정수량의 150배 이상의 위험물을 저장하는 옥내저장소
- 지정수량의 200배 이상의 위험물을 저장하는 옥외탱크저장소
- 암반탱크저장소
- 이송취급소

제조소의 안전거리

160 **위험물 제조소와의 안전거리를 설명한 것이다. 안전거리 기준으로 옳은 것은? (단, 안전거리 예외기준은 적용치 않음)**

① 학교·병원·극장으로부터 70m 이상
② 지정문화재로부터 70m 이상
③ 가연성 가스 취급시설로부터 10m 이상
④ 특고압가공전선(35,000V 초과)으로부터 5m 이상

해설 특고압가공전선(35,000V 초과)으로부터 5m 이상 안전거리를 두어야 한다.

참고 규칙[별표4] 제조소의 위치·구조 및 설비의 기준
Ⅰ. 안전거리(요약)
- 특고압가공전선(7,000V초과 35,000V 이하) : 3m 이상
- 특고압가공전선(35,000V초과) : 5m 이상
- 건축물 그밖의 공작물로서 주거용으로 사용되는 곳(제조소가 설치된 부지내에 있는 것을 제외한다.) : 10m 이상
- 고압가스, 액화석유가스, 도시가시를 제조·저장 또는 취급하는 시설 : 20m 이상
- 학교·병원·극장(300인 이상), 아동복지시설등 다수인이 출압하는 곳(20명 이상) : 30m 이상
- 유형문화재 및 기념물중 지정문화재 : 50m 이상

161 **히드록실아민을 취급하는 제조소에 두어야 하는 최소의 안전거리(D)를 구하는 산식으로 옳은 것은?**

① $D=\frac{40\times V}{3}$ ② $D=51.1\sqrt[3]{N}$
③ $D=\frac{55\times V}{3}$ ④ $D=\frac{62.1\times V}{3}$

| 정답 | 158 ① 159 ④ 160 ④ 161 ②

해설 안전거리(D)를 구하는 산식 : $D=51.1\sqrt[3]{N}$

참고 규칙[별표4] 제조소의 위치·구조 및 설비의 기준
Ⅻ. 위험물의 성질에 따른 제조소의 특례
4. 히드록실아민등을 취급하는 제조소의 특례는 다음 각목과 같다.
$D=51.1\sqrt[3]{N}$
D : 거리(m)
N : 해당 제조소에서 취급하는 히드록실아민등의 지정수량의 배수

보유공지

162 위험물제조소에 보유공지를 두는 목적과 가장 거리가 먼 것은?

① 위험물시설의 화염이 인근의 시설이나 건축물 등으로의 연소확대방지를 위한 완충공간 기능을 하기 위함
② 위험물시설의 주변에 장애물이 없도록 공간을 확보하므로서 소화활동이 쉽도록 하기 위함
③ 위험물시설의 주변에 있는 시설과 50m 이상을 이격하여 폭발발생시 피해를 방지하기 위함
④ 위험물시설의 주변에 장애물이 없도록 공간을 확보하므로서 피난자가 피난이 쉽도록 하기 위함

해설 위험물 제조소의 주변에 있는 시설과 지정수량에 따라 3m이상 또는 5m 이상의 보유공지를 확보하여 폭발발생등 피해를 방지하여야 한다.

참고 규칙[별표4] 제조소의 위치·구조 및 설비의 기준
Ⅱ. 보유공지 (위험물 제조소의 보유공지 규정)

취급하는 위험물의 최대 수량	공지의 너비
지정수량의 10배 이하의 수량	3m 이상
지정수량의 10배 초과의 수량	5m 이상

제조소의 위치 구조 설비등

163 위험물 제조소의 위치·구조 및 설비의 기준에 대한 설명중 틀린 것은?

① 벽·기둥·바닥·보·서까래는 내화재료로 하여야 한다.
② 제조소의 표지판은 한 변이 30cm, 다른 한 변이 60cm 이상의 크기로 한다.
③ "화기엄금"을 표시하는 게시판은 적색바탕에 백색문자로 한다.
④ 지정수량의 10배를 초과한 위험물을 취급하는 제조소는 보유공지의 너비가 5m 이상이어야 한다.

해설 제조소의 벽·기둥·바닥·보·서까래 및 계단을 불연재료로 한다.

참고 규칙[별표4] 제조소의 위치·구조 및 설비의 기준
Ⅳ. 건축물의 구조 제2호
2. 벽·기둥·바닥·보·서까래 및 계단을 불연재료로 하고, 연소의 우려가 있는 외벽(소방청장이 정하여 고시하는 것에한한다. 이하 같다)은 출입구 외의 개구부가 없는 내화구조의 벽으로 하여야 한다.

164 위험물 제조소의 환기설비의 기준에서 급기구가 설치된 실의 바닥 면적150m^2 마다 1개 이상 설치하는 급기구의 크기는 몇 cm^2 이상이어야 하는가? (단, 바닥면적이 150m^2 미만인 경우는 제외한다.)

① 200
② 400
③ 600
④ 800

해설 바닥 면적150m^2 마다 1개 이상 설치하는 급기구의 크기는 800cm^2 이상일 것

| 정답 | 162 ③ 163 ① 164 ④

참고 규칙[별표4] 제조소의 위치・구조 및 설비의 기준
Ⅴ. 채광・조명 및 환기설비 다목 2)
2) 급기구는 당해 급기구가 설치된 실의 바닥면적 $150m^2$마다 1개 이상으로 하되, 급기구의 크기는 $800cm^2$ 이상으로 할 것. 다만 바닥면적이 $150m^2$ 미만인 경우에 다음의 크기로 하여야 한다.

바닥면적	급기구의 면적
$60m^2$ 미만	$150cm^2$ 이상
$60m^2$ 이상 $90m^2$ 미만	$300cm^2$ 이상
$90m^2$ 이상 $120m^2$ 미만	$450cm^2$ 이상
$120m^2$ 이상 $150m^2$ 미만	$600cm^2$ 이상

165 **위험물안전관리법령상 제조소의 위치・구조 및 설비의 기준에 따르면 가연성 증기가 체류할 우려가 있는 건축물은 배출장소의 용적이 $500m^3$일 때 시간당 배출능력(국소방식)을 얼마 이상인 것으로 하여야 하는가?**

① $5,000m^3$ 이하
② $10,000m^3$ 이하
③ $20,000m^3$ 이하
④ $40,000m^3$ 이하

해설 $500m^3 \times 20/hr = 10,000m^3$

참고 규칙[별표4] 제조소의 위치・구조 및 설비의 기준
Ⅵ. 배출설비 3호
3. 배출능력은 1시간당 배출장소 용적의 20배 이상인 것으로 하여야 한다. 다만, 전역방식의 경우에는 바닥면적 $1m^2$당 $18m^3$ 이상으로 할 수 있다.

옥내저장소

166 **저장하는 위험물의 최대수량이 지정수량의 15배일 경우 건축물의 벽・기둥 및 바닥이 내화구조로 된 위험물 옥내저장소의 보유공지는 몇 m 이상이어야 하는가?**

① 0.5 ② 1
③ 2 ④ 3

해설 해당 보유공지 : 2m 이상

참고 규칙[별표5] 옥내저장소의 위치・구조 및 설비의 기준
Ⅰ. 옥내저장소의 기준 제2호

저장 또는 취급하는 위험물의 최대 수량	보유공지의 너비	
	벽.기둥 및 바닥이 내화구조로 된 건축물	기타의 건축물
지정수량의 5배 이하		0.5m 이상
지정수량의 5배 초과 10배 이하	1m 이상	1.5m 이상
지정수량의 10배 초과 20배 이하	2m 이상	3m 이상
지정수량의 20배 초과 50배 이하	3m 이상	5m 이상
지정수량의 50배 초과 200 이하	5m 이상	10m 이상
지정수량의 200배 초과	10m 이상	15m 이상

167 **위험물 옥내저장소의 저장창고의 건축물의 재료중 불연재료로 할 수 있는 것은?**

① 벽 ② 기둥
③ 바닥 ④ 지붕

해설 위험물 옥내저장소의 저장창고의 지붕은 폭발력이 위로 방출될 정도의 가벼운불연재료일 것

참고 규칙[별표5] 옥내저장소의 위치・구조 및 설비의 기준
Ⅰ. 옥내저장소의 기준 제8호
8. 저장창고는 지붕을 폭발력이 위로 방출될 정도의 가벼운 불연재료로 하고, 천장을 만들지 아니하여야 한다.

168 **위험물 옥내저장소의 저장창고 바닥면적기준 중 위험등급 Ⅰ등급 위험물과 Ⅱ등급 위험물을 내화구조의 격벽으로 완전히 구획된 실에 각각 저장할 경우 Ⅰ등급 위험물을 저장하는 실의 면적으로 옳은 것은?**

① $300m^2$ 이하 ② $500m^2$ 이하
③ $600m^2$ 이하 ④ $750m^2$ 이하

해설 격벽을 설치할 경우 Ⅰ등급 위험물을 저장하는 실의 면적은 $500m^2$ 초과할 수 없다.

정답 165 ② 166 ③ 167 ④ 168 ②

참고 규칙[별표5] 옥내저장소의 위치·구조 및 설비의 기준
Ⅰ. 옥내저장소의 기준 6호 다목(요약)
- 위험등급 : Ⅰ등급+위험등급 : Ⅱ등급 : 1,500m^2
  (단, Ⅰ등급과 Ⅱ등급의 실은 내화구조로된 격벽을 설치하고 Ⅰ등급실의 면적은 500m^2 초과할 수 없다.)

옥내저장소의 바닥면적
- 위험등급-Ⅰ등급(제4류Ⅱ등급포함) : 1,000m^2 이하
- 위험등급-Ⅱ등급(제4류Ⅱ등급제외) : 2,000m^2 이하

169 위험물을 옥내저장소에 저장할 경우 건축물의 높이는 지면에서 처마 까지 몇 m 미만이어야 하는가?

① 2m ② 4m
③ 6m ④ 10m

해설 옥내저장소의 처마 높이 : 6m 미만

참고 규칙[별표5] 옥내저장소의 위치·구조 및 설비의 기준
Ⅰ. 옥내저장소의 기준 5호
5. 저장창고는 지면에서 처마까지의 높이(이하 "처마높이"라 한다)가 6m 미만인 단층건물로 하고 그 바닥을 지반면보다 높게 하여야 한다. 다만, 제2류 또는 제4류의 위험물만을 저장하는 창고로서 다음 각목의 기준에 적합한 창고의 경우에는 20m 이하로 할 수 있다.

170 위험물 옥내저장소에 제4류 위험물중 제3석유류, 제4석유류, 동식물유를 수납하는 용기만을 겹쳐 쌓는 경우 저장높이는 몇 m를 초과하여 쌓지 아니아여야 하는가?

① 2m ② 4m
③ 4m ④ 6m

해설 옥내저장소에 제4류 위험물중 제3석유류, 제4석유류, 동식물유를 수납하는 용기만을 겹쳐 쌓는 경우 저장높이 : 4m를 초과하지 않을것

참고 규칙[별표18] 제조소등에서의 위험물의 저장 및 취급에 관한 기준
Ⅲ. 저장의 기준 제6호 나목
6. 옥내저장소에서 위험물을 저장하는 경우에는 다음 각목의 규정에 의한 높이를 초과하여 용기를 겹쳐 쌓지 아니하여야 한다.
가. 기계에 의하여 하역하는 구조로 된 용기만을 겹쳐 쌓는 경우에 있어서는 6m
나. 제4류 위험물 중 제3석유류, 제4석유류 및 동식물유류를 수납하는 용기만을 겹쳐 쌓는 경우에 있어서는 4m
다. 그 밖의 경우에 있어서는 3m

171 위험물 옥내저장소에 저장하는 자연발화의 위험이 있는 위험물은 동일 폼목이라도 지정수량 10배마다 몇 m 이상 거리를 두는가?

① 0.2m ② 0.3m
③ 0.4m ④ 0.6m

해설 위험물 옥내저장소에서 자연발화의 위험이 있는 위험물은 동일 폼목이라도 지정수량 10배마다 0.3m 이상 거리를 두어야 한다.

참고 규칙[별표18] 제조소등에서의 위험물의 저장 및 취급에 관한 기준
Ⅲ. 저장의 기준 제5호
5. 옥내저장소에서 동일 품명의 위험물이더라도 자연발화할 우려가 있는 위험물 또는 재해가 현저하게 증대할 우려가 있는 위험물을 다량 저장하는 경우에는 지정수량의 10배 이하마다 구분하여 상호간 0.3m 이상의 간격을 두어 저장하여야 한다.

172 위험물의 성질에 따라 강화된 기준을 적용하는 지정과산화물을 저장하는 옥내저장소에서 지정과산화물에 대한 설명으로 옳은 것은?

① 지정과산화물이란 제5류 위험물 중 유기과산화물 또는 이를 함유한 것으로서 지정수량이 10kg인 것을 말한다.
② 지정과산화물에는 제4류 위험물에 해당하는 것도 포함한다.
③ 지정과산화물이란 유기과산화물과 알킬알루미늄을 말한다.
④ 지정과산화물이란 유기과산화물과 소방청 고시로 지정한 물질을 말한다.

| 정답 | 169 ③ 170 ③ 171 ② 172 ①

해설 지정과산화물이란 제5류 위험물(자기반응성물질) 중 지정수량 10kg인 유기과산화물을 말한다.

참고 규칙[별표5] 옥내저장소의 위치・구조 및 설비의 기준
Ⅷ. 위험물의 성질에 따른 옥내저장소의 특례 제1호 가목
가. 제5류 위험물중 유기과산화물 또는 이를 함유하는 것으로서 지정수량이 10kg인 것(이하 "지정과산화물"이라 한다)

173 **지정과산화물을 저장하는 옥내저장소의 저장창고 출입구 및 창의 설치기준으로 틀린 것은?**

① 창은 바닥면으로부터 2m 이상의 높이에 설치한다.
② 하나의 창의 면적은 $0.4m^2$ 이내로 한다.
③ 하나의 벽면에 두는 창의 면적의 합계를 해당 벽면면적의 60분의 1이 초과 되도록 한다.
④ 출입구는 갑종방화문을 설치한다.

해설 창문 2개 이상의 면적기준 : 창문이 있는 벽면적의 1/80 이내

참고 규칙[별표5] 옥내저장소의 위치・구조 및 설비의 기준
Ⅷ. 위험물의 성질에 따른 옥내저장소의 특례 제2호 다목 5)
5) 저장창고의 창은 바닥면으로부터 2m 이상의 높이에 두되, 하나의 벽면에 두는 창의 면적의 합계를 당해 벽면의 면적의 80분의 1 이내로 하고, 하나의 창의 면적을 $0.4m^2$ 이내로 할 것

옥외저장소

174 **경유를 지정수량의 200배를 옥외에 저장하려고 할 때 보유공지의 너비는 얼마로 하여야 하는가?**

① 3m 이상　　② 9m 이상
③ 12m 이상　　④ 15m 이상

해설 옥외저장소에서 지정수량의 200배를 저장할 경우 보유공지: 12m 이상

참고 규칙[별표11] 옥외저장소의 위치・구조 및 설비의 기준
Ⅰ. 옥외저장소의 기준 제1호 라목

저장 또는 취급하는 위험물의 최대수량	공지의 너비
지정수량의 10배 이하	3m 이상
지정수량의 10배 초과 20배 이하	5m 이상
지정수량의 20배 초과 50배 이하	9m 이상
지정수량의 50배 초과 200배 이하	12m 이상
지정수량의 200배 초과	15m 이상

175 **위험물안전관리법령상 위험물옥외저장소에 저장할 수 있는 품명은? (단, 국제해상위험물규칙에 적합한 용기에 수납하는 경우를 제외한다.)경**

① 특수인화물　　② 무기과산화물
③ 알코올류　　④ 칼륨

해설 영[별표2] 제7호 나목 옥외저장소에서 저장할 수 있는 위험물
제4류 위험물 중 제1석유류(인화점이 섭씨 0도 이상인 것에 한한다)・알코올류・제2석유류・제3석유류・제4석유류 및 동식물유류

참고 영[별표2]지정수량 이상의 위험물을 저장하기 위한 장소와 그에 따른 저장소의 구분 제7호
7. 옥외에 다음 각목의 1에 해당하는 위험물을 저장하는 장소
가. 제2류 위험물중 유황 또는 인화성고체(인화점 섭씨 0도 이상인 것에 한한다)
나. 제4류 위험물중 제1석유류(인화점이 섭씨 0도 이상인 것에 한한다)・알코올류・제2석유류・제3석유류・제4석유류 및 동식물유류
다. 제6류 위험물
라. 제2류 위험물 및 제4류 위험물중 특별시・광역시 또는 도의 조례에서 정하는 위험물(「관세법」제154조의 규정에 의한 보세구역 안에 저장하는 경우에 한한다)
마. 「국제해사기구에 관한 협약」에 의하여 설치된 국제해사기구가 채택한 「국제해상위험물규칙」(IMDG Code)에 적합한 용기에 수납된 위험물

| 정답 | 173 ③　174 ③　175 ③

176 옥외저장소에 덩어리 상태의 유황만을 지반면에 설치한 경계표시 안쪽에서 저장할 경우 두 개이상의 경계표시의 내부면적은 몇 m^2 이하이어야 하는가?

① 100　　② 200
③ 800　　④ 1,000

해설 옥외저장소에서 두 개이상의 경계표시의 내부면적은 1,000 m^2 이하

참고 규칙[별표11] 옥외저장소의 위치·구조 및 설비의 기준
Ⅰ. 옥외저장소의 기준 제2호 나목
가. 하나의 경계표시의 내부의 면적은 $100m^2$ 이하일 것
나. 2 이상의 경계표시를 설치하는 경우에 있어서는 각각의 경계표시 내부의 면적을 합산한 면적은 $1,000m^2$ 이하로 하고, 인접하는 경계표시와 경계표시와의 간격을 보유 공지의 너비의 2분의 1 이상으로 할 것. 다만, 저장 또는 취급하는 위험물의 최대수량이 지정수량의 200배 이상인 경우에는 10m 이상으로 하여야 한다.
다. 경계표시는 불연재료로 만드는 동시에 유황이 새지 아니하는 구조로 할 것
라. 경계표시의 높이는 1.5m 이하로 할 것마. 경계표시에는 유황이 넘치거나 비산하는 것을 방지하기 위한 천막 등을 고정하는 장치를 설치하되, 천막 등을 고정하는 장치는 경계표시의 길이 2m마다 한 개 이상 설치할 것

177 위험물 옥외저장소에 설치된 선반의 높이는 위험물을 적재한 상태에서 몇 m 를 초과할 수 없는가?

① 2　　② 4
③ 6　　④ 8

해설 옥외저장소에 설치된 선반의 높이는 위험물을 적재한 상태에서 6m를 초과할 수 없다.

참고 규칙[별표18] 제조소등에서의 위험물의 저장 및 취급에 관한 기준
Ⅲ. 저장의 기준 19호
19. 옥외저장소에서 위험물을 수납한 용기를 선반에 저장하는 경우에는 6m를 초과하여 저장하지 아니하여야 한다.

178 옥외저장소에 저장하는 위험물중 반드시 차광막을 설치하여야 하는 위험물로 구성된 것은?

① 유황, 제1석유류
② 인화성고체, 알코올류
③ 질산, 과염소산
④ 과산화수소, 과염소산

해설 옥외저장소에 저장하는 위험물중 반드시 차광막을 설치하여야 하는 위험물: 과산화수소, 과염소산

참고 규칙[별표11] 옥외저장소의 위치·구조 및 설비의 기준
Ⅰ. 옥외저장소의 기준 제1호 사목
사. 과산화수소 또는 과염소산을 저장하는 옥외저장소에는 불연성 또는 난연성의 천막 등을 설치하여 햇빛을 가릴 것

옥외탱크저장소

179 저장 또는 취급하는 위험물의 최대수량이 지정수량의 500배 이하일 때 옥외저장탱크의 측면 으로부터 몇 m이상의 보유공지를 유지하여야 하는가?

① 1m　　② 2m
③ 3m　　④ 4m

해설 옥외저장탱크에서 저장위험물이 지정수량의 500배 이하일 때 보유공지너비: 3 m이상

참고 규칙[별표6]옥외탱크저장소의 위치·구조 및 설비의 기준
Ⅱ. 보유공지
옥외탱크저장소의 보유공지

위험물의 최대 수량	보유공지의 너비
지정수량의 500배 이하	3m 이상
지정수량의 500배 초과 1,000배 이하	5m 이상
지정수량의 1,000배 초과 2,000배 이하	9m 이상
지정수량의 2,000배 초과 3,000배 이하	12m 이상
지정수량의 3,000배 초과 4,000배 이하	15m 이상

정답 176 ④　177 ③　178 ④　179 ③

지정수량의 4,000배 초과	• 당해 탱크의 수평단면의 최대 지름(횡형인 경우에는 긴 변)과 높이 중 큰 것과 같은 거리 이상 • 30m를 초과하는 경우 30m 이상으로 할 수 있고 15m 미만일 경우에는 15m 이상으로 하여야 한다.

180 위험물 옥외저장탱크의 통기관에 관한 사항으로 옳지 것은?

① 밸브없는 통기관의 직경은 30mm 이상으로 한다.

② 대기밸브부착 통기관은 항시 열려 있어야 한다.

③ 밸브없는 통기관의 선단은 수평면보다 45도 이상 구부려 빗물 등의 침투를 막는 구조로 한다.

④ 대기밸브부탁 통기관은 5KPa 이하의 압력차이로 작동할 수 있어야 한다.

해설 옥외탱크저장소의 대기밸브부착 통기관은 평상시에는 닫쳐있으며 탱크에 위험물을 옮겨 담을 때는 대기밸브가 열려 탱크안의 공기를 외부로 방출하고 내용물을 빼낼때는 대기밸브가 열려 탱크 외부의 공기를 흡입시키는 역할을 한다.

181 지정수량 200배의 알코올류 옥외탱크저장소에 펌프실 외의 장소에 설치하는 펌프 설비의 기준으로 틀린 것은?

① 펌프설비 주위에는 3m 이상의 공지를 보유한다.

② 펌프설비 그 직하의 지반면 주위에 높이 0.15m 이상의 턱을 만든다.

③ 펌프설비 그 직하의 지반면의 최저부에는 집유설비를 만든다.

④ 집유설비에는 위험물이 배수구에 유입되지 않도록 유분리장치를 만든다.

해설 옥외탱크저장소에서 펌프실외의 장소에 설치하는 펌프설비에 설치하는 유분리장치는 비수용성의 위험물을 물과 분리시켜 회수하는데 사용하며, 알코올류와 같이 수용성인 위험물은 물에 용해되므로 유분리장치로 위험물을 분리하지 못한다.

182 인화성 액체 위험물을 저장 또는 취급하는 옥외탱크저장소의 방유제 내에 용량 10만L와 5만L인 옥외저장탱크 2기를 설치하는 경우에 확보하여야 하는 방유제의 용량은?

① 50,000L ② 80,000L

③ 110,000L ④ 150,000L

해설 인화성액체위험물의 옥외탱크저장소 방유제의 용량
10만L × 110%=110,000L

참고 규칙[별표6]옥외탱크저장소의 위치·구조 및 설비의 기준

Ⅸ. 방유제 제1호 가목

1. 인화성액체위험물(이황화탄소를 제외한다)의 옥외탱크저장소의 탱크 주위에는 다음 각목의 기준에 의하여 방유제를 설치하여야 한다.

가. 방유제의 용량은 방유제안에 설치된 탱크가 하나인 때에는 그 탱크 용량의 110% 이상, 2기 이상인 때에는 그 탱크 중 용량이 최대인 것의 용량의 110% 이상으로 할 것

183 다음 그림은 옥외저장탱크의 흙방유제를 나타낸 것이다. 탱크의 지름이 10m이고 높이가 15m라고 할 때 방유제는 탱크의 옆판으로부터 몇 m 이상의 거리를 유지하여야 하는가? (단, 인화점 200℃ 미만의 위험물을 저장한다.)

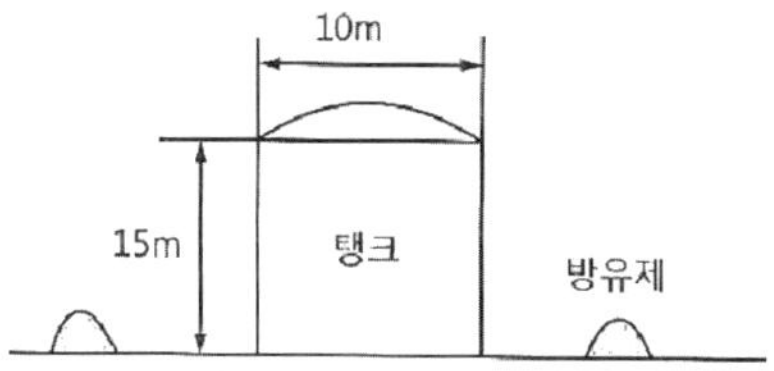

① 1 ② 2

③ 3 ④ 5

해설 방유제와 탱크옆판과의 거리
$15m \times \frac{1}{3} = 5m$

정답	180 ②	181 ④	182 ③	183 ④

참고 규칙[별표6]옥외탱크저장소의 위치・구조 및 설비의 기준

Ⅸ. 방유제 제1호 바목

바. 방유제는 옥외저장탱크의 지름에 따라 그 탱크의 옆판으로부터 다음에 정하는 거리를 유지할 것. 다만, 인화점이 200℃ 이상인 위험물을 저장 또는 취급하는 것에 있어서는 그러하지 아니하다.

1) 지름이 15m 미만인 경우에는 탱크 높이의 3분의 1 이상

2) 지름이 15m 이상인 경우에는 탱크 높이의 2분의 1 이상

옥내탱크저장

184 위험물안전관리법령에서 다음의 위험물시설 중 안전거리에 관한 기준이 없는 것은?

① 옥내저장소

② 옥내탱크저장소

③ 충전하는 일반취급소

④ 지하에 매설된 이송취급소 배관

해설 위험물안전관리법령에서 위험물시설에 안전거리를 두지않아도 되는 곳

옥내탱크저장소, 이동탱크저장소, 간이탱크저장소, 지하탱크저장소, 암반탱크저잔소, 주유취급소, 판매취급소

185 옥내저장탱크의 상호간의 거리는 특별한 경우를 제외하고 최소 몇 m 이상의 가격을 유지하여야 하는가?

① 0.1　　② 0.2

③ 0.3　　④ 0.5

해설 옥내저장탱크의 탱크상호간의 거리 : 0.5m이상

참고 규칙[별표6]옥외탱크저장소의 위치・구조 및 설비의 기준

Ⅰ. 옥내탱크저장소의 기준 제1호 나목

나. 옥내저장탱크와 탱크전용실의 벽과의 사이 및 옥내저장탱크의 상호간에는 0.5m 이상의 간격을 유지할 것. 다만, 탱크의 점검 및 보수에 지장이 없는 경우에는 그러하지 아니하다.

186 압력탱크 이외의 옥내저장탱크에 저장하는 디에틸에테르・산화프로필렌은 섭씨 몇 도로 유지하여야 하는가?

① 15℃ 이하　　② 30℃ 이하

③ 35℃ 이하　　④ 40℃ 이하

해설 압력탱크이외의 탱크에 저장하는 디에틸에테르・산화프로필렌의 저장온도 : 30℃ 이하

참고 규칙[별표18] 제조소등에서의 위험물의 저장 및 취급에 관한 기준

Ⅲ. 저장의 기준 제21호 사목,

사. 옥외저장탱크・옥내저장탱크 또는 지하저장탱크 중 압력탱크 외의 탱크에 저장하는 디에틸에테르등 또는 아세트알데히드등의 온도는 산화프로필렌과 이를 함유한 것 또는 디에틸에테르등에 있어서는 30℃ 이하로, 아세트알데히드 또는 이를 함유한 것에 있어서는 15℃ 이하로 각각 유지할 것

아. 옥외저장탱크・옥내저장탱크 또는 지하저장탱크 중 압력탱크에 저장하는 아세트알데히드등 또는 디에틸에테르등의 온도는 40℃ 이하로 유지할 것

지하탱크 저장소

187 다음은 지하탱크저장소의 설치기준이다. 틀린 것은?

① 탱크실의 상단부로부터 지면까지의 높이는 0.6m 이상

② 탱크와 탱크실 내벽의 간격은 0.1m 이상

③ 탱크전용실과 지하매설물 및 대지경계선과의 거리는 0.1m 이상

④ 탱크실의 두께는 0.3m 이상의 철근콘크리트

해설 지하탱크저장소의 윗부분은 지면으로부터 0.6m 이상 아래에 있어야 한다.

참고 규칙[별표8] 지하탱크저장소의 위치・구조 및 설비의 기준

Ⅰ. 지하탱크저장소의 기준 제3호

3. 지하저장탱크의 윗부분은 지면으로부터 0.6m 이상 아래에 있어야 한다.

| 정답 | 184 ② 185 ④ 186 ② 187 ①

188 지하탱크저장소에서 인접한 2개의 지하저장탱크 용량의 합계가 지정수량의 100배일 경우 탱크 상호간의 최소거리는?

① 0.1m
② 0.3m
③ 0.5m
④ 1m

해설 탱크 상호간의 최소거리 : 0.5m 이상

참고 규칙[별표8] 지하탱크저장소의 위치·구조 및 설비의 기준

Ⅰ. 지하탱크저장소의 기준 제4호

4. 지하저장탱크를 2 이상 인접해 설치하는 경우에는 그 상호간에 1m(당해 2 이상의 지하저장탱크의 용량의 합계가 지정수량의 100배 이하인 때에는 0.5m) 이상의 간격을 유지하여야 한다. 다만, 그 사이에 탱크전용실의 벽이나 두께 20cm 이상의 콘크리트 구조물이 있는 경우에는 그러하지 아니하다.

189 지하저장탱크에 경보음을 울리는 방법으로 과충전방지장치를 설치하고자 한다. 탱크용량의 최소 몇 %가 찰 때 경보음이 울리도록 하여야 하는가?

① 80%　　② 85%
③ 90%　　④ 95%

해설 경보음이 울리는 최소탱크용량 : 90%가 찰 때

참고 규칙[별표8] 지하탱크저장소의 위치·구조 및 설비의 기준

Ⅰ. 지하탱크저장소의 기준 제17호 나목

17. 지하저장탱크에는 다음에 해당하는 방법으로 과충전을 방지하는 장치를 설치하여야 한다.

가. 탱크용량을 초과하는 위험물이 주입될 때 자동으로 그 주입구를 폐쇄하거나 위험물의 공급을 자동으로 차단하는 방법

나. 탱크용량의 90%가 찰 때 경보음을 울리는 방법

190 제4류 위험물을 지하탱크저장소에서 저장할 경우 탱크를 지하철·지하터미널 또는 지하가의 외벽으로부터 몇 m 이상되는 곳에 설치하여야 탱크전용실을 설치하지 아니할 수 있는가?

① 0.6m 이상
② 1m 이상
③ 10m 이상
④ 20m 이상

해설 해당거리 10m 이상

참고 규칙[별표8] 지하탱크저장소의 위치·구조 및 설비의 기준

Ⅰ. 지하탱크저장소의 기준 제1호가목(요약)

1. 위험물을 저장 또는 취급하는 지하탱크는 지면하에 설치된 탱크전용실에 설치하여야 한다. (단서생략)

가. 당해 탱크를 지하철·지하가 또는 지하터널로부터 수평거리 10m 이내의 장소 또는 지하건축물내의 장소에 설치하지 아니할 것

이동탱크저장소

191 이동탱크의 각 부분의 철판의 두께로서 옳지 않은 것은?

① 탱크본체는 3.2mm 이상
② 방호틀은 2.5mm 이상
③ 주입구의 뚜껑은 3.2mm 이상
④ 방파판은 1.6mm 이상

해설 방호틀의 철판두께 : 2.3mm 이상

참고 규칙[별표10] 이동탱크저장소의 위치·구조 및 설비의 기준

Ⅱ. 이동저장탱크의 구조

- 탱크본체 : 3.2mm 이상
- 측면틀 : 3.2mm 이상
- 주입구의 뚜껑 : 3.2mm 이상
- 안전칸막이 : 3.2mm 이상
- 방호틀 : 2.3mm 이상
- 방파판 : 1.6mm 이상

| 정답 | 188 ③　189 ③　190 ③　191 ②

192 다음은 위험물안전관리법령에 따른 이동저장탱크의 구조에 관한 기준이다. ( )안에 알맞은 수치는?

> "이동저장탱트는 그 내부에 ( )L 이하마다. ( )mm 이상의 강도·내열성 및 내식성이 있는 금속성의 것으로 칸막이를 설치하여야 한다."

① 2,000, 1.6 ② 2,000, 3.2
③ 4,000, 1.6 ④ 4,000, 3.2

해설
- 칸막이 용량 : 4,000L 이하
- 강철판의 두께 : 3.2mm 이상

참고 규칙[별표10] 이동탱크저장소의 위치·구조 및 설비의 기준
Ⅱ. 이동저장탱크의 구조 제2호
2. 이동저장탱크는 그 내부에 4,000ℓ 이하마다 3.2mm 이상의 강철판 또는 이와 동등 이상의 강도·내열성 및 내식성이 있는 금속성의 것으로 칸막이를 설치하여야 한다.

193 이동탱크저장소의 탱크중량의 중심점에서 측면틀 최외측을 연결하는 직선과 중심점을 지나는 직선 중 최외측선과 직각을 이루는 직선과의 내각은 얼마인가?

① 15° 이상 ② 25° 이상
③ 35° 이상 ④ 45° 이상

해설 해당각도 : 35° 이상

참고 규칙[별표10] 이동탱크저장소의 위치·구조 및 설비의 기준
Ⅱ. 이동저장탱크의 구조 제4호 가목 1)
가. 측면틀
1) 탱크 뒷부분의 입면도에 있어서 측면틀의 최외측과 탱크의 최외측을 연결하는 직선(이하 Ⅱ에서 "최외측선"이라 한다)의 수평면에 대한 내각이 75도 이상이 되도록 하고, 최대수량의 위험물을 저장한 상태에 있을 때의 당해 탱크중량의 중심점과 측면틀의 최외측을 연결하는 직선과 그 중심점을 지나는 직선 중 최외측선과 직각을 이루는 직선과의 내각이 35도 이상이 되도록 할 것

194 컨테이너식 이동탱크 저장소의 강철판의 두께는 얼마인가?

① 2.3mm 이상 ② 3.2mm 이상
③ 5mm 이상 ④ 6mm 이상

해설 컨테이너식 이동탱크 저장소의 강철판의 두께 : 6mm 이상

참고 규칙[별표10] 이동탱크저장소의 위치·구조 및 설비의 기준
Ⅷ. 컨테이너식 이동탱크저장소의 특례 제2호 다목
다. 이동저장탱크·맨홀 및 주입구의 뚜껑은 두께 6mm(당해 탱크의 직경 또는 장경이 1.8m 이하인 것은 5mm) 이상의 강판 또는 이와 동등 이상의 기계적 성질이 있는 재료로 할 것

195 알킬알루미늄 이동탱크의 본체의 강철판 두께는?

① 3.2mm 이상 ② 6mm 이상
③ 8mm 이상 ④ 10mm 이상

해설 해당 강철판의 두께 : 10mm 이상

참고 규칙[별표10] 이동탱크저장소의 위치·구조 및 설비의 기준
Ⅹ. 위험물의 성질에 따른 이동탱크저장소의 특례 제1호 가목
1. 알킬알루미늄등을 저장 또는 취급하는 이동탱크저장소(요약)
가. 알킬알루미늄등의 이동저장탱크는 두께 10mm 이상의 강판 또는 이와 동등 이상의 기계적 성질이 있는 재료로 기밀하게 제작되고 1MPa 이상의 압력으로 10분간 실시하는 수압시험에서 새거나 변형하지 아니하는 것일 것

196 이동저장탱크에 알킬알루미늄을 저장하는 경우에 불활성기체를 봉입하는데 이때의 압력은 몇 KPa 이하여야 하는가?

① 10 ② 20
③ 30 ④ 40

해설 알칼알루미늄 저장시 불활성가스 봉입압력 : 20kpa 이하

| 정답 | 192 ④ 193 ③ 194 ④ 195 ④ 196 ②

참고 규칙[별표18] 제조소등에서의 위험물의 저장 및 취급에 관한 기준

Ⅲ. 저장의 기준 제21호 다목

다. 이동저장탱크에 알킬알루미늄등을 저장하는 경우에는 20KPa 이하의 압력으로 불활성의 기체를 봉입하여 둘 것

Ⅳ. 취급의 기준 제6호 나목 라목

나. 알킬알루미늄등의 이동탱크저장소에 있어서 이동저장탱크로부터 알킬알루미늄등을 꺼낼 때에는 동시에 200KPa 이하의 압력으로 불활성의 기체를 봉입할 것

라. 아세트알데히드등의 이동탱크저장소에 있어서 이동저장탱크로부터 아세트알데히드등을 꺼낼 때에는 동시에 100KPa 이하의 압력으로 불활성의 기체를 봉입할 것

197 **위험물 이동저장탱크의 외부도장 생상으로 적합하지 않은 것은?**

① 제2류 – 적색
② 제3류 – 청색
③ 제5류 – 황색
④ 제6류 – 회색

해설 제6류 위험물운반 이동저장탱크의 색 : 청색

참고 위험물안전관리에 관한 세부기준 제109조(이동저장탱크의 외부도장)

유 별	도장의 색상	비 고
제 1 류	회 색	탱크의 앞면과 뒷면을 제외한 면적의 40% 이내의 면적은 다른 유별의 생상 외의 색상으로 도장하는 것이 가능하다.
제 2 류	적 색	
제 3 류	청 색	
제 4 류	도장의 색상 제한이 없으나 적색을 권장한다.	
제 5 류	황 색	
제 6 류	청 색	

198 **이동저장탱크에 등유나 경유를 탱크 상부로부터 주입할 때 액표면이 일정 높이가 될 때 까지 위험물의 주입관내 유속을 몇 m/s 이하로 하여야 하는가?**

① 1　　② 2
③ 3　　④ 4

해설 해당 주입관내 유속 : 1m/s 이하

참고 규칙[별표18] 제조소등에서의 위험물의 저장 및 취급에 관한 기준

Ⅳ. 취급의 기준 제5호 아목 7) 가)

나) 이동저장탱크의 밑부분으로부터 위험물을 주입할 때에는 위험물의 액표면이 주입관의 정상부분을 넘는 높이가 될 때까지 그 주입배관내의 유속을 초당 1m 이하로 할 것

199 **보냉장치가 있는 이동탱크에 아세트알데히드 및 산화프로필렌을 저장할 경우 유지온도는 몇 도인가?**

① 인화점　　② 40℃ 이하
③ 발화점　　④ 비점 이하

해설 유지온도 : 비점 이하

참고 규칙[별표18] 제조소등에서의 위험물의 저장 및 취급에 관한 기준

Ⅲ. 저장의 기준 제21호 자목

자. 보냉장치가 있는 이동저장탱크에 저장하는 아세트알데히드등 또는 디에틸에테르등의 온도는 당해 위험물의 비점 이하로 유지할 것

차. 보냉장치가 없는 이동저장탱크에 저장하는 아세트알데히드등 또는 디에틸에 테르등의 온도는 40℃ 이하로 유지할 것

간이저장탱크

200 **간이저장탱크에 설치하는 밸브없는 통기관의 규정 중 옳지 않은 것은 어느 것인가?**

① 지름 30mm 이상으로 할 것
② 선단의 높이는 지상 1.5m 이상으로 할 것
③ 선단은 수평보다 아래로 45° 이상 구부려 빗물 등이 들어가지 아니하도록 할 것
④ 가는 눈의 동망 등으로 인화방지장치를 할 것

해설 간이저장탱크 통기관의 지름 : 25mm 이상

❙정답❙ 197 ④　198 ①　199 ④　200 ①

참고 규칙[별표9] 간이탱크저장소의 위치·구조 및 설비의 기준 제8호 가목 1)
8. 가. 밸브 없는 통기관
1) 통기관의 지름은 25mm 이상으로 할것

암반탱크저장소

201 **암반탱크저장소의 지하공동을 천연암반 내에 설치할 경우 암반투수계수는 몇 m/sec 이하이어야 하는가?**

① 10^{-5}m/sec 이하 ② 10^{-4}m/sec 이하
③ 10^{-5}m/sec 이하 ④ 10^{-2}m/sec 이하

해설 암반탱크저장소의 지하공동의 암반투수계수 : 10^{-5}m/sec 이하

• $10^{-5} = \frac{1}{100,000}$ =10만분의 1

참고 규칙[별표11] 암반탱크저장소의 위치·구조 및 설비의 기준
Ⅰ. 암반탱크 제1호 가목
가. 암반탱크는 암반투수계수가 1초당 10만분의 1m 이하인 천연암반내에 설치할 것

탱크의 내용적 및 용량

202 **다음은 위험물을 저장하는 탱크의 공간용적 산정기준이다. ( )안에 알맞은 수치로 옳은 것은?**

> 가. 위험물을 저장 또는 취급하는 탱크의 공간용적은 탱크의 내용적의 (A) 이상 (B) 이하의 용적으로 한다.
> 나. 암반탱크에 있어서는 당해 탱크 내에 용출하는 (C)일간의 지하수의 양에 상당하는 용적과 당해 탱크의 내용적의 (D)의 용적 중에서 보다 큰 용적을 공간용적으로 한다.

① A : 3/100 B : 10/100 C : 10 D: 1/100
② A : 5/100 B : 10/100 C : 10 D: 1/100
③ A : 5/100 B : 10/100 C : 7 D: 1/100
④ A : 5/100 B : 10/100 C : 10 D: 3/100

해설 • 탱크의 공간용적 : 탱크용적의 5/100 이상, 10/100 이하로 한다.
• 암반탱크의 공간용적 : 당해 탱크 내에 용출하는 7일간의 지하수의 양에 상당하는 용적과 당해 탱크의 내용적의 $\frac{1}{100}$의 용적 중에서 보다 큰 용적

참고 위험물안전관리에 관한세부기준 제25조(탱크의 내용적 및 공간용적)제2항, 제3항 (요약)
② 규칙 제5조제2항의 규정에 따른 탱크의 공간용적은 탱크의 내용적의 100분의 5 이상 100분의 10 이하의 용적으로 한다. 다만, 소화설비(소화약제 방출구를 탱크안의 윗부분에 설치하는 것에 한한다)를 설치하는 탱크의 공간용적은 당해 소화설비의 소화약제방 출구 아래의 0.3미터 이상 1미터 미만 사이의 면으로 부터 윗부분의 용적으로 한다.
③ 제2항의 규정에 불구하고 암반탱크에 있어서는 당해 탱크내에 용출하는 7일간의 지하수의 양에 상당하는 용적과 당해 탱크의 내용적의 100분의 1의 용적 중에서 보다 큰 용적을 공간용적으로 한다.

203 **위험물저장탱크에서 소화약제방출구를 탱크안의 윗부분에 설치하는 탱크의 공간용적은 당해 소화설비의 소화약제 방출구 아래의 어느 범위의 면으로부터 윗부분의 용적으로 하는가?**

① 0.1m 이상 0.5m 미만 사이의 면
② 0.3m 이상 1m 미만 사이의 면
③ 0.5m 이상 1m 미만 사이의 면
④ 0.5m 이상 1.5m 미만 사이의 면

해설 소화약제 방출구 아래부분 공간용적의 범위 : 0.3m 이상 1m 미만 사이의 면을 공간용적으로 한다.

참고 문제 202번 참고 참조
위험물안전관리에 관한세부기준 제25조(탱크의 내용적 및 공간용적) 제2항

204 **위험물저장탱크의 내용적이 300L일 때 탱크에 저장하는 위험물의 용량의 범위로 적합한 것은? (단, 원칙적인 경우에 한한다.)**

① 240~270L ② 270~285L
③ 290~295L ④ 295~298L

| 정답 | 201 ① 202 ③ 203 ② 204 ②

해설 탱크의 용량=탱크의 용적-탱크의 공간용적

탱크의 공간용적 : 내용적의 $\frac{5}{100} \sim \frac{10}{100}$

탱크의 용량=탱크의 내용적×용적율

탱크의 용량=300×0.9~300×0.95

=270~285L

참고 문제 202번 참고 참조

위험물안전관리에 관한 세부기준 제25조(탱크의 내용적 및 공간용적) 제2항

205 **다음과 같은 모양의 저장탱크의 내용적을 구하는 공식은 어느 것인가?(타원형 이며,한족이 들어간 탱크이다)**

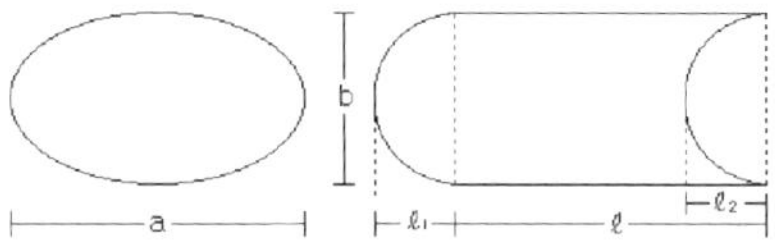

① $\frac{\pi ab}{4}\left(l+\frac{l_1+l_2}{3}\right)$

② $\frac{\pi ab}{4}\left(l+\frac{l_1-l_2}{3}\right)$

③ $\pi ab\left(l+\frac{l_1+l_2}{3}\right)$

④ $\pi ab\left(l+\frac{l_1-l_2}{3}\right)$

해설 한쪽은 볼록하고 다른 한쪽은 오목한 탱크의 내용적 $=\frac{\pi ab}{4}\left(l+\frac{l_1-l_2}{3}\right)$

참고 위험물안전관리에 관한세부기준

[별표1] 탱크의 내용적 계산방법 제1호 나목

탱크의 변형시험

206 **위험물 저장탱크의 충수 및 수압시험의 검사 시기로서 가장 적합한 것은?**

① 탱크 부분에 배관과 부속기기를 설치하기 전

② 탱크 부분에 배관과 부속기기를 설치한 후

③ 탱크 부분에 배관과 부속기기를 설치하고 외관을 갖춘 후

④ 탱크 부분에 배관을 설치하기 전

해설 위험물 저장탱크의 충수 및 수압시험의 검사 시기는 탱크 부분에 배관과 부속기기를 설치하기 전에 실시한다.

207 **위험물 압력탱크인 옥외탱크저장소의 변형시험에 있어서 수압시험압력으로 옳은 것은?**

① 최대상용압력의 0.5배의 압력으로 10분

② 최대상용압력의 0.5배의 압력으로 15분

③ 최대상용압력의 1.5배의 압력으로 10분

④ 최대상용압력의 1.5배의 압력으로 15분

해설 압력탱크인 옥외탱크저장소의 변형시험: 최대상용압력의 1.5배의 압력으로 10분간 수압시험을 실시하여 새거나 변형되지 아니할 것

참고 규칙[별표6] 옥외탱크저장소의 위험물의 저장 및 취급에 관한 기준

Ⅵ. 옥외저장탱크의 외부구조 및 설비 제1호(요약)

1. 옥외저장탱크는 두께 3.2mm 이상의 강철판 또는 소방청장이 정하여 고시하는 규격에 적합한 재료로, 압력탱크(최대상용압력이 대기압을 초과하는 탱크를 말한다)외의 탱크는 충수시험, 압력탱크는 최대상용압력의 1.5배의 압력으로 10분간 실시하는 수압시험에서 각각 새거나 변형되지 아니하여야 한다.

208 **지하저장탱크의 압력탱크가 아닌 탱크에 있어서는 매평방미터에 대하여 얼마의 압력으로 얼마간 수압시험을 실시하여야 하는가?**

① 30kpa, 10분간 ② 50kpa, 15분간

③ 70kpa, 10분간 ④ 90kpa, 15분간

해설 지하저장탱크의 압력탱크가 아닌 탱크에 있어서 수압시험압력 : 70kpa의 압력으로 10분간실시

참고 규칙[별표8] 지하탱크저장소의 위치·구조 및 설비의 기준

Ⅰ. 지하탱크저장소의 기준 제6호

6. 지하저장탱크는 용량에 따라 다음 표에 정하는 기준에 적합하게 강철판 또는 동등 이상의 성능이 있는 금속재질로 완전용입용

| 정답 | 205 ② 206 ① 207 ③ 208 ③

접 또는 양면겹침이음용접으로 틈이 없도록 만드는 동시에, 압력탱크(최대상용압력이 46.7kPa 이상인 탱크를 말한다) 외의 탱크에 있어서는 70kPa의 압력으로, 압력탱크에 있어서는 최대상용압력의 1.5배의 압력으로 각각 10분간 수압시험을 실시하여 새거나 변형되지 아니하여야 한다. 이 경우 수압시험은 소방청장이 정하여 고시하는 기밀시험과 비파괴시험을 동시에 실시하는 방법으로 대신할 수 있다.

주유취급소

209 위험물 안전관리법령에서 정하는 주유취급소의 기준으로 옳지 않은 것은?

① 주유공지는 너비 15m 이상, 길이 6m 이상의 콘크리트로 포장할 것
② 자동차등의 출입 및 통풍을 위하여 2 이상의 방면에 벽을 설치하지 아니한다.
③ 사무실의 출입구 턱높이는 20cm 이상일 것
④ 지면으로부터 1m 이하의 사무실의 창은 밀폐시킬 것

해설 사무실의 출입구 턱높이는 15cm 이상일 것

참고 규칙[별표13] 주유취급소의 위치·구조 및 설비의 기준
Ⅵ. 건축물 등의 구조 제1호 라목, 2)
2) 출입구 또는 사이통로의 문턱의 높이를 15cm 이상으로 할 것

210 주유취급소로 사용되는 부분의 상층과 경계에 설치하는 캔틸레버는 몇 m 이상 돌출하여야 하는가?

① 1m 이상 ② 1.5m 이상
③ 2m 이상 ④ 3m 이상

해설 캔틸레버의 돌출길이 : 1.5m 이상

참고 규칙[별표13] 주유취급소의 위치·구조 및 설비의 기준
Ⅵ. 건축물 등의 구조 제2호 라목, 1)(요약)
1) 옥내주유취급소의 용도에 사용하는 부분(고정주유설비와 접하는 방향 및 나목의 규정에 의하여 벽이 개방된 부분에 한한다)의 바로 위층의 바닥에 이어서 1.5m 이상 내어 붙일 것. 다만, 바로 위층의 바닥으로부터 높이 7m 이내에 있는 위층의 외벽에 개구부가 없는 경우에는 그러하지 아니하다.

211 주유취급소의 현수식 고정주유설비는 지면 위 0.5m의 수평면에 수직으로 만나는 점을 중심으로 반경 몇 m 이내로 하여야 하는가?

① 1m 이내 ② 2m 이내
③ 3m 이내 ④ 4m 이내

해설 설치기준 : 현수식의 경우에는 지면위 0.5m의 수평면에 수직으로 내려 만나는 점을 중심으로 반경 3m 이내

참고 규칙[별표13] 주유취급소의 위치·구조 및 설비의 기준
Ⅳ. 고정주유설비 등 제3호
3. 고정주유설비 또는 고정급유설비의 주유관의 길이(선단의 개폐밸브를 포함한다)는 5m(현수식의 경우에는 지면위 0.5m의 수평면에 수직으로 내려 만나는 점을 중심으로 반경 3m) 이내로 하고 그 선단에는 축적된 정전기를 유효하게 제거할 수 있는 장치를 설치하여야 한다.

212 주유취급소의 고정주유설비와 주변의 시설과의 거리로 옳지 않은 것은?

① 도로 경계선으로부터 4m 이상
② 부지경계선과 건축물의 벽으로부터 1m 이상
③ 개구부가 없는 벽으로부터 1m 이상
④ 고정급유설비와 4m 이상

해설 고정주유설비와 부지경계선 및 건축물의 벽까지의 거리 : 2m 이상

참고 규칙[별표13] 주유취급소의 위치·구조 및 설비의 기준
Ⅳ. 고정주유설비 등 제4호 가목(요약)
가. 고정주유설비의 중심선을 기점으로 하여 도로경계선까지 4m 이상, 부지경계선·담 및 건축물의 벽까지 2m(개구부가 없는 벽까지는 1m) 이상의 거리를 유지하고, 고정급유설비의 중심선을 기점으로 하여 도로경계선까지 4m 이상, 부지경계선 및 담까지 1m 이상, 건축물의 벽까지 2m(개

Ⅰ정답Ⅰ 209 ③ 210 ② 211 ③ 212 ②

구부가 없는 벽까지는 1m) 이상의 거리를 유지할 것
나. 고정주유설비와 고정급유설비의 사이에는 4m 이상의 거리를 유지할 것

213 주유취급소에 설치할 수 있는 위험물탱크는?

① 고정주유설비에 직접 접속하는 5기 이하의 간이탱크
② 보일러 등에 직접 접속하는 전용탱크로서 10,000L 이하의 것
③ 고정급유설비에 직접 접속하는 전용탱크로서 70,000L 이하의 것
④ 폐유, 윤활유 등의 위험물을 저장하는 탱크로서 4,000L 이하의 것

해설 보일러 등에 직접 접속하는 전용탱크의 용량 : 10,000L 이하

참고 규칙[별표13] 주유취급소의 위치·구조 및 설비의 기준
Ⅲ. 탱크 제1호 다목(요약)
가. 자동차 등에 주유하기 위한 고정주유설비에 직접 접속하는 전용탱크로서 50,000 ℓ 이하의 것
나. 고정급유설비에 직접 접속하는 전용탱크로서 50,000 ℓ 이하의 것
다. 보일러 등에 직접 접속하는 전용탱크로서 10,000 ℓ 이하의 것
라. 자동차 등을 점검·정비하는 작업장 등(주유취급소안에 설치된 것에 한한다)에서 사용하는 폐유·윤활유 등의 위험물을 저장하는 탱크로서 용량(2 이상 설치하는 경우에는 각 용량의 합계를 말한다)이 2,000 ℓ 이하인 탱크(이하 "폐유탱크등"이라 한다)
마. 고정주유설비 또는 고정급유설비에 직접 접속하는 3기 이하의 간이탱크. 다만, 「국토의 계획 및 이용에 관한 법률」에 의한 방화지구안에 위치하는 주유취급소의 경우를 제외한다.

214 주유취급소의 고정주유설비 펌프기기의 주유관 선단에서 토출되는 제1석유류의 최대토출량은?

① 50L/min 이하 ② 80L/min 이하
③ 180L/min 이하 ④ 300L /min 이하

해설 제1석유류(휘발유)의 최대토출량 : 50 L/min 이하

참고 규칙[별표13] 주유취급소의 위치·구조 및 설비의 기준
Ⅳ. 고정주유설비 등 제2호 가목(요약)
가. 펌프기기는 주유관 선단에서의 최대토출량이 제1석유류의 경우에는 분당 50 ℓ 이하, 경유의 경우에는 분당 180 ℓ 이하, 등유의 경우에는 분당 80 ℓ 이하인 것으로 할 것. 다만, 이동저장탱크에 주입하기 위한 고정급유설비의 펌프기기는 최대토출량이 분당 300 ℓ 이하인 것으로 할수 있으며, 분당 토출량이 200 ℓ 이상인 것의 경우에는 주유설비에 관계된 모든 배관의 안지름을 40mm 이상으로 하여야 한다.

215 휘발유를 주유하는 셀프용 고정주유설비의 기준으로 1회 연속 주유량의 상한값과 1회 주유시간의 상한값으로 옳은 것은?

① 50L 이하, 4분 이하
② 100L 이하, 4분 이하
③ 150L 이하, 6분 이하
④ 200L 이하, 6분 이하

해설
• 주유량 상한값 : 100L 이하
• 주유시간 상한값 : 4분 이하

참고 규칙[별표13] 주유취급소의 위치·구조 및 설비의 기준
XV. 고객이 직접 주유하는 주유취급소의 특례 제2호 마목
마. 1회의 연속주유량 및 주유시간의 상한을 미리 설정할 수 있는 구조일 것. 이 경우 주유량의 상한은 휘발유는 100 ℓ 이하, 경유는 200 ℓ 이하로 하며, 주유시간의 상한은 4분 이하로 한다.

판매취급소

216 위험물 판매취급소에서는 지정수량 몇 배의 위험물을 취급할 수 있는가?

① 30배 이하 ② 40배 이하
③ 50배 이하 ④ 100배 이하

해설 위험물 판매취급소의 취급기준
• 1종판매취급소 : 지정수팡 20배 이하
• 2종판매취급소 : 지정수팡 40배 이하

| 정답 | 213 ② 214 ① 215 ② 216 ②

참고 규칙[별표14] 판매취급소의 위치·구조 및 설비의 기준
Ⅰ. 판매취급소의 기준 제1호본문, 제2호본문(요약)
1. 저장 또는 취급하는 위험물의 수량이 지정수량의 20배 이하인 판매취급소(이하 "제1종 판매취급소"라 한다)
2. 저장 또는 취급하는 위험물의 수량이 지정수량의 40배 이하인 판매취급소(이하 "제2종 판매취급소"라 한다)

217 제4류 위험물을 취급하는 제1종 판매취급소의 배합실의 기준 중 옳지 않은 것은 어느 것인가?

① 바닥면적을 $6m^2$ 이상 $15m^2$ 이하로 할 것
② 일반적으로 페인트점, 화공약품점이 이에 해당한다.
③ 판매취급소에서는 도료류 외의 제1석유류를 배합하거나 옮겨 담는 작업을 할 수 없다.
④ 제1종 판매취급소는 건축물의 2층까지만 설치가 가능하다.

해설 제1종 판매취급소는 건축물의 1층에 설치한다.

참고 규칙[별표14] 판매취급소의 위치·구조 및 설비의 기준
Ⅰ. 판매취급소의 기준 제1호 가목
가. 제1종 판매취급소는 건축물의 1층에 설치할 것

제조소등 표지판 및 게시판

218 제조소등에서 위험물의 게시판에 기재할 사항이 아닌 것은?

① 위험물의 유별·품명
② 위험물의 성분 및 함량
③ 저장 최대수량 및 취급 최대수량, 지정수량의 배수
④ 안전관리 성명 및 직명

해설 제조소등에서 위험물의 게시판에 기재할 사항에 위험물의 성분 및 함량사항은 없다.

참고 규칙[별표4] 제조소의 위치·구조 및 설비의 기준
Ⅲ. 표지 및 게시판 제2호 나목
2. 제조소에는 보기 쉬운 곳에 다음 각목의 기준에 따라 방화에 관하여 필요한 사항을 게시한 게시판을 설치하여야 한다.
가. 게시판은 한변의 길이가 0.3m 이상, 다른 한변의 길이가 0.6m 이상인 직사각형으로 할 것
나. 게시판에는 저장 또는 취급하는 위험물의 유별·품명 및 저장최대수량 또는 취급최대수량, 지정수량의 배수 및 안전관리자의 성명 또는 직명을 기재할 것
다. 나목의 게시판의 바탕은 백색으로, 문자는 흑색으로 할 것

219 인화점이 21℃ 미만인 액체 위험물의 옥외저장탱크 주입구에 설치하는 "옥외저장탱크 주입구"라고 표시한 게시판의 바탕 및 문자색을 옳게 나타낸 것은?

① 백색바탕 – 적색문자
② 적색바탕 – 백색문자
③ 백색바탕 – 흑색문자
④ 흑색바탕 – 백색문자

해설 주의사항 게시판은 백색바탕에 흑색문자로 한다.

참고 규칙[별표6] 옥외탱크저장소의 위치·구조 및 설비의 기준
Ⅵ. 옥외저장탱크의 외부구조 및 설비 제9호 마목 3)
마. 인화점이 21℃ 미만인 위험물의 옥외저장탱크의 주입구에는 보기 쉬운 곳에 다음의 기준에 의한 게시판을 설치할 것. 다만, 소방본부장 또는 소방서장이 화재예방상 당해 게시판을 설치할 필요가 없다고 인정하는 경우에는 그러하지 아니하다.
1) 게시판은 한변이 0.3m 이상, 다른 한변이 0.6m 이상인 직사각형으로 할 것
2) 게시판에는 "옥외저장탱크 주입구"라고 표시하는 것외에 취급하는 위험물의 유별, 품명 및 별표 4 Ⅲ제2호 라목의 규정에 준하여 주의사항을 표시할 것
3) 게시판은 백색바탕에 흑색문자(별표 4 Ⅲ제2호 라목의 주의사항은 적색문자)로 할 것

| 정답 | 217 ④ 218 ② 219 ③

220 **위험물제조소에는 저장위험물에 따라 화기엄금, 화기주의 게시판을 설치하여야 한다. 게시판의 바탕, 문자가 바르게 짝지어진 것은?**

① 백색바탕 – 청색문자
② 청색바탕 – 백색문자
③ 적색바탕 – 백색문자
④ 백색바탕 – 적색문자

해설 화기엄금, 화기주의 주의사항 게시판이 색깔 : 적색바탕에 백색문자

참고 규칙[별표4] 제조소의 위치·구조 및 설비의 기준
Ⅲ. 표지 및 게시판 제2호 마목
라. 나목의 게시판 외에 저장 또는 취급하는 위험물에 따라 다음의 규정에 의한 주의사항을 표시한 게시판을 설치할 것
1) 제1류 위험물 중 알칼리금속의 과산화물과 이를 함유한 것 또는 제3류 위험물 중 금수성물질에 있어서는 "물기엄금"
2) 제2류 위험물(인화성고체를 제외한다)에 있어서는 "화기주의"
3) 제2류 위험물 중 인화성고체, 제3류 위험물 중 자연발화성물질, 제4류 위험물 또는 제5류 위험물에 있어서는 "화기엄금"
마. 라목의 게시판의 색은 "물기엄금"을 표시하는 것에 있어서는 청색바탕에 백색문자로, "화기주의" 또는 "화기엄금"을 표시하는 것에 있어서는 적색바탕에 백색문자로 할 것

221 **위험물 이동탱크저장소 차량에 "위험물"이라고 표시한 표지를 설치할 때 표지의 바탕색은?**

① 백색 ② 적색
③ 흑색 ④ 황색

해설 이동탱크저장소의 표시판은 차량 앞뒤에 흑색판에 황색의 반사도료로 '위험물'이라 게시한다.

참고 위험물 운송·운반 시의 위험성 경고표지에 관한 기준 [별표3]표지·그림문자 및 UN번호의 세부기준
제1호 표지 다목
1. 표지
가. 부착위치
1) 이동탱크저장소 : 전면 상단 및 후면 상단
2) 위험물 운반차량 : 전면 및 후면
나. 규격 및 형상 : 60cm 이상 × 30cm 이상의 횡형 사각형
다. 색상 및 문자 : 흑색 바탕에 황색의 반사 도료로 "위험물"이라 표기할 것

222 **주유취급소에 설치하는 "주유중엔진정지"라는 표시를 한 게시판의 바탕과 문자의 색상을 차례대로 옳게 나타낸 것은?**

① 황색, 흑색 ② 흑색, 황색
③ 백색, 흑색 ④ 흑색, 백색

해설 "주유중엔진정지"의 색상 : 황색바탕, 흑색문자

참고 규칙[별표13] 주유취급소의 위치·구조 및 설비의 기준
Ⅱ. 표지 및 게시판
주유취급소에는 별표 4 Ⅲ제1호의 기준에 준하여 보기 쉬운 곳에 "위험물 주유취급소"라는 표시를 한 표지, 동표 Ⅲ제2호의 기준에 준하여 방화에 관하여 필요한 사항을 게시한 게시판 및 황색바탕에 흑색문자로 "주유중엔진정지"라는 표시를 한 게시판을 설치하여야 한다.

위험물의 운반

223 **위험물안전관리법에서 정한 위험물의 운반에 관한 다음 내용 중 ( ) 안에 들어갈 용어가 아닌 것은?**

> 위험물의 운반에 ( ), ( ) 및 ( )에 관해 법에서 정한 중요기준과 세부기준을 따라 행하여야 한다.

① 용기 ② 적재방법
③ 운반방법 ④ 검사방법

해설 위험물을 운반할 때 행정안전부령이 기술기준에 따라야 할 사항
• 적재방법
• 운반방법
• 용기

참고 위험물안전관리법 제20조(위험물의 운반)제1항
① 위험물의 운반은 그 용기·적재방법 및 운반방법에 관한 다음 각 호의 중요기준과 세부기준에 따라 행하여야 한다.

| 정답 | 220 ③ 221 ③ 222 ① 223 ④

224 위험물 적재방법 중 위험물을 수납한 운반용기를 겹쳐 쌓는 경우 높이는 몇 m 이하로 하여야 하는가?

① 2　　② 3
③ 4　　④ 6

해설 운반용기를 겹쳐 쌓는 경우 높이 : 3m 이하

참고 규칙[별표 19] 위험물의 운반에 관한 기준
Ⅱ. 적재방법 제7호
7. 위험물을 수납한 운반용기를 겹쳐 쌓는 경우에는 그 높이를 3m 이하로 하고, 용기의 상부에 걸리는 하중은 당해 용기 위에 당해 용기와 동종의 용기를 겹쳐 쌓아 3m의 높이로 하였을 때에 걸리는 하중 이하로 하여야 한다.

225 위험물의 운반에 관한 기준에 따라 다음의 ( )에 적합한 내용은?

> 액체 위험물은 운반용기의 내용적의 ( )이하의 수납률로 수납하되 ( )의 온도에서 누설되지 않도록 충분한 공간용적을 두어야 한다.

① 98%, 40℃　　② 98%, 55℃
③ 95%, 40℃　　④ 98%, 55℃

해설
- 액체 위험물의 수납율 : 98% 이하
- 수납온도 : 55℃ 이하

참고 규칙[별표 19] 위험물의 운반에 관한 기준
Ⅱ. 적재방법 제1호 라목
다. 고체위험물은 운반용기 내용적의 95% 이하의 수납율로 수납할 것
라. 액체위험물은 운반용기 내용적의 98% 이하의 수납율로 수납하되, 55도의 온도에서 누설되지 아니하도록 충분한 공간용적을 유지하도록 할 것

226 다음 ( )안에 적합한 숫자를 차례로 나열한 것은?

> 자연발화성 물질 중 알킬알루미늄 등은 운반용기의 내용적의 ( )% 이하의 수납률로 수납하되, 50℃의 온도에서 ( )% 이상의 공간용적을 유지하도록 할 것

① 90, 5
② 90, 10
③ 95, 5
④ 95, 10

해설
- 알킬알루미늄 운반용기의 수납율 : 90% 이하
- 50℃의 온도에서 탱크공간용적 : 5% 이상

참고 규칙[별표 19] 위험물의 운반에 관한 기준
Ⅱ. 적재방법 제1호 바목 3)(요약)
바. 제3류 위험물은 다음의 기준에 따라 운반용기에 수납할 것
1) 자연발화성물질에 있어서는 불활성 기체를 봉입하여 밀봉하는 등 공기와 접하지 아니하도록 할 것
2) 자연발화성물질외의 물품에 있어서는 파라핀・경유・등유 등의 보호액으로 채워 밀봉하거나 불활성 기체를 봉입하여 밀봉하는 등 수분과 접하지 아니하도록 할 것
3) 자연발화성물질 중 알킬알루미늄등은 운반용기의 내용적의 90% 이하의 수납율로 수납하되, 50℃의 온도에서 5% 이상의 공간용적을 유지하도록 할

227 위험물의 운반용기의 외부에 표시해야 하는 사항이 아닌 것은?

① 규정에 의한 주의사항
② 위험물의 품명 및 위험등급
③ 위험물의 관리자 및 지정수량
④ 위험물의 화학명

해설 위험물의 관리자 및 지정수량은 표시하지 않는다.

참고 규칙[별표 19] 위험물의 운반에 관한 기준
Ⅱ. 적재방법 제8호 가목~다목(요약)
가. 위험물의 품명・위험등급・화학명 및 수용성("수용성" 표시는 제4류 위험물로서 수용성인 것에 한한다)
나. 위험물의 수량
다. 수납하는 위험물에 따라 다음의 규정에 의한 주의사항

| 정답 | 224 ② 225 ② 226 ① 227 ③

228 **수납하는 위험물에 따라 위험물의 운반용기 외부에 표시하는 주의사항이 잘못된 것은?**

① 제1류 위험물 중 알칼리금속의 과산화물 : 화기·충격주의, 물기엄금, 가연물 접촉주의
② 제4류 위험물 : 화기엄금
③ 제3류 위험물중 자연발화성 물질 : 화기엄금, 공기노출엄금
④ 제2류 위험물 중 철분 : 화기엄금

해설 제2류 위험물 중 철분의 주의사항 : 화기주의 및 물기엄금

참고 규칙[별표 19] 위험물의 운반에 관한 기준
Ⅱ. 적재방법 제8호 다목 2)
다. 수납하는 위험물에 따라 다음의 규정에 의한 주의사항
1) 제1류 위험물 중 알칼리금속의 과산화물 또는 이를 함유한 것에 있어서는 "화기·충격주의", "물기엄금" 및 "가연물접촉주의", 그 밖의 것에 있어서는 "화기·충격주의" 및 "가연물접촉주의"
2) 제2류 위험물 중 철분·금속분·마그네슘 또는 이들중 어느 하나 이상을 함유한 것에 있어서는 "화기주의" 및 "물기엄금", 인화성고체에 있어서는 "화기엄금", 그 밖의 것에 있어서는 "화기주의"
3) 제3류 위험물 중 자연발화성물질에 있어서는 "화기엄금" 및 "공기접촉엄금", 금수성물질에 있어서는 "물기엄금"
4) 제4류 위험물에 있어서는 "화기엄금"
5) 제5류 위험물에 있어서는 "화기엄금" 및 "충격주의"
6) 제6류 위험물에 있어서는 "가연물접촉주의"

229 **위험물안전관리법령의 규정에 따라 다음과 같이 예방조치를 하여야 하는 위험물은?**

- 운반용기의 외부에 "화기엄금" 및 "충격주의"를 표시한다.
- 적재하는 경우 차광성 있는 피복으로 가린다.
- 55℃ 이하에서 분해될 우려가 있는 경우에는 보냉 컨테이너에 수납하여 적정한 온도관리를 한다.

① 제1류 ② 제2류
③ 제3류 ④ 제5류

해설 해당 위험물: 제5류 위험물

참고 규칙[별표 19] 위험물의 운반에 관한 기준
Ⅱ. 적재방법 제5호 다목
다. 제5류 위험물 중 55℃ 이하의 온도에서 분해될 우려가 있는 것은 보냉 컨테이너에 수납하는 등 적정한 온도관리를 할 것

230 **위험물의 운반기준에 있어서 차량 등에 적재하는 위험물의 성질에 따라 강구하여야 하는 조치로 적합하지 않은 것은?**

① 제5류 위험물 또는 제6류 위험물은 방수성이 있는 피복으로 덮는다.
② 제2류 위험물 중 철분, 금속분, 마그네슘은 방수성이 있는 피복으로 덮는다.
③ 제1류 위험물중 알칼리금속의 과산화물 또는 이를 함유한 것은 차광성과 방수성이 모두 있는 피복으로 덮는다.
④ 제5류 위험물중 55℃ 이하에서 분해될 우려가 있는 것은 보냉 컨테이너에 수납하는 등의 방법으로 적정한 온도관리를 한다.

해설 제5류 위험물 또는 제6류 위험물은 차광성이 있는 피복으로 덮는다.

참고 규칙[별표 19] 위험물의 운반에 관한 기준
Ⅱ. 적재방법 제5호 가목(요약)
가. 제1류 위험물, 제3류 위험물 중 자연발화성물질, 제4류 위험물 중 특수인화물, 제5류 위험물 또는 제6류 위험물은 차광성이 있는 피복으로 가릴 것
나. 제1류 위험물 중 알칼리금속의 과산화물 또는 이를 함유한 것, 제2류 위험물 중 철분·금속분·마그네슘 또는 이들중 어느 하나 이상을 함유한 것 또는 제3류 위험물 중 금수성물질은 방수성이 있는 피복으로 덮을 것

❙정답❙ 228 ④ 229 ④ 230 ①

혼재할 수 없는 위험물

231 **다음 혼재할 수 없는 위험물은 어느것인가?**

① 4류와 2류　② 3류와 4류
③ 6류와 1류　④ 6류와 3류

해설 제6류 위험물은 제1류 위험물만 혼재할 수 있다.

참고 규칙[별표 19] 위험물의 운반에 관한 기준
[부표2]유별을 달리하는 위험물의 혼재기준
(암기법: 사이삼, 오이사, 육하나)

위험물의 구분	제1류	제2류	제3류	제4류	제5류	제6류
제1류		×	×	×	×	○
제2류	×		×	○	○	×
제3류	×	×		○	×	×
제4류	×	○	○		○	×
제5류	×	○	×	○		×
제6류	○	×	×	×	×	

"×"표시는 혼재할 수 없음을 표시한다.
"○"표시는 혼재할 수 있음을 표시한다.
이 표는 지정수량의 $\frac{1}{10}$ 이하의 위험물에 대하여는 적용하지 아니한다.

232 **위험물안전관리법령상 위험물의 운반에 관한 기준에 따르면 지정수량 얼마 이하의 위험물에 대하여 "유별을 달리하는 위험물의 혼재기준"을 적용하지 아니하여도 되는가?**

① 1/2　② 1/3
③ 1/5　④ 1/10

해설 위험물 운반시 지정수량의 $\frac{1}{10}$ 이하의 위험물에 대하여는 혼재할 수 있다.

참고 규칙[별표 19] 위험물의 운반에 관한 기준
[부표2]유별을 달리하는 위험물의 혼재기준 비고
문제 231 참고의 표 참조

233 **위험물의 운반에 관한 기준에서 제4석유류와 혼재할 수 없는 위험물은? (단, 위험물은 각각 지정수량의 2배인 경우이다.)**

① 황화린　② 칼륨
③ 유기과산화물　④ 과염소산

해설 제4류 위험물은 제1류 위험물과 제6류 위험물과는 혼재하여서는 아니된다.
• 황화린 : 제2류 위험물
• 칼륨 : 제3류 위험물
• 유기과산화물 : 제5류 위험물
• 과염소산 : 제6류 위험물

참고 규칙[별표 19] 위험물의 운반에 관한 기준
[부표2]유별을 달리하는 위험물의 혼재기준
문제 231 참고의 표 참조

234 **위험물안전관리법의 규정상 운반차량에 혼재해서 적재할 수 없는 것은?(단, 지정수량의 10배인 경우이다.)**

① 염소화규소화합물-특수인화물
② 고형알코올-니트로화합물
③ 염소산염류-질산
④ 질산구아니딘-황린

해설 질산구아니딘[$HNO_3 \cdot C(CH)(NH_2)_2$]은 제5류 위험물이며 황린($P_4$)은 제3류 위험물로서 혼제가 불가하다.

참고 위험물의 유별
• 염소화규소화합물(제3류)-특수인화물(제4류)
• 고형알코올(제2류)-니트로화합물(제5류)
• 염소산염류(제1류)-질산(제6류)

위험물 안전카드

235 **이동탱크저장소에 의한 위험물의 운송시 준수하여야 하는 기준에서 다음 중 어떤 위험물을 운송할 때 위험물 운송자는 위험물 안전카드를 휴대하여야 하는가?**

① 특수인화물 및 제1석유류
② 알코올류 및 제2석유류
③ 제3석유류 및 동식물유류
④ 제4석유류

해설 위험물안전카드를 휴대하여야할 위험물 : 제4류 위험물(인화성 액체)에 있어서 특수인화물 및 제1석유류

정답 231 ④　232 ④　233 ④　234 ④　235 ①

참고 규칙[별표 21] 위험물 운송책임자의 감독 또는 지원의 방법과 위험물의 운송시에 준수하여야 하는 사항 제2호 마목(요약)

마. 위험물(제4류 위험물에 있어서는 특수인화물 및 제1석유류에 한한다)을 운송하게 하는 자는 위험물안전카드를 위험물운송자로 하여금 휴대하게 할 것

위험물 운송책임자

236 위험물 운송책임자의 감독, 지원을 받아 운송하여야 하는 위험물은?

① 알킬알루미늄 ② 금속나트륨
③ 메틸에틸케톤 ④ 트리니트로톨루엔

해설 운송책임자의 감독, 지원을 받아 운송하여야 하는 위험물

- 알킬알루미늄
- 알킬리튬
- 알킬알루미늄 또는 알킬리튬을 함유하는 위험물

참고 영제19조(운송책임자의 감독·지원을 받아 운송하여야 하는 위험물)제1호~제3호

1. 알킬알루미늄
2. 알킬리튬
3. 제1호 또는 제2호의 물질을 함유하는 위험물

237 위험물안전관리법령에 따른 위험물의 운송에 관한 설명중 틀린 것은?

① 알킬알루미늄과 알킬리튬 또는 이 중 하나 이상을 함유한 것은 운송책임자의 감독, 지시를 받아야 한다.

② 이동탱크저장소에 의하여 위험물을 운송할 때의 운송책임자에는 법정의 교육이 수자도 포함된다.

③ 서울에서 부산까지 금속의 인화화물 300kg을 1명의 운전자가 휴식없이 운송해도 규정위반이 아니다.

④ 운송책임자의 감독 또는 지원의 방법에는 동승하는 방법과 별도의 사무실에서 대기하면서 규정된 사항을 이행하는 방법이 있다.

해설 서울에서 부산까지는 400km 이상이 되며 장거리 운송(고속국도 340km, 그 밖의 도로 200km이상)에 관한 규정은 2명 이상의 운전자가 운송하도록 되어 있으나 운송 도중에 2시간 이내마다 20분 이상을 휴식하는 경우에는 1명이 운송할 수 있다.

참고 규칙[별표 21] 위험물 운송책임자의 감독 또는 지원의 방법과 위험물의 운송시에 준수하여야 하는 사항 제2호 나목(요약)

나. 위험물운송자는 장거리(고속국도에 있어서는 340km 이상, 그 밖의 도로에 있어서는 200km 이상을 말한다)에 걸치는 운송을 하는 때에는 2명 이상의 운전자로 할 것. 다만, 다음의 1에 해당하는 경우에는 그러하지 아니하다.

1) 제1호가목의 규정에 의하여 운송책임자를 동승시킨 경우
2) 운송하는 위험물이 제2류 위험물·제3류 위험물(칼슘 또는 알루미늄의 탄화물과 이것만을 함유한 것에 한한다)또는 제4류 위험물(특수인화물을 제외한다)인 경우
3) 운송도중에 2시간 이내마다 20분 이상씩 휴식하는경우

▌정답▌ 236 ① 237 ③

제3편

위험물의 화학

제 1 장 위험물의 기초화학

01 온도와 열량

1. 온도

(1) 섭씨온도(℃)(Centigrade temperature)

표준대기압 하에서 빙점을 0℃, 비점을 100℃로 하여 100등분한 것

(2) 화씨온도(℉)(Fahrenheit temperature)

표준대기압 하에서 빙점을 32℉, 비점을 212℉로 하여 180등분한 것

2. 온도의 환산법

(1) 섭씨온도 환산 : $℃ = (℉-32) \times \frac{5}{9}$,

또는 $℃ = (℉+40) \times \frac{5}{9} - 40$

(2) 화씨온도 환산 : $℉ = \frac{9}{5} \times ℃+32$,

또는 $℉ = (℃+40) \times \frac{9}{5} - 40$

(3) 섭씨 절대온도(Kelvin) : K = ℃+273

(4) 화씨 절대온도(Rankine) : R = ℉+460

3. 비열과 열량

(1) 열량 : 비열이 C이며 질량이 m인 물체를 t℃까지 올리는 데 필요한 열량(단위 : cal)

$$Q = C\ m\ \Delta t(\text{cal})$$

Q : 열량, C : 비열, m : 질량, Δt : 변화된 온도(온도차)

(2) 비열 : 물질 1g의 온도를 1℃ 높이는 데 필요한 열량(단위 : cal/g℃)

$$Q = Cm\Delta t \text{에서 } C = Q/m\Delta t(\text{Cal/g} \cdot ℃)$$

(3) 잠열 : 온도는 변하지 않고 물질의 상태만 변하는 데 필요한 열량(단위 : cal)

$$Q = mr(\text{cal})$$

Q : 열량, m : 질량, r : 잠열

(4) 일에너지(Joule)와 열량(Cal)

1Joule=0.239Cal(약 0.24Cal)
1Cal=4.19Joule(약 4.2Joule)

02 기체의 비중 및 밀도

1. 기체의 비중(증기비중, 단위가 없다)

STP(표준상태, 0℃ 1atm)에서

$$\frac{\text{기체의 분자량}}{\text{공기의 평균 분자량(약 29)}}$$

2. 기체의 밀도(증기밀도, 단위 : g/ℓ)

STP(표준상태, 0℃ 1atm)에서

$$\frac{\text{기체의 1g 분자량(g/mol)}}{22.4(\ell/\text{mol})}$$

Point

- 모든 기체 1g 분자량(1mol)은 STP(표준상태, 0℃ 1atm)에서 22.4ℓ/mol의 체적을 갖는다.
- 공기의 평균 1g 분자량
  공기 중에는 부피비로 N_2(질소) 78%, O_2(산소) 21%, Ar(아르곤) 1%가 있으며, 또한 N_2 1g 분자량 : 28g/mol, O_2 1g 분자량 : 32g/mol, Ar 1g 분자량 : 40g/mol이므로
  $\therefore\ 28g/mol \times \frac{78}{100} + 32g/mol \times \frac{21}{100} + 40g/mol \times \frac{1}{100}$
  $= 28.96 \fallingdotseq 29g/mol$

03 기체 및 액체의 연소반응식

1. 기체의 연소반응식

(1) 메탄(CH_4)의 연소반응식

$CH_4 + 2O_2 \rightarrow CO_2 + 2H_2O$
(메탄) (산소) (이산화탄소) (물)

(2) 프로판(C_3H_8)의 연소반응식

$C_3H_8 + 5O_2 \rightarrow 3CO_2 + 4H_2O$
(프로판) (산소) (이산화탄소) (물)

2. 액체의 연소반응식

(1) 이황화탄소(CS_2)의 연소반응식

$CS_2 + 3O_2 \rightarrow CO_2 + 2SO_2$
(이황화탄소) (산소) (이산화탄소) (이산화황)

(2) 벤젠(C_6H_6)의 연소반응식

$2C_6H_6 + 15O_2 \rightarrow 12CO_2 + 6H_2O$
(벤젠) (산소) (이산화탄소) (물)

04 기체에 관한 법칙

1. 이상기체의 상태방정식

$$PV = nRT \rightarrow PV = \frac{W}{M}RT = \frac{WRT}{M}$$

P : 압력(atm), V : 부피(ℓ), n : 몰수($\frac{W}{M}$),
W : 질량(g),
M : 1g 분자량(g/mol),
R : 기체상수(0.082atm · ℓ/mol · K),
T : 절대온도(℃+273)K

05 이상기체의 상태방정식의 응용

1. 표준상태가 아닌 경우 부피와 분자량 구하기

PV=nRT [이상기체 상태방정식에서 몰수(n) = $\frac{W(질량)}{M(분자량)}$ 이므로]

$$PV = \frac{W}{M}RT\text{에서 } V(부피) = \frac{WRT}{PM},$$
$$M(g\ 분자량) = \frac{WRT}{PV}$$

P : 압력(atm), V : 부피(ℓ), n : 몰수($\frac{W}{M}$),
W : 질량(g),
M : 1g 분자량(g/mol),
R : 기체상수(0.082atm · ℓ/mol · K),
T : 절대온도(℃+273)K

2. 표준상태가 아닌 경우 기체의 밀도(ρ = g/ℓ)

$$PV = \frac{W}{M}RT \rightarrow P = \frac{WRT}{VM} \text{에서}$$

$$\frac{W}{V} = \frac{PM}{RT} \text{에서} \ \frac{W(\text{질량})}{V(\text{부피})} = \rho(\text{밀도}) \text{이므로}$$

$$\rho = \frac{PM}{RT}$$

Point

- **압력(P)의 단위**가 mmHg이면 760mmHg(1기압)로 나누어 기압 단위(atm)로 **환산**하여야 한다.
- **부피(V)의 단위**는 **분자량(M)** 및 **질량(W)**의 단위가 **그램(g)**이면 **리터(ℓ)**로 하여야 하며, **킬로그램(kg)**이면 **입방미터(m^3)**로 **통일**시켜야 한다.

3. 이론공기량(공기 중의 산소량이 21%일 경우)

$$\text{이론공기량} = \text{산소량} \times \frac{1}{0.21}$$

4. 돌턴의 분압 법칙

혼압 기체의 전압은 각 성분 기체의 분압의 합과 같다.

(1) **전압** : P = P1 + P2 + P3 + ⋯ Pn

(2) **부분압** = **전압** × $\frac{\text{성분몰수}}{\text{전체몰수}}$

= **전압** × $\frac{\text{성분부피}}{\text{전체부피}}$

= **전압** × $\frac{\text{성분분자의수}}{\text{전분자의수}}$

제 2 장 기출선별문제

온도 열량

001 20℃의 물 10kg이 100℃ 수증기로 증발하면 최대 몇 kcal의 열량을 흡수할 수 있는가?

① 540 ② 7,800
③ 6,190 ④ 10,800

해설 Q(총열량)=Q_1+Q_2
Q=1×10×(100−20)+10×539=6,190kcal
Q_1=CmΔt=1×10×(100−20)
[Q_1 : 현열(kcal), C : 비열(물의 비열 1kcal/kg℃), m : 질량(kg), Δt : 온도차(℃)]
Q_2=mr=10×539
[Q_2 : 잠열(kcal), m : 질량(kg), r : 물의 기화열(539kcal/kg)]

002 15℃의 기름 100g에 8,000J의 열량을 주면 기름의 온도는 몇 ℃가 되겠는가? (단, 기름의 비열은 2J/g℃이다.)

① 25 ② 45
③ 50 ④ 55

해설 Q=CmΔt에서 $\Delta t=\frac{Q}{Cm}$이므로
$\Delta t=\frac{8000}{2\times100}=40$℃
∴ 기름의 온도=15℃+40℃=55℃
Q(열량) : 8000Joule
C(비열) : 2Joule/g·℃
m(질량) : 100g
Δt(온도차) : ?℃

기체의 비중 및 밀도

003 이황화탄소 기체는 수소 기체보다 20℃, 1기압에서 몇 배 더 무거운가?

① 11 ② 22
③ 32 ④ 38

해설 이황화탄소(CS_2)의 분자량 : 12+32×2=76
수소(H_2)의 분자량 : 2
$\frac{\text{이황화탄소의 분자량}}{\text{수소의 분자량}}=\frac{76}{2}=38$배

004 할론 1301의 증기 비중은?(단, 불소의 원자량은 19, 브롬의 원자량은 80, 염소의 원자량은 35.5이고 공기의 분자량은 29이다.)

① 2.14 ② 4.15
③ 5.14 ④ 6.15

해설 할론1301(CF_3Br)의 분자량 : 12+19×3+80=149
증기비중=$\frac{\text{할론1301의 분자량}}{\text{공기의 평균분자량(29)}}$
$=\frac{149}{29}=5.137 ≒ 5.14$

005 다음 중 벤젠증기의 비중에 가장 가까운 값은?

① 0.7 ② 0.9
③ 2.7 ④ 3.9

해설 증기비중=$\frac{\text{벤젠}(C_6H_6)\text{의 분자량}}{29}$
$=\frac{12\times6+6}{29}=2.689$ 약 2.7

006 표준상태에서 에틸알코올의 증기밀도는 약 몇 g/L인가?

① 1.59 ② 2.05
③ 2.13 ④ 2.59

해설 에틸알코올(C_2H_5OH)의 1g분자량 :
12×2+6+16=46g/mol
증기밀도=$\frac{46g/mol}{22.4L/mol}=2.053$
약 2.05g/L

| 정답 | 001 ③ 002 ④ 003 ④ 004 ③ 005 ③ 006 ②

007 다음 중 증기비중이 가장 큰 것은?

① 벤젠 ② 등유
③ 메틸알코올 ④ 디에틸에테르

해설 벤젠(C_6H_6)=$\frac{78}{29}$=2.689
등유 : 4.5
메틸알코올(CH_3OH)=$\frac{32}{29}$=1.103
디에틸에테르($C_2H_5OC_2H_5$)=$\frac{74}{29}$=2.551

008 0.99atm, 55℃에서 이산화탄소의 밀도는 약 몇 g/L인가?

① 0.62 ② 1.62
③ 9.65 ④ 12.65

해설 $\rho=\frac{PM}{RT}$에서 $\rho=\frac{0.99\times44}{0.082\times(55+273)}$=1.619
∴ 1.62g/L
- (CO_2의 밀도) : ? g/ℓ
- P(압력) : 0.99atm
- M(CO_2 1g 분자량) : 12 + 16 × 2 = 44g/mol
- R(기체상수) : 0.082atm · ℓ/mol · K
- T(절대온도) : (55℃+273)K

기체에 관한 법칙

009 드라이아이스 1kg이 완전기화하면 약 몇 몰의 탄산가스가 되겠는가?

① 22.7 ② 51.3
③ 230.1 ④ 515.0

해설 드라이아이스(CO_2)의 1g분자량(1mol) : 44g/mol
$\frac{1{,}000g}{44g/mol}$=22.727
약 22.7몰

010 메탄 1g이 완전연소하면 발생되는 이산화탄소는 몇 g인가?

① 1.25 ② 2.75
③ 14 ④ 44

해설 $CH_4 + 2O_2 \rightarrow CO_2 + 2H_2O$에서
메탄(CH_4) 1g분자량 : 16g/mol
이산화탄소(CO_2) 1g분자량 : 44g/mol
16g : 44g=1g : x
x=2.75g

011 과산화나트륨 78g과 충분한 양의 물이 반응하여 생성되는 기체의 종류와 생성량을 옳게 나타낸 것은?

① 수소, 1g
② 산소, 16g
③ 수소, 2g
④ 산소, 32g

해설 $2Na_2O_2 + 2H_2O \rightarrow 4NaOH + O_2\uparrow$
(과산화나트륨) (물) (수산화나트륨) (산소)
과산화나트륨(Na_2O_2)의 1g 분자량 : 78g/mol
$2Na_2O_2$(2×78g) : O_2(32g)=78g : 16g

012 표준상태에서 탄소 1몰이 완전연소하면 몇 L의 이산화탄소가 생성되는가?

① 11.2
② 22.4
③ 44.8
④ 56.8

해설 $C + O_2 \rightarrow CO_2$
(1몰) (1몰) (1몰)
표준상태에서 모든 기체1몰은 22.4L의 체적을 갖는다.

013 화학포 소화약제인 탄산수소나트륨 6몰이 반응하여 생성되는 이산화탄소는 표준상태에서 최대 몇 L 인가?

① 22.4 ② 44.8
③ 89.6 ④ 134.4

해설 $6NaHCO_3 + Al_2(SO_4)_3 \cdot 18H_2O \rightarrow$
$3Na_2SO_4 + 2Al(OH)_3 + 6CO_2\uparrow + 18H_2O$
표준상태에서 모든 기체1몰은 22.4L의 체적을 갖는다.
6mol×22.4L/mol=134.4L

| 정답 | 007 ② 008 ② 009 ① 010 ② 011 ② 012 ② 013 ④

014 표준상태에서 적린 8mol이 완전 연소하여 오산화인을 만드는데 필요한 이론 공기량은 약 몇 L인가? (단, 공기중 산소는 21vol%이다.)

① 1,066　② 606
③ 224　④ 22.4

해설 적린(P)의 연소반응

$4P + 5O_2 \rightarrow 2P_2O_5 \uparrow$
(적린)　(산소)　(오산화린)

적린 4몰이 연소하기 위하여 산소 5몰이 필요하므로 적린 8몰이 연소하기 위하여 산소 10몰이 필요하다.

공기량=산소량 $\times \frac{1}{0.21}$

공기량 : $10mol \times 22.4L/mol \times \frac{1}{0.21} = 1,066L$

015 수소화나트륨 240g과 충분한 물이 완전반응하였을 때 발생하는 수소의 부피는? (단, 표준상태를 가정하며 나트륨의 원자량은 23이다.)

① 22.4L　② 224L
③ $22.4m^3$　④ $224m^3$

해설 $NaH + H_2O \rightarrow NaOH + H_2 \uparrow$

수소화나트륨(NaH) 1g분자량 : 24g/mol
수소화나트륨 1mol이 물과 반응하면 1mol의 수소가 생성된다. 표준상태(STP)에서 모든 기체 1mol의 체적은 22.4L이다.
수소화나트륨 240g은 10mol이므로
$22.4L/mol \times 10mol = 240 = 224L$

016 1몰의 이황화탄소와 고온의 물이 반응하여 생성되는 유독한 기체물질의 부피는 표준상태에서 얼마인가?

① 22.4L　② 44.8L
③ 67.2L　④ 134.4L

해설 $CS_2 + 2H_2O \rightarrow CO_2 \uparrow + 2H_2S \uparrow$

표준상태에서
황화수소(H_2S) 2몰의 체적 :
$2mol \times 22.4L/mol = 44.8L$

참고 이황화탄소(CS_2)와 가열된 물(150℃)과의 반응식

$CS_2 + 2H_2O \rightarrow CO_2 \uparrow + 2H_2S \uparrow$
(이황화탄소)　(물)　(이산화탄소)　(황화수소)

017 4몰의 니트로글리세린이 분해하면 12몰의 CO_2가 발생한다. 표준 상태에서 1몰의 니트로글리세린이 분해하였을 때 생성되는 CO_2가스의 체적은 몇 L가 되는가?

① 3L　② 37.2L
③ 67.2L　④ 27.2L

해설 니트로글리세린1몰이 분해하면 3몰의 이산화탄소가 생성된다.
모든 기체 1mol의 체적은 표준상태(STP)에서 22.4L이다.
$3mol \times 22.4L/mol = 67.2L$

참고 니트로글리세린[$C_3H_5(ONO_2)_3$]의 열분해반응식

$4C_3H_5(ONO_2)_3 \xrightarrow{\Delta}$
(니트로글리세린)
$12CO_2 \uparrow + 10H_2O \uparrow + 6N_2 \uparrow + O_2 \uparrow$
(이산화탄소)　(물)　(질소)　(산소)

이상기체 상태반응식

018 프로판 $2m^3$가 완전연소할 때 필요한 이론 공기량은 약 몇 m^3인가? (단, 공기 중 산소농도는 21vol%이며 표준상태이다.)

① 23.81　② 35.72
③ 47.59　④ 71.43

해설 $C_3H_8 + 5O_2 \rightarrow 3CO_2 \uparrow + 4H_2O$

[풀이 1] 이론공기량=산소량 $\times \frac{1}{0.21}$

산소의 량 : 몰수의 비는 체적의 비이므로 $2m^3$의 프로판이 연소하기 위해서는 $10m^3$의 산소가 필요하다.

공기의양 : $10m^3 \times \frac{1}{0.21} = 47.619$

[풀이 2] PV=nRT에서 산소량=V=$\frac{nRT}{P}$

$$공기량 = \frac{nRT}{P} \times \frac{1}{0.21}$$

$$= \frac{\frac{2}{22.4} \times 0.082 \times 273}{1} \times \frac{1}{0.21} = 47.589$$

약 $47.59m^3$

| 정답 | 014 ① 015 ② 016 ② 017 ③ 018 ③

참고 프로판(C_3H_8)의 연소반응식

C_3H_8 + $5O_2$ → $3CO_2$ ↑ + $4H_2O$
(프로판) (산소) (이산화탄소) (물)

019 **분말소화약제인 탄산수소타트륨 10kg이 1기압, 270℃에서 방사되었을 때 발생하는 이산화탄소의 양은 약 몇 m^3인가?**

① 2.65
② 3.65
③ 18.22
④ 36.44

해설 $NaHCO_3$ 1mol이 분해하면 $\frac{1}{2}$mol의 이산화탄소가 생성된다.
$2NaHCO_3 \rightarrow Na_2CO_3 + CO_2 + H_2O$
$NaHCO_3$의 1kg분자량 : 84kg/kmol
$PV = \frac{WRT}{M}$에서 $V = \frac{WRT}{PM}$이므로
$V = \frac{WRT}{PM} \times \frac{1}{2}$
이산화탄소의 체적(V)
$= \frac{10 \times 0.082 \times (270+273)}{1 \times 84} \times \frac{1}{2} = 2.650$
∴ $2.65m^3$

020 **다음과 같은 반응에서 $5m^3$의 탄산가스를 만들기 위해 필요한 탄산수소나트륨의 양은 약 몇 kg인가? (단, 표준상태이고 나트륨의 원자량은 23이다.)**

$2NaHCO_3 \rightarrow NaCO_3 + CO_2 + H_2O$

① 18.75 ② 37.5
③ 56.25 ④ 75

해설 $PV = \frac{WRT}{M}$에서 $W = \frac{PVM}{RT}$
탄산가스 1몰을 만들기 위해 탄산수소나트륨 2몰이 필요하므로 탄산수소타트륨의 양은 2를 곱하여 구한다.
$W = \frac{PVM}{RT} \times 2 = \frac{1 \times 5 \times 84}{0.082 \times 273} \times 2 = 37.523$
약 37.5kg

021 **액화 이산화탄소 1kg이 25℃, 2atm의 공기중으로 방출되었을 때 방출된 기체상의 이산화탄소의 부피는 약 몇 L가 되는가?**

① 278 ② 556
③ 1,111 ④ 1,985

해설 $PV = \frac{WRT}{M}$에서 $V = \frac{WRT}{PM}$이므로
$V = \frac{1,000 \times 0.082 \times (25+273)}{2 \times 44} = 277.681L$
약 278L

참고 체적을 리터(L)로 구할 때는 질량의 단위를 그램(g)으로 환산하여 주어야 한다.

022 **액체 상태의 물 1kg이 1기압, 100℃ 수증기로 변하면 체적이 약 몇 배 증가하는가?**

① 530~540 ② 900~1,100
③ 1,600~1,700 ④ 2,300~2,400

해설 물(H_2O)의 1g 분자량 : 2 + 16 = 18g/mol
$PV = \frac{WRT}{M}$에서 $V = \frac{WRT}{PM}$이므로
$V = \frac{1,000 \times 0.082 \times (100+273)}{1 \times 18} = 1,699.22L$

023 **1기압, 27℃에서 아세톤 58g을 완전히 기화시키면 부피는 약 몇 L가 되는가?**

① 22.4 ② 24.6
③ 27.4 ④ 58.0

해설 아세톤(CH_3COCH_3)의 1g분자량 : 58g/mol
$PV = \frac{WRT}{M}$에서 $V = \frac{WRT}{PM}$이므로
$V = \frac{58 \times 0.082 \times (27+273)}{1 \times 58} = 24.6L$

024 **다음 반응식과 같이 벤젠 1kg이 연소할 때 발생되는 CO_2의 양은 약 m^3 몇 인가? (단, 27℃, 750mmHg 기준이다.)**

$C_6H_6 + 7.5O_2 \rightarrow 6CO_2 + 3H_2O$

① 0.72 ② 1.22
③ 1.92 ④ 2.42

| 정답 | 019 ① 020 ② 021 ① 022 ③ 023 ② 024 ③

해설 벤젠(C_6H_6)의 1g 분자량 : 12 × 6 + 6 = 78g/mol

$PV = \frac{WRT}{M}$에서 $V = \frac{WRT}{PM}$

CO_2의 체적(V)

$= \frac{1 \times 0.082 \times (27+273)}{\frac{750}{760} \times 78} \times 6 = 1.917m^3$

$\therefore 1.92m^3$

참고 1atm(기압) = 760mmHg이므로 수은(Hg) 기둥의 입력값은 atm 단위로 환산하여 사용한다.

제 3 장 부록

01 그리스문자 및 숫자

1. 그리스문자

문	자	호	칭	문	자	호	칭
A	α	Alpha	(알 파)	N	ν	Nu	(뉴 우)
B	β	Beta	(베 타)	Ξ	ξ	Xi	(크사이)
Γ	γ	Gamma	(감 마)	O	ο	Omicron	(오미크롱)
Δ	δ	Delta	(델 타)	Π	π	Pi	(파 이)
E	ε	Epsilon	(입실롱)	P	ρ	Rho	(로 오)
Z	ζ	Zeta	(제 타)	Σ	σ	Sigma	(시그마)
H	η	Eta	(이 타)	T	τ	Tau	(타 우)
Θ	θ	Theta	(시 타)	Υ	υ	Upsilon	(유우프실론)
I	ι	Iota	(이오타)	Φ	φ	Phi	(화 이)
K	κ	Kappa	(카 파)	X	χ	Chi	(카 이)
Λ	λ	Lambda	(람 다)	Ψ	ψ	Psi	(프사이)
M	μ	Mu	(뮤 우)	Ω	ω	Omega	(오메가)

2. 수에 관한 실용접두어

(화학명을 쓸 때의 수사접두어)

수	호	칭	수	호	칭
1	mono	(모노)	21	heneicosa	(헨에이코사)
2	di	(디)	22	doeicosa	(도에이코사)
3	tri	(트리)	23	trieicosa	(트리에이코사)
4	tetra	(테트라)	:		
5	penta	(펜타)	:		
6	hexa	(헥사)	30	triaconta	(트리아콘타)
7	hepta	(헵타)	31	hentriaconta	(헨트리아콘타)
8	octa	(옥타)	32	dotriaconta	(도트리아콘타)
9	nona	(노나)	33	tritriaconta	(트리트리아콘타)
10	deca	(데카)	:		
11	hendeca	(헨데카)	:		
12	dodeca	(도데카)	40	tetraconta	(테트라콘타)
13	trideca	(트리데카)	50	pentaconta	(펜타콘타)
14	tetradeca	(테트라데카)	:		
15	pentadeca	(펜타데카)	:		
16	hexadeca	(헥사데카)	100	hecta	(헥타)
17	heptadeca	(헵타데카)	1/2	hemi	(헤미)
18	octadeca	(옥타데카)	3/2	Sesqui	(세스퀴)
19	nonadeca	(노나데카)			
20	eicosa	(에이코사)			

02 위험물의 종류 일람표[령별표1](개정 2019.2.26.)

위험물 및 지정수량

유 별	성질	품 명	지 정 수 량
제 1 류	산화성 고체	1. 아염소산염류	50킬로그램
		2. 염소산염류	50킬로그램
		3. 과염소산염류	50킬로그램
		4. 무기과산화물	50킬로그램
		5. 브롬산염류	300킬로그램
		6. 요오드산염류	300킬로그램
		7. 질산염류	300킬로그램
		8. 과망간산염류	1,000킬로그램
		9. 중크롬산염류	1,000킬로그램
		10. 그 밖에 행정안전부령이 정하는 것 11. 제1호 내지 제10호의 1에 해당하는 어느 하나 이상을 함유한 것	50킬로그램, 300킬로그램 또는 1,000킬로그램
제 2 류	가연성 고체	1. 황화린	100킬로그램
		2. 적린	100킬로그램
		3. 유황	100킬로그램
		4. 마그네슘	500킬로그램
		5. 철분	500킬로그램
		6. 금속분	500킬로그램
		7. 그 밖에 행정안전부령이 정하는 것 8. 제1호 내지 제7호의 1에 해당하는 어느 하나 이상을 함유한 것	100킬로그램 또는 500킬로그램
		9. 인화성고체	1,000킬로그램
제 3 류	자연발화성 물질 및 금수성 물질	1. 칼륨	10킬로그램
		2. 나트륨	10킬로그램
		3. 알킬리튬	10킬로그램
		4. 알킬알루미늄	10킬로그램
		5. 황린	20킬로그램
		6. 알칼리금속(칼륨 및 나트륨 제외한다) 및 알칼리토금속	50킬로그램
		7. 유기금속화합물(알킬알루미늄 및 알킬리튬을 제외한다)	50킬로그램
		8. 금속의 인화물	300킬로그램
		9. 금속의 수소화물	300킬로그램
		10. 칼슘 또는 알루미늄의 탄화물	300킬로그램
		11. 그 밖에 행정안전부령이 정하는 것 12. 제1호 내지 제11호의 1에 해당하는 어느 하나 이상을 함유한 것	10킬로그램, 50킬로그램 또는 300킬로그램

유 별	성질	품 명		지 정 수 량
제 4 류	인화성 액체	1. 특수인화물류		50리터
		2. 제1석유류	비수용성액체	200리터
			수용성액체	400리터
		3. 알코올류		400리터
		4. 제2석유류	비수용성액체	1,000리터
			수용성액체	2,000리터
		5. 제3석유류	비수용성액체	2,000리터
			수용성액체	4,000리터
		6. 제4석유류		6,000리터
		7. 동식물유류		10,000리터
제 5 류	자기반응성 물질	1. 질산에스테르류		10킬로그램
		2. 유기과산화물		10킬로그램
		3. 니트로화합물		200킬로그램
		4. 니트로소화합물		200킬로그램
		5. 아조화합물		200킬로그램
		6. 디아조화합물		200킬로그램
		7. 히드라진유도체		200킬로그램
		8. 히드록실아민		100킬로그램
		9. 히드록실아민염류		100킬로그램
		10. 그 밖에 행정안전부령이 정하는 것 11. 제1호 내지 제10호의 1에 해당하는 어느 하나 이상을 함유한 것		10킬로그램, 100킬로그램 또는 200킬로그램
제 6 류	산화성 액체	1. 질산		300킬로그램
		2. 과산화수소		300킬로그램
		3. 과염소산		300킬로그램
		4. 그 밖에 행정안전부령이 정하는 것 5. 제1호 내지 제4호의 1에 해당하는 어느 하나 이상을 함유한 것		300킬로그램

(비고)

1. **"산화성고체"**라 함은 고체[액체(1기압 및 섭씨 20도에서 액상인 것 또는 섭씨 20도 초과 섭씨 40도 이하에서 액상인 것을 말한다) 또는 기체(1기압 및 섭씨 20도에서 기상인 것을 말한다) 외의 것을 말한다. 이하 같다]로서 산화력의 잠재적인 위험성 또는 충격에 대한 민감성을 판단하기 위하여 소방청장이 정하여 고시(이하 "고시"라 한다)하는 시험에서 고시로 정하는 성질과 상태를 나타내는 것을 말한다. 이 경우 "액상"이라 함은 수직으로 된 시험관(안지름 30밀리미터, 높이 120밀리미터의 원통형 유리관을 말한다)에 시료를 55밀리미터까지 채운 다음 당해 시험관을 수평으로 하였을 때 시료액면의 선단이 30밀리미터를 이동하는 데 걸리는 시간이 90초 이내에 있는 것을 말한다.
2. **"가연성고체"**라 함은 고체로서 화염에 의한 발화의 위험성 또는 인화의 위험성을 판단하기 위하여 고시로 정하는 시험에서 고시로 정하는 성질과 상태를 나타내는 것을 말한다.

3. 유황은 순도가 60중량퍼센트 이상인 것을 말한다. 이 경우 순도측정에 있어서 불순물은 활석 등 불연성 물질과 수분에 한한다.
4. "철분"이라 함은 철의 분말로서 53마이크로미터의 표준체를 통과하는 것의 50중량퍼센트 미만인 것은 제외한다.
5. "금속분"이라 함은 알칼리금속·알칼리토금속·철 및 마그네슘 외의 금속의 분말을 말하고, 구리분·니켈분 및 150마이크로미터의 체를 통과하는 것이 50중량퍼센트 미만인 것은 제외한다.
6. 마그네슘 및 제2류 제8호의 물품 중 마그네슘을 함유한 것에 있어서는 다음 각목의 1에 해당하는 것은 제외한다.
   가. 2밀리미터의 체를 통과하지 아니하는 덩어리 상태의 것
   나. 직경 2밀리미터 이상의 막대 모양의 것
7. 황화린·적린·유황 및 철분은 제2호의 규정에 의한 성상이 있는 것으로 본다.
8. "인화성고체"라 함은 고형알코올 그 밖에 1기압에서 인화점이 섭씨 40도 미만인 고체를 말한다.
9. "자연발화성 물질 및 금수성 물질"이라 함은 고체 또는 액체로서 공기 중에서 발화의 위험성이 있거나 물과 접촉하여 발화하거나 가연성가스를 발생하는 위험성이 있는 것을 말한다.
10. 칼륨·나트륨·알킬알루미늄·알킬리튬 및 황린은 제9호의 규정에 의한 성상이 있는 것으로 본다.
11. "인화성액체"라 함은 액체(제3석유류, 제4석유류 및 동식물유류에 있어서는 1기압과 섭씨 20도에서 액상인 것에 한한다)로서 인화의 위험성이 있는 것을 말한다.
    다만, 다음 각 목의 어느 하나에 해당하는 것을 법 20조제1항의 중요기준에 세부기준에 따른 운반용기를 사용해서 운반하거나 저장(진열 및 판매를 포함한다)하는 경우는 제외한다.
    가. 「화장품법」 제2조제1호에 따른 화장품 중 인화성액체를 포함하고 있는 것
    나. 「약사법」 제2조제4호에 따른 의약품 중 인화성액체를 포함하고 있는 것
    다. 「약사법」 제2조제7호에 따른 의약외품(알코롤류에 해당하는 것은 제외한다) 중 수용성인 인화성액체를 50부 퍼센트 이하로 포함하고 있는 것
    라. 「의료기기법」에 따른 체외진단용 의료기기 인화성액체를 포함하고 있는 것
    마. 「생활화학제품 및 살생물제의 안전관리에 관한 법률」 제3조제4호에 따른 안전확인대상생활화학제품(알코올에 해당하는 것은 제회한다) 중 수용성인 인화성액체를 50부 퍼센트 이하로 포함하고 있는 것
12. "특수인화물"이라 함은 이황화탄소, 디에틸에테르 그 밖에 1기압에서 발화점이 섭씨 100도 이하인 것 또는 인화점이 섭씨 영하 20도 이하이고 비점이 섭씨 40도 이하인 것을 말한다.
13. "제1석유류"라 함은 아세톤, 휘발유 그 밖에 1기압에서 인화점이 섭씨 21도 미만인 것을 말한다.
14. "알코올류"라 함은 1분자를 구성하는 탄소원자의 수가 1개부터 3개까지인 포화1가 알코올(변성알코올을 포함한다)을 말한다. 다만, 다음 각목의 1에 해당하는 것은 제외한다.
    가. 1분자를 구성하는 탄소원자의 수가 1개 내지 3개의 포화1가 알코올의 함유량이 60중량퍼센트 미만인 수용액
    나. 가연성액체량이 60중량퍼센트 미만이고 인화점 및 연소점(태그개방식 인화점 측정기에 의한 연소점을 말한다. 이와 같다)이 에틸알코올 60중량퍼센트 수용액의 인화점 및 연소점을 초과하는 것
15. "제2석유류"라 함은 등유, 경유 그 밖에 1기압에서 인화점이 섭씨 21도 이상 70도 미만인 것을 말한다. 다만, 도료류 그 밖의 물품에 있어서 가연성액체량이 40중량퍼센트 이하이면서 인화점이 섭씨 40도 이상인 동시에 연소점이 섭씨 60도 이상인 것은 제외한다.
16. "제3석유류"라 함은 중유, 클레오소트유 그 밖에 1기압에서 인화점이 섭씨 70도 이상 섭씨 200도 미만인 것을 말한다. 다만, 도료류 그 밖의 물품은 가연성액체량이 40중량퍼센트 이하인 것은 제외한다.

17. "제4석유류"라 함은 기어유, 실린더유 그 밖에 1기압에서 인화점이 섭씨 200도 이상 섭씨 250도 미만의 것을 말한다. 다만, 도료류 그 밖의 물품은 가연성액체량이 40중량퍼센트 이하인 것은 제외한다.
18. "동·식물유류"라 함은 동물의 지육 등 또는 식물의 종자나 과육으로부터 추출한 것으로서 1기압에서 인화점이 섭씨 250도 미만인 것을 말한다. 다만, 법 제20조 제1항의 규정에 의하여 행정안전부령이 정하는 용기기준과 수납·저장기준에 따라 수납되어 저장·보관되고 용기의 외부에 물품의 통칭명, 수량 및 화기엄금(화기엄금과 동일한 의미를 갖는 표시를 포함한다)의 표시가 있는 경우를 제외한다.
19. "자기반응성 물질"이라 함은 고체 또는 액체로서 폭발의 위험성 또는 가열분해의 격렬함을 판단하기 위하여 고시로 정하는 시험에서 고시로 정하는 성질과 상태를 나타내는 것을 말한다.
20. 제5류 제11호의 물품에 있어서는 유기과산화물을 함유하는 것 중에서 불활성고체를 함유하는 것으로서 다음 각목의 1에 해당하는 것은 제외한다.
    가. 과산화벤조일의 함유량이 35.5중량퍼센트 미만인 것으로서 전분가루, 황산칼슘2수화물 또는 인산1수소칼슘2수화물과의 혼합물
    나. 비스(4클로로벤조일)퍼옥사이드의 함유량이 30중량퍼센트 미만인 것으로 불활성고체와의 혼합물
    다. 과산화지크밀의 함유량이 40중량퍼센트 미만인 것으로서 불활성고체와의 혼합물
    라. 1·4비스(2-터셔리부틸퍼옥시이소프로필)벤젠의 함유량이 40중량퍼센트 미만인 것으로서 불활성고체와의 혼합물
    마. 시크로헥사놀퍼옥사이드의 함유량이 30중량퍼센트 미만인 것으로서 불활성고체와의 혼합물
21. "산화성액체"라 함은 액체로서 산화력의 잠재적인 위험성을 판단하기 위하여 고시로 정하는 시험에서 고시로 정하는 성질과 상태를 나타내는 것을 말한다.
22. 과산화수소는 그 농도가 36중량퍼센트 이상인 것에 한하며, 제21호의 성상이 있는 것으로 본다.
23. 질산은 그 비중이 1.49 이상인 것에 한하며, 제21호의 성상이 있는 것으로 본다.
24. 위 표의 성질란에 규정된 성상을 2가지 이상 포함하는 물품(이하 이 호에서 "복수성상물품"이라 한다)이 속하는 품명은 다음 가목의 1에 의한다.
    가. 복수성상물품이 산화성고체의 성상 및 가연성고체의 성상을 가지는 경우 : 제2류 제8호의 규정에 의한 품명
    나. 복수성상물품이 산화성고체의 성상 및 자기반응성 물질의 성상을 가지는 경우 : 제5류 제11호의 규정에 의한 품명
    다. 복수성상물품이 가연성고체의 성상과 자연발화성 물질의 성상 및 금수성 물질의 성상을 가지는 경우 : 제3류 제12호의 규정에 의한 품명
    라. 복수성상물품이 자연발화성 물질의 성상, 금수성 물질의 성상 및 인화성액체의 성상을 가지는 경우 : 제3류 제12호의 규정에 의한 품명
    마. 복수성상물품이 인화성액체의 성상 및 자기반응성 물질의 성상을 가지는 경우 : 제5류 제12호의 규정에 의한 품명
25. 위 표의 지정수량란에 정하는 수량이 복수로 있는 품명에 있어서는 당해 품명이 속하는 유(類)의 품명 가운데 위험성의 정도가 가장 유사한 품명의 지정수량란에 정하는 수량과 같은 수량을 당해 품명의 지정수량으로 한다. 이 경우 위험물의 위험성을 실험·비교하기 위한 기준은 고시로 정할 수 있다.
26. 동 표에 의한 위험물의 판정 또는 지정수량의 결정에 필요한 실험은 「국가표준기본법」 제23조에 따라 인정을 받은 시험, 검사기관, 「소방산업의 진흥에 관한 법률」 제14조에 따른 한국소방산업기술원, 중앙소방학교 또는 소방청장이 지정하는 기관에서 실시할 수 있다. 이 경우 실험결과에는 실험한 위험물에 해당하는 품명과 지정수량이 포함되어야 한다.

03 운반용기와 수납방법[규칙 별표 19]

1. 고체위험물

운반용기				수납위험물의 종류									
내장용기		외장용기		제1류			제2류		제3류			제5류	
용기의 종류	최대 용적 또는 중량	용기의 종류	최대 용적 또는 중량	Ⅰ	Ⅱ	Ⅲ	Ⅱ	Ⅲ	Ⅰ	Ⅱ	Ⅲ	Ⅰ	Ⅱ
유리용기 또는 플라스틱 용기	10ℓ	나무상자 또는 플라스틱상자(필요에 따라 불활성의 완충재를 채울 것)	125kg	0	0	0	0	0	0	0		0	0
			225kg		0	0		0		0	0		0
		파이버판 상자(필요에 따라 불활성의 완충재를 채울 것)	40kg	0	0	0	0	0	0	0	0	0	0
			55kg		0	0		0		0	0		0
금속제 용기	30ℓ	나무상자 또는 플라스틱 상자	125kg	0	0	0	0	0	0	0		0	0
			225kg		0	0		0		0	0		0
		파이버판 상자	40kg	0	0	0	0	0	0	0	0	0	0
			55kg		0	0		0		0	0		0
플라스틱 필름포대 또는 종이 포대	5kg	나무상자 또는 플라스틱 상자	50kg	0	0	0	0	0		0	0	0	0
	50kg		50kg	0	0	0	0	0					0
	125kg		125kg		0	0	0	0					
	225kg		225kg			0		0					
	5kg	파이버판 상자	40kg	0	0	0	0	0		0	0	0	0
	40kg		40kg	0	0	0	0	0					0
	55kg		55kg			0		0					
		금속제용기(드럼제외)	60ℓ	0	0	0	0	0	0	0	0	0	0
		플라스틱용기(드럼제외)	10ℓ		0	0	0	0		0	0		0
			30ℓ			0		0					0
		금속제드럼	250ℓ	0	0	0	0	0	0	0	0	0	0
		플라스틱드럼 또는 파이버드럼(방수성이 있는 것)	60ℓ	0	0	0	0	0	0	0	0	0	0
			250ℓ		0	0		0		0	0		0
		합성수지포대(방수성이 있는 것), 플라스틱필름포대, 섬유포대(방수성이 있는 것) 또는 종이 포대(여러겹으로서 방수의 것)	50kg		0	0	0	0		0	0		0

(비고)

① "0" 표시는 수납위험물의 종류별 각항의 위험물에 대하여 당해 각 란에 정한 운반용기기가 적용성이 있음을 표시한다.

② 내장용기는 외장용기에 수납하여야 하는 용기로서 위험물을 직접 수납하기 위한 것을 말한다.

③ 내장용기의 용기의 종류란이 공란인 것은 외장용기에 위험물을 직접 수납하거나 유리용기, 플라스틱용기, 금속제용기, 폴리에틸렌포대 또는 종이포대를 내장용기로 할 수 있음을 표시한다.

2. 액체위험물

운반용기				수납위험물의 종류								
내장용기		외장용기		제3류			제4류			제5류		제6류
용기의 종류	최대 용적 또는 중량	용기의 종류	최대 용적 또는 중량	I	II	III	I	II	III	I	II	I
유리용기	5ℓ	나무 또는 플라스틱상자 (불활성의 완충재를 채울 것)	75kg	0	0	0	0	0	0	0	0	0
	10ℓ		125kg		0	0		0	0		0	
			225kg						0			
	5ℓ	파이버판 상자(불연성의 완충제를 채울 것)	40kg	0	0	0	0	0	0	0	0	0
	10ℓ		55kg						0			
플라스틱 용기	10ℓ	나무 또는 플라스틱 상자(필요에 따라 불연성의 완충재를 채울 것)	75kg	0	0	0	0	0	0	0	0	0
			125kg		0	0		0	0		0	
			225kg						0			
		파이버판 상자(필요에 따라 불연성의 완충재를 채울 것)	40kg	0	0	0	0	0	0	0	0	0
			55kg						0			
금속제 용기	30ℓ	나무 또는 플라스틱 상자	125kg	0	0	0	0	0	0	0	0	0
			225kg						0			
		파이버판 상자	40kg	0	0	0	0	0	0	0	0	0
			55kg		0	0		0	0		0	
		금속제용기(금속제 드럼 제외)	60ℓ		0	0		0	0		0	
		플라스틱용기(플라스틱 드럼 제외)	10ℓ		0	0		0	0		0	
			20ℓ					0	0			
			30ℓ						0		0	
		금속제드럼(뚜껑 고정식)	250ℓ	0	0	0	0	0	0	0	0	0
		금속제드럼(뚜껑 탈착식)	250ℓ					0	0			
		플라스틱 또는 파이버드럼 (플라스틱내 용기부착의 것)	250ℓ		0	0			0		0	

(비고)

① "0" 표시는 수납 위험물의 종류별 각란 정한 위험물에 대하여 당해 각란에 정한 정한 운반용기가 적응성이 있음을 표시한다.

② 내장용기는 외장용기에 수납하여야 하는 용기로서 위험물을 직접 수납하기 위한 것을 말한다.

③ 내장용기는 용기의 종류란이 공란인 것은 외장용기에 위험물을 직접 수납하거나 유리용기, 플라스틱용기 또는 금속제용기의 내장용기를 수납하는 외장용기로 할 수 있음을 표시한다.

04 혼합으로 위험이 따르는 화학물질 일람표

물질명		혼합 위험물질	조 건	현 상	비 고
아염소산염류	아염소산나트륨	유기물	혼 합	발화	
	아염소산나트륨	강산	혼 합	발화	
	아염소산나트륨	유지	혼 합	발화	
	아염소산나트륨	로단암몬	혼 합	발화	
	아염소산나트륨	수산 기타 유기산	혼 합	발화	
염소산염류	염소산염	황산	이산화염소 발생	폭발	
	염소산염	황화안티몬	밀폐공간에 방치	폭발	발화제
	염소산염	인화구리, 아인산염	혼합, 충격, 가열	폭발	
	염소산염	(알루미늄, 마그네슘, 철) 분말	점화, 충격	발화	흰색 불꽃, 섬광제
	염소산염	(알루미늄, 마그네슘, 철) + 스테아린산염	점화, 충격	발화	적색 불꽃, 섬광제
	염소산칼륨	설탕 · 황산		폭발	
	염소산칼륨	오황화안티몬	충 격	폭발	발화제
	염소산칼륨	설탕과 적혈염	충 격	폭발	발사약
	염소산칼륨	(황, 이황화탄소, 유기황, 적린)	마찰, 충격, 가열	폭발	
	염소산바륨	스테아린산염	마찰, 충격, 가열	폭발	녹색 불꽃
과염소산염류	과염소산칼륨	(목탄, 종이, 나무조각, 에테르 등)	상온, 습기, 일광	발화	과염소산칼륨을 방치하면 이산화염소로 분해, 일부 철산화염소가 되고 이때 흡열에 의하여 발화한다.
	무수과염소산칼륨	(황, 안티몬, 목탄, 아연, 철)		폭발	
무기과산화물	과산화수소	금속분, 유류, 수지, 면, 모, 연망간광	상온 상온	폭발 발화	자연발화 자연폭발
	과산화나트륨	물 알루미늄 초산무수물 수산화칼륨	상온 약간의 수분 접촉 화학반응	발열 발화 발화 발화	산소의 발생으로 대단히 위험하다.
	과산화바륨 과산화 마그네슘 과산화수은	유기물질(목편)	마찰, 수분첨가	발화	
	과산화납	황산(황화수소) · 유황 · 주석산 · 구연산 · 수산	기류 중 마찰	발화	
브롬산염류	브롬산칼륨	유기물	가 열	폭발	
	브롬산칼륨	디오글리콜산암몬	혼산, 수용일 때는 수분이 휘발할 때 반응이 일어난다.	발화	
질산염류	질산칼륨 (질산나트륨)	초산나트륨(또는 수산염) + 유기물	가온(저온)	폭발	초산납, 바륨은 안정
	질산칼륨 (질산나트륨)	아인산나트륨		폭발	산화질소, 아질산가스 발생
	질산나트륨	하이포	용해할 때	폭발	
	질산나트륨	주 석	질산납이 되면서 오랜 반응으로 질산가스가 발생	폭발	
	질산암모늄	아 연	상온, 수분	발화	
	질산암모늄	유 안	외부에서 큰 에너지를 가함	폭발	
삼화산물	삼산화크롬	아닐린, 피리딘, 키노딘, 알코올, 아세톤, 신나, 그리스	자연발화	폭발	

물질명		혼합 위험물질	조 건	현 상	비 고
과망간산염류	과망간산염	피리딘	충격, 가온	폭발	
	과망간산칼륨	황	177℃	폭발	
	과망간산칼륨	글리세린		발화 폭발	분해로 발생된 수소가 폭발
	과망간산칼륨	에탄올 + 황산		섬광 발화	
	과망간산칼륨	피크린산(불이 붙은 나무, 농황산) 나무, 농황산	접 촉	발화	
	과망간산칼륨	철(분말)	충 격	발화	
	과망간산칼륨	질산암몬	충격, 마찰	폭발	과망간산이 발생
중크롬산염류	중크롬산칼륨	시안화수은	마 찰	발화	
	중크롬산암몬	암몬	가 열	급분해 (발열)	
	중크롬산납	카바이트	마 찰	발화	
린	황 린		상온에서 건조	발화	
	황 린	발연질산(아질산염, 염산염)	혼 합	발화	
	적 린	질산납	혼합, 충격, 가열	폭발	
	적 린	요오드	접 촉	폭발	
	적 린	이황화탄소+암모니아	상 온	발화	
알칼리금속 및 토금속	알칼리 또는 알칼리토금속	물	혼합, 수분	발화	칼륨, 나트륨, 티탄, 칼슘, 마그네슘, 아연 등
	금속나트륨	사염화탄소, 클로로포름, 기타 염소화탄화수소, 염소화탄화수소물	마찰, 충격 반응열의 축적	폭발 발화	
	금속칼슘				
	금속세슘				
	금속리튬				
	금 속 알루미늄	요오드, 산화철(녹)	상온, 습기, 가열(테르밋반응)	발화	
질산에스테르류	질산 에스테르		비점 이상 가열	폭발	
	질산메틸		상 온	폭발	
	질산에틸		밀폐실에서 개방할 때, 상온	폭발	
유기과산화물	벤조일퍼옥사이드 메틸에틸케톤퍼옥사이드 벤젠슬폰퍼옥사이드 피크라민산의 디아조화옥사이드 일부 과산화물이 된 키논 에틸렌퍼옥사이드 기타 유기과산화물류	나프텐산, 코발트, 희토류 금속	충격, 가온	폭발	
	에틸퍼옥사이드	에테르를 방치할 때 일부에서 발생	과잉 산소, 햇빛	폭발	에테르를 보관할 때는 공기, 햇빛, 아세톤, 과산화 수소에 주의
	메틸퍼옥사이드	〃	〃	〃	
니트로화합물	니트로메탄	유기물	혼 합	발화 폭발	
	디니트로메탄		일광, 열, 충격	폭발	
	니트로구아니틴	농황산	혼 합	발화	
	니트로메탄수은납		자폭성	폭발	
	피크르산염		가열, 충격	폭발	
	피크린산	생석회	혼 합	발화	
	탄산벤조히드라진		단체자폭성	폭발	
니트로소화합물	니트로소 펜타메틸렌 테드라민	강산	접 촉	발화	
	헥사메틸렌테트라민	요오드포름화합물	혼합 178℃	폭발	
질산류	질 산	알코올		발화	발열반응
	발연질산	디오펜		폭발	
	발연질산	(옥화수소가스 또는 세렌화 수소)	접 촉	발화	

05 소방대상물 및 위험물별 소화설비의 적응성[규칙 별표 17]

위험물시설에 설치하는 소화설비는 그 위험물에 적응할 소화능력을 가지고 있어야 한다.

소화설비의 구분			대상물의 구분											
			건축물 기타 공작물	전기설비	제1류 위험물		제2류 위험물			제3류 위험물		제4류 위험물	제5류 위험물	제6류 위험물
					알칼리금속과산화물 등	그 밖의 것	철분 금속분 마그네슘 등	인화성고체	그 밖의 것	금수성 물품	그 밖의 것			
옥내소화전설비 또는 옥외소화전설비			○			○		○	○		○		○	○
스프링클러설비			○			○		○	○		○	△	○	○
물분무등소화설비	물분무소화설비		○	○		○		○	○		○	○	○	○
물분무등소화설비	포소화설비		○			○		○	○		○	○	○	○
물분무등소화설비	불활성가스 소화설비			○				○				○		
물분무등소화설비	할로겐화합물 소화설비			○				○				○		
물분무등소화설비	분말소화설비	인산염류 등	○	○		○		○	○			○		○
물분무등소화설비	분말소화설비	탄산수소염류 등		○	○		○	○		○		○		
물분무등소화설비	분말소화설비	그 밖의 것			○		○			○				
대형·소형 수동식 소화기	봉상수(棒狀水)소화기		○			○		○	○		○		○	○
대형·소형 수동식 소화기	무상수(霧狀水)소화기		○	○		○		○	○		○		○	○
대형·소형 수동식 소화기	봉상강화액 소화기		○			○		○	○		○		○	○
대형·소형 수동식 소화기	무상강화액 소화기		○	○		○		○	○		○	○	○	○
대형·소형 수동식 소화기	포소화기		○			○		○	○		○	○	○	○
대형·소형 수동식 소화기	이산화탄소소화기			○				○				○		△
대형·소형 수동식 소화기	할로겐화합물소화기			○				○				○		
대형·소형 수동식 소화기	분말소화설비	인산염류소화기	○	○		○		○	○			○		○
대형·소형 수동식 소화기	분말소화설비	탄산수소염류소화기		○	○		○	○		○		○		
대형·소형 수동식 소화기	분말소화설비	그 밖의 것			○		○			○				
기타	물통 또는 수조		○			○		○	○		○		○	○
기타	건조사				○	○	○	○	○	○	○	○	○	○
기타	팽창질석 또는 팽창진주암				○	○	○	○	○	○	○	○	○	○

(비고)

1. "○" 표시는 당해 소방대상물 및 위험물에 대한 소화설비가 적응성이 있음을 표시하고 "△"표시는 제4류 위험물을 저장 또는 취급하는 장소의 살수기준면적에 따라 스프링클러설비의 살수밀도가 다음 표에 정하는 기준 이상인 경우에는 당해 스프링클러설비가 제4류 위험물에 대하여 적응성이 있음을, 제6류 위험물을 저장 또는 취급하는 장소로서 폭발의 위험이 없는 장소에 한하여 이산화탄소소화기가 제6류 위험물에 대하여 적응성이 있음을 각각 표시한다.

살수기준면적(m^2)	방사밀도(L/m^2분)		비고
	인화점 38℃ 미만	인화점 38℃ 이상	살수기준면적은 내화구조의 벽 및 바닥으로 구획된 하나의 실의 바닥면적을 말하고 하나의 실의 바닥면적이 465m^2 이상인 경우의 살수기준면적은 465m^2로 한다. 다만, 위험물의 취급을 주된 작업내용으로 하지 아니하고 소량의 위험물을 취급하는 설비 또는 부분이 넓게 분산되어 있는 경우에는 방사밀도는 8.2ℓ/m^2·분 이상, 살수기준면적은 279m^2 이상으로 할 수 있다.
279 미만 279 이상 372 미만 372 이상 465 미만 465 이상	16.3 이상 15.5 이상 13.9 이상 12.2 이상	12.2 이상 11.8 이상 9.8 이상 8.1 이상	

2. 인산염류 등은 인산염류, 황산염류 그 밖에 방염성이 있는 약제를 말한다.
3. 탄산수소염류 등은 탄산수소염류 및 탄산수소염류와 요소의 반응 생성물을 말한다.
4. 알칼리금속과산화물 등은 알칼리금속과산화물 및 알칼리금속의 과산화물을 함유한 것을 말한다.
5. 철분, 금속분, 마그네슘 등은 철분, 금속분, 마그네슘과 철분, 금속분 또는 마그네슘을 함유한 것을 말한다.

06 소화난이도 등급에 해당하는 제조소등 및 소화설비[규칙 별표 17]

1. 소화난이도 등급 I 의 제조소등 및 소화설비

가. 소화난이도 등급 I 에 해당하는 제조소등

제조소등의 구분	제조소등의 규모, 저장 또는 취급하는 위험물의 품명 및 최대 수량 등
제조소 일반취급소	연면적 1,000m^2 이상인 것
	지정수량의 100배 이상인 것(고 인화점 위험물만을 100℃ 미만의 온도에서 취급하는 것 및 제48조의 위험물을 취급하는 것은 제외)
	지반면으로 부터 6m 이상의 높이에 위험물취급설비가 있는 것(고 인화점 위험물만을 100℃ 미만의 온도에서 취급하는 것은 제외)
	일반취급소로 사용되는 부분 외의 부분을 갖는 건축물에 설치된 것(내화구조로 개구부 없이 구획된 것 및 고 인화점 위험물만을 100℃ 미만의 온도에서 취급하는 것 및 별표 16 X의 2의 화학실험의 일반취급소는 제외)
주유취급소	별표 13 V 제2호에 따른 면적 500m^2를 초과하는 것
옥내저장소	지정수량의 150배 이상인 것(고 인화점 위험물만을 저장하는 것 및 제48조의 위험물을 저장하는 것은 제외)
	연면적 150m^2을 초과하는 것(150m^2 이내마다 불연재료로 개구부 없이 구획된 것 및 인화성고체 외의 제2류 위험물 또는 인화점 70℃ 이상의 제4류 위험물만을 저장하는 것은 제외)
	처마높이가 6m 이상인 단층건물의 것
	옥내저장소로 사용되는 부분 외의 부분이 있는 건축물에 설치된 것(내화구조로 개구부 없이 구획된 것 및 인화성고체 외의 제2류 위험물 또는 인화점 70℃ 이상의 제4류 위험물만을 저장하는 것은 제외)
옥외 탱크저장소	액표면적이 40m^2 이상인 것(제6류 위험물을 저장하는 것 및 고 인화점 위험물만을 100℃ 미만의 온도에서 저장하는 것은 제외)
	지반면으로부터 탱크 옆판의 상단까지 높이가 6m 이상인 것(제6류 위험물을 저장하는 것 및 고 인화점 위험물만을 100℃ 미만의 온도에서 저장하는 것은 제외)
	지중탱크 또는 해상탱크로서 지정수량의 100배 이상인 것(제6류 위험물을 저장하는 것 및 고 인화점 위험물만을 100℃ 미만의 온도에서 저장하는 것은 제외)
	고체 위험물을 저장하는 것으로서 지정수량의 100배 이상인 것
옥내 탱크저장소	액표면적이 40m^2 이상인 것(제6류 위험물을 저장하는 것 및 고 인화점 위험물만을 100℃ 미만의 온도에서 저장하는 것은 제외)
	바닥면으로부터 탱크 옆판의 상단까지 높이가 6m 이상인 것(제6류 위험물을 저장하는 것 및 고 인화점 위험물만을 100℃ 미만의 온도에서 저장하는 것은 제외)
	탱크전용실이 단층건물 외의 건축물에 있는 것으로서 인화점 38℃ 이상 70℃ 미만의 위험물을 지정수량의 5배 이상 저장하는 것(내화구조로 개구부 없이 구획된 것은 제외한다)

제조소등의 구분	제조소등의 규모, 저장 또는 취급하는 위험물의 품명 및 최대 수량 등
옥외저장소	덩어리 상태의 유황을 저장하는 것으로서 경계표시 내부의 면적(2 이상의 경계표시가 있는 경우에는 각 경계표시의 내부의 면적을 합한 면적)이 100m² 이상인 것
	별표 11 Ⅲ의 위험물을 저장하는 것으로서 지정수량의 100배 이상인 것
암반 탱크저장소	액표면적이 40m² 이상인 것(제6류 위험물을 저장하는 것 및 고 인화점 위험물만을 100℃ 미만의 온도에서 저장하는 것은 제외)
	고체 위험물을 저장하는 것으로서 지정수량의 100배 이상인 것
이송취급소	모든 대상

(비고)

제조소등의 구분별로 오른쪽란에 정한 제조소등의 규모, 저장 또는 취급하는 위험물의 수량 및 최대 수량 등의 어느 하나에 해당하는 제조소등은 소화난이도 등급Ⅰ에 해당하는 것으로 한다.

나. 소화난이도 등급Ⅰ의 제조소등에 설치하여야 하는 소화설비

<table>
<tr><th colspan="3">제조소등의 구분</th><th>소화설비</th></tr>
<tr><td colspan="3">제조소 및 일반취급소</td><td>옥내소화전설비, 옥외소화전설비, 스프링클러설비 또는 물 분무 등 소화설비(화재 발생시 연기가 충만할 우려가 있는 장소에는 스프링클러설비 또는 이동식 외의 물 분무 등 소화설비에 한한다)</td></tr>
<tr><td colspan="3">주유취급소</td><td>스프링클러설비(건축물에 한정한다)·소형수동식소화기(능력단위의 수치가 건축물 그 밖의 공작물 및 위험물의 소요단위의 수치에 이르도록 설치할 것</td></tr>
<tr><td rowspan="2">옥내 저장소</td><td colspan="2">처마높이가 6m 이상인 단층건물 또는 다른 용도의 부분이 있는 건축물에 설치한 옥내저장소</td><td>스프링클러설비 또는 이동식 외의 물 분무 등 소화설비</td></tr>
<tr><td colspan="2">그 밖의 것</td><td>옥외소화전설비, 스프링클러설비, 이동식 외의 물 분무 등 소화설비 또는 이동식 포소화설비(포소화전을 옥외에 설치하는 것에 한한다)</td></tr>
<tr><td rowspan="5">옥외 탱크 저장소</td><td rowspan="3">지중탱크 또는 해상탱크 외의 것</td><td>유황만을 저장·취급하는 것</td><td>물분무소화설비</td></tr>
<tr><td>인화점 70℃ 이상의 제4류 위험물만을 저장·취급하는 것</td><td>물분무소화설비 또는 고정식 포소화설비</td></tr>
<tr><td>그 밖의 것</td><td>고정식 포소화설비(포소화설비가 적응성이 없는 경우에는 분말소화설비)</td></tr>
<tr><td colspan="2">지중탱크</td><td>고정식 포소화설비, 이동식 외의 불활성가스 소화설비 또는 이동식 외의 할로겐화합물 소화설비</td></tr>
<tr><td colspan="2">해상탱크</td><td>고정식 포소화설비, 물분무소화설비, 이동식 외의 불활성가스 소화설비 또는 이동식 외의 할로겐화합물 소화설비</td></tr>
</table>

제조소등의 구분		소화설비
옥내 탱크 저장소	유황만을 저장·취급하는 것	물분무소화설비
	인화점 70℃ 이상의 제4류 위험물만을 저장·취급하는 것	물분무소화설비, 고정식 포소화설비, 이동식 외의 불활성가스 소화설비, 이동식 외의 할로겐화합물 소화설비 또는 이동식 외의 분말소화설비
	그 밖의 것	고정식 포소화설비, 이동식 외의 불활성가스 소화설비, 이동식 외의 할로겐화합물 소화설비 또는 이동식 외의 분말소화설비
옥외저장소 및 이송취급소		옥내소화전설비, 옥외소화전설비, 스프링클러설비 또는 물 분무 등 소화설비(화재 발생시 연기가 충만할 우려가 있는 장소에는 스프링클러설비 또는 이동식 외의 물 분무 등 소화설비에 한한다)
암반 탱크 저장소	유황만을 저장·취급하는 것	물분무소화설비
	인화점 70℃ 이상의 제4류 위험물만을 저장·취급하는 것	물분무소화설비 또는 고정식 포소화설비
	그 밖의 것	고정식 포소화설비(포소화설비가 적응성이 없는 경우에는 분말소화설비)

(비고)

1. 위 표 오른쪽란의 소화설비를 설치함에 있어서는 당해 소화설비의 방사범위가 당해 제조소, 일반취급소, 옥내저장소, 옥외탱크저장소, 옥내탱크저장소, 옥외저장소, 암반탱크저장소(암반탱크에 관계되는 부분을 제외한다) 또는 이송취급소(이송기지 내에 한한다)의 건축물, 그 밖의 공작물 및 위험물을 포함하도록 하여야 한다. 다만, 고 인화점 위험물만을 100℃ 미만의 온도에서 취급하는 제조소 또는 일반취급소의 경우에는 당해 제조소 또는 일반취급소의 건축물 및 그 밖의 공작물만 포함하도록 할 수 있다.
2. **고 인화점 위험물만을 100℃ 미만**의 온도에서 취급하는 **제조소** 또는 **일반취급소**의 위험물에 대해서는 **대형 수동식 소화기 1개 이상**과 당해 위험물의 **소요단위**에 **해당하는 능력단위의 소형 수동식 소화기**를 설치하여야 한다. 다만, 당해 제조소 또는 일반취급소에 옥내·외소화전설비, 스프링클러설비 또는 물분무 등 소화설비를 설치한 경우에는 당해 소화설비의 방사능력범위 내에는 대형 수동식 소화기를 설치하지 아니할 수 있다.
3. **가연성 증기** 또는 **가연성 미분**이 체류할 우려가 있는 건축물 또는 실내에는 **대형 수동식 소화기 1개 이상**과 당해 건축물, 그 밖의 공작물 및 위험물의 **소요단위**에 **해당하는 능력단위의 소형 수동식 소화기 등**을 **추가**로 설치하여야 한다.
4. **제4류 위험물**을 저장 또는 취급하는 **옥외탱크저장소** 또는 **옥내탱크저장소**에는 **소형 수동식 소화기 등**을 **2개 이상** 설치하여야 한다.
5. 제조소, 옥내탱크저장소, 이송취급소, 또는 일반취급소의 작업공정상 소화설비의 방사능력범위 내에 당해 제조소등에서 저장 또는 취급하는 위험물의 전부가 포함되지 아니하는 경우에는 당해 위험물에 대하여 대형 수동식 소화기 1개 이상과 당해 위험물의 소요단위에 해당하는 능력단위의 소형 수동식 소화기 등을 추가로 설치하여야 한다.

2. 소화난이도 등급Ⅱ의 제조소등 및 소화설비

가. 소화난이도 등급Ⅱ에 해당하는 제조소등

제조소등의 구분	제조소등의 규모, 저장 또는 취급하는 위험물의 품명 및 최대 수량 등
제 조 소 일반취급소	연면적 $600m^2$ 이상인 것
	지정수량의 10배 이상인 것(고 인화점 위험물만을 100℃ 미만의 온도에서 취급하는 것 및 제48조의 위험물을 취급하는 것은 제외)
	별표 16 Ⅱ · Ⅲ · Ⅳ · Ⅴ · Ⅷ · Ⅸ 또는 Ⅹ의 일반취급소로서 소화난이도 등급Ⅰ의 제조소등에 해당하지 아니하는 것(고 인화점 위험물만을 100℃ 미만의 온도에서 취급하는 것은 제외)
옥내저장소	단층건물 외의 것
	별표 5 Ⅱ 또는 Ⅳ제1호의 옥내저장소
	지정수량의 10배 이상인 것(고 인화점 위험물만을 저장하는 것 및 제48조의 위험물을 저장하는 것은 제외)
	연면적 $150m^2$ 초과인 것
	별표 5 Ⅲ의 옥내저장소로서 소화난이도 등급Ⅰ의 제조소등에 해당하지 아니하는 것
옥외 탱크저장소 옥내 탱크저장소	소화난이도 등급Ⅰ의 제조소등 외의 것(고 인화점 위험물만을 100℃ 미만의 온도로 저장하는 것 및 제6류 위험물만을 저장하는 것은 제외)
옥외저장소	덩어리 상태의 유황을 저장하는 것으로서 경계표시 내부의 면적(2 이상의 경계표시가 있는 경우에는 각 경계표시의 내부의 면적을 합한 면적)이 $5m^2$ 이상 $100m^2$ 미만인 것
	별표 11 Ⅲ의 위험물을 저장하는 것으로서 지정수량의 10배 이상 100배 미만인 것
	지정수량의 100배 이상인 것(덩어리 상태의 유황 또는 고 인화점 위험물을 저장하는 것은 제외)
주유취급소	옥내주유취급소로서 소화난이도 등급Ⅰ의 제조소등에 해당하지 아니하는 것
판매취급소	제2종 판매취급소

(비고)

제조소등의 구분별로 오른쪽란에 정한 제조소등의 규모, 저장 또는 취급하는 위험물의 수량 및 최대 수량 등의 어느 하나에 해당하는 제조소등은 소화난이도 등급Ⅱ에 해당하는 것으로 한다.

나. 소화난이도 등급Ⅱ의 제조소등에 설치하여야 하는 소화설비

제조소등의 구분	소 화 설 비
제 조 소 옥내저장소 옥외저장소 주유취급소 판매취급소 일반취급소	방사능력범위 내에 당해 건축물, 그 밖의 공작물 및 위험물이 포함되도록 대형 수동식 소화기를 설치하고, 당해 위험물의 소요단위의 1/5 이상에 해당하는 능력단위의 소형 수동식 소화기 등을 설치할 것
옥외탱크저장소 옥내탱크저장소	대형 수동식 소화기 및 소형 수동식소 화기 등을 각각 1개 이상 설치할 것

(비고)

1. 옥내소화전설비, 옥외소화전설비, 스프링클러설비 또는 물 분무 등 소화설비를 설치한 경우에는 당해 소화설비의 방사능력범위 내의 부분에 대해서는 대형 수동식 소화기를 설치하지 아니할 수 있다.
2. 소형 수동식 소화기 등이란 제4호의 규정에 의한 소형 수동식 소화기 또는 기타 소화설비를 말한다. 이하 같다.

3. 소화난이도 등급Ⅲ의 제조소등 및 소화설비

가. 소화난이도 등급Ⅲ에 해당하는 제조소등

제조소등의 구분	제조소등의 규모, 저장 또는 취급하는 위험물의 품명 및 최대 수량 등
제 조 소 일반취급소	제48조의 위험물을 취급하는 것
	제48조의 위험물 외의 것을 취급하는 것으로서 소화난이도 등급Ⅰ 또는 소화난이도 등급Ⅱ의 제조소등에 해당하지 아니하는 것
옥내저장소	제48조의 위험물을 취급하는 것
	제48조의 위험물 외의 것을 취급하는 것으로서 소화난이도 등급Ⅰ 또는 소화난이도 등급Ⅱ의 제조소등에 해당하지 아니하는 것
지하탱크저장소 간이탱크저장소 이동탱크저장소	모든 대상
옥외저장소	덩어리 상태의 유황을 저장하는 것으로서 경계표시 내부의 면적(2 이상의 경계표시가 있는 경우에는 각 경계표시의 내부의 면적을 합한 면적)이 $5m^2$ 미만인 것
	덩어리 상태의 유황 외의 것을 저장하는 것으로서 소화난이도 등급Ⅰ 또는 소화난이도 등급Ⅱ의 제조소등에 해당하지 아니하는 것

제조소등의 구분	제조소등의 규모, 저장 또는 취급하는 위험물의 품명 및 최대 수량 등
주유취급소	옥내주유취급소 외의 것
제1종 판매취급소	모든 대상

(비고)

제조소등의 구분별로 오른쪽란에 정한 제조소등의 규모, 저장 또는 취급하는 위험물의 수량 및 최대 수량 등의 어느 하나에 해당하는 제조소등은 소화난이도 등급Ⅲ에 해당하는 것으로 한다.

나. 소화난이도 등급Ⅲ의 제조소등에 설치하여야 하는 소화설비

제조소등의 구분	소화설비	설치기준	
지하탱크저장소	소형 수동식 소화기 등	능력단위의 수치가 3 이상	2개 이상
이동탱크저장소	자동차용 소화기	무상의 강화액 8ℓ 이상	2개 이상
		이산화탄소 3.2kg 이상	
		일브롬화일염화이플루오르화메탄(CF_2ClBr) 2ℓ 이상	
		일브롬화삼플루오르화메탄(CF_3Br) 2ℓ 이상	
		이브롬화사플루오르화에탄($C_2F_4Br_2$) 1ℓ 이상	
		소화분말 3.5kg 이상	
	마른 모래 및 팽창질석 또는 팽창진주암	마른 모래 150ℓ 이상	
		팽창질석 또는 팽창진주암 640ℓ 이상	
그 밖의 제조소등	소형 수동식 소화기 등	능력단위의 수치가 건축물 그 밖의 공작물 및 위험물의 소요단위의 수치에 이르도록 설치할 것. 다만, 옥내소화전설비, 옥외소화전설비, 스프링클러설비, 물 분무 등 소화설비 또는 대형 수동식 소화기를 설치한 경우에는 당해 소화설비의 방사능력범위 내의 부분에 대하여는 수동식 소화기 등을 그 능력단위의 수치가 당해 소요단위의 수치의 1/5 이상이 되도록 하는 것으로 족하다.	

(비고)

알킬알루미늄 등을 저장 또는 취급하는 이동탱크저장소에 있어서는 자동차용 소화기를 설치하는 외에 마른 모래나 팽창질석 또는 팽창진주암을 추가로 설치하여야 한다.

07 위험물취급자격자 및 위험물안전관리자의 자격기준
위험물 안전관리법 시행령 [별표 5, 별표 6]

[별표 5] 〈개정 2017.7.26〉

위험물취급자격자의 자격(제11조제1항 관련)

위험물취급자격자의 구분	취급할 수 있는 위험물
1. 「국가기술자격법」에 따라 위험물기능장, 위험물산업기사, 위험물기능사의 자격을 취득한 사람	별표 1의 모든 위험물
2. 안전관리자교육이수자(법 28조제1항에 따라 소방청장이 실시하는 안전관리자교육을 이수한 자를 말한다. 이하 별표 6에서 같다)	별표 1의 위험물 중 제4류 위험물
3. 소방공무원 경력자(소방공무원으로 근무한 경력이 3년 이상인 자를 말한다. 이하 별표 6에서 같다)	별표 1의 위험물 중 제4류 위험물

[별표 6] 〈개정 2012.1.6 [시행일 2014.1.1]〉

제조소등의 종류 및 규모에 따라 선임하여야 하는 안전관리자의 자격(규칙제13조관련)

<table>
<tr><th colspan="3">제조소등의 종류 및 규모</th><th>안전관리자의 자격</th></tr>
<tr><td rowspan="2">제조소</td><td colspan="2">1. 제4류 위험물만을 취급하는 것으로서 지정수량 5배 이하의 것</td><td>위험물기능장, 위험물산업기사, 위험물기능사, 안전관리자교육이수자 또는 소방공무원경력자</td></tr>
<tr><td colspan="2">2. 제1호에 해당하지 아니하는 것</td><td>위험물기능장, 위험물산업기사 또는 2년 이상의 실무경력이 있는 위험물기능사</td></tr>
<tr><td rowspan="6">저장소</td><td rowspan="2">1. 옥내저장소</td><td>제4류 위험물만을 저장하는 것으로서 지정수량 5배 이하의 것</td><td rowspan="6">위험물기능장, 위험물산업기사, 위험물기능사, 안전관리자교육이수자 또는 소방공무원경력자</td></tr>
<tr><td>제4류 위험물 중 알코올류·제2석유류·제3석유류·제4석유류·동식물유류만을 저장하는 것으로서 지정수량 40배 이하의 것</td></tr>
<tr><td rowspan="2">2. 옥외탱크저장소</td><td>제4류 위험물만 저장하는 것으로서 지정수량 5배 이하의 것</td></tr>
<tr><td>제4류 위험물 중 제2석유류·제3석유류·제4석유류·동식물유류만을 저장하는 것으로서 지정수량 40배 이하의 것</td></tr>
<tr><td rowspan="2">3. 옥내탱크저장소</td><td>제4류 위험물만을 저장하는 것으로서 지정수량 5배 이하의 것</td></tr>
<tr><td>제4류 위험물 중 제2석유류·제3석유류·제4석유류·동식물유류만을 저장하는 것</td></tr>
</table>

<table>
<tr><th colspan="3">제조소등의 종류 및 규모</th><th>안전관리자의 자격</th></tr>
<tr><td rowspan="7">저장소</td><td rowspan="2">4. 지하탱크저장소</td><td>제4류 위험물만을 저장하는 것으로서 지정수량 40배 이하의 것</td><td rowspan="6">위험물기능장, 위험물산업기사, 위험물기능사, 안전관리자교육이수자 또는 소방공무원경력자</td></tr>
<tr><td>제4류 위험물 중 제1석유류·알코올류·제2석유류·제3석유류·제4석유류·동식물유류만을 저장하는 것으로서 지정수량 250배 이하의 것</td></tr>
<tr><td colspan="2">5. 간이탱크저장소로서 제4류 위험물만을 저장하는 것</td></tr>
<tr><td colspan="2">6. 옥외저장소 중 제4류 위험물만을 저장하는 것으로서 지정수량의 40배 이하의 것</td></tr>
<tr><td colspan="2">7. 보일러, 버너 그 밖에 이와 유사한 장치에 공급하기 위한 위험물을 저장하는 탱크저장소</td></tr>
<tr><td colspan="2">8. 선박주유취급소, 철도주유취급소 또는 항공기주유취급소의 고정주유설비에 공급하기 위한 위험물을 저장하는 탱크저장소로서 지정수량의 250배(제1석유류의 경우에는 지정수량의 100배) 이하의 것</td></tr>
<tr><td colspan="2">9. 제1호 내지 제8호에 해당하지 아니하는 저장소</td><td>위험물기능장, 위험물산업기사 또는 2년 이상의 실무경력이 있는 위험물기능사</td></tr>
<tr><td rowspan="8">취급소</td><td colspan="2">1. 주유취급소</td><td rowspan="7">위험물기능장, 위험물산업기사, 위험물기능사, 안전관리자교육이수자 또는 소방공무원경력자</td></tr>
<tr><td rowspan="2">2. 판매취급소</td><td>제4류 위험물만을 취급하는 것으로서 지정수량 5배 이하의 것</td></tr>
<tr><td>제4류 위험물 중 제1석유류·알코올류·제2석유류·제3석유류·제4석유류·동식물유류만을 취급하는 것</td></tr>
<tr><td colspan="2">3. 제4류 위험물 중 제1류 석유류·알코올류·제2석유류·제3석유류·제4석유류·동식물유류만을 지정수량 50배 이하로 취급하는 일반취급소(제1석유류·알코올류의 취급량이 지정수량의 10배 이하인 경우에 한한다)로서 다음 각목의 어느 하나에 해당하는 것
가. 보일러, 버너 그 밖에 이와 유사한 장치에 의하여 위험물을 소비하는 것
나. 위험물을 용기 또는 차량에 고정된 탱크에 주입하는 것</td></tr>
<tr><td colspan="2">4. 제4류 위험물만을 취급하는 일반취급소로서 지정수량 10배 이하의 것</td></tr>
<tr><td colspan="2">5. 제4류 위험물 중 제2석유류·제3석유류·제4석유류·동식물유류만을 취급하는 일반취급소로서 지정수량 20배 이하의 것</td></tr>
<tr><td colspan="2">6. 「농어촌 전기공급사업 촉진법」에 따라 설치된 자가발전시설에 사용되는 위험물을 취급하는 일반취급소</td></tr>
<tr><td colspan="2">7. 제1호 내지 제6호에 해당하지 아니하는 취급소</td><td>위험물기능장, 위험물산업기사 또는 2년 이상의 실무경력이 있는 위험물기능사</td></tr>
</table>

※ 비고

1. 왼쪽란의 제조소등의 종류 및 규모에 따라 오른쪽란에 규정된 안전관리자 자격이 있는 위험물취급자격자는 별표 5의 규정에 의하여 당해 제조소등에서 저장 또는 취급하는 위험물을 취급할 수 있는 자격이 있어야 한다.
2. 위험물기능사의 실무경력 기간은 위험물기능사 자격을 취득한 이후 「위험물안전관리법」 제15조에 따른 위험물안전관리자로 선임된 기간 또는 위험물안전관리자를 보조한 기간을 말한다.

제4편

과년도 출제문제

■ 2017년 ~ 2021년

위험물기능사 국가기술자격 필기시험(CBT 2회) 출제문제

2017년 1월 14일 시행

(시험시간 1시간)

01 제1류 위험물의 공통성질이 아닌 것은?

① 상온에서 고체상태로 존재한다.
② 비중이 1보다 작으며 지용성인 것이 많다.
③ 일반적으로 자체는 불연성이며 강산화제이다.
④ 분해 시 산소를 방출하며 다른 가연물의 연소를 돕는다.

해설 제1류 위험물(산화성고체)은 모두 비중이 1보다 크며 수용성인 것이 많다.

02 과산화마그네슘의 저장 및 취급상 주의사항이 아닌 것은?

① 산화제와의 혼합은 폭발의 위험이 있으나 환원제와 혼합은 안전하다.
② 이물질의 혼입을 방지한다.
③ 분해를 촉진하는 약품과의 접촉을 피한다.
④ 용기는 밀봉, 밀전한다.

해설 과산화마그네슘(MgO_2)은 제1류 위험물(산화성고체) 중 무기과산화물로서 환원제와 접촉 시 제5류 위험물(자기반응성 물질)과 같은 위험을 갖는다.

03 다음은 금속칼륨이 물과 반응했을 때 일어난 것을 나타낸 것이다. 옳은 것은?

① 수산화칼륨 + 수소 + 발열
② 수산화칼륨 + 수소 + 흡열
③ 수산화나트륨 + 산소 + 흡열
④ 산화칼륨 + 산소 + 발열

해설 금속칼륨(K)과 물(H_2O)이 반응하면 격렬히 발열하여 수산화칼륨(KOH)와 수소(H_2)를 생성한다.

참고 • 금속칼륨(K)과 물(H_2O)의 반응식

$$2K + 2H_2O \rightarrow 2KOH + H_2\uparrow + Q$$

(칼륨) (물) (수산화칼륨) (수소) (발열)

04 질산에틸의 저장 및 취급 시 주의사항으로 잘못된 것은?

① 불꽃 등 화기를 멀리한다.
② 통풍이 잘되는 냉암소에 저장한다.
③ 저장 할 때는 개방된 금속제 용기를 사용한다.
④ 제4류 위험물 제1석유류와 비슷하고 휘발성이 크므로 그 증기의 인화성에 유의하고 확인하여야 한다.

해설 질산에틸($C_2H_5ONO_2$)은 제5류 위험물(자기반응성 물질) 중 질산에스테르류에 속하며 인화점이 10℃로 제4류 위험물과 같이 인화성 증기를 발생하므로 저장 시 개방된 용기는 부적합하다.

05 다음 설명 중 올바르게 표현 된 것은?

① 황린은 담황색이며 자극성 냄새를 가지고 있으며 맹독성이다.
② 황화인은 녹색의 결정이며 물에 분해되어 이산화황과 인산이 된다.
③ 적린은 적갈색의 분말로서 조해성이 있는 자연발화성 물질이다.
④ 유황은 고체 또는 분말이며 많은 이성질체를 갖고 있는 전기 도체이다.

해설 위험물의 특성

- 황린(P_4)은 담황색의 고체로 독성이 강하다.
- 황화린은 황색의 결정이며 이중 오황화린(P_2S_5)은 물과 반응하여 황화수소(H_2S)와 인산(H_3PO_4)이 된다.

| 정답 | 01 ② 02 ① 03 ① 04 ③ 05 ①

- 적린(P)은 물에 녹지 않으므로 조해성도 없고 자연발화의 위험성이 없다.
- 유황(S)은 전기의 부도체이다.

06 이동탱크저장소의 탱크 내부의 칸막이는 용량 얼마마다 설치하여야 하는가?

① 1,000ℓ ② 2,000ℓ
③ 3,000ℓ ④ 4,000ℓ

해설 안전칸막이 1개의 용량 : 4,000ℓ

07 제4류 위험물인 벤젠은 이중결합이 있으나 분자가 공명되어 있어 다른 이중결합 물질보다 안정되어 있어 부가반응보다는 치환반응을 한다. 치환반응 시 사용되는 위험물은 어느 것인가?

① HCl ② HNO_3
③ NaOH ④ Cl_2

해설 치환반응에 사용되는 위험물은 보기 중 HNO_3(질산) 한 가지뿐이며 황산(H_2SO_4)과 함께 니트로벤젠의 제조에 사용된다.

08 제6류 위험물의 지정수량은 얼마인가?

① 20kg ② 50kg
③ 100kg ④ 300kg

해설 제6류 위험물(산화성액체)의 지정수량 : 모두 300kg

09 마그네슘(Mg)에 대한 설명 중 틀린 것은?

① 알칼리토금속에 속하는 물질이다.
② 화재 시 CO_2 소화제는 효과가 없다.
③ 물과 반응하여 O_2를 발생시킨다.
④ 산화제와의 혼합은 위험하다.

해설 마그네슘(Mg)은 제2류 위험물(가연성고체)에 속하며 물(열수)과 반응하면 수산화마그네슘[$Mg(OH_2)$]과 H_2(수소)를 발생한다.

10 이동저장탱크에 알킬알루미늄을 저장하는 경우, 불활성기체를 봉입하는데 이때의 압력은 몇 kPa 이하여야 하는가?

① 10 ② 20
③ 30 ④ 40

해설 알킬알루미늄[$(R)_3Al$]은 제3류 위험물 금수성 및 자연발화성 물질이며 이동저장탱크에 알킬알루미늄을 저장할 때 불활성기체(N_2)의 봉입 압력은 20kPa 이하이다.

참고 꺼낼 때의 봉입압력 : 200kPa 이하

11 다음 중 탄화칼슘(카바이드)의 성질에 대한 설명으로 틀린 것은?

① 건조한 공기 중에서는 안정적이지만 350℃ 이상으로 열을 가하면 산화된다.
② 분자량은 64.1이며 보통은 통상 회흑색의 괴상고체이다.
③ 물과 반응해서 수산화칼슘과 아세틸렌이 생성된다.
④ 질소와 고온에서 작용하여 흡열반응 한다.

해설 탄화칼슘(CaC_2)은 제3류 위험물 중 금수성 물질이며 700℃에서 질소(N_2)와 작용하면 칼슘시안아미드($CaCN_2$)를 만들며 발열반응 한다.

12 다음 중 이동저장소에 설치하는 자동차용 소화기에 해당하지 않는 것은?

① CFClBr ② CF_3Br
③ $C_2F_4Br_2$ ④ CO_2

해설 CFClBr은 정상적인 화학식이 아니므로 소화약제가 아니다.

참고 CF_3Br : 할론 1301, $C_2F_4Br_2$: 할론 2402, CO_2 : 이산화탄소

13 다음 화합물 중 소화약제로 사용되지 않는 것은?

① CF_3Br ② CHF_3
③ Na_2SO_4 ④ $KHCO_3$

해설 Na_2SO_4(황산나트륨) : 소화약제가 아니다.
※ 포말소화약제(화학포)의 반응생성물

참고 CF_3Br : 할론 1301, CHF_3 : HFC-23, $KHCO_3$: 탄산수소칼륨

| 정답 | 06 ④ 07 ② 08 ④ 09 ③ 10 ② 11 ④ 12 ① 13 ③

14 다음 중 점화원에 대한 설명으로 옳지 않은 것은?

① 점화에너지의 크기는 최소한 가연물의 활성화에너지 크기보다 커야 한다.
② 정전기, 고열, 마찰력은 점화원이 될 수 있다.
③ 화학적으로 반응성이 큰 가연물일수록 점화 에너지가 작아도 된다.
④ 자기연소 하는 물질의 점화원으로 가능한 것은 충격력뿐이다.

해설 자기반응성 물질(제5류 위험물)의 연소(자기연소)의 점화원은 충격력뿐 아니라 전기불꽃, 마찰, 충격, 고열물 등으로 다양하다.

15 알코올류 20,000ℓ의 소화설비 설치 시 소요단위는?

① 5　② 10
③ 15　④ 20

해설
$$\text{소요단위} = \frac{20,000\ell}{400\ell \times 10} = 5\text{소요단위}$$
위험물 1소요단위 : 지정수량 10배
알코올의 지정수량 : 400ℓ

16 중탄산나트륨과 황산알루미늄을 소화약제로 사용하여 만들어진 소화기를 사용할 때 나타나는 소화방법은?

① 제거소화와 질식소화
② 냉각소화와 억제소화
③ 질식소화와 억제소화
④ 냉각소화와 질식소화

해설 화학포소화기는 거품에 의한 질식소화 효과와 내재된 물에 의한 냉각소화 효과를 갖는다.

17 촛불의 연소 형태는?

① 분해연소　② 표면연소
③ 내부연소　④ 증발연소

해설 촛불의 연소 : 증발연소

18 위험물의 안전관리와 관련된 업무를 수행하는 자에 대한 안전 실무교육실시자는 누구인가?

① 소방본부장　② 소방학교장
③ 시장・군수　④ 한국소방안전원장

해설 실무교육실시자 : 한국소방안전원장

참고 위험물안전관리법시행령 제22조 제2항 : 소방청장의 안전교육은 한국 소방안전원에 위탁한다.

19 다음 위험물 화재 시 주수에 의한 냉각소화가 좋지만 주수 소화(燒火)에 의해서 오히려 위험성이 있는 것은?

① 황　② 적린
③ 황화인　④ 알루미늄분

해설 알루미늄(Al)분 제2류 위험물(가연성고체)로서 화재 시 주수하면 수소(H_2)가스의 발생위험과 분말의 비산으로 분진폭발의 위험이 있다.

20 화재예방 상 위험물의 저장 및 취급 방법으로 틀린 것은?

① Mg, Zn 등의 금속분은 산화성 물질과의 혼합을 피할 것
② CrO_3는 환원제와 접촉을 피할 것
③ HNO_3는 직사일광을 피하고 찬 곳에 저장할 것
④ $C_3H_5(ONO_2)_3$는 흡습성이므로 햇빛이 잘 들고 건조한 장소에 저장할 것

해설 $C_3H_5(ONO_2)_3$(니트로글리세린) : 제5류 위험물(자기반응성 물질) 중 질산에스테르에 속하며 흡습성이 없다.

21 위험물제조소 등의 옥내 소화전에 관한 설명으로 옳지 않은 것은?

① 비상전원은 45분간 작동할 수 있을 것
② 개폐밸브는 바닥면으로부터 1.5m 이하의 높이에 설치 할 것
③ 소방용 호스의 마찰손실 계산은 Hazen&Williams공식에 의할 것
④ 가압송수장치의 시동표시등(燈)은 파란색으로 할 것

| 정답 | 14 ④　15 ①　16 ④　17 ④　18 ④　19 ④　20 ④　21 ④

해설 옥내소화전 가압송수장치 시동표시등의 색깔 : 적색

22 **소화난이도 등급 Ⅰ인 옥외탱크저장소(지중탱크, 해상탱크 이외의 것)에 있어서 제4류 위험물 중 인화점이 섭씨 70도 이상인 것을 저장, 취급하는 경우 어느 소화설비를 설치해야 하는가?**

① 스프링클러소화설비
② 물분무소화설비
③ 불활성가스 소화설비
④ 분말소화설비

해설 해당 소화설비 : 물분무소화설비, 고정식 포소화설비

23 **다음 중 자연발화의 위험성이 없는 것은?**

① 표면적이 넓은 것
② 열전도율이 큰 것
③ 주위온도가 높은 것
④ 발열량이 큰 것

해설 열전도율이 크면 열이 축적되지 않으므로 자연발화의 위험이 없다.

24 **옥내주유취급소의 소화난이도 등급은?**

① Ⅰ ② Ⅱ
③ Ⅲ ④ Ⅳ

해설 옥내주유취급소의 소화난이도 등급 : Ⅱ등급
※ 옥내주유취급소 이외 : Ⅲ등급

25 **화재 발생 시 주수소화가 가장 적당한 물질은?**

① 마그네슘
② 철분
③ 칼륨
④ 적린

해설 적린(P) : 제2류 위험물(주수에 의한 냉각소화를 한다)

참고 마그네슘(Mg), 철분(Fe), 칼륨(K)에 주수하면 수소(H_2)를 발생하면서 폭발적으로 연소하므로 마른 모래, 팽창질석, 팽창진주암, 탄산수소 염류 분말 소화 약제를 사용한다.

26 **위험물류별의 일반적 특성에 대한 설명으로 옳은 것은?**

① 제1류 위험물은 불연성 물질로 산소를 많이 가지며, 가연물과의 접촉을 피해야 한다.
② 제2류 위험물은 불연성 물질이고 냉각소화가 적합하다.
③ 제3류 위험물은 자기 연소성이 있으며, 물로 소화한다.
④ 제4류 위험물은 대개 불연성 물질이고, 주수소화가 적합하다.

해설 제1류 위험물(산화성고체) : 불연성이며 강산화제로서 산소를 많이 가지므로 가연물의 접촉을 피할 것

참고 위험물의 성질
- 제2류 위험물 : 가연성고체
- 제3류 위험물 : 금수성 및 자연발화성 물질
- 제4류 위험물 : 인화성액체

27 **소화기에 "A-2, B-3"라고 쓰인 숫자의 의미는?**

① 소화기의 제조번호
② 소화기의 소요단위
③ 소화기의 능력단위
④ 소화기의 사용순위

해설 A-2 : 일반화재용 능력단위 2단위를 의미한다.
B-3 : 유류화재용 능력단위 3단위를 의미한다.

28 **정전기를 유효하게 제거하기 위한 설비로 공기 중의 상대습도를 몇 % 이상 되게 하여야 하는가?**

① 50% ② 60%
③ 70% ④ 80%

해설 정전기 제거방법
- 접지
- 공기를 이온화
- 공기 중 상대습도를 70% 이상으로

29 **소화전용물통 8ℓ의 소화능력단위는?**

① 0.3단위 ② 0.5단위
③ 1.0단위 ④ 2.5단위

| 정답 | 22 ② 23 ② 24 ② 25 ④ 26 ① 27 ③ 28 ③ 29 ①

해설 소화전용물통 8ℓ : 0.3단위
수조(소화전용물통 3개 포함) 80ℓ : 1.5단위
수조(소화전용물통 6개 포함) 190ℓ : 2.5단위

30 소화설비 중 스프링클러의 특징과 가장 거리가 먼 것은?

① 초기 진압에 효과가 크다.
② 소화 후 복구가 용이하다.
③ 초기 시설비용이 적게 든다.
④ 사용이 다른 시설보다 복잡하다.

해설 스프링클러설비 : 설비비용이 많이 든다.

31 다음 물질 중 인화점이 상온 이상인 것은?

① 중유 ② 벤젠
③ 아세톤 ④ 이황화탄소

해설 상온 : 20±5℃
위험물의 인화점
• 중유 : 60℃ 이상
• 벤젠(C_6H_6) : -11℃
• 아세톤(CH_3COCH_3) : -18℃
• 이황화탄소(CS_2) : -30℃

32 니트로글리세린의 화학식을 올바르게 표현한 것은?

① $C_6H_7O_2(ONO_2)_3$
② $C_3H_5(ONO_2)_3$
③ $C_6H_2(NO_2)_3 \cdot OH$
④ $C_6H_2(NO_2)_3 \cdot CH_3$

해설 니트로글리세린 : $C_3H_5(ONO_2)_3$

참고 제5류 위험물(자기반응성 물질)의 명칭
• $C_6H_7O_2(ONO_2)_3$: 니트로셀룰로오스(면화약)
• $C_6H_2(NO_2)_3OH$: 트리니트로페놀(피크린산)
• $C_6H_2CH_3(NO_2)_3$: 트리니트로톨루엔(TNT)

33 염소산칼륨의 성질에 대한 설명 중 틀린 것은?

① 찬물 및 에테르에 잘 녹는다.
② 무색, 무취의 결정 또는 분말로서 불연성 물질이다.
③ 촉매 없이 400℃에서 분해되어 산소를 발생시킨다.
④ MnO_2의 촉매가 존재할 때 분해반응이 빠르게 진행된다.

해설 $KClO_3$(염소산칼륨)은 제1류 위험물(산화성고체) 염소산염류이며 찬물에 녹기 어렵다.

34 탄화칼슘이 물과 반응하여 발생되는 가스는 무엇인가?

① 아세틸렌 ② 메탄
③ 수소 ④ 이산화탄소

해설 탄화칼슘(CaC_2)은 제3류 위험물 중 금수성물질이며 물(H_2O)과 반응하면 수산화칼슘[$(Ca(OH)_2$]과 아세틸렌(C_2H_2)가스를 발생한다.

참고 • 탄화칼슘(CaC_2)과 물(H_2O)과 반응식

$$\underset{(탄화칼슘)}{CaC_2} + \underset{(물)}{2H_2O} \rightarrow \underset{(수산화칼슘)}{Ca(OH)_2} + \underset{(아세틸렌)}{C_2H_2 \uparrow}$$

35 주수소화를 할 수 없는 위험물은?

① 금속분 ② 적린
③ 유황 ④ 과망간산칼륨

해설 금속분은 제2류 위험물(가연성고체) 중 물과 반응하여 수소(H_2)를 발생하므로 주수소화를 할 수 없다.

36 벤젠의 성질에 대한 설명으로 맞지 않는 사항은?

① 불포화결합을 이루고 있으나 첨가반응보다는 치환반응이 많다.
② 무색투명한 독특한 냄새를 가진 액체이다.
③ 물에 잘 녹으며 유기용매와 혼합된다.
④ 끓는점은 약 80℃이다.

해설 벤젠(C_6H_6)은 제4류 위험물(인화성액체) 중 제1석유류로서 비극성 공유결합을 하므로 물에 녹지 않는 비수용성이다.

정답 30 ③ 31 ① 32 ② 33 ① 34 ① 35 ① 36 ③

37 다음 중 과산화수소의 성질을 잘못 설명한 것은?

① 상온에서도 서서히 분해한다.
② 분해하면 산소를 방출한다.
③ 36% 이상은 위험물에 속한다.
④ 밀봉된 용기에 넣어 보관한다.

해설 과산화수소(H_2O_2)는 제6류 위험물(산화성액체) 강산화제이며 저장용기에는 구멍 뚫린 마개를 사용한다.

38 다음 위험물 중 저장방법이 옳은 것은?

① 황화인 – 가열금지하고, 알코올 속에 저장하여 보관한다.
② 마그네슘 – 건조하면 분진폭발의 위험성이 있으므로 물로 습하게 하여 저장한다.
③ 적린 – 제1류 위험물과 혼합하여 저장한다.
④ 수소화리튬 – 대용량의 저장 용기에는 아르곤과 같은 불활성기체를 봉입한다.

해설 수소화리튬(LiH) : 제3류 위험물 중 금수성 물질인 금속수소화합물에 속하며 안정성이 있으며 저장할 경우 불활성기체를 봉입시킨다.

39 황화인의 성상에 대한 설명 중 옳은 것은?

① 황과 인의 혼합물이다.
② 황화인은 상온에서 액체이다.
③ 황화인은 여러 가지 화학식을 갖는다.
④ 황화인은 물질분류 기준에서 단체에 속한다.

해설 황화인은 3가지 이성질체가 있다(P_4S_3, P_2S_5, P_4S_7).

40 동·식물유류의 성질 중에서 틀린 것은?

① 상온에서 고체인 것은 없다.
② 들기름은 건성유이고 올리브유는 불건성유이다.
③ 인화점은 대체로 250 ~ 300℃정도가 많다.
④ 불건성유일수록 자연발화의 위험이 크다.

해설 제4류 위험물인 동·식물유류 중 자연발화의 위험성이 큰 것은 요오드값이 큰 건성유이다.

41 다음 중 특수인화물의 분류에 속하지 않는 물질은 무엇인가?

① $C_2H_5OC_2H_5$
② CS_2
③ 1기압에서 발화점이 100℃ 이하인 물질
④ 니트로글리세린

해설 특수인화물은 제4류 위험물(인화성액체)이며 니트로글리세린[$C_3H_5(ONO_2)_3$]은 제5류 위험물(자기반응성 물질)인 질산에스테르류에 해당된다.

참고 특수인화물의 명칭 등
- $C_2H_5OC_2H_5$: 디에틸에테르
- CS_2 : 이황화탄소
- 1기압에서 발화점이 100℃ 이하인 물질

42 진한 질산에 대한 설명 중 틀린 것은?

① 산화력이 매우 강한 산성 물질이다.
② 구리와 반응하면 질산염과 산화질소를 발생시킨다.
③ 알루미늄과 반응하면 가연성기체인 수소를 발생시킨다.
④ 무색투명한 액체이나 장기간 저장하면 담황색으로 변한다.

해설 진한 질산(HNO_3)은 제6류 위험물(산화성액체)이며 알루미늄(Al)을 부동태로 만들어 알루미늄의 부식을 막는다.

43 다음 중 황린의 자연발화가 쉽게 일어나는 이유로 올바른 것은?

① 조해성이 커서 공기 중 수분을 흡수하여 분해하기 때문이다.
② 환원력이 강하여 분해하여 폭발성 가스를 생성하기 때문이다.
③ 발화점이 매우 낮고 화학적 활성이 크기 때문이다.
④ 상온에서 산화성고체이기 때문이다.

해설 황린(P_4)은 제3류 위험물 중 자연발화성 물질이며 발화점(착화점)이 34℃로 낮으며 화학적 활성이 매우 크다.

| 정답 | 37 ④ 38 ④ 39 ③ 40 ④ 41 ④ 42 ③ 43 ③

44 1기압에서 인화점이 70℃ 이상 200℃ 미만인 위험물은 어디에 속하는가? (단, 도료류 그 밖의 물품은 가연성액체량이 40중량퍼센트 이하인 것은 제외)

① 제1석유류 ② 제2석유류
③ 제3석유류 ④ 제4석유류

해설 제시된 내용은 제4류 위험물(인화성액체) 중 제3석유류의 성상이다.

45 제6류 위험물 취급방법으로 옳지 않은 것은?

① 습기가 많은 곳에서 취급한다.
② 소화 후 많은 물로 씻어 내린다.
③ 피복이나 피부에 묻지 않게 주의한다.
④ 소량 누출 시는 마른 모래나 흙으로 흡수시킨다.

해설 제6류 위험물(산화성액체)은 흡습하면 발열하므로 습기가 많은 곳에서 작업을 금한다.

46 질산염류에 대한 설명 중 옳은 것은?

① 물에 잘 녹는다.
② 대개 환원제이다.
③ 화재 시 주수소화는 효과가 없다.
④ 저장 시 가연성 물질을 피하고 습한 장소에 저장한다.

해설 질산염류 : 제1류 위험물(산화성고체)로서 강산화제이며 물에 잘 녹는다.

47 $KClO_4$(과염소산칼륨)의 지정수량은 얼마인가?

① 10kg ② 50kg
③ 500kg ④ 1,000kg

해설 과염소산칼륨($KClO_4$)은 제1류 위험물(산화성고체) 중 위험등급이 Ⅰ에 해당하므로 지정수량은 50kg이다.

48 다음 중 열분해에 의해 자연발화하는 물질은?

① 아크릴산 ② 클로로벤젠
③ 트리니트로톨루엔 ④ 니트로셀룰로오스

해설 니트로셀룰로오스$[C_6H_7(ONO_2)_3]_n$는 제5류 위험물(자기반응성 물질)이며 열분해에 의한 자연발화의 위험이 있으므로 함수알코올로 습면시켜 저장한다.

49 산화성고체 위험물의 취급 방법이 잘못된 것은?

① 습윤 시켜서 저장한다.
② 용기는 밀폐하여 보관한다.
③ 가연물과의 접촉을 피한다.
④ 환기가 잘 되는 곳에 저장한다.

해설 산화성고체(제1류 위험물) : 습윤(물을 침투시킴) 시키지 않는다.

50 법령상 위험물을 수납한 운반용기의 포장 외부에 표시하지 않아도 되는 사항은?

① 위험물의 품명
② 위험물 제조회사
③ 위험물의 수량
④ 수납위험물의 주의사항

해설 운반용기 포장 외부 표시사항 : 위험물의 품명, 위험등급, 화학명 및 수용성, 위험물의 수량, 수납위험물의 주의사항

51 과산화나트륨의 위험성에 대한 설명이다. 옳은 것은?

① 인화되기 쉬운 물질이다.
② 물과는 반응성이 약하다.
③ 상온에서 불안정하여 산소를 방출한다.
④ 공기 중에서 서서히 CO_2를 흡수하여 탄산염을 만들고 산소를 방출한다.

해설 과산화나트륨(Na_2O_2)과 공기 중의 이산화탄소(CO_2)와 반응하면 탄산염인 탄산나트륨(Na_2CO_3)과 산소(O_2)를 발생한다.

참고 • 과산화나트륨(Na_2O_2)과 탄산가스(CO_2)의 반응식

$$\underset{\text{(과산화나트륨)}}{2Na_2O_2} + \underset{\text{(탄산가스)}}{2CO_2} \rightarrow \underset{\text{(탄산나트륨)}}{2Na_2CO_3} + \underset{\text{(산소)}}{O_2\uparrow}$$

| 정답 | 44 ③ 45 ① 46 ① 47 ② 48 ④ 49 ① 50 ② 51 ④

52 중질유가 연소할 때 발생하는 가스 중 특히 취급 장치를 부식시키며 불쾌한 냄새를 가지는 불순물은?

① 황화합물 ② 탄소화합물
③ 수소화합물 ④ 산소화합물

해설 중질유 속의 황화합물은 연소 시 이산화황(SO_2)을 생성하고 이산화황(아황산가스)는 물(H_2O)과 만나 아황산(H_2SO_3)이 되어 취급 장치를 부식시킨다.

참고 • 황(S)의 연소반응식

$$S + O_2 \rightarrow SO_2 \uparrow$$

(황) (산소) (이산화황)

53 다음 물질 중 제1석유류 ~ 제4석유류에 속하지 않는 것은?

① 아세톤 ② 실린더유
③ 과산화벤조일 ④ 클레오소트유

해설 과산화벤조일[$(C_6H_5(O)_2O_2$]은 제5류 위험물 자기반응성 물질 중 유기과산화물이다.

54 다음 제6류 위험물 중 강한 표백작용과 살균작용을 하고, 장기간 저장·보존 시 유리용기 사용을 자제해야하는 것은?

① $HClO$ ② H_2O_2
③ H_2SO_4 ④ HNO_3

해설 과산화수소(H_2O_2)는 표백작용과 살균작용이 있어 소독약으로도 사용하며 장기간 저장·보관 시 유리병은 과산화수소를 분해시키기 때문에 착색유리병(갈색)을 사용한다.

55 다음 물질 중 황색염료와 산업용도폭선의 심약으로 사용되는 것으로 페놀에 진한 황산을 녹이고 이것을 질산에 작용시켜 생성되는 것은?

① 트리니트로페놀
② 질산에틸
③ 니트로셀룰로오스
④ 트리니트로페놀니트로아민

해설 제시된 내용은 제5류 위험물(자기반응성 물질) 중 니트로화합물에 속하는 트리니트로페놀(피크린산, TNP)의 성상이다.

56 다음 알코올류 중 분자량이 약 32이고, 취급 시 소량이라도 마시면 시신경을 마비시키는 물질은?

① 메틸알코올
② 에틸알코올
③ 아밀알코올
④ n-부틸알코올

해설 메틸알코올(CH_3OH)의 분자량 : 12+3+16+1=32

57 알칼리금속의 과산화물에 관한 일반적인 설명으로 옳은 것은?

① 주로 환원제로 사용된다.
② 안정한 물질이다.
③ 물을 가하면 발열한다.
④ 더 이상 분해하지 않는다.

해설 알칼리금속의 과산화물은 제1류 위험물(산화성고체) 중 금수성이 있는 강산화제이며, 물을 가하면 급격히 발열 반응하며 산소(O_2)를 방출하는 불안정한 물질이다.

58 제4류 위험물의 위험성에 대한 설명으로 올바른 것은?

① 수용성 위험물은 난용성 위험물보다 소화가 곤란하다.
② 증기비중이 큰 것이 작은 것보다 인화의 위험성이 높다.
③ 인화점이 높은 것이 인화점이 낮은 것보다 위험하다.
④ 비휘발성 석유류가 휘발성 석유류보다 위험하다.

해설 증기비중이 큰 것은 증기가 낮은 곳에 체류하므로 인화의 위험성이 크다.

| 정답 | 52 ① 53 ③ 54 ② 55 ① 56 ① 57 ③ 58 ②

59 황린과 적린의 성질에 대한 설명 중 잘못된 것은?

① 황린이나 적린은 이황화탄소에 녹는다.
② 황린이나 적린은 물과 반응하지 않는다.
③ 적린은 황린에 비하여 화학적으로 활성이 작다.
④ 황린과 적린을 각각 연소시키면 P_2O_5이 생성된다.

해설 황린(P_4)은 제3류 위험물 중 자연발화성물질이며, 이황화탄소(CS_2)에 녹고, 적린(P)은 녹지 않는다.

60 아세톤, 메탄올, 피리딘 및 아세트알데히드 등의 공통된 성질은?

① 모두 액체로 무취이다.
② 모두 인화점이 0℃ 이하이다.
③ 모두 분자 내 산소를 함유하고 있다.
④ 모두 물에 녹는다.

해설 공통점 : 모두 물에 녹는다.

| 정답 | 59 ① 60 ④

위험물기능사 국가기술자격 필기시험(CBT 3회) 출제문제

2017년 3월 25일 시행

(시험시간 1시간)

01 유류화재 발생 시 가장 효과적인 소화 방법은?

① 가연물제거
② 주수
③ 냉각
④ 공기차단

해설 유류(제4류 위험물)화재의 소화방법은 공기를 차단하는 질식소화이다.

02 무색이고 증기비중이 1.52인 대단히 안정된 불연성 가스상 물질로 값이 싸고 저장이 편리하여 주로 가연성액체와 전기화재에 많이 쓰이는 소화약제는?

① 탄산수소칼슘
② 인산암모늄
③ 탄산수소나트륨
④ 이산화탄소

해설 이산화탄소(CO_2)의 증기비중은 1.52이며, 주로 가연성액체의 화재와 전기화재에 많이 쓰인다.

03 소화난이도등급 Ⅰ의 옥내탱크저장소에 유황만을 저장할 경우 설치하여야 하는 소화설비는?

① 물분무소화설비
② 불활성가스 소화설비
③ 포소화설비
④ 스프링클러설비

해설 소화난이도등급 Ⅰ의 옥내탱크저장소에 설치하여야 하는 소화설비

제조소등의 구분		소화설비
옥내 탱크 저장소	유황만을 저장·취급하는 것	물분무소화설비
	인화점 70℃ 이상의 제4류 위험물만을 저장·취급하는 것	물분무소화설비, 고정식 포소화설비, 이동식 이외의 불활성가스소화설비, 이동식 이외의 할로겐화합물 소화설비 또는 이동식 이외의 분말소화설비
	그 밖의 것	고정식 포소화설비, 이동식 이외의 불활성가스소화설비, 이동식 이외의 할로겐화합물 소화설비 또는 이동식 이외의 분말소화설비

04 중크롬산칼륨의 화재예방 및 진압대책에 관한 설명 중 틀린 것은?

① 가열, 충격, 마찰을 피할 것
② 화재 시 물과 반응하여 폭발하므로 주수소화를 금한다.
③ 소화 작업 시 폭발 우려가 있으므로 충분한 안전거리를 확보한다.
④ 유기물, 가연물과 격리하여 저장한다.

해설 중크롬산칼륨($K_2Cr_2O_7$)은 제1류 위험물(산화성고체)로서 화재 시 주수소화를 하므로 물로 인한 폭발 위험은 없다.

05 건축물의 1층 및 2층 부분만을 방사능력범위로 하는 소화설비는?

① 스프링클러설비　② 포소화설비
③ 옥외소화전설비　④ 물분무소화설비

Ⅰ정답Ⅰ 01 ④ 02 ④ 03 ① 04 ② 05 ③

해설 옥외소화전설비는 건축물의 1층, 2층 전용 소화설비이다.

06 적갈색 고체로 융점이 1,600℃이며, 물 또는 산과 반응하여 유독한 포스핀가스를 발생하는 제3류 위험물의 지정수량은 몇 kg인가?

① 20
② 10
③ 50
④ 300

해설 인화칼슘(Ca_3P_2)은 적갈색 고체로 제3류 위험물 중 금속의 인화물에 속한다. 또한 금수성 물질이므로 물과 반응하여 유독한 포스핀(인화수소)을 발생시키고, 융점은 1,600℃이다.

참고 제3류 위험물의 성질, 위험등급 및 품명과 지정수량

성질	품 명	지정수량
자연 발화성 물질 및 금수성 물질	칼륨	10kg
	나트륨	10kg
	알킬리튬	10kg
	알킬알루미늄	10kg
	황린	20kg
	알칼리금속(칼륨 및 나트륨 제외) 및 알칼리토금속	50kg
	유기금속화합물(알킬알루미늄 및 알킬리튬을 제외한다)	50kg
	금속인화합물	300kg
	금속수소화합물	300kg
	칼슘 또는 알루미늄의 탄화물	300kg

07 불꽃의 상태로 온도를 짐작할 수 있는데, 백열상태라면 몇 ℃ 정도를 말하는가?

① 500℃
② 1,000℃
③ 1,500℃
④ 950℃

해설 불꽃의 상태
• 적열상태(500℃ 부근)
• 백열상태(1,000℃ 이상)

08 옥외저장소에 덩어리 상태의 유황을 저장할 경우 하나의 경계표시의 내부면적은 얼마 이하이어야 하는가?

① $75m^2$　　② $100m^2$
③ $333m^2$　　④ $500m^2$

해설 유황(S)은 제2류 위험물(가연성고체)이며, 유황(S)을 저장하는 옥외저장소의 1개의 경계표시 면적은 $100m^2$ 이하일 것

09 제4류 위험물의 위험물안전관리법령상 정의가 맞지 않은 것은?

① 특수인화물류는 1기압에서 액체가 되는 것으로 발화점이 100℃ 이하 또는 인화점이 -20℃ 이하로서 비점이 40℃ 이하인 것을 말한다.
② 제1석유류는 1기압에서 액체로서 21℃ 미만인 것을 말한다.
③ 동·식물류는 1기압과 20℃에서 액체로 되는 동·식물류를 말한다.
④ 제2석유류는 1기압에서 액체로서 인화점이 70℃ 이상, 200℃ 미만인 것을 말한다.

해설 제2석유류 : 1기압에서 액체이며 인화점이 21℃ 이상, 70℃ 미만의 인화성액체이다.

10 알칼리금속의 화재 시 소화방법으로 가장 적합한 것은?

① 마른모래를 이용한다.
② 물을 이용한다.
③ 이산화탄소를 이용한다.
④ 할로겐화합물을 이용한다.

해설 알칼리금속(K, Na 등)은 제3류 위험물 중 금수성 물질에 해당되며 화재 시 마른모래 및 팽창질석 또는 팽창진주암을 사용하며 탄산수소염류 분말소화약제도 적응성이 있다.

참고 화재 시 물(H_2O)을 사용하면 급격히 반응하여 수소(H_2)가 발생하며 이산화탄소(CO_2)와 할로겐화합물과는 폭발 반응한다.

| 정답 | 06 ④　07 ②　08 ②　09 ④　10 ①

11 **산화성액체 위험물 중 과산화수소의 운반용기의 외부에 표시하는 사항은?**

① 화기주의 ② 충격주의
③ 물기엄금 ④ 가연물 접촉주의

해설 산화성액체(제6류 위험물)의 운반용기 외부포장 중 수납위험물 주의사항은 가연물 접촉주의이다.

참고 지위험물 운반용기의 외부포장 표시 중 수납위험물의 주의사항
- 제1류 위험물 : 화기 · 충격주의, 가연물 접촉주의
  ① 알칼리금속의 과산화물 또는 이를 함유하는 것 : 화기 · 충격주의, 가연물 접촉주의, 물기엄금
- 제2류 위험물 : 화기주의
  ① 철분, 금속분, 마그네슘 또는 이를 함유하는 것 : 화기주의, 물기엄금
  ② 인화성고체 : 화기엄금
- 제3류 위험물
  ① 금수성 물질 : 물기엄금
  ② 자연발화성물질 : 화기엄금, 공기노출엄금
- 제4류 위험물 : 화기엄금
- 제5류 위험물 : 화기엄금, 충격주의
- 제6류 위험물 : 가연물 접촉주의

12 **다음 중 염소산칼륨($KClO_3$)의 성질에 대한 설명으로 옳은 것은?**

① 흑색 분말이다.
② 비중은 4.32이다.
③ 글리세린과 에테르에 잘 녹는다.
④ 강산화제로 가열에 의해 분해되어 산소를 방출한다.

해설 염소산칼륨($KClO_3$)은 제1류 위험물(산화성고체)에 해당하는 강산화제이며 백색분말로서 비중은 2.34이고 글리세린에 잘 녹으나 에테르에는 녹지 않으며 가열하면 많은 산소(O_2)를 방출하여 다른 가연물의 연소를 돕는다.

13 **Halon 1301 소화약제에 대한 설명으로 틀린 것은?**

① 저장 용기에 액체상으로 충전한다.
② 비점이 낮아서 기화가 용이하다.
③ 공기보다 가볍다.
④ 화학식은 CF_3Br이다.

해설 Halon 1301 소화약제(CF_3Br)의 분자량은 (12+19×3+80=149)이므로 증기는 공기의 평균분자량인 약 29보다 5.14배 크므로 공기보다 무겁다.

14 **질산메틸의 분자량은 얼마인가? (단, 각 원소의 원자량은 C = 12, H = 1, N = 14, O = 16이다.)**

① 77 ② 88
③ 91 ④ 94

해설 질산메틸(CH_3ONO_2)은 제5류 위험물(자기반응성물질)이며, 분자량은 탄소(C)원자 1개와 수소(H)원자 3개, 산소(O)원자 3개, 질소(N)원자 1개가 있다. 분자량은 원자량의 합이므로
$12+3+(16\times3)+14=77$

15 **인화성액체 위험물을 저장하는 옥외탱크저장소에 설치하는 방유제의 높이 기준은?**

① 0.3m 이상, 3m 이하
② 0.5m 이상, 3m 이하
③ 0.3m 이상, 1m 이하
④ 0.5m 이상, 1m 이하

해설 인화성액체 위험물(제4류 위험물)을 저장하는 옥외탱크저장소에 설치하는 방유제의 높이 : 0.5m 이상, 3m 이하

16 **에틸알코올과 메틸알코올의 공통점이 아닌 것은?**

① 무색이며 투명하다.
② 휘발성이 있다.
③ 지정수량이 400L이다.
④ 눈에 들어가면 시신경에 장애를 주어 실명한다.

해설 에틸알코올(C_2H_5OH)과 메틸알코올(CH_3OH)은 제4류 위험물(인화성액체)에 해당하며, 에틸알코올(C_2H_5OH)은 독성이 없으며 메틸알코올(CH_3OH)은 독성이 있다. 메틸알코올(CH_3OH)을 마시면 실명 또는 사망한다.

| 정답 | 11 ④ 12 ④ 13 ③ 14 ① 15 ② 16 ④

17 제2류 위험물의 화재예방 및 진압대책이 틀린 것은?

① 화기 및 고온체와의 접촉을 피한다.
② 금속분은 냉각소화하고 그 외는 마른모래를 이용하여 소화한다.
③ 산화제와의 접촉을 금지한다.
④ 저장용기의 파손과 누출에 주의한다.

해설 제2류 위험물(가연성고체) 중 금속분은 물과 반응하여 수소(H_2)를 발생하므로 주수에 의한 냉각소화는 위험하다.

18 다음 중 방수성이 있는 덮개를 해야 할 위험물만으로 구성 된 것은?

① 과염소산염류, 삼산화크롬, 황린
② 무기과산화물, 과산화수소, 마그네슘분
③ 철분, 금속분, 마그네슘분
④ 염소산염류, 과산화수소, 금속분

해설 방수성 덮개 설치 후 운반해야 하는 위험물
- 제1류 위험물 중 알칼리금속의 과산화물과 이를 함유한 것
- 제2류 위험물 중 마그네슘, 철분, 금속분과 이를 함유한 것
- 제3류 위험물 중 금수성 물질

참고 차광덮개를 하여야 할 위험물
- 제1류 위험물
- 제3류 위험물 중 자연발화성물질
- 제4류 위험물 중 특수인화물
- 제5류 위험물
- 제6류 위험물

19 위험물의 자연발화를 방지하는 방법으로 가장 거리가 먼 것은?

① 통풍을 잘 시킬 것
② 저장실의 온도를 낮출 것
③ 정촉매 작용을 하는 물질과 접촉을 피할 것
④ 습도가 높은 곳에 저장할 것

해설 위험물의 자연발화를 방지
- 통풍을 잘 시킬 것
- 저장실의 온도를 낮출 것
- 습도가 높은 것을 피할 것
- 퇴적 및 수납 시 열이 쌓이지 않게 할 것

20 C_nH_{2n+1} OH의 명칭은?

① 알코올 ② 유기산
③ 에테르 ④ 에스테르

해설 C_nH_{2n+1} OH : C_nH_{2n+1}은 알킬기의 일반식이며, 알킬기에 OH(수산기)가 결합된 것을 알코올이라 한다.

21 다음 중 할론 1211 소화약제에 해당되는 것은?

① CF_3Br ② CH_2ClBr
③ CF_2ClBr ④ $C_2F_4Br_2$

해설 할론 1211 소화약제의 화학식 : CH_2ClBr

참고 할론 넘버는 C, F, Cl, Br, I의 개수를 표시한 숫자이다.

22 적린과 동소체 관계에 있는 위험물은?

① 황린
② 오황화인
③ 인화칼슘
④ 인화알루미늄

해설 제3류 위험물 중 자연발화성 물질인 황린(P_4)은 제2류 위험물(가연성고체)인 적린(P)과 동소체 관계이다.

참고 동소체는 같은 원소로 된 단위분자지만 원자배열이 다른 것으로 연소생성물이 같다.

23 이황화탄소를 물속에 저장하는 이유로 타당한 것은?

① 가연성 증기의 발생을 억제하기 위해
② 적외선으로부터 분해되는 것을 방지하기 위해
③ 축중합반응을 방지하기 위해
④ 수용액 상태로 존재 시 안전하기 때문

해설 이황화탄소(CS_2)는 제4류 위험물(인화성액체) 중 특수인화물이며 물보다 무겁고 물에 녹지 않는 휘발성이 강한 가연물로서 물속에 넣어 저장하는 이유는 가연성 증기의 발생을 억제하기 위해서이다.

정답 17 ② 18 ③ 19 ④ 20 ① 21 ③ 22 ① 23 ①

24 유기과산화물의 화재 예방 상 주의사항으로 틀린 것은?

① 불꽃, 불티 등의 화기 및 열원으로부터 멀리한다.
② 직사광선을 피하고 냉암소에 저장한다.
③ 대형화재 시 분말소화기를 이용한 질식소화가 유효하다.
④ 산화제와 접촉하지 않도록 주의한다.

해설 유기과산화물은 제5류 위험물(자기반응성 물질)로서 화재 시 다량의 주수에 의한 냉각소화가 적응성이 있으며 분말소화기를 이용한 질식소화는 적응성이 없다.

25 트리니트로톨루엔에 관한 다음 설명 중 틀린 것은?

① 피크린산이라고도 부른다.
② 중성 물질이기 때문에 금속과 반응하지 않는다.
③ 톨루엔에 질산과 황산을 반응시켜 모노니트로톨루엔을 만든 후 니트로화하여 만든다.
④ 물에 녹지 않고 알코올, 벤젠, 아세톤 등에 잘 녹으며, 흡습성이 없으며 공기 중 자연분해하지 않는다.

해설 제5류 위험물(자기반응성물질) 니트로화합물인 피크린산(Picric Acid)은 트리니트로페놀(TNP)을 말하며 피크르산이라고도 한다.

26 아닐린에 대한 설명으로 옳은 것은?

① 증기는 공기와 혼합하여 인화, 폭발의 위험이 없는 안정한 상태가 된다.
② 황산과 같은 강산화제와 접촉하면 중화되어 안정하게 된다.
③ 인화점이 0℃ 이하여서 상온에서 인화의 위험이 높다.
④ 특유의 냄새를 가진 기름상 액체이다.

해설 아닐린($C_6H_5NH_2$)은 제4류 위험물(인화성액체) 중 제3석유류이며 특유의 냄새를 가진 기름상 액체이다.

27 과염소산칼륨($KClO_4$) 1몰을 610℃ 이상 가열하여 완전분해시키면 몇 몰의 산소가 발생하는가?

① 0.5몰 ② 1몰
③ 2몰 ④ 4몰

해설 $KClO_4$ 1몰이 분해하면 O_2 2몰이 생성된다.

참고 • 과염소산칼륨($KClO_4$)의 분해반응식

$KClO_4 \rightarrow KCl + 2O_2\uparrow$
(과염소산칼륨) (염화칼륨) (산소)

28 다음은 질산암모늄의 성질을 설명한 것이다. 옳은 것은?

① 흡습성이 없다.
② 강력한 산화제이기 때문에 혼합 화약의 재료로 쓰인다.
③ 조해성이 없다.
④ 상온에서 폭발성액체이다.

해설 질산암모늄(NH_4NO_3)은 제1류 위험물(산화성고체)로서 강산화제이며 ANFO 등 혼합화약의 원료로 사용한다.

29 위험물 안전관리법령상 지하탱크저장소의 위치·구조 및 설비의 기준에 따라 다음 ( )에 들어갈 수치로 옳은 것은?

탱크전용실은 지하의 가장 가까운 벽·피트·가스관 등의 시설물 및 대지경계선으로부터 (A)m 이상 떨어진 곳에 설치하고, 지하저장탱크와 탱크전용실의 안쪽과의 사이는 (B)m 이상의 간격을 유지하도록 하며, 당해 탱크의 주위에 마른 모래 또는 습기 등에 의하여 응고되지 아니하는 입자지름 (C)mm 이하의 마른 자갈분을 채워야 한다.

① A : 0.1, B : 0.1, C : 5
② A : 0.1, B : 0.1, C : 10
③ A : 0.1, B : 0.3, C : 10
④ A : 0.1, B : 0.3, C : 5

해설 탱크전용실은 지하의 가장 가까운 벽·피트·가스관 등의 시설물 및 대지경계선으로부터 (0.1)m 이상 떨어진 곳에 설치하고, 지하저장탱크와 탱크

정답 24 ③ 25 ① 26 ④ 27 ③ 28 ② 29 ①

전용실의 안쪽과의 사이는 (0.1)m 이상의 간격을 유지하도록 하며, 당해 탱크의 주위에 마른 모래 또는 습기 등에 의하여 응고되지 아니하는 입자지름 (5)mm 이하의 마른 자갈분을 채워야 한다.

30 요오드값이 큰 건성유가 나타내는 성질은?

① 건조되기 쉽고 자연발화가 용이하다.
② 공기 중 환원 중합으로 인화점이 아주 낮아진다.
③ 포화지방산을 많이 가지고 있어 공기 중에서 굳어지기 어렵다.
④ 불포화지방산을 적게 가지고 있으므로 공기 중에 방치하여도 액상을 유지한다.

해설 제4류 위험물(인화성액체) 동·식물유류인 건성유는 요오드값이 130 이상으로 마르는 성질이 크며 불포화도가 크므로 넝마, 종이에 스며있을 때 자연발화의 위험이 커진다.

31 위험물안전관리법령상 전기설비에 적응성이 없는 소화설비는?

① 물분무소화설비
② 할로겐화합물 소화설비
③ 포소화설비
④ 불연성가스 소화설비

해설 전기설비에 적응성이 있는 소화설비의 종류[규칙별표17]
- 물분무소화설비
- 불활성가스소화설비(이산화탄소 소화설비 포함)
- 할로겐화합물 소화설비
- 분말소화설비

32 제조소등의 소화설비 설치 시 소요단위 산정에 관한 내용으로 다음 ( ) 안에 알맞은 수치를 차례대로 나열한 것은?

> 제조소 또는 취급소의 건축물을 외벽이 내화구조인 것은 연면적 (   )m^2를 1소요단위로 하며, 외벽이 내화구조가 아닌 것은 연면적 (   )m^2를 1소요단위로 한다.

① 150, 100
② 150, 50
③ 200, 100
④ 100, 50

해설 소요단위(1단위) 산정 기준
- 제조소 또는 취급소용 건축물로 외벽이 내화구조인 것 : 연면적 100m^2
- 제조소 또는 취급소용 건축물로 외벽이 내화구조 이외인 것 : 연면적 50m^2
- 저장소용 건축물로 외벽이 내화구조인 것 : 연면적 150m^2
- 저장소용 건축물로 외벽이 내화구조 이외인 것 : 연면적 75m^2
- 위험물 : 지정수량 10배

※ 제조소등의 옥외에 설치된 공작물은 외벽이 내화구조인 것으로 간주하고 최대 수평투영면적을 연면적으로 간주한다.

33 소화난이도 등급 Ⅰ인 옥외탱크저장소에 있어서 제4류 위험물 중 인화점이 섭씨 70도 이상인 것을 저장, 취급하는 경우 어느 소화설비를 설치해야 하는가? (단, 지중탱크 또는 해상탱크 외의 것이다.)

① 스프링클러소화설비
② 분말소화설비
③ 물분무소화설비
④ 불활성가스 소화설비

해설 해당소화설비 : 물분무소화설비

참고 소화난이도등급 Ⅰ의 옥외탱크저장소에 설치하여야 하는 소화설비

제조소등의 구분			소화설비
옥외탱크저장소	지중탱크 또는 해상탱크 외의 것	유황만을 저장·취급하는 것	물분무소화설비
		인화점 70℃ 이상의 제4류 위험물만을 저장·취급하는 것	물분무소화설비 또는 고정식 포소화설비
		그 밖의 것	고정식 포소화설비(포소화설비가 적응성이 없는 경우에는 분말소화설비)

| 정답 | 30 ① 31 ③ 32 ④ 33 ③

34 **과망간산칼륨의 위험성에 대한 설명으로 틀린 것은?**

① 황산과 격렬하게 반응한다.
② 목탄, 황 등 환원성 물질과 격리하여 저장해야 한다.
③ 고온으로 가열하면 분해하여 산소와 수소를 방출한다.
④ 유기물과 혼합 시 위험성이 증가한다.

해설 과망간산칼륨($KMnO_4$)은 제1류 위험물(산화성고체)이며 고온으로 가열하면 분해하여 산소(O_2)를 발생한다.

참고 • 과망간산칼륨($KMnO_4$)의 분해반응식

$$2KMnO_4 \xrightarrow[\triangle]{} K_2MnO_4 + MnO_2 + O_2\uparrow$$

(과망간산칼륨) (망간산칼륨) (이산화망간) (산소)

35 **위험물의 운반에 관한 기준에서 제4석유류와 혼재 할 수 없는 위험물은? (단, 위험물은 각각 지정수량의 2배인 경우이다.)**

① 과염소산 ② 유기과산화물
③ 칼륨 ④ 황화인

해설 유별을 달리하는 위험물의 존재기준(암기법: ㉦이삼, ㉧이사, ㉮하나)
• 제4석유류는 제4류 위험물(인화성액체)이므로 혼재할 수 없는 위험물은 제1류 위험물과 제6류 위험물(과염소산)이다.

참고 위험물의 류별
• 과염소산($HClO_4$) : 제6류 위험물
• 유기과산화물 : 제5류 위험물
• 칼륨(K) : 제3류 위험물
• 황화인 : 제2류 위험물

36 **석유 속에 저장되어 있는 금속조각을 떼어, 불꽃반응을 하였더니, 노란 불꽃을 나타냈다. 어떤 금속인가?**

① 칼륨 ② 나트륨
③ 칼슘 ④ 리튬

해설 나트륨(Na)은 제3류 위험물중 금수성 물질이며 불꽃반응의 색은 노란색이다.

참고 금속의 불꽃반응색
• 칼륨(K) : 보라
• 칼슘(Ca) : 황적(주황)
• 리튬(Li) : 진한 빨강
• 나트륨(Na) : 노랑

37 **다음 물질 중 점화원에 의해 폭발할 위험성이 있는 것으로만 모두 짝지어진 것은?**

① 황, 생석회, 알루미늄분
② 마그네슘분, 황, 생석회
③ 적린, 생석회, 마그네슘분
④ 마그네슘분, 알루미늄분, 적린

해설 마그네슘(Mg), 알루미늄분(Al), 적린(P)은 제2류 위험물(가연성고체)로서 점화원에 의하여 폭발의 위험이 있다.

참고 생석회(CaO)는 불연성 물질이며 물과 접촉하면 발열만 한다.

38 **정전기의 제거 방법으로 가장 거리가 먼 것은?**

① 습도를 낮춘다.
② 접지를 한다.
③ 제전기를 설치한다.
④ 공기를 이온화한다.

해설 정전기 제거방법
• 접지할 것
• 공기 중의 상대습도를 70% 이상으로 할 것
• 공기를 이온화 시킬 것

참고 제전기(IONIZER): 제전기란 전기가 통하지 않는 부도체에서 발생된 정전기를 제거하기 위하여 외부에서 강제적으로 양이온과 음이온을 발생시켜 발생된 이온으로 물체에 발생된 정전기를 중화시키는 장치이다.

39 **위험물안전관리법령상 품명이 금속분에 해당하는 것은?**

① 마그네슘분 ② 알루미늄분
③ 니켈분 ④ 구리분

해설 알루미늄(Al)분과 아연(Zn)분은 금속분을 대표한다.

| 정답 | 34 ③ 35 ① 36 ② 37 ④ 38 ① 39 ②

참고 제2류 위험물(가연성고체)에 있어서 금속분이라 함은 알칼리금속, 알칼리토류금속 · 철(Fe) 및 마그네슘(Mg) 외의 금속의 분말을 말하고, 구리(Cu)분 · 니켈(Ni)분 및 150마이크로미터의 체를 통과하는 것이 50중량퍼센트 미만인 것은 제외한다.

40 **다음 중 위험물 제조소에 "물기엄금"이라고 표시한 게시판을 설치해야 하는 위험물을 포함하는 유별은?**

① 제2류 위험물 ② 제3류 위험물
③ 제4류 위험물 ④ 제5류 위험물

해설 물기엄금 게시판을 할 곳 : 제1류 위험물 중 무기과산화물, 제3류 위험물 중 금수성 물질

참고
- 화기엄금 게시판을 할 곳 : 제2류 위험물 중 인화성고체, 제3류 위험물 중 자연발화성 물질, 제4류 위험물, 제5류 위험물
- 화기주의 게시판을 할 곳 : 제2류 위험물(인화성고체 제외)

41 **다음 물질 중 지정수량이 다른 물질은?**

① 황화인 ② 적린
③ 철분 ④ 유황

해설 제2류 위험물의 위험등급 및 품명과 지정수량

성질	위험등급	품 명	지 정 수 량
가연성고체	II	황화린	100kg
	II	적린	100kg
	II	유황	100kg
	II	마그네슘	500kg
	II	철분	500kg
	II	금속분	500kg
	III	인화성고체	1,000kg

42 **과산화나트륨의 화재 시 물을 사용한 소화가 위험한 이유는?**

① 수소와 열을 발생하므로
② 산소와 열을 발생하므로
③ 산소를 발생하고 이 가스가 폭발적으로 연소하므로
④ 수소를 발생하고 이 가스가 폭발적으로 연소하므로

해설 과산화나트륨(Na_2O_2)은 제1류 위험물(산화성고체) 중 알칼리금속의 과산화물로 물(H_2O)과 접촉 시 격렬히 반응하며 산소(O_2)를 발생한다. 산소(O_2)는 조연성 물질로 불연성이므로 연소를 도울 뿐 연소하지 않는다.

참고 • 과산화나트륨(Na_2O_2)과 물(H_2O)의 반응식

$$2Na_2O_2 + 2H_2O \rightarrow 4NaOH + O_2\uparrow$$

(과산화나트륨) (물) (수산화나트륨) (산소)

43 **물에 탄산칼륨을 보강시킨 소화기는?**

① 할론소화기 ② 포소화기
③ 강화액소화기 ④ 산 · 알칼리소화기

해설 강화액 소화기는 한냉지나 겨울철에 사용하는 것으로 물의 단점(빙점 0℃)을 강화시키기 위해 탄산칼륨(K_2CO_3)의 포화용액을 만들어 빙점을 −30℃ ~ −25℃로 낮추어 사용하는 냉각 소화기이다.

44 **옥내소화전설비에서 펌프를 이용한 가압송수장치의 수원은 옥내소화전의 설치 개수가 가장 많은 층의 설치 개수(5개 이상인 경우에는 5개)에 $7.8m^3$를 곱한 양 이상으로 확보하여야 한다. 소화전 1개당 분당 방출량은 얼마로 하는가?**

① 260ℓ/min ② 360ℓ/min
③ 460ℓ/min ④ 560ℓ/min

해설 옥내소화전설비의 소화전 1개의 분당 방출량 : 260ℓ/min

참고 옥외소화전설비의 소화전 1개의 분당 방출량 : 450ℓ/min

45 **위험물안전관리법령상 소화설비의 구분에서 "물분무등 소화설비"의 종류가 아닌 것은?**

① 분말소화설비
② 불활성가스소화설비
③ 스프링클러설비
④ 할로겐화합물소화설비

| 정답 | 40 ② 41 ③ 42 ② 43 ③ 44 ① 45 ③

해설 물분무 등 소화설비의 종류
- 물분무소화설비
- 포소화설비
- 분말소화설비
- 불활성가스소화설비(이산화탄소소화설비 포함)
- 할로겐화합물소화설비

46 B, C 화재에 효과가 있는 드라이 케미컬의 주성분은?

① 인산염류 ② 할로겐화물
③ 탄산수소나트륨 ④ 수산화알루미늄

해설 B급, C급 전용 드라이 케미컬(분말소화약제) : 탄산수소나트륨($NaHCO_3$), 탄산수소칼륨($KHCO_3$) 등

참고 인산염류분말($NH_4H_2PO_4$) 소화약제는 ABC급 화재에 사용된다.

47 소화약제로 사용할 수 없는 물질은?

① 인산이수소암모늄
② 이산화탄소
③ 브롬산암모늄
④ 탄산수소암모늄

해설 브롬산암모늄(NH_4BrO_3)은 제1류 위험물(산화성 고체) 브롬산염류에 해당하므로 소화약제로 사용할 수 없다.

참고 소화약제의 화학식
- 인산이수소암모늄(인산암모늄) : $NH_4H_2PO_4$
- 이산화탄소 : CO_2
- 탄산수소암모늄 : NH_4HCO_3

48 경유의 화재발생 시 주수소화가 부적당한 이유는?

① 경유가 연소할 때 물과 반응하여 수소가스를 만들어 연소를 돕기 때문에
② 주수하면 경유의 연소열 때문에 분해하여 산소를 만들어 연소를 돕기 때문에
③ 경유는 물과 반응하여 유독가스를 발생하므로
④ 경유는 물보다 가볍고 또 물에 녹지 않기 때문에 화재가 널리 확대되므로

해설 경유는 제4류 위험물(인화성액체) 제2석유류이며 화재에 물을 사용하면 비중이 1보다 작으므로 물 위에 뜨고 표면장력 차이에 의하여 화재면의 확대위험이 있다.

49 다음 위험물 중 저장할 때 보호액으로 물을 사용하는 것은?

① 아연 ② 나트륨
③ 황린 ④ 삼산화크롬

해설 황린(P_4)은 제3류 위험물 중 자연발화성 물질이며, 공기 중에서 자연 발화하므로 보호액으로 pH9의 약알칼리 물속에 넣어 저장한다.

50 개방형스프링클러헤드를 이용하는 스프링클러설비에서 수동식 개방밸브를 개방조작 하는 데 필요한 힘은 얼마 이하가 되도록 설치하여야 하는가?

① 5kg ② 10kg
③ 15kg ④ 20kg

해설 일제살수식 스프링클러설비의 수동개방밸브의 밸브조작 힘의 세기는 15kg 이하이다.

51 디에틸에테르의 취급 방법으로 옳은 것은?

① 직사광선에 장시간 노출해도 된다.
② 용기에 가득 채워 유동성이 없도록 한 후 보관한다.
③ 용기는 갈색병을 사용하며 냉암소에 보관한다.
④ 용기가 약간 파손되어 증기가 누출되어도 된다.

해설 디에틸에티르($C_2H_5OC_2H_5$)는 제4류 위험물(인화성액체) 중 특수인화물이며 직사일광에서 과산화물을 생성하므로 착색유리병(갈색)에 넣어 냉암소에 보관하다.

52 위험물제조소에 "화기주의"라는 게시판을 설치해야 하는 위험물은?

① 과산화나트륨 ② 적린
③ 니트로글리세린 ④ 휘발유

| 정답 | 46 ③ 47 ③ 48 ④ 49 ③ 50 ③ 51 ③ 52 ②

해설 위험물제조소에 주의사항 게시판

- 과산화나트륨(Na_2O_2) : 제1류 위험물 중 무기과산화물이므로 물기엄금
- 적린(P) : 제2류 위험물(인화성고체 제외)이므로 화기주의
- 나트로글리세린[$C_3H_5(ONO_2)_3$] : 제5류 위험물이므로 화기엄금
- 휘발유 : 제4류 위험물이므로 화기엄금

53 다음 화학식 중에서 밑줄 친 원소의 산화수가 +5인 것은?

① $Ca\underline{C}O_3$ ② $Na_2\underline{Cr}O_4$

③ $K\underline{N}O_3$ ④ $Ba\underline{S}O_4$

해설 중성화합물에서 산화수의 합은 0이다.

- $CaCO_3$: $Ca^{+2}C^{x}O_3^{-2}$에서 C의 산화수 $+2+\chi+(-2\times3)=0$, $\chi=+4$
- Na_2CrO_4 : $Na_2^{+1}Cr^{x}O_4^{-2}$에서 Cr의 산화수 $+1\times2+\chi+(-2\times4)=0$, $\chi=+6$
- KNO_3 : $K^{+1}N^{x}O_3^{-2}$에서 N의 산화수 $+1+\chi+(-2\times3)=0$, $\chi=+5$
- $BaSO_4$: $Ba^{+2}S^{x}O_4^{-2}$에서 S의 산화수 $+2+\chi+(-2\times4)=0$, $\chi=+6$

54 톨루엔의 위험성에 대한 설명으로 틀린 것은?

① 약 4℃의 인화점을 갖는다.

② 유체 마찰 등으로 정전기가 생겨 인화하기도 한다.

③ 증기비중은 약 0.87이므로 높은 곳에 체류하기 쉽다.

④ 독성이 있으나 벤젠보다는 약하다.

해설 톨루엔($C_6H_5CH_3$)은 제4류 위험물(인화성액체) 중 제1석유류이며 증기비중이 약 3.17로 공기보다 3.17배 무거우므로 낮은 곳에 체류한다.

55 니트로셀룰로오스의 성질에 대하여 잘못 설명한 것은?

① 별칭으로 질화면이라고 부른다.

② 질화도가 높은 것보다 낮은 것이 위험성이 크다.

③ 다이너마이트 원료, 무연화약의 원료, 셀룰로이드 제조 등의 용도로 쓰인다.

④ 물과 혼합할수록 위험성이 감소되므로 운반 시 물 등의 용제를 첨가 습윤 시킨다.

해설 니트로셀룰로오스[$C_6H_7O_2(ONO_2)_3$]n는 제5류 위험물(자기반응성 물질)이며 별칭이 질화면이다. 질소함유율인 질화도는 클수록 위험성이 크다.

56 다음 ( ) 안에 알맞은 수치를 차례대로 옳게 나열한 것은?

> "위험물 암반 탱크의 공간 용적은 당해 탱크 내에 용출하는 ( )일간의 지하수 양에 상당하는 용적과 당해 탱크 내용적의 100분의 ( )의 용적 중에서 보다 큰 용적을 공간 용적으로 한다."

① 1, 1 ② 1, 5

③ 7, 1 ④ 7, 5

해설 "위험물 암반 탱크의 공간 용적은 당해 탱크 내에 용출하는 (7)일간의 지하수 양에 상당하는 용적과 당해 탱크 내용적의 100분의 (1)의 용적 중에서 보다 큰 용적을 공간 용적으로 한다."

57 옥내탱크저장소 중 탱크전용실을 단층건물 외의 건축물에 설치하는 경우 탱크전용실을 건축물의 1층 또는 지하층에만 설치하여야 하는 위험물이 아닌 것은?

① 제6류 위험물 중 질산

② 제3류 위험물 중 황린

③ 제2류 위험물 중 덩어리 유황

④ 제4류 위험물 중 인화점이 38℃ 이상인 위험물

해설 옥내저장탱크에서 탱크전용실을 건축물의 1층 또는 지하층에 설치하여야 하는 위험물의 종류

- 제2류 위험물 중 황화인 · 적린 및 덩어리 유황
- 제3류 위험물 중 황린
- 제6류 위험물 중 질산

참고 건축물의 1층 또는 지하층에 설치하지 아니하여도 되는 위험물
제4류 위험물 중 인화점이 38℃ 이상인 것

| 정답 | 53 ③ 54 ③ 55 ② 56 ③ 57 ④

58 **일반 건축물화재에서 내장재로 사용한 폴리스티렌 폼(Polystyrene Foam)이 화재 중 연소를 했다면 이 플라스틱의 연소형태는?**

① 분해연소　　② 자기연소
③ 증발연소　　④ 표면연소

해설 폴리스티렌 폼(Polystyrene Foam)의 연소형태 : 분해연소

59 **다음 중 제3류 위험물의 공통된 성질로 옳은 것은? (단, 황린은 제외)**

① 물과 만나면 산소를 발생하고 다른 물질을 산화시킨다.
② 일반적으로 불연성 물질이지만 유기물과 접촉하며 산소를 발생한다.
③ 착화온도가 낮은 액체며 일반적으로 무기화합물이다.
④ 물과 접촉하여 발화하거나 가연성 가스를 발생한다.

해설 제3류 위험물의 성질은 금수성 및 자연발화성 물질이며 자연발화성 물질인 황린(P_4) 이외에는 모두 물과 접촉하면 발열하며 가연성가스를 발생하거나 급격히 연소한다.

60 **탄화칼슘은 물과 반응 시 위험성이 증가하는 물질이다. 주수 소화 시 물과 반응하면 어떤 가스가 발생하는가?**

① 아세틸렌　　② 메탄
③ 에탄　　④ 수소

해설 탄화칼슘(CaC_2)은 제3류 위험물 중 금수성 물질이며 물(H_2O)과 반응하면 아세틸렌(C_2H_2)을 발생시킨다.

참고 • 탄화칼슘(CaC_2)과 물(H_2O)의 반응식

$$\underset{(\text{탄화칼슘})}{CaC_2} + \underset{(\text{물})}{2H_2O} \rightarrow \underset{(\text{수산화칼슘})}{Ca(OH)_2} + \underset{(\text{아세틸렌})}{C_2H_2}\uparrow$$

정답 58 ① 59 ④ 60 ①

위험물기능사 국가기술자격 필기시험(CBT 4회) 출제문제

2017년 6월 10일 시행

(시험시간 1시간)

01 중탄산나트륨과 황산알루미늄을 소화약제로 사용하여 만들어진 소화기를 사용할 때 나타나는 소화방법은?

① 제거소화와 질식소화
② 냉각소화와 억제소화
③ 질식소화와 억제소화
④ 냉각소화와 질식소화

해설 중탄산나트륨($NaHCO_2$)과 황산알루미늄[$Al_2(SO_4)_2$]의 화학반응에 의한 화학포소화기는 거품에 의한 질식소화 효과와 내재된 물에 의한 냉각소화 효과를 갖는다.

02 제1류에서 제6류 위험물의 소화에 모두 사용될 수 있는 소화제는?

① 젖은 모래　② 마른 모래
③ 중조톱밥　④ 수증기

해설 마른 모래(건조사)는 전체 위험물의 소화에 사용된다.

03 알코올류 20,000ℓ에 대한 소화설비 설치 시 소요단위는?

① 20　② 5
③ 10　④ 15

해설

$$소요단위 = \frac{알코올류의\ 수량}{알코올류의\ 지정수량 \times 10} = \frac{20,000\ell}{400\ell \times 10} = 5소요단위$$

• 알코올류의 지정수량 : 400ℓ

04 옥내소화전설비의 비상전원은 몇 분 이상 작동할 수 있어야 하는가?

① 45분　② 30분
③ 20분　④ 10분

해설 위험물 전용 옥내소화전설비의 비상전원 : 45분

참고 일반 소방대상물 전용 옥내소화전설비의 비상전원 : 20분

05 다음 중 화재 시 사용하면 독성의 $COCl_2$가스를 발생시킬 위험이 가장 높은 물질은?

① 제1종 분말　② 공기포
③ 액화이산화탄소　④ 사염화탄소

해설 할론 소화약제인 사염화탄소(CCl_4) 소화약제를 화재에 사용할 경우 유독한 포스겐($COCl_2$)을 발생한다.

06 제6류 위험물에 대한 설명으로 옳은 것은?

① 할로겐간화합물의 지정수량은 300kg이다.
② 과염소산은 독성은 없지만 폭발의 위험이 있으므로 밀폐하여 보관한다.
③ 과산화수소는 농도에 상관없이 단독으로 폭발하므로 취급에 주의한다.
④ 질산은 자연발화의 위험이 높으므로 저온 보관한다.

해설 제6류 위험물(산화성액체)에 대한 설명
- 할로겐간화합물(IF_5 등)은 그밖에 행정안전부령으로 정하는 제6류 위험물로 지정수량은 300kg이다.
- 과염소산($HClO_4$)의 증기는 부식성이 강하며 독성이 있으므로 흡입하면 매우 위험하고 가열하면 폭발의 위험이 있으며, 용기는 밀전하여 보관한다.
- 과산화수소(H_2O_2)는 농도 60wt% 이상에서 단독으로 폭발하므로 취급에 주의한다.
- 제6류 위험물인 질산(HNO_3)은 불연성 물질이므로 자연발화의 위험이 없다.

| 정답 | 01 ④　02 ②　03 ②　04 ①　05 ④　06 ①

07 지정수량의 몇 배 이상의 위험물을 취급하는 제조소에는 화재 발생 시 이를 알릴 수 있는 경보설비를 설치하여야 하는가?

① 5 ② 100
③ 20 ④ 10

해설 경보설비 설치대상 제조소의 기준
지정수량 10배 이상을 취급하는 곳

08 일반적인 석유난로의 연소형태로, 점도가 높고 비휘발성인 액체를 안개 상으로 분사하여 액체의 표면적을 넓혀 연소시키는 방법은?

① 액적연소 ② 증발연소
③ 분해연소 ④ 표면연소

해설 석유난로 및 방카C유를 사용하는 보일러 버너의 연소는 액체의 입자를 미립자 상태로 분무하는 액적연소를 사용한다.

09 다음 중 물에 가장 잘 녹는 물질은?

① 아닐린
② 아세트알데히드
③ 이황화탄소
④ 벤젠

해설 제4류 위험물(인화성액체) 중 특수인화물인 아세트알데히드(CH_3CHO)는 수용성이다.

10 소화기의 사용방법에 대한 설명으로 가장 옳은 것은?

① 소화기는 화재 초기에만 효과가 있다.
② 소화기는 대형 소화설비의 대용으로 사용할 수 있다.
③ 소화기는 어떠한 소화에도 만능으로 사용할 수 있다.
④ 소화기는 구조와 성능, 취급법을 명시하지 않아도 된다.

해설 소화기는 화재 초기에만 효과가 있기 때문에 화재가 확대되면 소화기로 화재진압이 불가능하며 대형소화설비가 필요하다.

11 황린과 적린의 성질에 대한 설명으로 가장 거리가 먼 것은?

① 황린과 적린은 이황화탄소에 녹는다.
② 황린과 적린은 물에 불용이다.
③ 적린은 황린에 비하여 화학적으로 활성이 작다.
④ 황린과 적린을 각각 연소시키면 P_2O_5이 생성된다.

해설 제3류 위험물인 황린(P_4)은 이황화탄소(CS_2)에 잘 녹으며 제2류 위험물(가연성고체)인 적린(P)은 이황화탄소(CS_2)에 녹지 않는다.

12 제4류 위험물을 취급하는 제조소가 있는 사업소에서 지정수량 몇 배 이상의 위험물을 취급하는 경우 자체소방대를 설치해야 하는가?

① 3,500 ② 2,500
③ 3,000 ④ 2,000

해설 제4류 위험물(인화성액체)을 제조하는 제조소에 자체소방대를 설치할 경우 지정수량의 배수 : 지정수량 3,000배 이상

13 제3류 위험물인 인화칼슘(Ca_3P_2)의 소화방법으로 적당하지 않은 것은?

① 물
② 마른모래
③ 건조석회
④ 금속화재용 분말소화약제

해설 인화칼슘(Ca_3P_2)은 제3류 위험물 중 금수성 물질로 물(H_2O)과 반응하여 유독성이며 가연성인 포스핀(PH_3)을 발생시키므로 물은 소화제로서 적합하지 않다.

참고 포스핀 = 인화수소

14 분말소화설비의 기준에서 가압용 가스용기에 사용되는 가스로 옳은 것은?

① He, O_2 ② N_2, CO_2
③ CO_2, O_2 ④ N_2, O_2

| 정답 | 07 ④ 08 ① 09 ② 10 ① 11 ① 12 ③ 13 ① 14 ②

해설 분말소화설비에 사용하는 가압용 가스
N_2(질소), CO_2(이산화탄소)

15 다음 중 니트로글리세린을 다공질의 규조토에 흡수시켜 제조한 물질은?

① 면화약 ② 다이너마이트
③ 니트로셀룰로오스 ④ 흑색화약

해설 다이너마이트(Dynamite)는 스웨덴 물리학자 알프레드 노벨이 발명한 폭약으로 니트로글리세린 [$C_3H_5(ONO_2)_3$]을 다공질의 규조토[SiO_2]에 흡수시켜 제조한 물질이다.

16 대형 수동식 소화기 중 봉상수(棒狀水)소화기에 적응성이 없는 것은?

① 인화성고체 위험물 ② 제4류 위험물
③ 제5류 위험물 ④ 제6류 위험물

해설 제4류 위험물(인화성액체)은 일반적으로 물보다 가볍고 물에 녹지 않으므로 화재 시 물을 소화제로 사용하면 화재면을 확대시키므로 물은 소화제로서 적합하지 않다.

참고 봉상수 : 굵은 줄기의 물

17 위험물제조소에는 지정위험물에 따라 화기엄금, 화기주의 게시판을 설치하여야 한다. 게시판의 바탕–문자가 바르게 짝지어진 것은?

① 백색바탕–청색문자
② 황색바탕–적색문자
③ 적색바탕–백색문자
④ 백색바탕–적색문자

해설 주의사항 게시판
- 화기엄금 및 화기주의 : 적색바탕, 백색문자
- 물기엄금 : 청색바탕, 백색문자

18 질산메틸의 분자량은 얼마인가? (단, C, O, N, H의 원자량은 각각 12, 16, 14, 1이다.)

① 53 ② 65
③ 77 ④ 89

해설 질산메틸(CH_3ONO_2)은 제5류 위험물(자기반응성 물질) 질산에스테르이다.
분자량 : $12 + 3 + 14 + 16 \times 3 = 77$

19 다음 중 과염소산의 성상 중 올바른 것은?

① 흡습성이 강한 고체이다.
② 매우 불안전한 강산류이다.
③ 물과 반응하여 조연성 가스를 발생한다.
④ 공기 중 증기는 점화원에 의해 폭발한다.

해설 과염소산($HClO_4$)은 제6류 위험물인 산화성액체로서 강산에 해당되며 매우 불안정하다.

20 위험물옥외저장탱크의 통기관에 관한 사항으로 옳지 않은 것은?

① 대기밸브부착 통기관은 항상 열려있어야 한다.
② 밸브 없는 통기관의 선단은 수평면보다 45도 이상 구부려 빗물 등의 침투를 막는 구조로 한다.
③ 밸브가 없는 통기관의 직경은 30mm 이상으로 한다.
④ 대기밸브부착 통기관은 5kPa 이하의 압력차이로 작동할 수 있어야 한다.

해설 대기밸브부착 통기관은 평상시 닫혀 있다가 탱크 내에 위험물을 주입하거나 배출할 경우 5kPa 이하의 압력차이로 작동할 수 있어야 한다.

21 D급 화재에 해당하는 가연물은?

① 목재 ② 칼륨
③ 휘발유 ④ 플라스틱

해설 D급 화재는 금속화재로서 칼륨(K)의 화재가 해당된다.

참고 목재와 플라스틱의 화재 : A급 화재(일반화재)
휘발유 : B급 화재(유류화재)

22 18mol 농도의 황산에서 9N의 황산 60mℓ를 만드는 데 약 몇 mℓ의 물이 필요한가?

① 30 ② 45
③ 60 ④ 75

| 정답 | 15 ② 16 ② 17 ③ 18 ③ 19 ② 20 ① 21 ② 22 ②

해설 황산 18mol은 36N이므로 NV=N'V'에서
36N × χmℓ = 9N × 60mℓ
∴ χ=15mℓ
필요한 물의 양 : 60mℓ−15mℓ=45mℓ
그러므로 36N 용액 15mℓ에 물 45mℓ를 넣어 60mℓ 용액을 만들면 이용액의 농도는 9N 용액이 된다.

23 가연물 연소에 필요한 산소의 공급원을 단절하는 것은 소화이론 중 어떤 작용을 이용한 것인가?

① 가연물제거작용 ② 질식작용
③ 희석작용 ④ 냉각작용

해설 산소공급 차단(단절)에 의한 소화방법을 질식소화라 한다.

24 다음 중 제5류 위험물이 아닌 것은?

① 질산에틸 ② 니트로글리세린
③ 초산메틸 ④ 피크르산

해설 초산메틸(CH_3COOCH_3)은 제4류 위험물(인화성액체) 중 제1석유류에 해당된다.

참고 위험물의 류별 및 품명
- 질산에틸($C_2H_5ONO_2$) : 제5류, 질산에스테르류
- 니트로글리세린[$C_3H_5(ONO_2)_3$] : 제5류, 질산에스테르류
- 피크르산[$C_6H_2OH(NO_2)_3$] : 제5류, 니트로화합물

※ 피크르산 = 피크르산 = TNP = PA = 트리니트로페놀

25 다음 중 일반적으로 알려진 세 종류의 황화인이 아닌 것은?

① P_4S_3 ② P_2S_9
③ P_2S_5 ④ P_4S_7

해설 제2류 위험물(가연성고체) 황화인의 3가지 화학식
삼황화인(P_4S_3) 오황화인(P_2S_5) 칠황화인(P_4S_7)

26 과산화나트륨의 저장 및 취급 시의 주의사항에 관한 설명 중 틀린 것은?

① 화재 예방을 위해 물분무소화설비 또는 스프링클러소화설비가 설치된 곳에 보관한다.
② 가열・충격을 피한다.
③ 유기물질의 혼입을 막는다.
④ 가연물과의 접촉을 피한다.

해설 과산화나트륨(Na_2O_2)은 제1류 위험물(산화성고체)중 알칼리금속의 과산화물로 물과 접촉 시 격렬히 발열하며 산소(O_2)를 발생시키므로 물을 사용하는 물분무소화설비 또는 스프링클러소화설비 등의 사용을 금한다.

27 다음 중 인화점이 가장 낮은 것은?

① 벤젠 ② 디에틸에테르
③ 이황화탄소 ④ 산화프로필렌

해설 제4류 위험물(인화성액체)의 인화점
- 벤젠(C_6H_6) : −11℃
- 디에틸에테르($C_2H_5OC_2H_5$) : −45℃
- 이황화탄소(CS_2) : −30℃
- 산화프로필렌(OCH_2CHCH_3) : −37℃

28 축압식소화기 압력계의 지침이 녹색을 가리키고 있다. 이 소화기의 상태는?

① 과충전된 상태
② 압력이 미달된 상태
③ 정상상태
④ 이상고온 상태

해설
- 녹색 : 정상 상태
- 백색 또는 황색 : 압력 미달 상태
- 적색 : 과충전 상태

29 오존파괴지수(ODP)에서 기준이 되는 물질은?

① Cl ② CFC−11
③ IG−100 ④ O_3

해설 오존파괴지수(Ozone Depletion Potential)
CFC−11[트리클로로플루오로메탄(CCl_3F)]의 오존층 파괴 영향을 1로 하였을 때, 오존층 파괴에 영향을 미치는 물질의 상대적 영향을 나타내는 값

참고 CFC(염화불화탄소) : 프레온가스
IG−(Inert Gas) : 불활성가스
O_3 : 오존

| 정답 | 23 ② 24 ③ 25 ② 26 ① 27 ② 28 ③ 29 ②

30 서로 접촉하였을 때 발화하기 쉬운 물질을 서로 짝지은 것은?

① 무수크롬산과 아세트산
② 니트로셀룰로오스와 알코올
③ 과산화수소와 물
④ 나트륨과 경유

해설 제1류 위험물(산화성고체)로서 강산화제인 무수크롬산(CrO_3)과 제4류 위험물(인화성액체)인 아세트산(CH_3COOH)이 접촉하면 발화의 위험이 있다

31 다음 물질 중 연소 시 푸른 불꽃을 내며 타서 아황산가스를 발생하는 것은?

① 적린　② 황
③ 황화인　④ 황린

해설 황(S)은 연소하면 푸른 불꽃을 내며 아황산가스(SO_2)를 발생한다.

참고 • 황(S)의 연소반응식
S + O_2 → SO_2 ↑
(황) (산소) (아산화황, 아황산가스)

32 이산화탄소의 주된 소화효과는?

① 인화점 인하　② 점화원 파괴
③ 가연물 제거　④ 산소농도 저하

해설 이산화탄소(CO_2)는 산소의 농도를 저하시켜 소화하는 질식소화효과를 갖는다.

33 품명과 위험물의 연결이 잘못된 것은?

① 제2석유류 - 등유
② 제1석유류 - 아세톤
③ 제3석유류 - 경유
④ 제4석유류 - 기어유

해설 경유는 제4류 위험물(인화성액체) 중 제2석유류를 대표하는 지정품목이다.

34 다음은 위험물의 성질을 설명한 것이다. 옳은 것은?

① 황화인의 착화온도는 35℃이다.
② 황화인이 연소하면 O_3가스가 발생한다.
③ 마그네슘은 알칼리수용액과 반응하여 O_2 가스를 발생시킨다.
④ 황은 전기의 절연재료로 사용되며, 3종의 동소체가 존재한다.

해설 유황(S)은 전기절연제로 사용되며 사방정계, 단사정계, 비정계 3가지 동소체를 갖고 있다.

참고 삼황화인의 착화점 : 100℃

35 제1류 위험물과 제6류 위험물의 공통성상은?

① 금수성　② 가연성
③ 산화성　④ 자기반응성

해설 제1류 위험물은 산화성고체이며 제6류 위험물은 산화성액체이므로 모두 강산화제이며 산화성을 갖는다.

36 그림과 같이 횡으로 설치한 원통형 위험물탱크에 대하여 탱크의 용량을 구하면 약 몇 m^3인가? (단, 공간용적은 탱크 내용적의 100분의 5로 한다.)

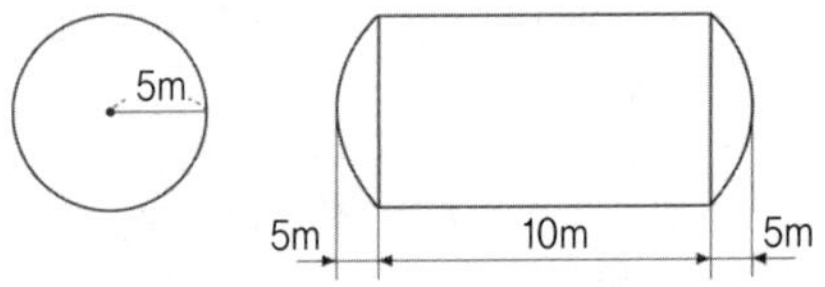

① 1047.2　② 261.6
③ 52.4　④ 994.8

해설 탱크의 용량=탱크의 내용적×수납율

탱크의 용량 = $\pi r^2 (\ell + \frac{\ell_1 + \ell_2}{3}) \times 0.95$

$= \pi \times 5^2 \times (10 + \frac{5+5}{3}) \times 0.95 = 994.837m^3$

$\fallingdotseq 994.8m^3$

37 다음 중 벤젠의 일반적 성질로서 틀린 것은?

① 증기는 유독하다.
② 수지 및 고무 등을 잘 녹인다.
③ 휘발성 있는 무취의 노란색 액체이다.
④ 인화점은 −11℃이고, 분자량은 78.1이다.

| 정답 | 30 ① 31 ② 32 ④ 33 ③ 34 ④ 35 ③ 36 ④ 37 ③ |

해설 벤젠(C_6H_6)은 제4류 위험물(인화성액체) 중 제1석유류에 속하며 휘발성이 있으며 방향(기분 좋은 냄새)을 갖는 무색투명한 액체이다.

38 위험물안전관리법령상 다음 ( ) 안에 알맞은 수치는?

> 옥내 저장소에서 위험물을 저장하는 경우 기계에 의하여 하역하는 구조로 된 용기만을 겹쳐 쌓는 경우에 있어서는 ( )미터 높이를 초과하여 용기를 겹쳐 쌓지 아니하여야 한다.

① 4　② 6
③ 2　④ 8

해설 해당 높이 : 6m를 초과하지 아니할 것

참고 옥내저장소에서 위험물의 저장 높이
(규정높이를 초과하여 용기를 겹쳐 쌓지 아니할 것)
- 기계에 의하여 하역하는 구조로 된 용기만을 겹쳐 쌓는 경우 : 6m
- 제4류 위험물 중 제3석유류, 제4석유류 및 동식물유류를 수납하는 용기만 겹쳐 쌓는 경우: 4m
- 그 밖의 경우: 3m

39 위험물 분류에서 제1석유류에 대한 설명으로 옳은 것은?

① 중유, 도료류로서 인화점이 섭씨 70℃ 이상, 200℃ 미만의 것
② 등유, 경유 그 밖의 액체로서 인화점이 섭씨 21℃ 이상, 70℃ 미만의 것
③ 아세톤, 휘발유 그밖에 1기압에서 인화점이 섭씨 21℃ 미만인 것
④ 기계유, 실린더유 그 밖의 액체로서 인화점이 섭씨 200℃ 이상, 250℃ 미만인 것

해설 제4류 위험물(인화성액체)의 품목에 해당되는 품명
- 중유, 도료류 : 제3석유류
- 등유, 경유 : 제2석유류
- 아세톤, 휘발유 : 제1석유류
- 기계유, 실린더유 : 제4석유류

40 다음 중 제2석유류의 품목끼리 짝지어진 것은?

① 등유, 경유　② 등유, 중유
③ 기계유, 글리세린　④ 글리세린, 장뇌유

해설 제4류 위험물(인화성액체)의 품명에 의한 품목
- 제2석유류 : 등유, 경유, 장뇌유
- 제3석유류 : 중유, 글리세린
- 제4석유류 : 기계류

41 질산의 위험성에 대한 설명으로 틀린 것은?

① 햇빛에 의해 분해된다.
② 물을 가하면 발열한다.
③ 충격에 의해 쉽게 연소와 폭발한다.
④ 금속을 부식시킨다.

해설 질산(HNO_3)은 제6류 위험물(산화성액체)로서 불연성 물질이므로 연소 및 폭발의 위험이 없다.

42 건조하면 타격, 마찰에 의하여 폭발하므로 저장, 운반할 때 물(20%) 또는 알코올(30%)을 첨가하여 습윤 시키는 위험물은?

① 셀룰로이드
② 트리니트로톨루엔
③ 니트로셀룰로오스
④ 디니트로나프탈렌

해설 제5류 위험물(자기반응성 물질) 중 물과 알코올의 혼합물인 함수알코올로 습윤하여 저장・취급하는 위험물은 니트로셀룰로오스[$C_3H_5(ONO_2)_3$]이다.

43 옥내저장소의 저장창고에 150m^2 이내마다 일정 규격의 격벽을 설치하여 저장하여야 하는 위험물은?

① 아세트알데히드 등
② 알킬알루미늄 등
③ 제5류 위험물 중 지정과산화물
④ 히드록실아민 등

해설 제시된 내용은 제5류 위험물(자기반응성 물질) 중 지정과산화물(유기과산화물)의 옥내저장소 설치 기준이다.

| 정답 | 38 ② 39 ③ 40 ① 41 ③ 42 ③ 43 ③

44 제1석유류 중에서 인화점이 −18℃, 분자량이 58.08이고 햇빛에 분해되며 착화온도가 538℃인 위험물은 다음 중 어느 것인가?

① 가솔린 ② 아세톤
③ 에틸알코올 ④ 벤젠

해설 제시된 내용은 제4류 위험물(인화성액체) 중 제1석유류인 아세톤(CH_3COCH_3)을 설명하고 있다.

45 질산칼륨의 성질에 해당하는 것은?

① 물에 녹지 않으나 알코올에 잘 녹는다.
② 무색 또는 흰색 결정이다.
③ 물과 반응하면 폭발의 위험이 있다.
④ 황산, 목분과 혼합하면 흑색화약이 된다.

해설 제1류 위험물(산화성고체)인 질산칼륨(KNO_3)의 성질
- 물에 녹으며 알코올에 잘 녹지 않는다.
- 무색 또는 흰색 결정이다.
- 물과 반응하지 않으므로 폭발의 위험이 없다.
- 유황, 목분과 혼합하면 흑색화약이 된다.

46 $C_6H_2(NO_2)_3OH$와 $C_2H_5NO_3$의 공통성질 중 옳은 것은?

① 니트로화합물에 속한다.
② 인화성이고 또 폭발성이 있는 액체이다.
③ 무색 또는 담황색 액체로서 방향이 있다.
④ 모두 알코올에 녹는다.

해설 제5류 위험물(자기반응성 물질) 중 $C_6H_2(NO_2)_3OH$(피크린산)은 니트로화합물, $C_2H_5NO_3$(질산에틸)은 질산에스테르류에 해당하며 모두 알코올에 녹는다.

47 금속나트륨의 저장 보호액으로 사용할 수 있는 것은?

① 아세톤 ② 메탄올
③ 식초 ④ 파라핀

해설 제3류 위험물 중 금속성물질인 금속나트륨(Na), 금속칼륨(K)의 보호액은 등유, 경유, 파라핀이다.

48 과산화마그네슘 성상 및 취급에 관한 설명으로 틀린 것은?

① 가연성유기물과 혼합되어 있을 때 가열, 충격에 의해 폭발 위험이 있다.
② 습기 또는 물과 접촉 시 산소를 방출한다.
③ 산과 접촉하여 과산화수소를 발생한다.
④ 적녹색의 결정이다.

해설 과산화마그네슘(MgO_2)은 제1류 위험물(산화성고체) 중 무기과산화물에 속하는 산화제로서 백색분말이다.

49 위험물안전관리법령상 제4류 위험물과 제6류 위험물에 모두 적응성이 있는 소화설비는?

① 탄산수소염류 분말소화설비
② 불활성가스소화설비
③ 할로겐화합물 소화설비
④ 인산염류 분말소화설비

해설 인산염류 분말소화설비는 제4류 위험물과 제6류 위험물에 모두 적응성이 있다.

50 제3류 위험물의 공통적인 성질을 설명한 것 중 옳은 것은? (단, 황린은 제외)

① 모두 무기화합물이다.
② 저장액으로 석유류를 이용한다.
③ 햇빛에 노출되는 순간 발화한다.
④ 물과 반응 시 발열 또는 발화한다.

해설 제3류 위험물은 금수성 및 자연발화성 물질로 황린(P_4)을 제외한 모든 것이 물과 접촉하여 발열하며 가연성가스를 발생하거나 발화한다.

51 위험물의 소화방법으로 적합하지 않은 것은?

① 알루미늄분은 다량의 물로 소화한다.
② 유황의 소규모 화재 시에는 모래로 질식소화 한다.
③ 적린은 다량의 물로 소화한다.
④ 황화인의 소규모 화재 시에는 모래로 질식소화 한다.

정답 44 ② 45 ② 46 ④ 47 ④ 48 ④ 49 ④ 50 ④ 51 ①

해설 알루미늄(Al)분의 화재에 다량의 물로 소화하면 급격히 발열하며 수소(H_2)를 발생하므로 매우 위험하다.

52 질산에틸에 대하여 틀린 것은?

① 에탄올을 진한 질산에 작용시켜서 얻는다.
② 방향을 가진 무색의 액체이다.
③ 비중 : 1.11, 끓는점 : 88℃을 가진다.
④ 인화점이 높아서 인화의 위험이 적다.

해설 질산에틸($C_2H_5ONO_2$)은 제5류 위험물(자기반응성 물질) 중 질산에스테르류에 속하며 인화점이 10℃로, 인화점이 낮으므로 인화의 위험이 크다.

53 탄화칼슘의 성질에 대한 설명으로 틀린 것은?

① 시판품은 회색 또는 회흑색의 고체이다.
② 질소와 저온에서 작용하며 흡열반응을 한다.
③ 물과 반응해서 수산화칼슘과 아세틸렌을 생성한다.
④ 물보다 무겁다.

해설 탄화칼슘(CaC_2)은 제3류 위험물 중 금수성물질이며 질소와 고온에서 칼슘시아나미드($CaCN_2$)를 만들며 발열반응 한다.

54 금속수소화화합물이 물과 반응 할 때 생성되는 것은?

① 수소　② 산소
③ 일산화탄소　④ 에틸아세테이트

해설 금속수소화합물은 제3류 위험물 중 금수성 물질로 물(H_2O)과 접촉하면 격렬히 반응하며 수소(H_2)를 발생한다.

55 위험물 저장탱크 중 부상지붕구조로 탱크의 직경이 53m 이상, 60m 미만인 경우 고정식 포소화설비의 포방출구 종류 및 수량으로 옳은 것은?

① 특형 10개 이상　② Ⅲ형 10개 이상
③ Ⅰ형 8개 이상　④ Ⅱ형 8개 이상

해설 해당 부상지붕구조의 탱크포방출구는 특형을 사용하며 수량은 10개 이상 설치한다.

56 탄화칼슘이 물과 반응하여 발생되는 가스는 무엇인가?

① 아세틸렌　② 메탄
③ 수소　④ 이산화탄소

해설 탄화칼슘(CaC_2)이 물(H_2O)과 반응하면 수산화칼슘[$Ca(OH)_2$]과 아세틸렌(C_2H_2) 가스가 발생한다.

참고 • 탄화칼슘(CaC_2)과 물(H_2O)의 반응식

$$\underset{\text{(탄화칼슘)}}{CaC_2} + \underset{\text{(물)}}{2H_2O} \rightarrow \underset{\text{(수산화칼슘)}}{Ca(OH)_2} + \underset{\text{(아세틸렌)}}{C_2H_2\uparrow}$$

57 줄-톰슨효과에 의하여 드라이아이스를 방출하는 소화기는?

① 산·알칼리소화기
② 이산화탄소소화기
③ 할로겐화합물소화기
④ 강화액소화기

해설 이산화탄소(CO_2)소화기는 줄-톰슨효과에 의해 [Dry Ice 드라이아이스(고체 CO_2)]를 방출한다.

참고 드라이아이스는 고체 이산화탄소(CO_2)이다.

58 다음의 조건을 갖추고 있는 위험물은?

> [조 건]
> • 지정수량은 20kg이고 백색 또는 담황색의 고체다.
> • 상온에서 증기를 발생하며 천천히 산화된다.
> • 비중 1.92, 융점 44℃, 비점 280℃, 발화점 34℃

① 적린　② 황린
③ 유황　④ 마그네슘

해설 제3류 위험물 중 자연발화성 물질인 황린(P_4)의 성상
• 지정수량은 20kg이고 백색 또는 담황색의 고체다.
• 상온에서 증기를 발생하며 천천히 산화된다.
• 비중 1.92, 융점 44℃, 비점 280℃, 발화점 34℃(미분상), 60℃(괴상)

| 정답 | 52 ④　53 ②　54 ①　55 ①　56 ①　57 ②　58 ②

59 제3류 위험물에 해당하는 것은?

① 질산구아니딘
② 금속의 아지화합물
③ 염소화규소화합물
④ 할로겐간화합물

해설 위험물의 류별
- 질산구아니딘 : 제5류 위험물
- 금속의 아지화합물 : 제5류 위험물
- 염소화규소화합물 : 제3류 위험물
- 할로겐간화합물 : 제6류 위험물

60 디에틸에테르의 성질 중 맞는 것은?

① 착화 온도는 300℃이다.
② 증기는 공기보다 가볍고 물에 잘 녹는다.
③ 피부에 닿으면 피부가 상한다.
④ 연소 범위는 1.9 ~ 48%이다.

해설 제4류 위험물(인화성액체) 중 특수인화물인 디에틸에테르의 연소범위 : 1.9 ~ 48%

| 정답 | 59 ③ 60 ④

위험물기능사 국가기술자격 필기시험(CBT 5회) 출제문제

2017년 8월 26일 시행

(시험시간 1시간)

01 제4류 위험물 중에서 비중이 0.82 ~ 0.85 정도이며, 원유의 증류에서 나오는 혼합탄화수소로 끓는점이 200 ~ 350℃ 정도의 유분으로 탄소 수 11 ~ 19를 가지고 있는 물질은 어느 것인가?

① 휘발유 ② 경유
③ 납사 ④ 초산

해설 제시된 내용은 경유에 대한 설명이다.

02 알코올에 대한 설명으로 옳지 않은 것은?

① 알코올은 탄화수소의 수소원자를 −OH기로 치환한 구조를 가진다.
② 3차 알코올에는 −OH기가 3개 있다.
③ 탄소수가 적은 알코올을 저급알코올이라고 한다.
④ 분자량이 증가하면 증기비중이 커진다.

해설 3차(3급) 알코올이란 수산기(−OH)와 결합한 탄소(C)가 다른 탄소(C) 3개와 결합한 형태의 알코올을 말한다.

03 강화액 소화기에 관한 설명 중 바르지 못한 것은?

① 제5류 위험물 화재에 적응성이 있다.
② 제6류 위험물 화재에 적응성이 있다.
③ 봉상강화액소화기는 제4류 위험물에 적응성이 있다.
④ 무상(霧狀)과 봉상(棒狀)강화액 소화기로 대별된다.

해설 강화액소화기는 냉각효과를 갖는 소화기이지만 무상으로 방사할 경우, 제4류 위험물에 소화적응성을 갖는다. 그러나 봉상주수할 경우 화재 확대 위험성을 가지므로 적응성이 없다.

04 다음 중 할로겐화합물 소화약제인 Halon 1301의 분자식은?

① CH_3Br ② CH_3I
③ CF_2Br_2 ④ CF_3Br

해설 할론 소화약제의 분자식
- CH_3Br : 할론 1001
- CH_3I : 할론 10001
- CF_2Br_2 : 할론 1202
- CF_3Br : 할론 1301

참고 할론 넘버는 C, F, Cl, Br, I의 개수를 순서대로 표시한 값이다.

05 과염소산에 대한 설명으로 틀린 것은?

① 가열하면 쉽게 발화한다.
② 무색의 액체이다.
③ 철과 접촉하면 발열한다.
④ 강한 산화력을 갖고 있다.

해설 과염소산($HClO_4$)은 산화성액체(제6류 위험물)로서 불연성 물질이므로 가열하면 산소(O_2)가 발생하며 발화하지 않는다.

06 위험물제조소등의 전기설비가 있는 곳에 적응하는 소화설비는?

① 옥내소화전설비
② 스프링클러설비
③ 포소화설비
④ 할로겐화합물 소화설비

해설 전기설비의 적응소화 설비 : 물분무소화설비, 불활성가스소화설비, 할로겐화합물 소화설비, 분말소화설비

정답	01 ②	02 ②	03 ③	04 ④	05 ①	06 ④

07 알루미늄분의 성질에 대한 설명으로 옳은 것은?

① 수산화나트륨 수용액과 반응해서 산소를 발생한다.
② 안전한 저장을 위해 할로겐 원소와 혼합한다.
③ 금속 중에서 연소열량이 가장 작다.
④ 끓는 물과 반응해서 수소를 발생한다.

해설 제2류 위험물(가연성고체) 중 금속분류에 속하는 알루미늄(Al)분의 성질

- 알루미늄(Al)과 수산화나트륨의 반응식

$2Al + 2NaOH + 2H_2O \rightarrow NaAlO_2 + 3H_2 \uparrow$
(알루미늄) (수산화나트륨) (물) (알루미늄산나트륨) (수소)

- 알루미늄분과 할로겐원소가 혼합되면 자연발화의 위험이 있다.
- 알루미늄의 연소반응식(반응열이 크다)

$4Al + 3O_2 \rightarrow 2Al_2O_3 + 339kcal$
(알루미늄) (산소) (산화알루미늄) (반응열)

- 끓는 물과의 반응식

$2Al + 6H_2O \rightarrow 2Al(OH)_3 + 3H_2 \uparrow$
(알루미늄) (물) (수산화알루미늄) (수소)

08 다음 중 연소가 일어나기 위한 조건에 해당되지 않는 것은?

① 성냥불 ② 헬륨
③ 산소 ④ 황

해설
- 성냥불 : 점화원
- 헬륨(He) : 비활성기체로서 가연물이 되지 못한다.
- 산소 : 산소공급원
- 황 : 가연물

참고 연소의 3연소 : 가연물, 산소공급원, 점화원

09 염소산칼륨의 위험성에 관한 설명 중 옳은 것은?

① 물을 가하면 발열하고 폭발한다.
② 물에 접촉하면 가연성가스를 발생한다.
③ 인화점이 낮은 가연성 물질이다.
④ 가열, 충격, 마찰에 의해 쉽게 산소를 발생한다.

해설 염소산칼륨($KClO_3$)은 제1류 위험물(산화성고체)로서 불연성 물질이며 온수에 잘 녹고 물과는 반응성이 없다. 가열하면 분해하여 산소(O_2)를 발생한다.

10 위험물안전관리법상 화재예방 규정을 정하여야 할 제조소등으로 옳지 않은 것은?

① 지정수량 10배 이상의 위험물을 취급하는 제조소
② 지정수량 50배 이상의 위험물을 취급하는 일반취급소
③ 지정수량 100배 이상을 저장·취급하는 옥외저장소
④ 지정수량 150배 이상을 저장·취급하는 옥내저장소

해설 화재예방 규정을 정해야 할 제조소등에서 저장·취급하는 위험물 지정수량
- 제조소, 일반 취급소 : 지정수량 10배 이상
- 옥외저장소 : 지정수량 100배 이상
- 옥내저장소 : 지정수량 150배 이상
- 옥외탱크저장소 : 지정수량 200배 이상

11 질산칼륨에 대한 설명 중 옳은 것은?

① 열에 안정적이기 때문에 100℃를 넘는 고온에서도 분해되지 않는다.
② 유기물 및 강산에 보관할 때 매우 안정하다.
③ 무색, 무취의 결정 또는 분말로서 화약원료로 사용된다.
④ 알코올에서는 잘 녹으나 물, 글리세린에는 잘 녹지 않는다.

해설 질산칼륨(KNO_3)은 제1류 위험물(산화성고체)이며 400℃로 가열하면 분해하여 산소(O_2)를 발생하고 강산화제로서 유기물과 혼합하면 충격 등에 의하여 폭발하며, 흑색화약의 원료로서 알코올에 잘 녹지 않으며 물, 글리세린에 잘 녹는다.

12 다음 물질의 성질상 분진폭발 또는 연소의 위험이 없는 것은?

① 황 ② 알루미늄
③ 수산화칼슘 ④ 마그네슘

| 정답 | 07 ④ 08 ② 09 ④ 10 ② 11 ③ 12 ③

해설 $Ca(OH)_2$(수산화칼슘)은 불연성 물질로 분진폭발의 위험이 없다.

13 소화전용 물통 8ℓ의 능력단위는 얼마인가?

① 0.3 ② 1.0
③ 0.1 ④ 0.5

해설 간이소화용구의 능력단위

소화설비	용 량	능력단위
소화전용 물통	8ℓ	0.3단위
수조(소화전용 물통 3개 포함)	80ℓ	1.5단위
수조(소화전용 물통 6개 포함)	190ℓ	2.5단위
마른모래(삽 1개 포함)	50ℓ	0.5단위
팽창질석 또는 팽창진주암(삽 1개 포함)	160ℓ	1단위

14 다음 위험물(법령상) 중 단독으로는 마찰 충격에 둔감하나 금속염으로 했을 때 폭발이 쉬운 것은?

① 피크린산 ② 암모니아
③ 알루미늄 ④ 톨루엔

해설 제시된 내용은 제5류 위험물(자기반응성 물질) 중 니트로화합물에 속하는 피크린산(트리니트로 페놀)의 성질이다.

참고 피크린산의 약칭 : TNP.PA
피크린산 = 피크르산 = 트리니트로페놀

15 위험물안전관리법령에서 정한 경보설비가 아닌 것은?

① 자동화재탐지설비 ② 비상경보설비
③ 비상조명설비 ④ 비상방송설비

해설 위험물제조소등에 설치하는 경보설비의 종류
- 자동화재탐지설비
- 비상경보설비
- 비상방송설비
- 확성장치

참고 비상조명설비는 피난설비에 해당된다.

16 다음 제3류 위험물의 지정수량이 잘못된 것은?

① $(C_2H_5)_3Al$ – 10kg
② Na – 10kg
③ LiH – 300kg
④ CaC_2 – 500kg

해설 제3류 위험물의 품명 및 지정수량
- $(C_2H_5)_3Al$: 알킬알루미늄(10kg)
- Na : 나트륨(10kg)
- LiH : 금속의 수소화물(300kg)
- CaC_2 : 칼슘 또는 알루미늄의 탄화물(300kg)

제3류 위험물의 성질, 위험등급 및 품명과 지정수량

성질	위험 등급	품 명	지정수량
자연발화성 물질 및 금수성 물질	Ⅰ	칼륨	10kg
	Ⅰ	나트륨	10kg
	Ⅰ	알킬리튬	10kg
	Ⅰ	알킬알루미늄	10kg
	Ⅰ	황린	20kg
	Ⅱ	알칼리금속(칼륨 및 나트륨 제외) 및 알칼리토금속	50kg
	Ⅱ	유기금속화합물(알킬알루미늄 및 알킬리튬을 제외한다)	50kg
	Ⅲ	금속인화합물	300kg
	Ⅲ	금속수소화합물	300kg
	Ⅲ	칼슘 또는 알루미늄의 탄화물	300kg

17 가연성 물질과 주된 연소형태의 연결이 틀린 것은?

① 종이, 섬유 – 분해연소
② 목재, 석탄 – 표면연소
③ 유황, 알코올 – 증발연소
④ 셀룰로이드, TNT – 자기연소

해설 목재 및 석탄의 연소형태는 분해연소이다.

정답 13 ① 14 ① 15 ③ 16 ④ 17 ②

18 위험물 취급소의 건축물은 외벽이 내화구조인 경우 연면적 몇 m^2를 1소요단위로 하는가?

① 50 ② 150
③ 100 ④ 200

해설 소요단위(1단위)
- 제조소 또는 취급소용 건축물로 외벽이 내화구조인 것 : 연면적 $100m^2$
- 제조소 또는 취급소용 건축물로 외벽이 내화구조 이외인 것 : 연면적 $50m^2$
- 저장소용 건축물로 외벽이 내화구조인 것 : 연면적 $150m^2$
- 저장소용 건축물로 외벽이 내화구조 이외인 것 : 연면적 $75m^2$
- 위험물 : 지정수량 10배

참고 제조소등의 옥외에 설치된 공작물은 외벽이 내화구조인 것으로 간주하고 최대 수평투영면적을 연면적으로 간주한다.

19 액체위험물은 운반용기 내용적의 몇 % 이하로 수납해야 하는가? (단, 알킬알루미늄은 제외한다.)

① 100% 이하 ② 98% 이하
③ 95% 이하 ④ 85% 이하

해설 액체위험물 운반용기의 수납률 : 98% 이하

참고 고체위험물의 수납률 : 95% 이하
- 알킬알루미늄의 수납률 : 90% 이하(50℃에서 5%이상의 공간용적을 유지)

20 제5류 위험물의 운반용기의 외부에 표시하여야 하는 주의사항은?

① 물기주의 및 화기주의
② 화기엄금 및 충격주의
③ 화기주의 및 충격엄금
④ 물기엄금 및 화기엄금

해설 위험물 운반용기의 외부포장 표시 중 수납위험물의 주의사항
1. 제1류 위험물 : 화기・충격주의, 가연물 접촉주의
   1) 알칼리금속의 과산화물 또는 이를 함유하는 것 : 화기・충격주의, 가연물 접촉주의, 물기엄금
2. 제2류 위험물 : 화기주의
   1) 철분, 금속분, 마그네슘 또는 이를 함유하는 것 : 화기주의, 물기엄금
   2) 인화성고체 : 화기엄금
3. 제3류 위험물
   1) 금수성 물질 : 물기엄금
   2) 자연발화성 물질 : 화기엄금, 공기노출엄금
4. 제4류 위험물 : 화기엄금
5. 제5류 위험물 : 화기엄금, 충격주의
6. 제6류 위험물 : 가연물 접촉주의

21 제6류 위험물에 해당하지 않는 것은?

① 비중이 1.5인 질산
② 삼불화브롬
③ 농도가 50wt%인 과산화수소
④ 과요오드산

해설 과요오드산(HIO_4)은 제1류 위험물(산화성고체) 중 그 밖에 행정안전부령으로 정하는 물품에 해당한다.

참고
- 질산(HNO_3)의 위험물 조건 : 비중 1.49 이상(제6류 위험물)
- 삼불화브롬(BrF_3) : 할로겐간화합물(제6류 위험물)
- 과산화수소(H_2O_2)의 위험물의 조건 : 농도가 36wt% 이상(제6류 위험물)

22 제3류 위험물의 일반적 성질로 옳은 것은?

① 황린을 제외하고 물에 대하여 위험한 반응을 초래하는 물질이다.
② 조연성고체로서 비교적 낮은 온도에서 착화하기 쉬운 이연성(易燃性), 속연성(速燃性)물질이다.
③ 모두 무기금속화합물이며 대부분 무색의 결정이나 백색분말 상태의 고체이다.
④ 물에 대한 비중은 1보다 크며 조해성이 있다.

해설 제3류 위험물 중 자연발화성 물질인 황린(P_4)을 제외한 금수성 물질 및 자연발화성 물질은 모두 물과 격렬히 반응하는 물질로 되어 있다.

| 정답 | 18 ③ 19 ② 20 ② 21 ④ 22 ①

23 톨루엔에 대한 설명으로 틀린 것은?

① 알코올, 에테르, 벤젠 등과 잘 섞인다.
② 노란색 액체로 냄새가 없다.
③ 휘발성이 있고 가연성액체이다.
④ 증기는 마취성이 있다.

해설 톨루엔($C_6H_5CH_3$)은 제4류 위험물(인화성액체) 중 제1석유류에 속하는 무색, 투명한 인화성액체로 특이 취가 있는 유기용매이며 증기는 마취성이 있다.

24 등유에 관해서 다음 중 틀린 것은?

① 물보다 가볍다.
② 착화온도 120℃이다.
③ 석유류분 중 비점이 약 150 ~ 300℃의 유분이다.
④ 증기는 공기보다 무겁다.

해설 등유는 제4류 위험물(인화성액체) 제2석유류를 대표하며 착화점은 220℃ 전후이다.

25 위험물 운반 시 동일한 트럭에 제1류 위험물과 함께 적재할 수 있는 유별은? (단, 지정수량의 5배 이상인 경우이다.)

① 제4류　② 제6류
③ 제3류　④ 없음

해설 제1류 위험물(산화성고체)는 제6류 위험물(산화성액체)과 혼재할 수 있다.

- 유별을 달리하는 위험물의 혼재기준
(암기법: (사)이삼, (오)이사, (육)하나)

위험물의 구분	제1류	제2류	제3류	제4류	제5류	제6류
제1류		×	×	×	×	○
제2류	×		×	○	○	×
제3류	×	×		○	×	×
제4류	×	○	○		○	×
제5류	×	○	×	○		×
제6류	○	×	×	×	×	

"×" 표시는 혼재할 수 없음을 표시한다.
"○" 표시는 혼재할 수 있음을 표시한다.
이 표는 지정수량의 $\frac{1}{10}$ 이하의 위험물에 대하여는 적용하지 아니한다.

26 다음 중 산화성액체 위험물의 화재예방상 가장 주의해야 할 점은?

① 0℃ 이하로 냉각시킨다.
② 공기와의 접촉을 피한다.
③ 금속용기에 저장한다.
④ 가연물과의 접촉을 피한다.

해설 산화성액체 위험물은 제6류 위험물을 말하며 가연물과 접촉하면 가열, 충격, 마찰에 의하여 폭발의 위험을 갖는다.

27 위험물제조소의 경우 연면적이 최소 몇 m^2이면 자동화재탐지설비를 설치해야 하는가? (단, 원칙적인 경우에 한한다.)

① 500　② 300
③ 100　④ 1,000

해설 제조소등의 자동화재경보설비의 설치기준

제조소등의 구분	제조소등의 규모, 저장 또는 취급하는 위험물의 종류 및 최대 수량 등
제조소·일반취급소	• 연면적 500m^2 이상인 곳 • 옥내에서 지정수량의 100배 이상을 취급하는 것(고인화점 위험물만을 100℃ 미만의 온도에서 저장 또는 취급하는 것을 제외한다)
옥내저장소	• 연면적 150m^2 초과하는 것 • 지정수량의 100배 이상을 저장 또는 취급하는 것(고인화점 위험물만을 저장 또는 취급하는 것을 제외한다) • 처마높이 6m 이상인 단층 건물
옥내탱크저장소	단층건축물 외의 건축물에 설치된 옥내탱크저장소로서 소화난이도 등급 Ⅰ에 해당하는 것
주유취급소	옥내주유취급소

28 다음 물질 중에서 제5류 위험물에 해당하는 것은?

① 아세트산에스테르　② 질산에스테르
③ 포름산에스테르　④ 프로피온산에스테르

해설 위험물의 유별

- 아세트산에스테르(제4류 · 제1석유류)
- 질산에스테르(제5류)

| 정답 | 23 ② 24 ② 25 ② 26 ④ 27 ① 28 ②

- 포름산에스테르(제4류 · 제1석유류)
- 프로피온산에스테르(제4류 · 제1석유류)

29 옥외탱크저장소에서 제4류 위험물의 탱크에 설치하는 통기장치 중 밸브 없는 통기관은 지름이 얼마 이상인 것으로 설치해야 되는가? (단, 압력탱크 제외)

① 10mm ② 20mm
③ 30mm ④ 40mm

해설 옥내 및 옥외탱크저장소의 밸브 없는 통기관의 지름 : 30mm 이상

참고 간이탱크저장소의 밸브 없는 통기관의 지름 : 25mm 이상

30 제3류 위험물에 해당하지 않는 것은?

① 황린 ② 칼륨
③ 알칼리금속 ④ 황화인

해설 황화인은 제2류 위험물(가연성고체)이며 삼황화인(P_4S_3), 오황화인(P_2S_5), 칠황화인(P_4S_7)의 3가지 화합물이 있다.

31 다음 중 비중이 물보다 무거운 것은?

① 아세톤 ② 이황화탄소
③ 벤젠 ④ 경유

해설 제4류 위험물(인화성액체)의 비중
- 아세톤(CH_3COCH_3)의 비중 : 0.79
- 이황화탄소(CS_2)의 비중 : 1.26
- 벤젠(C_6H_6)의 비중 : 0.88
- 경유의 비중 : 0.83 ~ 0.88

32 탄화칼슘에 대한 설명으로 틀린 것은?

① 시판품은 흑회색이며 불규칙한 형태의 고체이다.
② 고온에서 질소와 반응하여 칼륨시안아미드(석회질소)가 생성된다.
③ 물과 작용하여 산화칼슘과 아세틸렌을 만든다.
④ 비중은 약 2.2이다.

해설 탄화칼슘(CaC_2)은 제3류 위험물 중 금수성 물질로서 물(H_2O)과 반응하여 수산화칼슘[$Ca(OH)_2$]과 아세틸렌(C_2H_2)을 발생한다.
- 탄화칼슘(CaC_2)과 물(H_2O)의 반응식

$$CaC_2 + 2H_2O \rightarrow Ca(OH)_2 + C_2H_2\uparrow$$

(탄화칼슘) (물) (수산화칼슘) (아세틸렌)

33 열의 이동 원리 중 복사에 관한 예로 적당하지 않은 것은?

① 해풍과 육풍이 일어나는 원리
② 더러운 눈이 빨리 녹는 현상
③ 그늘이 시원한 이유
④ 보온병 내부를 거울 벽으로 만드는 것

해설 해풍과 육풍이 일어나는 원리는 대류현상이다. 해풍은 낮에 육지의 온도가 올라가 저기압 상태가 되고 온도가 낮은 바다의 고기압 상태의 찬 공기가 육지 쪽으로 이동하는 대류현상을 말한다. 저녁에는 반대현상이 일어난다.

34 인화석회에 물을 가했을 때 발생하는 가스는?

① H_2 ② C_2H_4
③ PH_3 ④ O_2

해설 제3류 위험물 중 금수성물질인 인화석회[인화칼슘(Ca_3P_2)]와 물(H_2O)이 반응하면 발열하며 수산화칼슘[$Ca(OH)_2$]과 인화수소(PH_3)를 발생한다.

참고 • 인화칼슘(Ca_3P_2)과 물(H_2O)의 반응식

$$Ca_3P_2 + 6H_2O \rightarrow 3Ca(OH)_2 + 2PH_3\uparrow$$

(인화칼슘) (물) (수산화칼슘)(인화수소, 포스핀)

35 위험물안전관리법령상 특수인화물의 정의에 관한 내용이다. ( )에 알맞은 수치를 차례대로 나타낸 것은?

> "특수인화물"이라 함은 이황화탄소, 디에틸에테르 그 밖에 1기압에서 발화점이 섭씨 100도 이하인 것 또는 인화점이 섭씨 영하 ( )도 이하이고 비점이 섭씨 ( )도 이하인 것을 말한다.

① 40, 100 ② 20, 100
③ 40, 20 ④ 20, 40

| 정답 | 29 ③ 30 ④ 31 ② 32 ③ 33 ① 34 ③ 35 ④

해설 특수인화물은 1기압에서 발화점(착화점)이 100℃ 이하인 것과 인화점이 −20℃ 이하이면서 비점이 40℃ 이하인 것을 말한다.

36 질산암모늄의 일반적인 성질에 관한 설명으로 올바른 것은?

① 조해성이 없다.
② 무색무취의 액체이다.
③ 물에 녹을 때에는 발열반응을 나타낸다.
④ 급격한 가열충격에 따라 폭발의 위험이 있다.

해설 제1류 위험물(산화성고체)인 질산암모늄(NH_4NO_3)은 ANFO(안포)화약의 원료로 무색, 무취의 결정으로 조해성이 있으며 물, 알코올에 잘 녹으며 물에 녹을 때에는 흡열반응을 하며 단독으로도 급격한 가열, 충격으로 분해, 폭발한다.

37 다음 ( ) 안에 알맞은 수치를 차례대로 옳게 나열한 것은?

> "위험물 암반 탱크의 공간 용적은 당해 탱크 내에 용출하는 ( )일간의 지하수 양에 상당하는 용적과 당해 탱크 내용적의 100분의 ( )의 용적 중에서 보다 큰 용적을 공간 용적으로 한다.

① 7, 5　　② 7, 1
③ 1, 5　　④ 1, 1

해설 제시된 괄호 안 내용 : 7일간의 지하수양, 내용적의 $\frac{1}{100}$ 의 용적

38 휘발유의 일반적인 성질에서 틀린 것은?

① 주성분은 $C_5H_{12} \sim C_9H_{20}$의 알칸 또는 알켄이다.
② 특유한 냄새를 가지며 고무, 유지 등을 녹인다.
③ 물에는 거의 용해되지 않으며, 비전도성 물질이다.
④ 인화점은 −43℃ ~ −20℃이고 발화점은 약 100℃ 이하이다.

해설 휘발유(가솔린)는 제4류 위험물(인화성 액체) 제1석유류를 대표하며 착화점은 약 300℃이다.

39 법령상 제4류 위험물 중에서 제1석유류, 제2석유류로 분류하는 기준은 무엇인가?

① 비중으로 분류한다.
② 공기밀도로 구분한다.
③ 인화점으로 구분한다.
④ 연소범위로 구분한다.

해설 제4류 위험물(인화성액체)의 석유류 분류기준은 인화점이다.

40 소화효과에 대한 설명으로 틀린 것은?

① 분말소화약제는 질식효과와 부촉매효과 등으로 화재를 진압한다.
② 할로겐화합물 소화약제는 주로 냉각소화를 한다.
③ 이산화탄소에 의한 소화는 주로 질식소화로 화재를 진압한다.
④ 기화잠열이 큰 소화약제를 사용할 경우 냉각소화 효과를 기대할 수 있다.

해설 할로겐화합물 소화약제는 주로 부촉매효과에 의한 억제소화를 한다.

41 적린의 성질에 대한 설명 중 틀린 것은?

① 물이나 에틸알코올에 녹지 않는다.
② 착화온도는 약 260℃ 정도이다.
③ 연소할 때 인화수소 가스가 발생한다.
④ 산화제가 섞여 있으면 마찰에 의해 착화하기 쉽다.

해설 적린(P)이 연소되면 오산화인(P_2O_5)이 생성된다.

참고 • 적린(P)의 연소반응

$$4P + 5O_2 \rightarrow 2P_2O_5$$

(적린) (산소) (오산화인)

| 정답 | 36 ④ 37 ② 38 ④ 39 ③ 40 ② 41 ③

42 운반을 위하여 위험물을 적재하는 경우에 차광성이 있는 피복으로 가려주어야 하는 것은?

① 제1석유류　② 특수인화물
③ 동식물유류　④ 알코올류

해설 위험물의 운반덮개
- 차광덮개를 하여야할 위험물
  제1류 위험물
  제3류 위험물 중 자연발화성 물질
  제4류 위험물 중 특수인화물
  제5류 위험물
  제6류 위험물

참고 방수성 덮게를 하여야 할 위험물
- 제 1류 위험물 중 알칼리금속의 과산화물 또는 이를 함유한 것
- 제 2류 위험물 중 마그네슘, 철분, 금속분 또는 이를 함유한 것
- 제 3류 위험물 중 금수성 물질

43 기계포소화약제의 포핵은?

① 공기　② 사염화탄소
③ 이산화탄소　④ 증류수

해설 기계포(Air foam) 소화약제의 포핵 : 공기

44 고팽창포로 사용할 수 있는 포소화약제는?

① 수성막포 소화약제
② 단백포 소화약제
③ 불화단백포 소화약제
④ 합성계면활성제포 소화약제

해설 고팽창포로 사용할 수 있는 포소화약제 : 합성계면활성제포 소화약제

45 위험물안전관리법상 대형소화기의 방호대상물이 각 부분으로부터 설치방법으로 옳은 것은? (단, 옥내소화전, 옥외소화전, 스프링클러 또는 물 분무 소화설비와 함께 설치하는 경우 외의 경우)

① 보행거리 30m 이하일 것
② 보행거리 20m 이하일 것
③ 수평거리 30m 이하일 것
④ 수평거리 20m 이하일 것

해설 소화기와 방호대상물로 부터의 거리
- 대형소화기 : 보행거리 30m 이하
- 소형소화기 : 보행거리 20m 이하

46 화재 시 이산화탄소를 방출하여 산소의 농도를 13vol%로 낮춰 소화를 하려면 공기 중 이산화탄소는 몇 vol%가 되어야 하는가?

① 28.1　② 48.36
③ 42.86　④ 38.1

해설 이산화탄소의 농도(%)

CO_2의 농도= $\frac{21-13(\%)}{21}\times 100=38.09\ \therefore 38.1$

47 주수소화에 의하여 위험이 따르는 물질은?

① 초산　② 니트로셀룰로오스
③ 금속나트륨　④ 유황

해설 금속나트륨(Na)은 제3류 위험물 중 금수성 물질로서 주수소화하면 격렬히 반응하며 이때 발생한 수소(H_2)는 폭발적으로 연소하므로 주수소화는 적응성이 없다.

48 칼륨의 보호액으로써 적당하지 않은 것은?

① 에탄올　② 파라핀
③ 등유　④ 경유

해설 칼륨의 보호액(석유) : 등유, 경유, 파라핀

참고 칼륨(K)과 에탄올(C_2H_5OH)이 반응하면 칼륨에틸레이트(C_2H_5OK)와 수소(H_2)를 발생하므로 접촉하면 위험하다.

49 다음 중 니트로화합물은 어느 것인가?

① TNT　② 질산암모늄
③ 질산메틸　④ 셀룰로이드류

해설 TNT(트리니트로톨루엔) : 제5류 위험물(자기반응성 물질) 중 니트로화합물에 속한다.

| 정답 | 42 ② 43 ① 44 ④ 45 ① 46 ④ 47 ③ 48 ① 49 ① |

참고 위험물의 품명

- 질산암모늄(NH_4NO_3) : 제1류 · 질산염류
- 질산메틸(CH_3ONO_2) : 제5류 · 질산에스테르류
- 셀룰로이드류$[C_6H_7O_2(ONO_2)_3]_n$: 제5류 · 질산에스테르류

50 **제2류 위험물 중 지정수량이 잘못 연결된 것은?**

① 적린 – 100kg
② 금속분 – 500kg
③ 인화성고체 – 500kg
④ 철분 – 500kg

해설 인화성고체의 지정수량 : 1,000kg

참고 제2류 위험물의 위험등급 및 품명과 지정수량

성질	위험 등급	품 명	지정수량
가연성고체	Ⅱ	황화린	100kg
	Ⅱ	적린	100kg
	Ⅱ	유황	100kg
	Ⅱ	마그네슘	500kg
	Ⅱ	철분	500kg
	Ⅱ	금속분	500kg
	Ⅲ	인화성고체	1,000kg

51 **자연발화의 형태 중 산화열에 의하여 발화될 가능성이 가장 큰 것은?**

① 건성유, 석탄 ② 퇴비, 먼지
③ 목탄, 활성탄 ④ 코크스, 셀룰로이드

해설 자연발화의 형태

- 산화열에 의한 발열 : 건성유, 석탄
- 분해열에 의한 발열 : 코크스, 셀룰로이드
- 흡착열에 의한 발열 : 목탄, 활성탄
- 미생물에 의한 발열 : 퇴비, 먼지

52 **위험물의 성질에 따라 강화된 기준을 적용하는 지정과산화물을 저장하는 옥내저장소에서 지정과산화물에 대한 설명으로 옳은 것은?**

① 지정과산화물에는 제4류 위험물에 해당하는 것도 포함한다.
② 지정과산화물이란 제5류 위험물 중 유기과산화물 또는 이를 함유한 것으로서 지정수량의 10kg인 것을 말한다.
③ 지정과산화물이란 유기과산화물과 알킬알루미늄을 말한다.
④ 지정과산화물이란 유기과산화물 중 행정안전부고시로 지정한 물질을 말한다.

해설 지정과산화물의 정의 : 제5류 위험물 중 유기과산화물 또는 이를 함유한 것으로서 지정수량의 10kg인 것을 말한다.

53 **다음 중 제4류 위험물 화재에 적용할 수 없는 소화기는?**

① 포소화기
② 물소화기
③ 인산염류소화기
④ 이산화탄소소화기

해설 제4류 위험물(인화성액체)에 대한 소화방법
비중이 물보다 작은 제4류 위험물의 화재에 냉각소화 방법인 물소화기로 주수소화하면 화재 면을 확대할 위험이 있으므로 적응성이 없다.

54 **위험물제조소의 위치·구조 및 설비의 기준에 대한 설명 중 틀린 것은?**

① 지정수량 10배를 초과한 위험물을 취급하는 제조소는 보유공지의 너비가 5m 이상이어야 한다.
② 제조소의 표지판은 한 변이 30cm, 다른 한 변이 60cm 이상의 크기로 한다.
③ 벽·기둥·바닥·보·서까래는 내화재료로 해야 한다.
④ "화기엄금"을 표시하는 게시판은 적색바탕에 백색문자로 한다.

해설 위험물제조소 건축물의 재질 : 벽·기둥·바닥·보·서까래는 불연재료로 하여야 한다.

정답 50 ③ 51 ① 52 ② 53 ② 54 ③

55 수소화나트륨의 화재에 사용하는 물질로 적당하지 않은 것은?

① 팽창질석 ② 팽창진주암
③ 건조사 ④ 물

해설 수소화나트륨(NaH)은 제3류 위험물 중 금수성 물질로서 물(H_2O)과 접촉하면 급격히 발열하며 수소(H_2)를 발생하므로 물과 접촉을 피하여야 한다.

56 다음 위험물 중 옥외탱크저장소에 저장하는 경우에 있어서 수조에 넣어 보관해야 하는 물질은?

① 이황화탄소 ② 휘발유
③ 경유 ④ 디에틸에테르

해설 제4류 위험물(인화성액체) 중 특수인화물인 이황화탄소(CS_2)는 물보다 무겁고 물에 녹지 않으며 휘발성이 강하여 가연성 증기의 발생을 억제하기 위하여 수조(물탱크)에 넣어 저장한다.

57 다음 중 금속칼륨(K)을 석유에 넣어 보관하는 이유로 가장 타당한 것은?

① 산화력이 크기 때문
② 취급이 대단히 위험함을 표시
③ 수분과 접촉을 차단하고 산화를 방지
④ 마찰, 충격에 의한 분진발생 방지

해설 칼륨(K)은 제3류 위험물 중 금수성 물질이며 석유(등유·경유·파라핀 등) 속에 넣어 보관하는 것은 수분과의 접촉을 차단하고 산화를 방지한다.

58 다음은 아세톤의 성질에 관한 설명이다. 틀린 것은?

① 휘발성이 강하며 인화성이다.
② 물에 불용이므로 물속에 보관한다.
③ 요오드포름 반응을 한다.
④ 무색의 액체로 특이한 냄새가 있다.

해설 제4류 위험물(인화성액체) 중 제1석유류의 지정품목인 아세톤(CH_3COCH_3)은 물에 잘 녹는 수용성이므로 물속에 저장하지 않는다.

59 과산화수소(H_2O_2)의 성질에서 틀린 것은?

① H_2O_2는 무색 또는 엷은 파란색으로 특유의 냄새가 나는 액체이다.
② 유리용기에 장기간 보존하지 않는다.
③ 과산화수소는 석유, 벤젠에는 녹지 않는다.
④ 농도가 높아질수록 과산화수소는 안정하여 분해하기가 어렵다.

해설 제6류 위험물(산화성액체)인 과산화수소(H_2O_2)는 농도가 높을수록 불안정하여 분해되면서 산소(O_2)를 발생한다.

60 금속칼륨의 지정수량은 몇 kg인가?

① 10 ② 50
③ 500 ④ 5,000

해설 금속칼륨(K)은 제3류 위험물 중 금수성물질로 위험등급 I에 해당되며 지정수량은 10kg이다.

| 정답 | 55 ④ 56 ① 57 ③ 58 ② 59 ④ 60 ①

위험물기능사 국가기술자격 필기시험(CBT 6회) 출제문제

2018년 1월 20일 시행

(시험시간 1시간)

01 지방족 탄화수소가 아닌 것은?

① 에탄 ② 아세틸렌
③ 톨루엔 ④ 프로판

해설 지방족 탄화수소는 사슬식 탄화수소를 말하며 톨루엔($C_6H_5CH_3$)은 방향족 탄화수소(고리식 탄화수소)이다.

02 고속국도 주유취급소의 특례기준에 따르면 고속국도 도로변에 설치된 주유취급소에 있어서 고정주유설비에 직접 접속하는 탱크의 용량은 몇 ℓ까지 할 수 있는가?

① 1만 ② 5만
③ 6만 ④ 8만

해설 고속국도 주유취급소 탱크의 용량 : 6만 ℓ

참고 일반 주유취급소의 탱크의 용량 : 5만 ℓ

03 시·도의 조례가 정하는 바에 따라 관할소방서장의 승인을 받아 지정수량 이상의 위험물을 제조소등이 아닌 장소에서 임시로 저장 또는 취급하는 기간은 최대 며칠 이내인가?

① 30 ② 60
③ 90 ④ 120

해설 위험물을 제조소등이 아닌 장소에서 임시로 저장 또는 취급하는 기간 : 90일

04 할론 소화기에서 사용되는 할론 명칭과 화학식을 옳게 짝지은 것은?

① CBr_2F_2 – 1202
② $C_2H_2Br_2F_2$ – 2422
③ $CBrClF_2$ – 1102
④ $C_2Br_2F_4$ – 1242

해설 할론 넘버는 C, F, Cl, Br, I의 개수를 순서대로 표시한 값이다.
- CBr_2F_2 : C 1개, F 2개, Br 2개이므로 할론 –1202
- $C_2H_2Br_2F_2$: C 2개, F 2개, Br 2개이므로 할론 –2202
- $CBrClF_2$: C 1개, F 2개, Cl 1개, Br 2개이므로 할론–1211
- $C_2Br_2F_4$: C 2개, F 4개, Br 2개이므로 할론 –2402

05 니트로셀룰로오스의 안전한 저장을 위해 사용하는 물질은?

① 페놀 ② 아닐린
③ 에탄올 ④ 황산

해설 니트로셀룰로오스$[C_6H_7O_2(ONO_2)_3]_n$는 제5류 위험물(자기반응성 물질) 중 질산에스테르류에 속하며 공기 중에서 자연발화의 위험이 있으므로 자연발화를 방지하기 위하여 저장 중에는 함수알코올(물+에탄올)로 습면시킨다.

06 분말소화약제의 분류가 바르게 연결된 것은?

① 제1종 분말약제 : $KHCO_3$
② 제2종 분말약제 : $KHCO_3+(NH_2)_2CO$
③ 제3종 분말약제 : $NH_4H_2PO_4$
④ 제4종 분말약제 : $NaHCO_3$

해설 분말소화약제의 분류
- 제1종 분말 : $NaHCO_3$
- 제2종 분말 : $KHCO_3$
- 제3종 분말 : $NH_4H_2PO_4$
- 제4종 분말 : $KHCO_3+(NH_2)_2CO$

| 정답 | 01 ③ 02 ③ 03 ③ 04 ① 05 ③ 06 ③

07 액화 이산화탄소 1kg이 25℃, 1atm의 대기 중으로 방출되었을 때 기체상의 이산화탄소의 부피(ℓ)는? (단, CO_2의 분자량은 44이고 이상기체방정식을 적용한다.)

① 555.36 ② 509
③ 1964 ④ 985.6

해설 $PV = \frac{WRT}{M}$에서 $V = \frac{WRT}{PM}$이므로

$V = \frac{WRT}{PM} = \frac{1000 \times 0.082 \times (25+273)}{1 \times 44}$

$= 555.36\ \ell$

V = ?ℓ, P = 1atm
W = 1Kg = 1000g, R = 0.082 atm·ℓ/mol·k
T = (25℃+273)K, M = 44 이므로

08 다음 중 정전기를 제거하는 방법으로 옳지 않은 것은?

① 접지를 하였다.
② 공기를 이온화하였다.
③ 공기 중의 상대습도를 70% 이상으로 하였다.
④ 공기를 4℃ 이하로 냉각하였다.

해설 정전기 제거방법에서 공기의 온도는 무관하다.

09 50g의 구리가 20℃에서 100℃까지 가열될 때의 현열은 몇 cal인가? (단, 구리의 비열은 0.093cal/g·℃이다.)

① 372 ② 651
③ 4,650 ④ 7,440

해설 Q=CmΔt에서
Q=0.093×50×(100−20)=372cal
Q : 현열, C(비열) : 0.093cal/g·℃
m(질량) : 50g, Δt(온도차) : 100℃−20℃

10 포소화약제의 주된 소화효과에 해당하는 것은?

① 부촉매효과 ② 억제효과
③ 제거효과 ④ 질식효과

해설 포소화약제의 주된 소화효과는 공기 중의 산소공급을 차단하는 질식효과이다.

11 소화기구의 능력단위를 가장 잘 설명한 것은 ?

① 위험물의 양에 대한 기준단위이다.
② 소화기 1개로 소화할 수 있는 능력이다.
③ 소화능력에 따라 측정한 수치이다.
④ 지정수량을 초과하여 보관할 수 있는 능력이다.

해설 소화기구의 능력단위는 A급, B급에 의한 소화능력 시험에 따라 측정한 수치이다.

12 다음 중 위험물의 위험등급이 다른 것은?

① 알칼리금속
② 아염소산염류
③ 질산에스테르류
④ 제6류 위험물

해설
- 알칼리금속 : 위험등급 Ⅱ등급
- 아염소산염류, 질산에스테르류, 제6류 위험물 : 위험등급 Ⅰ등급

13 제1종 분말소화약제의 주성분으로 사용되는 것은?

① $NaHCO_3$ ② H_2SO_4
③ $KHCO_3$ ④ $NH_4H_2PO_4$

해설 분말소화기의 화학식
- 제1종분말소화기 : $NaHCO_3$
- 제2종분말소화기 : $KHCO_3$
- 제3종분말소화기 : $NH_4H_2PO_4$
- 제4종분말소화기 : $KHCO_3+(NH_2)_2CO$

14 소화기의 공통된 유지 관리에 관한 사항으로 가장 거리가 먼 것은?

① 동결, 변질의 우려가 없는 곳에 설치할 것
② 화재의 위험성이 높은 장소에는 집중적으로 설치할 것
③ 통행이나 피난에 지장이 없는 곳에 설치할 것
④ 설치된 지점은 잘 보이도록 "소화기" 표시를 할 것

해설 소화기는 소요단위에 맞추어 능력단위 이상을 비치하면 된다.

| 정답 | 07 ① 08 ④ 09 ① 10 ④ 11 ③ 12 ① 13 ① 14 ②

15 **위험물제조소등에 설치하는 옥내소화전설비의 설치기준으로 옳은 것은?**

① 옥내소화전은 건축물의 층마다 당해 층의 각 부분에서 하나의 호스접속구까지의 수평거리가 25m 이하가 되도록 설치하여야 한다.

② 당해 층의 모든 옥내소화전(5개 이상인 경우는 5개)을 동시에 사용할 경우 각 노즐선단에서의 방수량은 130ℓ/min 이상이어야 한다.

③ 수원의 수량은 옥내소화전이 가장 많이 설치된 층의 옥내소화전 설치 개수(5개 이상인 경우는 5개)에 $2.6m^2$를 곱한 양 이상이 되도록 설치하여야 한다.

④ 당해 층의 모든 옥내소화전(5개 이상인 경우는 5개)을 동시에 사용할 경우 각 노즐선단에서의 방수압력은 250kPa 이상이어야 한다.

해설 옥내소화전은 건축물의 층마다 당해 층의 각 부분에서 하나의 호스접속구까지의 수평거리가 25미터 이하가 되도록 설치하여야 한다.

참고
- 옥내소화전 노즐선단의 분당 방수량 : 260ℓ/min 이상
- 옥내소화전의 수원의 수량 : 옥내소화전 설치개수에 $7.8m^3$를 곱한 양 이상
- 옥내소화전 각 노즐선단의 방수압력 : 350kPa 이상

16 **산소 공급원을 차단하여 가연물 연소를 소화하는 작용은?**

① 희석작용　② 부촉매작용
③ 질식작용　④ 가연물제거작용

해설 산소 공급원의 차단에 의한 소화 : 질식작용

17 **무색 또는 옅은 청색의 액체로 농도가 36wt% 이상인 것을 위험물로 간주하는 것은?**

① 질산　② 과염소산
③ 초산　④ 과산화수소

해설 제6류 위험물(산화성액체) 중 과산화수소(H_2O_2)는 무색 또는 옅은 청색의 액체로 농도가 36wt% 이상인 것을 위험물로 한다.

18 **위험물안전관리법령상 개방형 스프링클러헤드를 이용하는 스프링클러설비에서 수동식개방밸브를 개방 조작하는데 필요한 힘은 얼마 이하가 되도록 설치하여야 하는가?**

① 5kg　② 10kg
③ 15kg　④ 20kg

해설 스프링클러설비에서 수동식개방밸브를 개방 조작하는데 필요한 힘 : 15kg 이하

19 **다음 위험물 중 인화점이 가장 낮은 것은?**

① 클로로벤젠　② 아세톤
③ 디에틸에테르　④ 이황화탄소

해설 제4류 위험물(인화성액체)의 인화점
- 클로로벤젠(C_6H_5Cl) : 32℃
- 아세톤(CH_3COCH_3) : −18℃
- 디에틸에테르($C_2H_5OC_2H_5$) : −45℃
- 이황화탄소(CS_2) : −30℃

20 **그림과 같은 타원형 위험물 탱크의 내용적을 구하는 식을 옳게 나타낸 것은?**

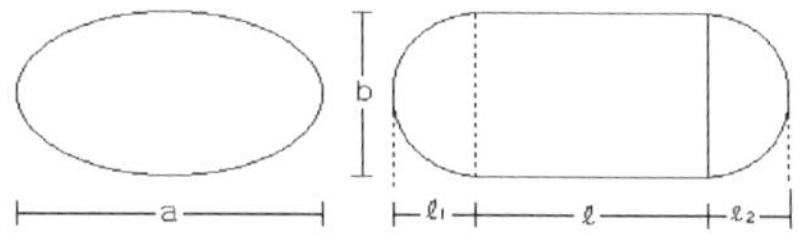

① $\frac{\pi ab}{4}(\ell + \frac{\ell_1 - \ell_2}{3})$

② $\pi ab(\ell + \frac{\ell_1 + \ell_2}{3})$

③ $\frac{\pi ab}{4}(\ell + \frac{\ell_1 + \ell_2}{3})$

④ $\pi ab\ell^2$

해설 타원형 위험물 탱크의 내용적을 구하는 식

$$V = \frac{\pi ab}{4}(\ell + \frac{\ell_1 + \ell_2}{3})$$

정답	15 ①	16 ③	17 ④	18 ③	19 ③	20 ③

21 제2종 분말소화약제의 화학식과 색상이 옳게 연결된 것은?

① $NaHCO_3$ - 담회색
② $KHCO_3$ - 담회색
③ $NaHCO_3$ - 백색
④ $KHCO_3$ - 백색

해설 분말소화약제의 구별 색
- 제1종 분말($NaHCO_3$) : 백색
- 제2종 분말($KHCO_3$) : 보라색(담회색으로 보임)
- 제3종 분말($NH_4H_2PO_4$) : 담홍색
- 제4종 분말($KHCO_3$)+요소[$(NH_2)_2CO$] : 회색

22 자기반응성 물질은 제 몇 류 위험물인가?

① 제2류 위험물 ② 제3류 위험물
③ 제5류 위험물 ④ 제6류 위험물

해설 위험물의 성질
- 제2류 위험물 : 가연성고체
- 제3류 위험물 : 자연발화성 물질 및 금수성 물질
- 제5류 위험물 : 자기반응성 물질
- 제6류 위험물 : 산화성액체

23 소화약제로 사용할 수 없는 물질은?

① 브롬산암모늄 ② 이산화탄소
③ 제1인산암모늄 ④ 탄산수소나트륨

해설 브롬산암모늄(NH_4BrO_3)은 제1류 위험물(산화성고체)중 브롬산염류에 해당하는 위험물이므로 소화약제로 사용하지 않는다.

24 과염소산의 저장창고에서 화재가 발생했을 때 조치 방법으로 적합하지 않은 것은?

① 인산염류 분말로 소화한다.
② 물과 반응하여 발열하므로 주의한다.
③ 마른 모래로 소화한다.
④ 환원성 물질로 중화한다.

해설 과염소산($HClO_4$)은 제6류 위험물(산화성액체) 강산화제이므로 중화제는 강알칼리[NaOH, $Ca(OH)_2$ 등]를 사용하며 환원성 물질과 혼합하면 연소의 위험이 있다.

25 위험물제조소에서 가연성의 증기 또는 미분이 체류할 우려가 있는 곳에 설치하는 배출설비의 능력은?

① 1시간당 배출장소 용적의 5배 이상
② 1시간당 배출장소 용적의 10배 이상
③ 1시간당 배출장소 용적의 15배 이상
④ 1시간당 배출장소 용적의 20배 이상

해설 국소방식 배출설비의 능력 : 1시간당 배출장소 용적의 20배 이상일 것

참고 전역방식 배출설비의 능력 : 바닥면적 $1m^2$당 $18m^3$ 이상

26 인화칼슘이 물과 반응하였을 때 발생하는 가스는?

① 수소 ② 포스핀
③ 아세틸렌 ④ 포스겐

해설 인화칼슘(Ca_3P_2)은 제 3류 위험물 중 금수성물질이며 물과 반응하여 수산화칼슘[$Ca(OH)_2$]과 유독성이며 가연성인 포스핀(PH_3) 가스를 발생한다.

참고 • 인화칼슘(Ca_3P_2)과 물(H_2O)의 반응식

$$\underset{\text{(인화칼슘)}}{Ca_3P_2} + \underset{\text{(물)}}{6H_2O} \rightarrow \underset{\text{(수산화칼슘)}}{3Ca(OH)_2} + \underset{\text{(인화수소, 포스핀)}}{2PH_3\uparrow}$$

27 니트로셀룰로오스의 위험성에 대하여 옳게 설명한 것은?

① 공기 중에서 산화되지만 자연발화의 위험은 없다.
② 물과 혼합하면 위험성이 감소된다.
③ 알코올과 반응하여 발화한다.
④ 건조할수록 발화의 위험성이 낮다.

해설 니트로셀룰로오스[$C_6H_7O_2(ONO_2)_3$]$_n$는 제5류 위험물(자기반응성 물질)중 공기 중에서 자연발화의 위험이 있으므로 저장 시 물과 알코올을 혼합한 함수알코올로 습면시켜 보관하여 위험성을 감소시킨다.

28 위험물 제조소등별로 설치하여야 하는 경보설비의 종류에 해당하지 않는 것은?

① 비상방송설비 ② 비상조명등설비
③ 비상경보설비 ④ 자동화재탐지설비

| 정답 | 21 ② 22 ③ 23 ① 24 ④ 25 ④ 26 ② 27 ② 28 ②

해설 위험물 제조소등별로 설치하여야 하는 경보설비
- 자동화재탐지설비
- 비상방송설비
- 비상경보설비(비상벨장치 또는 경종)
- 확성장치(휴대용 확성기포함)

참고 비상조명등설비는 피난설비에 해당한다.

29 **경유의 성상을 잘못 설명한 것은?**

① 물에 녹기 어렵다.
② 비중은 1 이하이다.
③ 인화점은 중유보다 높다.
④ 보통 시판되는 것은 담갈색의 액체이다.

해설 경유는 제4류 위험물(인화성액체) 제2석유류를 대표하며, 인화점(50~70℃)은 중유의 인화점(60~150℃)보다 낮다.

30 **물과 친화력이 있는 수용성 용매의 화재에 보통의 포소화약제를 사용하면 포가 파괴되기 때문에 소화효과를 잃게 된다. 이와 같은 단점을 보완한 소화약제로 가연성인 수용성 용매의 화재에 유효한 효과를 가지고 있는 것은?**

① 합성계면활성제포소화약제
② 수성막포소화약제
③ 단백포소화약제
④ 알코올형포소화약제

해설 수용성인 인화성(가연성)물질의 화재에는 특수포인 알코올포 소화약제를 사용한다.

31 **메탄올(CH_3OH)과 에탄올(C_2H_5OH)의 공통점이 아닌 것은?**

① 증기 비중이 같다.
② 무색투명한 액체이다.
③ 비중(물=1)이 1보다 작다.
④ 물에 잘 녹는다.

해설 증기비중은 분자량을 공기의 평균 분자량 29로 나누어 구한다.
- 메탄올(CH_3OH)의 증기비중
  =12+4+16/29 =1.103
- 에탄올(C_2H_5OH)의 증기비중
  =12×2+6+16/29=1.589

메탄올과 에탄올은 분자량이 다르기 때문에 증기비중이 다르다.

32 **황린의 저장 보호액을 pH9(약알칼리성)로 유지하는 이유로 옳은 것은?**

① 착화점을 낮추기 위하여
② PH_3의 생성을 방지하기 위하여
③ P_2O_5의 생성을 방지하기 위하여
④ 적린으로 변이하는 것을 방지하기 위하여

해설 황린(P_4)은 제3류 위험물 중 자연발화성 물질이며, 공기 중에서 자연발화하므로 물속에 저장하나 장시간 보관 시 PH_3(포스핀)을 생성하므로 pH9(약알칼리)의 물속에 저장한다.

33 **다음 중 B급 화재로 볼 수 있는 것은?**

① 목재, 종이 등의 화재
② 휘발유, 알코올 등의 화재
③ 누전, 과부하 등의 화재
④ 마그네슘, 섬유 등의 화재

해설 화재의 종류
- A급(일반)화재 : 목재, 종이 등의 화재
- B급(유류)화재 : 휘발유, 알코올 등의 화재
- C급(전기)화재 : 누전, 과부하 등의 화재
- D급(금속)화재 : 마그네슘, 금속분 등의 화재

34 **휘발유의 연소 범위로 올바른 것은?**

① 1.4%~7.6% ② 1.5%~45.7%
③ 1.8%~35.5% ④ 2%~23%

해설 휘발유(가솔린)는 제4류 위험물(인화성 액체) 제1석유류를 대표하며, 연소범위는 1.4%~7.6%이다.

35 **위험물의 화재별 소화방법으로 옳지 않은 것은?**

① 질산메틸 - 주수에 의한 냉각소화
② 황린 - 분무주수에 의한 냉각소화
③ 인화칼슘 - 분무주수에 의한 냉각소화
④ 톨루엔 - 포에 의한 질식소화

정답 29 ③ 30 ④ 31 ① 32 ② 33 ② 34 ① 35 ③

해설 인화칼슘(Ca_3P_2)은 제3류 위험물 중 금수성 물질이므로 분무주수에 의한 냉각소화를 하면 인화수소(PH_3)를 발생하며 연소한다. 그러므로 마른모래, 팽창질석 또는 팽창진주암, 탄산수소염류 분말소화약제를 소화제로 사용한다.

36 특수인화물을 200 ℓ, 제4석유류를 12,000 ℓ 저장 시 저장량의 합계는 지정수량의 몇 배인가?

① 3　　② 4
③ 5　　④ 6

해설 지정수량배수의 합 : $\frac{200}{50}+\frac{12000}{6000}=6$

- 특수인화물의 지정수량 : 50 ℓ
- 제4석유류의 지정수량 : 6000 ℓ

37 그림의 시험장치는 제 몇 류 위험물의 위험성 판정을 위한 것인가? (단, 고체물질의 위험성 판정이다.)

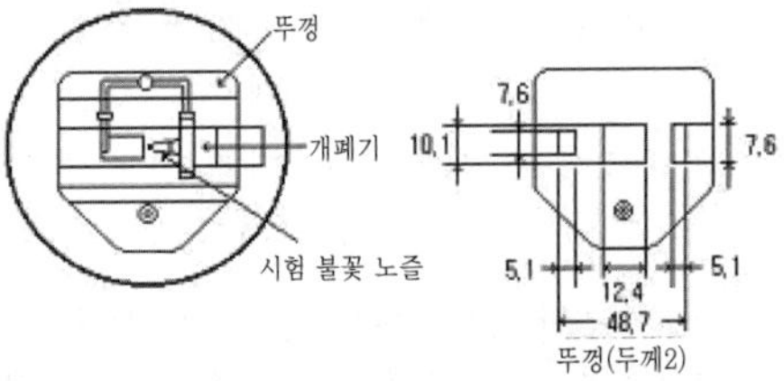

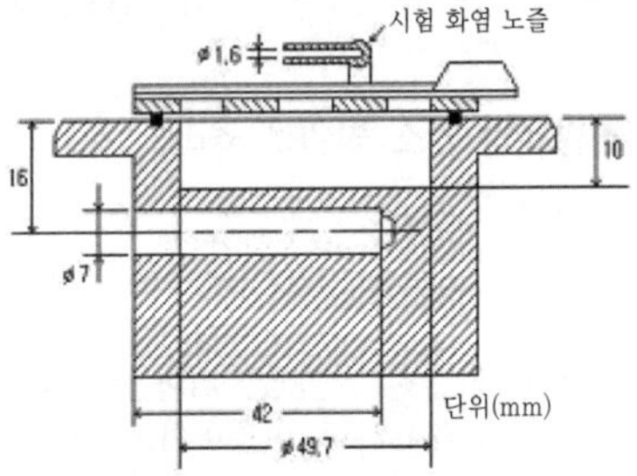

① 제1류　　② 제2류
③ 제3류　　④ 제5류

해설 문제의 그림은 제2류 위험물 중 인화성고체를 포함한 고체의 인화 위험성 시험장치이다.

38 법령상 피뢰설비는 지정수량 얼마 이상의 위험물을 취급하는 제조소등에 설치하는가? (단, 제6류 위험물을 취급하는 위험물제조소 제외)

① 5배 이상　　② 10배 이상
③ 15배 이상　　④ 20배 이상

해설 피뢰설비 설치규정 지정수량 : 10배 이상

39 아마인유에 대한 기술 중 옳지 않은 것은?

① 건성유이다.
② 공기 중 산소와 결합하기 쉽다.
③ 요오드가가 올리브유보다 작다.
④ 자연발화의 위험이 있다.

해설 아마인유는 제 4류 위험물(인화성액체) 동식물 유류 중 건성유이며 올리브유는 불건성유이므로 건성유인 아마인유의 요오드가(170~204)가 불건성유인 올리브유의 요오드가(79~90)보다 크다.

40 다음 중 수용성이 아닌 위험물은?

① 아세트알데히드　　② 아세톤
③ 메틸알코올　　④ 톨루엔

해설 제4류 위험물(인화성액체)의 수용성 구분

- 아세트알데히드(CH_3CHO) : 특수인화물(수용성)
- 아세톤(CH_3COCH_3) : 제1석유류(수용성)
- 메틸알코올(CH_3OH) : 알코올류(수용성)
- 톨루엔($C_6H_5CH_3$) : 제1석유류(불용성)

41 다음은 위험물의 성질을 설명한 것이다. 잘못된 것은?

① 인화석회는 물과 반응하여 독성 가스를 발생한다.
② 금속나트륨은 물과 반응하여 수소를 발생시키나, 수소는 공기와 혼합하므로 위험은 없다.
③ 칼륨은 물보다 가볍고 물과 작용하여 수소가스를 발생한다.
④ 탄화칼슘은 물과 작용하여 발열하며 수산화칼슘과 아세틸렌가스를 발생한다.

| 정답 | 36 ④　37 ②　38 ②　39 ③　40 ④　41 ②

해설 수소(H_2)가스는 공기와 혼합하면 폭발의 위험이 있으므로 폭명기라 말한다.

참고 수소의 연소범위 : 4~75%

42 **옥내탱크저장소의 탱크와 탱크 전용실의 벽 및 탱크 상호간의 거리는 몇 m 이상의 간격을 두어야 하는가? (단, 예외상황은 고려치 않는다.)**

① 0.1 ② 0.2
③ 0.3 ④ 0.5

해설 상호간의 거리 : 0.5m 이상

43 **과산화벤조일의 저장 및 취급 방법 중 거리가 먼 것은?**

① 가열, 충격, 마찰을 피한다.
② 산화되기 쉬운 물질과 섞이지 않게 한다.
③ 물의 접촉은 위험하므로 피한다.
④ 환기가 잘되는 냉암소에 보관한다.

해설 과산화벤조일[$(C_6H_5CO)_2O_2$]은 제5류 위험물(자기반응성 물질) 중 유기과산화물에 해당되며 물에 녹지 않으나 수분을 함유하면 분해 폭발을 억제할 수 있다.

44 **질산은 대부분의 금속을 부식시킨다. 다음 중 부식시키지 못하는 금속은?**

① 철 ② 구리
③ 은 ④ 백금

해설 질산(HNO_3)은 제6류 위험물(산화성 액체)이며, 부식시키지 못하는 금속은 금(Au), 백금(Pt), 이리듐(Ir), 로듐(Rh)이다.

참고
- 금, 백금 등을 녹이는 것 : 왕수
- 왕수의 조성 : 질산(HNO_3) 1과 염산(HCl) 3의 혼합산

45 **특수인화물의 일반적인 성질에 대한 설명으로 가장 거리가 먼 것은?**

① 증기압이 높다.
② 비점이 높다.
③ 인화점이 낮다.
④ 연소하한값이 낮다.

해설 특수인화물은 제4류 위험물(인화성액체) 중 가장 위험성이 높은 위험등급 Ⅰ의 위험물로 휘발성이 매우 강하며 인화점이 −20℃ 이하이며 비점이 40℃ 이하로 낮은 위험물로 조성되어 있다.

46 **질산염류의 성질에 관한 설명으로 가장 알맞은 것은?**

① 대개 무색 또는 흰색 결정이다.
② 화재 초기에는 물을 사용할 수 없다.
③ 질산염류는 대체로 물에 녹지 않는다.
④ 저장 시에는 가연물을 피하고 습기 있는 곳에 저장한다.

해설 질산염류는 제1류 위험물(산화성고체)로서 대개 무색 또는 백색 결정이며 물에 녹는 것이 많으며(조해성포함) 강산화제이므로 가연물의 접촉을 피하고 습기가 없는 건조한 장소에 저장하며 적응화재는 주수에 의한 냉각소화가 좋다.

47 **위험물안전관리법령상 예방규정을 정하여야 하는 제조소등에 해당하지 않는 것은?**

① 지정수량 10배 이상의 위험물을 취급하는 제조소
② 지정수량의 200배 이상의 위험물을 저장하는 옥내탱크저장소
③ 이송취급소
④ 암반탱크저장소

해설 옥내탱크저장소는 예방규정에서 제외된다.

참고 예방규정을 정하여야 하는 제조소등
- 지정수량의 10배 이상의 위험물을 취급하는 제조소, 일반취급소
- 지정수량의 100배 이상의 위험물을 저장하는 옥외저장소
- 지정수량의 150배 이상의 위험물을 저장하는 옥내저장소
- 지정수량의 200배 이상의 위험물을 저장하는 옥외탱크저장소
- 암반탱크저장소
- 이송취급소

| 정답 | 42 ④ 43 ③ 44 ④ 45 ② 46 ① 47 ②

48 다음 중 제2류 위험물에 속하지 않는 것은?

① 적린 ② 황화린
③ 과산화나트륨 ④ 마그네슘

해설 과산화나트륨(Na_2O_2)은 제1류 위험물(산화성고체) 무기과산화물(알칼리금속의 과산화물)에 해당된다.

49 인화성액체 위험물로 특수인화물에 속하지 않는 것은?

① 초산에틸 ② 에틸에테르
③ 아세트알데히드 ④ 산화프로필렌

해설 제4류 위험물(인화성액체)의 품명
- 초산에틸($CH_3COOC_2H_5$) : 제1석유류
- 에틸에테르($C_2H_5OC_2H_5$), 아세트알데히드(CH_3CHO), 산화프로필렌(OCH_2CHCH_3) : 특수인화물

50 다음 보기 중 연소의 3요소를 모두 나열한 것은?

① 아세톤, 수소, 산소
② 과염소산, 산소, 불꽃
③ 불꽃, 아세톤, 질산암모늄
④ 마그네슘분말, 연소열, 수소

해설 연소의 3요소 : 가연물, 산소공급원, 점화원
- 아세톤(가연물), 수소(가연물), 산소(산소공급원)
- 과염소산(산소공급원), 산소(산소공급원), 불꽃(점화원)
- 불꽃(점화원), 아세톤(가연물), 질산암모늄(산소공급원)
- 마그네슘분말(가연물), 연소열(점화원), 수소(가연물)

51 위험물안전관리법상 위험물 제조소등의 설치허가의 취소 또는 사용정지 처분권자는?

① 행정안전부장관
② 시 · 도지사
③ 경찰서장
④ 시장 · 군수

해설 설치허가 및 설치허가 취소권자 : 시 · 도지사

참고 시 · 도지사
특별시장 · 광역시장 · 특별자치시장 · 도지사 · 특별자치도지사

52 톨루엔의 성질이 아닌 것은?

① 물에 잘 녹는다.
② 수지를 잘 녹인다.
③ 고무를 잘 녹인다.
④ 유기용제에 잘 녹는다.

해설 톨루엔($C_6H_5CH_3$)은 제4류 위험물(인화성액체) 중 제1석유류이며 유기용제로서 물에 녹지 않는다.

53 위험물을 운반용기에 수납하여 적재할 때 위험물안전관리법령에 따라 차광성이 있는 피복으로 가려야 하는 위험물이 아닌 것은?

① 제2류 위험물 ② 제5류 위험물
③ 제6류 위험물 ④ 제1류 위험물

해설 제2류 위험물(가연성고체)은 차광성덮개 규정에서 제외된다.

위험물의 운반덮개
- 차광덮개를 하여야할 위험물
  제1류 위험물
  제3류 위험물 중 자연발화성 물질
  제4류 위험물 중 특수인화물
  제5류 위험물
  제6류 위험물

참고
- 방수성덮개를 하여야 할 위험물
  제1류 위험물 중 알칼리금속의 과산화물 또는 이를 함유한 것
  제2류 위험물 중 철분, 금속분, 마그네슘 또는 이를 함유한 것
  제3류 위험물 중 금수성 물질

54 과산화수소의 특성이 아닌 것은?

① 물보다 무겁다.
② 벤젠에 잘 녹는다.
③ 알콜에 잘 녹는다.
④ 에테르에 잘 녹는다.

| 정답 | 48 ③ 49 ① 50 ③ 51 ② 52 ① 53 ① 54 ②

해설 과산화수소(H_2O_2)는 제6류 위험물(산화성액체)이며 물, 알코올, 에테르에 잘 녹으나 석유, 벤젠에는 녹지 않는다.

55 아염소산나트륨의 저장 및 취급 시 주의사항과 거리가 먼 것은?

① 건조한 냉암소에 저장한다.
② 강산류와의 접촉을 피한다.
③ 저장, 취급, 운반 시 충격, 마찰을 피한다.
④ 무기물 등 산화성 물질과 격리한다.

해설 아염소산나트륨($NaClO_2$)은 제1류 위험물(산화성 고체) 중 아염소산염류에 속하며 무기물이며 산화성 물질이므로 같은 특성을 갖는 산화성 물질과는 함께 저장할 수 있다.

56 위험물안전관리법령상 옥내저장소 저장창고의 바닥은 물이 스며 나오거나 스며들지 아니하는 구조로 하여야 한다. 다음 중 반드시 이 구조로 하지 않아도 되는 위험물은?

① 제1류 위험물 중 알칼리금속의 과산화물
② 제4류 위험물
③ 제2류 위험물 중 철분
④ 제5류 위험물

해설 제5류 위험물(자기반응성 물질)은 물과 반응하지 않으므로 저장창고의 바닥은 물이 스며 나오거나 스며들지 아니하는 구조로 하지 아니하여도 된다.

57 분말소화약제와 함께 트윈 에이전트 시스템(twin agent system)으로 사용할 수 있는 포소화약제는?

① 수성막포소화약재
② 합성계면활성제포소화약제
③ 단백포소화약제
④ 불화단백포소화약제

해설 정유 및 화학공장 대형 선박 등의 화재발생 시 소화효과를 증대시키기 위하여 사용하는 트윈 에이전트 시스템(twin agent system)은 분말소화약제와 수성막포 혼합소화약제이다.

58 다음은 피크린산에 관한 설명이다. 잘못된 것은?

① 냉수에는 거의 녹지 않는다.
② 순수한 것은 무색이지만 보통 공업용은 휘황색을 나타낸다.
③ 니트로글리세린과 같이 단맛을 낸다.
④ 일명 트리니트로페놀이라고도 부른다.

해설 피크린산(TNP)은 제5류 위험물(자기반응성 물질) 중 니트로화합물로 트리니트로페놀[$C_6H_5OH(NO_2)_3$]을 말하며 냉수에는 극히 적게 녹고 온수에 잘 녹으며 쓴맛이 있고 독성이 있다.

59 휘발유의 위험성에 대한 설명 중 틀린 것은?

① 정전기 발생에 주의하여야 한다.
② 증기는 공기보다 가벼우며 쉽게 착화한다.
③ 인화점이 낮아 인화하기 쉽다.
④ 사에틸납이 혼합된 가솔린은 유독하다.

해설 휘발유(가솔린)는 제4류 위험물(인화성액체) 제1석유류를 대표하며, 증기는 공기보다 3~4배 무거우므로 낮은 곳에 체류하여 착화의 위험이 있어 증기는 높은 곳으로 확산시켜야 한다.

참고 자동차용 가솔린의 첨가제(안티녹킹제)인 사에틸납[$(C_2H_5)_4Pb$]은 유독성이 있으며 1993년 1월 1일부터 사용을 금지하여 현재 사용하지 않는 물질이다.

60 금속나트륨이나 금속칼륨은 석유에 보관한다. 그 이유는 무엇인가?

① 공기 중 수분과 접촉을 금하기 위해서이다.
② 화기를 피하기 위해서이다.
③ 산소의 발생을 방지하기 위해서이다.
④ 표면을 미끄럽게 하기 위해서이다.

해설 금속나트륨(Na)이나 금속칼륨(K)은 제3류 위험물 중 금수성물질로 공기 중의 수분과 접촉하면 발열하며 수소(H_2)를 발생하므로 석유(등유 · 경유 · 파라핀 등) 속에 저장한다.

| 정답 | 55 ④ 56 ④ 57 ① 58 ③ 59 ② 60 ①

위험물기능사 국가기술자격
필기시험(CBT 7회) 출제문제

2018년 4월 2일 시행

(시험시간 1시간)

01 다음 위험물의 저장 창고에 화재가 발생하였을 때 주수에 의한 소화가 오히려 더 위험한 것은?

① 염소산칼륨 ② 과염소산나트륨
③ 질산암모늄 ④ 탄화칼슘

해설 탄화칼슘(CaC_2)은 제3류 위험물 중 금수성 물질로 물(H_2O)과 접촉하면 가연성인 아세틸렌(C_2H_2)을 발생하므로 주수를 금한다.

참고 • 탄화칼슘(CaC_2)과 물(H_2O)의 반응식
$CaC_2 + 2H_2O \rightarrow Ca(OH)_2 + C_2H_2\uparrow$
(탄화칼슘) (물) (수산화칼슘) (아세틸렌)

02 폭굉유도거리(DID)가 짧아지는 경우는?

① 정상 연소속도가 작은 혼합가스일수록 짧아진다.
② 압력이 높을수록 짧아진다.
③ 관 속에 방해물이 있거나 관의 지름이 넓을수록 짧아진다.
④ 점화원 에너지가 약할수록 짧아진다.

해설 폭굉유도거리가 짧아지는 경우
- 정상연소속도가 큰 혼합물일 경우
- 고압일 경우
- 관속에 방해물이 있을 경우
- 관경이 작을 경우
- 점화원의 에너지가 클 경우

03 다음 물질 중 과염소산칼륨과 혼합했을 때 발화·폭발의 위험이 가장 높은 것은?

① 목탄 ② 금
③ 석면 ④ 유리

해설 과염소산칼륨($KClO_4$)은 제1류 위험물(산화성고체)로서 산소(O)를 많이 함유한 강산화제이므로 가연물인 목탄(C) 등과 혼합하면 발화·폭발의 위험을 갖는다.

04 옥내소화전설비의 수원은 그 저수량이 옥내 소화전의 설치 개수가 가장 많은 층의 설치 개수의 몇 m^3를 곱한 양 이상이 되도록 하여야 하는가?

① $2.6m^3$ ② $4.2m^3$
③ $5.4m^3$ ④ $7.8m^3$

해설 위험물관련시설에 설치하는 옥내소화전설비의 수원의 양은 소화전 설치 개수(5개 이상이면 5개)에 $7.8m^3$를 곱한 양 이상으로 한다.

참고 소화전 1개가 담당하는 수원의 양 :
$260\ell/mim \times 30min = 7800\ell = 7.8m^3$

05 과산화나트륨에 대한 설명으로 틀린 것은?

① 에틸알코올에 잘 녹아서 산소와 수소를 발생시킨다.
② 비중은 약 2.8이다.
③ 상온에서 물과 격렬하게 반응한다.
④ 조해성 물질이다

해설 과산화나트륨(Na_2O_2)은 제1류 위험물 중 알칼리금속의 과산화물이며 다량의 산소(O)를 함유한 강산화제이며 에틸알코올(C_2H_5OH)에 잘 녹지 않으며 물(H_2O)과는 격렬히 반응한다.

06 다음 소화제의 반응을 완결시키려 할 때 ( ) 안에 옳은 것은?

$6NaHCO_3 + Al_2(SO_4)_3 \cdot 18H_2O \rightarrow 2Al(OH)_3 + 3Na_2SO_4 + (\quad) + 18H_2O$

① $6CO$ ② $2NaOH$
③ $6CO_3$ ④ $6CO_2$

정답 01 ④ 02 ② 03 ① 04 ④ 05 ① 06 ④

해설 화학포소화약제의 반응식

$6NaHCO_3$ + $Al_2(SO_4)_3 \cdot 18H_2O$
(탄산수소나트륨) (황산알루미늄)
→ $2Al(OH)_3$ + $3Na_2SO_4$ + $6CO_2$ + $18H_2O$
(수산화알루미늄) (황산나트륨) (이산화탄소) (물)

07 **위험물안전관리법령상 다음 ( )에 알맞은 용어를 모두 옳게 나타낸 것은?**

> ( ) 또는 ( )은 위험물의 운송자격을 확인하기 위하여 필요하다고 인정하는 경우에는 주행 중인 이동탱크저장소를 정지시켜 당해 이동탱크저장소에 승차하고 있는 자에 대하여 위험물의 취급에 관한 국가기술자격증 또는 교육수료증의 제시를 요구할 수 있다.

① 지방소방공무원, 지방행정공무원
② 지방소방공무원, 국가행정공무원
③ 국가행정공무원, 국가경찰공무원
④ 소방공무원, 국가경찰공무원

해설 위험물안전관리법 제22조(출입·검사 등) 제2항
소방공무원 또는 국가경찰공무원의 직무

08 **어떤 소화기에 "A3, B5, C 적용"이라고 표시되어 있다. 여기에서 알 수 있는 것이 아닌 것은?**

① 일반화재인 경우 이 소화기의 능력단위는 5단위이다.
② 유류화재에 적용할 수 있는 소화기이다.
③ 전기화재에 적용할 수 있는 소화기이다.
④ ABC 소화기이다.

해설 A3, B5, C는 화재의 종류와 능력단위를 표시한 것이다.
- A3 : 일반화재, 능력단위 3단위
- B5 : 유류화재, 능력단위 5단위
- C : 전기화재, 능력단위 표시하지 않음

09 **위험물취급소의 건축물은 외벽이 내화구조인 경우 연면적 몇 m^2를 1 소요단위로 하는가?**

① 150 ② 200
③ 100 ④ 50

해설 소요단위(1단위)
- 제조소 또는 취급소용 건축물로 외벽이 내화구조인 것 : 연면적 $100m^2$
- 제조소 또는 취급소용 건축물로 외벽이 내화구조 이외인 것 : 연면적 $50m^2$
- 저장소용 건축물로 외벽이 내화구조인 것 : 연면적 $150m^2$
- 저장소용 건축물로 외벽이 내화구조 이외인 것 : 연면적 $75m^2$
- 위험물 : 지정수량 10배

참고 제조소등의 옥외에 설치된 공작물은 외벽이 내화구조인 것으로 간주하고 최대 수평투영면적을 연면적으로 간주한다.

10 **제6류 위험물 화재 시 소화 및 예방에 관한 설명으로 가장 알맞은 것은?**

① 할로겐화합물 소화약제는 효과가 좋다.
② 환원성 물질로 소화한다.
③ 실내에는 사염화탄소가 좋다.
④ 유독성 가스의 발생 등에 대비하여 보호장구와 공기 호흡기를 착용한다.

해설 제6류 위험물은 산화성액체로서 화재 시 유독가스 발생으로 인한 인체의 위해를 방지하기 위하여 보호장구와 공기 호흡기를 착용한다.

11 **제2류 위험물인 유황의 대표적인 연소형태는?**

① 자기연소 ② 분해연소
③ 증발연소 ④ 표면연소

해설 유황(S)은 제2류 위험물(가연성고체)이나 가열에 의하여 액체 상태인 유황은 액체 표면에서 증발하는 증기에 의하여 증발연소한다.

12 **질산염류에 속하지 않는 것은?**

① 질산에틸 ② 질산암모늄
③ 질산나트륨 ④ 질산칼륨

해설 질산에틸($C_2H_5ONO_2$)은 제5류 위험물(자기반응성 물질) 중 질산에스테르류에 속하며, 질산암모늄(NH_4NO_3), 질산나트륨($NaNO_3$), 질산칼륨(KNO_3)은 제1류 위험물(산화성고체) 중 질산염류에 속한다.

| 정답 | 07 ④ 08 ① 09 ③ 10 ④ 11 ③ 12 ①

13 탄화칼슘 저장탱크에 수분이 침투하여 반응하였을 때 발생하는 가연성 가스는?

① 에탄 ② 프로판
③ 메탄 ④ 아세틸렌

해설 탄화칼슘(CaC_2)는 제3류 위험물 금수성물질이며 물과 반응하여 아세틸렌(C_2H_2)을 발생한다.

참고 • 탄화칼슘(CaC_2)과 물(H_2O)의 반응식

$CaC_2 + 2H_2O \rightarrow Ca(OH)_2 + C_2H_2\uparrow$
(탄화칼슘) (물) (수산화칼슘) (아세틸렌)

14 황린의 취급 시 주의사항으로 틀린 것은?

① 피부에 닿지 않도록 주의할 것
② 산화제와의 접촉을 피할 것
③ 물의 접촉을 피할 것
④ 화기의 접근을 피할 것

해설 황린(P_4)은 제3류 위험물 중 자연발화성물질이며 보호액으로는 pH9(약알칼리)의 물속에 저장한다.

15 물의 단점인 동결현상을 방지하기 위하여 사용되는 물질은?

① 피크린산
② 에틸렌글리콜
③ 칼슘
④ 니트로페놀

해설 에틸렌글리콜[$C_2H_4(OH)_2$]은 제4류 위험물(인화성액체) 중 제3석유류에 속하며 겨울철 자동차의 냉각수가 동결되는 것을 방지하기 위한 부동액 등으로 사용한다.

16 제1류 위험물 무기과산화물 중 알칼리금속의 과산화물에 대한 설명으로 틀린 것은?

① 피부와 접촉하여 피부를 부식시킨다.
② 양이 많을 경우 주수에 의하여 폭발위험이 있다.
③ 물과 발열반응하며 수소를 방출한다.
④ 가연물과 혼합되어 있을 경우 마찰에 의해 발화한다.

해설 알칼리금속의 과산화물은 제1류 위험물(산화성고체)에 속하며 물(H_2O)과 접촉하면 발열하며 산소(O_2)를 발생한다.

17 위험물 운반 시 동일한 트럭에 제1류 위험물과 함께 적재할 수 있는 유별은? (단, 지정수량의 5배 이상인 경우이다.)

① 제3류 ② 제6류
③ 없음 ④ 제4류

해설 제1류 위험물(산화성고체)은 제6류 위험물(산화성액체)과 혼재가능하다.

참고 • 유별을 달리하는 위험물의 혼재기준
(암기법: ㉮이삼, ㉯이사, ㉰하나)

위험물의 구분	제1류	제2류	제3류	제4류	제5류	제6류
제1류		×	×	×	×	○
제2류	×		×	○	○	×
제3류	×	×		○	×	×
제4류	×	○	○		○	×
제5류	×	○	×	○		×
제6류	○	×	×	×	×	

"×"표시는 혼재할 수 없음을 표시한다.
"○"표시는 혼재할 수 있음을 표시한다.
이 표는 지정수량의 $\frac{1}{10}$ 이하의 위험물에 대하여는 적용하지 아니한다.

18 다음 중 인화점이 가장 높은 것은?

① 디에틸에테르 ② 가솔린
③ 아세톤 ④ 톨루엔

해설 제4류 위험물(인화성액체)의 인화점 : 디에틸에테르(−45℃), 가솔린(−43℃~−20℃), 아세톤(−18℃), 톨루엔(4℃)

19 제4류 위험물의 일반적 성질이 아닌 것은?

① 발생증기는 가연성이며 증기비중은 공기보다 무거운 것이 대부분이다.
② 대부분 유기화합물이다.
③ 모두 인화성액체이다.
④ 전기의 도체로서 정전기 축적이 용이하다.

| 정답 | 13 ④ 14 ③ 15 ② 16 ③ 17 ② 18 ④ 19 ④

해설 제4류 위험물(인화성액체)은 대부분 전기의 부도체이므로 정전기가 축적이 잘된다.

20 **다음 제4류 위험물 중 알코올류에 속하는 것은?**

① 메틸알코올 ② 부틸알코올
③ 아밀알코올 ④ 알릴알코올

해설 제4류 위험물(인화성액체) 중 알코올류의 정의
1분자를 구성하는 탄소원자수가 1개부터 3개까지인 포화1가 알코올(변성알코올을 포함)을 말한다.
- 메틸알코올(CH_3OH) : 탄소원자 1개(알코올류)
- 부틸알코올(C_4H_9OH) : 탄소원자 4개(제2석유류)
- 아밀알코올($C_5H_{11}OH$) : 탄소원자 5개(제2석유류)
- 알릴알코올($CH_2=CHCH_2OH$) : 탄소원자 3개이나 불포화알코올이다(제2석유류).

21 **질산이 분해하여 발생하는 갈색의 유독한 기체는?**

① N_2O ② NO
③ NO_2 ④ N_2O_3

해설 질산(HNO_3)은 제6류 위험물(산화성액체)이며, 분해하여 발생하는 갈색의 유독한 기체는 이산화질소(NO_2)이다.

참고 • 질산(HNO_3)의 열분해 반응식

$$\underset{(질산)}{4HNO_3} \xrightarrow[\Delta]{} \underset{(이산화질소)}{4NO_2\uparrow} + \underset{(물)}{2H_2O} + \underset{(산소)}{O_2\uparrow}$$

22 **위험물안전관리법상 위험물을 운반 및 수납할 때 운반용기의 재질에 포함되지 않는 것은?**

① 금속판 ② 유리
③ 도자기 ④ 플라스틱

해설 위험물 운반용기의 재질에 도자기는 포함되지 않는다.
운반용기의 재질 : 금속판, 강판, 삼, 합성섬유, 섬유판, 고무류, 양철판, 짚, 알루미늄판, 종이, 유리, 나무, 플라스틱

23 **다음 ( )에 들어갈 말을 바르게 짝지어 놓은 것은?**

인화점이란 가연물을 가열할 때 가연성 증기가 연소범위 (㉠)에 달하는 (㉡)온도를 말한다.

① ㉠ 상한 ㉡ 최고
② ㉠ 하한 ㉡ 최고
③ ㉠ 상한 ㉡ 최저
④ ㉠ 하한 ㉡ 최저

해설 인화점이란 가연물을 가열할 때 가연성 증기가 연소범위 하한에 달하는 최저온도를 말한다.

24 **위험물 안전관리법령상 동식물유류의 경우 1기압에서 인화점은 섭씨 몇 도 미만으로 규정하고 있는가?**

① 150℃ ② 250℃
③ 450℃ ④ 600℃

해설 제4류 위험물(인화성액체) 중 동식물유류의 정의
동물의 지육 등 또는 식물의 종자나 과육으로부터 추출한 것으로 섭씨 250도 미만의 것을 말한다.

25 **불에 대한 제거소화방법의 적용이 잘못된 것은?**

① 산불화재 시 벌목을 하였다.
② 유전의 화재 시 다량의 물을 이용하였다.
③ 가스화재 시 밸브 및 코크를 잠갔다.
④ 촛불을 바람으로 불어 가연성 증기를 날려 보냈다.

해설 유전의 화재 시 다량의 물에 의한 소화는 적응성이 없으며 화점 가까이에 폭약을 설치하여 폭약의 폭발로 인한 폭풍으로 유증기를 날려 보내는 제거소화방법으로 소화한다.

26 **제3류 위험물 취급 시 주의해야 할 사항으로 알맞은 것은?**

① 산화물의 혼합을 피할 것
② 물의 접촉을 피할 것
③ 마찰 충격을 피할 것
④ 화기의 접근을 피할 것

해설 제3류 위험물은 금수성 또는 자연발화성 물질로 물 또는 공기와의 접촉을 피하여야한다.

정답 20 ① 21 ③ 22 ③ 23 ④ 24 ② 25 ② 26 ②

27 **위험물안전관리법령상 제조소등의 관계인은 예방규정을 정하여 누구에게 제출하여야 하는가?**

① 한국소방안전원장 또는 소방청장
② 소방청장 또는 소방서장
③ 소방청장 또는 행정안전부장관
④ 시·도지사 또는 소방서장

해설 위험물안전관리법령상 제조소등의 관계인은 예방규정을 정하여 당해 제조소등의 사용을 시작하기 전에 시·도지사에게 제출하여야 한다.

참고 권한의 위임 규정에 의하여 시·도지사는 소방본부장 또는 소방서장에게 위임할 수 있다.

28 **염소산칼륨의 화학적, 물리적 위험성에 관한 설명 중 옳은 것은?**

① 단독으로 연소한다.
② 자신은 강력한 환원제이다.
③ 열에 의해 분해되어 수소를 발생한다.
④ 유기물 등과 접촉 시 충격을 가하면 폭발하는 수가 있다.

해설 염소산칼륨($KClO_3$)은 제1류 위험물(산화성고체)은 불연성이고 강산화제이므로 가열하면 분해하여 산소(O_2)를 발생한다. 또한 유기물 등과 접촉하면 충격에 의하여 폭발할 수 있다.

29 **인화점이 21℃ 미만인 액체위험물의 옥외저장탱크 주입구에 설치하는 "옥외저장탱크주입구"라고 표시한 게시판의 바탕 및 문자 색을 옳게 나타낸 것은?**

① 백색바탕 – 흑색문자
② 흑색바탕 – 백색문자
③ 백색바탕 – 적색문자
④ 적색바탕 – 백색문자

해설 "옥외저장탱크주입구"라고 표시한 게시판의 색은 백색바탕에 흑색의 문자로 표시한다.

30 **질산의 성질에 대한 설명 중 틀린 것은?**

① 진한 질산을 가열하면 분해하여 수소를 발생한다.
② 햇빛에 의해 일부 분해하여 자극성의 이산화질소를 만든다.
③ 부식성이 강한 강산이지만 금, 백금, 이리듐, 로듐만은 부식시키지 못한다.
④ 물과 반응하여 발열한다.

해설 질산(HNO_3)은 제6류 위험물(산화성액체)이며 을 가열하면 분해하여 이산화질(NO_2)와 산소(O_2)를 발생한다.

참고 • 질산(HNO_3)의 열분해 반응식

$$4HNO_3 \rightarrow 2H_2O + 4NO_2\uparrow + O_2\uparrow$$
(질산) (물) (이산화질소) (산소)

31 **위험물제조소의 경우 연면적이 최소 몇 m^2이면 자동화재탐지설비를 설치하여야 하는가? (단, 원칙적인 경우에 한한다.)**

① 500 ② 100
③ 300 ④ 1,000

해설 연면적 500m^2 이상인 제조소에는 경보설비 중 자동화재탐지설비를 설치한다.

참고 제조소등의 자동화재경보설비의 설치기준(요약)(규칙 별표 17)

제조소등의 구분	제조소등의 규모, 저장 또는 취급하는 위험물의 종류 및 최대 수량 등
제조소 · 일반취급소	• 연면적 500m^2 이상인 곳 • 옥내에서 지정수량의 100배 이상을 취급하는 것(고인화점 위험물만을 100℃ 미만의 온도에서 저장 또는 취급하는 것을 제외한다)

32 **다음 중 적린의 위험성에 대한 설명이 올바른 것은?**

① 착화온도가 낮고 공기 중에서 자연발화하기 쉽다.
② 산화할 때 인광을 발하며 연소한다.
③ 물과 반응하면 가연성의 가스를 발생한다.
④ 산화제와 혼합하면 착화한다.

해설 적린(P)은 환원성이 큰 제2류 위험물(가연성고체)로서 산화제와 혼합하면 낮은 온도에서도 착화한다.

| 정답 | 27 ④ 28 ④ 29 ① 30 ① 31 ① 32 ④

33 **위험물안전관리법령상 소화설비의 적응성에 관한 내용 중 소화설비의 구분에 해당하지 않는 것은?**

① 방화설비 ② 물통
③ 물분무소화설비 ④ 옥내소화설비

해설 방화설비는 소방기본법에서 정하는 소화용수설비를 말한다.

34 **다음 물질 중에서 제3석유류에 속하지 않는 것은?**

① 크레소오트유 ② 산화프로필렌
③ 니트로벤젠 ④ 에틸렌글리콜

해설 산화프로필렌(OCH_2CHCH_3) : 제4류 위험물 중 특수인화물

35 **다음 소화약제 중 수용성액체의 화재 시 가장 적합한 것은?**

① 합성계면활성제포 소화약제
② 단백포 소화약제
③ 알코올형포 소화약제
④ 수성막포 소화약제

해설 수용성인 인화성액체의 화재에 포소화약제를 사용할 경우 포가 화재면에서 소포(거품이 터짐)되므로 소포되는 것을 방지하기 위하여 특수포인 알코올포 소화기를 사용한다.

36 **위험물안전관리법령상 다음 (   ) 안에 맞은 수치는?**

옥내저장소에서 위험물을 저장하는 경우 기계에 의하여 하역하는 구조로 된 용기만을 겹쳐 쌓는 경우에 있어서는 ( )미터 높이를 초과하여 용기를 겹쳐 쌓지 아니하여야 한다.

① 8 ② 4
③ 2 ④ 6

해설 옥내저장소에서 위험물의 저장 높이(규정높이를 초과하여 용기를 겹쳐 쌓지 아니할 것)
- 기계에 의하여 하역하는 구조로 된 용기만을 겹쳐 쌓는 경우 : 6m
- 제4류 위험물 중 제3석유류, 제4석유류 및 동식물유류를 수납하는 용기만 겹쳐 쌓는 경우 : 4m
- 그 밖의 경우 : 3m

37 **탄산수소칼륨과 요소의 반응생성물로 된 것은 제 몇 종 분말소화약제인가?**

① 제4종 ② 제1종
③ 제3종 ④ 제2종

해설 탄산수소칼륨($KHCO_3$)과 요소[$(NH_2)_2CO$]의 반응 생성물은 제4종 분말소화약제이다.

38 **요리용 기름의 화재 시 비누화 반응을 일으켜 질식효과와 재발화 방지 효과를 나타내는 소화약제는?**

① K_2CO_3 ② $NH_4H_2PO_4$
③ $BaCl_2$ ④ $NaHCO_3$

해설 비누화 반응을 일으키는 분말소화약제는 탄산수소나트륨($NaHCO_3$)이다.

39 **물의 용융잠열은 약 몇 cal/g인가?**

① 539 ② 32
③ 180 ④ 80

해설 물의 용융잠열(융해잠열)은 0℃의 얼음이 녹아서 0℃의 물이 되는데 필요한 열량(잠열)으로 80cal/g이다.

참고 물의 기화잠열 : 539cal/g

40 **열분해할 때 부착성이 좋은 메타인산을 만들 수 있는 소화약제의 주성분에 해당하는 것은?**

① 황산알루미늄 ② 제1인산암모늄
③ 탄산수소칼륨 ④ 탄산수소나트륨

해설 제3종 분말인 제1인산암모늄(인산암모늄)이 화재면에서 분해하면 부착성이 좋은 메타인산(HPO_3)을 생성한다.

참고 • 제1인산암모늄(인산암모늄)의 분해반응식

$$NH_4H_2PO_4 \xrightarrow{\Delta} HPO_3 + NH_3\uparrow + H_2O$$

(인산암모늄) (메타인산) (암모니아) (물)

| 정답 | 33 ① 34 ② 35 ③ 36 ④ 37 ① 38 ④ 39 ④ 40 ②

41 공기 속에서 노란색 불꽃을 내면서 연소하는 것은?

① Li ② Na
③ K ④ Cu

해설 금속의 불꽃 반응색깔
Li(리튬) : 진한빨강, Na(나트륨) : 노랑, K(칼륨) : 보라, Cu(구리) : 청록

42 다음 중 Halon 번호가 잘못 짝지어진 것은?

① CF_2ClBr : Halon 1211
② CH_3CBr : Halon 101
③ CCl_4 : Halon 104
④ CH_3I : Halon 10001

해설 CH_3CBr의 Halon 번호 : 화학식이 존재하지 않음

43 히드록실아민을 취급하는 제조소에 두어야 하는 최소한의 안전거리(D)를 구하는 계산식으로 옳은 것은? (단, N은 해당 제조소에서 취급하는 히드록실아민의 지정수량 배수를 나타낸다.)

① $D(m) = \dfrac{55 \times N}{3}$
② $D(m) = \dfrac{40 \times N}{3}$
③ $D(m) = 62.1 \times \sqrt{N}$
④ $D(m) = 51.1 \times \sqrt[3]{N}$

해설 히드록실아민(NH_2OH) 안전거리(D)
$D(m) = 51.1 \times \sqrt[3]{N}$
(N : 지정수량의 배수)

44 위험성 예방을 위하여 물속에 저장하는 것은?

① 오황화린
② 칠황화린
③ 이황화탄소
④ 톨루엔

해설 이황화탄소(CS_2)는 제4류 위험물 중 특수인화물로서 독성이 강하며 물보다 무겁고 물에 녹지 않는 휘발성이 강한 인화성액체이므로 물속에 넣어 저장한다.

45 벤조일퍼옥사이드의 위험성에 대한 설명으로 틀린 것은?

① 상온에서 분해되며 수분이 흡수되면 폭발성을 가지므로 건조된 상태로 보관·운반한다.
② 가연성 물질과 접촉하면 발화의 위험이 높다.
③ 충격, 마찰 등에 의해 분해되어 폭발할 위험이 있다.
④ 강산에 의해 분해 폭발의 위험이 있다.

해설 벤조일퍼옥사이드[$(C_6H_5CO)_2O_2$]는 제5류 위험물(자기반응성물질) 중 유기과산화물이며 건조된 상태에서 분해·폭발의 위험이 있으므로 수분을 함유하거나 희석제를 첨가하여 저장·취급한다.

46 제5류 위험물의 운반용기의 외부에 표시하여야 하는 주의사항은?

① 화기엄금 및 충격주의
② 화기주의 및 충격엄금
③ 물기주의 및 화기주의
④ 물기엄금 및 화기엄금

해설 위험물 운반용기의 외부포장 표시 중 수납위험물의 주의사항
① 제1류 위험물 : 화기·충격주의, 가연물 접촉주의
- 알칼리금속의 과산화물 또는 이를 함유하는 것 : 화기·충격주의, 가연물 접촉주의, 물기엄금

② 제2류 위험물 : 화기주의
- 마그네슘, 철분, 금속분 또는 이를 함유하는 것 : 화기주의, 물기엄금
- 인화성고체 : 화기엄금

③ 제3류 위험물
- 금수성 물질 : 물기엄금
- 자연발화성 물질 : 화기엄금, 공기노출엄금

④ 제4류 위험물 : 화기엄금
⑤ 제5류 위험물 : 화기엄금, 충격주의
⑥ 제6류 위험물 : 가연물 접촉주의

| 정답 | 41 ② 42 ② 43 ④ 44 ③ 45 ① 46 ①

47 다음 ( ) 안에 알맞은 수치를 차례로 옳게 나열한 것은?

> 위험물암반탱크의 공간 용적은 당해 탱크 내에 용출하는 ( )일 간의 지하수 양에 상당하는 용적과 당해 탱크 내용적의 100분의 ( )의 용적 중에서 보다 큰 용적을 공간 용적으로 한다.

① 1, 5 ② 7, 5
③ 7, 1 ④ 1, 1

해설 위험물암반탱크의 공간 용적은 당해 탱크 내에 용출 하는 (7)일간의 지하수 양에 상당하는 용적과 당해 탱크 내용적의 100분의 (1)의 용적 중에서 보다 큰 용적을 공간 용적으로 한다.

48 [보기]의 위험물 중 비중이 물보다 큰 것은 모두 몇 개인가?

> [보기] 과염소산, 과산화수소, 질산

① 1 ② 0
③ 2 ④ 3

해설 [보기]의 3가지 위험물은 모두 비중이 1보다 크다.

참고 • 제6류 위험물(산화성액체)의 비중
과염소산 : 1.76, 과산화수소 : 1.465, 질산 : 1.49

49 위험물의 유별 구분이 나머지 셋과 다른 하나는?

① 니트로글리콜 ② 벤젠
③ 디니트로벤젠 ④ 아조벤젠

해설 위험물의 구분
① 니트로글리콜[$C_2H_4(ONO_2)_2$] : 제5류 위험물
② 벤젠(C_6H_6) : 제4류 위험물
③ 디니트로벤젠[$C_6H_4(NO_2)_2$] : 제5류 위험물
④ 아조벤젠($C_6H_5N=NC_6H_5$) : 제5류 위험물

50 니트로셀룰로오스의 안전한 저장을 위해 사용하는 물질은?

① 황산 ② 에탄올
③ 페놀 ④ 아닐린

해설 니트로셀룰로오스[$C_6H_7O_2(ONO_2)_3$]$_n$는 제5류 위험물(자기반응성 물질) 중 질산에스테르류에 해당되며 저장 중 분해하여 자연발화의 위험이 있으므로 함수알코올로 습면 시켜 저장한다.

51 탄소 80%, 수소 14%, 황 6%인 물질 1kg이 완전연소하기 위해 필요한 이론 공기량은 약 몇 kg인가? (단, 공기 중 산소는 23wt%이다.)

① 7.05 ② 11.62
③ 14.41 ④ 3.31

해설 이론공기량 $= \dfrac{2.133+1.12+0.06}{0.23} = 14.40\text{kg}$

탄소(80%), 수소(14%), 황(6%) 각각 1kg이 연소에 필요한 이론 산소량

탄소(C)$= \dfrac{32}{12} \times 0.8 = 2.133$

수소(H_2)$= \dfrac{16}{2} \times 0.14 = 1.12$

황(S)$= \dfrac{32}{32} \times 0.06 = 0.06$

52 열과 전기의 도체로 산과 알칼리에 녹아 수소를 발생하며 은백색의 광택을 가지는 연한 금속은?

① Fe ② Cs
③ Al ④ Sb

해설 양쪽성원소인 알루미늄(Al)은 산, 염기(알칼리)와 반응하여 수소(H_2)를 발생한다.

참고 • 알루미늄(Al)과 염산(HCl)의 반응식
$Al + HCl \rightarrow AlCl_3 + H_2\uparrow$
(알루미늄) (염산) (염화알루미늄) (수소)
• 알루미늄(Al)과 수산화나트륨(NaOH) 수용액의 반응식
$2Al + 2NaOH + 2H_2O$
(알루미늄) (수산화나트륨) (물)
$\rightarrow 2NaAlO_2 + 3H_2\uparrow$
(알루미늄산나트륨) (수소)

53 이산화탄소 소화기 사용 시 줄·톰슨 효과에 의해서 생성되는 물질은?

① 수성가스 ② 포스겐
③ 일산화탄소 ④ 드라이아이스

| 정답 | 47 ③ 48 ④ 49 ② 50 ② 51 ③ 52 ③ 53 ④ |

해설 줄·톰슨 효과 : 액화탄산가스가 작은 구멍을 통과하여 분출될 때 온도가 −80℃~−78℃로 급강하하여 고체 이산화탄소(CO_2)인 드라이아이스(Dry ice)가 되는 현상

54 **위험물제조소에서 다음과 같이 위험물을 취급하고 있는 경우 각각의 지정수량 배수의 총합은 얼마인가?**

- 브롬산나트륨 : 300kg
- 과산화나트륨 : 150kg
- 중크롬산나트륨 : 500kg

① 5.0 ② 3.5
③ 4.5 ④ 4.0

해설 지정수량 배수의 총합

$$= \frac{300kg}{300kg} + \frac{150kg}{50kg} + \frac{500kg}{1,000kg} = 4.5\text{배}$$

위험물의 지정수량
- 브롬산나트륨 : 300kg
- 과산화나트륨 : 50kg
- 중크롬산나트륨 : 1,000kg

55 **위험물을 취급함에 있어서 정전기가 발생할 우려가 있는 설비에 정전기를 유효하게 제거할 수 있는 방법이 아닌 것은?**

① 공기 중의 상대습도를 70% 이상으로 하는 방법
② 위험물의 유속을 높이는 방법
③ 공기를 이온화하는 방법
④ 접지에 의한 방법

해설 위험물의 유속을 높이면 정전기 발생이 증가한다.

참고 위험물안전관리법령에서 정하는 정전기 제거방법
- 공기 중의 상대습도를 70% 이상으로 하는 방법
- 공기를 이온화하는 방법
- 접지에 의한 방법

56 **위험물제조소등의 지위승계에 관한 설명으로 옳은 것은?**

① 시·도지사에게 신고하여야 하는 경우와 소방서장에게 신고하여야 하는 경우가 있다.
② 지위승계의 사유가 있는 날부터 14일 이내에 승계신고를 하여야 한다.
③ 양도는 승계사유지만 상속이나 법인의 합병은 승계사유에 해당하지 않는다.
④ 민사집행법에 의한 경매절차에 따라 제조소등 을 인수한 경우에는 지위승계신고를 한 것으로 간주한다.

해설 위험물안전관리법 제10조(제조소등 설치자의 지위승계)

① 제조소등의 설치자(제6조 제1항의 규정에 따라 허가를 받아 제조소등을 설치한 자를 말한다. 이하 같다)가 사망하거나 그 제조소등을 양도·인도한 때 또는 법인인 제조소등의 설치자의 합병이 있는 때에는 그 상속인, 제조소등을 양수·인수한 자 또는 합병 후 존속하는 법인이나 합병에 의하여 설립되는 법인은 그 설치자의 지위를 승계한다.
② 민사집행법에 의한 경매, 「채무자 회생 및 파산에 관한 법률」에 의한 환가, 국세징수법·관세법 또는 「지방세징수법」에 따른 압류재산의 매각과 그 밖에 이에 준하는 절차에 따라 제조소등의 시설의 전부를 인수한 자는 그 설치자의 지위를 승계한다.
③ 제1항 또는 제2항의 규정에 따라 제조소등의 설치자의 지위를 승계한 자는 행정안전부령이 정하는 바에 따라 승계한 날부터 30일 이내에 시·도지사에게 그 사실을 신고하여야 한다.

57 **1분자 내에 포함된 탄소의 수가 가장 많은 것은?**

① 아세트산
② 아세톤
③ 이황화탄소
④ 톨루엔

해설 1분자 내에 포함된 탄소의 수
① 아세트산 : CH_3COOH = 2개
② 아세톤 : CH_3COCH_3 = 3개
③ 이황화탄소 : CS_2 = 1개
④ 톨루엔 : $C_6H_5CH_3$ = 7개

58 **위험물안전관리법령상 소화전용 물통 8리터의 능력단위는 얼마인가?**

① 0.1 ② 0.3
③ 1.0 ④ 0.5

| 정답 | 54 ③ 55 ② 56 ④ 57 ④ 58 ②

해설 간이소화용구의 능력단위

소화설비	용 량	능력단위
소화전용 물통	8ℓ	0.3단위
수조(소화전용 물통 3개 포함)	80ℓ	1.5단위
수조(소화전용 물통 6개 포함)	190ℓ	2.5단위
마른모래(삽 1개 포함)	50ℓ	0.5단위
팽창질석 또는 팽창진주암(삽 1개 포함)	160ℓ	1단위

59 지방족 탄화수소가 아닌 것은?

① 프로판 ② 아세틸렌
③ 에탄 ④ 톨루엔

해설 프로판(C_3H_8), 아세틸렌(C_2H_2), 에탄(C_2H_6)과 같은 사슬식(쇄식)탄화수소를 지방족 탄화수소라 하며, 톨루엔($C_6H_5CH_3$)과 같이 벤젠(C_6H_6)핵을 가지는 고리식(환식)탄화수소를 방향족 탄화수소라 한다.

60 적린의 연소 시 흰 연기의 성분은?

① H_3PO_4 ② SO_2
③ P_2O_5 ④ H_2S

해설 적린(P)은 제2류 위험물(가연성고체)이며 연소하면 오산화린(P_2O_5)을 생성한다.

참고 • 적린(P)의 연소반응식

$$4P + 5O_2 \rightarrow 2P_2O_5$$

(적린) (산소) (오산화린)

정답 59 ④ 60 ③

위험물기능사 국가기술자격 필기시험(CBT 8회) 출제문제

2018년 7월 7일 시행

(시험시간 1시간)

01 다음 중 분자량이 약 220.19, 발화점이 약 100도이며 이황화탄소, 질산에 녹지만 물, 염산, 황산에 용해되지 않은 위험물은?

① 적린
② 오황화린
③ 황린
④ 삼황화린

해설 본문 내용 : 제2류 위험물(가연성고체)인 삼황화린(P_4S_3)

참고 삼산화린(P_4S_3)의 분자량 : 31×4+32×3=220

02 위험물안전관리법령상 불활성가스소화설비의 기준에서 전역방출방식의 이산화탄소 분사헤드의 방사압력은 저압식의 것에 있어서는 1.05MPa 이상이어야 한다고 규정하고 있다. 이 때 저압식의 것은 소화약제가 몇 ℃ 이하의 온도로 용기에 저장되어 있는 것을 말하는가?

① −18℃　② 10℃
③ 25℃　④ 0℃

해설 이산화탄소 저압식 약제탱크의 소화약제 저장온도 : −18℃ 이하

03 요오드값에 관한 설명 중 틀린 것은?

① 불포화결합이 많이 포함되어 있는 것이 건성유이다.
② 불포화 정도가 클수록 반응성이 작다.
③ 기름 100g에 흡수되는 요오드의 g수를 말한다.
④ 요오드값은 유지에 함유된 지방산의 불포화 정도를 나타낸다.

해설 요오드값이 크면 불포화도가 크며 반응성도 크다.

04 다음 중 제2류 위험물의 일반적인 취급 및 소화방법에 대한 설명으로 옳은 것은?

① 비교적 낮은 온도에서 착화되기 쉬우므로 고온체와 접촉시킨다.
② 인화성액체(4류)와의 혼합을 피하고, 산화성 물질(1류, 6류)과 혼합하여 저장한다.
③ 금속분, 철분, 마그네슘, 황화린은 물에 의한 냉각소화가 적당한다.
④ 저장용기를 밀봉하고 위험물의 누출을 방지하여 통풍이 잘되는 냉암소에 저장한다.

해설 제2류 위험물(가연성고체)은 고온체와의 접촉을 피하여야 하며 일반적으로 제4류 위험물(인화성액체)과의 혼합은 무관하나 제1류, 제3류, 제6류 위험물과의 혼합은 위험하므로 저장용기를 밀봉하고 위험물의 누출을 방지하기 위하여 통풍이 잘되는 냉암소에 저장한다.

05 위험물제조소의 기준에 있어서 위험물을 취급하는 건축물의 구조로 적당하지 않은 것은?

① 벽·기둥·바닥·보·서까래는 불연 재료로 하여야 한다.
② 출입구는 연소의 우려가 있는 외벽에 설치하는 경우 을종방화문을 설치하여야 한다.
③ 지붕은 폭발력이 위로 방출될 정도의 가벼운 불연 재료로 덮는다.
④ 연소의 우려가 있는 외벽은 내화구조의 벽으로 하여야 한다.

해설 위험물제조소 건축물의 구조 중 출입구는 연소의 우려가 있는 외벽에 설치하는 경우 자동폐쇄식의 갑종방화문을 설치하여야 한다.

| 정답 | 01 ④　02 ①　03 ②　04 ④　05 ②

06 착화온도 600도의 의미는? (단, 공기 중임을 가정한다.)

① 600도로 가열하면 점화원이 있으면 연소한다.
② 600도로 가열하면 비로소 인화된다.
③ 600도 이하에서는 점화원이 있어도 인화하지 않는다.
④ 600도로 가열하면 가열된 열만 가지고 스스로 연소가 시작된다.

해설 착화점 : 가연물을 가열할 때 가열된 열만을 가지고 스스로 연소가 시작되는 최저온도

07 자기반응성 물질로 주위의 산소 공급 없이도 연소가 가능한 위험물은?

① 이황화탄소 ② 알킬알루미늄
③ 니트로글리세린 ④ 유황

해설 자기반응성 물질은 제5류 위험물을 말한다.

참고
- 이황화탄소(CS_2) : 인화성액체(제4류 위험물)
- 알킬알루미늄 : 자연발화성 물질(제3류 위험물)
- 니트로글리세린[$C_3H_5(ONO_2)_3$] : 자기반응성 물질(제5류 위험물)
- 유황(S) : 가연성고체(제2류 위험물)

08 다음 위험물 중 물과 반응하여 산소를 내는 것은?

① 과산화칼륨 ② 과염소산칼륨
③ 염소산칼륨 ④ 아염소산칼륨

해설 제1류 위험물(산화성고체) 중 물과 반응하여 산소(O_2)를 발생하는 것은 알칼리금속의 과산화물로서 과산화칼륨(K_2O_2)이 이에 해당한다.

09 제1류 위험물 중의 과산화칼륨을 다음과 같이 반응시켰을 때 공통적으로 발생되는 기체는?

ㄱ. 물과 반응을 시켰다. ㄴ. 가열하였다. ㄷ. 탄산가스와 반응시켰다.

① 이산화황 ② 수소
③ 이산화탄소 ④ 산소

해설 과산화칼륨(K_2O_2)은 제1류 위험물(산화성고체) 알칼리금속의 과산화물이며, 물과 반응, 가열, 탄산가스(CO_2)와 반응하면 모두 산소(O_2)를 발생한다.

참고 과산화칼륨(K_2O_2)의 화학반응식
- 과산화칼륨(K_2O_2)과 물(H_2O)과의 반응식

$$2K_2O_2 + 2H_2O \rightarrow 4KOH + O_2\uparrow$$

(과산화칼륨) (물) (수산화칼륨) (산소)

- 과산화칼륨(K_2O_2)의 열분해 반응식

$$2K_2O_2 \xrightarrow[\Delta]{} 2KO_2 + O_2\uparrow$$

(과산화칼륨) (산화칼륨) (산소)

- 과산화칼륨(K_2O_2)과 이산화탄소(CO_2)와의 반응식

$$2K_2O_2 + 2CO_2 \rightarrow 2K_2CO_3 + O_2\uparrow$$

(과산화칼륨) (이산화탄소) (탄산칼륨) (산소)

10 압력수조를 이용한 옥내소화전설비의 가압송수장치에서 압력수조의 최소압력(MPa)은? (단, 소방용 호스의 마찰손실 수두압 : 3MPa, 배관의 마찰손실 수두압 : 1MPa, 낙차의 환산 수두압 : 1.35 MPa)

① 5.35 ② 5.70
③ 6.00 ④ 6.35

해설 압력수조의 필요압력(MPa)

$P = p1 + p2 + p3 + 0.35MPa$

p1 : 소방용호스의 마찰손실수두압(단위 MPa)
p2 : 배관의 마찰손실수두압(단위 MPa)
p3 : 낙차의 환산수두압(단위 MPa)
0.35MPa : 소화전 노즐의 방사압력

$\therefore P = 3MPa + 1MPa + 1.35MPa + 0.35MPa$
$= 5.70MPa$

11 위험물안전관리법령에 명시된 아세트알데히드의 옥외저장탱크에 필요한 설비가 아닌 것은?

① 불활성기체를 봉입하는 장치
② 보냉장치
③ 냉각장치
④ 동 합금 배관

해설 아세트알데히드(CH_3CHO)는 제4류 위험물(인화성액체) 중 특수인화물이며 저장 시 구리(동Cu), 은(Ag), 수은(Hg), 마그네슘(Mg) 및 이를 함유한

▌정답▐ 06 ④ 07 ③ 08 ① 09 ④ 10 ② 11 ④

금속과 반응하므로 옥외저장탱크의 재질로 사용하지 못한다.

12 다음 중 Halon 번호가 옳게 짝지어진 것은?

① CH_3Br – Halon 101
② CH_3I – Halon 1001
③ CCl_4 – Halon 1004
④ CF_3Br – Halon 1301

해설 할론 넘버 : C, F, Cl, Br, I의 개수로 표시한다.
CH_3Br : Halon 1001
CH_3I : Halon 10001
CCl_4 : Halon 104
CF_3Br : Halon 1301

13 제5류 위험물 취급 시 일반적인 주의사항으로 다음 중 가장 거리가 먼 것은?

① 화기의 접근을 피한다.
② 마찰과 충격을 피한다.
③ 물과 격리하여 저장한다.
④ 통풍이 잘되는 냉암소에 저장한다.

해설 제5류 위험물(자기반응성 물질)의 화재에는 다량의 주수에 의한 냉각소화를 하므로 물과 격리하여 저장하지 아니하여도 된다.

14 대형 수동식소화기의 설치기준은 방호대상물의 각 부분으로부터 하나의 대형 수동식소화기까지의 보행거리가 몇 m 이하가 되도록 설치하여야 하는가?

① 30　② 20
③ 10　④ 5

해설 소화기 설치기준
대형 수동식소화기 : 보행거리 30m 이하
소형 수동식소화기 : 보행거리 20m 이하

15 다음 중 모두 고체로만 이루어진 위험물은?

① 제3류 위험물, 제5류 위험물
② 제2류 위험물, 제3류 위험물
③ 제1류 위험물, 제5류 위험물
④ 제1류 위험물, 제2류 위험물

해설 위험물의 성질에서 제1류 위험물은 산화성고체, 제2류 위험물은 가연성고체이다.

위험물의 상태 : 제3류 위험물(고체 및 액체), 제5류 위험물(고체 및 액체), 제2류 위험물(고체), 제1류 위험물(고체)

16 탄화칼슘 60,000kg을 소요단위로 산정하면 몇 단위인가?

① 10단위　② 20단위
③ 30단위　④ 40단위

해설 $소요단위 = \frac{60,000kg}{300kg \times 10} = 20단위$
위험물의 1소요단위는 지정수량의 10배
탄화칼슘의 지정수량은 300kg이다.

17 지정수량이 200kg인 물질은?

① 과산화벤조일　② 질산
③ 질산메틸　④ 피크린산

해설 위험물의 지정수량
- 과산화벤조일[$(C_6H_5CO)_2O_2$] : 10kg
- 질산(HNO_3) : 300kg
- 질산메틸(CH_3ONO_2) : 10kg
- 피크린산[$(C_6H_2OH(NO_2)_3$] : 200kg

18 연소가 일어나려면 가연물, 산소공급원, 점화원이 필요하다. 다음 중 점화원으로 적합하지 않은 것은?

① 마찰에 의한 점화　② 충격에 의한 점화
③ 가열에 의한 점화　④ 흡수에 의한 점화

해설 흡수에 의한 점화는 점화원에 해당되지 않다.

19 위험물 운반 시 혼재가 가능한 것은? (단, 지정수량 10배의 위험물인 경우이다.)

① 제5류 위험물과 제6류 위험물
② 제1류 위험물과 제5류 위험물
③ 제2류 위험물과 제5류 위험물
④ 제1류 위험물과 제2류 위험물

| 정답 | 12 ④　13 ③　14 ①　15 ④　16 ②　17 ④　18 ④　19 ③

해설 제1류 위험물(산화성고체)은 제6류 위험물(산화성액체)하고만 혼재할 수 있다.

참고 • 유별을 달리하는 위험물의 혼재기준
(암기법: (사)이삼, (오)이사, (육)하나)

위험물의 구분	제1류	제2류	제3류	제4류	제5류	제6류
제1류	＼	×	×	×	×	○
제2류	×	＼	×	○	○	×
제3류	×	×	＼	○	×	×
제4류	×	○	○	＼	○	×
제5류	×	○	×	○	＼	×
제6류	○	×	×	×	×	＼

"×"표시는 혼재할 수 없음을 표시한다.
"○"표시는 혼재할 수 있음을 표시한다.
이 표는 지정수량의 $\frac{1}{10}$ 이하의 위험물에 대하여는 적용하지 아니한다.

20 **금속칼륨이 물과 반응하였을 때 생성되는 가스는?**

① 수소가스 ② 탄산가스
③ 일산화탄소 ④ 아세틸렌가스

해설 금속칼륨(K)은 제3류 위험물 중 금수성 물질이므로 물(H_2O)과 접촉하면 격렬히 반응하며 수산화칼륨(KOH)과 수소(H_2)를 발생한다.

참고 • 칼륨(K)과 물(H_2O)과의 반응식

$$2K + 2H_2O \rightarrow 2KOH + H_2\uparrow$$
(칼륨) (물) (수산화칼륨) (수소)

21 **메탄올과 비교한 에탄올의 성질에 대한 설명 중 틀린 것은?**

① 인화점이 낮다. ② 비점이 높다.
③ 발화점이 낮다. ④ 증기비중이 크다.

해설 제4류 위험물(인화성액) 알코올류에서 에탄올(C_2H_5OH)의 인화점은 13℃로 메탄올(CH_3OH)의 인화점 11℃보다 높다.

22 **제5류 위험물을 저장할 때 주의하여야 할 사항 중 틀린 것은?**

① 통기가 잘 되는 곳에 저장한다.
② 불꽃과의 접촉을 피한다.
③ 건조를 위해 온도가 높은 곳에 저장한다.
④ 심한 충격과 마찰을 피하도록 한다.

해설 제5류 위험물(자기반응성 물질)을 포함한 모든 위험물은 전반적으로 통풍이 잘되며 온도가 낮은 냉암소에 저장한다.

23 **물의 융용잠열은 약 몇 cal/g인가?**

① 32 ② 539
③ 180 ④ 80

해설 물의 융용잠열은 얼음의 융해잠열과 같은 의미로 80cal/g이다.

24 **과산화나트륨에 대한 설명으로 틀린 것은?**

① 알코올에 녹아 산소를 발생시킨다.
② 상온에서 물과 격렬하게 반응한다.
③ 흡습성이 강하고 조해성이 있다.
④ 비중이 약 2.8이다.

해설 과산화나트륨(Na_2O_2)은 제1류 위험물(산화성고체) 중 알칼리금속의 과산화물로서 알코올에 녹지 않으며 물과 반응하여 산소(O_2)를 발생한다.

25 **1몰의 이황화탄소가 고온의 물과 완전 반응하여 생성되는 황화수소의 부피는 표준상태에서 얼마인가?**

① 22.4ℓ
② 44.8ℓ
③ 134.4ℓ
④ 67.2ℓ

해설 이황화탄소(CS_2)는 제4류 위험물(인화성액체) 특수인화물이며 1몰의 이황화탄소(CS_2)가 고온의 물(150℃)과 완전 반응하면 1몰의 이산화탄소(CO_2)와 2몰의 황화수소(H_2S)를 생성한다.
모든 기체 1몰은 표준상태에서 22.4ℓ의 체적을 가지므로 황화수소(H_2S) 2몰의 체적은 44.8ℓ가 된다.

참고 • 이황화탄소(CS_2)와 가열된 물(150℃)과의 반응식

$$CS_2 + 2H_2O \rightarrow CO_2\uparrow + 2H_2S\uparrow$$
(이황화탄소) (물) (이산화탄소) (황화수소)

| 정답 | 20 ① 21 ① 22 ③ 23 ④ 24 ① 25 ②

26 다음 괄호 안에 들어갈 알맞은 단어는?

> 보냉장치가 있는 이동저장탱크에 저장하는 아세트알데히드 등 또는 디에틸에테르 등의 온도는 당해 위험물의 ( ) 이하로 유지하여야 한다.

① 비점　② 인화점
③ 융해점　④ 발화점

해설 보냉장치가 있는 이동저장탱크에 저장하는 아세트알데히드 등 또는 디에틸에테르 등의 온도는 당해 위험물의 비점 이하로 유지하여야 한다.

27 위험물의 운반에 관한 기준에 따라 다음의 (A)와 (B)에 적합한 것은?

> 액체위험물은 운반용기의 내용적의 (A) 이하의 수납율로 수납하되 (B)의 온도에서 누설되지 않도록 충분한 공간용적을 유지하여야 한다.

① A : 95%, B : 55℃
② A : 98%, B : 55℃
③ A : 98%, B : 40℃
④ A : 95%, B : 40℃

해설 액체위험물은 운반용기의 내용적의 (98%) 이하의 수납율로 수납하되 (55℃)의 온도에서 누설되지 않도록 충분한 공간용적을 유지하여야 한다.

28 1기압에서 인화점이 70도 이상, 200도 미만인 위험물은 어디에 속하는가? (단, 도료류 그 밖의 물품은 가연성액체량이 40중량% 이하인 것은 제외한다.)

① 제1석유류　② 제2석유류
③ 제3석유류　④ 제4석유류

해설 본문내용 : 제4류 위험물(인화성액체) 제3석유류의 성상에 의한 품목의 기준

29 제6류 위험물에 해당하지 않는 것은?

① 비중이 1.5인 질산
② 삼불화브롬
③ 과요오드산
④ 농도가 50wt%인 과산화수소

해설 과요오드산(HIO_4)은 제1류 위험물(산화성고체)중 그 밖에 행정안전부령으로 정하는 것에 해당된다.

30 다음 위험물 중 제4석유류로 지정되어 있는 품목은?

① 중유
② 등유
③ 크레오소트유
④ 실린더유

해설 제4류 위험물(인화성액체) 중 제4석유류의 지정품목 : 기어유, 실린더유

31 디에틸에테르에 관한 설명 중 틀린 것은?

① 전도성 도체이므로 정전기 축적이 용이하다.
② 공기와 장시간 접촉하면 폭발성의 과산화물이 생성된다.
③ 휘발성이 매우 높고 마취성을 가진다.
④ 무색투명한 유동성의 액체이다.

해설 디에틸에테르($C_2H_5OC_2H_5$)는 제4류 위험물(인화성액체) 중 특수인화물을 대표하며 전기의 부도체이므로 정전기의 축적이 용이하다.

참고 전기의 도체는 정전기를 축적할 수 없다.

32 이황화탄소의 설명으로 적합하지 않은 것은?

① 물에 잘 녹지 않는다.
② 연소 시 유독한 CO가 주로 발생한다.
③ 유지, 수지, 생고무, 황 등을 녹인다.
④ 알칼리금속류와 접촉하면 발화 혹은 폭발위험이 있다.

해설 이황화탄소(CS_2)는 제4류 위험물(인화성액체) 특수인화물이며 이황화탄소(CS_2)가 연소하면 CO_2(이산화탄소)와 SO_2(이산화황)를 발생한다.

참고 • 이황화탄소(CS_2)의 연소반응식

$$\underset{(이황화탄소)}{CS_2} + \underset{(산소)}{3O_2} \rightarrow \underset{(이산화탄소)}{CO_2\uparrow} + \underset{(이산화황)}{2SO_2\uparrow}$$

| 정답 | 26 ① 27 ② 28 ③ 29 ③ 30 ④ 31 ① 32 ②

33 분말소화설비의 기준에서 분말소화약제 중 제1종 분말에 해당하는 것은?

① 인산염을 주성분으로 한 분말
② 탄산수소칼륨과 요소가 혼합된 분말
③ 탄산수소나트륨을 주성분으로 한 분말
④ 탄산수소칼륨을 주성분으로 한 분말

해설 분말소화약제의 종류
- 제1종 분말소화기 : 탄산수소나트륨(Na_2CO_3)
- 제2종 분말소화기 : 탄산수소칼륨($KHCO_3$)
- 제3종 분말소화기 : 제1인산암모늄($NH_4H_2PO_4$)
- 제4종 분말소화기 : 탄산수소칼륨($KHCO_3$)과 요소[$(NH_2)_2CO$]

34 셀룰로이드류를 다량으로 저장하는 경우 가장 적절한 저장소는?

① 습도가 높고, 온도가 낮은 곳
② 습도가 낮고, 온도가 높은 곳
③ 통풍이 좋고, 온도가 낮은 곳
④ 통풍이 없고, 온도가 높은 곳

해설 위험물은 일반적으로 통풍이 잘되는 찬 곳에 저장한다.

35 다음 중 인화점이 가장 낮은 것은?

① 벤젠 ② 메틸에틸케톤
③ 아세톤 ④ 톨루엔

해설 제4류 위험물(인화성액체)의 인화점
- 벤젠(C_6H_6) : −11℃
- 메틸에틸케톤($CH_3COC_2H_5$) : −1℃
- 아세톤(CH_3COCH_3) : −18℃
- 톨루엔($C_6H_5CH_3$) : 4℃

36 과망간산칼륨($KMnO_4$)에 대한 설명이다. 옳은 것은?

① 물에 잘 녹은 흑자색의 결정이다.
② 에탄올, 아세톤에 녹지 않는다.
③ 물에 녹았을 때는 진한 노란색을 띤다.
④ 강알칼리와 반응하여 수소를 방출하며 폭발한다.

해설 과망간산칼륨($KMnO_4$)은 제1류 위험물(산화성고체)에 속하며 흑자색 결정으로 물(H_2O)에 녹아서 진한 보라색(자주색)을 띠며 에탄올(C_2H_5OH), 아세톤(CH_3COCH_3)에 녹으며 접촉하여 놓아두면 폭발의 위험이 있으며 강알칼리와 반응하면 발생기 산소(O)를 발생하며 폭발의 위험은 없다.

37 제2류 위험물에 대한 설명 중 틀린 것은?

① 오황화린은 CS_2에 녹는다.
② 칠황화린은 뜨거운 물에 분해되어 이산화황을 발생한다.
③ 삼황화린은 가연성 물질이다.
④ 유황은 물에 녹지 않는다.

해설 제2류 위험물(가연성고체)인 칠황화린(P_4S_7)은 물(H_2O)에 분해되어 황화수소(H_2S), 인산(H_3PO_4), 아인산(H_3PO_3)이 된다.

38 과염소산 염류의 공통된 성질은?

① 특정물질과 혼합 시 마찰 혹은 충격에 안전하지 못하다.
② 산화되기 쉽다.
③ 물을 가하면 격렬히 화학적으로 반응된다.
④ 흑색의 침상결정이다.

해설 과염소산 염류는 제1류 위험물(산화성고체)로서 일반적으로 무색의 결정이며 물에 잘 녹으며 강산화제이므로 자신은 환원되기 쉽고 가열, 충격에 의하여 분해되며 가연물과 혼합 시 조그만 자극으로 연소 내지는 폭발한다.

39 위험물안전관리법령에서 정한 경보설비가 아닌 것은?

① 자동화재탐지설비 ② 비상방송설비
③ 비상경보설비 ④ 비상조명설비

해설 비상조명설비는 피난설비에 해당된다.

40 과염소산칼륨을 400도 이상으로 가열하면 분해되면서 발생하는 가스는?

① 수소 ② 질소
③ 탄산가스 ④ 산소

| 정답 | 33 ③ 34 ③ 35 ③ 36 ① 37 ② 38 ① 39 ④ 40 ④

해설 • 과염소산칼륨($KClO_4$)의 열분해반응식

$KClO_4$ → KCl + $2O_2$ ↑
(과염소산칼륨) (염화칼륨) (산소)

41 분말소화약제의 일반적인 특성에 대한 설명으로 틀린 것은?

① 질식효과에 의한 소화효과가 있다.
② 분말소화약제 자체는 독성이 없다.
③ 이산화탄소와는 달리 별도의 추진가스가 필요하다.
④ 칼륨, 나트륨 등에 대해서는 인산염류 소화기의 효과가 우수하다.

해설 제3류 위험물 중 금수성 물질인 칼륨(K), 나트륨(Na) 등의 화재에는 금속화재용 분말인 탄산수소염류분말소화기를 사용하며, 인산염류 분말은 효과가 없다.

42 아세트알데히드와 아세톤의 성질을 설명한 것이다. 틀린 것은?

① 증기는 공기보다 모두 무겁다.
② 모두 무색 액체로서 인화점이 낮다.
③ 모두 물에 잘 녹는다.
④ 모두 특수인화물로 반응성이 크다.

해설 아세트알데히드(CH_3CHO)는 제4류 위험물(인화성액체) 중 특수인화물이며 아세톤(CH_3COCH_3)은 제1석유류이다.

43 다음 중 위험물안전관리법령상 위험물제조소와의 안전거리가 가장 먼 것은?

① 「의료법」에 따른 병원급 의료기관
② 「고등교육법」에서 정하는 학교
③ 「고압가스 안전관리법」에 의하여 허가를 받은 고압가스 제조시설
④ 「문화재보호법」에 의한 유형문화재와 기념물 중 지정 문화재

해설 위험물제조소와 안전거리가 가장 먼 곳은 문화재보호법에 의한 유형문화재와 기념물 중 지정문화재와의 거리이다.

참고 위험물 제조소등의 안전거리
- 특고압가공전선(7,000V 초과 35,000V 이하) : 3m 이상
- 특고압가공전선(35,000V 초과) : 5m 이상
- 건축물과 그 밖의 공작물로서 주거용으로 사용되는 곳(제조소가 설치된 부지 내에 있는 것을 제외한다) : 10m 이상
- 고압가스, 액화석유가스, 도시가스를 제조·저장 또는 취급하는 시설 : 20m 이상
- 학교·병원·극장(300인 이상), 아동복지시설 등 다수인이 출입하는 곳(20명 이상) : 30m 이상
- 유형문화재 및 기념물 중 지정문화재 : 50m 이상

44 H_2O_2에 대한 설명 중 틀린 것은?

① 무기과산화물이다.
② 5% 이상이면 위험물로 취급된다.
③ 표백제, 소독제로 쓰인다.
④ 구멍 뚫린 마개를 사용하여 보관한다.

해설 H_2O_2(과산화수소) : 무기과산화물이지만 제6류 위험물(산화성 액체)에 속하며 제6류 위험물(산화성 액체)로서 농도가 36w% 이상일 경우 위험물에 해당된다.

45 위험물안전관리법령상 품명이 유기금속화합물에 속하지 않는 것은?

① 트리에틸갈륨 ② 트리에틸알루미늄
③ 디에틸아연 ④ 트리에틸인듐

해설 제3류 위험물 중 유기금속화합물은 금수성물질 및 자연발화성 물질로서 알킬알루미늄과 알킬리튬은 제외한다. 제3류 위험물 중 트리에틸알루미늄[$(C_2H_5)_3Al$]은 알킬알루미늄에 속한다.

참고 유기금속화합물의 화학식
- 트리에틸갈륨 : $(C_2H_5)_3Ga$
- 디에틸아연 : $(C_2H_5)_2Zn$
- 트리에틸인듐 : $(C_2H_5)_3In$

46 다음 위험물 중 상온에서 액체인 것은?

① 질산에틸 ② 트리니트로톨루엔
③ 셀룰로이드 ④ 피크린산

| 정답 | 41 ④ 42 ④ 43 ④ 44 ② 45 ② 46 ①

해설 질산에틸($C_2H_5ONO_2$)은 제5류 위험물(자기반응성 물질) 중 질산에스테르류에 해당하며 질산(HNO_3)과 에틸알코올(C_2H_5OH)의 에스테르로서 액체 상태의 위험물이다.

47 유기과산화물의 화재 예방상 주의사항으로 틀린 것은?

① 직사광선을 피하고 냉암소에 저장한다.
② 불꽃, 불티 등의 화기 및 열원으로부터 멀리한다.
③ 산화제와 접촉하지 않도록 주의한다.
④ 대형화재 시 분말소화기를 이용한 질식소화가 유효하다.

해설 유기과산화물은 제5류 위험물(자기반응성 물질)이므로 대형화재 시 주수에 의한 냉각소화가 유효하다.

48 산화프로필렌의 위험성에 대한 설명으로 틀린 것은?

① 산화프로필렌의 증기나 액체는 구리, 은, 마그네슘 등의 금속과의 접촉을 피해야 한다.
② 탱크에 저장하거나 용기에 수납할 때에는 질소 등의 불연성 가스를 채워둔다.
③ 증기압이 대단히 낮으므로 위험도가 크다.
④ 장시간 노출되면 동상, 폐부종 등의 위험이 있다.

해설 산화프로필렌(OCH_2CHCH_3)은 제4류 위험물(인화성액체) 중 특수인화물에 해당하며 증기압이 대단히 높으므로 저장취급 시 탱크의 온도상승에 주의하여야 하며 피부와 접촉 시 동상과 같은 현상이 있으며 장시간 흡입 시 폐부종을 일으키는 위험이 있다.

49 다음 중 화재 시 사용하면 독성의 $COCl_2$가스를 발생시킬 위험이 가장 높은 물질은?

① 액화이산화탄소 ② 공기포
③ 사염화탄소 ④ 제1종 분말

해설 할론 소화약제인 사염화탄소(CCl_4)를 소화기로 사용할 경우 유독한 포스겐($COCl_2$)이 발생한다.

50 다음 중 [보기]와 같은 성상을 갖는 물질은?

> ㉠ 은백색 광택의 무른 경금속으로 포타슘이라고도 부른다.
> ㉡ 공기 중에서 수분과 반응하여 수소가 발생한다.
> ㉢ 융점이 약 63.5도이고, 비중은 약 0.857이다.

① 칼륨 ② 나트륨
③ 알킬리튬 ④ 알킬알루미늄

해설 Potassium(포타슘) = Kalium(칼륨)

51 시·도의 조례가 정하는 바에 따라 관할소방서장의 승인을 받아 지정수량 이상의 위험물을 제조소등이 아닌 장소에서 임시로 저장 또는 취급하는 기간은 최대 며칠 이내인가?

① 90 ② 120
③ 30 ④ 60

해설 지정수량이상의 위험물을 임시로 저장 또는 취급하는 기간 : 90일 이내

52 질산에 대한 설명 중 옳은 것은?

① 적갈색의 고체이다.
② 햇빛에 의해 분해되므로 보관 시 직사광선을 차단한다.
③ 가열하여도 분해되지 않는다.
④ 금속을 부식시키지 않는다.

해설 질산(HNO_3)은 햇빛에 의해 분해되어 이산화질소(NO_2)와 산소(O_2)를 발생하므로 보관 시 갈색의 차광병에 넣어 저장한다.

참고 • 질산(HNO_3)의 분해반응식

$$\underset{(질산)}{4HNO_3} \rightarrow \underset{(물)}{2H_2O} + \underset{(이산화질소)}{4NO_2} + \underset{(산소)}{O_2\uparrow}$$

53 위험물안전관리법에서 정의하는 "제조소등"에 해당되지 않는 것은?

① 저장소 ② 판매소
③ 취급소 ④ 제조소

해설 제조소등 : 제조소, 저장소, 취급소

| 정답 | 47 ④ 48 ③ 49 ② 50 ① 51 ① 52 ② 53 ②

54 다음 설명 중 인화석회(인화칼슘)의 성질로 옳은 것은?

① 물보다 약간 가볍다.
② 백색 괴상의 고체이다.
③ 알코올에 잘 녹는다.
④ 물과 반응하여 포스핀을 발생한다.

해설 인화칼슘(Ca_3P_2)은 제3류 위험물 중 금수성 물질이며 비중은 2.51로 물보다 무거우며 적갈색 괴상의 고체이다.

참고 • 인화칼슘(Ca_3P_2)과 물(H_2O)과의 반응식
Ca_3P_2 (인화칼슘) $+ 6H_2O$ (물) $\rightarrow 2PH_3 \uparrow$ (포스핀) $+ 3Ca(OH)_2$ (수산화칼슘) $+$ Q kcal (발열반응)

55 다음 위험물 중 비중이 물보다 큰 것은?

① 아세트알데히드
② 디에틸에테르
③ 이황화탄소
④ 산화프로필렌

해설 위험물 중 비중
• 아세트알데히드(CH_3CHO) : 0.78
• 디에틸에테르($C_2H_5OC_2H_5$) : 0.72
• 이황화탄소(CS_2) : 1.26
• 산화프로필렌(OCH_2CHCH_3) : 0.83

56 니트로글리세린 4mol이 연소할 때 발생하는 기체의 부피는 약 몇 ℓ인가? (단, 표준상태에서 이상기체로 가정한다.)

① 6,496 ② 649.6
③ 64.96 ④ 6.496

해설 표준상태에서 기체 1mol의 체적은 22.4ℓ이므로 발생기체의 부피=29mol×22.4ℓ/mol=649.6ℓ

참고 • 니트로글리세린[$C_3H_5(ONO_2)_3$]의 분해반응식
$4C_3H_5(ONO_2)_3$ (니트로글리세린) $\rightarrow 12CO_2 \uparrow$ (이산화탄소) $+ 10H_2O \uparrow$ (수증기) $+ 6N_2 \uparrow$ (질소) $+ O_2 \uparrow$ (산소)

니트로글리세린 4mol이 연소할 때 발생기체의 mol 수 : CO_2=12mol, H_2O(수증기)=10mol, N_2=6mol, O_2=1mol, 총 mol 수는 29mol

57 다음 중 물이 소화약제로 쓰이는 이유로 거리가 먼 것은?

① 쉽게 구할 수 있다.
② 제거소화가 잘 된다.
③ 기화잠열이 크다.
④ 취급이 간편하다.

해설 물의 소화효과는 주수에 의한 냉각소화효과이며 물은 제거소화효과에 적응성이 없다.

58 인화점 70℃ 이상의 제4류 위험물을 저장하는 암반탱크저장소에 설치하여야 하는 소화설비로만 이루어진 것은? (단, 소화난이도 등급 Ⅰ에 해당된다.)

① 물분무소화설비 또는 고정식 포소화설비
② 불활성가스소화설비 또는 물분무소화설비
③ 고정식포소화설비 또는 할로겐화합물소화설비
④ 할로겐화합물소화설비 또는 불활성가스소화설비

해설 해당소화설비 : 물분무소화설비 또는 고정식 포소화설비

참고 소화난이도등급 Ⅰ의 제조소 등에 설치하여야 하는 소화설비(요약)

제조소등의 구분		소화설비
암반 탱크 저장소	유황만을 저장·취급하는 것	물분무소화설비
	인화점 70℃ 이상의 제4류 위험물만을 저장·취급하는 것	물분무소화설비 또는 고정식 포소화설비
	그 밖의 것	고정식 포소화설비 (포소화설비가 적응성이 없는 경우에는 분말소화설비)

Ⅰ정답Ⅰ 54 ④ 55 ③ 56 ② 57 ② 58 ①

59 **제2류 위험물인 마그네슘에 대한 설명으로 옳지 않은 것은?**

① 가연성고체로 산소와 반응하여 산화반응을 한다.

② 화재 시 이산화탄소 소화약제로 소화가 가능하다.

③ 주수소화를 하면 가연성의 수소가스가 발생한다.

④ 2mm 체를 통과한 분말은 위험물에 해당한다.

해설 화재 시 이산화탄소 소화약제로 소화하면 폭발한다.

참고 • 마그네슘(Mg)과 이산화탄소(CO_2)의 폭발반응식

$2Mg + CO_2 \rightarrow 2MgO + C$

(마그네슘) (이산화탄소) (산화마그네슘) (탄소)

60 **아세톤, 메탄올, 피리딘 및 아세트알데히드 등의 공통된 성질은?**

① 모두 액체로 무취이다.

② 인화점이 0℃ 이하이다.

③ 모두 분자 내 산소를 함유하고 있다.

④ 모두 물에 녹는다.

해설 제4류 위험물(인화성액체) 인 아세톤(CH_3COCH_3), 메탄올(CH_3OH), 피리딘(C_5H_5N) 및 아세트알데히드(CH_3CHO)는 모두 수용성이며, 각각의 특유취가 있고 인화점이 0℃ 이상인 메탄올(11℃)과 피리딘(20℃)이 있으며, 피리딘(C_5H_5N)의 분자구조에는 산소(O)를 포함하지 않는다.

I 정답 I 59 ② 60 ④

위험물기능사 국가기술자격 필기시험(CBT 9회) 출제문제

2018년 9월 8일 시행

(시험시간 1시간)

01 제조소등에서 위험물을 유출시켜 사람의 신체 또는 재산에 대하여 위험을 발생시킨 자에 대한 벌칙기준으로 옳은 것은?

① 1년 이상 7년 이하의 징역
② 1년 이상 5년 이하의 징역
③ 1년 이상 10년 이하의 징역
④ 1년 이상 3년 이하의 징역

해설 위험물안전관리법 제33조(벌칙)
① 제조소등에서 위험물을 유출·방출 또는 확산시켜 사람의 생명·신체 또는 재산에 대하여 위험을 발생시킨 자는 1년 이상 10년 이하의 징역에 처한다.
② 제1항의 규정에 따른 죄를 범하여 사람을 상해(傷害)에 이르게 한 때에는 무기 또는 3년 이상의 징역에 처하며, 사망에 이르게 한 때에는 무기 또는 5년 이상의 징역에 처한다.

02 Ca_3P_2 600kg을 저장하려 한다. 지정수량의 배수는 얼마인가?

① 2배 ② 4배
③ 3배 ④ 5배

해설
지정수량의 배수$=\dfrac{600kg}{300kg}=$2배
Ca_3P_2(인화칼슘)은 인화석회라 하며 제3류 위험물 중 금수성물질로 지정수량은 300kg이다.

03 포소화약제의 혼합방식 중 펌프와 발포기 중간에 설치된 벤츄리관의 벤츄리작용에 의하여 포소화약제를 혼합하는 방식은?

① 프레져 사이드 프로포셔너방식
② 펌프 프로포셔너방식
③ 라인 프로포셔너방식
④ 압축공기포 믹싱챔버방식

해설 본문의 설명: 라인 프로포셔너방식

참고 포소화설비 소화약제 혼합방식
- 펌프 프로포셔너 : 펌프의 토출관과 흡입관 사이의 배관 도중에 설치한 흡입기에 펌프에서 토출된 물의 일부를 보내고, 농도조절밸브에서 조정된 포 소화약제의 필요량을 포소화약제 탱크에서 펌프 흡입측으로 보내어 이를 혼합하는 방식
- 프레져 프로포셔너 : 펌프와 발포기의 중간에 설치된 벤츄리관의 벤츄리작용과 펌프 가압수의 포소화약제 저장탱크에 대한 압력에 의하여 포소화약제를 흡입·혼합하는 방식
- 프레져 사이드 프로포셔너 : 펌프의 토출관에 압입기를 설치하여 포소화약제 압입용 펌프로 포소화약제를 압입시켜 혼합하는 방식
- 압축공기포 믹싱챔버방식 : 압축공기 또는 압축질소를 일정비율로 포수용액에 강제주입 혼합하는 방식

04 다음 위험물의 화재 시 이산화탄소 소화약제를 사용할 수 없는 것은?

① 글리세린 ② 등유
③ 마그네슘 ④ 인화성고체

해설 마그네슘(Mg)의 화재에 이산화탄소(CO_2) 소화약제를 사용하면 폭발한다.

참고 • 마그네슘(Mg)과 이산화탄소(CO_2)의 폭발반응식

$$2Mg + CO_2 \rightarrow 2MgO + C$$

(마그네슘) (이산화탄소) (산화마그네슘) (탄소)

05 탄산수소칼륨과 요소의 반응생성물로 된 것은 제 몇 종 분말소화제인가?

① 제2종 ② 제3종
③ 제1종 ④ 제4종

| 정답 | 01 ③ 02 ① 03 ③ 04 ③ 05 ④

해설 분말소화기의 소화약제

- 제1종 분말소화기 : 탄산수소나트륨($NaHCO_3$)
- 제2종 분말소화기 : 탄산수소칼륨($KHCO_3$)
- 제3종 분말소화기 : 제1인산암모늄($NH_4H_2PO_4$)
- 제4종 분말소화기 : 탄산수소칼륨($KHCO_3$)과 요소[$(NH_2)_2CO$]

06 저장용기에 물을 넣어 보관하고 $Ca(OH)_2$을 넣어 pH9의 약알칼리성으로 유지시키면서 저장하는 물건은?

① 황린 ② 적린
③ 황화린 ④ 질산

해설 황린(P_4)은 제3류 위험물 중 자연발화성 물질로 공기 중에서 자연발화하므로 물에 수산화칼슘[$Ca(OH)_2$], 석회석($CaCO_3$), 소다회(Na_2CO_3)를 녹여 수용액의 pH를 9(약알칼리성)로 유지시키면서 저장한다.

07 다음 중 제6류 위험물로서 분자량이 약 63인 것은?

① 삼불화브롬
② 과산화수소
③ 과염소산
④ 질산

해설 제6류 위험물(산화성액체)의 분자량(원자량 : F=19, Cl=35.5, Br=80, O=16, N=14)

- 삼불화브롬(BrF_3) : 80+19×3=137
- 과산화수소(H_2O_2) : 2+16×2=34
- 과염소산($HClO_4$) : 1+35.5+16×4=100.5
- 질산(HNO_3) : 1+14+16×3=63

08 적린과 동소체 관계에 있는 위험물은?

① 황린
② 인화칼슘
③ 인화알루미늄
④ 오황화린

해설 제3류 위험물 중 자연발화성 물질인 황린(P_4)은 제2류 위험물(가연성고체) 적린(P)과 동소체이다.

참고 동소체 : 같은 원소이나 결합구조가 다른 물질
동소체의 구분 : 연소생성물이 같다.
황린(P_4)은 적린(P)의 연소생성물은 오산화린(P_2O_5)으로 같다.

참고
- 황린(P_4)의 연소반응식
  $P_4 + 5O_2 \rightarrow 2P_2O_5$
  (황린) (산소) (오산화린)
- 적린(P)의 연소반응
  $4P + 5O_2 \rightarrow 2P_2O_5$
  (적린) (산소) (오산화린)

09 다음 중 산화성 물질이 아닌 것은?

① 질산염류
② 마그네슘
③ 무기과산화물
④ 과염소산

해설 마그네슘(Mg)은 제2류 위험물(가연성고체)에 해당하는 환원성 물질이다.

참고 산화성 물질

- 질산염류: 제1류 위험물(산화성고체)
- 무기과산화물: 제1류 위험물(산화성고체)
- 과염소산($HClO_4$): 제6류 위험물(산화성액체)

10 위험물안전관리법령상 운반차량에 혼재해서 적재할 수 없는 것은? (단, 각각의 지정수량의 10배인 경우이다.)

① 고형알코올 - 니트로화합물
② 질산구아니딘 - 황린
③ 염소화규소화합물 - 특수인화물
④ 염소산염류 - 질산

해설 질산구아니딘(제5류 위험물) - 황린(제3류 위험물)이므로 혼재하여 적재할 수 없다.

- 고형알코올(제2류 위험물) - 니트로화합물(제5류 위험물)〈혼재가능〉
- 염소화규소화합물(제3류 위험물) - 특수인화물(제4류 위험물)〈혼재가능〉
- 염소산염류(제1류 위험물) - 질산(제6류 위험물)〈혼재가능〉

정답 06 ① 07 ④ 08 ① 09 ② 10 ②

참고 유별을 달리하는 위험물의 혼재기준
(암기법: ㊅이삼, ㊄이사, ㊅하나)

위험물의 구분	제1류	제2류	제3류	제4류	제5류	제6류
제1류		×	×	×	×	○
제2류	×		×	○	○	×
제3류	×	×		○	×	×
제4류	×	○	○		○	×
제5류	×	○	×	○		×
제6류	○	×	×	×	×	

"×" 표시는 혼재할 수 없음을 표시한다.
"○" 표시는 혼재할 수 있음을 표시한다.
이 표는 지정수량의 $\frac{1}{10}$ 이하의 위험물에 대하여는 적용하지 아니한다.

11 제5류 위험물이 아닌 것은?

① 클로로벤젠
② 염산히드라진
③ 아조벤젠
④ 과산화벤조일

해설 클로로벤젠(C_6H_5Cl)은 인화점이 32℃인 제4류 위험물(인화성액체) 중 제2석유류에 해당된다.

참고 제5류 위험물(자기반응성물질)의 품명
- 염산히드라진($N_2H_4 \cdot HCl$) : 히드라진유도체
- 아조벤젠($C_6H_5N=NC_6H_5$) : 아조화합물
- 과산화벤조일[$(C_6H_5CO)_2O_2$] : 유기과산화물

12 위험물안전관리법령상 전기설비에 적응성이 없는 소화설비는?

① 물분무소화설비
② 포소화설비
③ 불활성가스소화설비
④ 할로겐화합물소화설비

해설 포소화설비는 물을 주성분으로 하므로 전기설비에 적응성이 없다.

참고 물분무소화설비는 물이 주성분이나 물을 안개상으로 분출시키면 전기와 절연성을 가진다.

13 다음에서 설명하고 있는 위험물은?

- 지정수량은 20kg 이고 백색 또는 담황색 고체이다.
- 비중은 약 1.82, 융점은 약 44℃이다.
- 비점은 약 280℃, 증기비중은 약 4.3이다.

① 적린 ② 황린
③ 마그네슘 ④ 유황

해설 본문의 설명: 황린(P_4)

14 B급 화재에 해당하는 가연물은?

① 질산칼륨
② 종이
③ 등유
④ 나트륨

해설 B급 화재는 유류화재이므로 등유(케로신)가 해당된다.

참고
- 질산칼륨(KNO_3) : 불연성물질이며 주변 화재 시 분해온도를 낮추기 위하여 주수를 하므로 A급으로 분류한다.
- 종이 : A급 화재
- 나트륨(Na) : D급 화재

15 위험물안전관리법령상 소화설비의 구분에서 "물분무등소화설비"의 종류가 아닌 것은?

① 불활성가스소화설비
② 분말소화설비
③ 할로겐화합물소화설비
④ 스프링클러설비

해설 스프링클러설비는 물분무등소화설비에 해당되지 않는다.

참고 물분무등소화설비의 종류
- 물분무소화설비
- 포소화설비
- 분말소화설비
- 불활성가스소화설비
- 할로겐화합물소화설비

| 정답 | 11 ① 12 ② 13 ② 14 ③ 15 ④

16 위험물안전관리법령상 알코올류에 해당하는 것은?

① 부틸알코올(C_4H_9OH)
② 알릴알코올($CH_2=CHCH_2OH$)
③ 에틸렌글리콜[$C_2H_4(OH)_2$]
④ 에틸알코올(C_2H_5OH)

해설 알코올류는 제4류 위험물(인화성액체)이다.

참고 • 알코올류의 정의
알코올류라 함은 1분자를 구성하는 탄소원자의 수가 1개부터 3개까지인 포화1가 알코올(변성알코올을 포함)을 말한다. 그러므로 에틸알코올(C_2H_5OH)이 해당된다.

참고 알코올류가 되지 못하는 이유
- 정부틸알코올(C_4H_9OH) : 탄소수가 4개이며, 제2석유류에 속한다(인화점 35℃).
- 알릴알코올($CH_2=CHCH_2OH$) : 2중결합을 한 불포화물질이며, 제2석유류에 속한다(인화점 22℃).
- 에틸렌글리콜[$C_2H_4(OH)_2$] : 수산기가 2개인 2가 알코올이며, 제3석유류에 속한다(인화점 111℃).

17 인화점이 낮은 것부터 높은 순서로 나열된 것은?

① 아세톤 - 벤젠 - 톨루엔
② 톨루엔 - 아세톤 - 벤젠
③ 톨루엔 - 벤젠 - 아세톤
④ 아세톤 - 톨루엔 - 벤젠

해설 제4류 위험물(인화성액체)의 인화점
- 아세톤(CH_3COCH_3): −18℃
- 벤젠(C_6H_6): −11℃
- 톨루엔($C_6H_5CH_3$): 4℃

18 톨루엔에 대한 설명으로 틀린 것은?

① 증기는 마취성이 있다.
② 휘발성이 있고 가연성액체이다.
③ 알코올, 에테르, 벤젠 등과 잘 섞인다.
④ 노란색 액체로 냄새가 없다.

해설 톨루엔$C_6H_5CH_3$)은 제4류 위험물(인화성액체)중 제1석유류이며 무색투명한 액체이며 특유의 냄새(본드 냄새)를 갖는다.

19 과산화수소의 저장 방법에 대한 설명으로 옳은 것은?

① 분해 방지를 위해 되도록이면 고농도로 보관한다.
② 투명유리병에 넣어 햇빛이 잘 드는 곳에 보관한다.
③ 인산, 요산 등의 분해 안정제를 사용한다.
④ 금속 보관 용기를 사용하여 밀전한다.

해설 과산화수소(H_2O_2)는 제6류 위험물(산화성액체)로 강산화제이며 분해방지를 위하여 안정제로 인산(H_3PO_4)과 요산($C_5H_4N_4O_3$)을 사용한다.

20 위험물시설에 설치하는 소화설비에 관련한 소요단위의 산출방법에 관한 설명 중 옳은 것은?

① 제조소등의 옥외에 설치된 공작물은 외벽이 내화구조인 것으로 간주한다.
② 취급소의 건축물은 외벽이 내화구조인 것은 연면적의 $75m^2$를 1소요단위로 한다.
③ 제조소의 건축물은 외벽이 내화구조인 것은 연면적 $150m^2$를 1소요단위로 한다.
④ 위험물은 지정수량의 20배를 1소요단위로 한다.

해설 제조소등의 옥외에 설치된 공작물은 외벽이 내화구조인 것으로 간주한다.

참고 소요단위(1단위)
- 제조소 또는 취급소용 건축물로 외벽이 내화구조인 것 : 연면적 $100m^2$
- 제조소 또는 취급소용 건축물로 외벽이 내화구조 이외인 것 : 연면적 $50m^2$
- 저장소용 건축물로 외벽이 내화구조인 것 : 연면적 $150m^2$
- 저장소용 건축물로 외벽이 내화구조 이외인 것 : 연면적 $75m^2$
- 위험물 : 지정수량 10배

※ 제조소등의 옥외에 설치된 공작물은 외벽이 내화구조인 것으로 간주하고 최대수평투영면적을 연면적으로 간주한다.

▌정답▐ 16 ④ 17 ① 18 ④ 19 ③ 20 ①

21 정전기 발생의 예방법이 아닌 것은?

① 전기의 도체를 사용하는 방법
② 공기 중의 상대습도를 낮추는 방법
③ 접지에 의한 방법
④ 공기를 이온화시키는 방법

해설 정전기를 제거하기 위해서는 공기 중의 상대습도를 70% 이상으로 하여야 한다.

참고 정전기 제거방법
- 접지할 것
- 공기 중의 상대습도를 70%이상으로 할 것
- 공기를 이온화 시킬 것

※ 정전기는 전기의 부도체의 마찰에 의하여 발생하므로 전기의 도체를 사용하면 정전기의 축적을 방지할 수 있다.

22 위험물안전관리법령상 위험물안전관리자의 책무에 해당하지 않는 것은?

① 화재 등의 재난이 발생한 경우 응급조치
② 위험물의 취급에 관한 일지의 작성・기록
③ 화재 등의 재난이 발생한 경우 소방관서 등에 대한 연락업무
④ 위험물안전관리자의 선임・신고

해설 위험물안전관리자의 선임・신고는 소방대상물의 관계인이 실시한다.

참고
- 관계인 : 소방대상물의 소유자, 관리자, 점유자
- 위험물안전관리자의 업무(책무)
  1. 화재 등의 재난이 발생한 경우 응급조치 및 소방관서 등에 연락업무
  2. 위험물 취급에 관한 일지 작성・기록하는 일
  3. 화재 등의 재해의 방지에 관하여 인접한 제조소 등과 그 밖의 관련되는 시설의 관계자와 협조체제를 유지하는 일
  4. 화재예방규정에 적합하도록 작업자에 대하여 필요한 지시와 감독을 하는 일
  5. 위험물시설의 안전을 담당하는 자를 따로 두는 제조소등에 있어서는 그 담당자에게 필요한 업무 지시
  6. 그 밖의 위험물의 취급 작업의 안전에 관하여 필요한 감독의 수행

23 위험물안전관리법령상 유기과산화물의 화재 시 적응성이 있는 소화설비는?

① 불활성가스소화설비
② 할로겐화합물소화설비
③ 물분무소화설비
④ 분말소화설비

해설 유기과산화물은 제5류 위험물(자기반응성 물질)에 해당하므로 다량의 주수에 의한 냉각소화가 좋으므로 물분무소화설비가 적응성이 있다.

24 저장소의 건축물 중 외벽이 내화구조인 것은 연면적 몇 m^2를 1 소요단위로 하는가?

① 75　　② 100
③ 50　　④ 150

해설 저장소의 건축물 중 외벽이 내화구조인 것은 연면적 150m^2를 1 소요단위로 한다.

참고 문제 20번 해설 소요단위(1단위)참고

25 소화약제로 사용할 수 없는 물질은?

① 이산화탄소　　② 제1인산암모늄
③ 브롬산암모늄　　④ 탄산수소나트륨

해설 브롬산암모늄(NH_4BrO_3)은 제1류 위험물(산화성 고체) 중 브롬산염류에 해당하는 위험물이다.

26 다음 위험물 중 착화온도가 가장 높은 것은?

① 산화프로필렌　　② 아세트알데히드
③ 디에틸에테르　　④ 이황화탄소

해설 위험물의 착화온도
- 산화프로필렌(OCH_2CHCH_3) : 465℃
- 아세트알데히드(CH_3CHO) : 185℃
- 디에틸에테르($C_2H_5OC_2H_5$) : 180℃
- 이황화탄소(CS_2) : 100℃

27 다음 중 제1류 위험물에 해당되지 않는 것은?

① 염소산칼륨　　② 질산구아니딘
③ 과염소산암모늄　　④ 과산화바륨

| 정답 | 21 ② 22 ④ 23 ③ 24 ④ 25 ③ 26 ① 27 ②

해설 질산구아니딘[HNO_3 · $C(CH)(NH_2)_2$]은 제5류 위험물(자기반응성 물질) 중 그밖에 행정안전부령이 정하는 물질에 해당한다.

28 **지정수량 10배의 벤조일퍼옥사이드 운반 시 혼재할 수 있는 위험물류로 옳은 것은?**

① 제6류　② 제1류
③ 제3류　④ 제2류

해설 벤조일퍼옥사이드는 제5류 위험물(자기반응성 물질)이므로 혼재할 수 있는 위험물은 제2류 위험물(가연성고체)와 제4류 위험물(인화성 액체)이다.

참고 혼재할 수 있는 위험물 암기방법
(㉵이삼, ㉴이사, ㉶하나)

29 **크레오소트유에 대한 설명으로 틀린 것은?**

① 상온에서 액체이다.
② 제3석유류에 속한다.
③ 무취이고 증기는 독성이 없다.
④ 물보다 무겁고 물에 녹지 않는다.

해설 크레오소트유는 제4류 위험물(인화성액체) 중 제3석유류를 대표하는 지정품목에 해당하며 특유한 냄새와 증기는 독성이 있다.

30 **다음과 같은 반응에서 $5m^3$의 탄산가스를 만들기 위해 필요한 탄산수소나트륨의 양은 약 몇 kg인가? (단, 표준상태이고 나트륨의 원자량은 23이다.)**

$$2NaHCO_3 \xrightarrow[\triangle]{} Na_2CO_3 + CO_2\uparrow + H_2O$$

① 37.5　② 18.75
③ 56.25　④ 75

해설
$PV = \frac{WRT}{M}$에서 $W = \frac{PVM}{RT} \times 2$
탄산수소나트륨의 질량(W)=
$$\frac{1\times5\times(23+1+12+16\times3)}{0.082\times273}\times2=37.5kg$$
W(탄산수소나트륨의 질량): ?kg
탄산수소나트륨($NaHCO_3$) 2kmol이 분해하면 이산화탄소(CO_2) 1kmol이 생성되므로 탄산수소나트륨($NaHCO_3$)의 질량은 계산식에 2를 곱하여 구한다.
P(압력) : 1atm
V(이산화탄소의 체적) : $5m^3$
M[탄산수소나트륨($NaHCO_3$)의 1kg 분자량] :
23+1+12+16×3=84 ∴ 84kg/kmol
R(기체상수) : 0.082atm · m^3/kmol · k
T(절대온도) : (0℃+273)k

31 **과산화벤조일의 지정수량은 얼마인가?**

① 50ℓ　② 10kg
③ 1,000ℓ　④ 100kg

해설 과산화벤조일[$(C_6H_5CO)_2O_2$]은 제5류 위험물(자기반응성 물질) 중 유기과산화물로 지정수량은 10kg이다.

참고 과산화벤조일[$(C_6H_5CO)_2O_2$]=벤조일퍼옥사이드

32 **지정과산화물 옥내저장소의 저장창고 출입구 및 창의 설치기준으로 틀린 것은?**

① 창은 바닥면으로부터 2m 이상의 높이에 설치한다.
② 출입구에는 갑종방화문을 설치한다.
③ 하나의 벽면에 설치하는 창의 면적의 합계는 해당 벽면의 면적의 80분의 1이 초과되도록 한다.
④ 하나의 창의 면적을 $0.4m^2$ 이내로 한다.

해설 지정과산화물 옥내저장소의 저장창고 하나의 벽면에 설치하는 창의 면적의 합계는 해당 벽면의 면적의 80분의 1 이내가 되도록 한다.

33 **소화난이도 등급 I 인 옥외탱크저장소에 있어서 제4류 위험물 중 인화점이 섭씨 70도 이상인 것을 저장, 취급 하는 경우 어느 소화설비를 설치해야 하는가? (단, 지중탱크 또는 해상탱크 외의 것이다.)**

① 분말소화설비
② 불활성가스소화설비
③ 스프링클러소화설비
④ 물분무소화설비

I 정답 I 28 ④　29 ③　30 ①　31 ②　32 ③　33 ④

해설 소화난이도등급Ⅰ의 옥외탱크저장소에 설치하여야 하는 소화설비

제조소등의 구분			소화설비
옥외탱크저장소	지중탱크 또는 해상탱크 외의 것	인화점 70℃ 이상의 제4류 위험물만을 저장·취급하는 것	물분무소화설비 또는 고정식 포소화설비
		그 밖의 것	고정식 포소화설비(포소화설비가 적응성이 없는 경우에는 분말소화설비)

34 위험물안전관리법령상 소화난이도 등급Ⅰ에 해당하는 제조소의 연면적 기준은?

① $700m^2$ 이상　② $800m^2$ 이상
③ $1,000m^2$ 이상　④ $500m^2$ 이상

해설 소화난이도 등급 Ⅰ에 해당하는 제조소는 연면적 $1,000m^2$ 이상일 것

참고 소화난이도등급Ⅰ의 제조소

제조소등의 구분	제조소등의 규모, 저장 또는 취급하는 위험물의 품명 및 최대 수량 등
제조소·일반취급소	연면적 $1,000m^2$ 이상인 것
	지정수량의 100배 이상인 것(고인화점위험물만을 100℃ 미만의 온도에서 취급하는 것 및 제48조의 위험물을 취급하는 것은 제외)
	지반면으로부터 6m 이상의 높이에 위험물 취급설비가 있는 것(고인화점위험물만을 100℃ 미만의 온도에서 취급하는 것은 제외)

35 위험물안전관리법령상 불활성가스소화설비의 기준에서 저장용기 설치기준에 관한 내용으로 틀린 것은?

① 온도가 50℃ 이하이고 온도변화가 적은 장소에서 설치할 것
② 저장용기에는 안전장치를 설치할 것
③ 직사일광 및 빗물이 침투할 우려가 없는 장소에 설치할 것
④ 방호구역 외의 장소에 설치할 것

해설 이산화탄소 소화약제의 저장용기 설치장소
- 방호구역외의 장소
- 온도가 40℃ 이하이고 온도변화가 적은 장소
- 직사광선 및 빗물의 침투할 우려가 없는 장소
- 용기의 설치장소에는 설치된 곳임을 표시하는 표지를 설치할 것

36 다음 물질을 과산화수소의 혼합했을 때 위험성이 가장 낮은 것은?

① 탄소분말
② 물
③ 이산화망간
④ 산화제이수은

해설 과산화수소(H_2O_2)는 제6류 위험물(산화성액체)로 물(H_2O)과의 혼합은 안전하며 3%수용액은 소독약(옥시풀)으로 사용한다.

37 그림의 시험장치는 제 몇 류 위험물의 위험성판정을 위한 것인가? (단, 고체물질의 위험성 판정이다.)

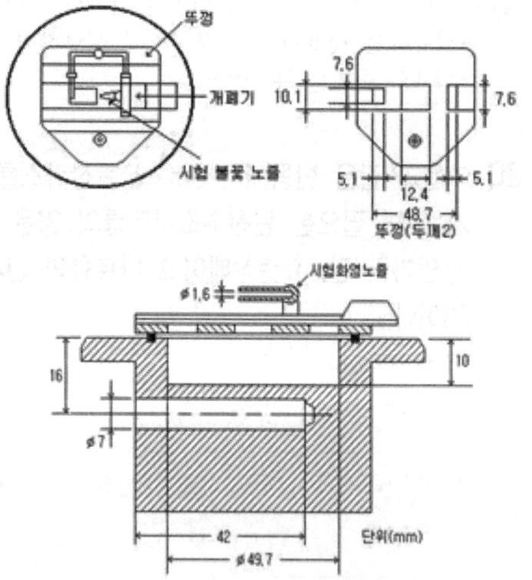

① 제5류　② 제1류
③ 제3류　④ 제2류

해설 위험물안전관리에 관한세부기준 제9조(고체의 인화 위험성 시험방법)에 의한 시험장치이므로 제2류 위험물(가연성고체)의 시험방법에 해당한다.

| 정답 | 34 ③　35 ①　36 ②　37 ④

38 **주수소화를 할 경우 물과 반응하여 독성가스를 발생할 위험이 있는 것은?**

① 과산화수소 ② 인화알루미늄
③ 수소화리튬 ④ 마그네슘

해설 인화알루미늄(AlP)은 물과 반응하여 독성가스인 인화수소(PH_3)를 발생한다.

참고 • 인화알루미늄(AlP)과 물(H_2O)의 반응식

$$AlP + 3H_2O \rightarrow Al(OH)_3 + PH_3\uparrow$$
(인화알루미늄) (물) (수산화알루미늄) (인화수소, 포스핀)

39 **적린과 유황의 공통되는 일반적 성질이 아닌 것은?**

① 비중이 1보다 크다.
② 산화되기 쉽다.
③ 물에 잘 녹는다.
④ 연소하기 쉽다.

해설 적린(P)과 유황(S)은 제2류 위험물(가연성고체)로 연소가 잘되는 환원제이며 물에 녹지 않는다.

40 **질산칼륨을 약 400℃에서 가열하여 열분해시킬 때 주로 생성되는 물질은?**

① 아질산칼륨과 질소
② 질산과 산소
③ 아질산칼륨과 산소
④ 질산과 칼륨

해설 질산칼륨((KNO_3)은 제1류 위험물(산화성고체)에 해당하며 열분해하면 아질산칼륨(KNO_2)과 산소(O_2)를 발생한다.

참고 • 질산칼륨((KNO_3) 열분해반응식

$$2KNO_3 \xrightarrow[\triangle]{} 2KNO_2 + O_2\uparrow$$
(질산칼륨) (아질산칼륨) (산소)

41 **$KMnO_4$와 혼합할 때 위험한 물질이 아닌 것은?**

① H_2O ② CH_3OH
③ H_2SO_4 ④ $(C_2H_5OC_2H_5)$

해설 $KMnO_4$(과망간산칼륨)은 제1류 위험물(산화성고체)이며 물과 반응하지 않으며 물(H_2O)에 녹여 의료용 살균제로 사용한다.

42 **다음 중 화재 시 발생하는 열, 연기, 불꽃 또는 연소생성물을 자동적으로 감지하여 수신기에 발신하는 장치는?**

① 발신기 ② 송신기
③ 중계기 ④ 감지기

해설 본문의 내용 : 자동화재탐지기 중 감지기

43 **위험물저장소에 해당하지 않는 것은?**

① 지하탱크저장소
② 이동탱크저장소
③ 옥외저장소
④ 판매저장소

해설 위험물저장소에는 판매저장소란 없다.

참고 위험물저장소의 종류
- 옥내저장소
- 옥외저장소
- 옥내탱크저장소
- 옥외탱크저장소
- 이동탱크저장소
- 지하탱크저장소
- 간이탱크저장소
- 암반탱크저장소

44 **아염소산염류의 운반용기 중 적응성이 있는 내장용기의 종류와 최대용적이나 중량을 옳게 나타낸 것은? (단, 외장용기의 종류는 나무상자 또는 플라스틱상자이고, 외장용기의 최대중량은 125kg으로 한다.)**

① 플라스틱 필름 포대 : 60kg
② 종이 포대 : 55kg
③ 금속제 용기 : 20ℓ
④ 유리 용기 : 10ℓ

해설 아염소산염류는 제1류 위험물 중 위험등급 I에 해당하므로 운반용기는 외장용기의 경우 나무상자 또는 플라스틱상자이고, 외장용기의 최대중량을 125kg으로 할 경우 내장용기는 유리용기 또는 플라스틱용기를 사용할 경우 최대용적은 10ℓ이다.

| 정답 | 38 ② 39 ③ 40 ③ 41 ① 42 ④ 43 ④ 44 ④

45 Halon 1301 소화약제에 대한 설명으로 틀린 것은?

① 공기보다 증기비중이 작다.
② 비점이 낮아서 기화가 용이하다.
③ 화학식은 CF_3Br이다.
④ 저장용기에 액체상으로 충전한다.

해설 Halon 1301 소화약제와 같은 할로겐화합물 소화약제의 증기는 공기보다 무거워 화재면을 덮어 소화 한다.

46 위험물안전관리법령상 위험물제조소등에서 안전거리 규제대상이 아닌 것은?

① 옥외탱크저장소
② 옥외저장소
③ 제6류 위험물을 취급하는 제조소를 제외한 모든 제조소
④ 주유취급소

해설 주유취급소는 위험물안전관리법령상 위험물제조소등에서 안전거리 규제대상에서 제외된다.

47 메탄올에 관한 설명으로 옳지 않은 것은?

① 최종산화물은 의산(포름산)이다.
② 인화점은 약 11℃이다.
③ 술의 원료로 사용된다.
④ 휘발성이 강하다.

해설 메탄올(CH_3OH)은 제4류 위험물(인화성액체) 알코올류에 해당하며, 독성이 매우 강하여 30ml~100ml 복용하면 실명 또는 사망에 이르는 독성물질이므로 술의 원료로 적합하지 않다.

참고 메탄올=메틸알코올=목정

48 고팽창포로 사용할 수 있는 포소화약제는?

① 단백포 소화약제
② 불화단백포 소화약제
③ 합성계면활성제포 소화약제
④ 수성막포 소화약제

해설 합성계면활성제포 소화약제는 고발포(고팽창포)에 적합한 소화약제이다.

49 제4류 위험물 운반용기 외부에 표시하여야 하는 주의사항은?

① 물기엄금　② 화기엄금
③ 화기・충격주의　④ 화기주의

해설 제4류 위험물 운반용기 외부에 표시 : 화기엄금

참고 위험물 운반용기의 외부포장 표시 중 수납위험물의 주의사항

- 제1류 위험물 : 화기・충격주의, 가연물 접촉주의
  - ① 알칼리금속의 과산화물 또는 이를 함유하는 것 : 화기・충격주의, 가연물 접촉주의, 물기엄금
- 제2류 위험물 : 화기주의
  - ① 철분, 금속분, 마그네슘 또는 이를 함유하는 것 : 화기주의, 물기엄금
  - ② 인화성고체 : 화기엄금
- 제3류 위험물
  - ① 금수성물질 : 물기엄금
  - ② 자연발화성 물질 : 화기엄금, 공기노출엄금
- 제4류 위험물 : 화기엄금
- 제5류 위험물 : 화기엄금, 충격주의
- 제6류 위험물 : 가연물 접촉주의

50 물의 소화능력을 향상시키고 동절기 또는 한랭지에서도 사용할 수 있도록 탄산칼륨 등의 알칼리 금속염을 첨가한 소화약제는?

① 이산화탄소　② 강화액
③ 할로겐화합물　④ 폼(Foam)

해설 본문의 해설 : 강화액소화기

참고 강화액소화기는 -30℃ ~ −25℃에서 동결된다.

51 금속나트륨, 금속칼륨 등을 보호액 속에 저장하는 이유를 가장 옳게 설명한 것은?

① 온도를 낮추기 위하여
② 공기와의 접촉을 막기 위하여
③ 승화하는 것을 막기 위하여
④ 운반 시 충격을 적게 하기 위하여

해설 금속나트륨(Na), 금속칼륨(K)은 제3류 위험물 중 금수성물질로 공기 중의 습기와 반응하여 발열하고 수소(H_2)를 발생하며 연소하므로 석유(등유, 경유, 파라핀 등)속에 넣어 보호한다.

정답 45 ① 46 ④ 47 ③ 48 ③ 49 ② 50 ② 51 ②

52 다음 중 화학적 소화에 해당하는 것은?

① 질식소화
② 제거소화
③ 억제소화
④ 냉각소화

해설 억제소화는 연소에 있어서 연속적인 화학반응을 억제하는 소화방법에 해당한다.

53 아세톤에 관한 설명 중 틀린 것은?

① 조해성이 있으며 물과 반응 시 발열한다.
② 겨울철에도 인화의 위험성이 있다.
③ 무색 휘발성이 강한 액체이다.
④ 증기는 공기보다 무거우며 액체는 물보다 가볍다.

해설 아세톤(CH_3COCH_3)은 제4류 위험물(인화성액체)이므로 조해성이 없다.

참고 조해성 : 고체가 공기 중의 습기를 흡수하여 액체가 되는 현상

54 석유류(또는 석탄류)가 연소할 때 발생하는 가스로 강한 자극적인 냄새가 나며 취급하는 장치를 부식시키는 것은?

① NH_3 ② H_2
③ SO_2 ④ CH_4

해설 석유류(또는 석탄류)에 함유되어있는 유황(S)은 연소할 때 강한 자극적인 냄새의 독성이 있는 이산화황(SO_2)을 발생한다.

참고 이산화황=아황산가스

55 위험물안전관리법령상 염소화규소화합물은 제 몇 류 위험물에 해당하는가?

① 제3류 ② 제5류
③ 제2류 ④ 제1류

해설 염소화규소화합물은 제3류 위험물 중 그밖에 행정안전부령이 정하는 물품에 해당한다.

56 위험물제조소에 설치하는 안전장치 중 위험물의 성질에 따라 안전밸브의 작동이 곤란한 가압설비에 한하여 설치하는 것은?

① 안전밸브를 병용하는 경보장치
② 감압측에 안전밸브를 부착한 감압밸브
③ 연성계
④ 파괴판

해설 본문의 설명: 파괴판

57 다음 중 물과 반응하여 조연성가스를 발생하는 것은?

① 질산나트륨
② 과산화나트륨
③ 과염소산나트륨
④ 중크롬산 나트륨

해설 과산화나트륨(Na_2O_2)은 제1류 위험물(산화성고체) 중 알칼리금속의 과산화물로 물(H_2O)과 반응하며 발열하며 조연성가스인 산소(O_2)를 발생한다.

참고 • 과산화나트륨(Na_2O_2)과 물과의 반응식

$$2Na_2O_2 + 2H_2O \rightarrow 4NaOH + O_2\uparrow$$

(과산화나트륨) (물) (수산화나트륨) (산소)

58 피크르산의 성질에 대한 설명 중 틀린 것은?

① 황색의 액체이다.
② 쓴맛이 있으며 독성이 있다.
③ 납과 반응하여 예민하고 폭발 위험성이 있는 물질을 형성한다.
④ 아세톤에 녹는다.

해설 피크르산(Picric acid)은 제5류 위험물(자기반응성 물질)인 트리니트로페놀[$C_6H_2OH(NO_2)_3$]의 별명으로 휘황색의 고체이다.

참고 피크르산=피크린산

정답	52 ③	53 ①	54 ③	55 ①	56 ④	57 ②	58 ①

59 **제4류 위험물의 품명 중 지정수량이 6,000ℓ인 것은?**

① 제3석유류 비수용성액체
② 제4석유류
③ 제3석유류 수용성액체
④ 동식물유류

해설 제4류 위험물(인화성액체) 중 제4석유류는 지정수량이 6,000ℓ이다.

참고 제4류 위험물(인화성액체)의 구성(별표 1)

유별	성질	위험등급	품 명		지정수량
제4류	인화성액체	I	특수인화물		50ℓ
		II	제1석유류	비수용성	200ℓ
				수용성	400ℓ
		II	알코올류		400ℓ
		III	제2석유류	비수용성	1,000ℓ
				수용성	2,000ℓ
		III	제3석유류	비수용성	2,000ℓ
				수용성	4,000ℓ
		III	제4석유류		6,000ℓ
		III	동식물유류		10,000ℓ

60 **위험물안전관리법령상 제4류 위험물을 지정수량의 3천배 초과 4천배 이하로 저장하는 옥외탱크저장소의 보유공지는 얼마인가? (단, 제6류 위험물은 제외한다.)**

① 15m 이상 ② 12m 이상
③ 9m 이상 ④ 5m 이상

해설 해당 보유공지: 15m 이상

참고 옥외탱크저장소의 보유공지

위험물의 최대 수량	보유공지의 너비
500배 이하	3m 이상
500배 초과 1,000배 이하	5m 이상
1,000배 초과 2,000배 이하	9m 이상
2,000배 초과 3,000배 이하	12m 이상
3,000배 초과 4,000배 이하	15m 이상
지정수량의 4,000배 초과	• 당해 탱크의 수평단면의 최대 지름(횡형인 경우에는 긴 변)과 높이 중 큰 것과 같은 거리 이상 • 30m를 초과하는 경우 30m 이상으로 할 수 있고 15m 미만일 경우에는 15m 이상으로 하여야 한다.

정답 59 ② 60 ①

위험물기능사 국가기술자격 필기시험(CBT 10회) 출제문제

2019년 1월 19일 시행

(시험시간 1시간)

01 다음 중 연소에 필요한 산소의 공급원을 단절하는 것은?

① 제거작용 ② 질식작용
③ 희석작용 ④ 억제작용

해설 질식작용(질식소화) : 공기 중의 산소의 농도 21%를 15% 이하로 낮추어 주면 연소가 중단된다.

02 위험물안전관리법상 스프링클러헤드는 부착장소의 평상시 최고 주위온도가 28℃ 미만인 경우 표시온도(℃)를 얼마의 것을 설치하여야 하는가?

① 57 미만
② 57 이상 79 미만
③ 79 이상 121 미만
④ 121 이상 162 미만

해설 스프링클러헤드 부착장소의 최고 주위온도에 따른 표시온도

부착장소의 최고 주위온도(℃)	표시온도(℃)
28 미만	57 미만
28 이상 39 미만	57 이상 79 미만
39 이상 64 미만	79 이상 121 미만
64 이상 106 미만	121 이상 162 미만
106 이상	162 이상

03 다음 중 제2류 위험물의 일반적인 취급 및 소화 방법에 대한 설명으로 옳은 것은?

① 비교적 낮은 온도에서 착화되기 쉬우므로 고온체와 접촉시킨다.
② 인화성액체(4류)와의 혼합을 피하고, 산화성물질(1류, 6류)과 혼합하여 저장한다.
③ 금속분, 철분, 마그네슘, 황화린은 물에 의한 냉각소화가 적당한다.
④ 저장용기를 밀봉하고 위험물의 누출을 방지하여 통풍이 잘되는 냉암소에 저장한다.

해설 제2류 위험물(가연성고체)은 가연성고체로서 고온체와의 접촉을 피하여야 하며 일반적으로 제4류 위험물과의 혼합은 무관하나 제1류, 제3류, 제6류 위험물과의 혼합은 위험하다.

04 옥내소화전설비의 비상전원은 몇 분 이상 작동할 수 있어야 하는가?

① 45분 ② 30분
③ 20분 ④ 10분

해설 위험물 전용 옥내소화전설비의 비상전원 : 45분

참고 • 일반 소방대상물 전용 옥내소화전설비의 비상전원 : 20분

05 다음 위험물 중 물과 반응하여 산소를 내는 것은?

① 과산화칼륨 ② 과염소산칼륨
③ 염소산칼륨 ④ 아염소산칼륨

해설 제1류 위험물(산화성고체) 중 물과 반응하여 산소를 발생하는 것은 알칼리금속의 과산화물로서 과산화칼륨(K_2O_2)이 이에 해당한다.

06 화학포의 소화약제인 탄산수소나트륨 6몰과 반응하여 생성되는 이산화탄소는 표준상태에서 몇 ℓ 인가?

① 22.4 ② 44.8
③ 89.6 ④ 134.4

| 정답 | 01 ② 02 ① 03 ④ 04 ① 05 ① 06 ④

해설 22.4 ℓ/몰 × 6몰 = 134.4 ℓ

참고 • 화학포소화약제의 반응식등

$6NaHCO_3$ + $Al_2(SO_4)_3 \cdot 18H_2O$
(탄산수소나트륨) (황산알루미늄)
→ $3Na_2SO_4 + 2Al(OH)_3 + 6CO_2 \uparrow + 18H_2O$
(황산나트륨)(수산화알루미늄)(이산화탄소) (물)

탄산수소나트륨($NaHCO_3$) 6몰이 반응하면 이산화탄소(CO_2) 6몰이 생성되므로 표준상태에서 모든 기체 1몰은 22.4 ℓ를 차지한다.

07 옥내주유취급소의 소화난이도 등급은?

① I ② II
③ III ④ IV

해설 주유취급소 중 옥내주유취급소는 소화난이도 등급 Ⅱ등급에 해당되며 옥외주유취급소는 소화난이도 등급 Ⅲ등급에 해당된다.

참고 위험물안전관리법 시행규칙[별표 17] 소화설비, 경보설비 및 피난설비의 기준 중 2. 소화난이도등급 Ⅱ의 제조소 등 및 소화설비 중 가. 소화난이도등급 Ⅱ에 해당하는 제조소 등 참조

08 다음 중 소화약제가 아닌 것은?

① CF_2ClBr ② CHF_2Br_4
③ CF_3Br ④ $C_2F_4Br_2$

해설 할론소화기의 할론넘버

- CF_2ClBr : 할론1211 소화제
- CHF_2Br_4 : 화학식 구성이 잘못되어 있음
- CFl_3Br : 할론1301 소화제
- $C_2F_4Br_2$: 할론2402 소화제

참고 할론소화약제에서 탄소(C) 1개의 경우 결합되는 원자수는 4개이며 탄소(C)수가 2개의 경우 결합되는 원자수는 6개이다.

09 옥외저장시설에서 지정수량 200배 초과의 위험물을 저장할 경우 보유공지의 너비는 몇 m 이상으로 하는가? (단, 제4류 위험물과 제6류 위험물은 제외한다.)

① 0.5m ② 2.5m
③ 10m ④ 15m

해설 해당 보유공지 : 15m 이상

참고 옥외저장소의 보유공지 규정

저장 또는 취급하는 위험물의 최대 수량	공지의 너비
지정수량의 10배 이하	3m 이상
지정수량의 10배 초과 20배 이하	5m 이상
지정수량의 20배 초과 50배 이하	9m 이상
지정수량의 50배 초과 200배 이하	12m 이상
지정수량의 200배 초과	15m 이상

제4류 위험물 중 제4석유류와 제6류 위험물을 저장할 경우 해당 보유공지의 $\frac{1}{3}$ 이상으로 할 수 있다.

10 소화기의 사용방법에 대한 설명으로 가장 옳은 것은?

① 소화기는 화재 초기에만 효과가 있다.
② 소화기는 대형 소화설비의 대용으로 사용할 수 있다.
③ 소화기는 어떠한 소화에도 만능으로 사용할 수 있다.
④ 소화기는 구조와 성능, 취급법을 명시하지 않아도 된다.

해설 소화기는 화재 초기에만 효과가 있고 화재가 확대되면 소화기로 화재진압은 불가능하며 대형소화설비가 필요하다.

11 자연발화의 조건으로 거리가 먼 것은?

① 표면적이 넓을 것
② 열전도율이 클 것
③ 발열량이 클 것
④ 주위의 온도가 높을 것

해설 연소할 수 있는 가연물은 열전도율이 작아야 한다.

12 제3류 위험물인 인화칼슘(Ca_3P_2)의 소화방법으로 적당하지 않은 것은?

① 물
② CO_2
③ 건조석회
④ 금속화재용 분말소화약제

| 정답 | 07 ② 08 ② 09 ④ 10 ① 11 ② 12 ①

해설 인화칼슘(Ca_3P_2)은 제3류 위험물 중 금수성 물질로 물과 반응하여 독성이며 가연성인 포스핀(PH_3)가스를 발생하므로 물은 소화제로서 적합하지 않다.

13 대형 수동식소화기의 설치기준은 방호대상물의 각 부분으로부터 하나의 대형 수동식소화기까지의 보행거리가 몇 m 이하가 되도록 설치하여야 하는가?

① 0 ② 20
③ 10 ④ 5

해설 소화기 설치기준
- 대형 수동식소화기 : 보행거리 30m 이하
- 소형 수동식소화기 : 보행거리 20m 이하

14 알칼리 금속은 화재예방상 다음 중 어떤 기(원자단)를 가지고 있는 물질과 접촉을 금해야 하는가?

① OH ② -O-
③ -COO- ④ $-NO_2$

해설 알칼리금속은 알코올 등 수산기(-OH)를 갖는 물질과 반응하여 수소(H_2)를 발생한다.

15 불에 대한 제거소화방법의 적용이 잘못된 것은?

① 유전의 화재 시 다량의 물을 이용하였다.
② 가스화재 시 밸브 및 콕크를 잠갔다.
③ 산불화재 시 벌목을 하였다.
④ 촛불을 바람으로 불어 가연성 증기를 날려 보냈다.

해설 유전의 화재는 다량의 주수(물)에 의한 냉각소화는 적당하지 않으며 화점가까이에 폭약 등을 사용하여 폭풍을 일으켜 소화하는 제거소화가 적당하다.

16 탄화수소에서 탄소의 수가 증가할수록 나타나는 현상들로 옳게 짝 지워 놓은 것은?

㉠ 연소속도가 늦어진다.
㉡ 발화온도가 낮아진다.
㉢ 발열량이 커진다.
㉣ 연소범위가 넓어진다.

① ㉠ ② ㉠ ㉡
③ ㉠ ㉡ ㉢ ④ ㉡ ㉢ ㉣

해설 탄소수의 증가(분자량의 증가) 현상
1. 인화점 : 높아진다.
2. 발화온도(착화점) : 낮아진다.
3. 연소범위 : 낮아진다.
4. 비중 : 작아진다.
5. 증기비중 : 커진다.
6. 비점 : 높아진다.
7. 점도 : 커진다.
8. 수용성 및 휘발성 : 낮아진다.
9. 이성질체 : 많아진다.
11. 연소속도 : 늦어진다.
12. 발열량 : 커진다.

17 물이 소화제로 쓰이는 이유 중 거리가 먼 것은?

① 구입이 용이하다.
② 제거소화가 잘 된다.
③ 취급이 간편하다.
④ 기화잠열이 크다.

해설 물은 냉각소화에 적응성이 있으며 제거소화와는 관계가 없다.

18 축압식소화기의 압력계의 지침이 녹색을 가리키고 있다. 이 소화기의 상태는?

① 과충전된 상태
② 압력이 미달된 상태
③ 정상상태
④ 이상고온 상태

해설 압력계의 색깔
- 녹색 : 정상상태
- 백색 또는 황색 : 압력 미달상태
- 적색 : 과충전 상태

19 분말소화약제의 주성분이 아닌 것은?

① 탄산수소나트륨 ② 인산암모늄
③ 탄산나트륨 ④ 탄산수소칼륨

해설 탄산나트륨($NaCO_3$)은 탄산수소나트륨($NaHCO_3$) 분말소화약제가 열분해 시 생성되는 물질로서 소화약제에 해당되지 않는다.

정답 13 ① 14 ① 15 ① 16 ③ 17 ② 18 ③ 19 ③

20 스프링클러헤드의 설치방법에 대한 설명으로 옳지 않은 것은?

① 개방형헤드는 원칙적으로 반사판으로부터 하방으로 0.45m, 수평방향으로 0.3m 공간을 보유할 것
② 폐쇄형헤드는 가연성물질 수납부분에 설치 시 반사판으로부터 하방으로 0.9m, 수평방향으로 0.4m의 공간을 확보할 것
③ 폐쇄형헤드 중 개구부에 설치하는 것은 당해 개구부의 상단으로부터 높이 0.15m 이내의 벽면에 설치할 것
④ 폐쇄형헤드설치 시 급배기용 덕트의 긴변의 길이가 1.2m를 초과하는 것이 있는 경우에는 당해 덕트의 윗부분에도 헤드를 설치할 것

해설 폐쇄형 스프링클러헤드는 급배기용덕트의 긴변의 길이가 1.2m를 초과하는 것은 헤드를 당해 덕트 아랫부분에도 설치한다.

21 아세톤, 메탄올, 피리딘 및 아세트알데히드 등의 공통된 성질은?

① 모두 액체로 무취이다.
② 인화점이 0℃ 이하이다.
③ 모두 분자내 산소를 함유하고 있다.
④ 모두 물에 녹는다.

해설 제4류 위험물(인화성액체)인 아세톤(CH_3COCH_3), 메탄올(CH_3OH), 피리딘(C_5H_5N) 및 아세트알데히드(CH_3CHO)는 모두 수용성이며, 각각의 특유취가 있고 인화점이 0℃ 이상인 메탄올(11℃)과 피리딘(20℃)이 있으며, 피리딘의 분자구조에는 산소를 포함하지 않는다.

22 다음 중 과염소산의 성상 중 올바른 것은?

① 흡습성이 강한 고체이다.
② 매우 불안전한 강산류이다.
③ 물과 반응하여 조연성가스를 발생한다.
④ 공기 중 증기는 점화원에 의해 폭발한다.

해설 과염소산($HClO_4$)은 제6류 위험물 (산화성액체)로서 강산에 해당되고 불연성이며 물과 접촉하면 발열하면서 6종류의 수화물을 만든다.

23 요오드값의 정의를 올바르게 설명한 것은?

① 유지 100kg에 흡수되는 요오드의 g수
② 유지 10kg에 흡수되는 요오드의 g수
③ 유지 100g에 흡수되는 요오드의 g수
④ 유지 10g에 흡수되는 요오드의 g수

해설 요오드값 : 유지 100g에 부가(흡수)되는 요오드의 g수

24 다음 중 제5류 위험물이 아닌 것은?

① 질산에틸 ② 니트로글리세린
③ 초산메틸 ④ 피크르산

해설 초산메틸(CH_3COOCH_3)은 제4류 위험물(인화성액체) 중 제1석유류에 해당된다.

참고 제5류 위험물(자기반응성 물질)의 품명
- 질산에틸($C_2H_5ONO_2$) : 질산에스테르류
- 니트로글리세린[$C_3H_5(ONO_2)_3$] : 질산에스테르류
- 피크린산[$C_6H_2OH(NO_2)_3$] : 니트로화합물

25 제5류 위험물을 저장할 때 주의하여야 할 사항 중 틀린 것은?

① 통기가 잘 되는 곳에 저장한다.
② 불꽃과의 접촉을 피한다.
③ 건조를 위해 온도가 높은 곳에 저장한다.
④ 심한 충격과 마찰을 피하도록 한다.

해설 위험물은 전반적으로 통풍이 잘되며 온도가 낮은 냉암소에 저장한다.

26 다음은 위험물의 성질을 설명한 것이다. 옳은 것은?

① 황화린의 착화온도는 35℃이다.
② 황화린이 연소하면 O_3가스가 발생한다.
③ 마그네슘은 알칼리수용액과 반응하여 O_2 가스를 발생시킨다.
④ 황은 전기의 절연재료로 사용되며, 3종의 동소체가 존재한다.

정답 20 ④ 21 ④ 22 ② 23 ③ 24 ③ 25 ③ 26 ④

해설 유황(S)은 제2류 위험물(가연성고체)이며 전기절연제로 사용되며 사방정계, 단사정계, 비정계 3가지 동소체를 갖고 있다.

27 다음 괄호 안에 들어갈 알맞은 단어는?

> "보냉장치가 있는 이동저장탱크에 저장하는 아세트알데히드 등 또는 디에틸에테르 등의 온도는 당해 위험물의 (　　) 이하로 유지하여야 한다."

① 비점　② 인화점
③ 융해점　④ 발화점

해설 위험물안전관리법 시행규칙[별표 18] 제조소 등에서의 위험물의 저장 및 취급에 관한 기준 중 Ⅲ. 저장의 기준 중 21호
- 자목 : 보냉장치가 있는 이동저장탱크에 저장하는 아세트알데히드 등 또는 디에틸에테르 등의 온도는 당해 위험물의 비점 이하로 유지할 것
- 차목 : 보냉장치가 없는 이동저장탱크에 저장하는 아세트알데히드 등 또는 디에틸에테르 등의 온도는 40℃ 이하로 유지할 것

28 다음 물질 중 연소 시 푸른 불꽃을 내며 타서 아황산가스를 발생하는 것은?

① 적린　② 황
③ 황 화린　④ 황린

해설 황(S)은 제2류 위험물(가연성고체)이며 연소하면 푸른 불꽃을 내며 아황산가스(SO_2)를 발생한다.

참고 • 황(S)의 연소반응식

$S + O_2 \rightarrow SO_2 \uparrow$

(황)　(산소)　(아산화황, 아황산가스)

29 1기압에서 인화점이 70도 이상, 200도 미만인 위험물은 어디에 속하는가? (단, 도료류 그 밖의 물품은 가연성 액체량이 40중량% 이하인 것은 제외한다.)

① 제1석유류　② 제2석유류
③ 제3석유류　④ 제4석유류

해설 본문 내용 : 제4류 위험물(인화성액체)중 제3석유류의 성상에 의한 품목의 기준

30 진한 질산이 손이나 몸에 묻었을 때 응급처치 방법 중 가장 먼저 해야 할 일은?

① 묽은 황산으로 씻는다.
② 암모니아수로 중화시킨다.
③ 다량의 물로 충분히 씻는다.
④ 수산화나트륨용액으로 중화시킨다.

해설 진한 질산(HNO_3)은 제6류 위험물(산화성액체)인 강산이며 강산이나 강알칼리가 손이나 몸에 묻었을 때는 다량의 물로 충분히 씻는 것을 최우선으로 한다.

31 스테아르산($CH_3(CH_2)_{16}COOH$)에 대한 설명 중 틀린 것은?

① 고급지방산의 일종이다.
② 벤젠, 에테르에 녹는다.
③ 양초나 비누제조 용도로 사용된다.
④ 상온에서 액체로 존재하고 요오드값이 높다.

해설 스테아르산($C_{17}H_{35}COOH$)은 소방기본법에서 정하는 특수가연물 중 가연성고체류에 해당되며 포화탄화수소의 고급 지방산으로 요오드값은 매우 낮다.

32 질산에틸에 대하여 틀린 것은?

① 에탄올을 진한 질산에 작용시켜서 얻는다.
② 방향을 가진 무색의 액체이다.
③ 비중 : 1.11, 끓는점 : 88℃을 가진다.
④ 인화점이 높아서 인화의 위험이 적다.

해설 질산에틸($C_2H_5ONO_2$)은 제5류 위험물(자기반응성물질)중 질산에스테르류에 속하며 인화점이 10℃로, 인화점이 낮으므로 인화의 위험이 크다.

33 알루미늄분이 염산과 반응하였을 경우 주로 생성되는 가연성 가스는?

① 산소　② 질소
③ 염소　④ 수소

해설 알루미늄(Al)분과 염산(HCl)이 반응하면 염화알루미늄($AlCl_3$)과 수소(H_2)를 생성한다.

정답 27 ①　28 ②　29 ③　30 ③　31 ④　32 ④　33 ④

참고 • 알루미늄(Al)분과 염산(HCl)의 반응식

$$2Al + 6HCl \rightarrow 2AlCl_3 + 3H_2 \uparrow$$

(알루미늄) (염산) (염화알루미늄) (수소)

34 동 · 식물유류의 일반적 성질에 관한 내용이다. 거리가 먼 것은?

① 아마인유는 건성유이므로 자연발화의 위험이 존재한다.
② 요오드값이 클수록 포화지방산이 많으므로 자연발화의 위험이 적다.
③ 화재 시 액온이 상승하여 대형화재로 발전하기 때문에 소화가 곤란하다.
④ 동식물유는 대체로 인화점이 220~300℃ 정도이므로 연소위험성 측면에서 제4석유류와 유사하다.

해설 동 · 식물유는 제4류 위험물(인화성 액체)이며, 동식물유의 요오드값이 크다는 것은 불포화도가 높은 불포화지방산이 많다는 것이므로 자연발화의 위험이 크다.

35 셀룰로이드류를 다량으로 저장하는 경우 가장 적절한 저장소는?

① 습도가 높고, 온도가 낮은 곳
② 습도가 낮고, 온도가 높은 곳
③ 통풍이 좋고, 온도가 낮은 곳
④ 통풍이 없고, 온도가 높은 곳

해설 셀룰로이드류는 제5류 위험물(자기반응성물질)이며, 셀룰로이드류를 포함한 모든 위험물은 일반적으로 통풍이 잘되는 찬 곳에 저장한다.

36 탄화칼슘의 저장 및 취급과 관계없는 것은?

① 물, 습기와의 접촉을 피한다.
② 석유 속에 저장해 둔다.
③ 장기 저장할 때는 질소가스를 충전한다.
④ 화기로부터 먼 곳에 저장한다.

해설 탄화칼슘(CaC_2)은 제3류 위험물 중 금수성 물질로서 카바이트라 하며 공기 중에서 풍해현상을 가지므로 용기는 밀봉시켜 저장한다.

참고 석유 속에 저장하는 것은 제3류 위험물 중 금수성 물질인 칼륨(K), 나트륨(Na)이 해당된다.

37 과염소산 염류의 공통된 성질은?

① 특정물질과 혼합 시 마찰 혹은 충격에 안전하지 못하다.
② 산화되기 쉽다.
③ 물을 가하면 격렬히 화학적으로 반응된다.
④ 흑색의 침상결정이다.

해설 과염소산 염류는 제1류 위험물(산화성고체)로서 일반적으로 무색의 결정이며 물에 잘 녹으며 강산화제이므로 자신은 환원되기 쉽고 가열, 충격에 의하여 분해되며 가연물과 혼합 시 조그만 자극으로 연소 내지는 폭발한다.

38 제3류 위험물 중 취급상 가장 주의해야 될 사항은?

① 석유류와 접촉을 피해야 한다.
② 수분과 접촉을 피해야 한다.
③ 마른모래와 접촉을 피해야 한다.
④ 충격을 방지해야 한다.

해설 제3류 위험물은 금수성 및 자연발화성 물질로 자연발화성 물질인 황린(P_4)을 제외한 위험물은 수분(물)과의 접촉을 피하여야 한다.

39 과염소산칼륨을 400도 이상으로 가열하면 분해되면서 발생하는 가스는?

① 수소
② 질소
③ 탄산가스
④ 산소

해설 과염소산칼륨(KCO_4)은 제4류 위험물(산화성고체)과 염소산염류에 속하며 400℃ 이상 가열하면 염화칼륨(KCl)과 산소(O_2)를 발생한다.

참고 • 과염소산칼륨($KClO_4$)의 열분해반응식

$$KClO_4 \rightarrow KCl + 2O_2 \uparrow$$

(과염소산칼륨) (염화칼륨) (산소)

| 정답 | 34 ② 35 ③ 36 ② 37 ① 38 ② 39 ④

40 다음 중 벤젠의 일반적 성질로서 틀린 것은?

① 증기는 유독하다.
② 수지 및 고무 등을 잘 녹인다.
③ 휘발성 있는 무취의 노란색 액체이다.
④ 인화점은 -11℃이고, 분자량은 78.1이다.

해설 벤젠(C_6H_6)은 제4류 위험물(인화성액체) 중 제1석유류에 해당하는 휘발성이 강하며 방향을 갖는 독성의 무색투명한 액체이다.

41 다음 위험물 중 특수인화물이 아닌 것은?

① 메틸에틸케톤 퍼옥사이드
② 산화프로필렌
③ 아세트알데히드
④ 이황화탄소

해설 메틸에틸케톤 퍼옥사이드(MEKPO) : 제5류 위험물(자기반응성 물질) 중 유기과산화물류에 해당한다.

참고 제4류 위험물(인화성 액체) 특수인화물의 화학식
- 산화프로필렌 : OCH_2CHCH_3
- 아세트알데히드 : CH_3CHO
- 이황활나소 : CS_2

42 다음 중 제2석유류의 품목끼리 짝지어진 것은?

① 등유, 경유
② 등유, 중유
③ 기계류, 글리세린
④ 글리세린, 장뇌유

해설 제4류 위험물(인화성 액체)의 품명 및 품목
- 제2석유류 : 등유, 경유, 장뇌유
- 제3석유류 : 중유, 글리세린
- 제4석유류 : 기계류

43 아세트알데히드와 아세톤의 성질을 설명한 것이다. 틀린 것은?

① 증기는 공기보다 모두 무겁다.
② 모두 무색 액체로서 인화점이 낮다.
③ 모두 물에 잘 녹는다.
④ 모두 특수인화물로 반응성이 크다.

해설 아세트알데히드(CH_3CHO)는 제4류 위험물(인화성액체) 중 특수인화물이며 아세톤(CH_3COCH_3)은 제1석유류이다.

44 제1석유류 중에서 인화점이 -18℃, 분자량이 58.08이고 햇빛에 분해되며 착화온도가 538℃인 위험물은 다음 중 어느 것인가?

① 가솔린 ② 아세톤
③ 에틸알코올 ④ 벤젠

해설 본문내용은 제4류 위험물(인화성액체)중 제1석유류의 아세톤(CH_3COCH_3)을 설명하고 있다.

45 주유취급소의 위험물 취급기준이 틀린 것은?

① 고정급유설비에 접속하는 탱크에 위험물을 주입 시 탱크에 접속된 고정급유설비의 사용을 중지한다.
② 유분리장치에 고인 유류는 넘치지 않게 수시로 퍼내야 한다.
③ 이동저장탱크로부터 위험물을 주유취급소 내의 탱크에 주입할 때 이동탱크저장소를 당해 탱크의 주입구에 근접시키지 않는다.
④ 자동차에 주유할 때는 고정주유설비를 사용하여 직접 주유한다.

해설 위험물안전관리법 시행규칙[별표 18] 제조소 등에서의 위험물의 저장 및 취급에 관한 기준 중 Ⅳ. 취급의 기준 중 5호, 가목, 5) 이동저장탱크로부터 위험물을 주유취급소 내의 탱크에 주입하는 때에는 이동탱크저장소를 당해 탱크의 주입구에 근접하여 정차시킬 것

46 다음 중 규조토에 흡수시켜 다이너마이트를 제조할 때 사용되는 위험물은?

① 장뇌 ② 질산에틸
③ 니트로글리세린 ④ 니트로셀룰로오스

해설 다이너마이트(dynamite)의 주원료는 제5류 위험물(자기반응성 물질) 중 질산에스테르에 속하는 니트로글리세린[$C_3H_5(ONO_2)_3$] 이다.

| 정답 | 40 ③ 41 ① 42 ① 43 ④ 44 ② 45 ③ 46 ③

47 H_2O_2에 대한 설명 중 틀린 것은?

① 무기과산화물이다.
② 5% 이상이면 위험물로 취급된다.
③ 표백제, 소독제로 쓰인다.
④ 구멍 뚫린 마개를 사용하여 보관한다.

해설 H_2O_2(과산화수소) : 제6류 위험물(산화성액체)로서 농도가 36wt% 이상일 경우 위험물로 본다.

48 건조하면 타격, 마찰에 의하여 폭발하므로 저장, 운반할 때 물(20%) 또는 알코올(30%)를 첨가 습윤 시키는 위험물은?

① 셀룰로이드
② 트리니트로톨루엔
③ 니트로셀룰로오스
④ 디니트로나프탈렌

해설 제5류 위험물(자기반응성 물질) 중 함수알코올(물+알코올)로 습윤하여 저장・취급하는 위험물은 니트로셀룰로오스$[C_6H_7O_2(ONO_2)_3]n$이다.

49 불활성가스소화설비 중 이산화탄소소화설비의 기준에서 전역방출방식의 경우 몇 초 이내에 소화약제의 양을 균일하게 방사하여야 하는가?

① 30초 이내
② 60초 이내
③ 100초 이내
④ 120초 이내

해설 위험물안전관리에 관한 세부기준 제134조(불활성가스소화설비의 기준) 제1호, 전역방출방식의 이산화탄소소화설비의 분사헤드기준 중, 다목 : 약제 산출 기준에서 정하는 소화약제의 양을 60초 이내에 균일하게 방사할 것

50 다음 화합물 중 망간의 산화수가 +6인 것은?

① $K\underline{Mn}O_4$
② $\underline{Mn}O_2$
③ $\underline{Mn}SO_4$
④ $K_2\underline{Mn}O_4$

해설 산화수 구하기

$KMnO_4 = K^{+1}\,Mn^{X}\,O_4^{-2}$

$+1 + \chi + (-2 \times 4) = 0,\ \chi = +7$

$MnO_2 = Mn^{X} + O_2^{-2}$

$\chi + (-2 \times 2) = 0,\ \chi = +4$

$MnSO_4 = Mn^{X}\,SO^{-2}{}_4$

$\chi - 2 = 0,\ \chi = +2$

$K_2MnO_4 = K_2{}^{+1}Mn^{X}O^{-2}{}_4$

$+1 \times 2 + \chi + (-2 \times 4) = 0,\ \chi = +6$

51 산화프로필렌의 위험성에 대한 설명으로 틀린 것은?

① 산화프로필렌의 증기나 액체는 구리, 은, 마그네슘 등의 금속과의 접촉을 피해야 한다.
② 탱크에 저장하거나 용기에 수납할 때에는 질소 등의 불연성 가스를 채워둔다.
③ 증기압이 대단히 낮으므로 위험도가 크다.
④ 장시간 노출되면 동상, 폐부종 등의 위험이 있다.

해설 산화프로필렌(OCH_2CHCH_3)은 제4류 위험물(인화성액체) 중 특수인화물에 해당하며 증기압이 대단히 높으므로 저장취급 시 탱크의 온도상승에 주의하여야 하며 피부와 접촉 시 동상과 같은 현상이 있으며 장시간 흡입 시 폐부종을 일으키는 위험이 있다.

참고
- 산화프로필렌의 증기압 : 445mmHg(20℃)
- 물의 증기압 : 17.5mmHg(20℃)

52 $C_6H_2(NO_2)_3OH$와 $C_2H_5NO_3$의 공통성질 중 옳은 것은?

① 니트로 화합물에 속한다.
② 인화성이고 또 폭발성이 있는 액체이다.
③ 무색 또는 담황색 액체로서 방향이 있다.
④ 모두 알코올에 녹는다.

해설 제5류 위험물(자기반응성 물질)인 $C_6H_2(NO_2)_3OH$(피크린산)은 니트로화합물이며 $C_2H_5NO_3$(질산에틸)은 질산에스테르류에 해당하며 모두 알코올에 녹는다.

정답 47 ② 48 ③ 49 ② 50 ④ 51 ③ 52 ④

53 질산에 대한 설명 중 옳은 것은?

① 적갈색의 고체이다.
② 햇빛에 의해 분해되므로 보관 시 직사광선을 차단한다.
③ 가열하여도 분해되지 않는다.
④ 금속을 부식시키지 않는다.

해설 질산(HNO_3)은 제6류 위험물(산화성액체)이며 햇빛에 분해되어 이산화질소(NO_2)와 산소(O_2)를 발생하므로 보관 시 갈색의 차광병에 넣어 저장한다.

참고 • 질산(HNO_3)의 분해반응식
$4HNO_3 \rightarrow 2H_2O + 4NO_2\uparrow + O_2\uparrow$
(질산) (물) (이산화질소) (산소)

54 다음 중 제1석유류에 대한 설명으로 옳은 것은?

① 1기압에서 인화점이 21℃ 미만인 것
② 1기압에서 액상으로 착화점 21℃ 미만인 것
③ 1기압 40℃에서 액상으로 인화점 70℃ 미만인 것
④ 1기압 40℃에서 액상의 것으로 인화점 200℃ 미만인 것

해설 제4류 위험물(인화성액체) 중 제1석유류의 성상 : 1기압에서 인화점 21℃ 미만인 것

55 다음 설명 중 인화석회(인화칼슘)의 성질로 옳은 것은?

① 물보다 약간 가볍다.
② 백색 괴상의 고체이다.
③ 알코올에 잘 녹는다.
④ 물과 반응하여 포스핀을 발생한다.

해설 인화칼슘(Ca_3P_2)은 제3류 위험물 중 금수성 물질에 해당하며 물과 접촉하면 유독성이며 가연성인 포스핀(인화수소)을 발생한다. 또한, 비중이 2.51로 물보다 무거운 적갈색 괴상의 고체이다.

참고 • 인화칼슘(Ca_3P_2)과 물(H_2O)과의 반응식
$Ca_3P_2 + 6H_2O$
(인화칼슘) (물)
$\rightarrow 3Ca(OH)_2 + 2PH_3\uparrow + Q\ kcal$
(수산화칼슘) (포스핀) (발열반응)

56 금속나트륨의 저장 보호액으로 사용할 수 있는 것은?

① 아세톤 ② 메탄올
③ 식초 ④ 파라핀

해설 금속나트륨(Na)과 금속칼륨(K)은 제3류 위험물 중 금수성 물질을 대표하며 보호액은 석유(등유, 경유, 파라핀 등)을 사용한다.

57 분자량이 약 26.98로서 온수와 반응하여 수소를 발생하며 공기 중에서는 산화피막이 형성되어 내부를 보호하는 성질을 가진 제2류 위험물은?

① Zn ② Al
③ Sb ④ Fe

해설 Al(알루미늄)분은 제2류 위험물 금속분류에 해당하며 분자량은 27(약 26.98)이고 온수와 반응하면 수소(H_2)를 발생한다.

참고 • 알루미늄(Al)분과 물(H_2O)의 화학반응식
$2Al + 6H_2O \rightarrow 2Al(OH)_3 + 3H_2\uparrow$
(알루미늄) (물) (수산화알루미늄) (수소)

58 제3류 위험물의 공통적인 성질을 설명한 것 중 옳은 것은? (단, 황린은 제외)

① 모두 무기화합물이다.
② 저장액으로 석유류를 이용한다.
③ 햇빛에 노출되는 순간 발화한다.
④ 물과 반응 시 발열 또는 발화한다.

해설 제3류 위험물은 금수성 및 자연발화성 물질로 황린(P_4)을 제외하고는 물과 접촉하여 발열하며 가연성 가스를 발생하거나 발화한다.

59 다음 중 염소산나트륨의 성질로서 틀린 것은?

① 알코올, 에테르에 녹지 않는다.
② 조해성이 크다.
③ 분해온도는 약 300도이다.
④ 철을 부식시킨다.

해설 염소산나트륨($NaClO_3$)은 제1류 위험물(산화성고체) 중 염소산염류에 해당되며 물, 알코올, 에테르에 잘 녹는다.

| 정답 | 53 ② 54 ① 55 ④ 56 ④ 57 ② 58 ④ 59 ①

60 디에틸에테르의 성질 중 맞는 것은?

① 착화 온도는 300℃이다.
② 증기는 공기보다 가볍고 물에 잘 녹는다.
③ 피부에 닿으면 피부가 상한다.
④ 연소 범위는 1.9 ~ 48%이다.

해설 디에틸에테르($C_2H_5OC_2H_5$)는 제4류 위험물(인화성액체) 중 특수인화물이며 착화온도는 180℃이고 연소범위는 1.9~48%이다.

| 정답 | 60 ④

위험물기능사 국가기술자격 필기시험(CBT 11회) 출제문제

2019년 4월 7일 시행

(시험시간 1시간)

01 인화점이 낮은 것부터 높은 순서로 나열된 것은?

① 아세톤 - 톨루엔 - 벤젠
② 톨루엔 - 벤젠 - 아세톤
③ 아세톤 - 벤젠 - 톨루엔
④ 톨루엔 - 아세톤 - 벤젠

해설 제4류 위험물(인화성액체) 제1석유류의 인화점
- 아세톤(CH_3COCH_3) : -18℃
- 벤젠(C_6H_6) : -11℃
- 톨루엔($C_6H_5CH_3$) : 4℃

02 등유의 성질로서 틀린 것은?

① 물에 녹지 않는다.
② 증기 비중은 1보다 크다.
③ 산화제로 주로 사용한다.
④ 물보다 가볍다.

해설 등유(케로신)는 제4류 위험물(인화성액체) 중 제2석유류를 대표하는 유류로서 산화제가 아니다. 위험물 중 산화제는 제1류 위험물(산화성 고체), 제6류 위험물(산화성 액체)가 대표적이다.

03 저팽창포 또는 고팽창포로 사용이 가능한 포소화약제는?

① 단백포 소화약제
② 불화단백포 소화약제
③ 수성막포 소화약제
④ 합성계면활성제포 소화약제

해설 합성계면활성제포 소화약제는 저팽창에서 고팽창까지 팽창 범위가 넓어서 고체 및 기체연료의 화재에도 사용한다.

04 제2류 위험물인 유황의 대표적인 연소형태는?

① 표면연소 ② 증발연소
③ 분해연소 ④ 자기연소

해설 유황(S)은 제2류 위험물(가연성고체)이며, 가열하면 액체로 변하고 또한 액표면에서 발생하는 증기에 인화되므로 증발연소를 한다.

05 다음 위험물의 화재 시 이산화탄소 소화약제를 사용할 수 없는 것은?

① 글리세린 ② 등유
③ 인화성 고체 ④ 마그네슘

해설 마그네슘(Mg)의 화재에 이산화탄소(CO_2) 소화약제를 사용하면 폭발한다.

참고 마그네슘(Mg)과 이산화탄소(CO_2)의 폭발반응식

$$2Mg + CO_2 \rightarrow 2MgO + C$$

(마그네슘) (이산화탄소) (산화마그네슘) (탄소)

06 질산암모늄의 일반적 성질에 대한 설명 중 옳은 것은?

① 불안정한 물질이고 물에 녹을 때는 흡열반응을 나타낸다.
② 과일향의 냄새가 나는 적갈색 비결정체이다.
③ 물에 대한 용해도 값이 매우 작아 물에 거의 불용이다.
④ 상온에서 폭발성의 액체이다.

해설 질산암모늄(NH_4NO_3)은 제1류 위험물(산화성고체)중 질산염류에 속하며 불안정한 물질이고 물에 녹을 때는 흡열반응을 한다.

| 정답 | 01 ③ 02 ③ 03 ④ 04 ③ 05 ④ 06 ①

07 「위험물안전관리에 관한 세부기준」에서 정한 위험물의 유별에 따른 위험성 시험 방법을 옳게 연결한 것은?

① 제2류 - 작은 불꽃 착화시험
② 제5류 - 충격민감성 시험
③ 제1류 - 가열분해성 시험
④ 제5류 - 낙구타격감도시험

해설 유별에 따른 위험성 시험 방법
- 제1류 – 충격민감성 시험
- 제2류 – 착화의 위험성 시험(작은 불꽃 착화시험)
- 제2류 – 고체의 인화의 위험성 시험
- 제3류(자연발화성) – 고체 및 액체의 공기 중 발화의 위험성의 시험
- 제3류(금수성) – 물과 접촉하여 발화하거나 가연성가스를 발생할 위험성의 시험
- 제4류
  - 태그밀폐식인화점측정기에 의한 인화점 측정 시험
  - 신속평형법인화점측정기에 의한 인화점 측정 시험
  - 클리브랜드개방컵인화점측정기에 의한 인화점 측정 시험
- 제5류 – 폭발성 및 가열분해성 시험
- 제6류 – 연소시간 측정시험

08 B급 화재에 해당하는 가연물은?

① 종이 ② 질산칼륨
③ 등유 ④ 나트륨

해설 B급 화재 : 등유와 같은 유류화재

참고 화재의 구분
- 종이 : A급화재(일반화재)
- 질산칼륨(KNO_3) : D급화재(금속화재)
- 나트륨(Na) : D급화재(금속화재)

09 다음 중 산화성 물질이 아닌 것은?

① 질산염류 ② 과염소산
③ 무기과산화물 ④ 마그네슘

해설 마그네슘(Mg)은 제2류 위험물(가연성고체)에 해당하는 환원성물질이다.

10 포소화약제의 주된 소화효과는?

① 제거소화 ② 자기소화
③ 희석소화 ④ 질식소화

해설 포소화약제는 질식소화효과의 대표적 소화약제이다.

참고 질식소화약제 : 포, 분말, 이산화탄소, 간이소화용구

11 위험물 운반 시 동일한 트럭에 제1류 위험물과 함께 적재할 수 있는 유별은? (단, 지정수량의 5배 이상인 경우이다.)

① 제6류 ② 없음
③ 제4류 ④ 제3류

해설 제1류 위험물과 혼재할 수 있는 위험물은 제6류 위험물 한가지이다.

참고 혼재할 수 있는 위험물 : 사이삼, 오이사, 육하나

12 연소 시 고온체의 색상에 따라 온도를 구분할 때 다음 중 적색에 가장 가까운 온도는?

① 250℃ ② 1,700℃
③ 1,500℃ ④ 850℃

해설 고온체의 색깔이 적색이면 850℃에 해당된다.

참고 고온체의 색깔과 온도
- 담암적색 : 522℃
- 암적색 : 700℃
- 적색 : 850℃
- 휘적색 : 950℃
- 황적색 : 1,100℃
- 백적색 : 1,300℃
- 휘백색 : 1,500℃

13 탄화알루미늄을 저장하는 저장고에 스프링클러 소화설비를 설치할 수 없는 이유는?

① 물과 반응 시 에탄가스를 발생하기 때문에
② 물과 반응 시 메탄가스를 발생하기 때문에
③ 물과 반응 시 수소가스를 발생하기 때문에
④ 물과 반응 시 프로판가스를 발생하기 때문에

해설 탄화알루미늄(Al_4C_3)은 제3류 위험물 중 금수성물질로 물(H_2O)과 반응하면 메탄(CH_4)을 발생한다.

| 정답 | 07 ① 08 ③ 09 ④ 10 ④ 11 ① 12 ④ 13 ②

참고 탄화알루미늄(Al_4C_3)과 물(H_2O)의 반응식

$Al_4C_3 + 12H_2O \rightarrow 4Al(OH)_3 + 3CH_4 \uparrow$

(탄화알루미늄) (물) (수산화알루미늄) (메탄)

14 **위험물안전관리법에서 정의하는 다음 용어는 무엇인가?**

> "인화성 또는 발화성 등의 성질을 가지는 것으로서 대통령령이 정하는 물품을 말한다."

① 자연발화성물질 ② 위험물
③ 인화성물질 ④ 가연물

해설 보기내용 : 위험물 안전관리법 제2조 제1항 제1호 "위험물"의 정의이다.

15 **위험물안전관리법령상 소화설비의 설치기준으로 틀린 것은?**

① 저장소의 외벽이 내화구조인 건축물의 연면적 150m^{2}를 1소요단위로 한다.
② 능력단위는 소요단위에 대응하는 소화설비의 소화능력의 기준단위이다.
③ 소요단위는 소화설비의 설치대상이 되는 건축물 그 밖의 공작물의 규모 또는 위험물의 양의 기준단위이다.
④ 취급소의 외벽이 내화구조인 건축물의 연면적 50m^{2}를 1소요단위로 한다.

해설 취급소의 외벽이 내화구조인 건축물의 연면적 100m^{2}를 1소요단위로 한다.

참고 소요단위(1단위)
- 제조소 또는 취급소용 건축물로 외벽이 내화구조인 것 : 연면적 100m^2
- 제조소 또는 취급소용 건축물로 외벽이 내화구조 이외인 것 : 연면적 50m^2
- 저장소용 건축물로 외벽이 내화구조인 것 : 연면적 150m^2
- 저장소용 건축물로 외벽이 내화구조 이외인 것 : 연면적 75m^2
- 위험물 : 지정수량 10배

※ 제조소등의 옥외에 설치된 공작물은 외벽이 내화구조인 것으로 간주하고 최대수평투영면적을 연면적으로 간주한다.

16 **다음 중 물과 반응성이 가장 낮은 것은**

① 황린 ② 인화알루미늄
③ 트리에틸알루미늄 ④ 칼륨

해설 황린(P_4)은 제3류 위험물 자연발화성 물질이며, 물과 반응성이 없으므로 pH9의 물을 보호액으로 사용한다.

17 **제5류 위험물을 취급하는 위험물제조소에 설치하는 주의사항 게시판에서 표시하는 내용과 바탕색 문자로 옳은 것은?**

① "화기주의", 적색바탕에 백색문자
② "화기엄금", 백색바탕에 적색문자
③ "화기엄금", 적색바탕에 백색문자
④ "화기주의", 백색바탕에 적색문자

해설 제5류 위험물(자기반응성 물질)을 취급하는 위험물제조소에 설치하는 주의사항 게시판 : "화기엄금", 적색바탕에 백색문자

참고 물기엄금의 바탕색과 문자의 색 : 청색 바탕에 백색문자

18 **다음 중 질식소화 효과를 주로 이용하는 소화기는?**

① 포소화기
② 강화액 소화기
③ 수(물) 소화기
④ 할로겐화합물소화기

해설 질식소화 효과를 주로 이용하는 소화기의 종류
포소화기, 분말소화기, 이산화탄소소화기, 간이소화제

참고 소화기의 소화효과
- 강화액 소화기 : 냉각효과
- 수(물) 소화기 : 냉각효과
- 할로겐화합물소화기 : 억제효과

19 **다음 중 화학적 소화에 해당하는 것은?**

① 냉각소화 ② 질식소화
③ 억제소화 ④ 제거소화

해설 억제소화는 연소반응의 순조로운 연쇄반응을 차단하는 화학적 소화에 해당된다.

정답 14 ② 15 ④ 16 ① 17 ③ 18 ① 19 ③

20 물에 탄산칼륨을 보강시킨 강화액 소화약제에 대한 설명으로 틀린 것은?

① 물보다 점성이 있는 수용액이다.
② 물보다 비중이 큰 수용액이다.
③ 일반적으로 강산성을 나타낸다.
④ 응고점은 약 -30~-26℃이다.

해설 탄산칼륨(K_2CO_3) 포화수용액의 수소이온지수는 pH12로 강알칼리에 해당된다.

21 $KMnO_4$의 지정수량은 몇 kg인가?

① 500　　② 1000
③ 100　　④ 50

해설 $KMnO_4$(과망간산칼륨)의 지정수량 : 제1류 위험물(산화성고체)중 과망간산염류에 해당하므로 지정수량은 1,000kg이다.

22 다음 중 위험물안전관리법령에 따른 지정수량이 나머지 셋과 다른 하나는?

① 황린　　② 나트륨
③ 알킬리튬　　④ 칼륨

해설 제3류 위험물의 지정수량

성질	위험등급	품 명	지정수량
자연발화성 물질 및 금수성 물질	I	칼륨	10kg
	I	나트륨	10kg
	I	알킬리튬	10kg
	I	알킬알루미늄	10kg
	I	황린	20kg
	II	알칼리금속(칼륨 및 나트륨 제외) 및 알칼리토금속	50kg
	II	유기금속화합물(알킬알루미늄 및 알킬리튬을 제외한다)	50kg
	III	금속인화합물	300kg
	III	금속수소화합물	300kg
	III	칼슘 또는 알루미늄의 탄화물	300kg

23 제4류 위험물 운반용기 외부에 표시하여야 하는 주의사항은?

① 화기주의　　② 화기엄금
③ 물기엄금　　④ 화기・충격주의

해설 제4류 위험물(인화성 액체) 운반용기 외부의 주의사항 표시 : 화기엄금

참고 위험물 운반용기의 외부포장 표시 중 수납위험물의 주의사항

- 제1류 위험물 : 화기・충격주의, 가연물 접촉주의
  ① 알칼리금속의 과산화물 또는 이를 함유하는 것 : 화기・충격주의, 가연물 접촉주의, 물기엄금
- 제2류 위험물 : 화기주의
  ① 철분, 금속분, 마그네슘 또는 이를 함유하는 것 : 화기주의, 물기엄금
  ② 인화성고체 : 화기엄금
- 제3류 위험물
  ① 금수성물질 : 물기엄금
  ② 자연발화성물질 : 화기엄금, 공기노출엄금
- 제4류 위험물 : 화기엄금
- 제5류 위험물 : 화기엄금, 충격주의
- 제6류 위험물 : 가연물 접촉주의

24 위험물안전관리법령상 제3류 위험물 중 금수성 물질에 적응성이 있는 소화설비는?

① 포소화설비
② 탄산수소염류등 분말소화설비
③ 불활성가스소화설비
④ 할로겐화합물소화설비

해설 제3류 위험물 중 금수성물질에 적응성이 있는 소화설비 : 탄산수소염류 분말소화설비

참고 해당 소화약제

- 마른모래
- 팽창질석 및 팽창진주암
- 탄산수소염류 분말소화약제

25 다음 위험물의 지정수량 배수의 총합은 얼마인가? (질산 156kg, 과산화수소 420kg, 과염소산 300kg)

① 2.5　　② 2.9
③ 3.9　　④ 3.4

| 정답 | 20 ③　21 ②　22 ①　23 ②　24 ②　25 ②

해설 지정수량 배수의 종합

$= \frac{156kg}{300kg} + \frac{420kg}{300kg} + \frac{300kg}{300kg} = 2.92$

위험물의 지정수량
- 질산(HNO_3) : 300kg
- 과산화수소(H_2O_2) : 300kg
- 과염소산($HClO_4$) : 300kg

26 다음 중 제5류 위험물로서 화약류 제조에 사용되는 것은?

① 과산화수소
② 중크롬산나트륨
③ 클로로벤젠
④ 니트로셀룰로오스

해설 위험물의 류별
- 과산화수소(H_2O_2) : 제6류 위험물
- 중크롬산나트륨($Na_2Cr_2O_7$) : 제1류 위험물
- 클로로벤젠(C_6H_5Cl) : 제4류 위험물
- 니트로셀룰로오스$[C_6H_7O_2(ONO_2)_3]_n$: 제5류 위험물

참고 니트로셀룰로오스는 무연화약의 제조원료로 사용한다.

27 제조소등에서 위험물을 유출·방출 또는 확산시켜 사람을 상해에 이르게 한 경우의 벌칙에 관한 기준에 해당하는 것은?

① 3년 이상 10년 이하의 징역
② 무기 또는 5년 이상의 징역
③ 무기 또는 10년 이하의 징역
④ 무기 또는 3년 이상의 징역

해설 해당 벌칙 : 무기 또는 3년 이상의 징역

참고 제조소등에서 위험물을 유출시켜 사람의 산체 또는 재산에 대하여 위험을 발생시킨 자 : 1년 이상 10년 이하의 징역
- 규정에서 사람에게 상해를 입힌 자 : 무기 또는 3년 이상 징역
- 규정에서 사람을 사망에 이르게 한 자 : 무기 또는 5년 이상 징역

28 다음 중 지정수량이 가장 작 은 것은?

① 아세톤
② 클로로벤젠
③ 디에틸에테르
④ 크레오소트유

해설 제4류 위험물(인화성 액체)의 지정수량
- 아세톤(CH_3COCH_3) : 400L(제1석유류 중 수용성)
- 클로로벤젠(C_6H_5Cl) : 1,000L(제2석유류 중 비수용성)
- 디에틸에테르($C_2H_5OC_2H_5$) : 50L(특수인화물)
- 크레오소트유 : 2,000L(제3석유류 중 비수용성)

29 옥내저장탱크의 상호간에는 특별한 경우를 제외하고 최소 몇 m 이상의 간격을 유지하여야 하는가?

① 0.5　　② 0.2
③ 0.3　　④ 0.1

해설 옥내저장탱크의 상호간의 간격 및 전용실과의 간격 : 0.5m 이상

30 질산에틸과 아세톤의 공통적인 성질 및 취급 방법으로 옳은 것은?

① 인화점이 높으나 증기압이 낮으므로 햇빛에 노출된 것에 저장이 가능하다.
② 통풍이 잘 되는 곳에 보관하고 불꽃 등의 화기를 피하여야 한다.
③ 점성이 커서 다른 용기에 옮길 때 가열하여 더운 상태에서 옮긴다.
④ 휘발성이 낮기 때문에 마개 없는 병에 보관하여도 무방하다.

해설 질산에틸($C_2H_5ONO_2$)은 제5류 위험물(자기반응성물질) 중 질산에스테르류에 속하는 액체위험물로서 인화점이 10℃이며, 아세톤(CH_3COCH_3)은 제4류 위험물(인화성액체) 제1석유류에 속하며 인화점이 -18℃이므로 용기는 밀전하여 통풍이 잘되는 찬 곳에 저장하고 불꽃 등의 화기로부터 멀리 저장하여야 한다.

| 정답 | 26 ④ 27 ④ 28 ③ 29 ① 30 ②

31 염소산칼륨에 대한 설명으로 옳은 것은?

① 가열에 의해 분해하여 산소를 방출한다.
② 비중은 4.32이다.
③ 흑색 분말이다.
④ 글리세린과 에탄올에 잘 녹는다.

해설 염소산칼륨($KClO_3$)은 제1류 위험물(산화성고체) 중 염소산염류에 해당하는 강산화제로 자체 내에 많은 산소(O)를 함유하므로 가열에 의하여 분해하여 다량의 산소(O_2) 가스를 발생한다.

32 위험물 제조소등별로 설치하여야 하는 경보설비의 종류에 해당하지 않는 것은?

① 비상경보설비 ② 자동화재탐지설비
③ 비상방송설비 ④ 비상조명등설비

해설 비상조명등설비는 피난설비에 해당된다.

참고 위험물 제조소등에 설치하는 경보설비
- 자동화재탐지설비
- 비상경보설비
- 비상방송설비
- 확성장치

33 이황화탄소 기체는 수소 기체보다 20℃, 1기압에서 몇 배 더 무거운가?

① 11 ② 38
③ 22 ④ 32

해설 이황화탄소(CS_2)와 수소(H_2)의 질량비[원자량 : C(12), S(32), H(1)]
12+32×2 : 2=76 : 2이므로 76÷2=38배

34 다음 중 요오드값이 가장 낮은 것은?

① 오동유 ② 낙화생유
③ 해바라기유 ④ 아마인유

해설 동식물 유류의 요오드값
- 건성유(130 이상) : 해바라기유, 동유(오동유), 아마인유, 들기름, 정어리기름 등
- 반건성유(100~130) : 청어유, 쌀겨기름, 면실유, 채종유, 옥수수유, 참기름, 콩기름 등
- 불건성유(100 이하) : 피마자유, 올리브유, 팜유, 땅콩기름(낙화생유), 야자유 등

35 위험물안전관리법령상 특수인화물의 정의에 관한 내용이다. ( )에 알맞은 수치를 차례대로 나타낸 것은?

> "특수인화물"이라 함은 이황화탄소 디에틸에테르, 그 밖에 1기압에서 발화점이 섭씨 100도 이하인 것 또는 인화점이 섭씨 영하 ( )도 이하이고 비점이 섭씨 ( )도 이하인 것을 말한다.

① 20, 100 ② 40, 100
③ 40, 20 ④ 20, 40

해설 특수인화물은 제4류 위험물(인화성 액체)이며, 인화점은 섭씨 영하 20도 이하이고 비점이 섭씨 40도 이하인 것을 말한다.

36 위험물안전관리법령상 이동탱크저장소에 위한 위험물의 운송 시 장거리에 걸친 운송을 하는 때에는 2명 이상의 운전자로 하는 것이 원칙이다. 다음 중 예외적으로 1명의 운전자가 운송하여도 되는 경우의 기준으로 옳은 것은?

① 운송도중에 2시간 이내마다 10분 이상씩 휴식하는 경우
② 운송도중에 4시간 이내마다 20분 이상씩 휴식하는 경우
③ 운송도중에 4시간 이내마다 10분 이상씩 휴식하는 경우
④ 운송도중에 2시간 이내마다 20분 이상씩 휴식하는 경우

해설 이동탱크저장소에 의한 위험물의 운송 시에 준수기준
- 위험물운송자는 장거리(고속국도에 있어서는 340km 이상, 그 밖의 도로에 있어서는 200km 이상을 말한다)에 걸치는 운송을 하는 때에는 2명 이상의 운전자로 할 것. 다만, 다음의 1에 해당하는 경우에는 그러하지 아니하다.
  1) 규정에 의하여 운송책임자를 동승시킨 경우
  2) 운송하는 위험물이 제2류 위험물·제3류 위험물(칼슘 또는 알루미늄의 탄화물과 이것만을 함유한 것에 한한다)또는 제4류 위험물(특수인화물을 제외한다)인 경우
  3) 운송도중에 2시간 이내마다 20분 이상씩 휴식하는 경우

| 정답 | 31 ① 32 ④ 33 ② 34 ② 35 ④ 36 ④

37 과산화수소에 대한 설명으로 옳은 것은?

① 60wt% 이상의 농도를 위험물로 규제한다.
② 강산화제이지만 환원제로도 사용한다.
③ 알코올, 에테르에는 용해되지 않는다.
④ 알칼리성 용액에서는 분해가 되지 않는다.

해설 과산화수소(H_2O_2)는 제6류 위험물(산화성액체)에 해당하며 강산화제이지만 자기보다 센 산화제인 과망간산칼륨($KMnO_4$), 이산화망간(MnO_2)의 산성용액에서는 환원제로 사용된다.

참고 과산화수소(H_2O_2)는 36wt% 이상의 농도를 위험물로 규제한다.

38 석유류(또는 석탄류)가 연소할 때 발생하는 가스로 강한 자극적인 냄새가 나며 취급하는 장치를 부식시키는 것은?

① NH_3 ② SO_2
③ H_2 ④ CH_4

해설 석유류 또는 석탄 안에 함유한 유황(S)은 연소할 때 발생하는 이산화황(SO_2)은 아황산가스라 하며 석유류의 탄화수소가 연소하여 발생된 물(H_2O)에 녹아 아황산(H_2SO_3)되어 금속을 부식시킨다.

39 알루미늄분의 위험성에 대한 설명 중 틀린 것은?

① 발화하면 다량의 열이 발생한다.
② 할로겐원소와 접촉 시 자연발화의 위험성이 있다.
③ 산과 반응하여 가연성가스인 수소를 발생한다.
④ 뜨거운 물과 격렬히 반응하여 산화알루미늄을 발생한다.

해설 알루미늄(Al)분은 제2류 위험물(가연성 고체) 금속분에 속하며 물과 격렬히 반응하여 수산화알루미늄[$Al(OH)_3$]과 수소(H_2)를 발생한다.

참고 알루미늄(Al)분과 물(H_2O)과의 반응식

$$2Al + 6H_2O \rightarrow 2Al(OH)_3 + 3H_2\uparrow$$

(알루미늄) (물) (수산화알루미늄) (수소)

40 다음과 같은 반응에서 $5m^3$의 탄산가스를 만들기 위해 필요한 탄산수소나트륨의 양은 몇 kg인가? (단, 표준상태이고 나트륨의 원자량은 23이다.)

$$2NaHC_3 \rightarrow Na_2CO_3 + CO_2 + H_2O$$

① 37.5 ② 18.75
③ 56.25 ④ 75

해설 $2NaHCO_3 \rightarrow Na_2CO_3 + CO_2$

[풀이 1]
2NaHCO의 질량 : $2\times(23+1+12+16\times3)=168kg$
모든 기체 1kmol은 표준상태에서 $22.4m^2$의 체적을 갖는다.
탄산수소나트륨 168kg이 분해할 때 탄산가스 1kmol($22.4m^3$)이 생성되므로
$168kg : 22.4m^3 = X : 5m^3$

$$X=\frac{168\times5}{22.4}=37.5kg$$

[풀이 2]

$$PV=\frac{WRT}{M}\text{에서 }W=\frac{PVM}{RT}\text{ 이므로}$$

$$W=\frac{1\times5\times84}{0.082\times273}\times2=37.523\fallingdotseq37.5kg$$

W(탄산수소나트륨의 질량) : ?kg
탄산수소나트륨($NaHCO_3$) 2kmol이 분해하면 이산화탄소(CO_2) 1kmol이 생성되므로 계산식에 2를 곱하여 질량을 계산한다.
P(압력) : 1atm
V(이산화탄소의 체적) : $5m^3$
M(탄산수소나트륨 1kg 분자량) : 84kg/kmol
R(기체상수) : $0.082atm\cdot m^3/kmol\cdot k$
T(절대온도) : (0℃+273)k

41 위험물안전관리법령에서 정하는 위험물이 아닌 것은? (단, 지정수량은 고려하지 않는다.)

① BrF_5 ② IF_5
③ BrF_3 ④ CCl_4

해설 CCl_4(사염화탄소)는 할론 소화약제이다.

참고 BrF_5, IF_5, BrF_3 : 제6류 위험물(산화성액체)중 그 밖에 행정안전부령이 정하는 물품인 할로겐간 화합물이다.

| 정답 | 37 ② 38 ② 39 ④ 40 ① 41 ④

42 건물의 외벽이 내화구조로서 연면적 300m²의 옥내저장소에 필요한 소화기 소요단위수는?

① 4단위 ② 3단위
③ 1단위 ④ 2단위

해설 소요단위= $\frac{300kg}{150kg}$ =2소요단위
저장소용 건축물로 외벽이 내화구조인 것은 연면적 150m²를 1소요단위로 한다.

43 지정수량이 나머지 셋과 다른 것은?

① 과염소산칼륨 ② 유황
③ 과산화나트륨 ④ 칼슘

해설 위험물의 지정수량
- 과염소산칼륨($KClO_4$)은 제1류 위험물 과염소산염류 : 50kg
- 유황(S)은 제2류 위험물 : 100kg
- 과산화나트륨(Na_2O_2)은 제1류 위험물 무기과산화물 : 50kg
- 칼슘(Ca)은 제3류 위험물 알칼리금속의 과산화물(칼륨 및 나트륨제외) 및 알칼리토금속 : 50kg

44 강화액소화기에 대한 설명으로 틀린 것은?

① A급화재에 적응성이 있다.
② 어는점이 낮아서 동절기에도 사용이 가능하다.
③ 물의 표면장력을 강화시킨 것으로 심부화재에는 부적합하다.
④ 알칼리 금속염류가 포함된 수용액이다.

해설 강화액소화기는 물의 단점인 빙점(0℃)을 -30℃~-25℃로 강화시킨 소화기이며 물의 표면장력을 강화시킨 것이 아니다.

45 나트륨의 저장방법으로 옳은 것은?

① 에탄올 속에 넣어 저장한다.
② 젖은 모래 속에 넣어 저장한다.
③ 물 속에 넣어 저장한다.
④ 경유 속에 넣어 저장한다.

해설 나트륨(Na)은 제3류 위험물 중 금수성물질로 물 또는 알코올과 반응하여 수소(H_2)를 발생하므로 보호액인 석유(등유, 경유, 파라핀 등)속에 넣어 저장한다.

46 위험물안전관리법령에서 정한 제5류 위험물 이동저장탱크의 외부 도장색상은?

① 청색 ② 황색
③ 회색 ④ 적색

해설 이동저장탱크의 외부도장

유 별	도장의 색상	비 고
제 1 류	회 색	탱크의 앞면과 뒷면을 제외한 면적의 40% 이내의 면적은 다른 유별의 색상 외의 색상으로 도장하는 것이 가능하다.
제 2 류	적 색	
제 3 류	청 색	
제 4 류	도장의 색상 제한이 없으나 적색을 권장한다.	
제 5 류	황 색	
제 6 류	청 색	

47 간이소화제인 마른모래의 보관법으로 옳지 않은 것은?

① 능력단위를 고려하여 보관할 것
② 부속기구로 삽 등을 비치할 것
③ 충분한 습기를 함유할 것
④ 가연물이 함유되어 있지 않을 것

해설 소화약제로서 마른모래는 항상 건조한 상태로 보관되어야 하므로 습기를 함유하면 아니 된다.

48 저장용기에 물을 넣어 보관하며 $Ca(OH)_2$을 넣어 pH9의 약알칼리성으로 유지시키면서 저장하는 물질은?

① 황린
② 황화린
③ 적린
④ 질산

해설 본문의 위험물 : 제3류 위험물 자연발화성 물질인 황린(P_4)

| 정답 | 42 ④ 43 ② 44 ③ 45 ④ 46 ② 47 ③ 48 ①

49 Halon 1001의 화학식에서 수소 원자의 수는?

① 3 ② 0
③ 2 ④ 1

해설 할론1001의 화학식은 C(탄소) 1개와 Br(브롬) 1개로 구성되므로 나머지 3개는 수소이다.

참고 Halon넘버는 C(탄소), F(불소), Cl(염소), Br(브롬), I(요오드)의 개수로 표시하며 기본골격은 C(탄소)가 1개일 때는 탄소 1개와 수소 4개인 CH_4(메탄)의 구조를 가지며 C(탄소)가 2개일 때는 탄소 2개와 수소 6개인 C_2H_6(에탄)의 구조를 가진다.

50 제4류 위험물을 저장 및 취급하는 위험물 제조소에 설치한 "화기엄금" 게시판의 색상으로 올바른 것은?

① 백색바탕에 적색문자
② 흑색바탕에 적색문자
③ 적색바탕에 흑색문자
④ 적색바탕에 백색문자

해설 "화기엄금" 게시판의 색상 : 적색바탕에 백색문자

참고 "물기엄금" 게시판의 색상 : 청색바탕에 백색문자

51 주수소화를 할 경우 물과 반응하여 독성가스를 발생할 위험이 있는 것은?

① 인화알루미늄 ② 과산화수소
③ 마그네슘 ④ 수소화리튬

해설 인화알루미늄(AlP)은 제3류 위험물중 금수성물질이며 물(H_2O)과 반응하면 독성이며 가연성인 포스핀가스(PH_3)를 발생한다.

참고 인화알루미늄(AlP)과 물(H_2O)의 반응식

$$AlP + 3H_2O \rightarrow Al(OH)_3 + PH_3\uparrow$$

(인화알루미늄) (물) (수산화알루미늄) (인화수소, 포스핀)

52 위험물안전관련법령상 분말소화설비의 기준에서 가압용 가스용기에 사용되는 가스로 옳은 것은?

① CO_2, O_2 ② N_2, CO_2
③ N_2, O_2 ④ He, O_2

해설 분말소화설비의 기준에서 가압용 가스용기에 사용되는 가스 : N_2(질소), CO_2(이산화탄소)

53 HO-CH_2CH_2-OH의 지정수량은 몇 ℓ인가?

① 4,000 ② 6,000
③ 1,000 ④ 2,000

해설 HO-CH_2CH_2-OH(에틸렌글리콜)은 제4류 위험물(인화성액체) 제3석유류(수용성)이므로 지정수량은 4,000ℓ이다.

• 에틸렌글리콜의 시성식 : $C_2H_4(OH)_2$

54 주유취급소에 다음과 같은 전용탱크를 설치하였다. 최대로 저장-취급 할 수 있는 용량은 얼마인가? (단, 고속도로 외의 도로변에 설치하는 자동차용 주유취급소인 경우이다.)

> • 간이탱크 : 2기
> • 폐유탱크등 : 1기
> • 고정주유설비 및 급유설비 접속하는 전용 탱크 : 2기

① 103,200ℓ
② 123,200ℓ
③ 124,200ℓ
④ 104,600ℓ

해설 600ℓ×2+2,000ℓ+50,000ℓ×2=103,200

참고 주유취급소에 설치하는 탱크 1기의 용량
• 간이탱크 : 600ℓ 이하
• 폐유탱크 : 2,000ℓ 이하
• 고정주유 및 고정급유설비에 접속하는 전용탱크 : 50,000ℓ(고속도로 50,000ℓ) 이하

55 다음 중 특수인화물에 해당하는 것은?

① 아세톤
② 이황화탄소
③ 핵산
④ 가솔린

해설 제4류 위험물(인화성액체)의 품명
• 아세톤(CH_3COCH_3) : 제1석유류
• 이황화탄소(CS_2) : 특수인화물
• 핵산(C_6H_{12}) : 제1석유류
• 가솔린 : 제1석유류

| 정답 | 49 ① 50 ④ 51 ① 52 ② 53 ① 54 ① 55 ②

56 **위험물안전관리법령에 의한 위험물 운송에 관한 규정으로 틀린 것은?**

① 이동탱크 저장소에 의하여 위험물을 운송하는 자는 당해 위험물을 취급할 수 있는 국가기술자격자 또는 안전교육을 받은 자이어야 한다.

② 안전관리자·탱크시험자·위험물운송자 등 위험물의 안전관리와 관련된 업무를 수행하는 자는 시·도지사가 실시하는 안전교육을 받아야한다

③ 위험물운송자는 이동탱크저장소에 의하여 위험물을 운송하는 때에는 행정안전부령으로 정하는 기준을 준수하는 등 해당 위험물의 안전확보를 위하여 세심한 주의를 기울여야 한다.

④ 운송책임자의 범위, 감독 또는 지원의 방법 등에 관한 구체적인 기준은 행정안전부령으로 한다.

해설 안전관리자·탱크시험자·위험물운송자 등 위험물의 안전관리와 관련된 업무를 수행하는 자는 소방청장이 실시하는 안전교육을 받아야한다

57 **정전기 발생의 예방법이 아닌 것은?**

① 전기의 도체를 이용하는 방법
② 공기 중의 상대습도를 낮추는 방법
③ 공기를 이온화시키는 방법
④ 접지에 의한 방법

해설 정전기 발생의 방지방법
- 접지할 것
- 공기 중의 상대습도를 70% 이상으로 할 것
- 공기를 이온화할 것

58 **위험물시설에 설치하는 자동화제탐지설비의 하나의 경계구역 면적과 그 한 변의 길이의 기준으로 옳은 것은? (단, 광전식분리형 감지기를 설치하지 않은 경우이다.)**

① $300m^2$ 이하, 50m 이하
② $300m^2$ 이하, 100m 이하
③ $600m^2$ 이하, 50m 이하
④ $600m^2$ 이하, 100m 이하

해설 자동화재탐지설비의 경계구역
- 하나의 경계구역은 $600m^2$ 이하로 하고 한 변의 길이는 50m(광전식분리형 감지기를 설치할 경우에는 100m) 이하로 할 것
- 하나의 경계구역이 2개 이상의 건축물 및 층에 미치지 아니할 것
- 면적 $500m^2$ 이하의 범위 안에서는 2개층을 하나의 경계구역으로 할 수 있다.
- 하나의 경계구역의 주된 출입구에서 그 내부 전체가 보이는 것에 있어서는 면적 $1,000m^2$ 이하로 할 수 있다.
- 감지기는 지붕 또는 벽의 옥내에 면한 부분(천장이 있는 경우에는 천장 또는 천장의 뒷부분)에 유효하게 화재의 발생을 감지할 수 있도록 설치할 것

59 **위험물제조소에 설치하는 안전장치 중 위험물의 성질에 따라 안전밸브의 작동이 곤란한 가열설비에 한하여 설치하는 것은?**

① 안전밸브를 병용하는 경보장치
② 파괴판
③ 연성계
④ 감압축에 안전밸브를 부착한 감압밸브

해설 본문의 장치 : 파괴판

60 **아세트알데히드의 저장·취급 시 주의사항으로 틀린 것은?**

① 옥외저장 탱크에 저장 시 조연성가스를 주입한다.
② 수용성이기 때문에 화재 시 물로 희석소화가 가능하다.
③ 강산화제와의 접촉을 피한다.
④ 취급설비에는 구리합금의 사용을 피한다.

해설 아세트알데히드(CH_3CHO)는 제4류 위험물(인화성 액체) 특수인화물이며, 옥외저장 탱크에 저장 시 질소(N_2) 등 불연성 가스를 주입한다.

| 정답 | 56 ② 57 ② 58 ③ 59 ② 60 ①

위험물기능사 국가기술자격 필기시험(CBT 12회) 출제문제

2019년 7월 13일 시행

(시험시간 1시간)

01 제1류에서 제6류 위험물의 소화에 모두 사용될 수 있는 소화제는?

① 젖은 모래 ② 마른 모래
③ 중조톱밥 ④ 수증기

해설 마른 모래는 만능소화제로서 제1류에서 제6류까지 전체 위험물의 소화에 사용된다.

02 위험물의 자연발화를 방지하는 방법으로 옳지 않은 것은?

① 금속분은 강산류와의 접촉을 방지한다.
② 위험물 보관장소의 습도를 가급적 높게 유지한다.
③ 니트로셀룰로오스 및 셀룰로이드류는 용제의 증발을 억제한다.
④ 반응속도는 온도에 크게 좌우되므로 온도의 상승을 방지한다.

해설 자연발화 방지 방법
- 습도가 높은 것을 피할 것
- 저장실의 온도를 낮춘다.
- 통풍을 잘 시킨다.
- 퇴적 및 수납시 열이 쌓이지 않게 한다.

03 중탄산나트륨과 황산알루미늄을 소화약제로 사용하여 만들어진 소화기를 사용할 때 나타나는 소화방법은?

① 제거소화와 질식소화
② 냉각소화와 억제소화
③ 질식소화와 억제소화
④ 냉각소화와 질식소화

해설 화학포소화기는 거품에 의한 질식소화 효과와 내재된 물에 의한 냉각소화 효과를 갖는다.

04 금속칼륨의 취급 잘못으로 화재가 났을 때 가장 적당한 소화 방법은?

① 마른모래를 덮어 소화시킨다.
② 다량의 물을 사용하여 소화한다.
③ 할론소화기를 사용한다.
④ 분무상의 물을 사용한다.

해설 금속화재의 소화방법은 만능소화제인 마른 모래 및 팽창질석, 팽창진주암, 금속화재용 분말소화제인 탄산수소염류 분말이 적합하다.

05 옥내소화전설비를 설치할 때 급수 배관에 대한 설명으로 옳지 않은 것은?

① 배관은 배관용 탄소 강관(KS D 3507)을 사용한다.
② 주 배관의 입상관 구경은 최소 60mm 이상으로 한다.
③ 흡수관은 펌프마다 전용으로 설치한다.
④ 원칙적으로 급수배관은 생활용수배관과 같이 사용 할 수 없으며 전용배관으로만 사용한다.

해설 옥내소화전설비의 급수배관 중 주배관의 입상배관의 구경 : 50mm 이상

06 무색이고 증기비중이 1.53인 대단히 안정된 불연성 가스상 물질로 값이 싸고 저장이 편리하여 주로 가연성 액체와 전기화재에 많이 쓰이는 소화약제는?

① 탄산수소칼슘 ② 인산암모늄
③ 탄산수소나트륨 ④ 이산화탄소

해설 해당 불연성가스 : 이산화탄소(CO_2)

| 정답 | 01 ② 02 ② 03 ④ 04 ① 05 ② 06 ④

07 제조소 또는 취급소용 건축물로서 외벽이 내화구조로 된 것의 1소요 단위는?

① $50m^2$ ② $75m^2$
③ $100m^2$ ④ $150m^2$

해설 소요단위(1단위)
- 제조소 또는 취급소용 건축물로 외벽이 내화구조인 것 : 연면적 $100m^2$
- 제조소 또는 취급소용 건축물로 외벽이 내화구조 이외인 것 : 연면적 $50m^2$
- 저장소용 건축물로 외벽이 내화구조인 것 : 연면적 $150m^2$
- 저장소용 건축물로 외벽이 내화구조이외인 것 : 연면적 $75m^2$
- 위험물 : 지정수량 10배

※ 제조소등의 옥외에 설치된 공작물은 외벽이 내화구조인 것으로 간주하고 최대수평투영면적을 연면적으로 간주한다.

08 B, C 화재에 효과가 있는 드라이케미칼의 주성분은?

① 인산염류 ② 할로겐화물
③ 탄산수소나트륨 ④ 수산화알루미늄

해설 B급, C급 전용 드라이케미칼(분말소화약제) : 탄산수소나트륨($NaHCO_3$), 탄산수소칼륨($KHCO_3$) 등

09 일반적인 석유난로의 연소형태로, 점도가 높고 비휘발성인 액체를 안개 상으로 분사하여 액체의 표면적을 넓혀 연소시키는 방법은?

① 액적연소 ② 증발연소
③ 분해연소 ④ 표면연소

해설 석유난로 및 방카C유를 사용하는 보일러 버너의 연소는 액체의 입자를 미립자 상태로 분무하는 액적연소를 사용한다.

10 소화 설비의 효과가 아닌 것은?

① 냉각효과 ② 질식효과
③ 희석효과 ④ 전도효과

해설 소화효과 : 제거효과, 질식효과, 냉각효과, 억제효과 및 희석효과

11 과산화나트륨의 화재 시 가장 적당한 소화제는?

① 포소화제 ② 마른 모래
③ 소화분말 ④ 젖은 피복물

해설 과산화나트륨(Na_2O_2)은 제1류 위험물(산화성 고체) 알칼리금속의 과산화물이며 소화약제로는 만능소화제인 마른 모래를 사용한다.

참고 적응소화약제 : 팽창질석, 팽창진주암, 탄산수소염류분말 등

12 건축물의 1층 및 2층 부분만을 방사능력범위로 하는 소화설비는?

① 스프링클러설비 ② 포소화설비
③ 옥외소화전설비 ④ 물분무소화설비

해설 건축물의 1층, 2층 전용 소화설비 : 옥외소화전설비

13 대형 수동식 소화기 중 봉상수(棒狀水)소화기에 적응성이 없는 것은?

① 인화성고체 위험물 ② 제4류 위험물
③ 제5류 위험물 ④ 제6류 위험물

해설 제4류 위험물(인화성액체)은 일반적으로 물보다 가볍고 물에 녹지 않으므로 화재시 물을 소화제로 사용하면 화재면을 확대하므로 봉상수는 소화제로서 적합하지 않다.
※ 봉상수 : 굵은 줄기의 물

14 제5류 위험물의 화재 예방상 주의사항은?

① 자기반응성 유기질 화합물로 자연 발화의 위험성을 갖는다.
② 무기질 화합물로 가열, 충격, 마찰에는 위험성이 없다.
③ 무기질 화합물로 직사일광에는 자연발화가 일어나지 않는다.
④ 자기반응성 유기질 화합물로 연소가 잘 일어나지 않는다.

해설 제5류위험물은 자기반응성물질로서 대부분이 유기질화물(질소함유물질)로 자연발화의 위험을 갖는 것도 있다.

정답 07 ③ 08 ③ 09 ① 10 ④ 11 ② 12 ③ 13 ② 14 ①

15 가연성 물질을 공기 중에서 연소시키고 공기 중 산소의 농도를 증가시켰을 때 나타나는 현상은?

① 발화온도가 높아진다.
② 연소범위가 좁아진다.
③ 화염온도가 낮아진다.
④ 점화에너지가 감소한다.

해설 가연성물질의 연소시 산소농도를 증가시키면 연소속도는 급격히 빨라지므로 점화에너지가 감소된다.

16 소화기에 표시된 "A – 2, B – 4"라고 하는 숫자의 뜻은?

① 사용순위　② 능력단위
③ 소요단위　④ 제조번호

해설 A-2, B-4의 의미는 A급화재 능력단위 2단위, B급화재 능력단위 4단위의 소화효과가 있는 소화기를 말한다.

참고 능력단위 : 소화능력에 따라 측정한 수치

17 가연물 연소에 필요한 산소의 공급원을 단절하는 것은 소화이론 중 어떤 작용을 이용한 것인가?

① 가연물제거작용
② 질식작용
③ 희석작용
④ 냉각작용

해설 산소공급차단(단절)에 의한 소화방법을 질식소화라 한다.

18 이동식분말소화설비를 제3종 소화분말로 할 경우 하나의 노즐마다 소화약제의 양은 얼마 이상으로 하여야 하는가?

① 20kg　② 25kg
③ 30kg　④ 50kg

해설 이동식분말소화설비의 소화약제량(노즐 1개당)
- 제1종 분말 : 50kg
- 제2종 및 3종 분말 : 30kg
- 제4종 분말 : 20kg

19 위험물제조소에는 지정위험물에 따라 화기엄금, 화기주의 게시판을 설치하여야 한다. 게시판의 바탕–문자가 바르게 짝지어진 것은?

① 백색바탕–청색문자
② 황색바탕–적색문자
③ 적색바탕–백색문자
④ 백색바탕–적색문자

해설 주의사항 게시판
- 화기엄금 및 화기주의 : 적색바탕, 백색문자
- 물기엄금 : 청색바탕, 백색문자

20 개방형스프링클러헤드를 이용하는 스프링클러설비에서 수동식개방밸브를 개방조작 하는데 필요한 힘은 얼마 이하가 되도록 설치하여야 하는가?

① 5kg　② 10kg
③ 15kg　④ 20kg

해설 일제살수식스프링클러설비의 수동개방밸브의 밸브조작 힘의 세기는 $151g/cm^2$ 이하

21 질산 메틸의 분자량은 얼마인가? (단, C, O, N, H의 원자량은 각각 12, 16, 14, 1이다.)

① 53　② 65
③ 77　④ 89

해설 질산메틸(CH_3ONO_2)의 분자량
$\therefore 12 + 3 + 14 + 16 \times 3 = 77$

22 다음 금속 중 진한질산에 의하여 부동태가 되는 금속은?

① Fe　② Sb
③ Zn　④ Mg

해설 진한질산(HNO_3)과 부동태가 되는 금속
Fe(철), Co(코발트), Ni(니켈), Al(알루미늄), Cr(크롬)등

참고 부동태 : 금속의 표면에 다른 산에 의하여 부식되지 않게 산화물의 얇은 피막을 만드는 현상

정답 15 ④　16 ②　17 ②　18 ③　19 ③　20 ③　21 ③　22 ①

23 18mol농도의 황산에서 9N의 황산 60mℓ를 만드는데 약 몇 mℓ의 물이 필요한가?

① 30 ② 45
③ 60 ④ 75

해설 황산 18mol은 36N이므로 NV=N'V'에서
36N × χmℓ = 9N × 60mℓ χ=15mℓ
필요한 물의 양 : 60mL−15mℓ=45mℓ

24 유황의 성질을 옳게 나타낸 것은?

① 물에 잘 녹는다.
② 황색의 연한 금속이다.
③ 전기 절연체로 쓰이며 가연성고체이다.
④ 황의 동소체인 사방황, 단사황, 고무상황은 CS_2에 잘녹는다.

해설 유황(S)은 제2류 위험물(가연성 고체)이며 전기절연체로도 사용되며 제2류위험물인 가연성고체에 해당된다.

25 금속수소화화합물이 물과 반응 할 때 생성되는 것은?

① 수소 ② 산소
③ 일산화탄소 ④ 에틸아세테이트

해설 금속수소화합물은 제3류 위험물 중 금수성물질로 물과 접촉하면 격렬히 반응하며 수소(H_2)를 발생한다.

26 제4류 위험물의 위험물안전관리법령상 정의가 맞지 않은 것은?

① 특수인화물류라 함은 1기압에서 액체가 되는 것으로 발화점이 100℃이하 또는 인화점이 −20℃이하로서 비점이 40℃이하인 것을 말한다.
② 제1석유류라함은 1기압에서 액체로서 21℃ 미만인 것을 말한다.
③ 동·식물류라함은 1기압과 20℃에서 액체로 되는 동·식물류를 말한다.
④ 제2석유류라 함은 1기압에서 액체로서 인화점이 70℃이상 200℃ 미만인 것을 말한다.

해설 제2석유류 : 1기압에서 액체이며 인화점이 21℃ 이상 70℃ 미만의 인화성액체이다.

27 금속리튬의 화학적 성질로 옳지 않은 것은?

① 상온에서 리튬은 산소와 반응하여 진홍색의 산화리튬을 생성한다.
② 물과 반응하여 수산화리튬과 수소를 생성한다.
③ 질소와 직접 결합하여 생성물로 질화리튬을 만든다.
④ 금속칼륨, 금속나트륨 보다 화학 반응성이 크지 않다.

해설 금속리튬(Li)은 제3류 위험물중 금수성물질이며 은백색의 경금속으로 공기 중에서 산화되어 백색의 산화리튬(Li_2O)을 생성한다.

참고 • 리튬(Li)의 공기중에서 산화 반응식
$4Li + O_2 \rightarrow 2Li_2O$
(리튬) (공기) (산화리튬)

28 다음 중 염소산칼륨($KClO_3$)의 성질에 대한 설명이 옳은 것은?

① 흑색 분말이다.
② 비중은 4.32이다.
③ 글리세린과 에테르에 잘 녹는다.
④ 강산화제로 가열에 의해 분해하여 산소를 방출한다.

해설 염소산칼륨($KClO_3$)은 제1류위험물 산화성고체에 해당하는 강산화제로서 가열하면 많은 산소(O_2)를 방출하여 다른 가연물의 연소를 돕는다.

29 제1류 위험물과 제6류 위험물의 공통성상은?

① 금수성
② 가연성
③ 산화성
④ 자기반응성

해설 제1류 위험물은 산화성고체이며 제6류 위험물은 산화성액체이다.

정답 23 ② 24 ③ 25 ① 26 ④ 27 ① 28 ④ 29 ③

30 **이황화탄소의 성질에 대한 설명 중 옳지 않은 것은?**

① 이황화탄소의 증기비중은 공기보다 무겁다.
② 순수한 것은 무취, 미황색 액체이다.
③ 나트륨과 접촉하면 발화한다.
④ 고무나 황린을 용해 시킨다.

해설 이황화탄소(CS_2)는 제4류 위험물(인화성 액체) 특수인화물이며 순수한 이황화탄소(CS_2)는 냄새가 없으며 무색투명하다.

31 **주유 취급소의 보유공지는 너비 15m 이상, 길이 6m 이상의 콘크리트로 포장되어야 한다. 다음 중 가장 적합한 보유공지라고 할 수 있는 것은?**

①
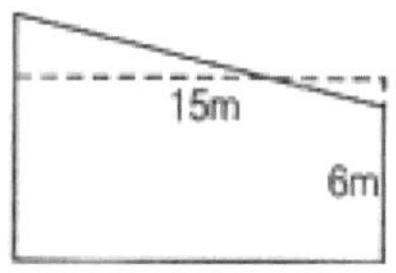

②
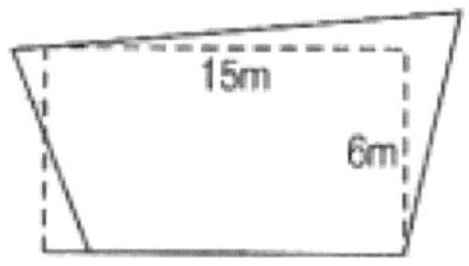

③
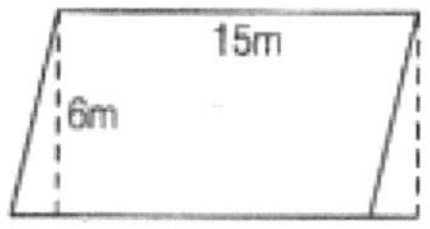

④
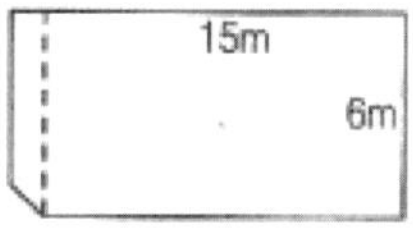

해설 주유시설의 공지는 부지면적에 너비(15m) 및 길이(6m)가 직사각형으로 반드시 들어가야 한다.

32 **다음 화학식 중에서 밑줄 친 원소의 산화수가 +5인 것은?**

① $Ca\underline{C}O_3$　② $Na_2\underline{Cr}O_4$
③ $K\underline{N}O_3$　④ $Ba\underline{S}O_4$

해설 중성화합물에서 산화수의 합은 0이다.
① $CaCO_3$: $Ca^{+2}C^{\chi}O_3^{-2}$ 에서 C의 산화수
$+2+\chi+(-2\times3)=0,\ \chi=+4$
② Na_2CrO_4 : $Na_2^{+1}Cr^{\chi}O_4^{-2}$ 에서 Cr의 산화수
$(+1\times2)+\chi+(-2\times4)=0,\ \chi=+6$
③ KNO_3 : $K^{+1}N^{\chi}O_3^{-2}$ 에서 N의 산화수
$+1+\chi+(-2\times3)=0,\ \chi=+5$
④ $BaSO_4$: $Ba^{+2}S^{\chi}O_4^{-2}$ 에서 S의 산화수
$+2+\chi+(-2\times4)=0,\ \chi=+6$

33 **다음 각 물질에 대한 설명 중 틀린 것은?**

① 유황은 물이나 산에 녹지 않는다.
② 오황화린은 CS_2에 녹는다.
③ 삼황화린은 가연성 물질이다.
④ 칠황화린은 더운물에 분해하여 이산화황을 발생한다.

해설 칠황화린(P_4S_7)은 제2류 위험물(가연성 고체) 황화린에 속하며 더운물에서는 급격히 분해하여 황화수소(H_2S)가스와 인산(H_3PO_4), 아인산(H_3PO_3)를 발생한다.

참고 • 칠황화린(P_4S_7)과 물(H_2O)과의 반응
$P_4S_7 + 13H_2O \rightarrow 7H_2S\uparrow + 2H_3PO_4 + 3H_3PO_3$
(칠황화린) (물) (황화수소) (인산) (아인산)

34 **금속 나트륨의 저장방법으로 맞는 것은?**

① 알코올 속에 넣어 저장한다.
② 물 속에 넣어 저장한다.
③ 모래 속에 넣어 저장한다.
④ 석유 속에 넣어 저장한다.

해설 금속나트륨(Na)은 제3류위험물 금수성물질로 석유 속에 넣어 저장한다.

35 **염소산나트륨에 대한 설명 중 틀린 것은?**

① 무취, 무색의 입방정계 주상결정이다.
② 산과 반응하여 유독하고, 폭발성의 ClO_2가 발생
③ 저장은 철제용기를 피한다.
④ 풍해성이 있기 때문에 포장을 잘해야 한다.

해설 염소산나트륨($NaClO_3$)은 제1류 위험물(산화성고체)로서 조해성이 있으므로 습기에 주의하여 포장을 하여야한다.

Ⅰ정답Ⅰ 30 ② 31 ④ 32 ③ 33 ④ 34 ④ 35 ④

36 다음 중 방수성이 있는 덮개를 해야 할 위험물만으로 구성 된 것은?

① 과염소산염류, 삼산화크롬, 황린
② 무기과산화물, 과산화수소, 마그네슘분
③ 철분, 금속분, 마그네슘분
④ 염소산염류, 과산화수소, 금속분

해설 방수성덮게를 하여 운반하여야 하는 위험물
- 제1류위험물 중 알칼리금속의 과산화물과 이를 함유한 것
- 제2류위험물 중 마그세슘, 철분, 금속분과 이를 함유한 것
- 제3류위험물 중 금수성물질

37 과망간산칼륨 2몰이 240℃에서 분해했을 때 생성되는 물질이 아닌 것은?

① O_2　② MnO_2
③ K_2O　④ K_2MnO_4

해설 과망산칼륨($KMnO_4$)은 제1류 위험물(산화성 고체) 과망간산염류에 속하며 열분해하면 망간산칼륨(K_2MnO_4), 이산화망간(MnO_2), 산소(O_2)가 생성된다.

참고 • 과망산칼륨($KMnO_4$)의 열분해 반응식

$$2KMnO_4 \xrightarrow[\triangle]{} K_2MnO_4 + MnO_2 + O_2\uparrow$$

(과망산칼륨)　(망간산칼륨) (이산화망간) (산소)

38 다음 위험물 중 독성이 강하고 물과 반응시 인화성 가스가 생성되는 적갈색 괴상의 물질은?

① 탄산나트륨　② 탄산칼슘
③ 인화칼슘　④ 탄화칼륨

해설 인화칼슘(Ca_3P_2)은 제3류 위험물중 금수성물질이며 적갈색의 고체로 물과 접촉하면 독성이 강하고 인화성인 포스핀(PH_3)가스를 발생한다.

39 진한 질산의 위험성과 저장에 대한 설명중 적당하지 않는 것은?

① 부식성이 크고 산화성이 강하다.
② 황화 수소와 접촉하면 폭발을 한다.
③ 일광에 쪼이면 분해되어 산소를 발생한다.
④ 저장 보호액으로는 물이 안전하다.

해설 진한질산(HNO_3)은 제6류 위험물(산화성액체)이며 보호액이 필요하지 않으며 물 속에 넣으면 발열하며 희석되어 묽은질산이 된다.

40 니트로셀룰로오스의 성질에 대하여 잘못 설명한 것은?

① 별칭으로 질화면이라고 부른다.
② 질화도가 높은것 보다 낮은 것이 위험성이 크다.
③ 다이너마이트 원료, 무연화약의 원료, 셀룰로이드 제조 등의 용도로 쓰인다.
④ 물과 혼합할수록 위험성이 감소되므로 운반시 물 등의 용제를 첨가 습윤시킨다.

해설 질화도는 질소함유율을 말하며 질화도가 클수록 위험성이 크다.

41 탄화칼슘이 물과 반응하여 발생되는 가스는 무엇인가?

① 아세틸렌　② 메탄
③ 수소　④ 이산화탄소

해설 탄화칼슘(CaC_2)이 물(H_2O)과 반응하면 수산화칼슘[$Ca(OH)_2$]과 아세틸렌 가스(C_2H_2)를 발생한다.

참고 • 탄화칼슘(CaC_2)과 물(H_2O)과의 반응식

$$CaC_2 + 2H_2O \rightarrow Ca(OH)_2 + C_2H_2\uparrow$$

(탄화칼슘)　(물)　(수산화칼슘)　(아세틸렌)

42 다음 중 제3류 위험물의 공통된 성질로 옳은 것은? (단, 황린은 제외)

① 물과 만나면 산소를 발생하고 다른 물질을 산화시킨다.
② 일반적으로 불연성 물질이지만 유기물과 접촉하며 산소를 발생한다.
③ 착화온도가 낮은 액체이며 일반적으로 무기화합물이다.
④ 물과 접촉하여 발화하거나 가연성 가스를 발생한다.

| 정답 | 36 ② 37 ③ 38 ③ 39 ④ 40 ② 41 ① 42 ④

해설 제3류위험물은 금수성 및 자연발화성으로 황린(P_4) 이외에는 모두 물과 접촉하면 발열하며 가연성가스를 발생하거나 급격히 연소한다.

43 금속나트륨이 물과 반응하면 위험한 이유 중 알맞는 것은?

① 물과 반응해서 질산나트륨이 되기 때문에
② 물과 반응해서 산소를 발생하기 때문에
③ 물과 반응해서 높은 열과 수소를 발생하기 때문에
④ 물과 반응해서 수산화칼륨을 만들기 때문에

해설 금속나트륨(Na)은 제3류 위험물중 금수성물질이며 물(H_2O)과 접촉하면 격렬히 발열반응하며 수산화나트륨(NaOH)과 폭발성의 수소(H_2)를 발생한다.
- 금속나트륨(Na)과 물(H_2O)의 반응식
  $2Na + 2H_2O \rightarrow 2NaOH + H_2 \uparrow$
  (나트륨) (물) (수산화나트륨) (수소)

44 다음은 제6류 위험물에 대한 설명이다. 틀린 것은?

① 무기화합물이다.
② 자신들은 불연성 물질이다.
③ 물보다 무겁고 물에 녹기 쉽다.
④ 강한 환원력을 모두 가지고 있다.

해설 제6류위험물은 산화성액체로 모두 강한 산화력을 갖으며 불연성이다.

45 다음 중 제1류 위험물로서 물과 반응하여 격렬하게 발열하는 것은?

① 염소산나트륨 ② 카바이트
③ 질산암모늄 ④ 과산화나트륨

해설 제1류 위험물(산화성고체) 중 물과 발열반응 하는 것은 무기과산화물 중 알칼리금속의 과산화물이 해당되며 과산화나트륨(Na_2O_2)는 알칼리금속의 과산화물이다.
- 과산화나트륨(Na_2O_2)과 물과의 반응식
  $2Na_2O_2 + 2H_2O \rightarrow 4NaOH + O_2 \uparrow$
  (과산화나트륨) (물) (수산화나트륨) (산소)

46 트리니트로톨루엔에 관한 다음 설명 중 틀린 것은?

① 피크린산이라고도 부른다.
② 중성물질이기 때문에 금속과 반응하지 않는다.
③ 톨루엔에 질산과 황산을 반응시켜 모노니트로톨루엔을 만든 후 니트로화하여 만든다.
④ 물에 녹지 않고 알코올, 벤젠, 아세톤 등에 잘 녹으며, 흡습성이 없으며 공기 중 자연분해하지 않는다.

해설 트리니트로페놀(TNP)을 피크린산 또는 피크르산이라 한다.

47 그림과 같이 설치한 원형 탱크의 내용적을 구하는 공식이 올바른 것은?

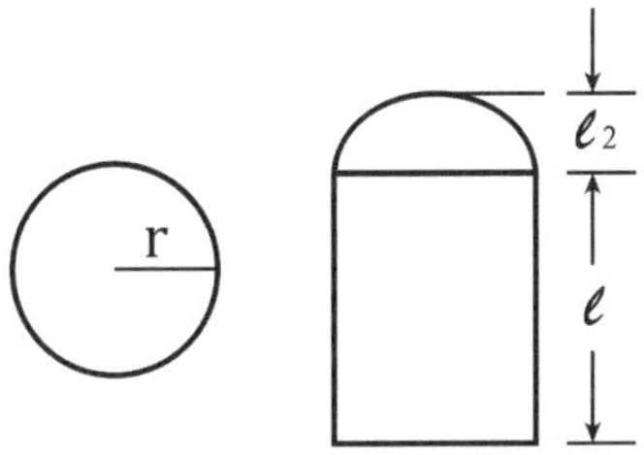

① $\pi r^2 \ell$ ② $\pi r^2(\ell + \frac{\ell_2}{3})$
③ $\frac{\pi r^2 \ell}{3}$ ④ $\frac{\pi r^2(\ell + \ell_2)}{3}$

해설 입형탱크의 내용적 : $\pi r^2 \ell$
※ ℓ_2는 높이에 포함되지 않는다.

48 과산화수소의 성질 및 취급에 관한 설명이다. 틀린 것은?

① 직사광선에 의해서 분해한다.
② 저장할 때 용기는 마개로 꼭 막아둔다.
③ 산성에서는 분해하기 어렵다.
④ 물에는 자유로이 혼합한다.

해설 과산화수소(H_2O_2)는 제6류 위험물(산화성액체)이며 마개 뚜껑은 구멍 뚫린 마개 사용하며 안정제로 인산, 요산을 사용한다.

| 정답 | 43 ③ 44 ④ 45 ④ 46 ① 47 ① 48 ②

49 동·식물유류의 성질 중에서 틀린 것은?

① 상온에서 고체인것은 없다.
② 들기름은 건성유이고 올리브유는 불건성 유이다.
③ 인화점은 대체로 250~300℃ 정도가 많다.
④ 불건성유일수록 자연발화의 위험이 크다.

해설 동식물유류는 제4류 위험물(인화성 액체)에 해당되며 동식물유류 중 자연발화의 위험성이 큰 것은 요오드 값이 130이상인 건성유이다.

50 메틸알코올에 대한 설명으로 옳지 않은 것은?

① 무색 투명한 액체이다.
② Pt, CuO 존재하에서 공기 중에서 서서히 산화하여 HCHO가 생긴다.
③ 물에 잘 녹는다.
④ 향기가 약간 있고, 마취성이 있으나 독성은 적다.

해설 메틸알코올(CH_3OH)은 제4류 위험물(인화성 액체) 알코올류에 속하며 방향이 있으며 독성이 강하여 마시면 살명 또는 사망한다.

51 메틸에틸케톤의 저장 또는 취급에 적당하지 않은 것은?

① 직사 광선을 피할 것
② 찬곳에 저장 할 것
③ 저장 용기에 가스 배출 구멍을 설치할 것
④ 통풍을 잘 시킬 것

해설 메틸에틸케톤($CH_3COC_2H_5$)은 제4류 위험물(인화성액체) 제1석유류이며 저장용기의 뚜껑은 밀전시켜 저장한다. 용기뚜껑에 가스배출 구멍을 내는 것은 제6류 위험물(산화성액체) 중 과산화수소(H_2O_2)에 해당된다.

52 다음은 질산암모늄의 성질을 설명한 것이다. 옳은 것은?

① 흡습성이 없다.
② 강력한 산화제이기 때문에 혼합 화약의 재료로 쓰인다.
③ 조해성이 없다.
④ 상온에서 폭발성 액체이다.

해설 질산암모늄(NH_4NO_3)은 제1류위험물(산화성고체)로서 강산화제로서 혼합화약의 원료로 사용한다.

53 $C_3H_5(ONO_2)_3$의 지정수량은 몇 ℓ 인가?

① 5 ② 10
③ 100 ④ 200

해설 $C_3H_5(ONO_2)_3$은 제5류 위험물(자기반응성물질) 질산에스테르류에 속하므로 지정수량은 10Kg이다.

54 요오드 값이 큰 건성유가 나타내는 성질은?

① 건조되기 쉽고 자연발화가 용이하다.
② 공기 중 환원 중합으로 인화점이 아주 낮아진다.
③ 포화지방산을 많이 가지고 있어 공기 중에서 굳어지기 어렵다.
④ 불포화지방산을 적게 가지고 있으므로 공기 중에 방치하여도 액상을 유지한다.

해설 건성유는 제4류 위험물(인화성 액체) 동·식물유류에 속하며 요오드값이 130 이상으로 동식물유류 중 마르는 성질이 크며 불포화가 크므로 넝마, 종이에 스며 베어 있을 때 자연발화의 위험이 커진다.

55 염소산칼륨의 성질에 대한 설명 중 옳은 것은?

① 가열, 마찰에 의해서 가연성 가스가 발생한다.
② 그 자신은 불연성 물질이다.
③ 수용액은 약한 산성이다.
④ 물, 알코올에 잘 녹는다.

해설 염소산칼륨($KClO_3$)은 제1류 위험물(산화성고체)로서 불연성이므로 연소하지 않으며 산소를 많이 포함한 강산화제로 온수에는 잘녹으나 냉수 및 알코올에는 녹기 어렵다.

정답 49 ④ 50 ④ 51 ③ 52 ② 53 ② 54 ① 55 ②

56 **불활성가스소화약제 중 IG-541의 구성성분을 모두 나타낸 것은?**

① 질소
② 아르곤
③ 질소와 아르곤
④ 질소, 아르곤, 이산화탄소

해설 IG-541은 질소(N_2)와 아르곤(Ar), 이산화탄소(CO_2)의 혼합물이다.

참고 불활성가스소화약제의 구성성분
- IG-100 : 질소 100%
- IG-55 : 질소와 아르곤의 용량비가 50대50인 혼합물
- IG-541 : 질소와 아르곤과 이산화탄소의 용량비가 52대 40대8인 혼합물
- IG-01 : 아르곤 100%

57 **과산화마그네슘 성상 및 취급에 관한 설명으로 틀린 것은?**

① 가연성유기물과 혼합되어 있을 때 가열, 충격에 의해 폭발 위험이 있다.
② 습기 또는 물과 접촉시 산소를 방출한다.
③ 산과 접촉하여 과산화수소를 발생한다.
④ 적녹색의 결정이다.

해설 과산화마그네슘(MgO_2)은 제1류 위험물(산화성고체) 무기과산화물에 속하는 강산화제로서 백색분말이다.

58 **다음 중 위험물 제조소에 "물기엄금"이라고 표시한 게시판을 설치해야 하는 위험물을 포함하는 유별은?**

① 제2류 위험물 ② 제3류 위험물
③ 제4류 위험물 ④ 제5류 위험물

해설
- 물기엄금 게시판을 할 곳 : 제1류위험물 중 무기과산화물, 제3류위험물 중 금수성물질
- 화기엄금 게시판을 할 곳 : 제2류위험물 중 인화성고체, 제3류위험물 중 자연발화성물질, 제4류위험물, 제5류위험물
- 화기주의 게시판을 할 곳 : 제2류위험물(인화성고체 제외)

59 **다음의 조건을 갖추고 있는 위험물은?**

[조건]
• 지정수량은 20kg이고 백색 또는 담황색 고체이다.
• 상온에서 증기를 발생하고 천천히 산화된다.
• 비중 1.92, 융점 44℃, 비점 280℃, 발화점

① 적린 ② 황린
③ 유황 ④ 마그네슘

해설 본문내용 : 제3류 위험물중 자연발화성물질인 황린(P_4)의 성상이다.

60 **황린의 일반적 성질 중 옳지 않은 것은?**

① 백색 또는 담황색 자연발화성 물질이다.
② 화학적으로 활성이 작아 7족 원소와 결합하지 않는다.
③ 증기는 공기보다 무거우며, 유독성 물질이다.
④ 물과 반응하지 않으며 물에 녹지 않는다. 따라서 물 속에 저장한다.

해설 황린(P_4)은 제3류 위험물 자연발화성 물질이며 화학적으로 활성이 매우 크며, 7족의 원소(할로겐원소)와는 결합하지 않는다.

| 정답 | 56 ④ 57 ④ 58 ② 59 ② 60 ②

위험물기능사 국가기술자격 필기시험(CBT 13회) 출제문제

2019년 10월 4일 시행

(시험시간 1시간)

01 다음 중 위험물과 그 보호액이 잘못 짝지어진 것은?

① 이황화탄소–물
② 나트륨–유동파라핀
③ 칼륨–에탄올
④ 황린–물

해설 칼륨(K)은 제3류 위험물 중 금수성물질로 물(H_2O) 또는 에탄올(C_2H_5OH)등과 반응하여 수소(H_2)를 발생하므로 보호액으로 부적합하다.

02 아세톤의 성질에 관한 설명으로 옳은 것은?

① 비중은 1.02이다.
② 인화점이 0℃보다 낮다.
③ 증기 자체는 무해하나 피부에 닿으면 탈지 작용이 있다.
④ 물에 불용이고 에테르에 잘 녹는다.

해설 아세톤(CH_3COCH_3)은 제4류 위험물(인화성액체) 제1석유이며 인화점이 -18℃로 0℃ 보다 낮다.

03 B급 화재와 관련 있는 가연물은?

① 칼슘 ② 아세톤
③ 플라스틱 ④ 목재

해설 B급 화재는 유류화재이므로 제4류 위험물(인화성액체)인 아세톤(CH_3COCH_3)이 이에 해당된다.

04 유별을 달리하는 위험물을 운반할 때 혼재할 수 있는 것은? (단, 지정수량의 1/10을 넘는 양을 운반하는 경우이다.)

① 제1류와 제3류 ② 제4류와 제6류
③ 제3류와 제5류 ④ 제2류와 제4류

해설 암기방법: ④23, ⑤24, ⑥1에서 4류와 2류, 4류와 3류, 5류와 2류, 5류와 4류, 6류와 1류는 혼재하여 운반할 수 있다.

05 정전기의 제거 방법으로 가장 거리가 먼 것은?

① 제전기를 설치한다.
② 공기를 이온화 한다.
③ 접지를 한다.
④ 습도를 낮춘다.

해설 습도를 높이면 정전기는 제거된다.

참고 정전기 제거방법
- 접지할 것
- 공기중의 상대습도를 70%이상으로 할 것
- 공기를 이온화 할 것

06 고속국도 주유취급소의 특례기준에 따르면 고속국도 도로변에 설치된 주유취급소에 있어서 고정주유설비에 직접 접속하는 탱크의 용량은 몇 리터까지 할 수 있는가?

① 5만 ② 1만
③ 8만 ④ 6만

해설 주유취급소에 있어서 고정주유설비에 직접 접속하는 지하탱크의 용량
- 일반국도변 : 50,000리터 이하
- 고속국도변 : 60,000리터 이하

참고 자동차 점검등에 의한 폐유탱크 : 2000리터 이하
보일러에 직접 접속하는탱크 : 10,000리터 이하

07 다음 중 제6류 위험물에 해당하는 것은?

① NO_3 ② H_2O
③ IF_5 ④ $HClO_3$

| 정답 | 01 ③ 02 ② 03 ② 04 ④ 05 ④ 06 ④ 07 ③

해설 IF_5(오불화요오드)는 할로겐간화합물로 제6류 위험물(산화성 액체) 중 그밖에 행정안전부령이 정하는 것에 해당한다.

08 위험물 옥외저장소에서 지정수량 200배초과의 위험물을 저장할 경우 경계표시주위의 보유공지 너비는 몇 m 이상으로 하여야 하는가? (단, 제4류 위험물과 제6류 위험물이 아닌 경우이다.)

① 10 ② 0.5
③ 2.5 ④ 15

해설 옥외저장소의 보유공지 규정

저장 또는 취급하는 위험물의 최대수량	공지의 너비
지정수량의 10배 이하	3m 이상
지정수량의 10배 초과, 20배 이하	5m 이상
지정수량의 20배 초과, 50배 이하	9m 이상
지정수량의 50배 초과, 200배 이하	12m 이상
지정수량의 200배 초과	15m 이상

참고 제4류 위험물중 제4석유류와 제6류 위험물을 저장할 경우 해당 보유공지의 $\frac{1}{3}$ 이상으로 할 수 있다.

09 메탄 1g이 완전연소하면 발생되는 이산화탄소는 몇 g인가?

① 2.75g ② 14g
③ 1.25 g ④ 44g

해설 $CH_4 + 2O_2 \rightarrow CO_2 \uparrow + 2H_2O$에서
메탄(CH_4)1g분자량: 16g/mol
이산화탄소(CO_2)1g분자량: 44g/mol
16g : 44g=1g : x
$x=\frac{44}{16}=2.75g$

10 과산화나트륨에 대한 설명으로 틀린 것은?

① 에틸알코올에 잘 녹아서 산소와 수소를 발생시킨다.
② 상온에서 물과 격렬하게 반응한다.
③ 비중이 약 2.8이다.
④ 조해성 물질이다.

해설 과산화나트륨(Na_2O_2)은 제1류 위험물(산화성고체) 알칼리금속의 과산화물이며 에틸알코올(C_2H_5OH)에 잘녹지 않으며 물(H_2O)과 반응하여 산소(O_2)를 발생시킨다.

11 0.99atm, 55℃에서 이산화탄소의 밀도는 약 몇 g/ℓ인가?

① 12.65 ② 0.62
③ 9.65 ④ 1.62

해설 $\rho=\frac{PM}{RT}=\frac{0.99\times44}{0.082\times(55+273)}=1.619$
∴ 1.62 g/ℓ
• ρ (CO_2의 밀도) : ? g/ℓ
• P(압력) : 0.99atm
• M(CO_2 1g 분자량) : 12 + 16 × 2 = 44g/mol
• R(기체상수) : 0.082atm · ℓ/mol · k
• T(절대온도) : (55℃+273)K

12 휘발유에 대한 설명으로 옳지 않은 것은?

① 제1석유류에 해당한다.
② 발화점은 -43~-20℃ 정도이다.
③ 원유의 성질, 상태, 처리방법에 따라 탄화수소의 혼합비율이 다르다.
④ 지정수량은 200ℓ이다.

해설 휘발유(가솔린)은 제4류 위험물(인화성액체) 제1석유류에 속한다.

참고 휘발유(가솔린)의 성상
• 인화점 : −43℃~−20
• 착화점 : 약 300℃
• 연소범위 : 1.4~7.6%
• 지정수량 : 200ℓ

13 니트로셀룰로오스의 안전한 저장을 위해 사용하는 물질은?

① 황산 ② 페놀
③ 에탄올 ④ 아닐린

해설 니트로셀룰로오스$[C_6H_7O_2(ONO_2)_3]_n$는 제5류 위험물(자기반응성물질) 중 질산에스테르류에 속하며 직사일광등에 의하여 자연발화의 위험이 있으므로 함수알코올로 습면시켜 저장한다.

| 정답 | 08 ④ 09 ① 10 ① 11 ④ 12 ② 13 ③

참고 함수알코올 : 에틸알코올(에탄올)과 물의 혼합액

14 위험물의 품명이 질산염류에 속하지 않는 것은?

① 질산메틸 ② 질산나트륨
③ 질산칼륨 ④ 질산암모늄

해설 질산메틸(CH_3ONO_2)은 제5류 위험물(자기반응성 물질) 중 질산에스테르류에 속한다.

참고 질산염류는 제1류 위험물(산화성 고체)이며, 질산나트륨($NaNO_3$), 질산칼륨(KNO_3), 질산암모늄(NH_4NO_3)이 이에 속한다.

15 다음 중 가연성 증기의 증발을 방지하기 위하여 물 속에 저장하는 것은?

① K_2O_2 ② C_2H_5OH
③ CH_3COCH_3 ④ CS_2

해설 CS_2(이황화탄소)는 제4류 위험물(인화성 액체)중 휘발성이 강한 특수인화물이며 물보다 무겁고 물에 녹지않으므로 가연성증기의 증발을 방지하기 위하여 물속에 넣어 저장, 취급한다.

16 시·도의 조례가 정의하는 바에 따라 관할소방서장이 승인을 받아 지정수량 이상의 위험물을 제조소등이 아닌 장소에서 임시로 저장 또는 취급하는 기간은 최대 며칠 이내인가?

① 60 ② 90
③ 120 ④ 30

해설 지정수량 이상의 위험물을 제조소등이 아닌 장소에서 임시로 저장 또는 취급하는 기간 : 90일 이내

17 벤젠에 대한 설명으로 옳은 것은?

① 증기의 비중은 1.5이다.
② 휘발성이 강한 액체이다.
③ 물에 매우 잘 녹는다.
④ 순수한 것의 융점은 30℃이다.

해설 벤젠(C_6H_6)은 제4류 위험물(인화성액체)중 제1석유류이며 휘발성이 매우강한 액체이다.

참고 벤젠의 증기비중은 2.69이며 물에 녹지않는 기름종류로서 융점은 5.5℃이므로 겨울철에는 고체상태로 존재한다.

18 경유에 대한 설명으로 틀린 것은?

① 인화점은 상온 이하이다.
② 물에 녹지 않는다.
③ 발화점이 인화점보다 높다.
④ 비중은 1이하이다.

해설 경유(디젤유)는 제4류 위험물(인화성 액체)중 제2석유류를 대표하는 지정품목이며 인화점은 50~70℃로서 상온(20℃±5℃)보다 높다.

참고 경유의 발화점은 200℃전후로서 50~70℃인 인화점보다 매우 높다.

19 1기압 20℃에서 액상이며 인화점이 200℃이상인 물질은?

① 글리세린 ② 실린더유
③ 톨루엔 ④ 벤젠

해설 인화점이 200℃ 이상 250℃ 미만인 것은 제4류 위험물(인화성액체) 중 제4석유류이므로 실린더유가 이에 속한다.

참고 위험물의 인화점
- 글리세린[$C_3H_5(OH)_3$] : 160℃(제3석유류)
- 톨루엔($C_5H_5CH_3$) : 4℃(제1석유류)
- 벤젠(C_6H_6) : −11℃(제1석유류)

20 위험물의 저장·취급에 관한 법칙 규제를 설명하는 것으로 옳은 것은?

① 지정수량 이상 위험물의 저장, 취급기준은 모두 중요 기준이므로 위반시에는 벌칙이 따른다.
② 지정수량 이상 위험물의 취급은 제조소, 저장소 또는 취급소에서 하여야 한다.
③ 제조소 또는 취급소에는 지정수량 미만의 위험물은 저장할 수 없다.
④ 지정수량 이상 위험물의 저장은 제조소, 저장소 또는 취급소에서 하여야 한다.

| 정답 | 14 ① 15 ④ 16 ② 17 ② 18 ① 19 ② 20 ①

해설 지정수량 이상 위험물은 반드시 제조소등에서 저장 및 취급을 하며 위반시 벌칙에 의하여 처벌을 받는다.

21 소화약제의 분해반응식에서 다음 ( )안에 알맞은 것은?

$2NaHCO_3 \rightarrow Na_2CO_3 + H_2O + (\ \ )$

① CO_2 ② NH_3
③ H_2 ④ CO

해설 • $NaHCO_3$(탄산수소나트륨)의 열분해 반응

$$\underset{(탄산수소나트륨)}{2NaHCO_3} \xrightarrow[\triangle]{} \underset{(탄산나트륨)}{Na_2CO_3} + \underset{(이산화탄소)}{CO_2\uparrow} + \underset{(물)}{H_2O}$$

22 고팽창포로 사용할 수 있는 포소화약제는?

① 수성막포 소화약제
② 합성계면활성제포 소화약제
③ 단백포 소화약제
④ 불화단백포 소화약제

해설 합성계면활성제포 소화약제는 고팽창 및 저팽창포로 사용한다.

23 다음 중 위험물안전관리법이 적용되는 영역은?

① 자가용승용차에 의한 지정수량 이하의 위험물의 저장, 취급 및 운반
② 항공기에 의한 대한민국 영공에서의 위험물의 저장, 취급 및 운반
③ 철도에 의한 위험물의 저장, 취급 및 운반
④ 궤도에 의한 위험물의 저장, 취급 및 운반

해설 위험물안전관리법 제3조(적용제외)에 의하여 항공기·선박(선박법 제1조의2제1항의 규정에 따른 선박을 말한다)·철도 및 궤도에 의한 위험물의 저장·취급 및 운반은 위험물안전관리법이 적용하지 않는다.

참고 선박법 제1조의2제1항의 선박 : 기선, 범선, 부선

24 위험물제조소등에 설치하는 옥내소화설비의 설치기준으로 옳은 것은?

① 수원의 수량은 옥내소화전이 가장 많이 설치된 층의 옥내 소화전 설치개수(5개 이상인 경우는 5개)에 $2.6m^3$를 곱한 양 이상이 되도록 설치하여야 한다
② 당해 층의 모든 옥내소화전(5개 이상인 경우는 5개)을 동시에 사용할 경우 각 노즐선단에서의 방수압력은 250kPa 이상이어야 한다.
③ 옥내소화전은 건축물의 층마다 당해 층의 각 부분에서 하나의 호스접속구까지의 수평거리가 25미터 이하가 되도록 설치하여야 한다.
④ 당해 층의 모든 옥내소화전(5개 이상인 경우는 5개)을 동시에 사용할 경우 각 노즐선단에서의 방수량은 130ℓ/min 이상이어야 한다.

해설 옥내소화설비의 설치기준
- 수원의 수량: 옥내소화전이 가장 많이 설치된 층의 옥내 소화전 설치개수(5개 이상인 경우는 5개)에 $7.8m^3$를 곱한 양 이상
- 옥내소화전(5개 이상인 경우는 5개)을 동시에 사용할 경우 각 노즐선단 방수압력은 350kPa 이상
- 옥내소화전(5개 이상인 경우는 5개)을 동시에 사용할 경우 각 노즐선단에서의 방수량은 260ℓ/min 이상

25 황린에 대한 설명 중 옳은 것은?

① 공기 중에서 안정한 물질이다.
② 물, 이황화탄소, 벤젠에 잘 녹는다.
③ 담황색 또는 백색의 액체로 일광에 노출하면 색이 짙어지면서 적린으로 변한다.
④ KOH 수용액과 반응하여 유독한 포스핀 가스가 발생한다.

해설 황린(P_4)은 제3류 위험물 자연발화성 물질이며 KOH(수산화칼륨) 수용액에서 반응하여 포스핀가스(PH_3)를 발생한다.

정답 21 ① 22 ② 23 ① 24 ③ 25 ④

참고 • 황린(P_4)이 수산화칼륨(KOH)수용액에서 반응식

P_4 + $3KOH$ + $3H_2O$ →
(황린) (수산화칼륨) (물)
$3KH_2PO_2$ + PH_3 ↑
(차아인산칼륨) (인화수소, 포스핀)

26 다음 위험물의 화재 시 이산화탄소 소화약제를 사용할 수 없는 것은?

① 마그네슘
② 글리세린
③ 등유
④ 인화성고체

해설 마그네슘(Mg)의 화재에 이산화탄소(CO_2) 소화약제를 사용하면 폭발한다.

참고 • 마그네슘(Mg)과 이산화탄소(CO_2)의 폭발반응식

$2Mg$ + CO_2 → $2MgO$ + C
(마그네슘) (이산화탄소) (산화마그네슘) (탄소)

27 자연발화의 방지방법 중 가장 거리가 먼 것은?

① 저장실의 온도를 낮출 것
② 습도를 높게 유지할 것
③ 통풍을 잘 시킬 것
④ 퇴적 및 수납 시 열축적이 없을 것

해설 자연발화의 방지방법
- 저장실의 온도를 낮출 것
- 습도를 낮게 유지할 것
- 통풍을 잘 시킬 것
- 퇴적 및 수납 시 열축적이 없을 것

28 [보기]에서 설명하는 물질은 무엇인가?

> [보기]
> • 살균제 및 소독제로도 사용된다.
> • 분해할 때 발생하는 발생기산소 [O]는 난분해성 유기물질을 산화시킬 수 있다.

① H_2SO_4　② CH_3OH
③ $HClO_4$　④ H_2O_2

해설 본문 설명의 위험물은 제6류 위험물(산화성액체)인 H_2O_2(과산화수소)의 설명이다.

29 그림과 같은 타원형 위험물 탱크의 내용적을 구하는 식을 옳게 나타낸 것은?

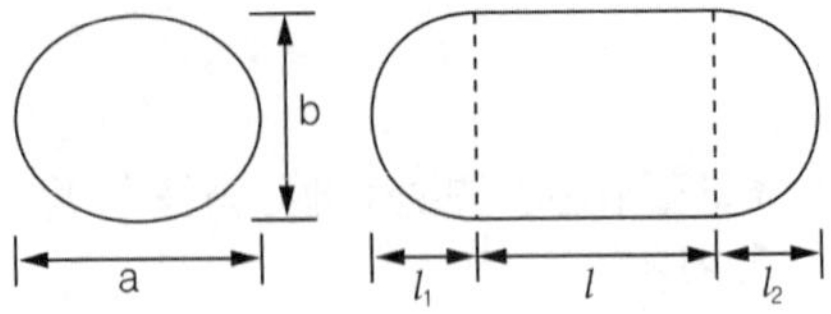

① $\frac{\pi ab}{4}\left(L+\frac{L_1-L_2}{3}\right)$
② $\pi ab L^2$
③ $\pi ab\left(L+\frac{L_1+L_2}{3}\right)$
④ $\frac{\pi ab}{4}\left(L+\frac{L_1+L_2}{3}\right)$

해설 해당 내용적공식 : $\frac{\pi ab}{4}\left(L+\frac{L_1+L_2}{3}\right)$

30 셀룰로이드에 관한 설명 중 틀린 것은?

① 지정수량은 10kg이다.
② 탄력성이 있는 고체의 형태이다.
③ 장시간 방치된 것은 햇빛, 고온 등에 의해 분해가 촉진 된다.
④ 물에 잘 녹으며, 자연발화의 위험이 있다.

해설 셀룰로이드는 제5류 위험물(자기반응성물질)중 질산에스테르에 속하며 물에 녹지않으며 알코올, 에테르, 초산에스테르에 잘녹는다. 장시간 고온에 방치시 자연발화의 위험이 있다.

31 분자량이 약 169인 백색의 정방정계 분말로서 알칼리토금속의 과산화물중 매우 안정한 물질이며 테르밋 반응에 사용되는 제1류 위험물은?

① 과산화바륨
② 과산화마그네슘
③ 과산화칼슘
④ 과산화칼륨

해설 과산화바륨(BaO_2)은 제1류 위험물(산화성고체)중 알칼리토금속의 과산화물중 매우 안정한 물질이다.

| 정답 | 26 ① 27 ② 28 ④ 29 ④ 30 ④ 31 ① |

참고 무기과산화물의 분자량(원자량 Ba : 137, Mg : 24, Ca : 40, K : 39, O : 16)

- 과산화바륨(BaO_2) : 137+16×2=169
- 과산화마그네슘(MgO_2) : 24+16×2=56
- 과산화칼슘(CaO_2) : 40+16×2=72
- 과산화칼륨(K_2O_2) : 39×2+16×2=110

32 제3류 위험물에서 금수성물질의 화재시 적응성 있는 소화설비를 옳게 나타낸 것은?

① 인산염류등 분말소화설비
② 불활성가스 소화설비
③ 할로겐화합물 소화설비
④ 탄산수소염류등 소화설비

해설 제3류 위험물중 금수성물질의 화재시 적응성 있는 소화설비는 금속화재용 분말소화약제인 탄산수소염류 분말소화설비가 적응성이 있다.

참고 탄산수소염류 분말소화약제

- 탄산수소나트륨 : $NaHCO_3$
- 탄산수소칼륨 : $KHCO_3$
- 탄산수소칼륨 : $KHCO_3$+요소[$(NH_2)_2CO$]

33 제5류 위험물에 해당하지 않는 것은?

① 니트로셀룰로오스
② 염산히드라진
③ 니트로벤젠
④ 니트로글리세린

해설 니트로벤젠($C_6H_5NO_2$)은 벤젠핵에 니트로기($-NO_2$)가 1개 결합되어 있는 제4류 위험물(인화성액체)중 제3석유류이다.

참고 제5류 위험물(자기반응성물질)중 니트로화합물은 벤젠핵에 니트로기($-NO_2$)가 2개 이상 결합되어 있어야 한다.
제5류 위험물의 품명

- 니트로셀룰로오스[$C_6H_7O_2(ONO_2)_3$]$_n$: 질산에스테르류
- 염산히드라진(N_2H_4 · HCl) : 히드라진유도체
- 니트로글리세린[$C_3H_5(ONO_2)_3$] : 질산에스테르류

34 위험물옥외저장탱크의 통기관에 관한 사항으로 옳지 않은 것은?

① 대기밸브부착 통기관은 항시 열려있어야 한다.
② 밸브없는 통기관의 선단은 수평면보다 45도 이상 구부려 빗물 등의 침투를 막는 구조로 한다.
③ 밸브 없는 통기관의 직경은 30mm 이상으로 한다.
④ 대기밸브부착 통기관은 5kPa 이하의 압력 차이로 작동할 수 있어야 한다.

해설 옥외탱크에 설치된 대기밸브부착 통기관은 평상시 닫혀있으며 탱크에 위험물을 주입하거나 배출할때에 한하여 열려진다.

35 위험물 제조소등별로 설치하여야 하는 경보설비의 종류에 해당하지 않는 것은?

① 비상조명등설비 ② 비상경보설비
③ 자동화재탐지설비 ④ 비상방송설비

해설 비상조명등설비는 피난설비에 해당된다.

참고 위험물 제조소등에 설치하는 경보설비

- 자동화재탐지설비
- 비상경보설비
- 비상방송설비
- 확성장치

36 위험물안전관리법령상 예방규정을 정하여야 하는 제조소등에 해당하지 않는 것은?

① 암반탱크저장소
② 지정수량의 200배 이상의 위험물을 저장하는 옥내탱크저장소
③ 지정수량 10배 이상의 위험물을 취급하는 제조소
④ 이송취급소

해설 예방규정을 정하여야 하는 제조소등

- 지정수량의 10배 이상의 위험물을 취급하는 제조소, 일반취급소.

| 정답 | 32 ④ 33 ③ 34 ① 35 ① 36 ②

- 지정수량의 100배 이상의 위험물을 저장하는 옥외저장소
- 지정수량의 150배 이상의 위험물을 저장하는 옥내저장소
- 지정수량의 200배 이상의 위험물을 저장하는 옥외탱크저장소
- 암반탱크저장소
- 이송취급소

37 질소와 아르곤과 이산화탄소의 용량비가 52대 40대 8인 혼합물 소화약제에 해당하는 것은?

① HFC-23
② HCFC BLEND A
③ IG-541
④ HFC-125

해설 할로겐화합물 소화약제 및 불활성가스 소화약제의 화학식
- HFC-23: CHF_3
- HCFC BLEND A : HCFC-22, HCFC-123, HCFC-124, $C_{10}H_{16}$의 혼합물
- IG-541: N_2(52%), Ar(40%), (CO_2 8%) 혼합물
- HFC-125: C_2HF_5

참고
- HFC(Hydro Fluoro Carbons) : 불화탄화수소
- HCFC(Hydro Chloro Fluoro Carbons) : 염화불화탄화수소
- IG(Iner Gen) : 이너젠가스(불활성가스)

38 제2류 위험물에 대한 설명 중 틀린 것은?

① 유황은 물에 녹지 않는다
② 칠황화린은 뜨거운물에 분해되어 이산화황을 발생한다.
③ 오황화린은 CS_2에 녹는다.
④ 삼황화린은 가연성 물질이다.

해설 칠황화린(P_4S_7)은 제2류 위험물(가연성고체)황 황화린에 속하며 뜨거운 물(온수)과 분해하여 황화수소(H_2S)을 발생한다

참고 • 칠황화린(P_2S_5)과 온수와의 반응

P_4S_7 (오황화린) + $13H_2O$ (물) →
$7H_2S$ ↑ (황화수소) + H_3PO_4 (인산) + $3H_3PO_3$ (아인산)

39 메틸알코올 8,000ℓ에 대한 소화능력으로 삽을 포함한 마른모래를 몇 리터 설치하여야 하는가?

① 400 ② 100
③ 300 ④ 200

해설 메틸알코올(CH_3OH)의 지정수량 : 400ℓ
위험물의 소요단위 : 지정수량의 10배
메틸알코올(CH_3OH)의 소요단위

$$=\frac{8{,}000\ell}{400\ell\times10}=2\text{단위}$$

2소요단위에 해당하는 능력단위=2능력단위
마른모래(삽1개포함)50ℓ=0.5단위
0.5단위 : 50ℓ = 2단위: X

$$X=\frac{2\times50}{0.5}=200\ \ell$$

40 열분해할 때 부착성이좋은 메타인산을 만들 수 있는 소화약제의 주성분에 해당하는 것은?

① 제1인산암모늄
② 탄산수소나트륨
③ 황산알루미늄
④ 탄산수소칼륨

해설 제3종 분말인 제1인산암모늄[인산암모늄, $NH_4H_2PO_4$]이 열분해하면 부착성이 좋은 메타인산(HPO_3)을 생성한다.

참고 • 인산암모늄($NH_4H_2PO_4$)] 분말소화약제의 열분해반응식

$$NH_4H_2PO_4 \xrightarrow{\triangle} HPO_3 + NH_3\uparrow + H_2O$$

(인산암모늄) (메타인산) (암모니아) (물)

41 위험물의 운반에 관한 기준에서 규정한 운반용기의 재질에 해당하지 않는 것은?

① 짚 ② 도자기
③ 금속판 ④ 양철판

해설 도자기는 운반용기로 사용하지 않는다.
- 운반용기의 종류
금속판, 강판, 삼, 합성섬유, 섬유판, 고무류, 양철판, 짚, 알루미늄판, 종이, 유리, 나무, 플라스틱

❙정답❙ 37 ③ 38 ② 39 ④ 40 ① 41 ②

42 **위험물안전관리법령상 옥내저장소 저장창고의 바닥은 물이 스며 나오거나 스며들지 아니하는 구조로하여야 한다. 다음 중 반드시 이 구조로 하지 않아도 되는 위험물은?**

① 제1류 위험물 중 알칼리금속의 과산화물
② 제2류 위험물 중 철분
③ 제5류 위험물
④ 제4류 위험물

해설 제5류 위험물(자기반응성물질)은 물과 반응하지 않으므로 물이 스며 나오거나 스며들지 아니하는 구조로 꼭 하지아니하여도 된다.

43 **위험물을 운반용기에 수납하여 적재할 때 위험물안전관리법령에 따라 차광성이 있는 피복으로 가려야 하는 위험물이 아닌 것은?**

① 제5류 위험물
② 제2류 위험물
③ 제1류 위험물
④ 제6류 위험물

해설 제2류위험물(가연성고체)는 차광덮개를 하여야 할 위험물에서 제외된다.
※ 위험물의 운반덮개중 차광덮개를 하여야할 위험물
- 제1류 위험물
- 제3류 위험물중 자연발화성물질
- 제4류 위험물중 특수인화물
- 제5류 위험물
- 제6류 위험물

44 **다음 중 발화점이 가장 낮은 물질은?**

① 아세트산
② 등유
③ 메틸알코올
④ 아세톤

해설 제4류 위험물(인화성 액체)의 발화점(착화점)
- 아세트산(CH_3COOH): 427℃
- 등유: 220℃ 전후
- 메틸알코올(CH_3OH): 464℃
- 아세톤(CH_3COCH_3): 538℃

45 **위험물안전관리법령상 제5류 위험물의 공통된 취급 방법으로 옳지 않은 것은?**

① 저장시 과열, 충격, 마찰을 피한다.
② 불티, 불꽃, 고온체와의 접근을 피한다.
③ 운반용기 외부에 주의사항으로 "화기주의" 및 "물기엄금"으로 표기한다.
④ 용기의 파손 및 균열에 주의한다.

해설 제5류 위험물(자기반응성물질)의 운반용기 외부에 주의사항 표기"화기엄금" 및 "충격주의"로 표기한다.

46 **제3류 위험물에 해당하지 않는 것은?**

① 황화린 ② 황린
③ 칼륨 ④ 알칼리금속

해설 황화린은 제2류 위험물(가연성고체)에 속한다.

47 **다음 중 화재 시 사용하면 독성의 $COCl_2$가스를 발생시킬 위험이 가장 높은 물질은?**

① 사염화탄소
② 제1종 분말
③ 공기포
④ 액화이산화탄소

해설 사염화탄소(CCl_4)는 할론소화약제로 화재에 사용시 독성이 매우강한 포스겐($COCl_2$)가스를 발생한다.

48 **소화작용에 대한 설명 중 옳지 않은 것은?**

① 가연물의 온도를 낮추려는 소화는 냉각작용이다.
② 물의 주된 소화작용 중 하나는 냉각작용이다.
③ 연소에 필요한 산소의 공급원을 차단하는 소화는 제거작용이다.
④ 가스화재 시 밸브를 차단하는 것은 제거작용이다.

해설 연소에 필요한 산소의 공급원을 차단하는 소화는 질식작용이다.

정답 42 ③ 43 ② 44 ② 45 ③ 46 ① 47 ① 48 ③

49 위험물안전관리법령상 물분무소화설비의 방사구역은 약 몇 m^2 이상이어야 하는가? (단, 방호대상물의 표면적이 $300m^2$이다.)

① 450 ② 150
③ 300 ④ 100

해설 물분무소화설비의 방사구역은 $150m^2$ 이상이며 $150m^2$ 미만이면 당해 표면적으로 한다.

50 위험물안전관리법령상 위험물의 운반시 운반용기는 다음의 기준에 따라 수납 적재하여야 한다. 다음 중 틀린 것은?

① 하나의 외장용기에는 다른 종류의 위험물을 수납하지 않는다.
② 고체위험물은 운반용기 내용적의 95%이하로 수납하여야 한다.
③ 액체위험물은 운반용기 내용적의 95%이하로 수납하여야 한다.
④ 수납하는 위험물과 위험한 반응을 일으키지 않아야한다.

해설 액체위험물은 운반용기 내용적의 98% 이하로 수납하여야 한다.

51 위험물안전관리법령상 제2류 위험물의 위험등급에 대한 설명으로 옳은것은?

① 제2류 위험물은 위험등급 Ⅰ에 해당되는 품명이 없다.
② 제2류 위험물 중 위험등급 Ⅲ에 해당되는 품명은 지정수량이 500kg인 품명만 해당된다.
③ 제2류 위험물 중 황화린, 적린, 유황 등 지정수량이 100kg인 품명은 위험등급 Ⅰ에 해당한다.
④ 제2류 위험물 중 지정수량이 1000kg인 인화성고체는 위험등급 Ⅱ에 해당한다.

해설 제2류 위험물(가연성고체)은 위험등급 Ⅰ에 해당되는 품명이 없다.

참고 제2류 위험물의 위험등급 및 품명과 지정수량

성 질	위험등급	품 명	지 정 수 량
가연성고체	Ⅱ	황화인	100kg
	Ⅱ	적린	100kg
	Ⅱ	유황	100kg
	Ⅱ	마그네슘	500kg
	Ⅱ	철분	500kg
	Ⅱ	금속분	500kg
	Ⅲ	인화성고체	1,000kg

52 메틸알코올의 위험성에 대한 설명으로 틀린 것은?

① 독성이 있다.
② 증기밀도는 휘발유보다 크다.
③ 겨울에는 인화의 위험이 여름보다 작다.
④ 연소범위는 에틸알코올보다 넓다.

해설 • 메틸알코올CH_3OH)의 증기밀도는 휘발유보다 작다.

참고 메틸알코올과 휘발유의 증기밀도(표준상태)
[휘발유를 옥탄(C_8H_{18})으로 가정한다.]

• 메틸알코올(CH_3OH) = $\dfrac{(12+4+16)g/mol}{22.4l/mol}$ =1.428g/ℓ

• 휘발유(C_8H_{18})= $\dfrac{(12\times8+18)g/mol}{22.4l/mol}$ =5.089g/ℓ

53 다음 중 증기밀도가 가장 큰 것은?

① 디에틸에테르 ② 옥탄
③ 벤젠 ④ 에틸알코올

해설 제4류 위험물(인화성 액체)의 증기밀도(g/ℓ)

• 디에틸에테르($C_2H_5OC_2H_5$)
$\dfrac{(12\times4+10+16)g/mol}{22.4l/mol}$ =3.303

• 옥탄(C_8H_{18})
$\dfrac{(12\times8+18)g/mol}{22.4l/mol}$ =5.089g/ℓ

• 벤젠(C_6H_6)
$\dfrac{(12\times6+6)g/mol}{22.4l/mol}$ =3.482g/ℓ

• 에틸알코올(C_2H_5OH)
$\dfrac{(12\times2+6+18)g/mol}{22.4l/mol}$ =2.142g/ℓ

| 정답 | 49 ② 50 ③ 51 ① 52 ② 53 ②

54 금속분의 연소 시 주수소화하면 위험한 이유로 옳은 것은?

① 물에 녹아 산이된다.
② 물과 작용하여 산소가스를 발생한다.
③ 물과 작용하여 유독가스를 발생한다.
④ 물과 작용하여 수소가스를 발생한다.

해설 금속분(Al, Zn, Sn, Sb 등)은 제2류 위험물(가연성고체)에 해당하며 마그네슘(Mg)과 철(Fe)분 과 함께 물(H_2O)과 반응하여 수산화물과 수소(H_2)를 발생한다.

55 Halon 1211에 해당하는 물질의 분자식은?

① CF_2ClBr ② FC_2BrCl
③ CCl_2FBr ④ CBr_2FCl

해설 Halon 1211의 화학식 : CF_2ClBr
※ 할론넘버(Halon No)는 탄소(C)와 할로겐원소(F, Cl, Br, I)의 개수를 순서대로 표시한 것이다.

56 제2류 위험물이 아닌 것은?

① 적린 ② 황린
③ 철분 ④ 마그네슘

해설 황린(P_4)은 제3류 위험물중 자연발화성물질로 위험등급 I 에 해당한다.

57 가연성 액체의 연소형태를 옳게 설명한 것은?

① 연소범위의 하한보다 낮은 범위에서라도 점화원이 있으면 연소한다.
② 가연성 액체의 증발연소는 액면에서 발생하는 증기가 공기와 혼합하여 연소하기 시작한다.
③ 가연성 증기의 농도가 연소범위 상한보다 높으면 연소의 위험성이 높다.
④ 증발성이 낮은 액체일수록 연소가 쉽고, 연소속도는 빠르다.

해설 가연성 액체란 제4류 위험물(인화성액체)를 의미하며 액체표면에서 발생한 증기가 공기와 혼합하여 연소하는 증발연소를 한다.

58 주수소화가 적합하지 않은 물질은?

① 피크린산 ② 과산화나트륨
③ 과산화벤조일 ④ 염소산나트륨

해설 과산화나트륨(Na_2O_2)은 제1류 위험물(산화성고체)중 알칼리금속의 과산화물로 물(H_2O)과 반응하여 산소(O_2) 를 발생하므로 주수소화는 적합하지 않다.

참고 • 과산화나트륨(Na_2O_2)과 물(H_2O)과의 반응식

$$2Na_2O_2 + 2H_2O \rightarrow 4NaOH + O_2\uparrow$$

(과산화나트륨) (물) (수산화나트륨) (산소)

59 위험물안전관리법령상 개방형 스프링클러 헤드를 이용하는 스프링클러설비에서 수동식개방밸브를 개방 조작하는 데 필요한 힘은 얼마 이하가 되도록 설치하여야 하는가?

① 20kg ② 5kg
③ 15kg ④ 10kg

해설 필요한 힘 : 15kg

60 영하 20℃ 이하의 겨울철이나 한냉지에서 사용하기에 적합한 소화기는?

① 봉상주수소화기 ② 물주수소화기
③ 강화액소화기 ④ 분무주수소화기

해설 냉각소화기중 강화액소화기는 겨울철이나 한냉지에서 사용하기 위하여 물의 빙점(0℃)을 -30℃~-25℃까지 낮추기 위하여 탄산칼륨(K_2CO_3) 포화 수용액을 소화약제로 사용한다.

| 정답 | 54 ④ 55 ① 56 ② 57 ② 58 ② 59 ③ 60 ③

위험물기능사 국가기술자격 필기시험(CBT 14회) 출제문제

2020년 2월 15일 시행

(시험시간 1시간)

01 클레오소오트유에 대한 설명으로 틀린 것은?

① 물보다 무겁고 물에 녹지 않는다.
② 무취이고 증기는 독성이 없다.
③ 제3석유류에 속한다.
④ 상온에서 액체이다.

해설 클레오소오트유는 제4류 위험물(인화성액체) 제3석유를 대표하는 지정품목이며 황색 내지 암록색의 기름 모양이 액체로서 특유의 냄새를 가지며 독성이 있다.

02 위험물의 운반시 혼재가 가능한 것은? (단, 지정수량 10배의 위험물인 경우이다.)

① 제4류 위험물과 제5류 위험물
② 제1류 위험물과 제2류 위험물
③ 제5류 위험물과 제6류 위험물
④ 제2류 위험물과 제3류 위험물

해설 유별을 달리하는 위험물의 혼재기준
(암기법 : 사이삼, 오이사, 육하나)

위험물의 구분	제1류	제2류	제3류	제4류	제5류	제6류
제1류		×	×	×	×	○
제2류	×		×	○	○	×
제3류	×	×		○	×	×
제4류	×	○	○		○	×
제5류	×	○	×	○		×
제6류	○	×	×	×	×	

"×" 표시는 혼재할 수 없음을 표시한다.
"○" 표시는 혼재할 수 있음을 표시한다.
이 표는 지정수량의 $\frac{1}{10}$ 이하의 위험물에 대하여는 적용하지 아니한다.

03 가연성 액체의 연소형태를 옳게 설명한 것은?

① 증발성이 낮은 액체일수록 연소가 쉽고 연소 속도는 빠르다.
② 연소범위의 하한보다 낮은 범위에서라도 점화원이 있으면 연소한다.
③ 가연성 액체의 증발연소는 액면에서 발생하는 증기가 공기와 혼합하여 연소하기 시작한다.
④ 가연성 증기의 농도가 연소범위 상한보다 높으면 연소의 위험이 높다.

해설 가연성 액체라 함은 제4류 위험물(인화성액체)를 말하며 액체 표면에서 발생하는 증기가 공기와 혼합될 때 점화원에 의하여 연소하기 시작한다. 증발성이 높은 액체일수록 연소가 쉽고 연소 속도는 빠르며 연소범위의 하한보다 낮은 범위와 상한보자 높은 범위에서는 점화원이 있어도 연소하지 않는다.

04 다음 소화약제의 분해반응을 완결시키려 할 때 ( )안에 옳은 것은?

$$2NaHCO_3 \rightarrow Na_2O + H_2O + (\quad)$$

① $6CO_2$
② $6NaOH$
③ $6CO$
④ $2CO_2$

해설 • $NaHCO_3$의 850℃에서 분해 반응식

$$2NaHCO_3 \xrightarrow[\triangle]{} Na_2O + 2CO_2\uparrow + H_2O$$

참고 • 270℃에서 $NaHCO_3$의 반응메카니즘

$$2NaHCO_3 \xrightarrow[\triangle]{} Na_2CO_3 + CO_2\uparrow + H_2O$$

(탄산수소나트륨) (탄산나트륨) (이산화탄소) (물)

정답 01 ② 02 ① 03 ③ 04 ④

05 취급하는 제4류 위험물의 수량이 지정수량의 30만배인 일반취급소가 있는 사업장에 자체소방대를 설치함에 있어서 전체 화학소방차 중 포수용액을 방사하는 화학소방차는 몇 대 이상 두어야 하는가?

① 3
② 2
③ 1
④ 필수적인 것은 아니다.

해설 포수용액을 방사하는 화학소방차의 대수

$3대 \times \frac{2}{3} = 2대$ 이상

참고 자체소방대에서 화학소방자동차 및 자체소방대원의 수의 기준

제조소 또는 일반취급소에서 취급하는 제4류 위험물의 최대수량의 합	화학소방자동차	자체소방대원의 수
지정수량 12만배 미만을 저장 취급하는 것	1대	5인
지정수량 12만배 이상 24만배 미만을 저장 취급하는 것	2대	10인
지정수량 24만배 이상 48만배 미만을 저장 취급하는 것	3대	15인
지정수량 48만배 이상을 저장 취급하는것	4대	20인

화학소방차 중 포수용액을 방사하는 화학소방차는 전체 화학소방차 대수의 $\frac{2}{3}$ 이상으로 할 것

06 위험물에 대한 소화방법 중 금수성물질의 질식소화 방법이 있다. 이 때 사용되는 모래에 대한 설명으로 틀린 것은?

① 모래는 가연물을 함유하지 않아야한다.
② 모래 저장 시 주변에 삽, 양동이 등의 부속기구를 상비하여야한다.
③ 모래는 약간 젖은 모래가 좋다.
④ 모래는 취급의 편리성을 위해 모래주머니에 담아둔다.

해설 소화약제로 사용되는 모래는 마른모래(건조사)를 사용하여야 한다.

07 메탄올에 관한 설명으로 옳지 않은 것은?

① 휘발성이 강하다.
② 인화점은 약 11℃이다.
③ 술의 원료로 사용된다.
④ 최종산화물은 의산(포름산)이다.

해설 메탄올(CH_3OH)은 제4류 위험물(인화성액체) 알코올류에 해당하며 독성이 매우 강하므로 30ml~100ml를 복용하면 사망 내지는 실명하므로 절대 경구 투입은 하지말 것

08 다음 중 위험물과 그 보호액이 잘못 짝지어진것은?

① 칼륨 – 에탄올 ② 나트륨 – 유동파라핀
③ 황린 – 물 ④ 이황화탄소 – 물

해설 칼륨(K)은 제3류 위험물중 금수성물질로서 물(H_2O) 또는 에탄올(C_2H_5OH) 등 알코올과 반응하여 수소(H_2)를 발생하며 폭발적으로 연소한다.

참고 • 칼륨(K)과 에틸알코올(C_2H_5OH)의 화학반응식

$2K + 2C_2H_5OH \rightarrow 2C_2H_5OK + H_2 \uparrow$

(칼륨) (에틸알코올) (칼륨에틸라이드) (수소)

※ 에탄올=에틸알코올

09 톨루엔에 대한 설명으로 틀린 것은?

① 알코올, 에테르, 벤젠 등과 잘 섞인다.
② 증기는 마취성이 있다.
③ 휘발성이 있고 가연성 액체이다.
④ 노란색 액체로 냄새가 없다.

해설 톨루엔($C_6H_5CH_3$)은 제4류 위험물(인화성액체) 제1석유류이며 무색의 투명한 휘발성이 강한 액체이며 벤젠(C_6H_6)과 같은 방향을 갖는다.

10 다음 중 제6류 위험물로서 분자량이 약 63인 것은?

① 과산화수소 ② 질산
③ 과염소산 ④ 삼불화브롬

해설 제6류 위험물(산화성액체)의 분자량

- 과산화수소(H_2O_2) : 2+16×2=34
- 질산(HNO_3) : 1+14+16×3=63
- 과염소산($HClO_4$) : 1+35.5+16×4=100.5
- 삼불화브롬(BrF_3) : 80+19×3=137

정답 05 ② 06 ③ 07 ③ 08 ① 09 ④ 10 ②

11 **제2종 분말소화약제의 화학식과 색상이 옳게 연결된 것은?**

① $NaHCO_3$ – 담회색
② $NaHCO_3$ – 백색
③ $KHCO_3$ – 담회색
④ $KHCO_3$ – 백색

해설 분말소화약제의 구별 색
- 제1종분말 : 탄산수소나트륨($NaHCO_3$) 백색
- 제2종분말 : 탄산수소칼륨($KHCO_3$) 보라색
- 제3종분말 : 제1인산암모늄($NH_4H_2PO_4$) 담홍색
- 제4종분말 : 탄산수소칼륨($KHCO_3$)과 요소 [$(NH_2)_2CO$] 회색

참고 제2종분말인 탄산수소칼륨($KHCO_3$)은 보라색으로 착색되어 있으나 실제 육안으로 담회색으로 보일 수 있음

12 **위험물안전관리법에서 정의하는 "제조소등"에 해당되지 않는 것은?**

① 취급소 ② 판매소
③ 저장소 ④ 제조소

해설 위험물안전관리법에서 제조소등 이라함은 제조소, 저장소, 취급소를 말한다.

13 **위험물안전관리법령상 알코올류에 해당하는 것은?**

① 알릴알코올(CH_2CHCH_2OH)
② 에틸알코올(CH_3CH_2OH)
③ 부틸알코올(C_4H_9OH)
④ 에틸렌글리콜($C_2H_4(OH)_2$)

해설
- 에틸알코올(CH_3CH_2OH)은 탄소수 2개의 포화1가 알코올이므로 위험물 안전관리법령상 알코올류에 해당된다.
- 알코올류에 해당되지 못하는 이유
  - 알릴알코올(CH_2CHCH_2OH) : 불포화 1가 알코올
  - 부틸알코올(C_4H_9OH) : 탄소수 4개
  - 에틸렌글리콜($C_2H_4(OH)_2$) : 2가알코올

참고 위험물 안전관리법령에 의한 알코올류의 정의
알코올류라함은 1분자를 구성하는 탄소원자의 수가 1개부터 3개까지인 포화1가 알코올(변성알코올을 포함한다.)을 말한다.

14 **금속분의 연소 시 주수소화 하면 위험한 이유로 옳은 것은?**

① 물에 녹아 산이 된다.
② 물과 작용하여 수소가스를 발생한다.
③ 물과 작용하여 산소가스를 발생한다.
④ 물과 작용하여 유독가스를 발생한다.

해설 금속분은 제2류 위험물(가연성고체)에 해당하며 화재시 주수소화하면 수소(H_2)를 발생하며 폭발하므로 주수를 금한다.

15 **제3종 분말 소화약제의 열분해 반응식을 옳게 나타낸 것은?**

① $2KNO_3 \rightarrow KNO_2 + O_2$
② $2CaHCO_3 \rightarrow 2CaO + H_2CO_3$
③ $KClO_4 \rightarrow KCl + 2O_2$
④ $NH_4H_2PO_4 \rightarrow HPO_3 + NH_3 + H_2O$

해설
- 제3종 분말소화약제의 열분해반응식

$$\underset{(\text{인산암모늄})}{NH_4H_2PO_4} \xrightarrow[\triangle]{} \underset{(\text{메타인산})}{HPO_3} + \underset{(\text{암모니아})}{NH_3\uparrow} + \underset{(\text{물})}{H_2O}$$

16 **위험물안전관리법령상 위험물 운반용기의 외부에 표시하여야 하는 사항에 해당하지 않는 것은?**

① 위험물의 수량
② 위험물의 지정수량
③ 위험물의 품명
④ 위험물에 따라 규정된 주의사항

해설 위험물 운반용기 외부표시사항
- 위험물의 품명 · 위험등급 · 화학명 및 수용성 ("수용성" 표시는 제4류 위험물로서 수용성인 것에 한한다)
- 위험물의 수량
- 수납하는 위험물에 따라 다음의 규정에 의한 주의사항

17 **0.99atm, 55℃에서 이산화탄소의 밀도는 약 몇 g/ℓ 인가?**

① 0.62 ② 1.62
③ 9.65 ④ 12.65

| 정답 | 11 ③ 12 ② 13 ② 14 ② 15 ④ 16 ② 17 ②

해설 $\rho = \frac{PM}{RT} = \frac{0.99 \times 44}{0.082 \times (55+273)} = 1.619$

∴ 1.62 g/ℓ

- ρ(CO_2의 밀도) : ? g/ℓ
- P(압력) : 0.99atm,
- M(CO_2 1g 분자량) : 12 + 16 × 2 = 44g/mol
- R(기체상수) : 0.082atm · ℓ/mol · k
- T(절대온도) : (55℃+273)K

18 위험물안전관리법령에 따른 이동저장탱크의 구조의 기준에 대한 설명으로 틀린 것은?

① 압력탱크는 최대 상용압력의 1.5배의 압력으로 10분간 수압시험을 하여 새지 말 것

② 상용압력이 20kPa를 초과하는 탱크의 안전장치는 상용압력의 1.5배 이하의 압력에서 작동할 것

③ 탱크는 두께 3.2mm 이상의 강철판 또는 이와 동등 이상의 강도, 내산성 및 내열성을 갖는 재질로 할 것

④ 방파판은 두께 1.6mm 이상의 강철판 또는 이와 동등 이상의 강도, 내산성 및 내열성이 있는 금속성의 것으로 할 것

해설 상용압력이 20kPa를 초과하는 탱크의 안전장치는 상용압력의 1.1배 이하의 압력에서 작동할 것

참고 안전장치의 작동압력
- 상용압력 20kpa 이하일 경우
  20kpa 이상 24kpa 이하의 압력으로 작동할 것
- 상용압력 20kpa 초과일 경우
  상용압력의 1.1배 이하의 압력으로 작동할 것

19 분말소화약제와 함께 트윈 에이전트 시스템(twin agent system)으로 사용할 수 있는 포소화약제는?

① 합성계면활성제포 소화약제

② 불화단백포 소화약제

③ 수성막포 소화약제

④ 단백포 소화약제

해설 수성막포 소화약제는 분말소화약제와 함께 대형화재의 진화를 위한 트윈 에이전트 시스템(twin agent system)에 사용한다.

20 적린과 유황의 공통되는 일반적 성질이 아닌 것은?

① 비중이 1보다 크다.

② 연소하기 쉽다.

③ 산화되기 쉽다.

④ 물에 잘 녹는다.

해설 적린(P)과 유황(S)은 제2류 위험물(가연성고체)이며 모두 물에 녹지않는다.

21 위험물안전관리법령상 탄산수소염류의 분말소화기가 작용성을 갖는 위험물이 아닌 것은?

① 아세톤　　② 과염소산

③ 톨루엔　　④ 철분

해설 제6류 위험물(산화성액체)인 과염소산($HClO_4$)에 적응성이 있는 분말소화기는 인산염류 분말소화기이다.

참고 탄산수소염류의 분말소화기는 제4류 위험물(인화성액체) 및 제2류 위험물(가연성고체)중 마그네슘(Mg), 철(Fe)분, 금속분 및 제3류 위험물 금수성물질등 금속화재에 적응성이 있다.

22 과산화벤조일의 지정수량은 얼마인가?

① 50 ℓ　　② 100kg

③ 1,000 ℓ　　④ 10kg

해설 벤조일퍼옥사이드[$(C_6H_5CO)_2O_2$]은 제5류 위험물(자기반응성물질) 유기과산화물에 속하므로 지정수량은 10kg이다.

23 위험물안전관리법령에서 정한 경보설비가 아닌 것은?

① 비상경보설비

② 자동화재탐지설비

③ 비상방송설비

④ 비상조명설비

해설 위험물안전관리법령에서 정한 경보설비
- 자동화재경보설비
- 비상경보설비
- 비상방송설비
- 확성장치

정답 18 ② 19 ③ 20 ④ 21 ② 22 ④ 23 ④

24 제4류 위험물의 품명 중 지정수량이 6,000ℓ인 것은?

① 제4석유류
② 제3석유류 비수용성액체
③ 동식물유류
④ 제3석유류 수용성액체

해설 제4석유류의 지정수량 : 6,000ℓ

참고 제4류 위험물(인화성액체)의 구성(영별표 1)

유별	성질	위험등급	품 명		지정수량
제4류	인화성액체	Ⅰ	특수인화물		50ℓ
		Ⅱ	제1석유류	비수용성	200ℓ
				수용성	400ℓ
		Ⅱ	알코올류		400ℓ
		Ⅲ	제2석유류	비수용성	1,000ℓ
				수용성	2,000ℓ
		Ⅲ	제3석유류	비수용성	2,000ℓ
				수용성	4,000ℓ
		Ⅲ	제4석유류		6,000ℓ
		Ⅲ	동식물유류		10,000ℓ

25 시·도의 조례가 정하는 바에 따라 관할소방서장의 승인을 받아 지정수량 이상의 위험물을 제조소등이 아닌 장소에서 임시로 저장 또는 취급하는 기간은 최대 며칠이내인가?

① 60 ② 90
③ 30 ④ 120

해설 법규정에 의한 위험물의 임시 저장 또는 취급 기간 90일 이내

26 다음 위험물 중 착화온도가 가장 높은 것은?

① 디에틸에테르 ② 아세트알데히드
③ 산화프로필렌 ④ 이황화탄소

해설 제4류 위험물의 착화온도
- 디에틸에테르($C_2H_5OC_2H_5$) : 180℃
- 아세트알데히드 : 185℃
- 산화프로필렌 : 465℃
- 이황화탄소 : 100℃

27 메탄 1g이 완전연소하면 발생되는 이산화탄소는 몇 g인가?

① 44 ② 1.25
③ 2.75 ④ 14

해설 $CH_4 + 2O_2 \rightarrow CO_2 + 2H_2O$에서
메탄(CH_4) 1g 분자량 : 16g/mol
이산화탄소(CO_2) 1g 분자량 : 44g/mol
16g : 44g=1g : x x=2.75g

28 위험물안전관리법령상 제4류 위험물과 제6류 위험물에 모두 적응성이 있는 소화설비는?

① 인산염류 분말소화설비
② 할로겐화합물 소화설비
③ 탄산수소염류분말소화설비
④ 불활성가스 소화설비

해설 인산염류 분말소화약제는 제4류위험물(인화성액체)와 제6류 위험물(산화성액체)화재에 석응성이 있다.

29 다음의 분말은 모두 150마이크로미터의 체를 통과하는 것이 50중량퍼센트 이상이 된다. 이들 분말 중 위험물안전관리법령상 품명이 "금속분"으로 분류되는 것은?

① 니켈분 ② 알루미늄분
③ 철분 ④ 구리분

해설 제2류 위험물(가연성고체) 금속분에 해당되는 금속 : 알루미늄(Al)분, Zn(아연)분, 안티몬(Sb)분등

참고 제2류 위험물(가연성고체) 금속분에 해당되지 않는 금속 : 니켈(Ni)분, 구리(Cu)분, 철(Fe)분, 마그네슘(Mg) 등

30 위험등급 Ⅰ의 위험물에 해당하지 않는 것은?

① 황린 ② 아염소산칼륨
③ 황화린 ④ 과염소산

해설 제2류 위험물(가연성고체)에는 위험등급 Ⅰ등급이 없으며 황화린은 제2류 위험물에 해당하므로 위험등급 Ⅱ등급이다.

| 정답 | 24 ① 25 ② 26 ③ 27 ③ 28 ① 29 ② 30 ③

참고 제2류 위험물의 위험등급 및 품명과 지정수량

위험등급	품 명	지정수량
Ⅱ	황화린	100kg
Ⅱ	적린	100kg
Ⅱ	유황	100kg
Ⅱ	마그네슘	500kg
Ⅱ	철분	500kg
Ⅱ	금속분	500kg
Ⅲ	인화성고체	1,000kg

31 **다음 중 발화점이 가장 낮은 물질은?**

① 아세톤　　② 메틸알코올
③ 아세트산　　④ 등유

해설 제4류 위험물(인화성액체)의 착화점
- 아세톤(CH_3COCH_3) : 538℃
- 메틸알코올(CH_3OH) : 464℃
- 아세트산(CH_3COOH) : 427℃
- 등유(케로신) : 220℃전후

32 **위험물제조소의 경우 연면적이 최소 몇 m^2이면 자동화재탐지설비를 설치해야 하는가? (단, 원칙적인 경우에 한한다.)**

① 300　　② 100
③ 1000　　④ 500

해설 자동화재탐지설비를 설치해야 하는 제조소의 연면적 : $500m^2$ 이상인 곳

참고 제조소등의 자동화재경보설비의 설치기준(요약)
(규칙별표 17)

제조소등의 구분	제조소등의 규모, 저장 또는 취급하는 위험물의 종류 및 최대 수량 등
제조소 · 일반취급소	• 연면적 $500m^2$ 이상인 곳 • 옥내에서 지정수량의 100배 이상을 취급하는 것(고인화점 위험물만을 100℃ 미만의 온도에서 저장 또는 취급하는 것을 제외한다)
옥내저장소	• 연면적 $150m^2$ 초과하는 것 • 지정수량의 100배 이상을 저장 또는 취급하는 것(고인화점 위험물만을 저장 또는 취급하는 것을 제외한다) • 처마높이 6m 이상인 단층 건물

33 **위험물안전관리법령상 소화설비의 기준에서 불활성가스소화설비가 적응성이 있는 대상물은?**

① 제3류 위험물의 금수성물질
② 알칼리금속 과산화물
③ 철분
④ 인화성고체

해설 위험물안전관리법 시행규칙 [별표17] 소화설비의 적응성
- 불활성가스소화설비 : 전기설비, 인화성고체, 제4류 위험물

34 **그림의 시험장치는 제 몇 류 위험물의 위험성 판정을 위한 것인가? (단, 고체물질의 위험성 판정이다.)**

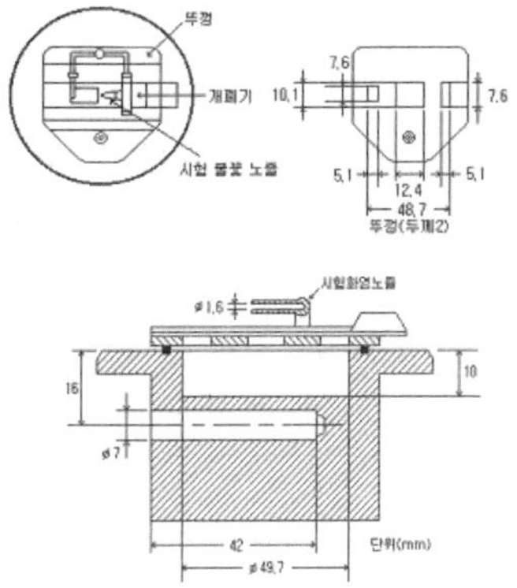

① 제1류　　② 제2류
③ 제3류　　④ 제5류

해설 위험물안전관리에 관한세부기준 제9조(고체의 인화 위험성 시험방법)에 의한 시험장치이므로 제2류 위험물(가연성고체)의 시험방법에 해당한다.

35 **위험물안전관리법령에서 정한 아세트알데히드등을 취급하는 제조소의 특례에 따라 다음 ( )에 해당하지 않는 것은?**

> "아세트알데히드등을 취급하는 설비는 (　　) + (　　) + 동 + (　　) 또는 이들을 성분으로 하는 합금으로 만들지 아니할 것"

① 마그네슘　　② 수은
③ 금　　④ 은

| 정답 | 31 ④　32 ④　33 ④　34 ②　35 ③

해설 아세트알데히드등을 취급하는 설비에 사용할 수 없는 금속 : 구리(Cu), 마그네슘(Mg), 수은(Hg), 은(Ag) 또는 이의 합금

36 위험물안전관리법령상 스프링클러설비가 제4류 위험물에 대하여 적응성을 갖는 경우는?

① 방사밀도(살수밀도)가 살수기준면적에 따른 기준 이상인 경우
② 연기가 충만할 우려가 없는 경우
③ 수용성위험물인 경우
④ 지하층의 경우

해설 제조소등의 자동화재경보설비의 설치기준(요약)(규칙별표 17)의 비고
제4류 위험물을 저장 또는 취급하는 장소의 살수기준면적에 따라 스프링클러설비의 살수밀도가 다음 표에 정하는 기준 이상인 경우에는 당해 스프링클러설비가 제4류 위험물에 대하여 적응성이 있음을 각각 표시한다.

참고

살수기준면적(m^2)	방사밀도(ℓ/m^2분)	
	인화점 38℃ 미만	인화점 38℃ 이상
279 미만	16.3 이상	12.2 이상
279 이상 372 미만	15.5 이상	11.8 이상
372 이상 456 미만	13.9 이상	9.8 이상
465 이상	12.2 이상	8.1 이상

37 위험물의 운반에 관한 기준에 따라 다음의 (A)와 (B)에 적합한 것은?

> 액체위험물은 운반용기의 내용적의 (A) 이하의 수납율로 수납하되 (B)의 온도에서 누설되지 않도록 충분한 공간용적을 유지하여야 한다.

① A : 98%, B : 40℃
② A : 95%, B : 55℃
③ A : 98%, B : 55℃
④ A : 95%, B : 40℃

해설 액체위험물은 운반용기의 내용적의 (98%) 이하의 수납율로 수납하되 (55℃)의 온도에서 누설되지 않도록 충분한 공간용적을 유지하여야 한다.

38 정전기의 제거 방법으로 가장 거리가 먼 것은?

① 접지를 한다.
② 공기를 이온화한다.
③ 제전기를 설치한다.
④ 습도를 낮춘다.

해설 위험물 안전관리법령상 정전기의 제거 방법 : 시행규칙 [별표4] Ⅷ. 기타설비 6
- 접지에 의한 방법
- 공기 중의 상대습도를 70% 이상으로 하는 방법
- 공기를 이온화하는 방법

39 위험물제조소의 기준에 있어서 위험물을 취급하는 건축물의 구조로 적당하지 않은 것은?

① 벽·기둥·바닥·보·서까래는 불연재료로 하여야 한다.
② 연소의 우려가 있는 외벽은 내화구조의 벽으로 하여야 한다.
③ 출입구는 연소의 우려가 있는 외벽에 설치하는 경우 을종방화문을 설치하여야 한다.
④ 지붕은 폭발력이 위로 방출될 정도의 가벼운 불연재료로 덮는다.

해설 위험물제조소의 출입구는 갑종방화문 및 을종방화문을 설치하나 연소의 우려가 있는 외벽에 설치하는 경우 자동폐쇄식 갑종방화문을 설치하여야 한다.

40 아세톤에 관한 설명 중 틀린 것은?

① 겨울철에도 인화의 위험성이 있다.
② 무색 휘발성이 강한 액체이다.
③ 조해성이 있으며 물과 반응 시 발열한다.
④ 증기는 공기보다 무거우며 액체는 물보다 가볍다.

해설 아세톤(CH_3COCH_3)은 제4류 위험물(인화성액체) 제1석유류를 대표하는 액체위험물이다. 조해성은 고체의 물질이 공기중의 습기를 흡수하여 액체가 되는 현상으로 아세톤은 액체이므로 조해성과 무관하다.

| 정답 | 36 ① 37 ③ 38 ④ 39 ③ 40 ③

41 옥외탱크저장소의 제4류 위험물의 저장탱크에 설치하는 통기관에 관한 설명으로 틀린 것은?

① 밸브 없는 통기관은 직경 30mm 미만으로 하고, 선단은 수평면보다 45도 이상 구부려 빗물등의 침투를 막는 구조로 한다.
② 제4류 위험물을 저장하는 압력탱크 외의 탱크에는 밸브가 없는 통기관 또는 대기밸브부착 통기관을 설치하여야 한다.
③ 인화점 70℃ 이상의 위험물만을 해당 위험물의 인화점 미만의 온도로 저장 또는 취급하는 탱크에 설치하는 통기관에는 인화방지장치를 설치하지 않아도 된다.
④ 옥외저장탱크 중 압력탱크란 탱크의 최대상용압력이 부압 또는 정압 5kPa 등을 초과하는 탱크를 말한다.

해설 밸브 없는 통기관은 직경 30mm 이상으로 한다.

42 자연발화의 방지방법 중 가장 거리가 먼 것은?

① 습도를 높게 유지할 것
② 퇴적 및 수납 시 열축적이 없을 것
③ 저장실의 온도를 낮출 것
④ 통풍을 잘 시킬 것

해설 자연발화의 방지방법
- 습도가 높은 것을 피할것
- 퇴적 및 수납시 열이 쌓이지 않게할 것
- 저장실의 온도를 낮출것
- 통풍을 잘시킬 것

43 건축물 외벽이 내화구조이며 연면적 $300m^2$인 위험물 옥내저장소의 건축물에 대하여 소화설비의 소화능력 단위는 최소한 몇 단위 이상이 되어야 하는가?

① 2단위 ② 4단위
③ 1단위 ④ 3단위

해설 소화설비의 소화능력 단위는 소요설비와 같은 단위를 적용한다.

$$소요단위 = \frac{300m^2}{150m^2/소요단위} = 2소요단위$$

∴ 2능력단위

44 위험물을 보관하는 방법에 대한 설명 중 틀린 것은?

① 황화린 : 냉암소에 저장한다.
② 염소산나트륨 : 철제 용기의 사용을 피한다.
③ 산화프로필렌 : 저장시 구리용기에 질소 등 불활성기체를 충전한다.
④ 트리에틸알루미늄 : 용기는 밀봉하고 질소 등 불활성기체를 충전한다.

해설 산화프로필렌(OCH_2CHCH_3)은 구리(Cu), 은(Ag), 수은(Hg), 마그네슘(Mg), 또는 이의 합금과 반응하여 폭발성의 아세틸레이트를 생성하므로 저장용기의 재질로 사용하지 말 것

45 제5류 위험물이 아닌 것은?

① 클로로벤젠 ② 과산화벤조일
③ 아조벤젠 ④ 염산히드라진

해설 클로로벤젠(C_6H_5Cl)은 제4류 위험물(인화성액체) 제2석유류로 DDT의 원료등으로 사용한다.

46 위험물안전관리법령상 운송 책임자의 감독·지원을 받아 운송하여야 하는 위험물은?

① 과산화수소 ② 알킬리튬
③ 경유 ④ 가솔린

해설 운송 책임자의 감독·지원을 받아 운송하여야 하는 위험물
- 알킬알루미늄
- 알킬리튬
- 알킬알루미늄과 알킬리튬을 함유한 것

47 $KMnO_4$와 혼합할 때 위험한 물질이 아닌 것은?

① CH_3OH ② H_2O
③ H_2SO_4 ④ $C_2H_5OC_2H_5$

해설 $KMnO_4$(과망간산칼륨)은 흑자색이 강산화제이며 물(H_2O)에 용해시켜 무좀약등 살균제로도 사용한다.

정답 41 ① 42 ① 43 ① 44 ③ 45 ① 46 ② 47 ②

참고 $KMnO_4$(과망간산칼륨)은 강산화제인 제1류 위험물(산화성고체)에 속하므로 가연물과 혼촉발화 및 강산과 폭발한다.

48 다음 중 제1류 위험물에 해당되지 않는 것은?

① 과염소산암모늄 ② 염소산칼륨
③ 과산화바륨 ④ 질산구아니딘

해설 질산구아니딘[$HNO_3 \cdot C(CH)(NH_2)_2$]과 금속의 아지화합물인 아지드화나트륨($NaN_3$)은 제5류 위험물(자기반응성물질)중 그밖에 행정안전부령으로 정하는 것에 해당된다.

49 아염소산염류 500kg과 질산염류 3,000kg을 함께 저장하는 경우 위험물의 소요단위는 얼마인가?

① 8 ② 4
③ 6 ④ 2

해설 위험물의 소요단위$=\dfrac{\text{위험물의 수량}}{\text{지정수량}\times 10}$

$$\frac{500\text{kg}}{50\text{kg}\times 10}+\frac{3{,}000\text{kg}}{300\text{kg}\times 10}=2\text{소요단위}$$

50 다음 중 위험물안전관리법령상 위험물제조소와의 안전거리가 가장 먼 것은?

① 「고등교육법」에서 정하는 학교
② 「의료법」에 따른 병원급 의료기관
③ 「고압가스 안전관리법」에 의하여 허가를 받은 고압가스제조시설
④ 「문화재보호법」에 의한 유형문화재와 기념물 중 지정문화재

해설 「위험물제조소와의 안전거리가 가장 먼 것 50m 이상인 문화재보호법」에 의한 유형문화재와 기념물 중 지정문화재이다.

참고 위험물 제조소등의 안전거리
- 특고압가공전선(7,000V초과 35,000V 이하) : 3m 이상
- 특고압가공전선(35,000V초과) : 5m 이상
- 건축물 그밖의 공작물로서 주거용으로 사용되는 곳(제조소가 설치된 부지 내에 있는 것을 제외한다.) : 10m 이상
- 고압가스, 액화석유가스, 도시가시를 제조·저장 또는 취급하는 시설 : 20m 이상
- 학교·병원·극장(300인 이상), 아동복지시설 등 다수인이 출입하는 곳(20명 이상) : 30m 이상
- 문화재보호볍에 의한 유형문화재 및 기념물 중 지정문화재 : 50m 이상

51 피크르산의 성질에 대한 설명 중 틀린 것은?

① 황색의 액체이다.
② 쓴맛이 있으며 독성이 있다.
③ 납과 반응하여 예민하고 폭발 위험이 있는 물질을 형성한다.
④ 아세톤에 녹는다.

해설 피크르산[$C_6H_2OH(NO_2)_3$]을 피크린산이라고도 하며 휘황색의 고체이다.

52 다음 물질을 과산화수소와 혼합했을 때 위험성이 가장 낮은 것은?

① 산화제이수은
② 이산화망간
③ 물
④ 탄소분말

해설 과산화수소(H_2O_2)은 물(H_2O)에 잘녹아 3%수용액을 소독약인 옥시풀(옥시돌)로 사용한다.

53 다음에서 설명하고 있는 위험물은?

- 지정수량은 20kg이고 백색 또는 담황색 고체이다.
- 비중은 약 1.82, 융점은 약 44℃이다.
- 비점은 약 280℃, 증기비중은 약 4.3이다.

① 황린 ② 유황
③ 마그네슘 ④ 적린

해설 본문의 내용 제3류 위험물 자연발화성물질인 황린(P_4)

54 B급 화재와 관련 있는 가연물은?

① 아세톤 ② 목재
③ 칼슘 ④ 플라스틱

| 정답 | 48 ④ 49 ④ 50 ④ 51 ① 52 ③ 53 ① 54 ①

해설 B급 화재는 제4류 위험물(인화성액체) 제1석유류인 아세톤(CH_3COCH_3)을 포함한 유류의 화재를 말한다.

참고 화재의 종류
- 목재 : A급(일반화재)
- 칼슘(Ca) : D급(금속화재)
- 플라스틱 : A급(일반화재)

55 다음 ( )안에 알맞은 수치를 차례대로 옳게 나열한 것은?

> 위험물 암반 탱크의 공간 용적은 당해 탱크내에 용출 하는 ( )일간의 지하수양에 상당하는 용적과 당해 탱크 내용적의 100분의 ( )의 용적 중에서 보다 큰 용적을 공간 용적으로 한다.

① 7, 5　② 1, 5
③ 1, 1　④ 7, 1

해설 "위험물 암반 탱크의 공간 용적은 당해 탱크내에 용출 하는 (7)일간의 지하수양에 상당하는 용적과 당해 탱크 내용적의 100분의 (1)의 용적 중에서 보다 큰 용적을 공간 용적으로 한다.

56 제3종 분말소화약제의 소화효과로 거리가 먼 것은?

① 냉각효과　② 제거효과
③ 부촉매효과　④ 질식효과

해설 제3종 분말소화약제($NH_4H_2PO_4$)D는 화재시 소화할 때 발생하는 생성물질에 의하여 주로 질식소화와 상승효과로 냉각효과 및 부촉매효과를 볼수 있다.

참고 • 제3종 분말소화약제의 열분해반응식

$$NH_4H_2PO_4 \xrightarrow[\triangle]{} HPO_3 + NH_3\uparrow + H_2O$$

(인산암모늄)　(메타인산)　(암모니아)　(물)

57 무색, 무취의 백색결정이며 분자량이 약 122, 녹는점이 약 482℃인 강산화성물질로 화약제조, 로켓 추진제 등의 용도로 사용되는 위험물은?

① 과산화바륨
② 과염소산나트륨
③ 아염소산나트륨
④ 염소산바륨

해설 제1류 위험물(산화성고체)의 분자량
- 과산화바륨(BaO_2) : 137+16×2=169
- 과염소산나트륨($NaClO_4$) : 23+35.5+16×4=122.5
- 아염소산나트륨($NaClO_2$) : 23+35.5+16×2=90.5
- 염소산바륨($BaClO_3$) : 137+35.5+16×3=220.5

58 제5류 위험물 취급시 일반적인 주의사항으로 다음 중 가장 거리가 먼 것은?

① 통풍이 잘되는 냉암소에 저장한다.
② 화기의 접근을 피한다.
③ 마찰과 충격을 피한다.
④ 물과 격리하여 저장한다.

해설 제5류 위험물(자기반응성물질)은 화재시 주수소화하며 물(H_2O)과는 반응하지 않는다.

59 위험물안전관리법령상 염소화규소화합물은 제 몇 류 위험물에 해당하는가?

① 제2류　② 제1류
③ 제5류　④ 제3류

해설 염소화규소화합물은 제3류 위험물 중 그밖에 행정안전부령이 정하는 것이다.

60 다음 위험물의 화재시 이산화탄소 소화약제를 사용할 수 없는 것은?

① 등유
② 마그네슘
③ 인화성 고체
④ 글리세린

해설 마그네슘(Mg)은 제2류 위험물(가연성고체)이며 이산화탄소(CO_2)와 접촉으로 폭발한다.

참고 • 마그네슘(Mg)과 이산화탄소(CO_2)의 폭발반응식

$$2Mg + CO_2 \rightarrow 2MgO + C$$

(마그네슘)　(이산화탄소)　(산화마그네슘)　(탄소)

| 정답 | 55 ④　56 ②　57 ②　58 ④　59 ④　60 ②

위험물기능사 국가기술자격 필기시험(CBT 15회) 출제문제

2020년 4월 20일 시행

(시험시간 1시간)

01 다음 중 제5류 위험물이 아닌 것은?

① 트리니트로톨루엔
② 니트로글리세린
③ 니트로글리콜
④ 니트로톨루엔

해설 니트로톨루엔은 인화점이 106℃인 제4류 위험물 제3석유류이다.

02 다음 중 니트로글리세린을 다공질의 규조토에 흡수시켜 제조한 물질은?

① 흑색화약
② 니트로셀룰로오스
③ 다이너마이트
④ 면화약

해설 충격에 민감한 액체 상태의 니트로글리세린을 규조토에 흡수시킨 것을 다이너마이트라 한다.

03 옥외탱크저장소에 보유공지를 두는 목적이 아닌 것은?

① 위험물시설의 화염이 인근의 시설이나 건축물 등으로의 연소 확대 방지를 위한 완충공간기능을 하기 위함
② 위험물시설의 주변에 장애물이 없도록 공간을 확보함으로써 피난자가 피난이 쉽도록 하기 위함
③ 위험물시설의 주변에 있는 시설과 50m 이상을 이격하여 폭발 발생 시 피해를 방지하기 위함
④ 위험물시설의 주변에 장애물이 없도록 공간을 확보함으로써 소화활동이 쉽도록 하기 위함

04 위험물을 유별로 정리하여 상호 1m 이상의 간격을 유지 하는 경우에도 동일한 옥내저장소에 저장할 수 없는 것은?

① 제1류 위험물(알칼리금속의 과산화물 또는 이를 함유한 것을 제외)과 제5류 위험물
② 제1류 위험물과 제6류 위험물
③ 인화성 고체를 제외한 제2류 위험물과 제4류 위험물
④ 제1류 위험물과 제3류 위험물 중 황린

해설 유별을 달리하는 위험물을 옥내저장소 또는 옥외저장소의 동일한 저장소에 저장하는 경우
위험물을 유별로 정리하여 저장하는 한편, 서로 1m 이상의 간격을 둘 것
① 제1류 위험물과 제6류 위험물을 저장하는 경우
② 제1류 위험물과 제3류 위험물 중 자연발화성 물질(황린 또는 이를 함유한 것에 한함)을 저장하는 경우
③ 제1류 위험물(알칼리금속의 과산화물 또는 이를 함유한 것을 제외)과 제5류 위험물을 저장하는 경우
④ 제2류 위험물 중 인화성 고체와 제4류 위험물을 저장하는 경우
⑤ 제3류 위험물 중 알킬알루미늄 등과 제4류 위험물(알킬알루미늄 또는 알킬리튬을 함유한 것에 한함)을 저장하는 경우
⑥ 제4류 위험물 중 유기과산화물 또는 이를 함유하는 것과 제5류 위험물 중 유기과산화물 또는 이를 함유한 것을 저장하는 경우

| 정답 | 01 ④ 02 ③ 03 ③ 04 ③

05 **제6류 위험물에 대한 설명으로 옳은 것은?**

① 질산은 자연발화의 위험이 높으므로 저온 보관한다.

② 과산화수소는 농도에 상관없이 단독으로 폭발하므로 취급에 주의한다.

③ 할로겐간화합물의 지정수량은 300kg이다.

④ 과염소산은 독성은 없지만 폭발의 위험이 있으므로 밀폐하여 보관한다.

해설 할로겐간화합물은 제6류 위험물 중 그밖에 행정안전부령이 정하는 것으로 지정수량은 300kg이다.

참고
- 질산(HNO_3)은 불연성 물질이므로 자연발화의 위험이 없다.
- 과산화수소(H_2O_2)는 농도 60중량% 이상에서 단독으로 폭발하므로 취급에 주의한다.
- 과염소산($HClO_4$)은 독성이 있고 종이, 나뭇조각 등과 접촉하면 폭발과 동시에 연소하므로 밀폐하여 보관한다.

06 **각 소화설비의 주된 소화효과를 옳게 나타낸 것은?**

① 스프링클러설비, 물분무소화설비 : 억제소화

② 옥내소화전, 옥외소화전 : 냉각소화

③ 할로겐화합물 소화설비 : 질식소화

④ 포, 분말, 불활성가스소화설비 : 냉각소화

해설 소화설비의 소화효과
- 스프링클러설비, 물분무소화설비 : 냉각소화
- 옥내소화전, 옥외소화전 : 냉각소화
- 할로겐화합물 소화설비 : 억제소화
- 포, 분말, 불활성가스소화설비 : 질식소화

07 **다음 소화약제의 분해반응을 완결시키려 할 때 (　　) 안에 옳은 것은?**

$2NaHCO_3 \rightarrow Na_2O + H_2O + (\quad)$

① $2CO_2$　　② 6NaOH

③ $6CO_2$　　④ 6CO

해설 $NaHCO_3$의 850℃에서 분해반응식

$$2NaHCO_3 \xrightarrow[\Delta]{} Na_2O + H_2O + 2CO_2\uparrow$$

참고 $NaHCO_3$의 270℃에서 분해반응식

$$2NaHCO_3 \xrightarrow[\Delta]{} Na_2CO_3 + CO_2\uparrow + H_2O$$

(탄산수소나트륨)　(탄산나트륨) (이산화탄소)　(물)

08 **위험물안전관리법령에 의한 위험물 운송에 관한 규정으로 틀린 것은?**

① 안전관리자, 탱크시험자, 위험물운송자 등 위험물의 안전관리와 관련된 업무를 수행하는 자는 시·도지사가 실시하는 안전교육을 받아야 한다.

② 위험물운송자는 이동탱크저장소에 의하여 위험물을 운송하는 때에는 행정안전부령으로 정하는 기준을 준수하는 등 해당 위험물의 안전확보를 위하여 세심한 주의를 기울여야 한다.

③ 운송책임자의 범위, 감독 또는 지원의 방법 등에 관한 구체적인 기준은 행정안전부령에 의한다.

④ 이동탱크저장소에 의하여 위험물을 운송하는 자는 당해 위험물을 취급할 수 있는 국가기술자격자 또는 안전교육을 받은 자이어야 한다.

해설 안전관리자, 탱크시험자, 위험물운송자 등 위험물의 안전관리와 관련된 업무를 수행하는 자는 소방청장이 실시하는 안전교육을 받아야 한다.

09 **서로 접촉하였을 때 발화하기 쉬운 물질을 서로 짝지은 것은?**

① 나트륨과 경유

② 니트로셀룰로오스와 알코올

③ 과산화수소와 물

④ 무수크롬산과 아세트산

해설 강산화제(제1류 위험물)인 무수크롬산(삼산화크롬)과 인화성 액체(제4류 위험물)인 아세트산과 접촉하면 발화한다.

| 정답 | 05 ③　06 ②　07 ①　08 ①　09 ④

10 **과산화나트륨이 물과 반응하면 어떤 물질과 산소를 발생하는가?**

① 수산화나트륨 ② 수산화칼륨
③ 아염소산나트륨 ④ 아염소산칼륨

해설 과산화나트륨(Na_3O_2)은 제1류 위험물(산화성 고체) 알칼리금속의 과산화물로 물(H_2O)과 반응하여 수산화나트륨(NaOH)과 산소(O_2)를 발생한다.

참고 과산화나트륨(Na_2O_2)과 물(H_2O)과의 반응식

$2Na_2O_2 + 2H_2O \rightarrow 4NaOH + O_2\uparrow$
(과산화나트륨) (물) (수산화나트륨) (산소)

11 **다음 중 화재가 발생하였을 때 물로 소화하면 위험한 것은?**

① K ② $KClO_3$
③ $NaClO_2$ ④ KNO_3

해설 K(칼륨)은 제3류 위험물 금수성 물질로 물(H_2O)과 격렬히 반응하며 수소(H_2)를 발생하고, 폭발적으로 연소하므로 물에 의한 주수소화는 부적합하다.

참고 칼륨(K)과 물(H_2O)의 화학반응식

$2K + 2H_2O \rightarrow 2KOH + H_2\uparrow$
(칼륨) (물) (수산화칼륨) (수소)

12 **위험물안전관리법령상 제6류 위험물을 저장하는 장소에 적응성이 있는 소화설비가 아닌 것은?**

① 옥내소화전설비 ② 불활성가스소화설비
③ 물분무소화설비 ④ 포소화설비

해설 제6류 위험물(산화성 액체)의 화재에는 불활성가스소화설비나 할로겐화합물 등 가스계소화설비는 폭발의 위험이 있으므로 적응성이 없으며, 물을 주성분으로 하는 수계소화설비는 적응성이 있다.

13 **질산과 과산화수소의 공통적인 성질에 대한 설명으로 옳은 것은?**

① 점성이 큰 액체로 환원제이다.
② 물보다 가볍다.
③ 물에 녹는다.
④ 연소가 매우 잘 된다.

해설 질산(HNO_3)과 과산화수소(H_2O_2)는 강산화제인 제6류 위험물(산화성 액체)이며, 물에 잘녹고 불연성 물질로 연소하지 않는다.

14 **제3류 위험물 중 금수성 물질의 소화설비로 적응성이 있는 것은?**

① 불활성가스소화설비
② 할로겐화합물소화설비
③ 탄산수소염류 등 분말소화설비
④ 인산염류 등 분말소화설비

해설 제3류 위험물 중 금수성 물질의 소화
- 마른모래
- 팽창질석, 팽창진주암
- 탄산수소염류 등 분말소화설비

참고 탄산수소염류 등 분말을 금속화재용 분말소화약제라 한다.

15 **니트로셀룰로오스의 자연발화는 일반적으로 무엇에 기인한 것인가?**

① 분해열 ② 중합열
③ 흡착열 ④ 산화열

해설 니트로셀룰로오스$[C_6H_7O_2(ONO_2)_3]_n$는 제5류 위험물(자기반응성 물질) 질산에스테르류에 속하며, 분해열에 의하여 자연발화의 위험이 있으므로 저장 시 함수알코올로 습면시켜 저장한다.

16 **위험물안전관리법령상 위험물 운반용기의 외부에 표시하여야 하는 사항에 해당하지 않는 것은?**

① 위험물의 지정수량
② 위험물에 따라 규정된 주의사항
③ 위험물의 품명
④ 위험물의 수량

해설 위험물 운반용기의 외부에 표시하여야 하는 사항
- 위험물의 품명, 위험등급, 화학명
- 위험물의 수량
- 수납위험물의 주의사항

| 정답 | 10 ① 11 ① 12 ② 13 ④ 14 ③ 15 ① 16 ①

17 **위험물안전관리법령상 옥내주유취급소에 있어서 해당 사무소 등의 출입구 및 피난구와 해당 피난구로 통하는 통로·계단 및 출입구에 무엇을 설치해야 하는가?**

① 화재감지기 ② 자동화재탐지설비
③ 스프링클러설비 ④ 유도등

해설 해당설비 : 유도등

18 **물의 주된 소화효과는 냉각소화이다. 물의 소화효과를 높이기 위하여 무상주수를 함으로써 부가적으로 작용하는 소화효과로 이루어진 것은?**

① 질식소화작용, 제거소화작용
② 타격소화작용, 유화소화작용
③ 질식소화작용, 유화소화작용
④ 타격소화작용, 제거소화작용

해설 물을 소화효과를 높이기 위하여 무상(안개상)으로 주수하면 냉각소화효과 외에 질식소화효과 및 유화소화효과를 부가적으로 볼 수 있다.

19 **위험물안전관리법령상 사업소의 관계인이 자체소방대를 설치하여야할 제조소등의 기준으로 옳은 것은?**

① 제4류 위험물 중 특수인화물을 지정수량의 5천배 이상 취급하는 제조소 또는 일반취급소
② 제4류 위험물을 지정수량의 3천배 이상 취급하는 제조소 또는 일반취급소
③ 제4류 위험물 중 특수인화물을 지정수량의 3천배 이상 취급하는 제조소 또는 일반취급소
④ 제4류 위험물을 지정수량의 5천배 이상 취급하는 제조소 또는 일반취급소

해설 자체소방대를 설치기준
제4류 위험물을 지정수량의 3천배 이상 취급하는 제조소 또는 일반취급소

20 **제1류 위험물 제조소의 게시판에 "물기엄금"이라고 쓰여 있다. 다음 중 어떤 위험물의 제조소인가?**

① 요오드산나트륨 ② 중크롬산나트륨
③ 과산화나트륨 ④ 염소산나트륨

해설 제1류 위험물(산화성 고체) 중 알칼리금속의 과산화물인 과산화칼륨(K_2O_2), 과산화나트륨(Na_2O_2)을 제조하는 제조소의 주의사항 게시판에는 청색바탕에 백색문자로 "물기엄금"이라 표시한다.

21 **위험물의 지정수량이 나머지 셋과 다른 하나는?**

① 히드라진유도체 ② 아조화합물
③ 질산에스테르류 ④ 디아조화합물

해설 제5류 위험물의 품명 및 지정수량

유별	성질	위험등급	품명	지정수량
제5류	자기반응성물질	I	질산에스테르류	10kg
		I	유기과산화물	10kg
		II	니트로화합물	200kg
		II	니트로소화합물	200kg
		II	아조화합물	200kg
		II	디아조화합물	200kg
		II	히드라진 유도체	200kg
		II	히드록실아민	100kg
		II	히드록실아민염류	100kg

22 **Na의 화재에 이산화탄소 소화기를 사용하였다. 화재현장에서 발생되는 현상은?**

① 이산화탄소가 방출되어 냉각소화된다.
② 이산화탄소가 부착면을 만들어 질식소화된다.
③ 부촉매효과에 의해 소화된다.
④ 이산화탄소와 Na과 반응하여 화재가 지속된다.

해설 • Na(나트륨)은 제3류 위험물 금수성 물질이며, 화재에 이산화탄소(CO_2) 소화기를 사용하면 폭발한다.

| 정답 | 17 ④ 18 ③ 19 ② 20 ③ 21 ③ 22 ④

- 나트륨(Na)과 이산화탄소(CO_2)의 폭발반응식
  $4Na + 3CO_2 \rightarrow 2Na_2CO_3 + C$
  (나트륨) (이산화탄소) (탄산나트륨) (탄소)

23 **위험물의 소화방법으로 적합하지 않은 것은?**

① 황의 소규모 화재 시에는 모래로 질식소화한다.
② 황화린의 소규모 화재 시에는 모래로 질식소화한다.
③ 금속분의 화재에는 주수에 의한 냉각소화한다.
④ 인화성 고체의 화재에는 주수에 의한 냉각소화한다.

해설 금속분은 제2류 위험물(가연성 고체) 중에서 화재 시 주수소화하면 반응하여 폭명기인 수소(H_2)를 발생하며, 2차적으로 분진폭발의 위험이 있으므로 주수소화는 적응성이 없다.

24 **등유의 성질에 대한 설명 중 틀린 것은?**

① 증기는 공기보다 가볍다.
② 전기에 대해 불량도체이다.
③ 인화점이 상온보다 높다.
④ 물보다 가볍다.

해설 등유(케로신)는 제4류 위험물(인화성 액체) 제2석유류로 증기는 공기보다 4.5배 무겁다.

25 **위험물안전관리법령에서 정한 알킬알루미늄 등을 저장 또는 취급하는 이동탱크저장소에 비치해야 하는 물품이 아닌 것은?**

① 고무장갑 ② 방호복
③ 비상조명등 ④ 휴대용확성기

해설 알킬알루미늄 이동탱크에 비치해야 하는 물품
- 방호복
- 고무장갑
- 밸브 등을 죄는 결합공구
- 휴대용 확성기
- 긴급시의 연락처
- 응급조치에 관하여 필요한 사항을 기재한 서류

26 **위험물안전관리법령상 위험등급의 종류가 나머지 셋과 다른 하나는?**

① 제4류 위험물 중 알코올류
② 제3류 위험물 중 금속의 인화물
③ 제1류 위험물 중 중크롬산 염류
④ 제2류 위험물 중 인화성 고체

해설 위험물의 위험등급
- 제4류 위험물 중 알코올류(Ⅱ)
- 제3류 위험물 중 금속의 인화물(Ⅲ)
- 제1류 위험물 중 중크롬산 염류(Ⅲ)
- 제2류 위험물 중 인화성 고체(Ⅲ)

27 **위험물안전관리법령에 따른 대형수동식소화기의 설치기준에서 방호대상물의 각 부분으로부터 하나의 대형수동식소화기까지의 보행거리는 몇 m 이하가 되도록 설치하여야 하는가? (단, 옥내소화설비, 옥외소화전설비, 스프링클러설비 또는 물분무등소화설비와 함께 설치하는 경우는 제외한다.)**

① 10 ② 15
③ 30 ④ 20

해설 소화기구의 배치(방호대상물로부터)
- 소형수동식소화기 : 보행거리 20m 이하
- 대형수동식소화기 : 보행거리 30m 이하

28 **위험물안전관리법령상 위험물옥외저장소에 저장할 수 있는 품명은? (단, 국제해상위험물규칙에 적합한 용기에 수납하는 경우를 제외한다.)**

① 특수인화물
② 칼륨
③ 무기과산화물
④ 알코올류

해설 옥외저장소에서 저장할 수 있는 위험물
- 제2류 위험물 중 유황 또는 인화성 고체(인화점이 섭씨 0도 이상인 것에 한함)
- 제4류 위험물 중 제1석유류(인화점이 섭씨 0도 이상인 것에 한함)·알코올류·제2석유류·제3석유류·제4석유류 및 동식물유류

| 정답 | 23 ③ 24 ① 25 ③ 26 ① 27 ③ 28 ④

- 제6류 위험물
- 제2류 위험물 및 제4류 위험물 중 특별시·광역시 또는 도의 조례에서 정하는 위험물(「관세법」 제154조의 규정에 의한 보세구역 안에 저장하는 경우에 한함)
- 「국제해사기구에 관한 협약」에 의하여 설치된 국제해사기구가 채택한 「국제해상위험물규칙」(IMDG Code)에 적합한 용기에 수납된 위험물

29 위험물안전관리법령에 명기된 위험물의 운반용기 재질에 포함되지 않는 것은?

① 종이 ② 도자기
③ 유리 ④ 고무류

해설 운반용기의 종류
금속판, 강판, 삼, 합성섬유, 섬유판, 고무류, 양철판, 짚, 알루미늄판, 종이, 유리, 나무, 플라스틱

30 다음 중 일반적으로 알려진 세 종류의 황화린이 아닌 것은?

① P_2S_9 ② P_4S_3
③ P_4S_7 ④ P_2S_5

해설 황화린은 제2류 위험물(가연성 고체)이며, 3종류가 있다.
- P_4S_3(삼황화린)
- P_2S_5(오황화린)
- P_4S_7(칠황화린)

31 물의 용융잠열은 약 몇 cal/g인가?

① 180 ② 80
③ 539 ④ 32

해설
- 물의 용융잠열 : 80cal/g
- 물의 기화잠열 : 539cal/g

32 위험물안전관리법령상 다음 ( ) 안에 알맞은 수치는?

> 옥내저장소에서 위험물을 저장하는 경우 기계에 의하여 하역하는 구조로 된 용기만을 겹쳐 쌓는 경우에 있어서는 ( )미터 높이를 초과하여 용기를 겹쳐 쌓지 아니하여야 한다.

① 2 ② 8
③ 6 ④ 4

해설 옥내저장소에서 위험물의 저장 높이(규정 높이를 초과하여 용기를 겹쳐 쌓지 아니할 것)
- 기계에 의하여 하역하는 구조로 된 용기만을 겹쳐 쌓는 경우 : 6m
- 제4류 위험물 중 제3석유류, 제4석유류 및 동식물유류를 수납하는 용기만 겹쳐 쌓는 경우 : 4m
- 그 밖의 경우 : 3m

33 위험물안전관리법령상 전기설비에 적응성이 없는 소화설비는?

① 할로겐화합물소화설비
② 불활성가스소화설비
③ 물분무소화설비
④ 포소화설비

해설 물을 주성분으로 하는 포소화설비는 전기설비에 적응성이 없다.

참고 물분무소화설비는 물을 안개상으로 분무하며, 분무된 물은 전기설비에 절연막을 만들므로 전기설비에 적응성이 있다.

34 A급, B급, C급 화재에 모두 적용이 가능한 소화약재는?

① 제4종 분말소화약제
② 제1종 분말소화약제
③ 제2종 분말소화약제
④ 제3종 분말소화약제

해설 분말소화약제의 적응화재의 급수
- 제1종 분말소화기[탄산수소나트륨($NaHCO_3$)] : BC급
- 제2종 분말소화기[탄산수소칼륨($KHCO_3$)] : BC급
- 제3종분말소화기[제1인산암모늄($NH_4H_2PO_4$)] : ABC급
- 제4종 분말소화기[탄산수소칼륨($KHCO_3$)과 요소[$(NH_2)_2CO$] : BC급

정답 29 ② 30 ① 31 ② 32 ③ 33 ④ 34 ④

35 유기과산화물을 저장할 때 일반적인 주의사항에 대한 설명으로 틀린 것은?

① 습기 방지를 위해 건조한 상태로 저장한다.
② 필요한 경우 물질의 특성에 맞는 적당한 희석제를 첨가하여 저장한다.
③ 인화성 액체류와 접촉을 피하여 저장한다.
④ 다른 산화제와 격리하여 저장한다.

해설 유기과산화물은 제5류 위험물(자기반응성 물질)이며, 건조한 상태에서는 자연발화의 위험이 있으므로 약간의 물을 넣어 저장한다.

36 다음 중 B급 화재에 해당하는 것은?

① 전기화재
② 금속분화재
③ 목재화재
④ 유류화재

해설 화재의 종류와 색 표시
- A급 화재 : 일반화재(백색)
- B급 화재 : 유류화재(황색)
- C급 화재 : 전기화재(청색)
- D급 화재 : 금속화재(색 표시 없음)

37 위험물제조소등에 설치하여야 하는 자동화재탐지설비의 설치기준에 대한 설명 중 틀린 것은?

① 자동화재탐지설비의 경계구역은 건축물 그 밖의 공작 2 이상의 층에 걸치도록 할 것
② 자동화재탐지설비에는 비상전원을 설치할 것
③ 자동화재탐지설비의 감지기는 지붕 또는 벽의 옥내에 면한 부분에 유효하게 화재의 발생을 감지할 수 있도록 설치할 것
④ 하나의 경계구역에서 그 한 변의 길이는 광전식분리형 감지기를 설치할 경우 100m 이하로 할 것

해설 자동화재탐지설비의 경계구역에서 하나의 경계구역이 2개 이상의 건축물 및 층에 미치지 아니할 것

38 제3류 위험물에 해당하는 것은?

① 금속의 아지화합물
② 할로겐간화합물
③ 염소화규소화합물
④ 질산구아니딘

해설 그밖에 행정안전부령이 정하는 위험물의 유별
- 금속의 아지화합물 : 제5류 위험물
- 할로겐간화합물 : 제6류 위험물
- 염소화규소화합물 : 제3류 위험물
- 질산구아니딘 : 제5류 위험물

39 위험물안전관리법에서 규정하고 있는 내용으로 틀린 것은?

① 농예용·축산용으로 필요한 난방시설 또는 건조시설을 위한 지정수량 20배 이하의 취급소는 신고를 하지 아니하고 위험물의 품명·수량을 변경할 수 있다.
② 법정의 완공검사를 받지 아니하고 제조소 등을 사용할 때 시·도지사는 허가를 취소하거나 6월 이내의 기간을 정하여 사용정지를 명할 수 있다.
③ 피성년 후견인 또는 피한정후견인, 탱크시험자의 등록이 취소된 날로부터 2년이 지나지 아니한 자는 탱크시험자로 등록하거나 탱크시험자의 업무에 종사할 수 없다.
④ 위치, 구조 또는 설비의 변경 없이 저장소에서 저장하는 위험물 지정수량의 배수를 변경하고자 하는 경우에는 변경하고자 하는 날의 7일 전까지 시·도지사에게 신고하여야 한다.

해설 위치, 구조 또는 설비의 변경 없이 저장소에서 저장하는 위험물 지정수량의 배수를 변경하고자 하는 경우에는 변경하고자 하는 날의 1일 전까지 시·도지사에게 신고하여야 한다.

| 정답 | 35 ① 36 ④ 37 ① 38 ③ 39 ④

40 황린과 적린의 성질에 대한 설명으로 가장 거리가 먼 것은?

① 황린과 적린은 이황화탄소에 녹는다.
② 황린과 적린을 각각 연소시키면 P_2O_5이 생성된다.
③ 황린과 적린은 물에 불용이다.
④ 적린은 황린에 비하여 화학적으로 활성이 작다.

해설 황린(P_4)은 제4류 위험물(인화성액체) 특수인화물인 이황화탄소(CS_2)에 녹으며, 적린(P)은 이황화탄소(CS_2)에 녹지 않는다.

41 건성유에 해당되지 않는 것은?

① 피마자유　② 아미인유
③ 들기름　④ 동유

해설 건성유의 종류
해바라기유, 동유, 아마인유, 들기름, 정어리유

42 니트로셀룰로오스의 저장방법으로 올바른 것은?

① 물이나 알코올로 습윤시킨다.
② 에탄올과 에테르 혼액에 침윤시킨다.
③ 수은염을 만들어 저장한다.
④ 산에 용해시켜 저장한다.

해설 니트로셀룰로오스$[C_6H_7O_2(ONO_2)_3]_n$는 제5류 위험물(자기반응성 물질) 질산에스테르이며, 저장 및 취급 시 온도가 높아지면 분해하여 자연발화의 위험이 있으므로 물이나 알코올의 혼합액을 헝겊 등에 적시어 덮어준다.

43 다음 중 강화액 소화약제의 주성분에 해당하는 것은?

① K_2CO_3　② $KBrO_3$
③ CaO_2　④ K_2O_2

해설 강화액 소화기는 물에 탄산칼륨(K_2CO_3)을 용해시켜 물의 빙점을 낮추어 한랭지나 겨울철에 약제가 동결되지 않게 한 소화약제이다.

44 메틸알코올의 연소범위를 더 좁게 하기 위하여 첨가하는 물질로 거리가 먼 것은?

① 아르곤　② 이산화탄소
③ 질소　④ 산소

해설 메틸알코올(CH_3OH)은 제4류 위험물(인화성 액체) 알고올류에 해당하며, 증기와 조연성의 산소(O_2)가 혼합되면 연소범위가 넓어진다.

참고 아르곤(Ar), 이산화탄소(CO_2), 질소(N_2)는 불활성 가스이므로 혼합 시 연소범위는 좁아진다.

45 탄소 24g을 완전 연소시키는 데 필요한 이론 산소량은 표준상태를 기준으로 몇 ℓ인가?

① 5.6　② 44.8
③ 11.2　④ 22.4

해설 탄소(C)의 연소반응식

$C + O_2 \rightarrow CO_2\uparrow$

(탄소) (산소) (이산화탄소)

반응식에서 탄소(C) 1몰(12g)이 연소하기 위하여 산소(O_2) 1몰이 필요하다. 표준상태에서 모든 기체 1몰이 차지하는 체적은 22.4ℓ이므로 탄소(C) 2몰(24g)이 차지하는 체적은 44.8ℓ이다.

46 위험물안전관리법령상 예방규정을 정하여야 하는 제조소등에 해당하지 않는 것은?

① 지정수량의 200배 이상의 위험물을 저장하는 옥내탱크저장소
② 암반탱크저장소
③ 지정수량 10배 이상의 위험물을 취급하는 제조소
④ 이송취급소

해설 관계인이 예방규정을 정하여야 하는 제조소등
- 지정수량의 10배 이상의 위험물을 취급하는 제조소, 일반취급소
- 지정수량의 100배 이상의 위험물을 저장하는 옥외저장소
- 지정수량의 150배 이상의 위험물을 저장하는 옥내저장소
- 지정수량의 200배 이상의 위험물을 저장하는 옥외탱크저장소

정답 40 ① 41 ① 42 ① 43 ① 44 ④ 45 ② 46 ①

• 암반탱크저장소
• 이송취급소

47 다음 중 인화점이 가장 낮은 것은?

① 산화프로필렌 ② 디에틸에테르
③ 벤젠 ④ 이황화탄소

해설 위험물의 인화점
• 산화프로필렌(OCH_2CHCH_3) : −37℃
• 디에틸에테르($C_2H_5OC_2H_5$) : −45℃
• 벤젠(C_6H_6) : −11℃
• 이황화탄소(CS_2) : −30℃

48 다음 중 물에 가장 잘 녹는 물질은?

① 아닐린 ② 벤젠
③ 아세트알데히드 ④ 이황화탄소

해설 아세트알데히드(CH_3CHO)는 제4류 위험물(인화성 액체) 특수인화물로 에틸알코올(C_2H_5OH)이 산화되어 생성된 것으로 물에 아주 잘 녹는다.

49 탄화칼슘의 성질에 대한 설명으로 틀린 것은?

① 물과 반응해서 수산화칼슘과 아세틸렌이 생성된다.
② 비중이 물보다 크다.
③ 질소와 저온에서 작용하며, 흡열반응을 한다.
④ 시판품은 회색 또는 회흑색의 고체이다.

해설 탄화칼슘(CaC_2)은 고온(700℃)에서 질소(N_2)와 반응하여 칼슘시아나미드($CaCN_2$)를 만든다.

참고 탄화칼슘(CaC_2)과 질소(N_2)의 반응식

$$CaC_2 + N_2 \xrightarrow[\text{가열}]{\text{약 }700℃} CaCN_2 + C$$

(탄화칼슘) (질소) (칼슘시아나미드) (탄소)

50 위험물 저장탱크의 내용적이 300ℓ일 때 탱크에 저장하는 위험물의 용량의 범위로 적합한 것은? (단, 원칙적인 경우에 한한다.)

① 270~285ℓ ② 240~270ℓ
③ 295~298ℓ ④ 290~295ℓ

해설 탱크의 용량=탱크의 내용적−탱크의 공간용적
탱크의 용량=탱크의 내용적×용적률

탱크의 공간용적$=\frac{5}{100}\sim\frac{10}{100}$

탱크의 용량
=300ℓ×0.9~300ℓ×0.95=270ℓ~285ℓ

51 염소산칼륨 20킬로그램과 아염소산나트륨 10킬로그램을 과염소산과 함께 저장하는 경우 지정수량 1배로 저장하려면 과염소산은 얼마나 저장할 수 있는가?

① 30kg ② 60kg
③ 90kg ④ 120kg

해설 지정수량
염소산칼륨($KClO_3$) : 50kg
아염소산나트륨($NaClO_2$) : 50kg
과염소산($HClO_4$) : 300kg

$\frac{20}{50}+\frac{10}{50}+\frac{x}{300}=1$에서

$x=(1-\frac{20}{50}+\frac{10}{50})\times 300=120$

52 알루미늄분의 성질에 대한 설명으로 옳은 것은?

① 수산화나트륨 수용액과 반응해서 산소를 발생한다.
② 안전한 저장을 위해 할로겐 원소와 혼합한다.
③ 끓는 물과 반응해서 수소를 발생한다.
④ 금속 중에서 연소열량이 가장 작다.

해설 알루미늄(Al)분은 물(H_2O)또는 산과 반응하면 수소(H_2)를 발생하며, 양쪽성 원소로 알칼리와 반응하여 수소(H_2)를 발생한다.

참고 • 알루미늄(Al)분과 물(H_2O)과의 반응식

$$2Al + 6H_2O \rightarrow 2Al(OH)_3 + 3H_2\uparrow$$

(알루미늄) (물) (수산화알루미늄) (수소)

• 알루미늄(Al)분과 알칼리(KOH)와의 반응식

$$2Al + 2KOH + 2H_2O \rightarrow 2KAlO_2 + 3H_2\uparrow$$

(알루미늄) (수산화칼륨) (물) (알루미늄산칼륨) (수소)

| 정답 | 47 ② 48 ③ 49 ③ 50 ① 51 ④ 52 ③

53 **이산화탄소소화기가 제6류 위험물의 화재에 대하여 적응성이 인정되는 장소의 기준은?**

① 폭발위험성의 유무
② 건축물의 흡수
③ 밀폐성 유무
④ 습도의 정도

해설 이산화탄소소화기는 제6류 위험물을 저장 또는 취급하는 장소로서 폭발의 위험이 없는 장소에 한하여 설치할 수 있다.

54 **다음 위험물 중 물(수조, 물탱크) 속에 저장하는 것은?**

① 나트륨
② 아연
③ 삼산화크롬
④ 이황화탄소

해설 이황화탄소(CS_2)는 제4류 위험물(인화성 액체) 특수인화물이다. 휘발성 및 독성이 매우 강한 위험물이고, 물보다 무겁고 물에 녹지 않으므로 가연성 증기의 발생을 억제하기 위하여 수조에 넣어 저장한다.

55 **위험물제조소등의 소화설비의 기준에 관한 설명으로 옳은 것은?**

① 제조소등 중에서 소화난이도등급 Ⅰ, Ⅱ 또는 Ⅲ의 어느 것에도 해당하지 않는 것도 있다.
② 제4류 위험물을 저장·취급하는 제조소등에도 스프링클러소화설비가 적응성이 인정되는 경우가 있으며, 이는 수원의 수량을 기준으로 판단한다.
③ 옥외탱크저장소의 소화난이도등급을 판단하는 기준 중 탱크의 높이는 기초를 제외한 탱크 측판의 높이를 말한다.
④ 제조소의 소화난이도등급을 판단하는 기준 중 면적에 관한 기준은 건축물 외에 설치된 것에 대해서는 수평투영면적을 기준으로 한다.

해설 옥내탱크 및 옥외탱크저장소에서 고인화점 위험물만을 100℃ 미만의 온도로 저장하는 것 및 제6류 위험물만을 저장할 경우에는 소화난이도 등급 Ⅰ, Ⅱ, Ⅲ에 해당되지 않는다.

참고
- 제4류 위험물을 저장·취급하는 제조소등에서 스프링클러소화설비가 적응성이 인정되는 경우는 살수기준면적에 대한 방사밀도 이상일 경우이다.
- 옥외탱크저장소의 소화난이도등급 판정기준 중 탱크의 높이는 지반면으로부터 탱크 옆판의 상단까지 높이를 말한다.
- 제조소의 소화난이도등급 판정기준 중 면적에 대한 기준은 연면적으로 한다.

56 **탄화알루미늄이 물과 반응하여 폭발의 위험이 있는 것은 어떤 가스가 발생하기 때문인가?**

① 암모니아 ② 수소
③ 메탄 ④ 아세틸렌

해설 탄화알루미늄이 물과 반응하면 메탄이 발생한다.

참고 탄화알루미늄(Al_4C_3)과 물(H_2O)의 반응식

$$Al_4C_3 + 12H_2O \rightarrow 4Al(OH)_3 + 3CH_4\uparrow$$

(탄화알루미늄) (물) (수산화알루미늄) (메탄)

57 **탄화칼슘은 물과 반응 시 위험성이 증가하는 물질이다. 주수소화 시 물과 반응하면 어떤 가스가 발생하는가?**

① 에탄 ② 아세틸렌
③ 메탄 ④ 수소

해설 탄화칼슘은 물과 반응하면 아세틸렌이 발생한다.

참고 탄화칼슘(CaC_2)과 물(H_2O)의 반응식

$$CaC_2 + 2H_2O \rightarrow Ca(OH)_2 + C_2H_2\uparrow$$

(탄화칼슘) (물) (수산화칼슘) (아세틸렌)

58 **다음 중 화재 시 사용하면 독성의 $COCl_2$ 가스를 발생시킬 위험이 가장 높은 물질은?**

① 액화이산화탄소 ② 사염화탄소
③ 제1종 분말 ④ 공기포

해설 억제소화약제인 사염화탄소(CCl_4)를 소화제로 사용하면 독성이 매우강한 포스겐($COCl_2$)이 발생한다.

정답 53 ① 54 ④ 55 ① 56 ③ 57 ② 58 ②

59 다음 소화약제 중 오존파괴지수(ODP)가 가장 큰 것은?

① Halon 1211 ② Halon 1301
③ Halon 2402 ④ IG-541

해설 오존파괴지수(ODP)는 삼염화불화탄소($CFCl_3$)의 오존파괴능력을 1로 보았을 때의 상댓값이다.

- Halon-1211 : 3
- Halon-1301 : 10
- Halon-2402 : 6
- IG-541 : 0

60 품명과 위험물의 연결이 잘못된 것은?

① 제1석유류 – 아세톤
② 제2석유류 – 등유
③ 제4석유류 – 기어유
④ 제3석유류 – 경유

해설 경유(디젤유)는 등유(케로신)과 함께 제4류 위험물(인화성 액체) 제2석유류를 대표하는 지정품목이다.

| 정답 | 59 ② 60 ④

위험물기능사 국가기술자격 필기시험(CBT 16회) 출제문제

2020년 6월 28일 시행

(시험시간 1시간)

01 다음 물질 중 소화제로 사용되지 않는 것은?

① 탄산가스 ② 공기
③ 물 ④ 팽창질석

해설 공기는 연소의 3요소 중 산소공급원으로, 소화제로 사용될 수 없다.

02 드라이케미컬로 10m^{3}의 탄산가스를 얻자면 표준 상태에서 몇 kg의 탄산수소나트륨을 쓰면 되는가? (단, 탄산수소나트륨의 분자량은 84이다.)

① 18.75kg ② 56.25
③ 75kg ④ 95kg

해설 $2NaHCO_3 \rightarrow Na_2CO_3 + CO_2 + H_2O$

$PV=\frac{WRT}{M}$에서 $W=\frac{PVM}{RT}$

즉, 탄산가스 1몰을 만들기 위해 탄산수소나트륨 2몰이 필요하므로 탄산수소나트륨의 양은 2를 곱하여 구한다.

$W=\frac{PVM}{RT}\times 2=\frac{1\times 10\times 84}{0.082\times 273}\times 2=75.046$

∴ 약 75kg

03 다음 위험물 중 화재발생 시에 적당한 소화제로 틀린 것은?

① CH_3COCH_3 – 물
② $(C_2H_5)_3Al$ – 팽창질석
③ 테레핀유 – 안개 모양의 물
④ $C_6H_5CH_3$ – 포 혹은 CO_2

해설 테레핀유는 제4류 위험물(인화성 액체) 제2석유류 중 비수용성 액체이므로 봉상수 또는 무상수(안개 모양의 물)로 소화할 수 없다.

04 제5류 위험물의 화재 시 적당한 소화제는 어느 것인가?

① 사염화탄소 ② 탄산가스
③ 물 ④ 질소

해설 제5류 위험물(자기반응성 물질)의 화재에는 다량의 물을 사용하는 냉각소화가 가장 적응성이 있다.

05 다음 중 제6류 위험물 화재예방에 가장 공통되는 주의 사항은 어느 것인가?

① 공기와의 접촉을 피한다.
② 산화제의 혼입을 피한다.
③ 불필요하게 가연물과 접촉시키지 않는다.
④ 항상 냉각시켜 저장한다.

해설 제6류 위험물(산화성 액체)는 불연성 물질로 산소를 많이 함유하므로 화재발생 시 분해된 산소는 가연물의 연소를 급격히 발전시키므로 가연물과의 접촉을 피하여야 한다.

06 알칼리금속의 과산화물 화재 시 적당하지 않은 소화제는 어느 것인가?

① 마른모래 ② 물
③ 팽창질석 ④ 탄산수소칼륨

해설 제1류 위험물(산화성 고체) 중 알칼리금속의 과산화물은 물과 격렬히 반응하며 산소(O_2)를 발생하므로 물과의 접촉을 피할 것

07 화재의 종류 중 가연성 액체, 반고체, 유지 등의 화재는 다음 중 어디에 속하는가?

① A급 ② B급
③ C급 ④ D급

❙정답❙ 01 ② 02 ③ 03 ③ 04 ③ 05 ③ 06 ② 07 ②

해설 화재의 종류
- A급 화재 : 일반화재(백색)
- B급 화재 : 유류화재(황색)
- C급 화재 : 전기화재(청색)
- D급 화재 : 금속화재(색 표시 없음)

참고 B급 화재인 유류화재는 가연성 액체 및 가연성 고체, 유지 등을 포함한다.

08 산화 · 환원 반응에서 환원제가 되기 위한 조건은?

① 산화수가 감소되기 쉬워야 한다.
② 전자를 잃기 쉬워야 한다.
③ 산소를 내놓기 쉬워야 한다.
④ 자기 자신은 환원되기 쉬워야 한다.

해설 환원제는 다른 물질을 환원시키며, 자신은 산화되는 물질을 말한다.
산화
- 산소와 화학 결합하는 것
- 수소를 잃는 것
- 전자를 잃는 것
- 산화수가 증가하는 것

09 옥외탱크저장소의 밸브 없는 통기관은 지름이 얼마 이상이어야 하는가?

① 20mm 이상 ② 30mm 이상
③ 40mm 이상 ④ 50mm 이상

해설 밸브 없는 통기관의 지름 : 30mm 이상

10 포소화약제의 성분 물질로 잘못된 것은?

① $NaHCO_3$ ② 카제인
③ $Al_2(SO_4)_3$ ④ Na_2CO_3

해설 Na_2CO_3(탄산나트륨)은 제1종 분말소화약제인 탄산수소나트륨($NaHCO_3$)의 열분해 시 생성 물질이다.

11 다음 중 제4류 위험물의 물에 대한 성질과 화재 위험과 직접 관계가 있는 것은?

① 수용성과 인화성 ② 비중과 인화성
③ 비중과 착화온도 ④ 비중과 화재 확대성

해설 제4류 위험물(인화성 액체)는 일반적으로 물보다 가볍고 물에 녹지 않으므로 화재발생 시 물을 사용하면 물과 유류의 표면장력 차에 의하여 화재 면을 확대시키므로 물의 사용을 금한다.

12 다음 중에서 간이소화용구에 해당하는 것은?

① 마른모래
② 옥내소화전
③ 스프링클러
④ 포소화설비

해설 간이소화용구의 종류와 능력단위

소화설비	용량	능력단위
소화전용 물통	8ℓ	0.3단위
수조(소화전용 물통 3개 포함)	80ℓ	1.5단위
수조(소화전용 물통 6개 포함)	190ℓ	2.5단위
마른모래(삽 1개 포함)	50ℓ	0.5단위
팽창질석 또는 팽창진주암(삽 1개 포함)	160ℓ	1단위

13 촛불의 연소 종류는 어느 것인가?

① 분해연소
② 표면연소
③ 자기연소
④ 증발연소

해설 초는 파라핀으로 만들며, 파라핀을 가열하면 액체가 되고 더 가열되면 액체 표면에서 증기가 발생되어 점화에 의하여 연소가 되는 증발연소를 한다.

14 단백질에 크산토프로테인 반응을 일으키는 산은 다음 중 어느 것인가?

① HCl ② H_2SO_4
③ HNO_3 ④ HClO

해설 크산토프로테인 반응(Xanthoprotein-reaction)
단백질에 질산(HNO_3)을 작용시키면 노란색이 되는 반응
※ Xanthoprotein-reaction
- Xantho : 라틴어의 노랑(yellow)
- protein : 단백질의 합성어

| 정답 | 08 ② 09 ② 10 ④ 11 ④ 12 ① 13 ④ 14 ③

15 질화면의 성질에 알맞은 것은 어느 것인가?

① 질화도가 클수록 폭발성이 세다.
② 수분을 많이 포함할수록 폭발성이 크다.
③ 질화도가 클수록 아세톤에 녹기 힘들다.
④ 외관상 솜과 같은 진한 갈색의 물질이다.

해설 질화면은 제5류 위험물(자기반응성 물질) 질산에스테르류인 니트로셀룰로오스$[C_6H_7O_2(ONO_2)_3]_n$이며, 질화도(성분 중 질소의 함량)가 클수록 폭발의 위험성이 크다.

16 초산에스테르류의 분자량이 증가할수록 달라지는 성질 중 옳지 않은 것은?

① 이성질체가 줄어든다.
② 인화점이 높아진다.
③ 수용성이 감소된다.
④ 증기비중이 커진다.

해설 분자량 증가에 따른 공통점
- 인화점이 높아진다.
- 착화점이 낮아진다.
- 연소범위가 감소한다.
- 비중이 작아진다.
- 증기비중이 커진다.
- 비점이 높아진다.
- 점도가 커진다.
- 수용성이 감소
- 휘발성이 감소
- 이성질체가 많아진다.

17 다음 중 황린의 취급에 있어서의 주의사항 중 틀린 것은 어느 것인가?

① 산화제와의 접촉을 피할 것
② 화기의 접근을 피할 것
③ 고온을 피할 것
④ 물의 접촉을 피할 것

해설 황린(P_4)은 제3류 위험물 중 자연발화성 물질로 pH9의 물속에 저장한다.

18 염소산칼륨과 염소산나트륨의 성질에 대한 설명 중 옳지 않은 것은?

① 융점 이상 가열하면 산소를 방출한다.
② 유황, 목탄, 유기물 등과의 혼합은 연소의 우려가 있다.
③ 무색이나 백색의 분말로 물에 녹지 않는다.
④ 산과 반응하거나 중금속의 혼합은 폭발의 위험이 있다.

해설 염소산칼륨과 염소산나트륨은 제1류 위험물(산화성 고체) 염소산염류이며, 모두 물에 녹는다.

19 제5류 위험물의 주의사항 게시판 표기 내용이 맞는 것은?

① 적색바탕 백색문자 "화기주의"
② 적색바탕 백색문자 "화기엄금"
③ 청색바탕 백색문자 "물기주의"
④ 청색바탕 백색문자 "물기엄금"

해설 제5류 위험물(자기반응성 물질)의 주의사항 게시판 적색바탕 백색문자 "화엄주의"

20 옥내저장소에서 지정유기과산화물의 저장창고의 창 하나의 면적은 얼마 이내인가?

① $0.2m^2$ 이내　② $0.4m^2$ 이내
③ $0.6m^2$ 이내　④ $0.8m^2$ 이내

해설 옥내저장소에서 지정유기과산화물의 저장창고의 창 하나의 면적
$0.4m^2$ 이내

참고 창문 2 이상 : 해당 벽 면적의 $\frac{1}{80}$ 이내

21 공기 중에서 가열하면 노란색 불꽃을 내면서 연소하는 것은?

① LI　② K
③ Na　④ Ca

해설 공기 중에서 연소할 때의 불꽃색
- LI(리튬) : 진한 적색
- K(칼륨) : 보라색

정답 15 ① 16 ① 17 ④ 18 ③ 19 ② 20 ② 21 ③

• Na(나트륨) : 노랑색
• Ca(칼슘) : 주황색(황적색)

22 디에틸에테르의 성상에 대하여 틀린 것은?

① 인화성이 강하다.
② 착화온가 가솔린보다 낮다.
③ 연소범위가 가솔린보다 넓다.
④ 증기비중은 가솔린보다 크다.

해설 디에틸에테르와 가솔린의 성상 비교
• 착화점 : 디에틸에테르 – 180℃, 가솔린 – 약 300℃
• 연소범위 : 디에틸에테르 – 1.9~48%, 가솔린 – 1.4~7.6%
• 증기비중 : 디에틸에테르 – $\frac{74}{29}=2.55$, 가솔린 – 3~4

23 황린과 적린의 공통되는 사항은?

① 동위원소이다. ② 착화온도가 같다.
③ 동소체이다. ④ 맹독성이다.

해설 제3류 위험물인 황린(P_4)과 제2류 위험물인 적린(P)은 동소체이다.

24 다음 중 에틸알코올과 메틸알코올의 공통점이 아닌 것은?

① 독성이 작다.
② 휘발성이 있다.
③ 물에 잘 녹는다.
④ 비중이 물 보다 작다.

해설 에틸알코올(C_2H_5OH)은 독성이 없으며, 메틸알코올(CH_3OH)은 독성이 강하다.

25 벤젠의 저장 및 취급 시 주의사항으로 틀린 것은?

① 피부에 닿지 않도록 주의한다.
② 정전기에 주의한다.
③ 용기에 저장 시 가득 채워 저장한다.
④ 통풍이 잘되는 냉암소에 저장한다.

해설 벤젠(C_6H_6)은 제4류 위험물(인화성 액체)이므로, 저장용기는 수납률을 98% 이하로 한다.

26 이산화탄소(CO_2)의 주된 소화효과는 어느 것인가?

① 산소공급 차단 ② 가연물제거
③ 인화점 인하 ④ 점화원 파괴

해설 이산화탄소(CO_2)는 산소공급원을 차단하는 질식소화효과의 대표적인 소화약제이다.

27 각 물질의 저장 방법 설명 중 잘못된 것은?

① 유황은 정전기 축적이 없도록 저장한다.
② 적린은 산화제로부터 멀리 저장한다.
③ 황린은 물속에 저장한다.
④ 마그네슘은 건조하면 공기 중에 부유하여 분진폭발 하므로, 물속에 저장한다.

해설 마그네슘(Mg)은 물(H_2O)과 반응하여 발열하며, 수소(H_2)를 발생하므로 물과의 접촉을 피하여 저장한다.

28 금속나트륨이 석유 중에 보관 시 화재의 요인이 되는 것은?

① 석유 중 먼지, 실 등 잡물이 혼입되어 있을 때
② 인화점이 낮은 석유를 사용했을 때
③ 석유의 비중이 금속나트륨보다 클 때
④ 석유 중 수분이 혼합되어 있을 때

해설 금속나트륨(Na)은 제3류 위험물 금수성 물질이므로 물과 접촉하면 발열하며, 수소(H_2)를 발생하므로 물과의 접촉을 피하여야 한다.

29 황린을 잘 녹이는 액체는 어느 것인가?

① 물 ② 삼염화린
③ 벤젠 ④ 알코올

해설 황린(P_4)은 이황화탄소(CS_2), 삼염화린(PCl_3)에 잘 녹는다.

| 정답 | 22 ④ 23 ③ 24 ① 25 ③ 26 ① 27 ④ 28 ④ 29 ②

30 다음 중 위험물안전관리법령상 알코올류가 아닌 것은?

① 변성알코올 ② 메틸알코올
③ 에틸알코올 ④ 부틸알코올

해설 부틸알코올(C_4H_9OH)의 탄소(C)는 4개이므로, 알코올류에 포함되지 않는다.

31 위험물제조소등에서 경보설비를 설치하여야 할 대상은 어느 것인가?

① 지정수량 10배 이상
② 지정수량 20배 이상
③ 지정수량 30배 이상
④ 지정수량 40배 이상

해설 위험물제조소등에서 경보설비를 설치대상은 지정수량 10배 이상이다.

32 위험물 옥외탱크저장소의 보유공지는 동일 부지 내에 2개 이상 인접하여 설치할 경우 탱크 상호간의 보유공지의 너비는 최소 얼마인가? (단, 제6류 위험물)

① 1.5m 이상
② 2.5m 이상
③ 3m 이상
④ 4m 이상

해설 제6류 위험물(산화성 액체)을 저장하는 옥외탱크저장소의 보유공지에서 동일 부지 내에 2개 이상 인접할 경우 최소보유공지 : 1.5m 이상

33 다음 물질 중 염소산칼륨은 어느 것인가?

① $KClO$ ② $KClO_2$
③ $KClO_3$ ④ $KClO_4$

해설 제1류 위험물(산화성고체)의 명칭
- $KClO$: 차아염소산칼륨
- $KClO_2$: 아염소산칼륨
- $KClO_3$: 염소산칼륨
- $KClO_4$: 과염소산칼륨

34 다음 중 가연물질이 아닌 것은?

① 이산화질소 ② 이황화탄소
③ 일산화탄소 ④ 아세톤

해설 제6류 위험물(산화성 액체) 질산(HNO_3)이 열분해하여 생성되는 이산화질소(NO_2)는 가연물이 아니다.

35 탄화칼슘 60,000kg의 소화설비 설치 소요단위는 몇 소요단위인가?

① 20단위 ② 30단위
③ 40단위 ④ 50단위

해설
$$소요단위 = \frac{위험물의\ 수량}{위험물의\ 지정수량 \times 10}$$
$$= \frac{60,000kg}{300kg \times 10} = 20소요단위$$

36 분말소화약제중 제1종 분말이란 어느 것인가?

① 탄산수소나트륨을 주성분으로 한 분말
② 탄산수소칼륨을 주성분으로 한 분말
③ 인산염을 주성분으로 한 분말
④ 탄산수소칼륨과 요소가 화합된 분말

해설 분말소화약제의 종류
- 제1종 분말소화기 : 탄산수소나트륨($NaHCO_3$)
- 제2종 분말소화기 : 탄산수소칼륨($KHCO_3$)
- 제3종 분말소화기 : 제1인산암모늄($NH_4H_2PO_4$)
- 제4종 분말소화기 : 탄산수소칼륨($KHCO_3$)과 요소[$(NH_2)_2CO$]

37 피크린산의 위험성과 소화 방법으로 틀린 것은?

① 이산의 금속염은 대단히 위험하다.
② 건조할수록 위험성이 증가한다.
③ 알코올 등과 혼합한 것은 폭발의 위험이 있다.
④ 화재 시에는 질식소화가 효과 있다.

해설 피크린산[$C_6H_2OH(NO_2)_3$]은 제5류 위험물(자기반응성 물질)이므로 다량의 주수에 의한 냉각소화가 적응성이 있다.

| 정답 | 30 ④ 31 ① 32 ① 33 ③ 34 ① 35 ① 36 ① 37 ④

38 할론소화약제의 분자식과 그 약칭이 맞게 짝지어진 것은?

① $C_2F_4Br_2$ – CTC ② CH_2ClBr – FB
③ CF_3Br – MTB ④ CF_2ClBr – BC

해설 할론소화약제의 분자식과 그 약칭
- $C_2F_4Br_2$ – FB
- CH_2ClBr – CB
- CF_3Br – MTB
- CF_2ClBr – BCF

39 할론소화기에서 소화약제의 구비조건으로 틀린 것은?

① 비점이 낮을 것 ② 기화되기 쉬울 것
③ 불연성일 것 ④ 공기보다 가벼울 것

해설 할론소화기에서 소화약제는 약제의 증기는 공기보다 무거워 화재 면을 덮어야 한다.

40 제3류 위험물 중 물과 반응하여 포스핀을 발생하는 것은?

① 인화칼슘 ② 탄화칼슘
③ 금속나트륨 ④ 산화칼슘

해설 제3류 위험물중 물과 반응하여 발생하는 가스
- 인화칼슘(Ca_3P_2)과 물(H_2O)의 반응식
  $Ca_3P_2 + 6H_2O \rightarrow 3Ca(OH)_2 + 2PH_3\uparrow$
  (인화칼슘) (물) (수산화칼슘) (인화수소, 포스핀)
- 탄화칼슘(CaC_2)과 물(H_2O)의 반응식
  $CaC_2 + 2H_2O \rightarrow Ca(OH)_2 + C_2H_2\uparrow$
  (탄화칼슘) (물) (수산화칼슘) (아세틸렌)
- 금속나트륨(Na)과 물(H_2O)의 화학반응식
  $2Na + 2H_2O \rightarrow 2NaOH + H_2\uparrow$
  (나트륨) (물) (수산화나트륨) (수소)
- 산화칼슘(CaO) : 비위험물

41 금속칼륨과 금속나트륨의 공통적인 성질은?

① 은백색의 단단한 금속이다.
② 불연성이다.
③ 물과 반응해서 산소를 발생한다.
④ 물보다 가벼운 금속이다.

해설 금속칼륨(K)과 금속나트륨(Na)의 비중은 0.857, 0.97로 물의 비중 1보다 작은 경금속이다.

42 다음 액체의 비중이 1보다 큰 것은?

① 이황화탄소
② 벤젠
③ 톨루엔
④ 메틸에틸케톤

해설 이황화탄소(CS_2)는 제4류 위험물(인화성 액체) 특수인화물이며, 비중이 1.26으로 물보다 무거운 액체이다.

43 아세트알데히드의 연소범위는 어느 것인가?

① 2.5~38.5% ② 1.4~7.6%
③ 1.9~48% ④ 4.1~57%

해설 아세트알데히드(CH3CHO)의 연소범위
4.1~57%

44 트리니트로톨루엔에 관한 다음 기술 중 틀린 것은?

① 담황갈색의 고체이다.
② 폭약으로 사용된다.
③ 물에 녹기 어렵다.
④ 피크르산이라고도 부른다.

해설 제5류 위험물(자기반응성 물질) 니트로화합물인 트리니트로페놀[$C_6H_2OH(NO_2)_3$]의 별명을 피크르산(피크린산)이라 부른다.

45 니트로글리세린에 관한 설명이다. 다음 중 옳은 것은?

① 액체이므로 개방한 용기에 저장하여도 안전하다.
② 심하게 가열, 마찰 또는 충격을 주면 격렬하게 폭발하는 위험성이 있다.
③ 유기용매에 잘 녹지 않으므로 물로 씻어내면 안전하다.
④ 증기밀도가 적어서 공기 중에 쉽게 확산되어 감지하기 쉽다.

| 정답 | 38 ③ 39 ④ 40 ① 41 ④ 42 ① 43 ④ 44 ④ 45 ②

해설 니트로글리세린[$C_3H_5(ONO_2)_3$]은 제5류 위험물(자기반응성 물질) 질산에스테르류로 다이너마이트의 원료로 사용하는 가열 및 마찰, 충격에 매우 민감한 위험물이다.

46 다음 위험물 중 폭발범위가 1~44%인 것은 어느 것인가?

① 이황화탄소　② 벤젠
③ 톨루엔　④ 가솔린

해설 위험물의 폭발범위(연소범위)
- 이황화탄소(CS_2) : 1~44%
- 벤젠(C_6H_6) : 1.4~7.1%
- 톨루엔($C_6H_5CH_3$) : 1.4~6.7%
- 가솔린 : 1.4~7.6%

47 디에틸에테르의 성질에 있어서 틀린 것은?

① 휘발성이 대단히 크다.
② 증기는 공기보다 무겁다.
③ 증기는 마취성이 있다.
④ 인화점이 −5℃이므로 자연발화하기 쉽다.

해설 디에틸에테르($C_2H_5OC_2H_5$)의 인화점은 −45℃이다.

48 저장 시 섬유류에 스며들어 자연발화의 위험이 있는 물질은?

① 땅콩기름　② 야자유
③ 해바라기유　④ 올리브유

해설 해바라기유는 요오드가가 높인 건성유이므로 자연발화의 위험성이 있다.

49 과산화나트륨의 성상에서 맞지 않는 것은?

① 심한 충격을 주면 폭발한다.
② 순수한 것은 백색이지만, 보통은 황백색의 분말이다.
③ 물에 대하여 안전성이 있으므로 수중에 저장한다.
④ 습한 유기물에 닿으면 연소하고 때에 따라서 폭발한다.

해설 과산화나트륨(Na_2O_2)은 제1류 위험물(산화성 고체) 알칼리금속의 과산화물로 물과 접촉하면 발열하며 산소(O_2)를 발생하므로 물과의 접촉을 피하여 저장하여야 한다.

50 칼륨의 보호액으로 적합한 것은?

① 석유　② 물
③ 이황화탄소　④ 아세톤

해설 칼륨(K)은 제3류 위험물 금수성 물질로 물과의 접촉으로 수소(H_2)를 발생하므로 보호액으로 석유를 사용한다.

51 담황색의 고체로 물속에 보관하여 치사량이 0.02~0.05g이면 사망하는 제3류 위험물은 무엇인가?

① 적린　② 유황
③ 탄화칼슘　④ 황린

해설 황린(P_4)의 치사량은 0.02~0.05g으로, 매우 독성이 강하다.

52 적린의 성상에서 틀린 것은?

① 물, 알코올에 녹지 않는다.
② 어두운 곳에서 인광을 발하지 않는다.
③ 연소할 때 인화수소가 발생한다.
④ 발화온도가 약 260℃이다.

해설 적린(P)은 제2류 위험물(가연성 고체)이며, 연소하면 오산화린(P_2O_5)을 발생한다.

참고 적린(P)의 연소반응

$$4P + 5O_2 \rightarrow 2P_2O_5$$

(적린)　(산소)　(오산화린)

53 금속나트륨 취급을 잘못하여 표면이 회백색으로 변했다. 그물질의 분자식이 맞게 표시된 것은?

① NaOH
② NaCl
③ $NaNO_3$
④ Na_2O

정답 46 ①　47 ④　48 ③　49 ③　50 ①　51 ④　52 ③　53 ④

해설 • 나트륨(Na)이 공기 중에서 산화하면 산화나트륨(Na_2O)이 생성된다.
• 나트륨(Na)이 공기중에서 산화반응식
$4Na + O_2 \rightarrow 2Na_2O$
(나트륨) (산소) (산화나트륨)

54 다음 위험물 중에서 지정수량이 다른 것은?

① KNO_3 ② $KClO_3$
③ $KClO_4$ ④ MgO_2

해설 제1류 위험물(산화성고체)의 지정수량
• KNO_3(질산칼륨) : 300kg
• $KClO_3$(염소산칼륨) : 50kg
• $KClO_4$(과염소산칼륨) : 50kg
• MgO_2(과산화마그네슘) : 50kg

55 메탄올의 성질에 맞지 않는 것은?

① 무색무취의 투명한 액체이다.
② 먹으면 눈이 멀거나 생명을 잃는다.
③ 물에는 무제한 녹는다.
④ 비중이 물보다 작다.

해설 메탄올은 메틸알코올(CH_3OH)을 말하며, 에틸알코올과 비슷한 특유의 냄새를 갖는다.

56 농도가 다른 질산이 있다. 이중 어느 것이 제6류 위험물에 해당하는가?

① 비중 1.1 이상 ② 비중 1.29 이상
③ 비중 1.49 이상 ④ 비중 1.39 이상

해설 질산(HNO_3)이 제6류 위험물(산화성 액체)가 되기 위해서는 비중이 1.49 이상이어야 한다.

57 다음 소화제의 반응을 완결시키려 할 때 옳은 것은?

$$6NaHCO_3 + Al_2(SO_4)_3 + 18H_2O$$
$$\rightarrow 3Na_2SO_4 + 2Al(OH)_3 + (\quad\quad) + 18H_2O$$

① $6CO$ ② $6CO_2$
③ $6CO_3$ ④ $6NaOH$

해설 화학포의 화학반응식
$6NaHCO_3 + Al_2(SO_4)_3 + 18H_2O$
(탄산수소나트륨) (황산알루미늄)
$\rightarrow 3Na_2SO_4 + 2Al(OH)_3 + 6CO_2\uparrow + 18H_2O$
(황산나트륨) (수산화알루미늄)(이산화탄소) (물)

58 다음 중 포소화제의 조건 중에 해당하지 않는 것은?

① 부착성이 좋을 것
② 열에 의해 빨리 증발할 것
③ 유동성이 있을 것
④ 부서지기 어려운 응집성을 가질 것

해설 포소화제는 열에 대한 센 막과 유동성을 가지며, 화재 면과 부착성이 좋아야 하므로 빨리 증발하면 소화효과를 볼 수가 없다.

59 경유의 성질을 잘못 설명한 것은?

① 비중은 1 이하이다.
② 인화점이 등유보다 낮다.
③ 물에 녹기 어렵다.
④ 보통 시판되는 것은 담황색의 액체이다.

해설 등유와 경유의 인화점
등유(40~70℃), 경유(50~70℃)

60 셀룰로이드의 성질이 아닌 것은?

① 착화점이 180℃ 이상이다.
② 비중이 1보다 크다.
③ 자연발화하는 수가 있다.
④ 물에 용해한다.

해설 셀룰로이드는 제5류 위험물(자기반응성 물질) 질산에스테르 중 니트로셀룰로오스$[C_6H_7O_2(ONO_2)_3]_n$를 주성분으로 하며, 물에 녹지 않는다.

정답 54 ① 55 ① 56 ③ 57 ② 58 ② 59 ② 60 ④

위험물기능사 국가기술자격
필기시험(CBT 17회) 출제문제

2020년 10월 11일 시행

(시험시간 1시간)

01 염소산나트륨($NaClO_3$)의 특성을 설명한 것 중 틀린 것은?

① 물, 알코올, 에테르에 잘 녹는다.
② 가열, 충격, 마찰을 피한다.
③ 산과 반응하여 이산화염소(ClO_2)를 발생한다.
④ 섬유, 나뭇조각, 먼지 등에 침투하기 어렵다.

해설 염소산나트륨($NaClO_3$)은 제1류 위험물(산화성고체) 염소산염류로서 조해성이 크므로 섬유, 먼지, 나뭇조각에 침투되기 쉬우므로 취급 시 방습에 주의하여야 한다.

참고 염소산나트륨($NaClO_3$)은 산과반응하면 맹독성의 이산화염소(ClO_2)를 발생한다.

02 질산염류에 속하지 않는 것은?

① 질산에틸 ② 질산암모늄
③ 질산나트륨 ④ 질산칼륨

해설 질산에틸($C_2H_5ONO_2$)은 제5류위험물(자기반응성물질) 질산에스테르류에 속한다.

03 산화프로필렌의 성상 및 위험성에 대하여 틀린 것은?

① 연소범위는 가솔린보다 넓다.
② 물에는 잘 녹지만 알코올, 벤젠 등 유기용제에는 잘 녹지 않는다.
③ 산·알칼리가 존재하면 발열하면서 중합한다.
④ 증기압이 대단히 높으므로 상온에서 위험한 농도에 달하기 쉽다.

해설 산화프로필렌(OCH_2CHCH_3)은 제4류 위험물(인화성액체) 특수인화물이며 물, 알코올, 에테르, 벤젠 등 유기용제에 잘 녹는다.

참고 • 연소범위 비교 : 산화프로필렌(2.5~38.5%), 가솔린(1.4~7.6%)
• 산화프로필렌의 상온에서 증기압 : 445mmHg

04 황린의 취급 시 주의사항으로 틀린 것은?

① 피부에 닿지 않도록 주의할 것
② 산화제와의 접촉을 피할 것
③ 물의 접촉을 피할 것
④ 화기의 접근을 피할 것

해설 황린(P_4)은 제3류 위험물 자연발화성물질이며 물과의 접촉은 안전하다. pH9(약알칼리)의 물속에 저장한다.

05 CaC_2는 어디에 보관하는 것이 가장 좋은가?

① 물 ② 알코올
③ 밀폐용기 ④ 석유

해설 CaC_2(탄화칼슘)은 제3류 위험물 금수성물질이며, 풍해성이 있으므로 밀폐된 용기에 보관한다.

06 마그네슘분에 대한 설명 중 옳은 것은?

① 물보다 가벼운 금속이다.
② 분진폭발이 없는 물질이다.
③ 산과 반응하면 수소가스를 발생한다.
④ 소화방법으로 직접적인 주수소화가 가장 좋다.

해설 마그네슘(Mg)분은 제2류 위험물(가연성고체)이며, 산과 반응하여 수소(H_2)를 발생한다.

정답 01 ④ 02 ① 03 ② 04 ③ 05 ③ 06 ③

참고 • 마그네슘(Mg)분과 염산(HCl)의 반응식

$Mg + 2HCl \rightarrow MgCl_2 + H_2\uparrow$

(마그네슘) (염산) (염화마그네슘) (수소)

07 제1류 위험물 무기과산화물 중 알칼리금속의 과산화물에 대한 설명으로 틀린 것은?

① 피부와 접촉하여 피부를 부식시킨다.
② 양이 많을 경우 주수에 의하여 폭발위험이 있다.
③ 물과 발열반응하며, 수소를 방출한다.
④ 가연물과 혼합되어 있을 경우 마찰에 의해 발화한다.

해설 알칼리금속의 과산화물은 제1류 위험물(산화성고체) 무기과산화물이며, 물(H_2O)과 접촉하면 발열하며 산소(O_2)가스를 발생한다.

08 다음 제4류 위험물 중 알코올류에 속하는 것은?

① 메틸알코올 ② 부틸알코올
③ 아밀알코올 ④ 알릴알코올

해설 위험물안전관리법령에서 정하는 알코올류
1분자를 구성하는 탄소원자수가 1개부터 3개까지인 포화1가 알코올(변성알코올을 포함한다)을 말한다.
- 메틸알코올(CH_3OH) : 탄소원자 1개(알코올류)
- 부틸알코올(C_4H_9OH) : 탄소원자 4개(인화점 2.8℃, 제2석유류)
- 아밀알코올($C_5H_{11}OH$) : 탄소원자 5개(인화점 32.7℃, 제2석유류)
- 알릴알코올($CH_2=CHCH_2OH$) : 탄소원자 3개이나 불포화알코올이다(인화점 22℃, 제2석유류).

09 다음 설명 중 틀린 것은?

① 황린은 공기 중 방치하는 경우 자연발화한다.
② 미분상의 유황은 물과 작용해서 자연발화할 때가 있다.
③ 적린은 염소산칼륨 등의 산화제와 혼합하면 발화 또는 폭발할 수 있다.
④ 마그네슘은 알칼리토금속으로 할로겐 원소와 접촉하여 자연발화의 위험이 있다.

해설 유황(S)은 제2류 위험물(가연성고체)이며, 물에 녹지 않고 물과 반응성이 없다.

10 다음 중 인화점이 가장 높은 것은?

① 디에틸에테르 ② 가솔린
③ 아세톤 ④ 톨루엔

해설 제4류 위험물의 인화점
- 디에틸에테르($C_2H_5OC_2H_5$) : −45℃
- 가솔린 : −43℃~−20℃
- 아세톤(CH_3COCH_3) : −18℃
- 톨루엔($C_6H_5CH_3$) : 4℃

11 제조소등의 소요단위 산정 시 위험물은 지정수량의 몇 배를 소요단위로 하는가?

① 5배 ② 10배
③ 20배 ④ 50배

해설 위험물에 대한 소요단위 1단위 : 지정수량의 10배

12 강화액 소화기에 관한 설명 중 바르지 못한 것은?

① 제5류 위험물 화재에 적응성이 있다.
② 제6류 위험물 화재에 적응성이 있다.
③ 봉상강화액소화기는 제4류 위험물에 적응성이 있다.
④ 무상(霧狀)과 봉상(棒狀)강화액 소화기로 대별된다.

해설 강화액소화기는 냉각효과의 소화기이지만 무상으로 방사할 경우에 제4류 위험물(인화성액체)에 소화적응성을 갖으며, 봉상주수 할 경우 화재확대 위험성을 가지므로 적응성이 없다.

13 다음 중 할론 소화약제인 Halon 1301의 분자식은?

① CH_3Br ② CH_3I
③ CF_2Br_2 ④ CF_3Br

해설 할론 소화약제인 Halon의 할론 넘버
- CH_3Br : 할론 1001
- CH_3I : 할론 10001
- CF_2Br_2 : 할론 1202
- CF_3Br : 할론 1301

| 정답 | 07 ③ 08 ① 09 ② 10 ④ 11 ② 12 ③ 13 ④

참고 할론 넘버는 C, F, Cl, Br, I의 개수를 순서대로 표시한 수이다(없는 원소는 0으로 표시한다).

14 위험물제조소등의 전기설비가 있는 곳에 적응하는 소화설비는?

① 옥내소화전설비
② 스프링클러설비
③ 포소화설비
④ 할로겐화합물소화설비

해설 전기설비의 적응 소화설비
물분무소화설비, 분말소화설비, 불활성가스소화설비(이산화탄소소화설비 포함), 할로겐화합물소화설비

15 다음 중 소화약제로 사용하지 않는 것은?

① CH_3Br
② $NaHCO_3$
③ $Al_2(SO_4)_3$
④ $CaSO_4$

해설 $CaSO_4$(황산칼슘)은 소화약제로 사용하지 않는다.

참고
- CH_3Br(브롬화메틸) : 할론소화약제
- $NaHCO_3$(탄산수소나트륨) : 분말소화약제 및 화학포소화약제(외약제)
- $Al_2(SO_4)_3$(황산알루미늄) : 화학포소화약제(내약제)

16 제조소 또는 취급소용 건축물로서 외벽이 내화구조로 된 것은 연면적 몇 m^3를 소요단위 1단위로 하는가?

① $50m^3$　② $100m^3$
③ $150m^3$　④ $200m^3$

해설 제조소 또는 취급소용 건축물의 소요단위 1단위
- 외벽이 내화구조일 경우 연면적 : $100m^2$
- 외벽이 내화구조가 아닐 경우 : $50m^2$

참고 저장소일 경우
- 외벽이 내화구조일 경우 연면적 : $150m^2$
- 외벽이 내화구조가 아닐 경우 : $75m^2$
- 위험물의 경우 : 지정수량 10배

17 위험물의 제조소에는 주의사항을 표시한 게시판을 따로 설치해야 한다. 제4류 위험물에 표시해야 하는 내용은?

① 화기주의
② 물기엄금
③ 화기엄금
④ 충격주의

해설 제4류 위험물 주의사항 게시판 표시사항 : 화기엄금

참고
- 제1류 위험물 중 무기과산화물 : 물기엄금
- 제2류 위험물 : 화기주의(인화성고체 제외)
- 제2류 위험물 중 인화성고체 : 화기엄금
- 제3류 위험물 중 금수성물질 : 물기엄금
- 제3류 위험물 중 자연발화성물질 : 화기엄금
- 제4류 위험물 : 화기엄금
- 제5류 위험물 : 화기엄금
- 제6류 위험물 : 주의사항 표시 없음

18 다음 중 연소가 일어나기 위한 조건에 해당되지 않는 것은?

① 성냥불　② 헬륨
③ 산소　④ 황

해설
- 성냥불 : 점화원
- 헬륨(He) : 비활성기체로서 가연물이 되지 못한다.
- 산소(O_2) : 산소공급원
- 황(S) : 가연물

참고 연소의 3연소 : 가연물, 산소공급원, 점화원

19 다음 위험물 중 옥외탱크저장소에 저장하는 경우에 있어서 수조에 넣어 보관해야 하는 물질은?

① 이황화탄소
② 휘발유
③ 경유
④ 디에틸에테르

해설 이황화탄소(CS_2)는 제4류 위험물(인화성액체) 특수인화물로 물보다 1.26배 무겁고 물에 녹지 않는 액체로, 휘발성이 강하며 독성이 강하므로 가연성 증기 발생을 억제하기 위하여 수조(물탱크)에 넣어 저장한다.

정답 14 ④　15 ④　16 ②　17 ③　18 ②　19 ①

20 다음 중 제4류 위험물 화재에 적용할 수 없는 소화기는?

① 포소화기
② 물소화기
③ 인산염류소화기
④ 이산화탄소소화기

해설 제4류 위험물(인화성액체)에 대한 소화방법은 공기차단에 의한 질식소화 방법을 사용하며, 냉각소화 방법인 물소화기를 사용하면 화재면을 확대할 위험이 있으므로 사용하지 않는다.

21 다음 물질 중에서 제3석유류에 속하지 않는 것은?

① 크레소오트유
② 산화프로필렌
③ 니트로벤젠
④ 에틸렌글리콜

해설 산화프로필렌(OCH_2CHCH_3) : 제4류 위험물(인화성액체) 특수인화물

22 화재 시 알코올형포를 사용하여 진화하는 것이 가장 적합한 위험물은?

① 아세톤 ② 휘발유
③ 경유 ④ 등유

해설 제4류 위험물(인화성액체) 중 수용성인 아세톤(CH_3COCH_3)의 화재에는 화학포를 사용하면 거품이 소포되므로 거품이 터지지 않는 특수포인 알코올포소화기를 사용한다.

23 주유소에서 기름을 넣을 때 자동차의 엔진을 끄는 것이 안전하다. 다음 중 주유소에서 게시하는 "주유중 엔진정지"라는 게시판의 색깔로 알맞은 것은?

① 황색바탕에 흑색문자
② 황색바탕에 적색문자
③ 백색바탕에 흑색문자
④ 백색바탕에 적색문자

해설 게시판의 색깔 : 황색바탕, 흑색문자

24 제4류 위험물 중 제2석유류에 속하는 것은?

① 아세톤 ② 중유
③ 등유 ④ 기계유

해설 제4류 위험물(인화성액체)의 품명
- 아세톤(CH_3COCH_3) : 제1석유류
- 중유 : 제3석유류
- 등유 : 제2석유류
- 기계유 : 제4석유류

25 알칼알루미늄 화재 시 가장 효과적인 소화제는?

① 물 ② CO_2
③ 할로겐화합물 ④ 팽창질석

해설 알칼알루미늄의 소화약제 : 팽창질석, 팽창진주암

26 공기 속에서 노란색 불꽃을 내면서 연소하는 것은?

① Li ② Na
③ K ④ Cu

해설 금속의 불꽃색깔
- Li(리튬) : 진한빨강
- Na(나트륨) : 노랑
- K(칼륨) : 보라
- Cu(구리) : 청록

27 피크린산(Picric acid)의 성상 및 위험성에 관한 설명 중 옳은 것은?

① 운반 시 에탄올을 첨가하면 안전하다.
② 공업용은 강한 쓴맛이 있고, 황색의 침상 결정이다.
③ 저장용기는 폭발성 물질이므로 철로 만든 용기에 저장한다.
④ 물, 알코올, 벤젠 등에는 녹지 않고 금속과 반응하여 조연성가스를 발생시킨다.

해설 피크린산(TNP)은 제5류 위험물(자기반응성물질) 니트로화합물에 속한다. 쓴맛을 갖고, 휘황색의 침상결정이며 알루미늄, 주석 외의 금속과는 반응하므로 용기 선택에 주의할 것

참고 피크린산(TNP) : 트리니트로페놀의 관용명 및 약칭
- 화학식 : [$C_6H_2OH(NO_2)_3$]

| 정답 | 20 ② 21 ② 22 ① 23 ① 24 ③ 25 ④ 26 ② 27 ②

28 **다음 중 함수 알코올로 습면하여 저장 및 취급하는 것은?**

① 니트로글리세린
② 니트로셀룰로오스
③ 트리니트로톨루엔
④ 질산에틸

해설 니트로셀룰로오스$[C_6H_7O_2(ONO_2)_3]_n$는 제5류 위험물(자기반응성물질) 질산에스테르류에 속하며 저장, 운송 중에는 자연발화의 방지를 위하여 물이나 알코올로 습면할 필요가 있다.

29 **염소산칼륨의 화학적, 물리적 위험성에 관한 설명 중 옳은 것은?**

① 단독으로 연소한다.
② 자신은 강력한 환원제이다.
③ 열에 의해 분해되어 수소를 발생한다.
④ 유기물 등과 접촉시 충격을 가하면 폭발하는 수가 있다.

해설 염소산칼륨($KClO_3$)은 제1류 위험물(산화성고체) 염소산염류 속하며, 불연성이고 강산화제로서 가열하면 분해하여 산소(O_2)를 발생한다. 또한 유기물 등과 접촉하면 충격에 의하여 폭발한다.

30 **질산에틸($C_2H_5ONO_2$)의 성질에 관한 설명 중 옳은 것은?**

① 물에 잘 용해된다.
② 인화점은 경유와 같다.
③ 지정수량은 10kg이다.
④ 방향성을 갖고 있는 고체이다.

해설 질산에틸($C_2H_5ONO_2$)은 제5류위험물(자기반응성물질) 질산에스테르류에 속하고, 물에 녹지 않는 액체로서 인화점은 10℃며 지정수량은 10kg이다.

참고 경유의 인화점 : 50℃~70℃

31 **제4류 위험물 중에서 비중이 0.82~0.85 정도이며, 원유의 증류에서 나오는 혼합탄화수소로 끓는점이 200~350℃ 정도의 유분으로 탄소수가 11~19를 가지고 있는 물질은 어느 것인가?**

① 휘발유　　② 경유
③ 납사　　④ 초산

해설 제2석유류 경유에 대한 설명이다.

32 **인화석회(Ca_3P_2) 성질을 기초로 할 때 취급 시 가장 주의해야 할 사항은?**

① 환원제 혼합
② 수분의 접촉
③ 햇빛에 노출
④ 충격 및 마찰

해설 인화석회(Ca_3P_2)는 제3류 위험물 중 금수성물질이므로 수분과 접촉을 하면 반응하여 발열하며, 가연성이며 유독성인 포스핀(PH_3)가스를 발생한다.

참고 • 인화칼슘(Ca_3P_2)과 물(H_2O)의 반응식
$Ca_3P_2 + 6H_2O \rightarrow 3Ca(OH)_2 + 2PH_3\uparrow$
(인화칼슘)　(물)　(수산화칼슘)(인화수소, 포스핀)

33 **다음 중 금속칼륨(K)을 석유에 넣어 보관하는 이유로 가장 타당한 것은?**

① 산화력이 크기 때문
② 취급이 대단히 위험함을 표시
③ 수분과 접촉을 차단하고 산화를 방지
④ 마찰, 충격에 의한 분진발생 방지

해설 금속칼륨(K)은 제3류 위험물 중 금수성물질로, 석유 속에 넣어 보관하므로 수분과의 접촉을 차단하고 산화를 방지한다.

34 **과염소산의 저장 및 취급으로 옳지 않은 것은?**

① 반드시 습기 많은 곳에서 취급한다.
② 피부 접촉 시 물로 충분히 씻는다.
③ 통풍을 좋게 하고 찬 곳에 저장한다.
④ 가연성 유기물과 떨어진 곳에서 취급한다.

해설 과염소산($HClO_4$)은 제6류 위험물(산화성액체)로서 습기와 접촉하여 발열하며, 고체의 수화물을 만들므로 습기와 접촉시키지 말 것

| 정답 | 28 ② 29 ④ 30 ③ 31 ② 32 ② 33 ③ 34 ①

35 위험물 안전관리법령상 동식물유류의 경우 1기압에서 인화점은 섭씨 몇도 미만으로 규정하고 있는가?

① 150℃
② 250℃
③ 450℃
④ 600℃

해설 동식물유류
동물의 지육 등 또는 식물의 종자나 과육으로부터 추출한 것으로, 섭씨 250℃ 미만의 것을 말한다.

36 유기과산화물의 저장 시 주의사항으로서 옳은 것은?

① 일광이 드는 건조한 곳에 저장한다.
② 자신은 불연성이지만 다른 가연물이 있으면 폭발의 위험이 있다.
③ 알코올류, 아민류, 금속분류, 기타 가연성 물질과 혼합하지 않는다.
④ 산화제이므로 다른 산화제와 같이 저장해도 좋다.

해설 유기과산화물은 제5류 위험물(자기반응성물질)에 해당하며, 가연물이며 산소공급원에 해당되는 위험물로 냉암소에 저장하며 가연성물질과의 혼합은 더욱 위험성을 증가시킬 수 있다.

37 황린의 취급 및 주의사항으로 잘못된 것은?

① 독성이 강하고 피부에 묻으면 화상을 입는다.
② 공기와 접촉을 피하기 위하여 석유 속에 보관한다.
③ 온도가 높아지면 용해도는 증가한다.
④ 물속에 저장하여 보관한다.

해설 황린(P_4)은 제3류 위험물 중 자연발화성물질로 공기 중에서 연소하므로 pH9 정도의 약알칼리 물속에 넣어 저장한다.

참고 석유 속에 저장하는 위험물은 칼륨(K), 나트륨(Na)이다.

38 화재발생 시 소화 조치방법으로 부적당한 것은?

① 가연물의 제거
② 산소공급원 차단
③ 불연물의 제거
④ 인화점 이하로 냉각

해설 화재발생 시 소화조치 방법으로 연소되지 않는 불연물의 제거는 의미가 없다.

39 마른모래 0.5단위란?

① 삽을 상비한 10ℓ 이상의 것 1포
② 삽을 상비한 25ℓ 이상의 것 1포
③ 삽을 상비한 50ℓ 이상의 것 1포
④ 삽을 상비한 100ℓ 이상의 것 1포

해설 간이소화약제의 능력단위
마른모래 : 삽을 상비한 50ℓ 이상 1포(0.5단위)

참고 팽창질석, 팽창진주암 : 삽을 상비한 160ℓ 이상 1포(1단위)

40 다음 중 니트로글리세린의 성상 및 용도에 관한 설명으로 맞지 않는 것은?

① 시판공업용 제품은 담황색이다.
② 물에는 녹지만, 유기용매에는 녹지 않는다.
③ 연소가 폭발적이므로 소화하기 힘들다.
④ 다이너마이트의 원료로 쓰인다.

해설 니트로글리세린(NG)은 제5류 위험물(자기반응성물질) 중 질산에스테르류에 속하는 액체위험물로 다이너마이트의 원료로서 물에는 녹지 않으나 유기용매(알코올, 벤젠, 아세톤 등)에 녹는다.

41 분진폭발의 위험이 없는 것은?

① 마그네슘가루
② 아연가루
③ 밀가루
④ 시멘트가루

해설 시멘트가루($CaO+SiO_2+CaSO_4$)는 불연성이므로 분진폭발의 위험이 없다.

| 정답 | 35 ② 36 ③ 37 ② 38 ③ 39 ③ 40 ② 41 ④

42 할로겐화합물 소화약제가 가져야 할 성질로 옳지 않은 것은?

① 끓는점이 낮을 것
② 증기(기화)가 되기 쉬울 것
③ 전기화재에 적응성이 있을 것
④ 공기보다 가볍고 가연성일 것

해설 할로겐화합물 소화약제를 증발성액체 소화약제라고도 하며, 증발했을 경우 증기는 공기보다 무거워 화재면을 덮는 불연성물질이다.

43 폭광유도거리(DID)가 짧아지는 경우는?

① 정상 연소속도가 작은 혼합가스일수록 짧아진다.
② 압력이 높을수록 짧아진다.
③ 관속에 방해물이 있거나 관지름이 넓을수록 짧아진다.
④ 점화원 에너지가 약할수록 짧아진다.

해설 폭광유도거리가 짧아지는 경우
- 정상 연소속도가 큰 혼합물일 경우
- 고압일 경우
- 관속에 방해물이 있을 경우
- 관경이 작을 경우
- 점화원의 에너지가 클 경우

44 연소가 잘 이루어지는 조건 중 옳지 않은 것은?

① 가연물의 발열량이 클 것
② 가연물의 열전도율이 클 것
③ 산소와의 접촉표면적이 클 것
④ 가연성가스가 많이 발생할 것

해설 열전도가 잘 안 되는(열전도율이 작은) 물질일수록 가연물이 될 수 있다.

45 폐쇄형 스프링클러헤드를 사용하는 스프링클러 설비의 제어밸브 설치기준은?

① 바닥면으로부터 0.5m 이상 0.8m 이하
② 바닥면으로부터 0.8m 이상 1.5m 이하
③ 바닥면으로부터 1.5m 이상 1.8m 이하
④ 바닥면으로부터 1.8m 이상 2.2m 이하

해설 밸브 설치 위치 : 바닥면으로부터 0.8m 이상 1.5m 이하

46 옥내소화전설비의 수원은 그 저수량이 옥내소화전의 설치개수가 가장 많은 층의 설치 개수의 몇 m^3를 곱한 양 이상이 되도록 하여야 하는가?

① $2.6m^3$ ② $4.2m^3$
③ $5.4m^3$ ④ $7.8m^3$

해설 위험물관련시설에 설치하는 옥내소화전설비의 수원의 양은 소화전 설치개수(5개 이상일 경우 5개)에 $7.8m^3$를 곱한 양 이상으로 한다.

47 소화약제 방사 시 열량을 흡수하므로 질식 및 냉각작용이 있는 것은?

① 탄산가스
② 탄산수소알루미늄
③ 황산알루미늄
④ 탄화칼슘

해설 불연성가스인 탄산가스(CO_2) 소화약제를 방출시키면 줄·톰슨효과에 의하여 −80℃~−78℃ 이하로 온도가 낮아지며, 드라이아이스(Dry ice)가 되어 화재면을 냉각 및 질식소화 한다.

48 제3석유류의 공통성 화재에 대한 내용 중 틀린 것은?

① 상온에서 가열하지 않는 한 인화 위험이 없다.
② 분무상태에서는 인화 위험성이 크다.
③ 섬유에 흡수 시에는 인화 위험성이 작다.
④ 연소 시는 화염이 강하므로 소화가 어렵다.

해설 제3석유류는 인화점이 70℃ 이상 200℃ 미만으로 높지만, 헝겊 등에 스며 배어 있으면 표면적이 넓어지므로 인화점 이하의 온도에서도 점화원에 의하여 연소한다.

정답 42 ④ 43 ② 44 ② 45 ② 46 ④ 47 ① 48 ③

49 다음 소화제의 반응을 완결시키려 할 때 (　　) 안에 옳은 것은?

$$6NaHCO_3 + Al_2(SO_4)_3 \cdot 18H_2O$$
$$\rightarrow 3Na_2SO_4 + 2Al(OH)_3 + (\quad) + 18H_2O$$

① 6CO　② 2NaOH
③ $6CO_3$　④ $6CO_2$

해설 화학포소화약제의 반응식
$6NaHCO_3$ + $Al_2(SO_4)_3 \cdot 18H_2O$
(탄산수소나트륨) (황산알루미늄)
→ $3Na_2SO_4$ + $2Al(OH)_3$ + $6CO_2\uparrow$ + $18H_2O$
(황산나트륨)(수산화알루미늄)(이산화탄소) (물)

50 옥외소화전이 6개 있을 경우 수원의 수량으로 올바른 것은?

① $48m^3$ 이상　② $54m^3$ 이상
③ $60m^3$ 이상　④ $81m^3$ 이상

해설 옥외소화전의 수원의 양은 설치개수(4개 이상인 경우에는 4개)에 $13.5m^3$를 곱한 양 이상으로 한다.
∴ 4개×$13.5m^3$/개=$54m^3$

51 금속칼륨의 지정수량은 몇 kg인가?

① 10　② 50
③ 500　④ 5,000

해설 금속칼륨(K)의 지정수량 : 10kg

52 액체위험물은 운반용기 내용적의 몇 % 이하로 수납해야 하는가? (단, 알킬알루미늄은 제외한다.)

① 100% 이하　② 98% 이하
③ 95% 이하　④ 85% 이하

해설 액체위험물 운반용기의 수납률 : 98% 이하

참고 고체위험물의 수납률 : 95% 이하

53 다음 물질 중에서 제5류 위험물에 해당하는 것은?

① 아세트산에스테르
② 질산에스테르
③ 포름산에스테르
④ 프로피온산에스테르

해설 위험물의 구분
- 아세트산에스테르(제4류 위험물)
- 질산에스테르(제5류 위험물)
- 포름산에스테르(제4류 위험물)
- 프로피온산에스테르(제4류 위험물)

54 옥외탱크저장소에서 제4류 위험물의 탱크에 설치하는 통기장치 중 밸브 없는 통기관은 지름이 얼마 이상인 것으로 설치해야 되는가? (단, 압력탱크 제외)

① 10mm　② 20mm
③ 30mm　④ 40mm

해설 옥내 및 옥외탱크저장소의 밸브 없는 통기관의 지름은 30mm 이상이다.

참고 간이탱크저장소의 밸브 없는 통기관의 지름은 25mm 이상이다.

55 법령상 제4류 위험물 중에서 제1석유류, 제2석유류로 분류하는 기준은 무엇인가?

① 비중으로 분류한다.
② 공기밀도로 구분한다.
③ 인화점으로 구분한다.
④ 연소범위로 구분한다.

해설 제4류 위험물(인화성액체)의 석유류 분류기준은 인화점이다.

56 다음 중 비중이 물보다 무거운 것은?

① 아세톤
② 이황화탄소
③ 벤젠
④ 경유

해설 제4류 위험물(인화성액체)의 비중
- 아세톤(CH_3COCH_3) : 0.79
- 이황화탄소(CS_2) : 1.26
- 벤젠(C_6H_6)의 비중 : 0.88
- 경유의 비중 : 0.83~0.88

| 정답 | 49 ④　50 ②　51 ①　52 ②　53 ②　54 ③　55 ③　56 ②

57 산화성액체 위험물의 공통성질이 아닌 것은?

① 자신들은 모두 불연성 물질이다.
② 물보다 무겁고 물에 녹기 쉽다.
③ 과산화수소를 제외하고 강산성 물질이다.
④ 제1류 위험물과 혼합시 환원성이 증가한다.

해설 산화성액체(제6류 위험물)은 강산화제로, 제1류 위험물(산화성고체)과 혼합하면 산화성이 증가한다.

58 다음 제3류 위험물의 지정수량이 잘못된 것은?

① $(C_2H_5)_3Al$ – 10kg
② Na – 10kg
③ LiH – 300kg
④ CaC_2 – 500kg

해설 CaC_2(탄화칼슘)의 지정수량 : 300kg

참고 제3류 위험물의 지정수량
- $(C_2H_5)_3Al$(트리에틸알루미늄) : 10kg
- Na(나트륨) : 10kg
- LiH(수소화리튬) : 300kg

59 질산암모늄의 일반적인 성질에 관한 설명으로 올바른 것은?

① 조해성이 없다.
② 무색무취의 액체이다.
③ 물에 녹을 때에는 발열반응을 나타낸다.
④ 급격한 가열충격에 따라 폭발의 위험이 있다.

해설 질산암모늄(NH_4NO_3)은 제1류 위험물(산화성고체) 질산염류에 속하며, 무색 · 무취의 결정으로 조해성이 있으며 물, 알코올에 잘 녹고 물에 녹을 때에는 흡열반응을 하며 단독으로도 급격한 가열 · 충격으로 분해 · 폭발한다.

60 질산을 오산화인과 작용시키면 어떤 물질이 생성되는가?

① P_2O_5　　② NO
③ N_2O　　④ N_2O_5

해설 질산(HNO_3)은 제6류 위험물(산화성액체)이며 오산화인(P_2O_5)과 함께 증류시켜 탈수하여 사산화이질소(N_2O_4)를 만든 후 오존(O_3)을 작용시켜 오산화이질소(N_2O_5)를 만든다. 오산화이질소(N_2O_5)는 무색의 결정으로 물에 녹으면 질산(HNO_3)이 된다.

| 정답 | 57 ④　58 ④　59 ④　60 ④

위험물기능사 국가기술자격 필기시험(CBT 18회) 출제문제

2021년 1월 31일 시행

(시험시간 1시간)

01 위험물안전관리법상 위험물을 운반 및 수납할 때 운반용기의 재질에 포함되지 않는 것은?

① 금속판 ② 유리
③ 도자기 ④ 플라스틱

해설 운반용기의 재질
금속판, 강판, 삼, 합성섬유, 고무류, 양철판, 짚, 알루미늄판, 종이, 유리, 나무, 플라스틱, 섬유판

02 다음 중 축축한 상태로 안정제를 가하여 찬 곳에 저장하는 것은?

① 질산에틸 ② 니트로셀룰오스
③ 니트로글리세린 ④ 피크르산

해설 니트로셀룰로오스는 제5류 위험물(자기반응성물질) 질산에스테르류이며, 분해열에 의한 자연발화의 위험이 있으므로 함수알코올로 습면시켜 저장시킨다.

03 제3류 위험물 취급시 주의해야 할 사항으로 알맞은 것은?

① 산화물의 혼합을 피할 것
② 물의 접촉을 피할 것
③ 마찰 충격을 피할 것
④ 화기의 접근을 피할 것

해설 제3류위험물은 금수성 또는 자연발화성 물질로 물 또는 공기와의 접촉을 피하여야 한다.

04 다음 위험물 중 연소할 때 아황산가스를 발생시키는 것은?

① 황 ② 황린
③ 적린 ④ 마그네슘분

해설 황(S)은 제2류 위험물(가연성고체)이며, 연소하면 아황산가스(이산화황)을 발생한다.

참고 $S + O_2 \rightarrow SO_2 \uparrow$
(황) (산소) (아황산가스, 이산화황)

05 물과 탄화칼슘이 반응해서 생성되는 것은?

① 소석회+수소
② 생석회+일산화탄소
③ 생석회+인화수소
④ 소석회+아세틸렌

해설 탄화칼슘(CaC_2)은 제3류 위험물(금수성물질)이며, 물(H_2O)과 반응하면 수산화칼슘(소석회)과 가연성의 아세틸렌(C_2H_2)을 생성한다.

참고 $CaC_2 + 2H_2O \rightarrow Ca(OH)_2 + C_2H_2 \uparrow$
(탄화칼슘) (물) (소석회) (아세틸렌)

06 질산의 성질에 대한 설명 중 틀린 것은?

① 진한 질산을 가열하면 분해하여 수소를 발생한다.
② 햇빛에 의해 일부 분해하여 자극성의 이산화질소를 만든다.
③ 부식성이 강한 강산이지만 금, 백금, 이리듐, 로듐만은 부식시키지 못한다.
④ 물과 반응하여 발열한다.

해설 질산(HNO_3)은 제6류 위험물(산화성액체)이며, 가열하면 이산화질소(NO_2)와 물(H_2O), 산소(O_2)를 발생한다.

참고 $4HNO_3 \rightarrow 4NO_2 + 2H_2O + O_2$
(질산) (이산화질소) (물) (산소)

| 정답 | 01 ③ 02 ② 03 ② 04 ① 05 ④ 06 ①

07 과산화벤조일의 지정수량은 얼마인가?

① 10kg ② 50 ℓ
③ 100kg ④ 1,000 ℓ

해설 과산화벤조일은 제5류 위험물 유기과산화물로 지정수량은 10kg이다.

08 과산화나트륨은 CO_2 가스를 흡수하여 무엇으로 변화하는가?

① 산화나트륨 ② 수산화나트륨
③ 나트륨과 탄산 ④ 탄산나트륨

해설 과산화나트륨(Na_2O_2)은 제1류 위험물(산화성고체)이며, 알칼리금속의 과산화물로서 이산화탄소(CO_2)와 반응하여 탄산나트륨(Na_2CO_3)과 산소(O_2)를 생성한다.

참고 $2Na_2O_2 + 2CO_2 \rightarrow 2Na_2CO_3 + O_2 \uparrow$
(과산화나트륨)(이산화탄소) (탄산나트륨) (산소)

09 다음 중 적린의 위험성에 대한 설명이 올바른 것은?

① 착화온도가 낮고 공기 중에서 자연발화하기 쉽다.
② 산화할 때 인광을 발하며 연소한다.
③ 물과 반응하면 가연성의 가스를 발생한다.
④ 산화제와 혼합하면 착화한다.

해설 제2류 위험물(가연성고체)인 적린(P)은 환원성이 큰 가연성고체로서 산화제와 혼합하면 낮은 온도에서도 착화한다.

10 다음은 위험물안전관리법상 제3류 위험물들이다. 다음 중 지정수량이 다른 것은?

① 칼륨
② 리튬
③ 나트륨
④ 알킬알루미늄

해설 지정수량 : 칼륨(10kg), 리튬(50kg), 나트륨(10kg), 알킬알루미늄(10kg)

11 다음 소화제를 사용할 때 적당하지 않는 것은?

① 마른모래는 모든 위험물류의 화재에 적응된다.
② 분말소화제는 셀룰로이드의 화재에 가장 적당하다.
③ 물은 탄화칼슘의 화재에 사용하여서는 안 된다.
④ 자기반응성물질의 화재에는 일반적으로 다량의 주수가 유효하다.

해설 셀룰로이드는 제5류 위험물(자기반응성물질) 질산에스테르류에 속하며, 화재에는 냉각소화 방법인 다량의 주수소화 방법이 효과적이다.

12 자연발화의 형태 중 산화열에 의하여 발화될 가능성이 가장 큰 것은?

① 건성유, 석탄
② 퇴비, 먼지
③ 목탄, 활성탄
④ 코크스, 셀룰로이드

해설 자연발화의 형태
- 산화열에 의한 발열 : 건성유, 석탄
- 분해열에 의한 발열 : 코크스, 셀룰로이드
- 흡착열에 의한 발열 : 목탄, 활성탄
- 미생물에 의한 발열 : 퇴비, 먼지

13 주수소화에 의하여 위험이 따르는 물질은?

① 초산
② 니트로셀룰로오스
③ 금속나트륨
④ 유황

해설 금속나트륨(Na)은 제3류 위험물 중 금수성 물질로 주수소화하면 격렬히 반응하며, 이때 발생된 수소(H_2) 가스는 폭발적으로 연소하므로 주수소화하면 안 된다.

| 정답 | 07 ① 08 ④ 09 ④ 10 ② 11 ② 12 ① 13 ③

14 제2류 위험물인 마그네슘 분말의 성질 및 화재 예방법과 소화방법에 대한 설명으로 옳지 않는 것은?

① 2mm 체를 통과한 것만 위험물에 해당된다.
② 이산화탄소 소화약제를 방사하면 소화가 가능하다.
③ 가연성고체로 산소와 반응하여 산화반응을 하면서 몰당 143.7kcal의 열을 발생한다.
④ 주수소화를 하면 가연성의 수소가스가 발생한다.

해설 제2류 위험물인 마그네슘(Mg) 분말의 소화방법은 금속화재용 분말소화약제(탄산수소염류)가 적당하며, 이산화탄소 및 할로겐화합물 소화약제와는 접촉으로 폭발하므로, 소화방법으로 적당하지 않다.

15 위험물안전관리법상의 소화설비 중 "기타 소화설비"가 아닌 것은?

① 팽창질석
② 마른모래
③ 물통, 수조
④ 소화약제에 의한 간이소화용구

해설 기타 소화설비
위험물안전관리법 시행규칙 별표 17 제4호 소화설비의 적응성에 의하여 물통 또는 수조, 건조사, 팽창질석 또는 팽창진주암을 말한다.

16 다음 화학물질 중 저장 시 물을 이용하여 저장하는 것은?

① 황린 ② 탄화칼슘
③ 나트륨 ④ 생석회

해설 제3류 위험물의 저장방법
- 황린(P_4) : pH9 정도의 약알칼리 물속에 넣어 저장
- 탄화칼슘(CaC_2) : 밀폐용기에 질소가스 봉입
- 나트륨(Na) : 공기 및 습기와 접촉을 피하기 위하여 석유 속에 보관
- 생석회(CaO) : 비위험물

17 위험물안전관리법상 대형소화기의 방호대상물이 각 부분으로부터 설치방법으로 옳은 것은? (단, 옥내소화전, 옥외소화전, 스프링클러 또는 물분무 소화설비와 함께 설치하는 경우 외의 경우)

① 보행거리 30m 이하일 것
② 보행거리 20m 이하일 것
③ 수평거리 30m 이하일 것
④ 수평거리 20m 이하일 것

해설
- 대형소화기 : 보행거리 30m 이하
- 소형소화기 : 보행거리 20m 이하

18 제조소등에 전기설비가 설치된 경우에는 당해 장소의 면적 몇 m^2마다 소형수동식 소화기를 1개 이상 설치하여야 하는가?

① 50 ② 100
③ 150 ④ 200

해설 제조소등에 전기설비(전기배선, 조명기구 등은 제외한다)가 설치된 경우에는 당해 장소의 면적 $100m^2$이다. 소형수동식 소화기를 1개 이상 설치할 것

19 다음 위험물에 해당되는 것은?

• 대부분 무색의 결정 백색분말이다. • 물과 작용하여 열과 산소를 발생시키는 것도 있다. • 가열 등에 의해 산소를 발생한다.

① 제1류 위험물 ② 제2류 위험물
③ 제3류 위험물 ④ 제5류 위험물

해설 본문내용 : 제1류 위험물의 일반 성질
① 대부분 무색결정이나 백색결정이며, 비중이 1보다 크고 수용성인 것이 많다.
② 일반적으로 불연성이며, 산소를 많이 함유하고 있는 강산화제이다.
③ 반응성이 풍부하여 열, 타격, 충격, 마찰 및 다른 약품과의 접촉으로 분해하여 많은 산소를 방출하여 다른 가연물의 연소를 돕는다.
④ 알칼리금속의 과산화물은 물과 접촉하여 산소를 발생한다.

| 정답 | 14 ② 15 ④ 16 ① 17 ① 18 ② 19 ①

20 **위험물안전관리법상 화재예방 규정을 정하여야 할 제조소등으로 옳지 않은 것은?**

① 지정수량 10배 이상의 위험물을 취급하는 제조소
② 지정수량 50배 이상의 위험물을 취급하는 일반취급소
③ 지정수량 100배 이상을 저장·취급하는 옥외저장소
④ 지정수량 150배 이상을 저장·취급하는 옥내저장소

해설 화재예방 규정을 정하여야 할 제조소등에서 저장·취급하는 위험물 지정수량
- 제조소, 일반취급소 : 지정수량 10배 이상
- 옥외저장소 : 지정수량 100배 이상
- 옥내저장소 : 지정수량 150배 이상
- 옥외탱크저장소 : 지정수량 200배 이상
- 암반탱크저장소 및 이송취급소 : 지정수량 해당 없음

21 **강화액 소화기의 특성으로 잘못된 것은?**

① ABC 소화기이다.
② 부동성이 높아 한랭 또는 겨울에 사용 가능하다.
③ 독성, 부식성이 없다.
④ 소화제는 강산성을 나타낸다.

해설 강화액소화기의 약제는 pH(수소이온지수) 12의 강알칼리성의 수용액이다.

22 **다음 (　　) 안에 알맞은 것은?**

질식소화의 정의는 가연물이 연소할 때 공기 중의 산소의 농도를 (　　) 이하로 떨어뜨려 산소 공급을 차단하여 연소를 중단시키는 것이다.

① 10%　　② 15%
③ 18%　　④ 21%

해설 질식소화는 공기 중의 산소의 농도 21%를 15% 이하로 낮추는 소화방법이다.

23 **어떤 소화기에 "A3, B5, C 적용"이라고 표시되어 있다. 여기에서 알 수 있는 것이 아닌 것은?**

① 일반화재인 경우 이 소화기의 능력단위는 5단위이다.
② 유류화재에 적용할 수 있는 소화기이다.
③ 전기화재에 적용할 수 있는 소화기이다.
④ ABC 소화기이다.

해설 A3, B5, C는 화재의 종류와 능력단위를 표시한 것이다.
- A3 : 일반화재, 능력단위 3단위
- B5 : 유류화재, 능력단위 5단위
- C : 전기화재, 능력단위 표시하지 않음

24 **다음은 위험물을 저장할 때 필요한 보호액으로 짝지은 것이다. 올바른 것은?**

① 황린 – 질산
② 금속칼륨 – 에탄올
③ 이황화탄소 – 물
④ 금속나트륨 – 황산

해설 이황화탄소(CS_2)는 제4류 위험물(인화성액체) 특수인화물이며, 물에 녹지 않고 물보다 무거운 액체로서 휘발성이 강하고 유독하므로 가연성증기의 발생을 억제하기 위하여 물속(수조)에 저장한다.

25 **알칼알루미늄 화재 시 가장 효과적인 소화제는?**

① 물　　② CO_2
③ 할로겐화합물　　④ 팽창질석

해설 알칼알루미늄의 소화약제 : 팽창질석, 팽창진주암

26 **소화작용에 대한 설명으로 옳지 않은 것은?**

① 냉각소화 : 물을 뿌려서 온도를 저하시키는 방법
② 질식소화 : 불연성 포말로 연소물을 덮어씌우는 방법
③ 제거소화 : 가연물을 제거하여 소화시키는 방법
④ 희석소화 : 산알칼리를 중화시켜 소화시키는 방법

| 정답 | 20 ② 21 ④ 22 ② 23 ① 24 ③ 25 ④ 26 ④

해설 희석소화
알코올과 같은 수용성인 액체는 물에 잘 녹아서 희석되므로 물분무소화설비로 희석소화 한다.

27 제6류 위험물 화재 시 소화 및 예방에 관한 설명으로 가장 알맞은 것은?

① 할로겐화합물 소화약제는 효과가 좋다.
② 환원성물질로 소화한다.
③ 실내에는 사염화탄소가 좋다.
④ 유독성 가스의 발생 등에 대비하여 보호장구와 공기호흡기를 착용한다.

해설 제6류 위험물은 산화성액체로서 화재 시 유독가스 발생으로 인한 인체의 위해를 방지하기 위하여 보호장구와 공기호흡기를 착용한다.

28 소화난이도 등급 I에 해당하는 제조소의 연면적은?

① 1,000m^2 이상
② 800m^2 이상
③ 700m^2 이상
④ 500m^2 이상

해설 소화난이도 등급 I에 해당되는 제조소의 연면적은 1,000m^2 이상일 것

29 화학포에 사용되는 기포안정제인 것은?

① 황산알루미늄
② 탄산수소나트륨
③ 사포닝
④ 탄산가스

해설 화학포의 기포안정제 : 단백질 분해물, 사포닝, 계면활성제 등

30 금속 칼륨(K)에 대한 초기의 소화제로서 적당한 것은?

① 물 ② 마른모래
③ CCl_4 ④ CO_2

해설 마른모래는 만능소화제로 제3류 위험물 금수성물질인 칼륨(K)의 화재에 유효하다.

31 다음은 유황의 동소체를 나열한 것이다. 이들 중 이황화탄소(CS_2)에 녹는 것들로 바르게 짝지워 놓은 것은?

㉠ 사방황 ㉡ 단사황 ㉢ 고무상황

① ㉠, ㉡ ② ㉠, ㉢
③ ㉡, ㉢ ④ ㉠, ㉡, ㉢

해설 이황화탄소(CS_2)에 녹는 유황 : 단사황, 사방황

32 아세트산에틸의 일반 성질 중에서 틀린 것은?

① 과일냄새를 가진 무색투명한 액체이다.
② 수용액 상태에서도 인화의 위험이 있다.
③ 물에 녹으며 수지, 유기물을 잘 녹인다.
④ 인화성 물질로서 인화점은 −30℃ 이하이다.

해설 아세트산에틸($CH_3COOC_2H_5$)은 제4류 위험물(인화성액체) 제1석유로서 인화점은 −4℃이다.

33 다음 물질의 성질상 분진폭발 또는 연소의 위험이 없는 것은?

① 황 ② 알루미늄
③ 수산화칼슘 ④ 마그네슘

해설 $Ca(OH)_2$(수산화칼슘)은 불연성물질로 분진폭발하지 않는다.

34 다음 보기 항 중 질산염류 물질을 취급하는 과정에서 화재(혼촉발화)나 폭발 등의 위험성이 없는 것은?

① 황린을 섞은 경우
② 마찰시키는 경우
③ 가열하는 경우
④ 물에 용해시키는 경우

해설 질산염류는 제1류 위험물(산화성고체)인 강산화제로서 물에 잘 녹으며, 물과 반응하여 폭발 등의 위험성은 없다.

| 정답 | 27 ④ 28 ① 29 ③ 30 ② 31 ① 32 ④ 33 ③ 34 ④

참고 제1류 위험물 중 무기과산화물은 물과 격렬히 반응하며, 산소(O_2) 가스를 발생한다.

35 염소산나트륨($NaClO_3$)의 성상에 관한 설명으로 올바른 것은?

① 황색의 결정이다.
② 비중은 1.0이다.
③ 환원력이 매우 강한 물질이다.
④ 물, 에테르, 글리세린에 잘 녹으며 조해성이 강하다.

해설 염소산나트륨($NaClO_3$)은 제1류 위험물(산화성액체) 염소산염류로서 무색의 결정이며, 비중은 2.5(20℃)이고 산화력이 매우 강하다. 산과 반응하여 이산화염소(ClO_2)를 발생하고 물, 에테르, 알코올에 잘 녹으며, 조해성이 있는 물질이다.

36 다음 위험물(법령상) 중 단독으로는 마찰 충격에 둔감하나 금속염으로 했을 때 폭발이 쉬운 것은?

① 피크린산
② 암모니아
③ 알루미늄
④ 톨루엔

해설 본문내용 : 피크린산(트리니트로 페놀)의 성질

37 제3류 위험물의 일반적 성질로 옳은 것은?

① 황린을 제외하고 물에 대하여 위험한 반응을 초래하는 물질이다.
② 조연성 고체로서 비교적 낮은 온도에서 착화하기 쉬운 이연성(易燃性), 속연성(速燃性) 물질이다.
③ 모두 무기금속화합물이며, 대부분 무색의 결정이나 백색분말 상태의 고체이다.
④ 물에 대한 비중은 1보다 크며 조해성이 있다.

해설 제3류 위험물은 황린(P_4)을 제외하고 금수성물질, 자연발화성물질 모두 물과 격렬히 반응하는 물질로 되어 있다.

38 인화석회에 물을 가했을 때 발생하는 가스는?

① H_2
② C_2H_4
③ PH_3
④ O_2

해설 인화석회(Ca_3P_2)는 인화칼슘이라 하며, 제3류 위험물 금수성물질로서 물(H_2O)과 반응하면 발열하고 수산화칼슘($Ca(OH)_2$)과 가연성이며 유독성인 인화수소(PH_3)를 발생한다.

• 인화칼슘(Ca_3P_2)과 물(H_2O)의 반응식

$Ca_3P_2 + 6H_2O \rightarrow 3Ca(OH)_2 + 2PH_3 \uparrow$

(인화칼슘) (물) (수산화칼슘)(인화수소, 포스핀)

39 등유에 관해서 다음 중 틀린 것은?

① 물보다 가볍다.
② 착화온도 120℃이다.
③ 석유류분 중 비점이 약 150~300℃의 유분이다.
④ 증기는 공기보다 무겁다.

해설 제4류 위험물(인화성액체) 제2석유류 등유의 착화점 : 220℃ 전후

40 과염소산칼륨의 일반적인 성질에 대한 설명 중 틀린 것은?

① 강력한 산화제이다.
② 자신은 불연성물질이다.
③ 180℃에서 분해하기 시작하여 340℃에서 완전 분해한다.
④ 진한 황산에 접촉하면 폭발성가스를 생성하고, 튀는 듯이 폭발할 위험이 있다.

해설 과염소산칼륨($KClO_4$)은 제1류 위험물(산화성고체) 과염소산염류에 속하며, 400℃에서 분해하기 시작하여 610℃에서 완전 분해한다.

정답 35 ④ 36 ① 37 ① 38 ③ 39 ② 40 ③

41 인화점 -10℃, 방향을 갖는 무색투명한 액체로, 아질산과 같이 있으면 폭발하며 제4류 위험물의 제1석유류와 같은 위험성이 생기는 위험물 품명은?

① 질산메틸
② 질산에틸
③ 트리니트로톨루엔
④ 트리니트로페놀

해설 본문내용 : 제5류 위험물(자기반응성물질) 질산에스테르류인 질산에틸($C_2H_5ONO_2$)의 설명

참고 질산에틸의 인화점은 10℃이다.

42 다음 중 특수인화물에 해당하는 위험물은?

① 벤젠 ② 피리딘
③ 디에틸에테르 ④ 아세토니트릴

해설 벤젠(제1석유류), 피리딘(제1석유류), 디에틸에테르(특수인화물), 아세토니트릴(제1석유류)

43 다음 중 니트로화합물에 속하는 것은?

① 니트로벤젠
② 니트로셀룰로오스
③ 질산에틸
④ 피크린산

해설 니트로화합물은 제5류 위험물(자기반응성물질)의 품명이다.

참고 위험물의 유별 및 품명
- 니트로벤젠(제4류 위험물 제3석유류)
- 니트로셀룰로오스(제5류 위험물 질산에스테르류)
- 질산에틸(제5류 위험물 질산에스테르류)
- 피크린산(제5류 위험물 니트로화합물)

44 제6류 위험물과 혼재할 수 있는 것은? (단, 지정수량의 5배의 경우임)

① 제1류 위험물 ② 제2류 위험물
③ 제3류 위험물 ④ 제4류 위험물

해설 제6류와 혼재할 수 있는 위험물은 제1류 위험물 한가지이다(지정수량의 1/10 이하는 적용하지 않는다).

45 열과 전기의 도체로 산과 알칼리에 녹아 수소를 발생하며, 은백색의 광택을 가지는 연한 금속은?

① Fe ② Cs
③ Al ④ Sb

해설 양쪽성원소인 알루미늄(Al)은 산, 염기(알칼리)와 반응하여 수소를 발생한다.

46 이황화탄소에 대한 설명 중 틀린 것은?

① 이황화탄소의 증기는 공기보다 무겁다.
② 수조(물탱크)에 저장한다.
③ 증기는 유독하며, 피부를 해치고 신경계통을 마비시킨다.
④ 인화점이 물의 비점과 같다

해설 이황화탄소(CS_2)의 착화점이 물의 비점 100℃와 같다.

47 벤조일퍼옥사이드의 취급상 주의해야 할 사항으로 틀린 것은?

① 가열, 마찰을 피해야 한다.
② 단독으로 가열해도 무방하다.
③ 다른 물질과 혼합을 피한다.
④ 바람이 잘 통하는 찬 곳에 저장한다.

해설 벤조일퍼옥사이드(과산화벤조일)은 제5류 위험물 유기과산화물로, 단독으로도 가열하면 100℃에서 흰 연기를 내며 심하게 분해하고 착화되면 순식간에 연소하며 폭발적이다.

48 적린의 연소 시 흰 연기의 성분은?

① H_3PO_4
② SO_2
③ P_2O_5
④ H_2S

해설 적린(P)은 제2류 위험물(가연성고체)이며, 연소 시 오산화인(P_2O_5)을 생성한다.

참고 $4P + 5O_2 \rightarrow 2P_2O_5$
(적린) (산소) (오산화린)

| 정답 | 41 ② 42 ③ 43 ④ 44 ① 45 ③ 46 ④ 47 ② 48 ③

49 다음은 과염소산나트륨에 대한 설명이다. 틀린 것은?

① 조해성이 없는 백색 결정이다.
② 에틸알코올, 아세톤에 녹는다.
③ 과염소산칼륨보다 용해도가 크다.
④ 일수염을 공기 중에서 가열하면 무수물이 생긴다.

해설 과염소산나트륨($NaClO_4$)은 제1류 위험물(산화성고체) 과염소산염류로서 조해성이며, 가열하면 약 58℃에서 무수물이 생기고 200℃에서 결정수를 잃고 약 400℃ 이상에서 분해하여 산소를 방출한다.

50 다음 중 인화칼슘(Ca_3P_2)의 성상으로 옳은 것은?

① 물과 작용하여 인화수소를 발생한다.
④ 백색 괴상의 고체이다.
③ 물보다 약간 가볍다.
④ 인화성 액체이다.

해설 인화칼슘(Ca_3P_2)은 제3류 위험물(금수성물질)이며, 물(H_2O)과 반응하여 인화수소(포스핀)를 발생한다.

참고 $Ca_3P_2 + H_2O \rightarrow Ca(OH)_2 + PH_3\uparrow$
(인화칼슘) (물) (수산화칼슘) (인화수소, 포스핀)

51 휘발유의 일반적인 성질에서 틀린 것은?

① 주성분은 C_5H_{12}~C_9H_{20}의 알칸 또는 알켄이다.
② 특유한 냄새를 가지며 고무, 유지 등을 녹인다.
③ 물에는 거의 용해되지 않으며, 비전도성 물질이다.
④ 인화점은 −43℃~−20℃이고 발화점은 약 100℃ 이하이다.

해설 휘발유(가솔린)는 제4류 위험물(인화성액체) 제1석유류로서 착화점은 300℃이다.

52 다음은 동·식물유에 관한 설명이다. 관계가 가장 먼 것은?

① 아마인유는 건성유이므로 자연발화의 위험이 있다.
② 요오드가가 클수록 자연발화의 위험이 작다.
③ 요오드가가 130 이상인 것이 건성유이므로 저장할 때 주의를 요한다.
④ 동·식물유는 대체로 인화점이 220~230℃ 정도이므로 연소위험성 측면에서 제4석유류와 유사하다.

해설 요오드가가 큰 건성유(130 이상)는 종이, 헝겊 등에 스며 배어있을 때 산화열에 의하여 자연발화의 위험성을 갖는다.

53 적린의 성질에 대한 설명 중 틀린 것은?

① 물이나 에틸알코올에 녹지 않는다.
② 착화온도는 약 260℃ 정도이다.
③ 연소할 때 인화수소 가스가 발생한다.
④ 산화제가 섞여 있으면 마찰에 의해 착화하기 쉽다.

해설 제2류 위험물(가연성고체) 적린(P)이 연소되면 오산화인(P_2O_5)이 생성된다.
$4P + 5O_2 \rightarrow 2P_2O_5$
(적린) (산소) (오산화인)

54 다음은 아세톤의 성질에 관한 설명이다. 틀린 것은?

① 휘발성이 강하며 인화성이다.
② 물에 불용이므로 물속에 보관한다.
③ 요오드포름 반응을 한다.
④ 무색의 액체로 특이한 냄새가 있다.

해설 아세톤(CH_3COCH_3)은 제4류 위험물(인화성액체) 제1석유류이며, 물에 잘 녹는 수용성이므로, 물속에 저장하지 않는다.

| 정답 | 49 ① 50 ① 51 ④ 52 ② 53 ③ 54 ②

55 아세트알데히드의 성질에 관한 설명 중 잘못된 것은?

① 물보다 가볍다.
② 증기의 냄새는 자극성이 없다.
③ 무색의 액체로 인화성이 강하다.
④ 물에 잘 녹고 유기물을 잘 녹인다.

해설 아세트알데히드(CH_3CHO)는 제4류 위험물(인화성액체) 특수인화물이며, 과실과 같은 자극성 냄새를 갖는 무색 액체로 증기는 피부점막을 자극한다.

56 과산화수소(H_2O_2)의 성질에서 틀린 것은?

① H_2O_2는 무색 또는 엷은 파란색으로 특유의 냄새가 나는 액체이다.
② 유리용기에 장기간 보존하지 않는다.
③ 과산화수소는 석유, 벤젠에는 녹지 않는다.
④ 농도가 높아질수록 과산화수소는 안정하여 분해하기가 어렵다.

해설 과산화수소(H_2O_2)는 제6류 위험물(산화성액체)로서 농도가 높을수록 불안정하며, 분해하여 산소(O_2)를 발생한다.

57 제3류 위험물의 성질로서 적합한 것은?

① 산화력이 강하다.
② 물과 반응하여 화학적으로 활성화된다.
③ 전부 보호액 중에 보관해야 된다.
④ 전부 단체 금속이다.

해설 제3류 위험물은 황린(P_4)을 제외하고 물과 격렬히 반응하여 화학적으로 활성화된다.

58 제2류 위험물이 공통으로 요구되는 안전관리 사항이 아닌 것은?

① 산화제와의 접촉을 피해야 한다.
② 화기를 가까이 하거나 가열해서는 안 된다.
③ 냉암소에 저장해서는 안 된다.
④ 습기를 유의하고 용기는 밀봉해야 한다.

해설 제2류 위험물(가연성고체)은 냉암소에 저장하는 것이 바람직하다.

59 다음 반응 중 부동태가 형성되어 수소기체가 발생하지 않는 것은?

① Al+con·HNO_3 ② Al+dil·H_2SO_4
③ Mg+dil·HCl ④ Al+NaOH(aq)

해설 부동태란 농질산(con−HNO_3)이 특정 금속(Al, Fe, Co, Ni 등)의 표면에 수산화물의 얇은 막을 만들어 다른 산으로부터 부식되지 않게 하는 것을 말한다.

참고
- con0(concentrate) : 농축된
- dil(dilute) : 묽은(희석된)

60 다음 중 니트로 화합물은 어느 것인가?

① TNT ② 질산암모늄
③ 질산메틸 ④ 셀룰로이드류

해설 TNT(트리니트로톨루엔)는 제5류 위험물 니트로 화합물에 속한다.

참고 위험물의 유별 및 품명
- 질산암모늄 : 제1류 위험물 질산염류
- 질산에틸 : 제5류 위험물 질산에스테르류
- 셀룰로이드류 : 제5위험물 질산에스테르류

| 정답 | 55 ② 56 ④ 57 ② 58 ③ 59 ① 60 ①

위험물기능사 국가기술자격 필기시험(CBT 19회) 출제문제

2021년 4월 18일 시행

(시험시간 1시간)

01 연소 시 고온체의 색상에 따라 온도를 구분할 때 다음 중 적색에 가장 가까운 온도는?

① 1,500℃ ② 250℃
③ 1,700℃ ④ 850℃

해설 고온체의 색깔과 온도
- 담암적색 : 522℃
- 암적색 : 700℃
- 적색 : 850℃
- 휘적색 : 950℃
- 황적색 : 1,100℃
- 백적색 : 1,300℃
- 휘백색 : 1,500℃

02 이동저장탱크는 그 내부에 4,000L 이하마다. 몇 mm 이상의 강철판 칸막이를 설치하여야 하는가?

① 3.2 ② 0.7
③ 2.4 ④ 1.2

해설 이동탱크 내부 칸막이의 강철판 두께 3.2mm 이상

03 B급 화재에 해당하는 가연물은?

① 등유 ② 질산칼륨
③ 종이 ④ 나트륨

해설 등유는 제4류 위험물(인화성액체) 제2석유류로서 B급 화재(유류화재)에 해당된다.

04 다음 위험물의 화재 시 이산화탄소 소화약제를 사용할 수 없는 것은?

① 인화성 고체 ② 등유
③ 글리세린 ④ 마그네슘

해설 마그네슘(Mg)의 화재에 이산화탄소(CO_2)소화약제를 사용하면 폭발하므로 사용을 금한다.

05 제6류 위험물에 해당하지 않는 것은?

① 삼불화브롬
② 비중이 1.5인 질산
③ 농도가 50wt%인 과산화수소
④ 과요오드산

해설 과요오드산은 제1류 위험물(산화성 고체) 중 그밖에 행정안정부령이 정하는 것에 해당된다.

06 위험물의 지정수량이 나머지 셋과 다른 하나는?

① 니트로화합물
② 아조화합물
③ 질산에스테르류
④ 히드라진유도체

해설 제5류 위험물의 지정수량
- 니트로화합물 : 200kg •
  아조화합물 : 200kg
- 질산에스테르류 : 10kg •
  히드라진유도체 : 200kg

07 1기압 20℃에서 액체인 미상의 위험물에 대하여 인화점과 발화점을 측정한 결과 인화점이 32.2℃, 발화점이 257℃로 측정되었다. 위험물안전관리법령상 이 위험물의 유별과 품명의 지정으로 다음 중 옳은 것은?

① 제4류 특수인화물
② 제4류 제1석유류
③ 제4류 제2석유류
④ 제4류 제3석유류

| 정답 | 01 ④ 02 ① 03 ① 04 ④ 05 ④ 06 ③ 07 ③

해설 제4류 위험물 석유류의 인화점 범위
- 제1석유류 : 1기압에서 인화점이 21℃ 미만인 것
- 제2석유류 : 1기압에서 인화점이 21℃ 이상 70℃ 미만인 것
- 제3석유류 : 1기압에서 인화점이 70℃ 이상 200℃ 미만인 것
- 제4석유류 : 1기압에서 인화점이 200℃ 이상 250℃ 미만인 것

08 인화점이 낮은 것부터 높은 순으로 나열된 것은?

① 톨루엔 – 벤젠 – 아세톤
② 아세톤 – 톨루엔 – 벤젠
③ 톨우엔 – 아세톤 – 벤젠
④ 아세톤 – 벤젠 – 톨루엔

해설 제4류 위험물의 인화점
- 아세톤(CH_3COCH_3) : −18℃
- 벤젠(C_6H_6) : −11℃
- 톨루엔($C_6H_5CH_3$) : 4℃

09 위험물안전관리법령상 제4류 위험물 운반 용기의 외부에 표시하여야 하는 주의사항을 모두 옳게 나타낸 것은?

① 화기엄금
② 가연물접촉주의
③ 화기주의 및 충격주의
④ 화기엄금 및 충격주의

해설 수납하는 위험물에 따라 다음의 규정에 의한 주의사항 표시
- 제1류 위험물 : 화기・충격주의, 가연물 접촉주의
  ① 알칼리금속의 과산화물 또는 이를 함유하는 것 : 화기・충격주의, 가연물 접촉주의, 물기엄금
- 제2류 위험물 : 화기주의
  ① 철분, 금속분, 마그네슘 또는 이를 함유하는 것 : 화기주의, 물기엄금
  ② 인화성고체 : 화기엄금
- 제3류 위험물
  ① 금수성물질 : 물기엄금
  ② 자연발화성물질 : 화기엄금, 공기접촉엄금
- 제4류 위험물 : 화기엄금
- 제5류 위험물 : 화기엄금, 충격주의
- 제6류 위험물 : 가연물 접촉주의

10 다음 중 운반 시 제4류 위험물과 혼재할 수 없는 위험물은? (단, 지정수량의 10배 위험물인 경우이다.)

① 제2류 위험물　　② 제1류 위험물
③ 제3류 위험물　　④ 제5류 위험물

해설 • 유별을 달리하는 위험물의 혼재기준
(암기법 : 사이삼, 오이사, 육하나)

위험물의 구분	제1류	제2류	제3류	제4류	제5류	제6류
제1류		×	×	×	×	○
제2류	×		×	○	○	×
제3류	×	×		○	×	×
제4류	×	○	○		○	×
제5류	×	○	×	○		×
제6류	○	×	×	×	×	

"×"표시는 혼재할 수 없음을 표시한다.
"○"표시는 혼재할 수 있음을 표시한다.
이 표는 지정수량의 $\frac{1}{10}$ 이하의 위험물에 대하여는 사용하지 아니한다.

11 다음 중 증기밀도가 가장 큰 것은?

① 목탄　　② 에틸알코올
③ 디에틸에테르　　④ 벤젠

해설 증기밀도(g/L)는 분자량이 가장 큰 것이 크다.
- 위험물의 분자량
  - 목탄(C)은 비위험물이며 고체이므로 증기밀도가 없다.
  - 에틸알코올(C_2H_5OH) : 12×2+6+16=46
  - 디에틸에테르($C_2H_5OC_2H_5$) : 12×4+10+16=74
  - 벤젠(C_6H_6) : 12×6+6=78

12 위험물안전관리법령에서 정한 위험물의 유별・성질을 잘못 나타낸 것은?

① 제6류 : 가연성　　② 제4류 : 인화성
③ 제1류 : 산화성　　④ 제5류 : 자기반응성

| 정답 | 08 ④　09 ①　10 ①　11 ④　12 ①

해설 위험물의 유별 성질

유별	성질
제1류 위험물	산화성 고체
제2류 위험물	가연성 고체
제3류 위험물	자연발화성 및 금수성물질
제4류 위험물	인화성 액체
제5류 위험물	자기반응성 물질
제6류 위험물	산화성 액체

13 **이황화탄소를 화재예방상 물속에 저장하는 이유는?**

① 공기와 접촉하면 즉시 폭발하기 때문에
② 불순물을 물에 용해시키기 위하여
③ 가연성 증기의 발생을 억제하기 위하여
④ 상온에서 수소가스를 발생시키기 때문에

해설 이황화탄소(CS_2)는 제4류 위험물(인화성액체) 특수인화물 중 물보다 무겁고 물에 녹지 않으며 액체 및 증기가 매우 유독하므로 가연성이며 유독성인 증기의 발생을 억제하기 위하여 물속에 넣어 저장한다.

14 **제3류 위험물에 해당하는 것은?**

① 황린 ② 적린
③ 유황 ④ 삼황화린

해설 위험물의 류별
- 황린(P_4) : 제3류 위험물
- 적린(P), 유황(S), 삼황화린(P_4S_3) : 제2류 위험물

15 **석유류(또는 석탄류)가 연소할 때 발생하는 가스로 강한 자극적인 냄새가 나며 취급하는 장치를 부식시키는 것은?**

① NH_3 ② CH_4
③ SO_2 ④ H_3

16 **주수소화를 할 경우 물과 반응하여 독성가스를 발생할 위험이 있는 것은?**

① 마그네슘 ② 인화알루미늄
③ 과산화수소 ④ 수소화리튬

해설 인화알루미늄(AlP)과 물(H_2O)이 반응하면 독성이며 가연성인 인화수소(PH_3)를 발생한다.
위험물과 물과의 반응식
- 마그네슘(Mg)과 물(H_2O)의 반응식.
  $Mg + 2H_2O \rightarrow Mg(OH)_2 + H_2\uparrow$
  (마그네슘) (물) (수산화마그네슘) (수소)
- 인화알루미늄(AlP)과 물(H_2O)의 반응식
  $AlP + 3H_2O$
  (인화알루미늄) (물)
  $\rightarrow Al(OH)_3 + PH_3\uparrow$
  (수산화알루미늄) (인화수소, 포스핀)
- 수소화리튬(LiH)과 물(H_2O)의 반응식
  $LiH + H_2O \rightarrow LiOH + H_2\uparrow$
  (수소화리튬) (물) (수산화리튬) (수소)

17 **제3종 분말 소화약제의 열분해 반응식을 옳게 나타낸 것은?**

① $2KNO_3 \rightarrow 2KNO_2 + O_2\uparrow$
② $NH_4H_2PO_4 \rightarrow HPO_3 + NH_3\uparrow + H_2O$
③ $CaHCO_3 \rightarrow CaO + H_2CO_3$
④ $KClO_4 \rightarrow KCl + 2O_2$

해설 제3종 분말소화약제($NH_4H_2PO_4$)의 열분해반응식

$$NH_4H_2PO_4 \xrightarrow[\triangle]{} HPO_3 + NH_3\uparrow + H_2O$$

(인산암모늄) (메타인산) (암모니아) (물)

18 **과산화벤조일의 지정수량은 얼마인가?**

① 10kg ② 1,000 ℓ
③ 50kg ④ 50 ℓ

해설 과산화벤조일[$(C_6H_5CO)_2O_2$]은 제5류 위험물(자기반응성물질) 위험등급 Ⅰ인 유기과산화물에 속하므로 지정수량은 10kg이다.

19 **휘발유에 대한 설명으로 옳은 것은?**

① 용기는 따뜻한 곳에 환기가 잘 되게 보관한다.
② 연소범위는 15~75vol%이다.
③ 화재 소화 시 포소화약제에 의한 소화가 가능하다.
④ 전도성이므로 감전에 주의한다.

| 정답 | 13 ③ 14 ① 15 ③ 16 ② 17 ② 18 ① 19 ③

해설 휘발유와 같은 제4류 위험물(인화성액체)의 화재에는 공기 중의 산소의 농도를 낮추는 질식소화 방법인 포소화약제에 의한 소화가 적응성이 있다.

20 위험물안전관리법에서 사용하는 용어의 정의 중 틀린 것은?

① "제조소"라 함은 위험물을 제조할 목적으로 지정수량 이상의 위험물을 취급하기 위하여 규정에 따라 허가를 받은 장소이다.
② "제조소등"이라 함은 제조소·저장소 및 판매소를 말한다.
③ "지정수량"은 위험물의 종류별로 위험성을 고려하여 대통령령이 정하는 수량이다.
④ "저장소"라 함은 지정수량 이상의 위험물을 저장하기 위한 대통령령이 정하는 장소로서 허가를 받은 장소이다.

해설 "제조소등"이라 함은 제조소 저장소 및 취급소를 말한다.

21 위험물안전관리법령상 위험물제조소 표지 및 게시판에 대한 설명이다. 옳지 않은 것은?

① 제2류 위험물(인화성고체 제외)은 "화기엄금"의 게시판을 설치하여야 한다.
② 표지판의 바탕은 백색, 문자는 흑색으로 하여야 한다.
③ 표지는 한 변의 길이가 0.3m, 다른 한 변의 길이가 0.6m 이상인 직사각형으로 하여야 한다.
④ 취급하는 위험물에 따라 규정에 의한 주의사항을 표시한 게시판을 설치하여야 한다.

해설 제2류 위험물(인화성고체 제외)은 "화기주의"의 게시판을 설치하여야 한다.

22 착화점이 232℃에 가장 가까운 위험물은?

① 오황화린　② 적린
③ 유황　④ 칠황화린

해설 본문의 위험물은 제2류 위험물(가연성고체) 유황(S) 중 사방정계유황이다.

23 다음 소화약제의 분해반응식을 완결시켜야 할 때 (　) 안에 옳은 것은?

$2NaHCO_3 \rightarrow Na_2O + H_2O + (\quad)$

① $6CO_2$　② $6NaOH$
③ $6CO$　④ $2CO_2$

해설 • 850℃에서 탄산수소나트륨($NaHCO_3$)의 반응식

$$2NaHCO_3 \xrightarrow[\Delta]{} Na_2O + H_2O + 2CO_2\uparrow$$

(탄산수소나트륨) (산화나트륨) (물) (이산화탄소)

24 휘발유의 성질 및 취급 시의 주의사항에 관한 설명 중 틀린 것은?

① 정전기 발생에 주의하여야 한다.
② 강산화제 등과 혼촉 시 발화할 위험이 있다.
③ 증기가 체류하지 않도록 통풍을 잘 시킨다.
④ 증기는 높은 곳으로 배출한다.

해설 강산화제 등과 혼촉 시 발화할 위험이 있는 것은 환원성물질인 제2류 위험물(가연성고체)이며 휘발유와는 반응하지 않는다.

25 다음 중 산화성 물질이 아닌 것은?

① 질산염류　② 마그네슘
③ 과염소산　④ 무기과산화물

해설 산화성 물질은 제1류 위험물(산화성고체), 제6류 위험물(산화성액체)을 말하며 마그네슘(Mg)과 같은 제2류 위험물(가연성고체)은 환원성 물질에 해당한다.

26 정전기 발생의 예방법이 아닌 것은?

① 접지에 의한 방법
② 전기의 도체를 사용하는 방법
③ 공기 중의 상대습도를 낮추는 방법
④ 공기를 이온화시키는 방법

| 정답 | 20 ② 21 ① 22 ③ 23 ④ 24 ② 25 ② 26 ②

해설 용기 등을 전기의 도체를 사용하여도 정전기는 발생한다.

27 이동저장탱크에 알킬알루미늄을 저장하는 경우에 불활성 기체를 봉입하는데 이때의 압력은 몇 kPa 이하이어야 하는가?

① 40　② 20
③ 10　④ 30

해설 저장 시 봉입압력 : 20kPa 이하
꺼낼 때 봉입압력 : 200kPa 이하

28 위험물 제조소의 건축물 구조기준 중 연소의 우려가 있는 외벽은 출입구 외의 개구부가 없는 내화구조의 벽으로 하여야 한다. 이때 연소의 우려가 있는 외벽은 제조소가 설치된 부지의 경계선에서 몇 m 이내에 있는 외벽을 말하는가? (단, 단층 건물일 경우이다.)

① 4　② 6
③ 3　④ 5

해설 외벽과 부지의 경계선과 거리
- 단층 건물일 경우 : 3m 이내
- 2층 이상의 경우 : 5m 이내

29 위험물안전관리법령상 스프링클러설비가 제4류 위험물에 대하여 적응성을 갖는 경우는?

① 방사밀도(살수밀도)가 살수기준면적에 따른 기준 이상인 경우
② 지하층의 경우
③ 연기가 충만할 우려가 없는 경우
④ 수용성 위험물인 경우

해설 • 위험물안전관리법 시행규칙 [별표 17] 소화설비, 경보설비 및 피난설비의 기준 [비고](요약)
제4류 위험물을 저장 또는 취급하는 장소의 살수기준면적에 따라 스프링클러 설비의 살수밀도가 소화설비의 적응성에서 정하는 기준 이상인 경우에는 당해 스프링클러 설비가 제4류 위험물에 대하여 적응성이 있다.

30 분말소화약제와 함께 트윈 에이전트 시스템(twin agent system)으로 사용할 수 있는 포소화약제는?

① 합성계면활성제포 소화약제
② 수성막포 소화약제
③ 단백포 소화약제
④ 불화단백포 소화약제

해설 해당 포소화약제는 수성막포 소화약제를 사용한다.

31 과산화칼륨과 과산화마그네슘이 염산과 각각 반응했을 때 공통으로 나오는 물질의 지정수량은?

① 50kg　② 100kg
③ 200kg　④ 300kg

해설 과산화수소(H_2O_2)는 제6류 위험물(산화성액체)이며 지정수량은 300kg이다.
- 과산화칼륨(K_2O_2)과 염산(HCl)과의 반응식
$K_2O_2 + 2HCl \rightarrow 2KCl + H_2O_2$
(과산화칼륨) (염산) (염화칼륨) (과산화수소)
- 과산화마그네슘(MgO_2)과 염산(HCl)과의 반응식
$MgO_2 + 2HCl \rightarrow MgCl_2 + H_2O_2$
(과산화마그네슘)(염산)(염화마그네슘)(과산화수소)

32 적린의 성질 및 취급방법에 대한 설명으로 틀린 것은?

① 산화제와 격리하여 저장한다.
② 공기 중에 방치하면 자연발화한다.
③ 비금속 원소이다.
④ 화재발생 시 냉각소화가 가능하다.

해설 적린(P)은 제2류 위험물(가연성고체)인 환원제에 속하는 비금속의 원소이며 상온에서 안정된 물질로 화재 시 주수에 의한 냉각소화가 적응성이 있다.

33 제2종 분말소화약제의 화학식과 색상이 옳게 연결된 것은?

① 탄산수소나트륨($NaHCO_3$) : 백색
② 탄산수소칼륨($KHCO_3$) : 보라색
③ 제1인산암모늄($NH_4H_2PO_4$) : 담홍색
④ 탄산수소칼륨($KHCO_3$)+요소[$(NH_2)_2CO$] : 회색

정답 27 ② 28 ③ 29 ① 30 ② 31 ④ 32 ② 33 ②

해설
- 제1종분말소화기 : 탄산수소나트륨($NaHCO_3$) 백색
- 제2종분말소화기 : 탄산수소칼륨($KHCO_3$) 보라색
- 제3종분말소화기 : 제1인산암모늄($NH_4H_2PO_4$) 담홍색
- 제4종분말소화기 : 탄산수소칼륨($KHCO_3$)과 요소[$(NH_2)_2CO$] 회색

34 **다음 중 황 분말과 혼합했을 때 가열 또는 충격에 의해서 폭발할 위험이 가장 높은 것은?**

① 질산암모늄
② 물
③ 이산화탄소
④ 마른 모래

해설 황(S) 분말은 환원성 물질이며 산화성의 진산암모늄(NH_4NO_3)과 혼합하면 가열 및 마찰, 충격에 의하여 폭발한다.

35 **다음 각 위험물의 지정수량의 총 합은 얼마인가?**

알킬리튬, 리튬, 수소화나트륨, 인화칼슘, 탄화칼슘

① 820 ② 1,269
③ 900 ④ 960

해설 위험물의 지정수량
- 알킬리튬 : 10kg
- 리튬 : 50kg
- 수소화나트륨 : 300kg
- 인화칼슘 : 300kg
- 탄화칼슘 : 300kg

지정수량의 합
=10kg+50kg+300kg+300kg+300kg=960kg

36 **위험물안전관리법령상 탄산수소염류의 분말소화기가 적응성을 갖는 위험물이 아닌 것은?**

① 과염소산 ② 철분
③ 톨루엔 ④ 아세톤

해설 과염소산($HClO_4$)은 제6류 위험물(산화성액체)이며 소화약제는 인산염류 분말소화약제가 적응성이 있다.

참고 탄산수소염류의 분말소화기는 제2류(가연성고체) 마그네슘, 철분, 금속분 및 인화성고체의 소화와 제4류 위험물(인화성액체)의 소화에 적응성이 있다.

37 **다음과 같은 반응에서 5m³의 탄산가스를 만들기 위해 필요한 탄산수소나트륨의 양은 약 몇 kg인가? (단, 표준상태이고 나트륨의 원자량은 23이다.)**

$$2NaHCO_3 \xrightarrow{\Delta} Na_2CO_3 + CO_2\uparrow + H_2O$$

① 75 ② 56.25
③ 18.76 ④ 37.5

해설 $PV=\frac{WRT}{M}$에서 $W=\frac{PVM}{RT}$

탄산가스 1몰을 만들기 위해 탄산수소나트륨 2몰이 필요하므로 탄산수소나트륨의 양은 2를 곱하여 구한다.

$W=\frac{PVM}{RT}\times 2=\frac{1\times 5\times 84}{0.082\times 273}\times 2=37.523$

약 37.5kg

38 **비스코스레이온 원료로서 비중이 약 1.3, 인화점이 약 −30℃이고 연소 시 유독한 이산화황을 발생시키는 위험물은?**

① 황린 ② 테레핀유
③ 이황화탄소 ④ 장뇌유

해설 본문의 위험물은 제4류 위험물(인화성액체) 특수인화물 이황화탄소(CS_2)이다.

39 **위험물에 대한 소화방법 중 질식소화 방법이 있다. 이때 사용 방법에 대한 설명으로 틀린 것은?**

① 모래 저장 시 주변에 삽, 양동이 등 부속기구를 상비하여야 한다.
② 모래는 약간 젖은 모래가 좋다.
③ 모래는 취급의 편리 상 포대에 담아둔다.
④ 모래는 가연물을 함유하지 말아야 한다.

해설 소화약제로 사용되는 마른 모래에는 수분이 함유되면 안 된다.

| 정답 | 34 ① 35 ④ 36 ① 37 ④ 38 ③ 39 ②

40 **제4류 위험물의 옥외저장탱크에 대기밸브부착 통기관을 설치할 때 몇 kPa 이하의 압력 차이로 작동하여야 하는가?**

① 5kPa 이하 ② 10kPa 이하
③ 20kPa 이하 ④ 15kPa 이하

해설 작동압력 : 5kPa 이하

41 **위험물안전관리법령상 옥내 주유취급소의 소화난이도 등급은? (단, 주유 또는 그에 부대하는 업무를 위하여 사용되는 건축물 또는 시설의 총면적의 합은 $400m^2$이다.)**

① Ⅲ ② Ⅳ
③ Ⅱ ④ Ⅰ

해설 주유취급소로서 면적의 합이 $500m^2$를 초과하는 것이 소화난이도 등급 Ⅰ이므로 면적이 $400m^2$인 경우 소화난이도 등급 Ⅱ에 해당된다.

42 **다음 중 화학적 소화에 해당하는 것은?**

① 질식소화 ② 억제소화
③ 제거소화 ④ 냉각소화

해설 억제소화제인 할로겐화합물 소화약제는 부촉매효과로 소화하는 화학적 소화방법에 해당한다.

43 **물과 접촉하면 발열하면서 산소를 방출하는 것은?**

① 염소산칼륨 ② 염소산암모늄
③ 과산화칼륨 ④ 과망간산칼륨

44 **가연성고체에 해당하는 물품으로서 위험등급 Ⅱ에 해당하는 것은?**

① Mg, $(CH_3CHO)_4$
② NaH, Zn
③ P_4S_3, P
④ S, AlP

해설 제2류 위험물(가연성고체) 황화린 중 삼화황화린(P_4S_3)과 적린(P)은 위험등급 Ⅱ에 해당된다.

참고 위험물의 위험등급
- Mg(마그네슘) : 제2류 위험물(Ⅲ)
- $(CH_3CHO)_4$(메타알데히드) : 비위험물
- NaH(수소화나트륨) : 제3류 위험물(Ⅲ)
- Zn(아연) : 제2류 위험물(Ⅲ)
- S(유황) : 제2류 위험물(Ⅱ)
- AlP(인화알루미늄) : 제3류 위험물(Ⅲ)

45 **다음은 위험물을 저장하는 탱크의 공간용적의 산정기준이다. (　　) 안에 알맞은 수치로 옳은 것은?**

> 암반탱크에 있어서는 당해 탱크 내에 용출하는 (　　)일간의 지하수의 양에 상당하는 용적과 당해 탱크의 내용적의 (　　)의 용적 중에서 보다 큰 용적을 공간용적으로 한다.

① 10, 1/100 ② 10, 5/100
③ 7, 1/100 ④ 7, 5/100

해설 암반탱크저장소의 공간용적 : 7일 간의 지하수의 양 또는 내용적의 1/100 중 큰 용적

46 **제조소등의 소화설비 설치 시 소요단위 산정에 관한 내용으로 다음 (　　) 안에 알맞은 수치를 차례대로 나열한 것은?**

> 제조소 또는 취급소의 건축물은 외벽이 내화구조인 것은 연면적 (　　)m^2를 1소요단위로 하며, 외벽이 내화구조가 아닌 것은 연면적 (　　)m^2를 1소요단위로 한다.

① 100, 50 ② 150, 100
③ 150, 50 ④ 200, 100

해설 소요단위의 계산방법(1단위)
- 제조소 또는 취급소용 건축물로 외벽이 내화구조인 것 : 연면적 $100m^2$
- 제조소 또는 취급소용 건축물로 외벽이 내화구조 이외인 것 : 연면적 $50m^2$
- 저장소용 건축물로 외벽이 내화구조인 것 : 연면적 $150m^2$
- 저장소용 건축물로 외벽이 내화구조 이외인 것 : 연면적 $75m^2$
- 위험물 : 지정수량 10배

정답 40 ① 41 ③ 42 ② 43 ③ 44 ③ 45 ③ 46 ①

※ 제조소등의 옥외에 설치된 공작물은 외벽이 내화구조인 것으로 간주하고 최대수평투영면적을 연면적으로 간주한다.

47 위험물안전관리법령상 운송책임자의 감독·지원을 받아 운송하여야 하는 위험물은?

① 알킬리튬 ② 가솔린
③ 과산화수소 ④ 경유

해설 해당 위험물의 종류
- 알킬알루미늄
- 알킬리튬
- 알킬알루미늄과 알킬리튬을 함유한 위험물

48 유기과산화물에 대한 설명으로 옳은 것은?

① 제1류 위험물이다.
② 산화제 또는 환원제와 같이 보관하여 화재에 대비한다.
③ 지정수량은 10kg이다.
④ 화재발생시 질식소화가 가장 효과적이다.

해설 유기과산화물은 제5류 위험물(자기반응성물질) 중 지정수량 10kg인 위험등급 Ⅰ에 해당한다.

참고 제5류 위험물의 소화방법은 다량의 주수에 의한 냉각소화가 적응성이 있다.

49 탄화칼슘의 취급방법에 대한 설명으로 옳은 것은?

① 습기와 작용하여 다량의 메탄을 발생하고 저장 중에 메탄가스의 발생유무를 조사한다.
② 저장용기에 질소가스 등 불활성 가스를 충전하여 저장한다.
③ 건조한 장소에 밀봉·밀전하여 보관한다.
④ 물, 습기와의 접촉을 피한다.

해설 탄화칼슘(CaC_2)은 제3류 위험물 금수성물질이므로 취급 시 물, 습기와의 접촉을 피하여야 한다.

50 위험물안전관리법령상 제4류 위험물과 제6류 위험물에 모두 적응성이 있는 소화설비는?

① 할로겐화합물 소화설비
② 불활성가스 소화설비
③ 인산염류 분말소화설비
④ 탄산수소염류 분말소화설비

해설 제4류 위험물(인화성액체)의 소화에는 탄산수소염류 및 인산염류 분말소화설비 모두 적응성이 있으며 제6류 위험물(산화성액체)의 소화에 적응성이 있는 분말소화설비는 인산염류 분말소화설비 한 가지만 해당된다.

51 염소산칼륨의 성질에 대한 설명으로 옳은 것은?

① 강력한 산화제이다.
② 열분해하면 수소를 발생한다.
③ 가연성 고체이다.
④ 물보다 가볍다.

해설 염소산칼륨($KClO_3$)은 제1류 위험물(산화성고체) 염소산염류에 해당하는 불연성이며 산소를 다량 함유한 강산화제이다.

52 제3종 분말소화약제의 소화효과로 거리가 먼 것은?

① 부촉매효과
② 냉각효과
③ 질식효과
④ 제거효과

해설 제3종 분말소화약제($NH_4H_2PO_4$)로 가연물을 제거시키지 못한다.

참고 제3종 분말소화약제($NH_4H_2PO_4$)의 소화효과는 질식효과, 냉각효과, 부촉매효과를 갖는다.

53 다음 중 위험물 제조소등에 설치하는 경보설비에 해당하는 것은?

① 확성장치
② 피난사다리
③ 완강기
④ 구조대

해설 제조소등에 설치하는 경보설비의 종류
자동 화재탐지설비, 비상경보설비, 확성장치 또는 비상방송설비

┃정답┃ 47 ① 48 ③ 49 ④ 50 ③ 51 ① 52 ④ 53 ①

54 위험물제조소등에 설치하는 옥외소화전설비의 기준에서 옥외소화전함은 옥외소화전으로부터 보행거리 몇 m 이하의 장소에 설치하여야 하는지?

① 7.5 ② 10
③ 5 ④ 1.5

해설 옥외소화전함은 옥외소화전으로부터 보행거리 5m 이하의 장소에 설치한다.

55 제6류 위험물 성질로 알맞은 것은?

① 산화성액체
② 산화성고체
③ 자연발화성물질
④ 금수성물질

해설 위험물의 성질 및 류별 분류
- 산화성고체 : 제1류 위험물
- 가연성고체 : 제2류 위험물
- 자연발화성물질, 금수성물질 : 제3류 위험물
- 인화성고체 : 제4류 위험물
- 자기반응성물질 : 제5류 위험물
- 산화성액체 : 제6류 위험물

56 위험물안전관리법령상 소화설비의 기준에서 불활성가스소화설비가 적응성이 있는 대상물은?

① 철분
② 알칼리금속의 과산화물
③ 제3류 위험물의 금수성물질
④ 제4류 위험물

해설 불활성가스소화설비는 제4류 위험물(인화성액체)의 화재에 적응성이 있다.

57 위험물안전관리법령상 알코올류에 해당하는 것은?

① 에틸렌글리콜[$C_2H_4(OH)_2$]
② 에틸알코올(C_2H_5OH)
③ 알릴알코올(CH_2CHCH_2OH)
④ 부틸알코올(C_4H_9OH)

해설 C_2H_5OH(에틸알코올)은 탄소수가 2개인 포화 1가 알코올이므로 위험물안전관리법상 제4류 위험물(인화성액체) 중 알코올류에 속한다.

참고 알코올류라 함은 1분자를 구성하는 탄소원자의 수가 1개부터 3개까지인 포화1가 알코올(변성알코올을 포함한다.)

58 아염소산염류의 운반 용기 중 적응성이 있는 내장 용기의 종류와 최대 용적이나 중량을 옳게 나타낸 것은? (단, 외장 용기의 종류는 나무상자 또는 플라스틱 상자이고, 외장 용기의 최대 중량은 125kg으로 한다.)

① 금속제 용기 : 20ℓ
② 종이 포대 : 55kg
③ 플라스틱 필름 포대 : 60kg
④ 유리 용기 : 10ℓ

해설 운반 용기의 최대용적 또는 중량(별표 19 관련)

1. 고체위험물

운반 용기				수납 위험물의 종류
내장 용기		외장 용기		제1류
용기의 종류	최대용적 또는 중량	용기의 종류	최대용적 또는 중량	I
유리 용기 또는 플라스틱 용기	10ℓ	나무상자 또는 플라스틱 상자	125kg	○
금속제 용기	30ℓ	나무상자 또는 플라스틱 상자	125kg	○
플라스틱 필름 포대 또는 종이 포대	125kg	나무상자 또는 플라스틱 상자	125kg	

| 정답 | 54 ③ 55 ① 56 ④ 57 ② 58 ④

59 정기점검 대상 제조소등에 해당하지 않는 것은?

① 지정수량 120배의 위험물을 저장하는 옥외저장소
② 이동탱크저장소
③ 지정수량 120배의 위험물을 저장하는 옥내저장소
④ 지하탱크저장소

해설 정기점검 대상인 제조소등
- 예방규정(화재예방규정)을 정하여야 하는 제조소등
- 지하탱크저장소
- 이동탱크저장소
- 위험물을 취급하는 탱크로서 지하에 매설된 탱크가 있는 제조소·주유취급소 또는 일반취급소

참고 예방규정을 정하여야 하는 제조소등
- 지정수량의 10배 이상의 위험물을 취급하는 제조소, 일반취급소
- 지정수량의 100배 이상의 위험물을 저장하는 옥외저장소
- 지정수량의 150배 이상의 위험물을 저장하는 옥내저장소
- 지정수량의 200배 이상의 위험물을 저장하는 옥외탱크저장소
- 암반탱크저장소
- 이송취급소

60 위험물안전관리법령에 의한 안전교육에 대한 설명으로 옳은 것은?

① 탱크시험자의 업무에 대한 강습교육을 받으면 탱크시험자의 기술인력이 될 수 있다.
② 안전관리자, 탱크시험자의 기술인력 및 위험물 운송자는 안전교육을 받을 의무가 없다.
③ 소방서장은 교육대상자가 교육을 받지 아니한 때에는 그 자격을 정지하거나 취소할 수 있다.
④ 제조소등의 관계인은 교육대상자에 대하여 안전교육을 받게 할 의무가 있다.

해설 탱크시험자의 기술인력은 국가기술 자격을 가진 자이어야 하며, 위험물 관련 자격자는 안전교육을 받을 의무가 있으며 그 교육대상자가 교육을 받을 때까지 이 법의 규정에 따라 그 자격으로 행하는 행위를 제한할 수 있다.

| 정답 | 59 ③ 60 ④

위험물기능사 국가기술자격 필기시험(CBT 20회) 출제문제

2021년 6월 28일 시행

(시험시간 1시간)

01 다음 중 연소에 필요한 산소의 공급원을 단절하는 것은?

① 억제작용 ② 제거작용
③ 희석작용 ④ 질식작용

해설 질식소화의 질식작용은 연소에 필요한 산소의 공급원을 차단(단절)하는 소화방법이다.

02 20℃의 물 100kg이 100℃ 수증기로 증발하면 약 몇 kcal의 열량을 흡수할 수 있는가?

① 62,000 ② 108,000
③ 540 ④ 7,800

해설 • Q(총열량)
$=Q_1+Q_2=8,000+53,900=61,900$kcal
∴ 약 62,000kcal
$Q_1=Cm\Delta t$에서
$Q_1=1\times100\times(100-20)=8,000$kcal
$Q_2=mr$에서 $Q_2=100\times539=53,900$kcal

03 위험물의 자연발화를 방지하는 방법으로 가장 거리가 먼 것은?

① 저장실의 온도를 낮출 것
② 습도가 높은 곳에 저장할 것
③ 통풍을 잘 시킬 것
④ 정촉매 작용을 하는 물질과의 접촉을 피할 것

해설 자연발화를 방지하기 위해서는 습도가 높은 곳을 피하여 저장하여야 한다.

참고 자연발화 방지방법
• 습도가 높은 것을 피할 것
• 저장실의 온도를 낮출 것
• 퇴적 및 수납 시 열이 쌓이지 않게 할 것
• 통풍을 잘 시킬 것
• 정촉매 작용을 하는 물질과의 접촉을 피할 것

04 가연성 물질과 주된 연소 형태의 연결이 틀린 것은?

① 셀룰로이드, TNT – 자기연소
② 유황, 알코올 – 증발연소
③ 종이, 섬유 – 분해연소
④ 목재, 석탄 – 표면연소

해설 연소의 형태 중 목재와 석탄은 분해연소한다.

05 포소화약제의 주된 소화효과는?

① 자기소화 ② 질식소화
③ 제거소화 ④ 희석소화

해설 포소화약제는 화재 면을 거품으로 덮어 공기 중의 산소의 공급을 차단하는 질식소화효과로 화재를 진압한다.

06 Halon 1001의 화학식에서 수소원자의 수는?

① 2 ② 0
③ 3 ④ 1

해설 Halon 1001의 화학식 : CH_3Br(브롬화메탄)
수소(H)의 수 : 3개이다.

07 폭발의 종류에 따른 물질이 잘못 짝지어진 것은?

① 분진폭발 – 금속분, 밀가루
② 산화폭발 – 히드라진, 과산화수소
③ 중합폭발 – 시안화수소, 염화비닐
④ 분해폭발 – 아세틸렌, 산화에틸렌

해설 과산화수소(H_2O_2)는 통상적으로 폭발은 불가능하나 오염된 경우 분해폭발의 위험이 있다.

| 정답 | 01 ④ 02 ① 03 ② 04 ④ 05 ② 06 ③ 07 ②

08 위험물의 품명이 질산염류에 속하지 않는 것은?

① 질산칼륨 ② 질산메틸
③ 질산암모늄 ④ 질산나트륨

해설 위험물의 류별 및 품명
- 질산칼륨(KNO_3) : 제1류 질산염류
- 질산메틸(CH_3ONO_2) : 제5류 질산에스테르류
- 질산암모늄(NH_4NO_3) : 제1류 질산염류
- 질산나트륨($NaNO_3$) : 제1류 질산염류

09 경유에 대한 설명으로 틀린 것은?

① 비중은 1 이하이다.
② 발화점이 인화점보다 높다.
③ 물에 녹지 않는다.
④ 인화점은 상온 이하이다.

해설 경유는 제4류 위험물(인화성액체) 제2석유류이며 인화점이 50~70℃인 포화불포화탄화수소의 혼합물이므로 인화점은 상온(20℃±5℃) 이상이다.

10 탄산수소나트륨 6몰이 황산알루미늄 1몰과 물 18몰과 반응할 때 생성되는 이산화탄소의 부피는 표준상태에서 몇 ℓ인가?

① 44.8 ② 134.4
③ 89.6 ④ 22.4

해설 표준상태(0℃, 1atm)에서 모든 기체 1mol의 체적 : 22.4ℓ/mol
반응 중 이산화탄소(CO_2)는 6mol 생성되므로
6mol×22.4ℓ/mol=134.4ℓ

참고
- 화학포의 화학반응식
  $6NaHCO_3 + Al_2(SO_4)_3 \cdot 18H_2O$
  (탄산수소나트륨)(황산알루미늄)
  $\rightarrow 3Na_2SO_4 + 2Al(OH)_3 + 6CO_2\uparrow + 18H_2O$
  (황산나트륨)(수산화알루미늄) (이산화탄소) (물)

11 위험물제조소에 옥외소화전이 5개가 설치되어 있다. 이 경우 확보하여야 하는 수원의 법정 최소량은 몇 m^3인가?

① 35 ② 54
③ 67.5 ④ 28

해설 $13.5m^3$/개 ×4개=$54m^3$
옥외소화전 1개의 수원의 량 $13.5m^3$에 옥외소화전의 개수가 4개 이상인 경우 4개를 곱하여 구한다.

12 저팽창포 또는 고팽창포로도 사용이 가능한 포 소화약제는?

① 합성계면활성제포 소화약제
② 불화단백포 소화약제
③ 수성막포 소화약제
④ 단백포 소화약제

해설 해당 포소화약제 : 합성계면활성제포 소화약제

13 다음 중 질식소화 효과를 주로 이용하는 소화기는?

① 강화액 소화기
② 포소화기
③ 할로겐화합물 소화기
④ 수(물)소화기

해설 포소화기는 거품으로 연소물을 덮어 공기 중의 산소공급을 차단하는 질식소화 효과를 갖는다.

참고 소화기의 소화효과
- 강화액 소화기 : 냉각소화 효과
- 할로겐화합물 소화기 : 억제소화 효과
- 수(물)소화기 : 냉각소화 효과

14 물에 탄산칼륨을 보강시킨 강화액 소화약제에 대한 설명으로 틀린 것은?

① 일반적으로 강산성을 나타낸다.
② 물보다 점성이 있는 수용액이다.
③ 물보다 비중이 큰 수용액이다.
④ 응고점은 약 −30℃ ~ −26℃이다.

해설 강화액 소화기는 pH12의 수용액이므로 일반적으로 강알칼리성을 나타낸다.

15 제5류 위험물에 해당하지 않는 것은?

① 염산히드라진 ② 니트로벤젠
③ 니트로셀룰로오스 ④ 니트로글리세린

| 정답 | 08 ② 09 ④ 10 ② 11 ② 12 ① 13 ② 14 ① 15 ②

해설 위험물의 류별 및 품명
- 염산히드라진($N_2H_4 \cdot HCl$) : 제5류 히드라진유도체
- 니트로벤젠($C_6H_5NO_2$) : 제4류 제3석유류
- 니트로셀룰로오스[$C_6H_7O_2(ONO_2)_3$]n : 제5류 질산에스테르류
- 니트로글리세린[$C_3H_5(ONO_2)_3$] : 제5류 질산에스테르류

16 다음 중 제6류 위험물에 해당하는 것은?

① IF_3 ② H_2O
③ $HClO_3$ ④ NO_3

해설 IF_3(오불화요오드)는 할로겐간 화합물로 그 밖에 행정안전부령이 정하는 제6류 위험물이다.

17 위험물안전관리법령상 제조소등에 설치하여야 하는 옥내소화전의 개폐밸브 및 호스 접속구는 바닥면으로부터 몇 m 이하의 높이에 설치하여야 하는가?

① 1.8 ② 1.5
③ 1 ④ 0.5

해설 해당 높이 : 1.5m 이하

18 아세톤의 성질에 관한 설명으로 옳은 것은?

① 비중은 1.02
② 물에 불용이고, 에테르에 잘 녹는다.
③ 증기 자체는 무해하나, 피부에 닿으면 탈지작용이 있다.
④ 인화점이 0℃보다 낮다.

해설 아세톤(CH_3COCH_3)은 제4류 위험물(인화성액체) 제1석유류로 인화점이 −18℃로 0℃보다 낮다.

19 제2류 위험물에 대한 설명 중 틀린 것은?

① 칠황화린은 뜨거운 물에 분해되어 이산화황을 발생한다.
② 삼황화린은 가연성 물질이다.
③ 오황화린은 CS_2에 녹는다.
④ 유황은 물에 녹지 않는다.

해설 칠황화린(P_2S_5)은 온수와 반응하여 황화수소(H_2S)를 발생한다.
- 칠황화린(P_2S_5)과 온수와의 반응

$$P_4S_7 + 13H_2O \rightarrow 7H_2S\uparrow + H_3PO_4 + 3H_3PO_3$$

(오황화린) (물) (황화수소) (인산) (아인산)

20 [보기]에서 설명하는 물질은 무엇인가?

> [보기]
> - 살균제 및 소독제로도 사용된다.
> - 분해할 때 발생하는 발생기산소 [O]는 난분해성 유기물질을 산화시킬 수 있다.

① $HClO_4$ ② CH_3OH
③ H_2O_2 ④ H_2SO_4

해설 보기에서 정하는 물질은 제6류 위험물(산화성액체)인 과산화수소(H_2O_2)이다.

21 위험물안전관리법령에서 정한 제5류 위험물 이동저장탱크의 외부 도장색상은?

① 청색 ② 회색
③ 황색 ④ 적색

해설 이동저장탱크의 외부도장

유별	도장의 색상	비 고
제 1 류	회 색	탱크의 앞면과 뒷면을 제외한 면적의 40% 이내의 면적은 다른 유별의 색상 외의 색상으로 도장하는 것이 가능하다.
제 2 류	적 색	
제 3 류	청 색	
제 4 류	도장의 색상 제한이 없으나 적색을 권장한다.	
제 5 류	황 색	
제 6 류	청 색	

22 간이소화제인 마른 모래의 보관법으로 옳지 않은 것은?

① 능력단위를 고려하여 보관할 것
② 충분한 습기를 함유할 것
③ 가연물이 함유되어 있지 않을 것
④ 부속기구로 삽 등을 비치할 것

| 정답 | 16 ① 17 ② 18 ④ 19 ① 20 ③ 21 ③ 22 ②

해설 마른 모래(건조사)는 항상 건조한 상태로 보관하여야 한다.

23 **다음 중 산화성액체 위험물의 화재예방상 가장 주의해야 할 점은?**

① 공기와의 접촉을 피한다.
② 0℃ 이하로 냉각시킨다.
③ 금속용기에 저장한다.
④ 가연물과의 접촉을 피한다.

해설 제6류 위험물인 산화성액체는 산소를 다량 함유한 불연성물질이며 가연물과 접촉하여 발화할 수 있으므로 가연물과 접촉을 피하여 저장하여야 한다.

24 **금속나트륨, 금속칼륨 등을 보호액 속에 저장하는 이유를 가장 옳게 설명한 것은?**

① 운반 시 충격을 적게 하기 위하여
② 온도를 낮추기 위하여
③ 공기와의 접촉을 막기 위하여
④ 승화하는 것을 막기 위하여

해설 제3류 위험물 금수성 물질인 금속나트륨(Na), 금속칼륨(K)은 공기 중의 습기와 반응하여 연소하므로 석유등 보호액 속에 넣어 공기와의 접촉을 차단시켜 저장한다.

25 **제조소등의 소화설비의 기준에 대한 설명으로 옳은 것은?**

① 제조소의 경우 외벽이 내화구조인 것은 연면적 $100m^2$를 1소요 단위로 한다.
② 제조소등에 전기설비가 설치된 경우 면적 $50m^2$ 마다 소형수동소화기를 1개 이상 설치한다.
③ 저장소의 경우 외벽이 내화구조인 것은 연면적 $200m^2$를 1소요단위로 한다.
④ 소화설비의 소화능력의 기준단위를 소요단위라 한다.

해설 소요단위의 계산방법(1단위)
- 제조소 또는 취급소용 건축물로 외벽이 내화구조인 것 : 연면적 $100m^2$
- 제조소 또는 취급소용 건축물로 외벽이 내화구조 이외인 것 : 연면적 $50m^2$
- 저장소용 건축물로 외벽이 내화구조인 것 : 연면적 $150m^2$
- 저장소용 건축물로 외벽이 내화구조 이외인 것 : 연면적 $75m^2$
- 위험물 : 지정수량 10배

참고
- 제조소등에 전기설비가 설치된 경우 면적 $100m^2$ 마다 소형수동소화기를 1개 이상 설치한다.
- 소화설비의 소화능력의 기준단위를 능력단위라 한다.

26 **위험물안전관리법령상 옥내탱크저장소의 기준에서 옥내저장탱크 상호 간에는 몇 m 이상의 간격을 유지하여야 하는가?**

① 0.7 ② 1.0
③ 0.5 ④ 0.3

해설 옥내저장탱크 상호 간의 거리 : 0.5m 이상

27 **다음 그림은 옥외저장탱크와 방유제를 나타낸 것이다. 탱크의 지름이 10m이고 높이가 15m라고 할 때 방유제는 탱크의 옆 판으로부터 몇 m 이상의 거리를 유지하여야 하는가? (단, 인화점 200℃ 미만의 위험물을 저장한다.)**

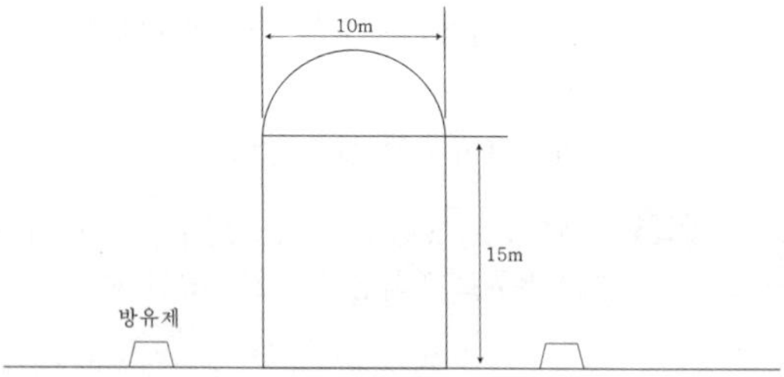

① 4 ② 2
③ 5 ④ 3

해설 탱크의 지름이 15m 미만이므로 탱크 높이의 $\frac{1}{3}$을 곱한 값이 탱크 옆 판으로부터 방유제와의 거리이다.
$15m \times \frac{1}{3} = 5m$ 이상 거리를 둔다.

| 정답 | 23 ④ 24 ③ 25 ① 26 ③ 27 ③

참고 탱크의 지름이 15m 이상인 경우에는 $\frac{1}{2}$을 곱하여 구한다.

28 **니트로셀룰로오스의 저장·취급방법으로 틀린 것은?**

① 직사광선을 피해 저장한다.
② 유기과산화물류, 강산화제와의 접촉을 피한다.
③ 되도록 장기간 보관하여 안정화된 후에 사용한다.
④ 건조 상태에 이르면 위험하므로 습한 상태를 유지한다.

해설 니트로셀룰로오스[$C_6H_7O_2(ONO_2)_3$]n는 장기간 보관한다 하여 안정화되지 않는다.

29 **제2류 위험물이 아닌 것은?**

① 적린 ② 철분
③ 마그네슘 ④ 황린

해설 황린(P_4)은 제3류 위험물 자연발화성물질이다.

30 **위험물안전관리법령상 소화설비의 설치기준으로 틀린 것은?**

① 소요단위는 소화설비의 설치대상이 되는 건축물 그 밖의 공작물의 규모 또는 위험물의 양의 기준단위이다.
② 능력단위는 소요단위에 대응하는 소화설비의 소화능력의 기준단위이다.
③ 취급소의 외벽이 내화구조인 건축물의 연면적 $50m^2$를 1소요단위로 한다.
④ 저장소의 외벽이 내화구조인 건축물의 연면적 $150m^2$를 1소요단위로 한다.

해설 취급소의 외벽이 내화구조인 건축물의 연면적 $100m^2$를 1소요단위로 한다.

참고 문제 25번 해설을 참조

31 **분자량이 약 169인 백색의 정방정계 분말로서 알칼리토금속의 과산화물 중 매우 안정한 물질이며 테르밋 반응에 사용되는 제1류 위험물은?**

① 과산화칼륨
② 과산화바륨
③ 과산화마그네슘
④ 과산화나트륨

해설 과산화바륨(BaO_2)의 분자량은 169이며 제1류 위험물 알칼리토금속의 과산화물 중 매우 안정한 물질이다.

참고 바륨(Ba)의 원자량 : 137

32 **다음 중 증기밀도가 가장 큰 것은?**

① 에틸알코올 ② 벤젠
③ 디에틸에테르 ④ 옥탄

해설 표준상태(0℃, 1atm)에서 증기밀도는 물질 1g분자량(1mol)을 22.4L로 나눈 값으로 분자량이 가장 큰 것이 증기밀도가 가장 큰 것이다.
제4류 위험물의 1g분자량
- 에틸알코올(C_2H_5OH) : 12×2+6+16=46g
- 벤젠(C_6H_6) : 12×6+6=78g
- 디에틸에테르($C_2H_5OC_2H_5$)
  : 12×4+10+16=74g
- 옥탄(C_8H_{18}) : 12×8+18=114g

33 **위험물안전관리법령상 옥내저장소에서 기계에 의하여 하역하는 구조로 된 용기만을 겹쳐 쌓아 위험물을 저장하는 경우 그 높이는 몇 m를 초과하지 않아야 하는가?**

① 8 ② 4
③ 6 ④ 2

해설 옥내저장소에서 위험물의 저장 높이(규정 높이를 초과하여 용기를 겹쳐 쌓지 아니할 것)
- 기계에 의하여 하역하는 구조로 된 용기만을 겹쳐 쌓는 경우 : 6m
- 제4류 위험물 중 제3석유류, 제4석유류 및 동식물유류를 수납하는 용기만 겹쳐 쌓는 경우 : 4m
- 그 밖의 경우 : 3m

정답 28 ③ 29 ④ 30 ③ 31 ② 32 ④ 33 ③

34 **이동탱크저장소에 의한 위험물의 운송에 있어서 운송책임자의 감독 또는 지원을 받아야 하는 위험물은?**

① 아세트알데히드 ② 알킬알루미늄
③ 히드록실아민 ④ 금속분

해설 운송책임자의 감독·지원을 받아 운송하여야 하는 위험물
- 알킬알루미늄
- 알킬리튬
- 알킬알루미늄과 알킬리튬을 함유한 위험물

35 **과산화나트륨에 대한 설명으로 틀린 것은?**

① 조해성 물질이다.
② 비중이 약 2.8이다.
③ 에틸알코올에 잘 녹아서 산소와 수소를 발생시킨다.
④ 상온에서 물과 격렬하게 반응한다.

해설 과산화나트륨(Na_2O_2)은 에틸알코올(C_2H_5OH) 등 알코올에 녹지 않는다.

36 **위험물 탱크의 용량은 탱크의 내용적에서 공간용적을 뺀 용적으로 한다. 이 경우 소화약제 방출구를 탱크 안의 윗부분에 설치하는 탱크의 공간용적은 당해 소화설비의 소화약제방출구 아래의 어느 범위의 면으로부터 윗부분의 용적으로 하는가?**

① 0.5m 이상 1m 사이의 면
② 0.5m 이상 1.5m 미만 사이의 면
③ 0.3m 이상 1m 미만 사이의 면
④ 0.1m 이상 0.5m 미만 사이의 면

해설 소화약제방출구 아래 0.3m 이상 1m 미만 사이의 면으로부터 윗부분의 용적을 공간용적으로 한다.

37 **위험물안전관리법령상 제2류 위험물의 위험등급에 대한 설명으로 옳은 것은?**

① 제2류 위험물 중 황화린, 적린, 유황 등 지정수량이 100kg인 품명은 위험등급 I에 해당한다.
② 제2류 위험물은 위험등급 I에 해당되는 품명이 없다.
③ 제2류 위험물 중 지정수량이 1,000kg인 인화성고체는 위험등급 II에 해당한다.
④ 제2류 위험물 중 위험등급 III에 해당되는 품명은 지정수량이 500kg인 품명만 해당된다.

해설 제2류 위험물(가연성고체)은 위험등급 I에 해당되는 품명이 없다.

참고 • 제2류 위험물의 위험등급 및 품명과 지정수량

성질	위험등급	품명	지정수량
가연성 고체	II	황화린	100kg
	II	적린	100kg
	II	유황	100kg
	III	마그네슘	500kg
	III	철분	500kg
	III	금속분	500kg
	III	인화성고체	1,000kg

38 **탄화알루미늄을 저장하는 저장고에 스프링클러 소화설비를 설치할 수 없는 이유는?**

① 물과 반응 시 수소가스를 발생하기 때문에
② 물과 반응 시 메탄가스를 발생하기 때문에
③ 물과 반응 시 프로판가스를 발생하기 때문에
④ 물과 반응 시 에탄가스를 발생하기 때문에

해설 제3류 위험물 금수성물질인 탄화알루미늄(Al_4C_3)은 물(H_2O)과 반응 시 메탄(CH_4)을 발생한다.

참고 • 탄화알루미늄(Al_4C_3)과 물(H_2O)의 반응식

$$Al_4C_3 + 12H_2O \rightarrow 4Al(OH)_3 + 3CH_4\uparrow$$

(탄화알루미늄) (물) (수산화알루미늄) (메탄)

39 **위험물안전관리법령상 제3류 위험물 중 금수성 물질에 적응성이 있는 소화설비는?**

① 불활성가스소화설비
② 할로겐화합물소화설비
③ 포소화설비
④ 탄산수소염류 등 분말소화설비

| 정답 | 34 ② 35 ③ 36 ③ 37 ② 38 ② 39 ④

해설 탄산수소염류 등 분말소화설비는 제3류 위험물 중 금수성물질 및 금속화재에 적응성이 있는 소화설비이다.

40 메틸알코올의 위험성에 대한 설명으로 틀린 것은?

① 연소 범위는 에틸알코올보다 넓다.
② 겨울에는 인화의 위험이 여름보다 작다.
③ 증기밀도는 휘발유보다 크다.
④ 독성이 있다.

해설 증기밀도는 분자량이 큰 물질이 증기밀도가 크므로 휘발유의 분자량을 옥탄으로 할 경우 휘발유의 분자량은 메틸알코올보다 매우 크다.

- 메틸알코올(CH_3OH)의 1g 분자량 : 12+4+16=32g/mol
- 휘발유를 옥탄(C_8H_{18})으로 할 경우 옥탄의 1g분자량 : 12×8+18=114g/mol

41 위험물을 운반 용기에 수납하여 적재할 때 일광의 직사를 피하기 위하여 차광성 있는 피복으로 가려야 하는 위험물은?

① 아세트산　② 이황화탄소
③ 에틸알코올　④ 아세톤

해설 제4류 위험물(인화성액체) 중 차광성 덮개를 하여야 하는 위험물은 특수인화물에 한한다.
제4류 위험물의 품명

- 아세트산(CH_3COOH) : 제2석유류
- 이황화탄소(CS_2) : 특수인화물
- 에틸알코올(C_2H_5OH) : 알코올류
- 아세톤(CH_3COCH_3) : 제1석유류

42 위험물안전관리법령상 제조소등에 대한 긴급 사용정지 명령 등을 할 수 있는 권한이 없는 자는?

① 소방청장　② 소방서장
③ 소방본부장　④ 시・도지사

해설 시・도지사, 소방본부장 또는 소방서장은 공공의 안전을 유지하거나 재해의 발생을 방지하기 위하여 긴급한 필요가 있다고 인정하는 때에는 제조소등의 관계인에 대하여 당해 제조소등의 사용을 일시정지하거나 그 사용을 제한할 것을 명할 수 있다.

43 제3류 위험물에 해당하지 않는 것은?

① 칼륨　② 황린
③ 알칼리금속　④ 황화린

해설 위험물의 류별

- 칼륨(K) : 제3류
- 황린(P_4) : 제3류
- 알칼리금속[리튬(Li)]등 : 제3류
- 황화린[삼황화린(P_4S_3)]등 : 제2류

44 황린에 대한 설명으로 옳은 것은?

① 공기 중에서 안정한 물질이다.
② 물, 이황화탄소, 벤젠에 잘 녹는다.
③ 담황색 또는 백색의 액체로 일광에 노출하면 색이 짙어지면서 적린으로 변한다.
④ KOH 수용액과 반응하여 유독한 포스핀가스가 발생한다.

해설 황린(P_4)은 KOH(수산화칼륨) 수용액과 반응하여 유독한 포스핀(PH_3) 발생한다.

- 황린(P_4)이 수산화칼륨(KOH) 수용액에서 반응식

참고 P_4 + 3KOH + $3H_2O$
(황린) (수산화칼륨) (물)
→ $3KH_2PO_2$ + PH_3↑
(차아인산칼륨) (인화수소, 포스핀)

45 위험물안전관리법령상 제5류 위험물의 공통된 취급방법으로 옳지 않은 것은?

① 저장 시 과열, 충격, 마찰을 피한다.
② 용기의 파손 및 균열에 주의한다.
③ 불티, 불꽃, 고온체와의 접근을 피한다.
④ 운반 용기 외부에 주의사항으로 "화기주의" 및 "물기엄금"을 표기한다.

해설 제5류 위험물(자기반응성물질)의 운반 용기 외부에 주의사항으로 "화기엄금" 및 "충격주의"를 표기한다.

참고 운반 용기에 수납하는 위험물에 따라 다음의 규정에 의한 주의사항 표시
① 제1류 위험물 : 화기・충격주의, 가연물 접촉주의

| 정답 | 40 ③　41 ②　42 ①　43 ④　44 ④　45 ④

- 알칼리금속의 과산화물 또는 이를 함유하는 것 : 화기·충격주의, 가연물 접촉주의, 물기엄금

② 제2류 위험물 : 화기주의
- 철분, 금속분, 마그네슘 또는 이를 함유하는 것 : 화기주의, 물기엄금
- 인화성고체 : 화기엄금

③ 제3류 위험물
- 금수성물질 : 물기엄금
- 자연발화성물질 : 화기엄금, 공기접촉엄금

④ 제4류 위험물 : 화기엄금
⑤ 제5류 위험물 : 화기엄금, 충격주의
⑥ 제6류 위험물 : 가연물 접촉주의

46 휘발유에 대한 설명으로 옳지 않은 것은?

① 발화점은 −43℃~−20℃ 정도이다.
② 지정수량은 200L이다.
③ 원유의 성질·상태·처리방법에 따라 탄화수소의 혼합비율이 다르다.
④ 제1석유류에 해당한다.

해설 휘발유는 제4류 위험물(인화성액체) 제1석유류이며 발화점은 약 300℃, 인화점이 −43℃ ~ −20℃ 정도이다.

47 과염소산의 저장창고에서 화재가 발생했을 때 조치 방법으로 적합하지 않은 것은?

① 마른 모래로 소화한다.
② 물과 반응하여 발열하므로 주의한다.
③ 인산염류 분말로 소화한다.
④ 환원성 물질로 중화한다.

해설 제6류 위험물(산화성액체)인 과염소산($HClO_4$) 저장창고 화재에 환원성물질을 사용하면 화재를 더욱 확대시키므로 사용하면 안 된다.

48 제5류 위험물의 화재예방과 진압 대책으로 옳지 않은 것은?

① 이산화탄소소화기와 할로겐화합물소화기는 모두 적응성이 없다.
② 서로 1m 이상의 간격을 두고 유별로 정리한 경우라도 제3류 위험물과는 동일한 옥내저장소에 저장할 수 없다.
③ 운반 용기의 외부에는 주의사항으로 "화기엄금"만 표시하면 된다.
④ 위험물제조소의 주의사항 게시판에는 주의사항으로 "화기엄금"만 표기하면 된다.

해설 운반 용기의 외부에는 주의사항으로 "화기엄금" 및 "충격주의"를 표시하여야 한다.

49 1기압 20℃에서 액상이며 인화점이 200℃ 이상인 물질은?

① 글리세린 ② 톨루엔
③ 실린더유 ④ 벤젠

해설 실린더유는 인화점이 200℃ 이상인 제4석유류이다.

참고 기어유, 실린더유 그 밖에 1기압 20℃에서 액상이며 인화점이 200℃ 이상 200℃ 미만인 물질은 제4류 위험물(인화성액체) 중 제4석유류이다.

50 위험물의 품명·수량 또는 지정수량 배수의 변경신고에 대한 설명으로 옳은 것은?

① 허가청과 협의하여 설치한 군용위험물시설의 경우에도 적용된다.
② 위험물의 품명·수량 및 지정수량의 배수를 모두 변경할 때에는 신고를 할 수 없고 허가를 신청하여야 한다.
③ 위험물의 품명이나 수량의 변경을 위해 제조소등의 위치·구조 또는 설비를 변경하는 경우에 신고한다.
④ 변경신고는 변경한 날로부터 7일 이내에 완공검사필증(합격증)을 첨부하여 신고하여야 한다.

해설
- 허가청과 협의하여 설치한 군용위험물시설의 경우에는 신고의무는 없음
- 위험물의 품명·수량 및 지정수량의 배수를 모두 변경할 때에는 신고사항이다.
- 변경신고는 변경한 날로부터 1일 이내에 완공검사필증(합격증)을 첨부하여 신고하여야 한다.

❙정답❙ 46 ① 47 ④ 48 ③ 49 ③ 50 ①

51 **위험물 제조소등의 소화설비의 기준에 관한 설명으로 옳은 것은?**

① 제조소등 중에서 소화난이도 등급 Ⅰ, Ⅱ 또는 Ⅲ 의 어느 것에도 해당하지 않는 것도 있다.

② 제4류 위험물을 저장·취급하는 제조소등에도 스프링클러 소화설비가 적응성이 인정되는 경우가 있으며 이는 수원의 수량을 기준으로 판단한다.

③ 옥외탱크저장소의 소화난이도 등급을 판단하는 기준 중 탱크의 높이는 기초를 제외한 탱크 측판의 높이를 말한다.

④ 제조소의 소화난이도 등급을 판단하는 기준 중 면적에 관한 기준은 건축물 외에 설치된 것에 대해서는 수평투영면적을 기준으로 한다.

해설 옥내탱크 및 옥외탱크저장소에서 고인화점 위험물만을 100℃ 미만의 온도로 저장하는 것 및 제6류 위험물만을 저장하는 경우에는 소화난이도 등급 Ⅰ, Ⅱ 또는 Ⅲ의 어느 것에도 해당하지 않는다.

참고
- 제4류 위험물을 저장 또는 취급하는 장소의 살수기준면적에 따라 스프링클러 설비의 방사밀도 이상일 경우 스프링클러설비를 설치할 수 있다.
- 옥외탱크저장소의 소화난이도 등급을 판단하는 기준 중 탱크의 높이는 지반면으로부터 탱크 옆판의 상단까지 높이를 말한다.
- 제조소의 소화난이도 등급을 판단하는 기준 중 면적에 관한 기준은 연면적을 기준으로 한다.

52 **강화액소화기에 대한 설명으로 틀린 것은?**

① 어는점이 낮아서 동절기에도 사용이 가능하다.

② A급 화재에 적응성이 있다.

③ 물의 표면장력을 강화시킨 것으로 심부화재에는 부적합하다.

④ 알칼리 금속염류가 포함된 수용액이다.

해설 강화액소화기는 물의 빙점을 −35℃ ~ −25℃로 낮추기 위하여 물에 알칼리 금속염류인 탄산칼륨(K_2CO_3)을 넣은 포화용액을 소화약제로 사용하는 것으로 물의 표면장력과는 무관하다.

53 **위험물안전관리법령상 알킬알루미늄 운반용기의 수납율에 관한 기준으로 옳은 것은?**

① 내용적의 95% 이하

② 내용적의 85% 이하

③ 내용적의 98% 이하

④ 내용적의 90% 이하

해설 알킬알루미늄 운반용기의 수납율은 용기 내용적의 90% 이하(50℃에서 5% 이상의 공간용적을 유지할 것)이다.

54 **다음 중 위험물과 그 보호액이 잘못 짝지어진 것은?**

① 칼륨 – 에탄올

② 이황화탄소 – 물

③ 황린 – 물

④ 나트륨 – 유동피라핀

해설 제3류 위험물 금수성물질인 칼륨(K)은 제4류 위험물 에탄올(C_2H_5OH)과 급격히 반응하며 폭발적으로 연소한다.

참고
- 칼륨(K)과 에탄올(C_2H_5OH)의 화학반응식

$$\underset{(칼륨)}{2K} + \underset{(에탄올)}{2C_2H_5OH} \rightarrow \underset{(칼륨에틸레이트)}{2C_2H_5OK} + \underset{(수소)}{H_2\uparrow}$$

55 **셀룰로이드에 관한 설명 중 틀린 것은?**

① 장시간 방치된 것은 햇빛, 고온 등에 의해 분해가 촉진된다.

② 지정수량은 10kg이다.

③ 물에 잘 녹으며, 자연발화의 위험이 있다.

④ 탄력성이 있는 고체의 형태이다.

해설 셀룰로이드는 니트로셀룰로오스를 주제로 한 물질로 물에 녹지 않는다.

| 정답 | 51 ① 52 ③ 53 ④ 54 ① 55 ③

56 벤젠에 대한 설명으로 옳은 것은?

① 휘발성이 강한 액체이다.
② 증기의 비중은 1.5이다.
③ 물에 매우 잘 녹는다.
④ 순수한 것의 융점은 30℃이다.

해설 벤젠(C_6H_6)은 제4류 위험물(인화성액체) 제1석유류로 휘발성이 강한 비수용성의 액체이다.

참고 벤젠(C_6H_6)의 증기비중$=\frac{12\times6+6}{29}=2.689$

∴ 약 2.69

57 그림과 같은 타원형 위험물 탱크의 내용적을 구하는 식을 옳게 나타낸 것은?

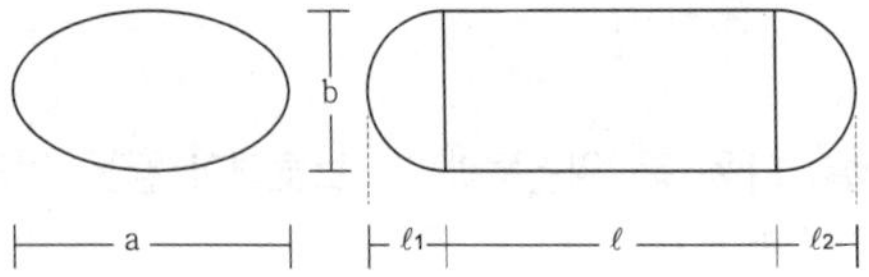

① $\frac{\pi ab}{4}(\ell+\frac{\ell_1-\ell_2}{3})$

② $\frac{\pi ab}{4}(\ell+\frac{\ell_1+\ell_2}{3})$

③ $\pi ab\ell^2$

④ $\pi ab(\ell+\frac{\ell_1+\ell_2}{3})$

58 다음의 위험물 중에서 위험물 운송자로 하여금 위험물 안전카드를 휴대하게 하여야 하는 제4류 위험물은?

① 금속의 수소화물
② 아세트알데히드
③ 마그네슘
④ 알킬리튬

해설 아세트알데히드(CH_3CHO)는 특수인화물이다.

참고 위험물 운송자로 하여금 위험물 안전카드를 휴대하게 하는 제4류 위험물
1. 특수인화물
2. 제1석유류

59 위험물안전관리법령상 운반 시 혼재할 수 없는 위험물은? (단, 위험물은 지정수량의 1/10을 초과하는 경우이다.)

① 칼륨과 특수인화물
② 질산염류와 질산
③ 적린과 황린
④ 유기과산화물과 유황

해설 제2류 위험물인 적린(P)과 제3류 위험물인 황린(P_4)은 혼위험물안전관리법령상 혼재하여 운반할 수 없다.

참고 유별을 달리하는 위험물의 혼재기준
(암기법 : 사이삼, 오이사, 육하나)

위험물의 구분	제1류	제2류	제3류	제4류	제5류	제6류
제1류		×	×	×	×	○
제2류	×		×	○	○	×
제3류	×	×		○	×	×
제4류	×	○	○		○	×
제5류	×	○	×	○		×
제6류	○	×	×	×	×	

"×"표시는 혼재할 수 없음을 표시한다.
"○"표시는 혼재할 수 있음을 표시한다.

60 위험물의 위험등급이 나머지 셋과 다른 것은?

① 아염소산염류
② 질산에스테르류
③ 알칼리토금속
④ 제6류 위험물

해설 위험물의 류별 및 위험등급
- 아염소산염류 : 제1류 Ⅰ
- 질산에스테르류 : 제1류 Ⅰ
- 알칼리토금속 : 제1류 Ⅱ
- 제6류 위험물 : 제1류 Ⅰ

| 정답 | 56 ① 57 ② 58 ② 59 ③ 60 ③

위험물기능사 국가기술자격 필기시험(CBT 21회) 출제문제

2021년 10월 3일 시행

(시험시간 1시간)

01 다음 중 증발연소를 하는 물질이 아닌 것은?

① 파라핀　② 나프탈렌
③ 석탄　④ 황

해설 석탄은 분해연소한다.

참고 고체상태인 파라핀, 나프탈렌, 황은 가열하면 액체가 되고 더욱 가열하면 액체 표면에서 증기를 발생하여 점화원에 의하여 증발연소한다.

02 가연물이 될 수 있는 조건이 아닌 것은?

① 산소와 친화력이 좋아야 한다.
② 열전달이 잘 되는 물질이어야 한다.
③ 산화반응 시 발열량이 커야 한다.
④ 반응에 필요한 에너지가 작아야 한다.

해설 가연물이 될 수 있는 물질은 열전달이 잘 안 되는(열전도율이 작은) 물질이어야 열의 축적에 의하여 분해 연소하기 쉽다.

03 산화열에 의해 자연발화 하는 물질은?

① 셀룰로이드　② 건성유
③ 목탄　④ 시멘트

해설 자연발화의 종류
- 셀룰로이드 : 분해열에 의한 발열
- 건성유 : 산화열에 의한 발열
- 목탄 : 흡착열에 의한 발열
- 시멘트 : 불연성 물질

04 다음 소화제 중 수용성 액체의 화재 시 가장 적합한 것은?

① 단백포 소화약제
② 알코올형포 소화약제
③ 수성막포 소화약제
④ 합성계면활성제포 소화약제

해설 수용성 액체의 화재에는 특수포인 알코올포 소화약제를 사용하여야 거품이 터지지 않고 산소공급을 차단할 수 있다.

참고 알코올포 이외의 포소화약제는 수용성 액체의 화재에 사용하면 거품이 터지므로 소화효과를 볼 수 없다.

05 위험물안전관리법령상 제3류 위험물 중 금수성 물질에 적응할 수 있는 소화설비는?

① 탄산수소염류 분말소화설비
② 할로겐화합물소화설비
③ 포소화설비
④ 불활성가스소화설비

해설 제3류 위험물 중 금수성물질에 적응할 수 있는 소화설비는 탄산수소염류 분말소화설비 및 마른 모래, 팽창질석 및 팽창진주암을 사용한다.

06 위험물안전관리법령상 제4류 위험물과 제6류 위험물에 모두 적응성이 있는 소화설비는?

① 할로겐화합물 소화설비
② 인산염류 분말소화설비
③ 불활성가스 소화설비
④ 탄산수소염류 분말소화설비

해설 인산염류($NH_4H_2PO_4$) 분말소화설비는 제4류 위험물(인화성액체)과 제6류 위험물(산화성액체)에 모두 적응성이 있다.

참고 할로겐화합물 소화설비, 불활성가스 소화설비, 탄산수소염류 분말소화설비는 제4류 위험물(인화성액체)에는 적응성이 있으나 제6류 위험물(산화성액체)과는 화학 반응하므로 적응성이 없다.

| 정답 | 01 ③　02 ②　03 ②　04 ②　05 ①　06 ②

07 제3종 분말소화약제의 주성분에 해당하는 것은?

① 탄산수소나트륨
② 제1인산암모늄
③ 탄산수소칼륨과 질산칼륨의 반응생성물
④ 탄산수소칼륨

해설 분말소화약제의 종별명칭과 화학식
- 제1종 분말 : 탄산수소나트륨($NaHCO_3$)
- 제2종 분말 : 탄산수소칼륨($KHCO_3$)
- 제3종 분말 : 제1인산암모늄($NH_4H_2PO_4$)
- 제4종 분말 : 탄산수소칼륨($KHCO_3$)과 요소 [$(NH_2)_2CO$]의 반응물

참고 탄산수소칼륨($KHCO_3$)과 질산칼륨(KNO_3)의 반응 생성물은 분말소화약제에 해당되지 않는다.

08 열분해할 때 부착성이 좋은 메타인산을 만들 수 있는 소화약제의 주성분에 해당하는 것은?

① 제1인산암모늄
② 탄산수소나트륨
③ 탄산수소칼륨
④ 황산알루미늄

해설 제3종 분말인 제1인산암모늄이 열분해하면 화재면에 부착성이 좋은 메타인산을 발생한다.

참고 제3종 분말소화약제($NH_4H_2PO_4$)의 열분해반응식

$$NH_4H_2PO_4 \xrightarrow{\triangle} HPO_3 + NH_3 + H_2O$$

(제1인산암모늄) (메타인산) (암모니아) (물)

09 액화 이산화탄소 1kg이 방출되었다. 방출된 기체상의 이산화탄소의 부피는 25℃, 2atm에서 약 몇 ℓ인가?

① 340 ② 308
③ 278 ④ 237

해설
$PV = \frac{WRT}{M}$에서 $V = \frac{WRT}{PM}$에서

이산화탄소의 체적(V)

$= \frac{1,000 \times 0.082 \times (25+273)}{2 \times 44} = 277.681 ≒ 278\ ℓ$

V(이산화탄소의 체적) : ? ℓ
P(압력) : 2atm
M(이산화탄소의 1g 분자량) : 44g/mol
W(산소의 질량) : 1kg=1,000g
R(기체상수) : 0.082atm · ℓ/mol · k
T(절대온도) : (25℃+273)k

10 다음 중 Halon 번호가 잘못 짝지어진 것은?

① CF_2ClBr – Halon 1211
② CH_3I – Halon 10001
③ CH_3Br – Halon 101
④ CCl_4 – Halon 104

해설 CH_3Br(브롬화 메탄)의 Halon 번호 : 1001이다.

참고 Halon 번호는 C F Cl Br I의 개수를 순서대로 표시한 것임. 단, 수소(H)의 개수는 표시하지 않는다.

11 탄산수소칼륨과 요소의 반응생성물로 된 것은 제 몇 종 분말소화약제인가?

① 제1종 ② 제2종
③ 제3종 ④ 제4종

해설 제4종 분말소화약제는 탄산수소칼륨($KHCO_3$)과 요소[$(NH_2)_2CO$]의 반응생성물이다.

참고 종별 분말소화약제의 성분
- 제1종 분말소화기[탄산수소나트륨($NaHCO_3$)]
- 제2종 분말소화기[탄산수소칼륨($KHCO_3$)]
- 제3종분말소화기 : [제1인산암모늄($NH_4H_2PO_4$)]

12 다음 중 위험물제조소등에 설치하는 경보설비에 해당하는 것은?

① 피난사다리
② 완강기
③ 구조대
④ 확성장치

해설 위험물제조소등에 설치하는 경보설비
- 자동화재 탐지설비 및 자동화재 속보설비
- 비상경보설비
- 비상방송설비
- 확성장치

참고 피난사다리, 완강기, 구조대는 피난설비에 해당된다.

| 정답 | 07 ② 08 ① 09 ③ 10 ③ 11 ④ 12 ④

13 **옥내에서 지정수량 100배 이상을 취급하는 일반취급소에 설치하여야 하는 경보설비는? (단, 고인화점 위험물만을 취급하는 경우는 제외한다.)**

① 비상방송설비
② 비상경보설비
③ 비상벨설비 및 확성장치
④ 자동화재탐지설비

해설 위험물안전관리법 시행규칙 [별표 17] 1호의 표(요약)
• 자동화재탐지설비를 설치하여야 할 곳

제조소등의 구분	제조소등의 규모, 저장 또는 취급하는 위험물의 종류 및 최대수량 등
제조소 · 일반취급소	• 연면적 $500m^2$ 이상인 곳 • 옥내에서 지정수량의 100배 이상을 취급하는 것(고인화점 위험물만을 100℃ 미만의 온도에서 자동화재 취급하는 것을 제외한다.)
옥내저장소	• 처마높이 6m 이상인 단층건물
옥내탱크저장소	단층 건축물 외의 건축물에 설치된 옥내탱크저장소로서 소화난이도 등급 Ⅰ에 해당하는 것
주유취급소	옥내주유취급소

14 **위험물안전관리법령상 자동 화재탐지설비를 설치하지 않고 비상경보설비로 대신할 수 있는 것은?**

① 일반취급소로서 연면적 $600m^2$인 것
② 지정수량 20배를 저장하는 옥내저장소로서 처마 높이가 8m인 단층 건물
③ 단층 건물 외에 건축물에 설치된 지정수량 15배의 옥내탱크저장소로서 소화난이도등급 Ⅱ에 속하는 것
④ 지정수량 20배를 저장 취급하는 옥내주유취급소

해설 단층 건물 외에 건축물에 설치된 옥내탱크저장소로서 소화난이도 등급 Ⅱ에 속하는 것에는 비상경보설비를 설치하여도 된다.

참고 위험물안전관리법 시행규칙 [별표 17] 1호의 표(요약)
• 자동화재탐지설비를 설치하여야 할 곳

제조소등의 구분	제조소등의 규모, 저장 또는 취급하는 위험물의 종류 및 최대수량 등
제조소 · 일반취급소	• 연면적 $500m^2$ 이상인 곳 • 옥내에서 지정수량의 100배 이상을 취급하는 것(고인화점 위험물만을 100℃ 미만의 온도에서 자동화재 취급하는 것을 제외한다.)
옥내저장소	• 처마높이 6m 이상인 단층건물
옥내탱크저장소	단층 건축물 외의 건축물에 설치된 옥내탱크저장소로서 소화난이도 등급 Ⅰ에 해당하는 것
주유취급소	옥내주유취급소

15 **과산화수소가 이산화망간 촉매 하에서 분해가 촉진될 때 발생하는 가스는?**

① 질소 ② 아세틸렌
③ 수소 ④ 산소

해설 과산화수소(H_2O_2)는 산소(O)를 많이 함유한 제6류 위험물(산화성액체)이며 분해하면 산소(O_2)를 발생하며 정촉매인 이산화망간(MnO_2)을 첨가 가열하면 빠른 속도로 산소(O_2)를 발생한다.

참고 과산화수소(H_2O_2)와 이산화망간(MnO_2) 정촉매와 반응식

$$2H_2O_2 \xrightarrow[\Delta]{MnO_2} 2H_2O + O_2\uparrow$$

(과산화수소) (물) (산소)

16 **과산화바륨과 물이 반응하였을 때 발생하는 것은?**

① 수성가스 ② 탄산가스
③ 수소 ④ 산소

해설 과산화바륨(BaO_2)은 제1류 위험물(산화성고체) 중 알칼리토금속의 과산화물로 물(H_2O)과 반응하면 산소(O_2)를 발생한다.

참고 • 과산화바륨(BaO_2)과 물(H_2O)과의 반응식

$$2BaO_2 + 2H_2O \rightarrow 2Ba(OH)_2 + O_2\uparrow$$

(과산화바륨) (물) (수산화바륨) (산소)

정답 13 ④ 14 ③ 15 ④ 16 ④

17 다음 위험물 중 인화점이 가장 낮은 것은?

① 클로로벤젠 ② 아세톤
③ 디에틸에테르 ④ 이황화탄소

해설 위험물의 인화점
- 클로로벤젠(C_6H_5Cl) : 32℃
- 아세톤(CH_3COCH_3) : −18℃
- 디에틸에테르($C_2H_5OC_2H_5$) : −45℃
- 이황화탄소(CS_2) : −30℃

18 제4류 위험물이 화재예방 및 취급방법으로 옳지 않은 것은?

① 이황화탄소는 물속에 저장한다.
② 초산은 내산성 용기에 저장하여야 한다.
③ 건성유는 다공성 가연물과 함께 보관한다.
④ 아세톤은 열광에 의해 분해될 수 있으므로 갈색병에 보관한다.

해설 건성유는 제4류 위험물(인화성액체) 동식물유류에 해당하며 다공성의 종이, 헝겊 등에 스며 배어있으면 산화열에 의하여 자연발화의 위험이 있으므로 보관에 주의할 것

19 탄화칼슘의 성질에 대한 설명으로 틀린 것은?

① 비중이 물보다 크다.
② 질소와 저온에서 작용하며 흡열반응을 한다.
③ 시판품은 회색 또는 회흑색의 고체이다.
④ 물과 반응해서 수산화칼슘과 아세틸렌이 생성된다.

해설 탄화칼슘(CaC_2)은 제3류 위험물 금수성물질로 다량을 보관할 경우 질소(N_2)를 봉입시키며 저장하고 저온에서는 반응하지 않는다.

참고 • 고온에서 탄화칼슘(CaC_2)과 질소(N_2)의 반응식

$$CaC_2 + N_2 \xrightarrow[\text{가열}]{\text{약}700℃} CaCN_2 + C$$

(탄화칼슘) (질소) (칼슘시아나미드) (탄소)

20 위험물 이동저장탱크의 외부도장 색상으로 적합하지 않은 것은?

① 제2류 – 적색
② 제5류 – 황색
③ 제6류 – 회색
④ 제3류 – 청색

해설 이동저장탱크의 외부도장

유별	도장의 색상	비 고
제 1 류	회 색	탱크의 앞면과 뒷면을 제외한 면적의 40% 이내의 면적은 다른 유별의 색상 외의 색상으로 도장하는 것이 가능하다.
제 2 류	적 색	
제 3 류	청 색	
제 4 류	도장의 색상 제한이 없으나 적색을 권장한다.	
제 5 류	황 색	
제 6 류	청 색	

21 저장하는 위험물의 최대수량이 지정수량의 15배일 경우, 건축물의 벽·기둥 및 바닥이 내화구조로 된 위험물옥내저장소의 보유공지는 몇 m 이상이어야 하는가?

① 0.5 ② 2
③ 1 ④ 3

해설 위험물안전관리법 시행규칙 [별표 5]
옥내저장소의 위치·구조 및 설비의 기준 Ⅰ. 2호(요약)

저장 또는 취급하는 위험물의 최대수량	보유공지의 너비	
	벽. 기둥 및 바닥이 내화구조로 된 건축물	기타의 건축물
지정수량의 5배 이하		0.5m 이상
지정수량의 5배 초과 10배 이하	1m 이상	1.5m 이상
지정수량의 10배 초과 20배 이하	2m 이상	3m 이상
지정수량의 20배 초과 50배 이하	3m 이상	5m 이상
지정수량의 50배 초과 200 이하	5m 이상	10m 이상
지정수량의 200배 초과	10m 이상	15m 이상

| 정답 | 17 ③ 18 ③ 19 ② 20 ③ 21 ②

22 **위험물제조소 내의 위험물을 취급하는 배관에 대한 설명으로 옳지 않은 것은?**

① 배관을 지하에 매설하는 경우 금속성 배관의 외면에는 부식방지 조치를 하여야 한다.
② 배관을 지하에 매설하는 경우 접합 부분에는 점검구를 설치하여야 한다.
③ 지상에 설치하는 경우에는 안전한 구조의 지지물로 지면에 밀착하여 설치하여야 한다.
④ 최대 상용압력의 1.5배 이상의 압력으로 수압시험을 실시하여 이상이 없어야 한다.

해설 위험물안전관리법 시행규칙 [별표 4]
제조소의 위치·구조 및 설비의 기준 Ⅹ. 3호
3. 배관을 지상에 설치하는 경우에는 지진·풍압·지반침하 및 온도변화에 안전한 구조의 지지물에 설치하되, 지면에 닿지 아니하도록 하고 배관의 외면에 부식방지를 위한 도장을 하여야 한다. 다만, 불변강관 또는 부식의 우려가 없는 재질의 배관의 경우에는 부식방지를 위한 도장을 아니 할 수 있다.

23 **위험물안전관리법령상 소화설비의 적응성에 관한 내용 중 소화설비의 구분에 해당하지 않는 것은?**

① 물 분무 소화설비 ② 방화설비
③ 물통 ④ 옥내소화전설비

해설 방화설비는 소화설비에 해당하지 아니한다.

참고 방화설비는 「소방시설 설치유지 및 안전관리에 관한 법률」에 의한 소방시설 중 소화용수설비를 말한다.
• 소화용수설비의 종류 : 화재를 진압하는데 필요한 물을 공급하거나 저장하는 설비로서 상수도 소화용수설비, 소화수조·저수조와 그 밖의 소화용수설비를 말한다.

24 **화재 시 주수에 의해 오히려 위험성이 증대되는 것은?**

① 과산화수소
② 니트로셀룰로오스
③ 금속나트륨
④ 황린

해설 금속나트륨(Na)은 제3류 위험물 중 금수성물질에 속하며 물과 접촉하면 폭발적으로 반응하며 수소(H_2)를 발생하므로 주수에 의한 냉각소화는 적응성이 없다.

25 **각각 지정수량의 10배인 위험물을 운반할 경우 제5류 위험물과 혼재 가능한 위험물에 해당하는 것은?**

① 제6류 위험물 ② 제1류 위험물
③ 제3류 위험물 ④ 제2류 위험물

해설 위험물안전관리법 시행규칙 [별표 19] 부표2
• 유별을 달리하는 위험물의 혼재기준
(암기법 : 사이삼, 오이사, 육하나)

위험물의 구분	제1류	제2류	제3류	제4류	제5류	제6류
제1류		×	×	×	×	○
제2류	×		×	○	○	×
제3류	×	×		○	×	×
제4류	×	○	○		○	×
제5류	×	○	×	○		×
제6류	○	×	×	×	×	

"×"표시는 혼재할 수 없음을 표시한다.
"○"표시는 혼재할 수 있음을 표시한다.
이 표는 지정수량의 $\frac{1}{10}$ 이하의 위험물에 대하여는 사용하지 아니한다.

26 **다음 중 모두 고체로만 이루어진 위험물은?**

① 제2류 위험물, 제3류 위험물
② 제1류 위험물, 제5류 위험물
③ 제1류 위험물, 제2류 위험물
④ 제3류 위험물, 제5류 위험물

해설 위험물의 상태
• 제1류 위험물(산화성고체) : 고체만 존재
• 제2류 위험물(가연성고체) : 고체만 존재
• 제3류 위험물(자연발화성 및 금수성물질) : 고체 및 액체 존재
• 제4류 위험물(인화성액체) : 액체만 존재
• 제5류 위험물(자기반응성물질) : 고체 및 액체 존재
• 제6류 위험물(산화성액체) : 액체만 존재

정답 22 ③ 23 ② 24 ③ 25 ④ 26 ③

27 과산화칼륨의 저장창고에서 화재가 발생하였다. 다음 중 가장 적합한 소화약제는?

① 팽창질석
② 이산화탄소
③ 염산
④ 포

해설 제1류 위험물인 과산화칼륨(K_2O_2)의 화재에는 금속화재용 분말소화약제(탄산수소염류 분말) 및 마른모래, 팽창질석 및 팽창진주암을 사용한다.

참고 과산화칼륨(K_2O_2)은 제1류 위험물(산화성고체) 알칼리금속의 과산화물에 속하므로 화재 시 물(H_2O)이 함유한 포(거품)나 화학반응을 하는 이산화탄소(CO_2)나 염산(HCl)은 소화약제로 사용할 수 없다.

28 탄화칼슘 저장탱크에 수분이 침투하여 반응하였을 때 발생하는 가연성 가스는?

① 메탄 ② 아세틸렌
③ 프로판 ④ 에탄

해설 탄화칼슘(CaC_2)과 물(H_2O)이 반응하면 아세틸렌(C_2H_2)가스를 발생한다.

- 탄화칼슘(CaC_2)과 물(H_2O)의 반응식

$$\underset{(\text{탄화칼슘})}{CaC_2} + \underset{(\text{물})}{2H_2O} \rightarrow \underset{(\text{수산화칼슘})}{Ca(OH)_2} + \underset{(\text{아세틸렌})}{C_2H_2\uparrow}$$

29 안전거리에 관한 규제를 적용받지 않는 위험물 시설은?

① 옥외저장소
② 옥내저장소
③ 판매취급소
④ 일반취급소

해설 안전거리에 관한 규제를 적용받지 않는 저장소 및 취급소

- 옥내탱크저장소
- 이동탱크저장소
- 지하탱크 저장소
- 간이탱크저장소
- 암반탱크 저장소
- 주유매취급소
- 판매취급소
- 이송취급소

30 위험물안전관리법령상 옥외저장소에 저장할 수 없는 위험물은? (단, 국제해상위험물규칙에 적합한 용기에 수납된 경우는 제외한다.)

① 칼륨 ② 유황
③ 알코올류 ④ 동식물유류

해설 제3류 위험물 중 금수성물질인 칼륨(K)을 옥외저장소에 저장할 경우 빗물과 눈 등 수분과 접촉할 우려가 있으므로 옥외저장소에 저장할 수 없다.

참고 옥외저장소에서 저장할 수 있는 위험물

- 제2류 위험물 중 유황 또는 인화성고체(인화점이 섭씨 0℃ 이상인 것에 한한다)
- 제4류 위험물 중 제1석유류(인화점이 섭씨 0℃ 이상인 것에 한한다) · 알코올류 · 제2석유류 · 제3석유류 · 제4석유류 및 동식물유류
- 제6류 위험물
- 제2류 위험물 및 제4류 위험물 중 특별시 · 광역시 또는 도의 조례에서 정하는 위험물(「관세법」 제154조의 규정에 의한 보세구역 안에 저장하는 경우에 한한다)
- 「국제해사기구에 관한 협약」에 의하여 설치된 국제해사기구가 채택한 「국제해상위험물규칙」(IMDG Code)에 적합한 용기에 수납된 위험물

31 과염소산나트륨에 대한 설명으로 옳지 않은 것은?

① 가열하며 분해하여 산소를 방출한다.
② 제1류 위험물이다.
③ 환원제이며 수용액은 강한 환원성이 있다.
④ 수용성이며 조해성이 있다.

해설 과염소산나트륨($NaClO_4$)은 제1류 위험물(산화성고체)로 강산화제이며 강한 산화성을 갖는 위험물이다.

32 열의 이동원리 중 복사에 관한 예로 적당하지 않은 것은?

① 더러운 눈이 빨리 녹는 현상
② 그늘이 시원한 이유
③ 해풍과 육풍이 일어나는 원리
④ 보온병 내부를 거울벽으로 만드는 것

| 정답 | 27 ① 28 ② 29 ③ 30 ① 31 ③ 32 ③

해설 해풍과 육풍이 일어나는 원리는 공기의 대류현상에 의하여 일어난다.

- 해풍은 낮에 육지의 공기가 빨리 데워져 대류 현상에 의하여 상승하고 해수면의 차가운 공기가 육지를 채우려 육지 쪽으로 부는 바람을 해풍이라 한다.
- 육풍은 밤에 육지의 공기는 빨리 식어 응축되어 있고 바다는 천천히 식으므로 따뜻하여 대류현상에 의하여 상승하고 비워진 바다를 채우려 육지의 차갑고 무거운 공기가 바다 쪽으로 이동하는 바람을 육풍이라 한다.

33 제1류 위험물 중의 과산화칼륨을 다음과 같이 반응시켰을 때 공통적으로 발생되는 기체는?

ㄱ. 물과 반응을 시켰다. ㄴ. 가열하였다. ㄷ. 탄산가스와 반응시켰다.

① 산소 ② 이산화탄소
③ 이산화황 ④ 수소

해설 제1류 위험물 중의 과산화칼륨(K_2O_2)과 물(H_2O) 또는 가열 및 탄산가스(CO_2)와 각각 반응하면 산소(O_2)를 발생한다.

참고
- 과산화칼륨(K_2O_2)과 물(H_2O)과의 반응식

$$2K_2O_2 + 2H_2O \rightarrow 4KOH + O_2\uparrow$$
(과산화칼륨) (물) (수산화칼륨) (산소)

- 과산화칼륨(K_2O_2)의 열분해 반응식

$$2K_2O_2 \xrightarrow[\triangle]{} 2K_2O + O_2\uparrow$$
(과산화칼륨) (산화칼륨) (산소)

- 과산화칼륨(K_2O_2)과 이산화탄소(CO_2)와의 반응식

$$2K_2O_2 + 2CO_2 \rightarrow 2K_2CO_3 + O_2\uparrow$$
(과산화칼륨) (이산화탄소) (탄산칼륨) (산소)

34 위험물안전관리법령상 품명이 유기금속화합물에 속하지 않는 것은?

① 트리에틸갈륨
② 트리에틸인듐
③ 디에틸아연
④ 트리에틸알루미늄

해설 유기금속화합물은 제3류 위험물 중 알킬알루미늄 및 알킬리튬을 제외한 것이므로 일킬알루미늄인 트리에틸알루미늄[$(C_2H_5)_3Al$]은 제외된다.

참고 유기금속화합물
- 트리에틸갈륨 : $(C_2H_5)_3Ga$
- 트리에틸인듐 : $(C_2H_5)_3In$
- 디에틸아연 : $(C_2H_5)_2Zn$

35 유기과산화물의 화재예방상 주의사항으로 틀린 것은?

① 산화제와 접촉하지 않도록 주의한다.
② 불꽃, 불티 등의 화기 및 열원으로부터 멀리한다.
③ 대형화재 시 분말소화기를 이용한 질식소화가 유효하다.
④ 직사광선을 피하고 냉암소에 저장한다.

해설 유기과산화물은 제5류 위험물(자기반응성물질)로서 대형화재 시 다량의 주수소화가 적응성이 있다.

36 적린의 성상 및 취급에 대한 설명 중 틀린 것은?

① 황린에 비하여 화학적으로 안정하다.
② 연소 시 오산화인이 발생한다.
③ 화재 시 냉각소화가 가능하다.
④ 안전을 위해 산화제와 혼합하여 저장한다.

해설 적린(P)은 제2류 위험물(가연성고체)이며 주로 환원제로 분류되므로 산화제와의 혼합은 매우 위험하다.

37 아세톤에 관한 설명 중 틀린 것은?

① 겨울철에도 인화의 위험성이 있다.
② 증기는 공기보다 무거우며 액체는 물보다 가볍다.
③ 조해성이 있으며 물과 반응 시 발열한다.
④ 무색 휘발성이 강한 액체이다.

해설 조해성이란 고체가 공기 중의 수분을 흡수하여 액체가 되는 현상을 말하므로 제4류 위험물(인화성액체)인 아세톤(CH_3COCH_3)은 조해성을 가질 수 없다.

정답 33 ① 34 ④ 35 ③ 36 ④ 37 ③

38 그림과 같은 위험물 저장탱크의 내용적은 약 몇 m^3인가?

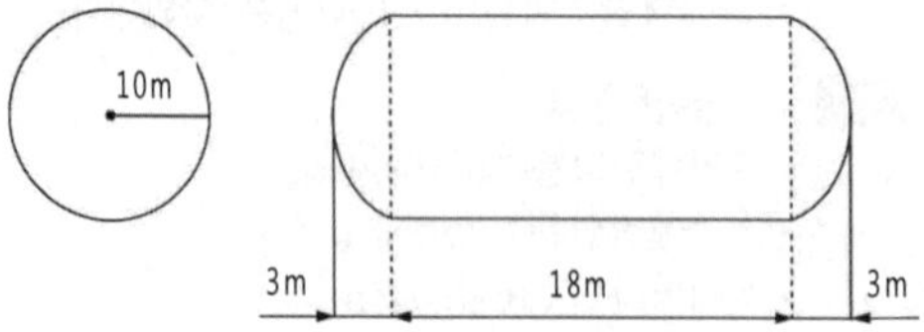

① 5,482　　② 6,283
③ 4,681　　④ 7,080

해설
내용적(V)$=\pi r^2(\ell+\frac{\ell_1+\ell_2}{3})$

$V=\pi\times10^2\times(18+\frac{3+3}{3})=6{,}283.185m^2$

39 제1류 위험물 제조소의 게시판에 "물기엄금"이라고 쓰여 있다. 다음 중 어떤 위험물의 제조소인가?

① 과산화나트륨　　② 요오드산나트륨
③ 염소산나트륨　　④ 중크롬산나트륨

해설 제1류 위험물을 제조하는 제조소에 설치하는 주의사항 게시판에 "물기엄금"을 표시한 것은 알칼리금속의 과산화물을 취급하는 제조소이므로 과산화나트륨(Na_2O_2)이 이에 해당한다.

참고 제1류 위험물 중 요오드산나트륨($NaIO_3$), 염소산나트륨($NaClO_3$), 중크롬산나트륨($Na_2Cr_2O_7\cdot2H_2O$)을 취급하는 제조소에는 주의사항 게시판을 설치하지 아니한다.

40 질산의 비중이 1.5일 때, 1소요단위는 몇 ℓ 인가?

① 200　　② 150
③ 1,500　　④ 2,000

해설
- 1소요단위는 위험물의 지정수량의 10배
- 질산(HNO_3)의 지정수량 : 30kg

비중(S)$=\frac{질량(W)}{체적(V)}$이므로 $V=\frac{W}{S}$

질산(HNO_3)의 체적$=\frac{질산의\ 지정수량}{질산의\ 비중}\times10$

$=\frac{300kg}{1.5}\times10=2{,}000\ell$

41 제6류 위험물에 해당되지 않는 것은?

① 비중이 1.5인 질산
② 농도가 50wt%인 과산화수소
③ 삼불화브롬
④ 과요오드산

해설 과요오드산(HIO_4)은 위험물안전관리법 시행령 [별표 1]에서 정하는 제1류 위험물(산화성고체) 중 그밖에 행정안전부령으로 정하는 것에 해당된다.

참고 제6류 위험물(산화성액체)의 조건
- 비중이 1.49 이상인 질산
- 농도가 36wt%인 과산화수소
- 그밖에 행정안전부령으로 정하는 것인 할로겐간 화합물에 해당하는 삼불화브롬(BrF_3)

42 식용유 화재 시 제1종 분말소화약제를 이용하여 화재의 제어가 가능하다. 이때의 소화원리에 가장 가까운 것은?

① 촉매효과에 의한 질식소화
② 비누화 반응에 의한 질식소화
③ 요오드화에 의한 냉각소화
④ 가수분해 반응에 의한 냉각소화

해설 동식물유류에 속하는 식용유 화재 시 제1종 분말소화약제인 탄산수소나트륨($NaHCO_3$)을 사용할 경우 비누화 반응이 일어나 산소공급원을 차단하는 질식소화효과를 볼 수 있다.

43 물의 단점인 동결현상을 방지하기 위하여 사용되는 물질은?

① 니트로페놀　　② 칼슘
③ 에틸렌글리콜　　④ 피크린산

해설 제4류 위험물(인화성액체) 제3석유류의 에틸렌글리콜[$C_2H_4(OH)_2$]은 겨울철 자동차의 엔진 냉각수 동결현상을 방지하기 위하여 부동액으로 사용한다.

참고
- 니트로페놀($C_6H_4OHNO_2$) : 제5류 위험물 니트로화합물
- 칼슘(Ca) : 제3류 위험물 금수성물질
- 피크린산(트리니트로페놀) : [$C_6H_2OH(NO_2)_3$] : 제5류 위험물 니트로화합물

| 정답 | 38 ② 39 ① 40 ④ 41 ④ 42 ② 43 ③

44 유기과산화물의 화재예방상 주의사항으로 틀린 것은?

① 직사광선을 피해야 한다.
② 열원으로부터 멀리한다.
③ 산화제와 격리하고 환원제와 접촉시켜야 한다.
④ 용기의 파손에 의해서 누출되면 위험하므로 정기적으로 점검하여야 한다.

해설 제5류 위험물(자기반응성물질)인 유기과산화물은 산소를 많이 함유한 산화제로서 환환제와 접촉하면 매우 위험하므로 접촉을 피한다.

45 메탄올과 비교한 에탄올의 성질에 대한 설명 중 틀린 것은?

① 증기비중이 크다. ② 인화점이 낮다.
③ 비점이 높다. ④ 발화점이 낮다.

해설
- 메틸알코올(CH_3OH)의 인화점 : 11℃
- 에틸알코올(C_2H_5OH)의 인화점 : 13℃

참고 알코올 등의 동족열에서 분자량 증가에 따른 공통점
- 증기비중 커진다

(증기비중$=\dfrac{\text{해당 물질의 분자량}}{\text{공기의 평균 분자량 29}}$).

메틸알코올(CH_3OH)의 분자량 : 12+4+16=32

증기비중$=\dfrac{32}{29}$=1.103

에틸알코올(C_2H_5OH)의 분자량 : 24+6+16=46

증기비중$=\dfrac{46}{29}$=1.586
- 인화점이 높아진다(메탄올 : 11℃, 에탄올 : 13℃).
- 비점이 높아진다(메탄올 : 65℃, 에탄올 : 79℃).
- 착화점이 낮아진다(메탄올 : 464℃, 에탄올 : 423℃).
- 연소범위 감소한다(메탄올 : 7.3~36%, 에탄올 : 4.3~19%).
- 비중 작아진다(메탄올 : 1.1, 에탄올 : 0.79).

46 지정수량이 200kg인 물질은?

① 과산화벤조일 ② 질산메틸
③ 피크린산 ④ 질산

해설
- 피크린산[$C_6H_2OH(NO_2)_3$]은 제5류 위험물(자기반응성물질) 중 니트로화합물에 속하므로 지정수량이 200kg이다.
- 위험물의 지정수량

과산화벤조일[$(C_6H_5CO)_2O_2$] : 유기과산화물 10kg

질산메틸(CH_3ONO_2) : 질산에스테르류 10kg

질산(HNO_3) : 제6류 위험물 300kg

참고 지정수량이 200kg인 물질은 제5류 위험물 중 니트로화합물, 니트로소화합물, 아조화합물, 디아조화합물, 히드라진유도체 5품명이 해당된다.

47 제2류 위험물에 대한 설명 중 틀린 것은?

① 칠황화린은 뜨거운 물에 분해되어 이산화황을 발생한다.
② 삼황화린은 가연성 물질이다.
③ 유황은 물에 녹지 않는다.
④ 오황화린은 CS_2에 녹는다.

해설 제2류 위험물(가연성고체) 황화린 중 칠황화린(P_4S_7)은 뜨거운 물에 분해되어 황화수소(H_2S) 발생한다.

참고
- 칠황화린(P_2S_5)과 온수와의 반응

P_4S_7 + $13H_2O$
(오황화린) (물)

→ $7H_2S\uparrow$ + H_3PO_4 + $3H_3PO_3$
(황화수소) (인산) (아인산)

48 다음 중 산을 가하면 이산화염소를 발생시키는 물질로 분자량이 약 90.5인 것은?

① 옥소산칼륨(요오드산칼륨)
② 브롬산나트륨
③ 아염소산나트륨
④ 중크롬산나트륨

해설 아염소산나트륨($NaClO_2$)의 분자량 : 23+35.5+16×2=90.5

참고 아염소산염류, 염소산염류에 산을 가하면 이산화염소가 생성된다.

| 정답 | 44 ③ 45 ② 46 ③ 47 ① 48 ③

49 **등유의 성질로서 틀린 것은?**

① 증기비중은 1보다 크다.
② 산화제로 주로 사용된다.
③ 물에 녹지 않는다.
④ 물보다 가볍다.

해설 등유는 제4류 위험물(인화성액체) 중 제2석유류에 속하는 기름이다.

참고 산화제는 제1류 위험물(산화성고체)과 제6류 위험물(산화성액체)이 해당된다.

50 **위험성 예방을 위해 물속에 저장하는 것은?**

① 칠황화린 ② 오황화린
③ 톨루엔 ④ 이황화탄소

해설 제4류 위험물(인화성액체) 중 특수인화물인 이황화탄소(CS_2)는 휘발성과 독성이 매우 강하며 물에 녹지 않고 비중이 1.26으로 물보다 무거우므로 수조(물탱크)에 넣어 저장한다.

51 **디에틸에테르의 안전관리에 관한 설명 중 틀린 것은?**

① 물에 잘 녹으므로 대규모 화재 시 집중 주수하여 소화한다.
② 폭발성의 과산화물 생성을 요오드화칼륨 수용액으로 확인한다.
③ 증기는 마취성이 있으므로 증기 흡입에 주의하여야 한다.
④ 정전기 불꽃에 의한 발화에 주의하여야 한다.

해설 디에틸에테르($C_2H_5OC_2H_5$)은 제4류 위험물(인화성액체) 특수인화물로 물에 잘 녹지 않으며 비중이 0.72로 물보다 가벼우므로 화재 시 주수소화는 화재면을 확대하는 위험성을 갖는다.

52 **질산의 성상에 대한 설명으로 옳은 것은?**

① 햇빛에 의해 분해하여 암모니아가 생성되어 흰색을 띤다.
② Au, Pt와 잘 반응하여 질산염과 질소가 생성된다.
③ 흡습성이 강하고 부식성이 있는 무색 또는 담황색의 액체이다.
④ 비휘발성이고 정전기에 의한 발화에 주의해야 한다.

해설 질산(HNO_3)은 제6류 위험물(산화성액체)을 대표하는 강산화제이며 부식성이 있는 무색 또는 담황색의 액체이다.

참고 질산(HNO_3)은 햇빛에 분해하여 갈색의 이산화질소(NO_2)를 발생한다.

- 질산(HNO_3)의 햇빛에 의한 분해 반응식

$$4HNO_3 \xrightarrow[\text{분해}]{\text{햇빛}} 4NO_2\uparrow + 2H_2O + O_2\uparrow$$

(질산) (이산화질소) (물) (산소)

Au(금), Pt(백금)과는 반응하지 않으며 불연성물질이므로 점화원에 의하여 발화하지 않는다.

53 **다음 위험물 중 비중이 물보다 큰 것은?**

① 산화프로필렌
② 아세트알데히드
③ 이황화탄소
④ 디에틸에테르

해설 제4류 위험물(인화성액체) 중 특수인화물인 이황화탄소(CS_2)는 비중이 1.26으로 물보다 무겁다.

참고 특수인화물의 비중

- 산화프로필렌(OCH_2CHCH_3) : 0.83
- 아세트알데히드(CH_3CHO) : 0.78
- 디에틸에테르($C_2H_5OC_2H_5$) : 0.72

54 **인화점이 섭씨 200℃ 미만인 위험물을 저장하기 위하여 높이가 15m이고 지름이 18m인 옥외저장탱크를 설치하는 경우 옥외저장탱크와 방유제와의 사이에 유지하여야 하는 거리는?**

① 9.0m 이상 ② 6.0m 이상
③ 5.0m 이상 ④ 7.5m 이상

해설 탱크의 지름이 15m 이상이므로 탱크 높이의 $\frac{1}{2}$을 곱한 값이 탱크 옆 판으로부터 방유제와의 거리이다.
$15\text{m}\times\frac{1}{2}$=7.5m 이상 거리를 둔다.

| 정답 | 49 ② 50 ④ 51 ① 52 ③ 53 ③ 54 ④

참고 탱크의 지름이 15m 미만인 경우에는 $\frac{1}{3}$을 곱하여 구한다.

55 위험물 운반에 관한 사항 중 위험물안전관리법령에서 정하는 내용과 다른 것은?

① 운반 용기에 수납하는 위험물이 디에틸에테르이라면 운반 용기 중 최대용적이 1L 이하라 하더라도 규정에 따른 품명, 주의사항 등 표시사항을 부착하여야 한다.

② 운반 용기에 담아 적재하는 물품이 황린이라면 파라핀, 경유 등 보호액으로 채워 밀봉한다.

③ 기계에 의하여 하역하는 구조로 된 경질플라스틱 운반 용기는 제조된 때부터 5년 이내의 것이어야 한다.

④ 운반 용기에 담아 적재하는 물품이 알킬알루미늄이라면 운반 용기의 내용적의 90% 이하의 수납율을 유지하여야 한다.

해설 황린(P_4)은 제3류 위험물 중 자연발화성물질로이며 공기 중에서 자연발화하므로 보호액으로는 pH9인 약알칼리 수용액을 사용한다.

참고 파라핀과 경유를 보호액으로 사용하는 위험물은 제3류 위험물 중 금수성물질인 칼륨(K)과 나트륨(Na)이다.

56 제조소등의 허가청이 제조소등의 관계인에게 제조소등의 사용정지처분 또는 허가취소처분을 할 수 있는 사유가 아닌 것은?

① 소방서장의 출입검사를 정당한 사유 없이 거부할 때

② 정기점검을 하지 아니한 때

③ 소방서장의 수리・개조 또는 이전의 명령을 위반한 때

④ 소방서장으로부터 변경허가를 받지 아니하고 제조소등의 위치・구조 또는 설비를 변경한 때

해설 위험물안전관리법 제22조(출입, 검사)에 의거하여 소방서장의 출입검사를 정당한 사유 없이 거부할 경우 상황에 따라 1년 이하의 징역 또는 1천만 원 이하의 벌금, 1천500만 원 이하의 벌금에 처한다.

참고 위험물안전관리법 제12조(제조소등 설치허가의 취소와 사용정지 등) 1호 내지 8호(요약)

1. 변경허가를 받지 아니하고 제조소등의 위치・구조 또는 설비를 변경한 때
2. 완공검사를 받지 아니하고 제조소등을 사용한 때
3. 수리・개조 또는 이전의 명령을 위반한 때
4. 위험물안전관리자를 선임하지 아니한 때
5. 대리자를 지정하지 아니한 때
6. 정기점검을 하지 아니한 때
7. 정기검사를 받지 아니한 때
8. 제26조의 규정에 따른 저장・취급기준 준수명령을 위반한 때

57 옥내저장소에서 위험물을 유별로 정리하고 서로 1m 이상의 간격을 두는 경우 유별을 달리하는 위험물을 동일한 저장소에 저장할 수 있는 것은?

① 과염소산나트륨과 질산

② 유황과 아세톤

③ 질산암모늄과 알킬리튬

④ 과산화나트륨과 벤조일퍼옥사이드

해설 위험물안전관리법 시행규칙 [별표 18] 제조소등에서의 위험물의 저장 및 취급에 관한 기준 Ⅲ 2호 가목 내지 바목 (요약)에 의하여 제1류 위험물인 과염소산나트륨($NaClO_4$)과 제6류 위험물인 질산(HNO_3)은 서로 1m 이상의 간격을 두는 경우 동일한 장소에 저장할 수 있다.

참고
- 제2류 위험물 중 인화성고체와 제4류 위험물을 저장할 수 있으므로 제2류 위험물유황(S)과 아세톤(CH_3COCH_3)은 함께 저장할 수 없다.
- 제1류 위험물인 질산암모늄(NH_4NO_3)은 제3류 위험물 중 황린(P_4)과 저장할 수 있으며 알킬리튬(RLi)과는 저장할 수 없다.
- 제1류 위험물 중 알칼리금속의 과산화물을 제외한 위험물과 제5류 위험물인 벤조일퍼옥사이드[$(C_6H_5CO)_2O_2$]은 저장할 수 있으므로 알칼리금속의 과산화물인 과산화나트륨(Na_2O_2)과는 저장할 수 없다.

| 정답 | 55 ② 56 ① 57 ①

58 위험물제조소등의 허가에 관계된 설명으로 옳은 것은?

① 농예용으로 필요한 난방시설을 위한 지정수량 20배 이하의 저장소는 허가대상이 아니다.
② 저장하는 위험물의 변경으로 지정수량의 배수가 달라지는 경우는 언제나 허가대상이 아니다.
③ 위험물의 품명을 변경하고자 하는 경우에는 언제나 허가를 받아야 한다.
④ 제조소등을 변경하고자 하는 경우에는 언제나 허가를 받아야 한다.

해설 위험물안전관리법 제6조(위험물시설의 설치 및 변경 등) 3항 1호 및 2호의 규정에 의하여 농예용, 축산용 또는 수산용으로 필요한 난방시설을 위한 지정수량 20배 이하의 저장소는 허가 및 신고대상이 아니다.

참고
- 저장하는 위험물의 변경으로 지정수량의 배수가 달라지는 경우는 변경하고자 하는 날의 1일 전에 행정안전부령이 정하는 바에 따라 시·도지사에게 신고하여야 한다.
- 위험물의 품명을 변경하고자 하는 경우에는 변경하고자 하는 날의 1일 전에 행정안전부령이 정하는 바에 따라 시·도지사에게 신고하여야 한다.
- 제조소등을 변경하고자 하는 경우에는 변경하고자 하는 날의 1일 전에 행정안전부령이 정하는 바에 따라 시·도지사에게 신고하여야 한다.

59 위험물안전관리법령에서 정한 탱크안전성능 검사의 구분에 해당하지 않는 것은?

① 배관검사
② 기초·지반검사
③ 충수·수압검사
④ 용접부검사

해설 위험물안전관리법 시행령 [별표 4] 탱크안전성능검사의 내용
- 기초·지반검사
- 충수·수압검사
- 용접부검사
- 암반탱크검사

60 운반을 위하여 위험물을 적재하는 경우에 차광성이 있는 피복으로 가려주어야 하는 것은?

① 동식물유류 ② 알코올류
③ 제1석유류 ④ 특수인화물

해설 제4류 위험물 중 특수인화물을 적재하여 운반하는 차량에는 차광성 덮개로 피복한다.

참고 위험물안전관리법 시행규칙 [별표 19] Ⅱ. 5호 가목 차광덮개를 하여야 할 위험물
- 제1류 위험물
- 제3류 위험물 중 자연발화성물질
- 제4류 위험물 중 특수인화물
- 제5류 위험물
- 제6류 위험물

❙정답❙ 58 ① 59 ① 60 ④

완전합격 위험물기능사 필기문제

발 행 일 2022년 6월 1일 개정판 1쇄 인쇄
2022년 6월 10일 개정판 1쇄 발행

저 자 이보상

발 행 처 크라운출판사
http://www.crownbook.com

발 행 인 이상원
신고번호 제 300-2007-143호
주 소 서울시 종로구 율곡로13길 21
공 급 처 (02) 765-4787, 1566-5937, (080) 850~5937
전 화 (02) 745-0311~3
팩 스 (02) 743-2688
홈페이지 www.crownbook.co.kr
I S B N 978-89-406-4591-8 / 13570

특별판매정가 22,000원

이 책의 내용 중 문의사항이 있으신 분은 저자 이보상 선생님께
(bsyee2532@hanmail.net)로 연락주시면 진설하게 응답해 드립니다.